Hochfrequenzmeßtechnik

Ihre wissenschaftlichen und praktischen Grundlagen

Von

Dr.-Ing. August Hund

Fellow of the Institute of Radio Engineers
Fellow of the American Physical Society

Zweite
vermehrte und verbesserte Auflage

Mit 287 Textabbildungen

Berlin
Verlag von Julius Springer
1928

ISBN-13:978-3-642-89892-1 e-ISBN-13:978-3-642-91749-3
DOI: 10.1007/978-3-642-91749-3

Softcover reprint of the hardcover 2nd edition 1928

Vorwort zur ersten Auflage.

Die vorliegende Abhandlung hat den Zweck, dem Schüler der Hochfrequenztechnik sowohl als dem in der Praxis stehenden Ingenieur und Physiker brauchbare Meßmethoden zu unterbreiten.

Im Gegensatz zur Niederfrequenztechnik ist es in der Hochfrequenztechnik kaum möglich, immer einfache Schaltungen anzugeben und selbst dann nicht, wenn Sinuswellen vorliegen. Die induktiven und kapazitiven Störungen sowohl als die Potential- und Stromverteilungen längs eines Leiters können die Ursache dafür sein. Da eine genaue Kenntnis der Einzelapparate notwendig ist, sind deren Wirkungsweise und Handhabung ausführlich behandelt. Abbildungen technischer Ausführungen sind nicht beigegeben, da ja Konstruktionen oft geändert werden und auch bei den einzelnen Firmen die verschiedensten Formen erhalten. Dasselbe gilt für die meisten technischen Namen von gewissen Apparaten. Die Namen „Kenotron und Pliotron" wurden nur dann angewendet, wenn Zwei-Element- beziehungsweise Drei-Elementröhren mit einem hochgradigen Vakuum gemeint sind. Der Name „Dynatron" bezieht sich auf einen Apparat, welcher auch sekundäre Elektronen erzeugt. Da die Einführung von brauchbaren Generatoren für ungedämpfte Schwingungen und besonders diejenige des Röhrenoszillators die Meßtechnik bedeutend vereinfacht haben, so sind die Apparate dieser Art besonders berücksichtigt. Manche der ursprünglichen Dekrementmethoden können jetzt durch rascher arbeitende Verfahren ersetzt werden, wie die Beziehungen zwischen Leistungsfaktor, Dekrement und Abstimmschärfe erkennen lassen.

In die Abbildungen sind in vielen Fällen Strom- oder Spannungsverlauf und die notwendigen Erklärungen aufgenommen. Dies gestattet ein rasches Studium des Ablaufs eines Vorganges.

Die praktisch brauchbaren Formeln sind besonders hervorgehoben und mit den richtigen Dimensionen versehen, während die Ableitungen in den Beschreibungen sowie die Anwendungen des verallgemeinerten symbolischen Verfahrens und die Aufstellung von Kennlinienformeln am Ende des Buches für diejenigen Leser angegeben sind, welche die

Entstehung der Gesetze näher zu studieren wünschen. Eine mathematische Grundlage ist deshalb nur für diejenigen vorausgesetzt, welche ein eingehenderes Studium vorziehen. — Das Kapitel über die Wirkung eines negativen Widerstandes ist darum angegliedert, weil auf ihr sowohl manche der bereits verwendeten als auch der in Ausarbeitung stehenden Schwingungserzeuger beruhen.

Zum Schlusse ist es mir eine angenehme Pflicht, der Verlagsbuchhandlung Julius Springer auch an dieser Stelle meine Erkenntlichkeit für das große Entgegenkommen bei der Drucklegung dieses Werkes auszudrücken. — Meiner lieben Frau, Anna Petersen-Hund, möchte ich ganz besonders danken, da sie in bereitwilligster Weise mich bei der Durchlesung des Textes und der Prüfung der zahlreichen Formeln unterstützt hat.

Berkeley (Kalifornien), im Juli 1922.

August Hund.

Vorwort zur zweiten Auflage.

Die außerordentlich schnell fortschreitende Entwicklung auf dem Gebiete der schnellen Schwingungen ist der Grund dafür, weshalb die zweite Auflage der Hochfrequenzmeßtechnik in einer erweiterten Form erscheint.

Die Einschaltungen wurden wie in der ersten Auflage behandelt, so daß brauchbare Formeln mit ihren Dimensionen besonders hervorgehoben wurden, während längere Ableitungen am Ende des Buches zu finden sind. In den Abbildungen sind wiederum notwendige Erklärungen eingedruckt, um ein rasches Studium ohne den Text zu ermöglichen.

Die kurzen Beschreibungen über gedämpfte und Lichtbogenschwingungen wurden beibehalten, da dieselben für Spezialuntersuchungen von Wert sein dürften.

Mehrere Arten von Röhrenspannungsmessern und von Spannungsteilern wurden mit engem Bezug auf Verstärker- und Modulationsmessungen angegliedert. Methoden der letzteren Art scheinen von besonderer Bedeutung, da man ja z. B. die Güte eines Empfangsapparates nur durch tatsächliche Prüfmessungen feststellen kann. Dies erfordert gewöhnlich die Bestimmung von Hochfrequenz- bzw. Niederfrequenzspannungsverstärkung für normale Modulationsgrade. Bedeutende Schwierigkeiten treten dann auf, wenn große Hochfrequenzverstärkungen (1000 bis 4000 fach) und im Höchstfrequenzbereiche des Rundfunkes auszuführen sind. Die ganze Verstärkung mittels der Messungen per Stufe zu berechnen, ist nicht richtig, da die Überallverstärkung kleiner und in gewissen Fällen sogar größer ist. Es ist daher notwendig, entweder die kleinen Gitterkreisspannungen mittels geeigneter Dämpfungsapparate oder Spannungsteiler herzustellen, wobei man aber gute Abschirmungen gebrauchen muß, so daß keine Streufelder den Prüfapparat direkt beeinflussen können. Dies kann dadurch umgangen werden, daß man nur Meßströme der richtigen kleinen Größenordnung direkt erzeugt. Einzelheiten dieser Art wurden der neuen Auflage ebenfalls angegliedert.

Da in letzter Zeit die Kenntnis der magnetischen bzw. elektrischen Kraftfelder im Raume von großem Interesse war (Feldstärkemessungen an verschiedenen Stellen im Gebiete, welches von einer gewissen Rundfunkstation bedient werden soll), so wurden grundlegende Methoden angegeben. Die Ableitungen der Formeln sind am Ende des Buches zu finden.

Die Theorie der langen Horizontalantenne wurde etwas erweitert, da man dadurch ein gutes Verständnis für die Begriffe der Wellenbildung sowie der Wellenimpedanz gewinnen kann. Die Ableitungen zeigen gleichzeitig ähnliche Ausdrücke, wie sie für die Kettenleiter auftreten, wie aus dem neuen Kapitel über Siebkettenberechnung und Dämpfungsapparate zu ersehen ist. Die Anwendung der Theorie ist an vielen Stellen mittels Zahlenbeispielen erklärt und sollte für die Konstruktion von Laboratoriumssiebketten von Wert sein.

Da in neuester Zeit eine bedeutend genauere Kenntnis der Frequenz (bzw. der Wellenlänge) verlangt wird, wurden mehrere neue Präzisionsmessungen für die Bestimmung dieser Größen eingeschaltet. Da der piezoelektrische Generator und Resonator für Frequenznormalen verwendet werden kann, sind auch einige Abschnitte dieser neuen Entwicklung gegeben.

Es ist mir wiederum eine angenehme Pflicht, der Verlagsbuchhandlung für die sorgfältige Erledigung der Umsetzungen und Einschaltungen des Textes meinen verbindlichsten Dank auszusprechen.

Washington, D. C., im Februar 1928.

August Hund.

Inhaltsverzeichnis.

Bezeichnungen und Zeichen

(falls nicht anders angegeben).

A Konstante.

a, a_1, a_2, a_r Ablenkungen für die Bestimmung von Resonanzfähigkeit.

α reine hyperbolische Winkelgeschwindigkeit (in hyperbolischen Radian/Sek. siehe Fußnote auf S. 247), Dämpfungskonstante.

B Konstante bzw. magn. Kraftliniendichte.

b Breite bzw. eine der Hauptachsen einer Figur.

β Winkel mit Bezug auf eine Raumverteilung (Kreisradian/Sek. siehe Fußnote auf S. 160).

βl vereinfachte elektrische Länge (hyperbolischer Raumwinkel).

C Kapazität.

C_r Resonanzkapazität.

D Durchgriff einer Elektronenröhre bzw. eine Konstante $\left(\frac{1}{k_A}\right)$.

d Ablenkung bzw. lineares Dekrement pro Periode.

Δ eine sehr kleine Änderung bzw. Determinante.

$\Delta C, \Delta I, \Delta L, \Delta V$ sehr kleine und meßbare Änderungen von C, L, I oder V.

δ logarithmisches Dekrement pro Periode.

E induzierte wirksame Spannung.

E_G Gitterspannung.

E_P Platten(Anoden)spannung.

e momentane induzierte Spannung (= Vektor $\underset{\cdot}{E}$).

e_G veränderliche Gitterspannung.

$\mathcal{E}$ = elektrische Feldstärke.

ε = 2,718 Basis der natürlichen Logarithmen.

F Fläche, bisweilen Formfaktor oder eine Konstante.

F_1, F_2, F_3 Funktionszeichen.

f Frequenz (Periodenzahl pro Sek.).

Φ magnetischer Kraftfluß bzw. Funktionszeichen.

φ Zeitwinkel.

G Gütemaß einer gewöhnlichen Drei-Elementröhre.

g gegenseitige Leitfähigkeit vom Gitter zur Anode (dI_P/dE_G) bzw. gewöhnliche Leitfähigkeit.

H magnetische Feldstärke.

h Höhe.

I wirksamer Strom.

I_0 maximaler Ausgangswert eines Stromes $(I_0 \cdot \varepsilon^{nt})$.

$\bar{I}$ kontinuierlicher Strom.

I_P Anodenstrom (Thermionenstrom zur pos. Platte).

i momentaner Stromwert (= Vektor $\underset{\cdot}{I}$).

i_P veränderlicher Anodenstrom (Plattenstrom).

j imaginäre Einheit $(\sqrt{-1})$.

K, k Konstanten.

k_A Spannungsverstärkungsfaktor $\left(=\frac{1}{D}\right)$.

k_B Stromverstärkungsfaktor.

k_v Spannungsverstärkung.

k_e Leistungsverstärkung.

$\varkappa$	Kopplungskoeffizient.
L	Koeffizient der Selbstinduktion.
l	Länge (geometrisch).
$\log \varepsilon$	Logarithmus zur Basis ε.
$\log_{10}$	Logarithmus zur Basis 10.
λ	Wellenlänge.
M	Koeffizient der gegenseitigen Induktion.
m	Exponent, bisweilen Elektronenemission infolge der Anfangsgeschwindigkeit der Elektronen.
μ	magnetische Permeabilität.
N	Wellengruppen-Funkenfrequenz pro Sek. bzw. Windungszahl.
n	verallgemeinerte Winkelgeschwindigkeit (in hyperbolischen Radian/Sek.) bisweilen $U \cdot P \cdot M$.
nl	verallgemeinerte elektrische Länge (hyperbolischer Raumwinkel).
π	3,14.
q	Exponent.
R, r	gewöhnlicher Widerstand (pos.).
R_i	innerer Röhrenwiderstand (dE_P/dI_P).
Я	negativer Widerstand.
ϱ	gedachter Verlustwiderstand in Reihe zur reinen Kapazität eines Kondensators.
s	Entfernung.
σ	Scheitelfaktor.
T	Periodenzeit (in Sek.).
t	Zeitunterschied (in Sek.).
$\Theta = 90 - \varphi$	Zeitwinkel.
V	wirksame Klemmenspannung.
V_0	maximale Ausgangsspannung eines Wellenzuges $(V_0 \cdot \varepsilon^{nt})$.
v	Fortpflanzungsgeschwindigkeit $(= 3 \cdot 10^8$ m/sec.$)$.
v_0	$2{,}9982 \cdot 10^8$ m/sec. ist der genaue Wert, wenn keine andere Fortpflanzungsgeschwindigkeit kurzweg durch v ausgedrückt.
ω	Kreiswinkelgeschwindigkeit ($2\pi f$, Radian/Sek. siehe Fußnote auf S. 160).
x	Reaktanz.
X	irgendeine Entfernung.
ξ	Gleichrichterwirkung.
Y, y	Admittanz.
η	Wirkungsgrad.
Z, z	Impedanz.
$>$	größer.
$<$	kleiner.
$\angle$	komplexe Zahl $(a + jb)$.
$\wedge$	einfach symbolisch.
$\mathbin{\wedge\!\!\!\wedge}$	zweifach symbolisch.
$\underset{\cdot}{A}$	= Vektor des Skalars A.
Σ	Summenzeichen.

Zeichenerklärung.

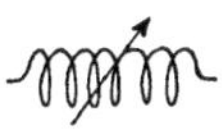	Veränderliche Luftspule.
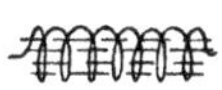	Spule mit Eisenkern.
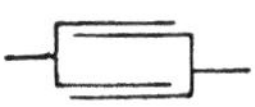	Leydenerflasche oder Verlustkondensator.
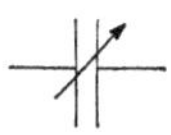	Veränderlicher Luftkondensator.
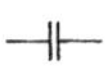	Blockkondensator.
	Widerstand.
	Negativer Widerstand.
	Kristalldetektor oder Gleichrichter.
	Hörtelephon.
	Volt-, Ampere-, Galvanometer.
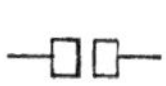	Gewöhnliche Funkenstrecke.
	Stoßfunkenstrecke.
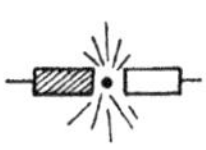	Lichtbogenstrecke.
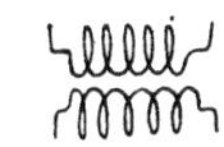	Lufttransformator.
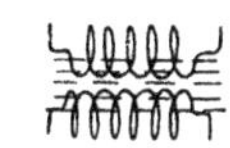	Transformator mit Eisenkern.
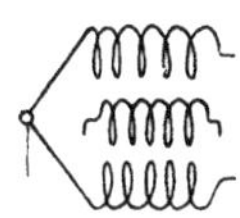	Luft. } Differentialtransformator
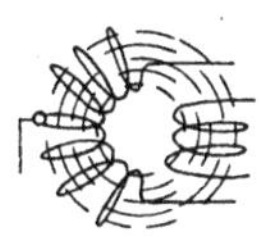	Eisen. } Differentialtransformator
	Schalter.
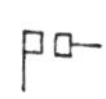	Unterbrecher.
	Oszilloskop.
	Braunsche Kathodenstrahlenröhre.
	Zwei-Elementröhre.
	Gewöhnliche Drei-Elementröhre.
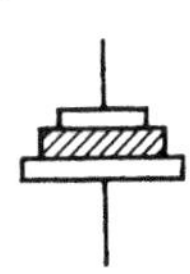	Piezo-elektrisches Element.

I. Hochfrequenzgeneratoren.

1. Gedämpfte und kontinuierliche Wellen. Nach der Form der Strom- und Spannungskurve kann man folgende Stromerzeuger unterscheiden:

1. für kontinuierliche Wellen,
2. für aufeinanderfolgende gedämpfte Wellenzüge.

Die erste Gruppe schließt dann sowohl alle Hochfrequenzströme ein, die mehr oder weniger sinusförmig sind, als auch diejenigen, welche irgendeine andere Wellenform haben. Liegen gedämpfte Wellenzüge vor, dann hat man es mit einer bestimmten Frequenz zu tun, wenn ein einziger[1]) Stromkreis besteht, während für gewöhnliche Funkenerregung und gekoppelte Schwingungskreise mehrere Periodenzahlen auftreten. Die Tabelle 1 stellt die wichtigsten Generatoren[2]) zusammen.

2. Die gewöhnliche Funkenerregung. Die Anordnung Abb. 1 stellt die Vorgänge bei der gewöhnlichen Funkenerregung dar. Man unterscheidet hierbei folgende Periodenzahlen:

1. Die Periodenzahl des Speisestroms, d. h. diejenige des Niederfrequenzstromes, ungefähr 50 bis 800 in der Sekunde. Sie läßt sich aus der Drehzahl und Polzahl der Niederfrequenzquelle berechnen.

2. Die Periodenzahl der Funken oder die Wellengruppenfrequenz, welche bisweilen den doppelten Wert der Frequenz des Speisestroms hat. Dieselbe hängt von der Funkenlänge, Spannung und Frequenz des Speisestroms und der Größe der Kapazität im Schwingungskreise ab.

3. Die Periodenzahl des Hochfrequenzstroms, welche im allgemeinen aus der Induktivität und Kapazität des Schwingungssystems berechenbar ist.

---

[1]) Für einen einzigen „offenen“ Stromkreis treten mehrere Periodenzahlen auf, wie in Abb. 253, 254 usf. gezeigt ist.

[2]) Die gewöhnlichen Funkenerreger und Unterbrecherschaltungen sind nur kurz behandelt, da die angegebenen Abbildungen die bekannten Grundlagen andeuten. Da die Technik der Vakuumröhre die verschiedenen Meßmethoden bedeutend vereinfacht hat, so sind Hochfrequenzquellen dieser Art ausführlich behandelt.

Tabelle 1.

Wellenform	Art der Erregung		Praktische Fälle
Gedämpfte Wellenzüge.	Gewöhnliche Erregung. Die Periodenzahl ist aus den Kreiskonstanten berechenbar. Man hat zwei Frequenzen, wenn ein zweiter Schwingungskreis angekoppelt ist.	Gewöhnlicher Funkenstreckenoszillator.	Alle Schwingungserzeuger, welche gewöhnliche Funkenstrecken verwenden. (Keine Stoßerregung.)
Schwach gedämpfte Wellenzüge.	Stoßerregung. Die Periodenzahl hängt nur von den Konstanten des angestoßenen Kreises ab und ist deshalb die einzige vorkommende Frequenz.	Stoßerregung. 1. Funkenstrecke löscht den Funken mittels Kühlung und guter Entionisierung. 2. Löschröhren unterbrechen den Funken. 3. Mechanisches Abreißen des Funkens.	1. Wiensche Stoßfunkenstrecke, Peuckert-, Lepel-, Chaffee- und Poulsen-Lichtbogenstrecken. 2. Wiensche Löschröhren. 3. Rotierende Funkenstrecken, wenn die richtige Umlaufsgeschwindigkeit eingestellt ist; die Unterbrechererreger von Dr. Eichhorn und Dr. Austin.
Schwach gedämpfte Wellenzüge.	Stoßerregung, wie oben.	Stoßerregung. Der Widerstand des Primärkreises löscht den Funken aus.	Nesper-Stoßkreis mit ausgeprägter Dämpfung (Abb. 2).
Ungedämpfte Wellen. Sinusförmig mit Harmonischen.	Ferro-magnetische Maschinen. Die Frequenz ist entweder teilweise oder vollständig von der Tourenzahl abhängig.	Rotierende Maschinen. 1. Synchronmaschinen, die das Reflektionsprinzip benutzen. 2. Induktormaschine 3. Kaskadenmaschine.	Hochfrequenzmaschinen von 1. Goldschmidt, 2. Alexanderson-Fessenden, 3. Latour, 4. K. Schmidt (ETZ. Bd. 40, S. 410, 1923).
Ungedämpfte Wellen. Mehr oder weniger sinusförmig.	Stromerzeuger ohne Ferromagnetikum. Die Frequenz ist mittels der Konstanten der Schwingungskreise berechenbar (mit Ausnahme gewisser Lichtbogenschwingungen).	Stillstehende Generatoren. Glühende Kathodenröhrenoszillatoren und Lichtbogenoszillatoren bei richtiger Einstellung.	Alle Arten von glühenden Kathodenröhren; Poulsenlichtbogen und Bögen von Chaffee, Lepel, Peuckert usf. Piezo-Oszillator.

4. Die Periodenzahl der Schwebungen für den Fall gekoppelter Schwingungskreise. Dieselbe ist großenteils durch den Grad der Kopplung gegeben.

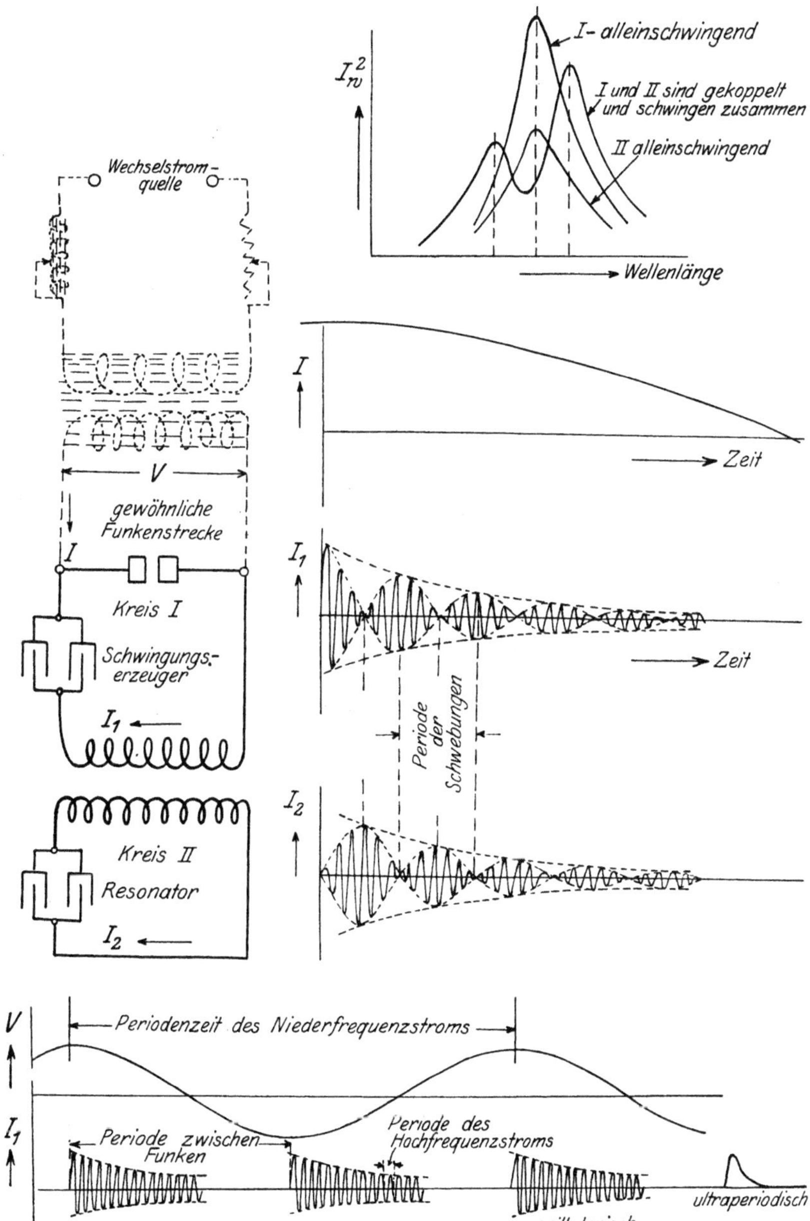

Abb. 1. Die gewöhnliche Funkenerregung.

Wenn r, L und C die wirksamen Kreiskonstanten, Widerstand, Selbstinduktion und Kapazität des Systems bedeuten, so ist

$$r^2 \left\{\begin{matrix} > \\ = \\ < \end{matrix}\right\} \frac{4L}{C} \text{ für } \left\{\begin{matrix} \text{eine ultraperiodische} \\ \text{eine aperiodische} \\ \text{eine oszillatorische (periodische)} \end{matrix}\right\} \text{Entladung}^{1)},$$

und die Periodenzahl der letzteren ist durch die Beziehung

$$f^{-\text{Sek.}} = \frac{1}{2\pi}\sqrt{\frac{1}{CL} - \left(\frac{r}{2L}\right)^2} \cong \frac{1}{2\pi\sqrt{C^F L^H}}$$

gegeben. Wenn N die Wellengruppenfrequenz in der Sekunde und V_0 die Anfangsspannung des Kondensators bedeutet, so ist die Hochfrequenzleistung mittels des Ausdruckes

$$W^{\text{Watt}} = \tfrac{1}{2} N C V_0^2$$

berechenbar. Diese Leistung wird am besten durch Vergrößerung der Funkenfrequenz N gesteigert, da eine Änderung von C die Wellenlänge und eine zu große Erhöhung der Funkenspannung den Wirkungsgrad ändert.

Wenn ein Resonator auf den Schwingungskreis abgestimmt ist ($C_1 L_1 = C_2 L_2 = CL$), so hat man für einen Kopplungskoeffizienten $\varkappa = M/\sqrt{L_1 L_2}$ in jedem Stromkreise zwei Wellenlängen λ_A und λ_B mit den entsprechenden logarithmischen Dekrementen δ_A und δ_B, welche größer und kleiner als die Eigenwellenlänge λ und das Eigendekrement δ der bezüglichen abgestimmten Kreise sind. Folgende Formeln können dann in guter Annäherung benutzt werden[2]):

$$\begin{aligned} \lambda_A &= \lambda\sqrt{1+\varkappa} \\ \lambda_B &= \lambda\sqrt{1-\varkappa} \end{aligned} \qquad \lambda^m = \lambda_1 = \lambda_2 = 6\pi\, 10^8 \sqrt{C^F L^H}$$

$$\left.\begin{aligned} \delta_A &= \frac{\delta_1+\delta_2}{2\sqrt{1+\varkappa}} = \frac{\delta_1+\delta_2}{2}\lambda/\lambda_A \\ \delta_B &= \frac{\delta_1+\delta_2}{2\sqrt{1-\varkappa}} = \frac{\delta_1+\delta_2}{2}\lambda/\lambda_B \end{aligned}\right\} \left.\begin{aligned} \delta_1 &= \frac{r_1^{\text{Ohm}}}{2L_1^H} T_1^{\text{Sek.}} \\ \delta_2 &= \frac{r_2}{2L_2} T_2 \end{aligned}\right\} \begin{aligned} T^{\text{Sek.}} &= T_1 = T_2 \\ &= 2\pi\sqrt{C^F L^H}. \end{aligned}$$

---

1) Kontinuierliche Schwingungen können in einem Sekundärsystem erzeugt werden, wenn mehrere Primärsysteme mit rotierenden Funkenstrecken gedämpfte Wellenzüge einander in der richtigen Phase überlagern, oder wenn Stromstöße, die von einem Dreiphasensystem entnommen werden, sich in abgestimmten Kreisen ansammeln und in der richtigen Phase auf einen gemeinsamen Resonator einwirken.

2) Die einfachste Wellenformel ist $\lambda^{\text{cm}} = 2\pi\sqrt{C^{\text{cm}} L^{\text{cm}}}$. Im allgemeinen gelten folgende Beziehungen für die praktischen Einheiten

$$\begin{aligned} \lambda^{\text{m}} = 3\cdot 10^8 \cdot T^{\text{Sek.}} = \frac{3\cdot 10^8}{f^{-\text{Sek.}}} &= 3\cdot 10^8 \cdot 2\pi\sqrt{C^F L^H} \\ &= 1884\sqrt{C^{\text{MF.}} L^{\text{MH.}}} \\ &= 1\,884\,000\sqrt{C^{\text{MF.}} L^{\text{H}}}. \end{aligned}$$

3. Die Stoßerregung. Eine Erregung dieser Art erzeugt im Sekundärkreis schwach gedämpfte Wellenzüge einer einzigen Frequenz, da das Primärsystem während des größten Teiles des Verlaufs eines Wellenzuges einen offenen Kreis darstellt. Die Frequenz und das Dekrement sind deshalb nur von den wirksamen Konstanten des Sekundärkreises abhängig. In Abb. 2 erzeugt ein passend großer Widerstand im Stoßkreis soviel Dämpfung, daß der Funken auslischt. Wenn Funkenstrecken für solche Wirkungen verwendet werden sollen, so kommen die bekannten Systeme von Wien, Chaffee, Glatzel, Lepel, Peuckert

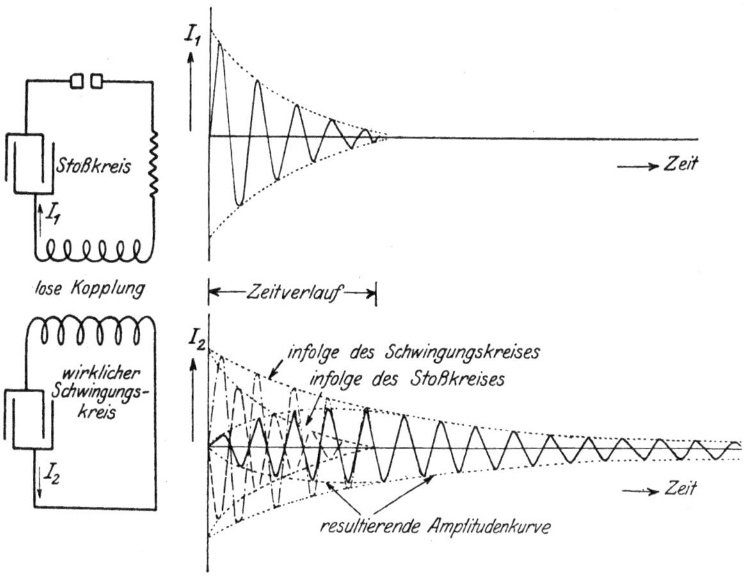

Abb. 2. Die Stoßerregung von Nesper.

u. dgl. in Betracht. Strom- und Spannungsverläufe bei diesen Vorgängen zeigen die Abb. 3 und 4. Die Erregung nach Dr. Chaffee hat den Vorteil, daß bei richtiger Wahl der Konstanten und der Spannung kontinuierliche Schwingungen[1]) mittels Stoß erzeugt werden. Die Elektrizitätsmenge des Kondensators C_1 entlädt sich dann längs einer Wellenhälfte (Halbschleife), ähnlich wie bei Lichtbogenschwingungen der zweiten Art. Hierauf erlischt der Bogen zwischen der Aluminiumkathode und Kupferanode[2]), so daß der Kreis C_2—L_2 sich gemäß seiner Eigenperiode ungehindert entladen kann. Der Schwingungsstrom im

[1]) Wenn der Widerstand im Kreise C_2—L_2 klein gewählt ist, so kann man eine umgekehrte Ladefrequenz von 2 bis 5 erzielen (s. Abb. 92—X), d. h. 2 bis 5 volle Schwingungen spielen sich dann zwischen nachfolgenden Elektrodenentladungen ab.

[2]) Der Raum zwischen den Elektroden enthält feuchten Wasserstoff.

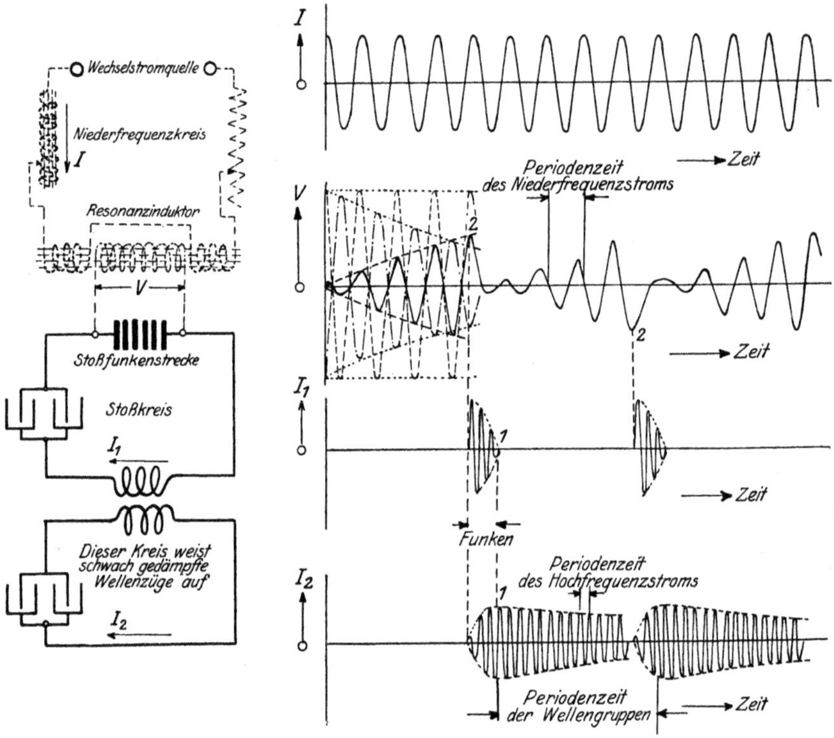

Abb. 3. Abspielung der Stoßerregung mit einem Funkeninduktor.

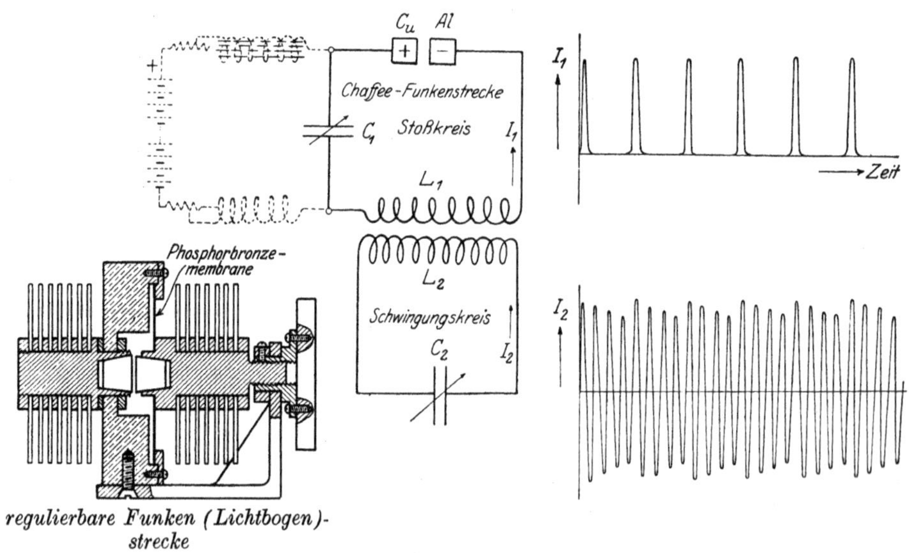

Abb. 4. Kontinuierliche Schwingungen mittels Stoßerregung.

Sekundärkreis induziert dann eine solche Spannung zwischen den Elektroden im Stoßkreis, daß ein neuer Stoß in der richtigen Phase ausgelöst wird und kontinuierliche Schwingungen im Sekundärkreis entstehen.

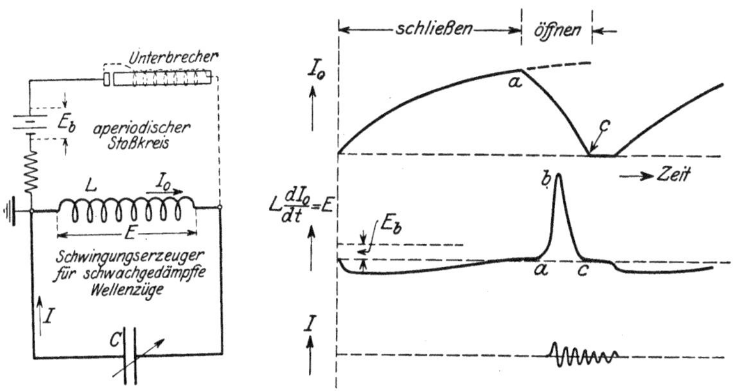

Abb. 5. Die Stoßerregung (Unterbrecher) von Dr. Eichhorn.

Wenn eine Stoßerregung mittels mechanischer Apparate hervorgerufen werden soll, so können die Unterbrecherschaltungen (sog.

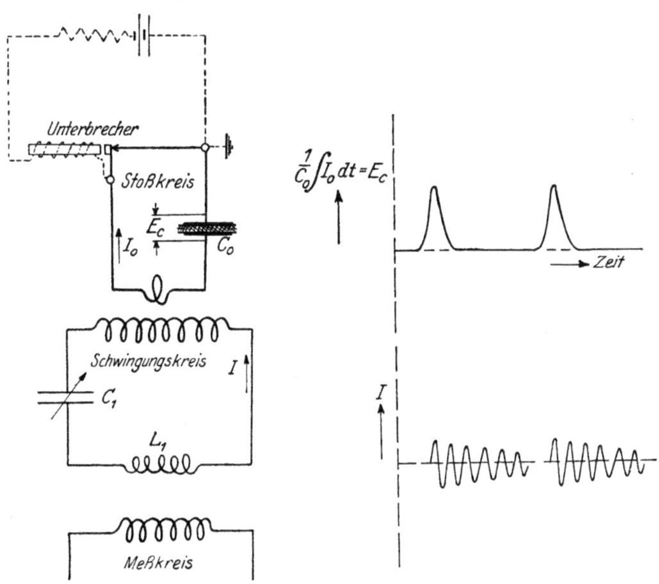

Abb. 6. Die Stoßerregung (Unterbrecher) von Dr. Austin.

Summererregung) von Dr. Eichhorn und Dr. Austin (Abb. 5 und 6) oder rotierende Funkenstrecken (Abb. 7) verwendet werden. Die letzte Methode ist dann von Vorteil, wenn große Leistungen und hohe

Wellengruppenfrequenzen (500 bis 2000 per Sekunde) verlangt werden, da die rotierenden Elektroden den Funken im richtigen Zeitpunkte abreißen können, im Falle die Umdrehungsgeschwindigkeit und die Funkenspannung richtig gewählt sind. Die Unterbrechererreger scheinen besonders zweckentsprechend für Messungen von Induktivität, Kapazität und Widerstand oder wenn ein Wellenmesser erregt oder als Hochfrequenzquelle benutzt werden soll. Die Schwingungen sind praktisch einwellig und schwachgedämpft.

4. Ferromagnetische Generatoren. Hochfrequenzmaschinen von Goldschmidt, Latour, Schmidt und Alexanderson-

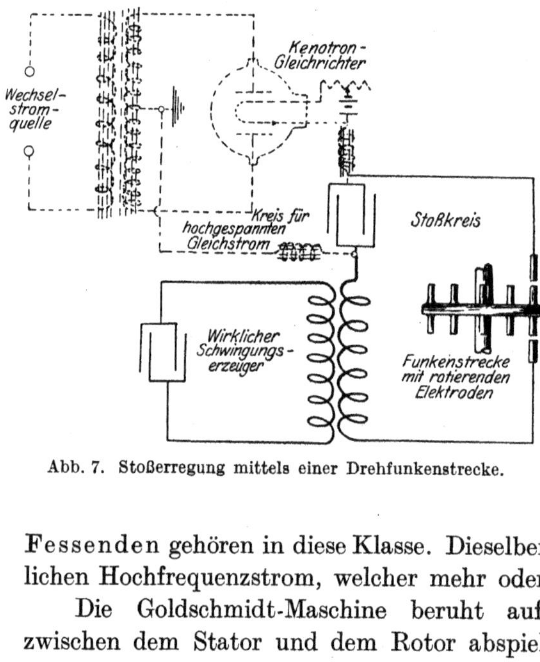

Abb. 7. Stoßerregung mittels einer Drehfunkenstrecke.

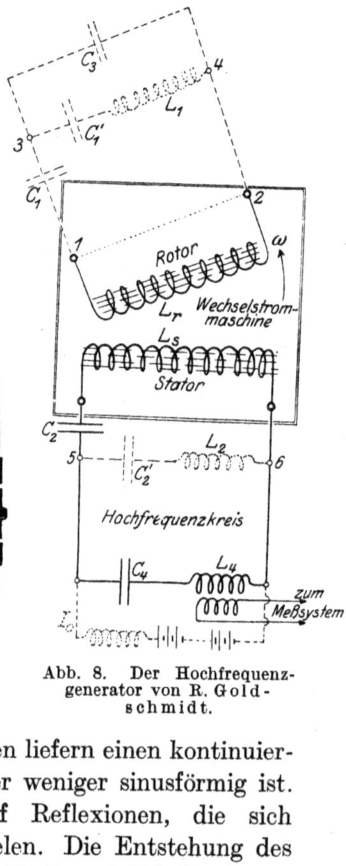

Abb. 8. Der Hochfrequenzgenerator von R. Goldschmidt.

Fessenden gehören in diese Klasse. Dieselben liefern einen kontinuierlichen Hochfrequenzstrom, welcher mehr oder weniger sinusförmig ist.

Die Goldschmidt-Maschine beruht auf Reflexionen, die sich zwischen dem Stator und dem Rotor abspielen. Die Entstehung des endgültigen Hochfrequenzstroms ist durch Abb. 8 und Tabelle 2 veranschaulicht. Die Abstimmung ist in Tabelle 3 erklärt.

Der Alexanderson-Fessenden-Generator ist eine Induktormaschine, die durch die obere Darstellung der Abb. 9 veranschaulicht ist. Der erregende Gleichstrom $\bar{I}$ ruft einen Kraftfluß Φ hervor, der einen Maximalwert annimmt, wenn die Induktorspeichen dem Statoreisen gegenüberstehen. Ein Minimalwert ist dann erreicht, wenn die Armaturpole den Lücken des Rotors gegenüberstehen. Diese periodischen Schwankungen von Φ erzeugen den gewünschten Hochfrequenzstrom

Tabelle 2.

Nacheinander-folgende Erscheinungen	Was stattfindet	Im Stator (L_s)	Im Rotor (L_r)
1	Zuerst	fließt ein kontinuierlicher Gleichstrom I_0 der Frequenz $f = 0$.	
2	Er erzeugt den konstanten Fluß Φ_0 der in der Rotorspule L_r		eine EMK-E_1 der Frequenz f induziert (für zwei Pole ist $f = U \cdot P \cdot S$).
3	Diese sendet		einen Strom I_1 derselben Frequenz durch die Spule.
4	I_1 ruft hervor den Fluß Φ_1, der erzeugt	eine EMK-E_2, deren eine Komponente E_2' die Frequenz $f + f$ und andere Komponente E_2'' die Frequenz $f - f = 0$ hat, d. h. einen Gleichstrom erzeugt.	
5	Dies ergibt	einen überlagerten Strom I_2 von Frequenz $2f$.	
6	I_2 liefert den Fluß Φ_2 der erzeugt		E_3' der Frequenz $2f + f = 3f$ und E_3'' der Frequenz $2f - f = f$, das sich addiert zu E_1.
7	Infolge von E_3'		fließt ein induzierter Strom I_3 der Frequenz $3f$.
8	Der entstehende Fluß Φ_3 erzeugt	E_4' der Frequenz $3f + f = 4f$ und E_4'' der Frequenz $3f - f = 2f$.	
9	Erzeugt und	I_4 der Frequenz $4f$ vermehrt den Strom I_2 der Frequenz $2f$.	

und so fort.

Tabelle 3.

Nacheinanderfolgende Einstellungen	Stromkreis	Durch die Beziehungen befriedigt	Wirkungen
1. Abstimmung von Kreis	$L_r C_1 C_1' L_1$ für f	$(2\pi f)^2 L_r C_1 = 1$ und $(2\pi f)^2 L_1 C_1' = 1$	erzeugt praktisch eine Nullpotentialdifferenz zwischen 3 und 4 und vergrößert die Amplitude von I_1 ohne merkbaren Verlust.
2. Abstimmung von Kreis	$L_s C_2 C_2' L_2$ für $2f$	$(2\pi 2f)^2 L_s C_2 = 1$ und $(2\pi 2f)^2 L_2 C_2' = 1$	Spannung zwischen 5 und 6 Null und vergrößerter Strom I_2 durch den niedern Impedanzzweig $C_2' L_2$.
3. Abstimmung von Kreis	$L_r C_1 C_3$ für $3f$	$(2\pi 3f)^2 L_r \frac{C_1 C_3}{C_1 + C_3} = 1$	I_3 kann ungehindert durch C_3 und C_1 fließen, während der Zweig $C_1' - L_1$ eine sehr hohe Impedanz für $3f$ darstellt und nur einen sehr kleinen Teil von I_3 durchlassen kann.
4. Abstimmung von Kreis	$L_s C_2 C_4 L_4$ für $4f$	$(2\pi 4f)^2 (L_s + L_4) \frac{C_2 C_4}{C_1 + C_4} = 1$	öffnet die Strombahn für I_4 zum Hochfrequenzkreis (stark ausgezogener Zweig). Nur sehr wenig Energie fließt dann durch die hohe Impedanz des Zweiges $C_2' L_2$ im Vergleich zur Leistung im Zweige $C_4 L_4$.
5.	Alle Kreise werden dann schärfer abgestimmt. Dies geschieht am besten dadurch, daß man zur selben Zeit zwei Kreise abstimmt und die Resonanzbedingung mittels eines Strommessers feststellt.		

in den Wechselstromwindungen. Da in der Gleichstromwindung ebenfalls eine Wechselspannung induziert werden würde, so sind in der Hochfrequenzmaschine zwei Erregerspulen so angeordnet und verbunden, daß die hochfrequenten Wechselspannungen sich aufheben.

Die Maschine von Latour besteht aus mehreren Generatoren in Kaskadenanordnung. In Abb. 10 stellen S_1, S_2, S_3, S_4 die stillstehenden

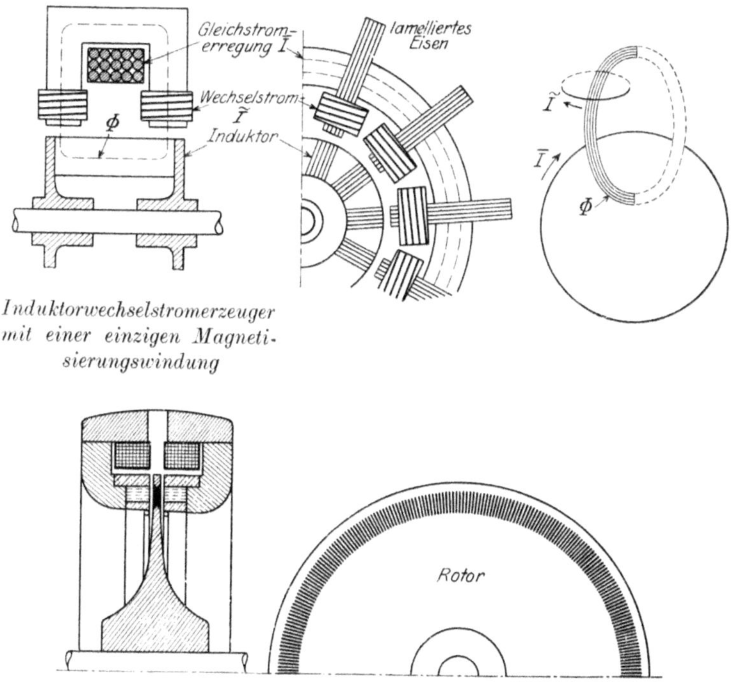

Abb. 9. Alexanderson-Fessenden-Generator mit zwei Magnetisierungswindungen und zwei Wechselstromzweigen.

Teile (Statoren) und R_1, R_2, R_3, R_4 die rotierenden Teile (Rotoren) von vier Maschinen dar. Die erste Maschine wird mittels Gleichstrom erregt und liefert einen Zweiphasenstrom der Periodenzahl f. Das Drehfeld dieser zwei Phasen läuft im zweiten Generator der Drehrichtung des Rotors entgegen und induziert deshalb einen Zweiphasen strom der Periodenzahl $2f$ im entsprechenden andern Teile dieses Generators. Das Drehfeld dieses doppelperiodischen Stromes induziert in der dritten

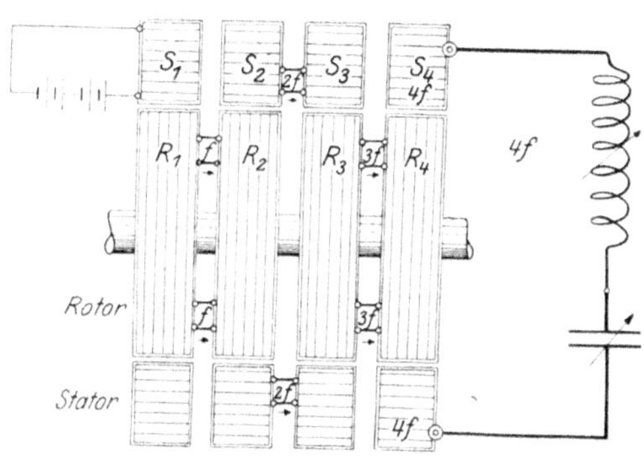

S_1, R_2, S_3, R_4 enthalten die Erregerwindungen. S_4 gibt den endgültigen Hochfrequenzstrom ab.

Abb. 10. Die Kaskadenmaschine von Latour.

Maschine infolge der entgegengesetzten mechanischen Drehung einen Strom der Periodenzahl $3f$ und dieser Strom mittels der relativen Verschiebung in der vierten Maschine den endgültigen Hochfrequenzstrom der Frequenz $4f$, welcher in dem stark ausgezogenen Kreise fließt. Die Schleifringe sind dadurch vermieden, daß man abwechslungsweise mittels des Stators, dann mit dem Rotor, Stator usf. die entsprechenden Teilgeneratoren erregt. Kondensatoren sind zwischen den verschiedenen Maschinen eingeschaltet, um die Streureaktanz zu kompensieren, nachdem die beste Erregung für eine gewisse Belastung eingestellt ist[1]).

Ungedämpfte Schwingungen können auch mittels einer von Herrn Dr. L. F. Fuller[2]) angegebenen Anordnung erzeugt werden (U.S.-Patent 1 381 626, 14. Juni 1921). Ein Drehstrom gewöhnlicher Frequenz erregt in Dreieckschaltung eine ringförmige Windung, welche einen Eisenkern enthält. Diese Spule wirkt als Phasenvervielfacher, wenn man die Enden der vielen Durchmesser als Abzweigsquellen ansieht. Die zwei Enden eines solchen Durchmessers führen zu den Primärklemmen eines Stoßtransformators. Die Primär- sowohl wie seine Sekundärwindungen sind auf einen lamellierten Eisenkern mit kleinem Querschnitt aufgewunden, während die Querschnitte der äußeren Schenkel, welche die Spulen umgeben, reichlich bemessen sind. Die magnetische Feldkurve ist deshalb beinahe rechteckig. Infolgedessen werden zu Beginn einer jeden Wellenhälfte in der Sekundärspule hohe Spannungsstöße induziert. Beträgt die Zeitdauer eines solchen Spannungsstoßes $^1/_{49}$ der halben Perioden des Niederfrequenzstromes, z. B. $^1/_{1000}$ Sekunde, und wirken 49 Stoßtransformatoren mit den Sekundärwindungen auf ein Resonanzsystem ein, so erhält man einen Hochfrequenzstrom von $f = 49\,000$ in der Sekunde.

Stillstehende Schwingungserzeuger für ungedämpfte Wellen.

5. Lichtbogengeneratoren. Generatoren der Poulsenart beruhen auf der Wirkung eines negativen Widerstandes, der in einem

[1]) Die Generatoren, die mittels Frequenztransformatoren den endgültigen Hochfrequenzstrom erzeugen, sind hier nicht besonders beschrieben, sondern im Kapitel über Frequenzwandler behandelt.

[2]) Nach der Zeitschrift El. u. Maschinenb., S. 48, 22. Januar, 1922, ist ein ähnliches Verfahren von Herrn Prof. R. Arno, Mailand, patentiert worden (D. R. P. Nr. 320 957). Ein Drehstromgenerator ist an die Punkte eines gleichmäßig bewickelten Ringes (Phasenwandler) angeschlossen, auf dem eine Anzahl Sekundärspulen angebracht sind, in welchen untereinander phasenverschobene Ströme der gewünschten Spannung durch das umlaufende Drehfeld erzeugt werden. Jede der Sekundärspulen ist mit einer Kapazität, Induktanz und Funkenstrecke zu einem Schwingungskreis vereinigt, der eine Primärwicklung eines Transformators speist. Dieser erhält eine einzige, allen Schwingungskreisen gemeinsame Sekundärspule.

Resonanzsystem kontinuierliche Schwingungen aufrechterhalten kann, da eine positive Spannungsänderung eine entsprechende Stromverringerung in dem Widerstand hervorruft. In der Anordnung der Abb. 11 entsteht ein Lichtbogen zwischen einer mit Wasser gekühlten Kupferanode und einer Kohlenkathode. Der Lichtbogen, welcher den unreinen negativen Widerstand bildet, brennt in einer Gasmischung aus Alkohol, Kerosen, Wasserstoff, Wasserdampf u. dgl. welche die Volt-Amperecharakteristik des Bogens rascher abfallen läßt. Für Großgeneratoren wird fernerhin ein transversales magnetisches Feld angewendet, um die Entionisierung ausgeprägter zu machen. Dies hat jedoch auf die Wellenform einen bedeutenden Einfluß.

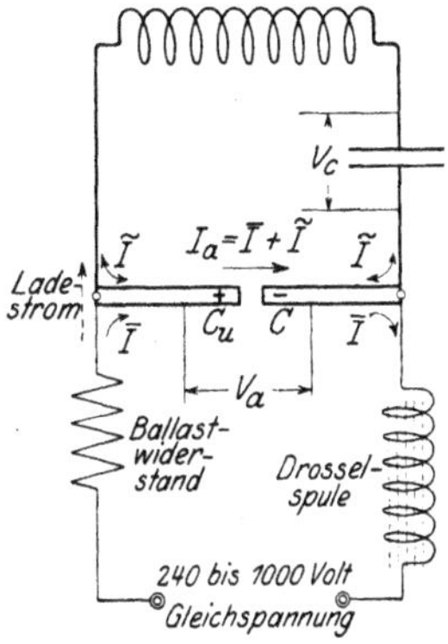

Abb. 11. Der Lichtbogengenerator (Poulsen).

Die Schwingungen, die im Parallelzweig des Lichtbogens entstehen, haben in vielen Fällen keine oder nur angenäherte Sinusform. Dies ergibt sich aus den Darstellungen der Abb. 12. Zur rechten Seite jeder Darstellung ist die entsprechende dynamische Bogencharakteristik eingezeichnet. Dieselbe kann mittels der Braun'schen Röhre und dem in Abschnitt 191 angegebenen Verfahren gewonnen werden.

Die Entstehung der Schwingungen läßt sich in folgender Weise erklären:

Die konstante Gleichspannung erzeugt in dem Lichtbogen sowohl als auch in dem Kondensatorzweige zunächst Ströme. Wenn der Kondensator vollständig aufgeladen ist, so fließt dessen Stromanteil durch den Lichtbogen. Die Stromvergrößerung in ihm ruft dann eine entsprechende Spannungsabnahme zwischen den Bogenklemmen und demnach auch am Kondensator hervor. Der Kondensator entladet sich hierauf, und das Spiel beginnt wie zuvor bei der Ladung.

Für die praktische Verwendung ist die Konstanz des Speisestroms von großer Bedeutung. Sie wird mittels Drosselspulen, Ballastwiderständen und einer genügend großen aufgedrückten Gleichspannung erreicht ($V = 240$ bis 1000 Volt).

Die Schwingungen der ersten Art führen nur wenig Leistung. Sie sind beinahe sinusförmig, und die Wellenlänge kann mittels der Formel

$$\lambda^m = 6\pi\, 10^8 \sqrt{C^F L^H}$$

berechnet werden. Solche Schwingungen können für die Bestimmung von Kreiskonstanten, wie Kapazität, Induktivität und Widerstand, verwendet werden (im Falle keine zu hohe Periodenzahlen verlangt sind). Man erkennt die Schwingungen der ersten Art dadurch, daß der Gleichstrom $\bar{I}$, der dem Lichtbogensystem zufließt, größer als der maximale Wert $\tilde{I}_{\max}$ im Kondensatorzweig ist.

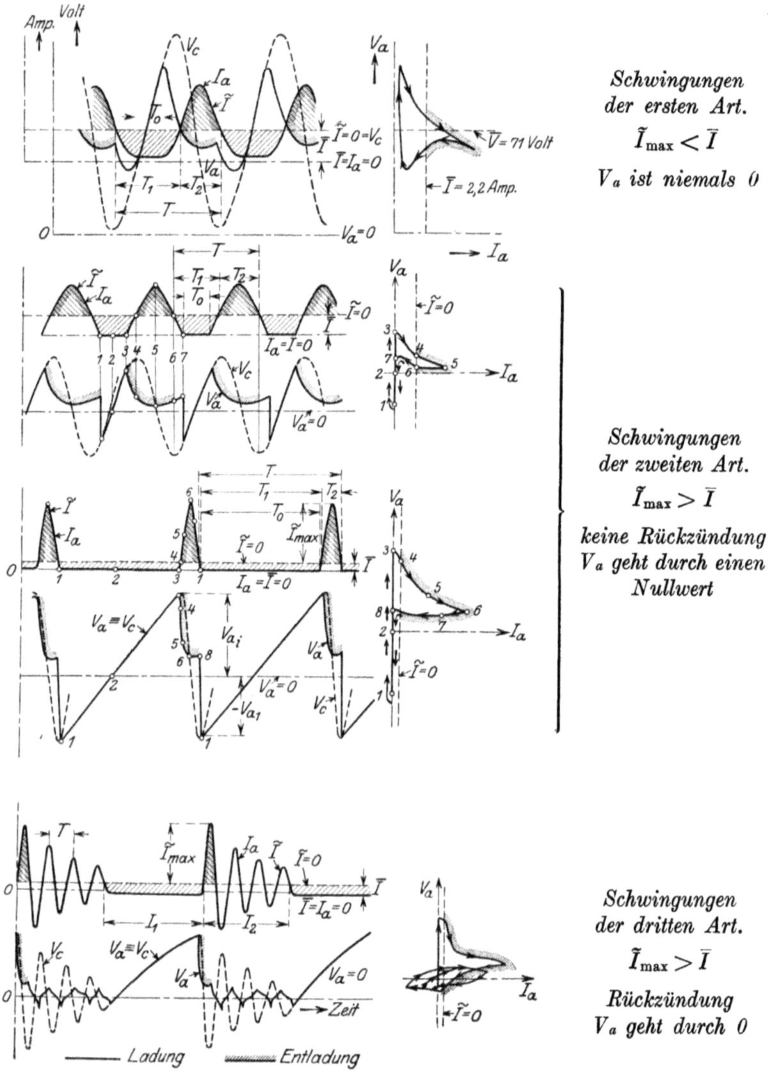

Abb. 12. Die drei Arten von Lichtbogenschwingungen.

Die Schwingungen der zweiten Art sind von größter praktischer Bedeutung. Obige Wellenlängenformel kommt für sie kaum mehr in Betracht und besonders dann, wenn größere Energiemengen mittels eines magnetischen Transversalfeldes gewonnen werden. Es ist dann am besten, die Frequenz mittels eines Wellenmessers zu bestimmen. Obige Schwingungen sind dann vorhanden, wenn die Schwingungen

Schwingungen der ersten Art haben gewöhnlich sehr geringe Leistung, können mit großem Vorteil zur Bestimmung von Widerstand, Kapazität und Induktivität benutzt werden.

Schwingungen der zweiten Art haben große Leistung, kontinuierliche Wellen mit gleichbleibender Amplitude, nicht sinusförmig. Gut für Isolatorprüfungen.

Stöße der zweiten Art haben große Leistung. Lichtbogen ist im wirklichen Sinne des Wortes kein Schwingungssystem mehr und kann als Stoßkreis verwendet werden. Sehr gut für Isolatorenprüfungen.

Schwingungen der dritten Art haben sehr große Leistung, gut für Isolatorprüfungen, wenn gedämpfte Wellen verlangt sind.

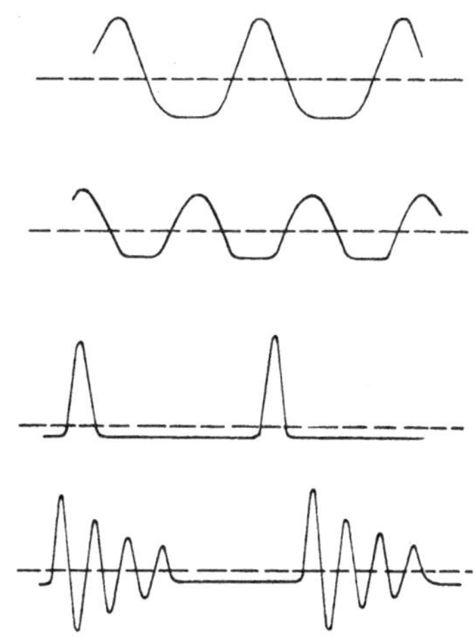

Abb. 13. Anwendungsmöglichkeiten der verschiedenen Lichtbogenschwingungen.

des Kondensatorstromes größer als der Speisestrom sind, d. h. für Werte $\bar{I} = 0{,}87$ bis $0{,}95\,\tilde{I}_{max}$. Bezüglich Laboratoriumsanwendungen sei auf Abb. 13 hingewiesen.

Die Schwingungen der dritten Art haben denselben Charakter wie gewöhnliche Funkenentladungen; die Wellenlängenformel gilt somit. Sie werden dann erzeugt, wenn eine zu hohe Erregerspannung dem System aufgedrückt wird. In vielen Fällen besteht ein Übergangszustand, in dem Schwingungen der zweiten und dritten Art abwechslungsweise auftreten (Abb. 14).

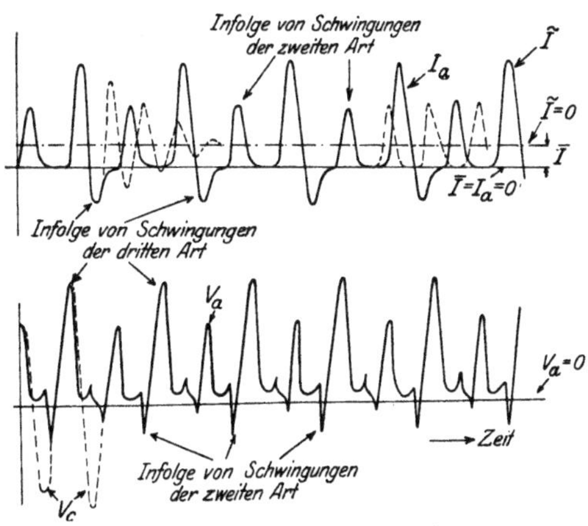

Abb. 14. Gemischte Lichtbogenschwingungen.

Wellen dieser Art sind natürlich nicht für Hochfrequenzmessungen verwendbar.

Die mit Großgeneratoren erzielten Erfolge beruhen auf der Verwendung eines geeigneten und starken magnetischen Transversalfeldes[1]). Nach Dr. L. F. Fuller[2]) ist die Kraftliniendichte des magnetischen Entionisierungsfeldes

$$B = K\frac{\sqrt{\sqrt{V}I}}{\lambda}\,.$$

Der beste empirische Wert für Äthylalkoholgas ist $K = 8{,}5$ und für Kerosen ungefähr $K = 4{,}25$, weil für die meisten Leuchtgase K einen Wert zwischen diesen Grenzen annimmt. Wenn Äthylalkohol als Brennmaterial verwendet wird, so besteht das Lichtbogengas aus einem Gemisch von Wasserstoff und kohlensaurem Gas, da

$$2\,C_2H_5OH \rightarrow CO_2 + 6\,H_2 + 3\,C\,,$$

während infolge der Dissoziation

$$CH_3(CH_2)_8CH_3 \rightarrow 10\,C + 11\,H_2$$

für Kerosen nur Wasserstoffgas den Lichtbogen einhüllt. Die Konstante K kann für ein bestimmtes Gasgemisch berechnet werden, weil die Molekulargeschwindigkeit verschiedener Gase für ein- und dieselbe Temperatur indirekt proportional mit dem Quadratwurzelwert der Gasdichte zunimmt. Da für obige Fälle das Verhältnis von Kerosendichte und Äthylalkoholdichte $^1/_4$ ist, so sieht man, daß K des letzteren Gemisches den doppelten Wert von K_{Kerosen} haben muß.

6. Die gewöhnliche Drei-Elementelektronenröhre[3]) als Schwingungserzeuger. Die wichtigsten grundlegenden Schaltungen sind in Abb. 15 angegeben[4]). Man kann deshalb vier Fälle unterscheiden:

1. Der eigentliche Schwingungskreis ist magnetisch mit dem Gitter und der Anode (Platte) verkettet (Meißner, General Electric Company).

---

[1]) Pedersen, P. O.: I. R.E. 1921, S. 242, und 1917, S. 309 zeigt, daß eine bestimmte Feldstärke den besten Wirkungsgrad und Konstanz sichert. Herr Prof. Pedersen beschreibt fernerhin die Wirkung der Gasdichte usf., ferner I. R. E. 1921, S. 434.

[2]) Fuller, L. F.: I. R. E. 1919, S. 464.

[3]) Zur Abkürzung ist in vielen Röhrenschaltungen die Kathodenquelle durch $^-A^+$, die Anodenquelle durch $^-B^+$ und die Quelle für die negative Gittervorspannung durch $^-C^+$ ausgedrückt.

[4]) Die ersten Glühkathodenschwingungserzeuger scheinen das Verdienst von A. Meißner, E. H. Armstrong und H. J. Round zu sein, trotzdem in manchen Laboratorien ähnliche Erregerschaltungen seit 1913 ausprobiert wurden. Schwingungserzeuger für abnormale Frequenzen (sehr hoch oder sehr niedrig) und ungewöhnliche Spannungs- und Stromzustände wurden von C. W. White im wissenschaftlichen Laboratorium der G. E. Co. ausgearbeitet. Meißner, A.: Electr. 1914; Schäffer, W.: Telefunken-Zg. 1920; White, C. W.: Gen. El. Rev. 1916, Rev. gén. électr. 1919, 15. März; Goldsmith, A. N.: Radio Telephony, und Bucher, E. E.: Vacuum Tubes, Wireless Press.

2. Der Schwingungskreis wird aus der Gitterspule gebildet.
3. Der Schwingungskreis wird aus der Anodenspule gebildet.
4. Teile der Gitter- und Anodenspule bilden die Selbstinduktion des Schwingungskreises.

Alle anderen Anordnungen können entweder auf obige Schaltungen zurückgeführt werden oder verwenden elektrostatische Kopplungen, welche besonders im Bereich sehr hoher Frequenzen von Vorteil

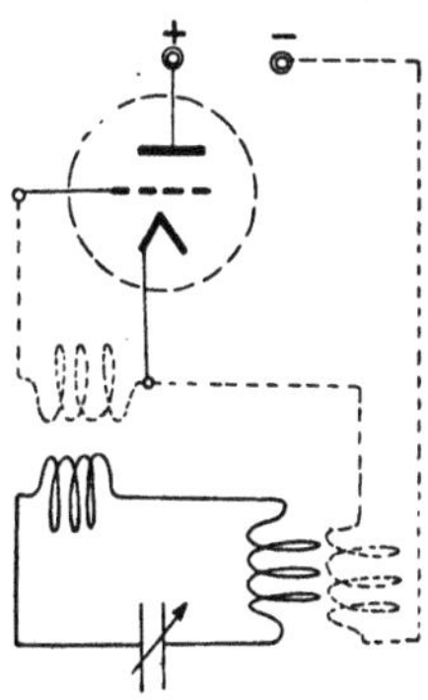

Anoden- und Gitterkreise sind mittels des Oszillators gekoppelt (Meißner)

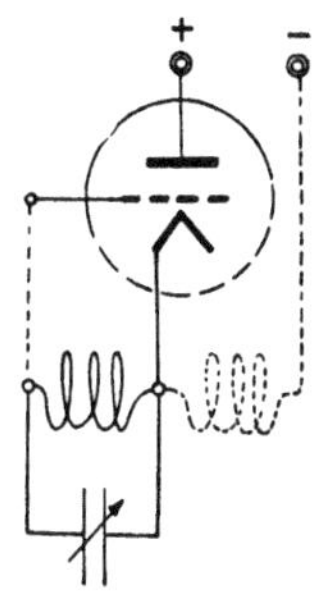

Die Gitterspule bildet die Selbstinduktion des Oszillators

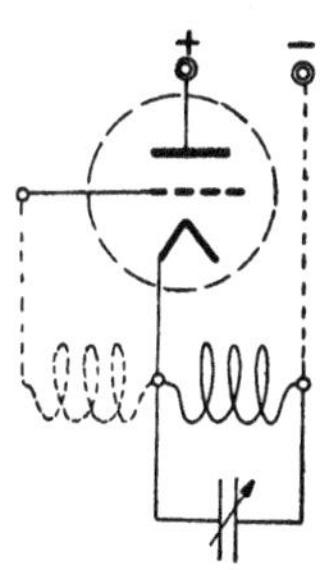

Die Anodenspule bildet die Selbstinduktion des Oszillators

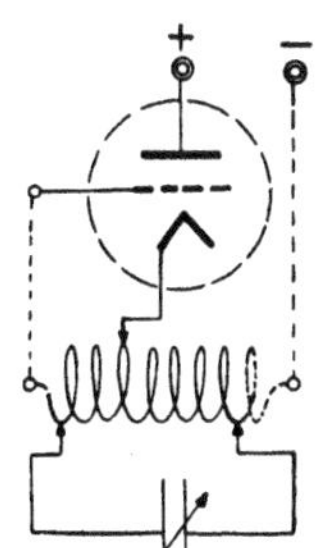

Gute Anordnung, da unabhängige Wellenlängeneinstellung

Abb. 15. Grundlegende Schwingungsschaltungen.

zu sein scheinen. In vielen Fällen[1]) ist es notwendig, daß die Röhre auf dem geeignetsten Teil der inneren Charakteristik arbeitet. Dies erfordert bei manchen Röhren ein überlagertes negatives Gitterpotential, welches entweder mittels einer Gitterbatterie oder eines Gitterkondensators hergestellt wird. Im letzteren Falle wird ein kleiner Kondensator von ungefähr 0,0003 MF. in Reihe mit dem Gitter geschaltet. Wenn die Röhre ein gutes Vakuum aufweist, muß man denselben mit einem hohen Widerstand (ungefähr 10^6 bis $3 \cdot 10^6$ Ohm) überbrücken, so daß die negative Ladung des Gitters zu richtigen Zeiten abfließen

[1]) Wenn die Amplitude der abgegebenen Schwingungen beträchtlich sein soll.

kann. Eine Schaltung dieser Art ist in Abb. 98 angegeben. Die Entladung des Gitters geschieht in diesem Falle innerhalb der Röhre. Die angegebenen Werte des Gitterkondensators und des Parallelwiderstandes sind nur Annäherungen, da jede technische Röhre eine gewisse Einstellung dieser Größen bedarf und es kaum möglich ist, gute Werte für alle Röhren anzugeben. Im allgemeinen kann man aber sagen, daß die Gitterkapazität (in Reihe) klein sein muß, so daß die eine Platte davon rasch negativ aufgeladen werden kann. Die Reaktanz $1/2\pi f C$ muß immer kleiner als der Parallelwiderstand r sein, da sonst alle Elektronen durch den Widerstand abfließen würden und der Oszillator längs des ungeeigneten Teiles der dynamischen Charakteristik arbeitet. Da die Reaktanz von der Frequenz abhängt, so sieht man, daß die Röhre besser für längere Wellen arbeitet, wenn der Parallelwiderstand nicht besonders eingestellt wird.

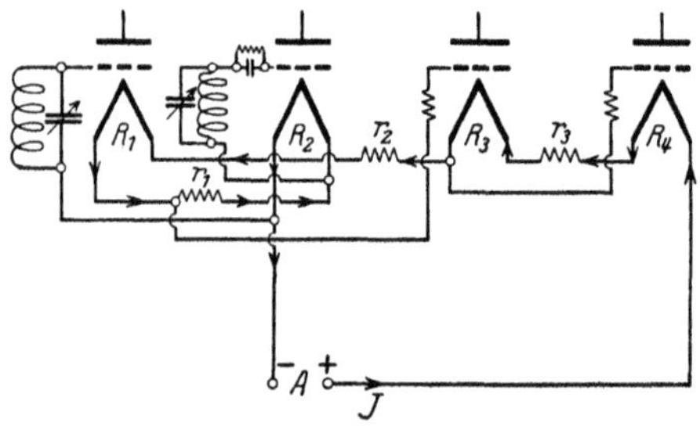

Abb. 16. Erzeugung von Gitterspannung für eine Kaskadenanordnung.

Einen anderen Weg, der die Anwendung einer Gitterbatterie umgeht, zeigt die Anordnung in Abb. 97, wo die Heizbatterie den mittleren Wert des Gitterpotentials erzeugt. Diese Schaltung ist für viele Röhren verwendbar, da ein kleines negatives Gitterpotential in der Regel genügt. Eine Anordnung für die Kaskadenschaltung von Röhren ist in Abb. 16 angegeben.

Für die Erzeugung von Tonfrequenzen stellt die Anordnung in Abb. 17 eine zweckentsprechende Schaltung dar[1]). Diese Anordnung scheint besser als die sonst angegebenen Verfahren zu sein, da kein Eisen verwendet ist und ein gewöhnlicher Luftkondensator die Einstellung von Frequenzen $f = \frac{1}{4}$ in der Sekunde bis zu einer Grenze ermöglicht, für welche die Ströme nicht mehr hörbar sind. Die Wellen sind dann praktisch sinusförmig, da kein Eisen verwendet wird. In derselben Abbildung ist auch eine Anordnung angegeben, mittels welcher man Frequenzen bis zu $f = 150 \cdot 10^6$ in der Sekunde erhalten kann. Die Kondensatoren wie die Induktivitäten (gerade Leiterteile) werden dann sehr klein gewählt. Die höchste Frequenz erhält man, wenn der Kondensator zwischen dem Gitter und der Kathode weggelassen wird. Abb. 18 zeigt eine Anordnung für die Erzeugung von

[1]) Der Schwebungsgenerator kann mit Vorteil für Lautsprechermessungen verwendet werden, da der hörbare Strom annähernd Sinusform hat. Derselbe ist auf S. 316 und 317 näher beschrieben. (Ferner A. Hund, Bureau of Standards Scientific Paper. Vol. 22.)

Strömen des Frequenzbereiches $19 \cdot 10^6$ bis $33 \cdot 10^6 \sim$/Sek. und für größere Leistungen (ungefähr 50 Watt). Die Gitter- bzw. die Anodenspulen bestehen je aus einer einzigen kreisförmigen Windung (L_1 und L_2) mit einem Halbmesser von 9,25 cm und haben einen Abstand von 3 cm. Die Röhrenkapazität bildet zusammen mit L_1 und L_2 den Schwingungskreis, d. h. die Kapazität der Röhre bestimmt wiederum die größte mögliche Frequenz. LL bedeuten Drosselspulen (14 Windungen auf einem Holzzylinder mit 1,25 cm Durchmesser). Wird ein veränderlicher Luftkondensator C_1 zwischen die Anode und das Gitter geschaltet, so

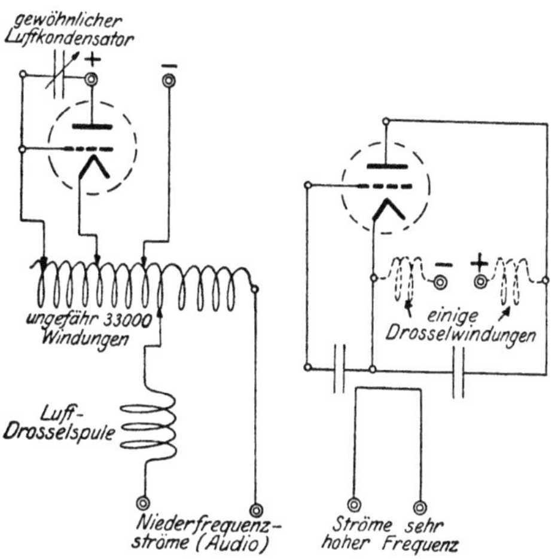

Abb. 17. Röhrengeneratoren für sehr niedere und sehr hohe Periodenzahlen.

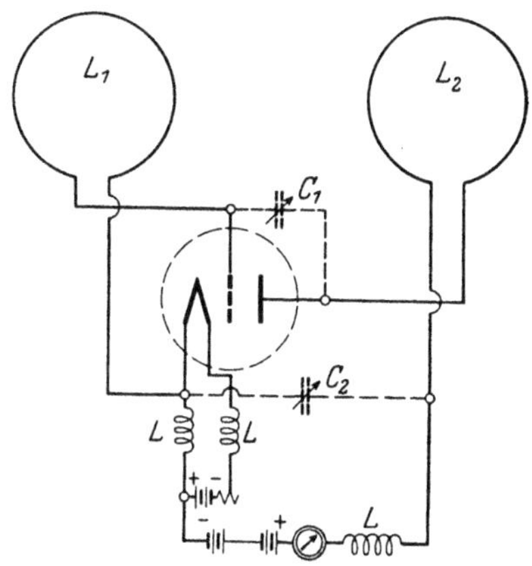

Abb. 18. Schaltung für die Erzeugung von Hochfrequenzströmen großer Leistung für $f = 19 \cdot 10^6$ bis $33 \cdot 10^6$ Perioden/Sek.

kann man die Periodenzahl auf ungefähr $17 \cdot 10^6$ herunterbringen. C_2 bildet eine Brücke für den Hochfrequenzstrom und kann auch dazu benutzt werden, die Periodenzahl etwas zu ändern.

Wie aus obigem zu ersehen ist, bedingen die Wirkungen der Zuleitungen und die Röhrenkapazität (10 bis 15 $\mu\mu fd$) die höchste erzeugbare Frequenz. Die Gegentaktanordnungen[1]) der Abb. 19 ergeben ein Mittel, etwas höhere Frequenzen zu erzeugen, da bei symmetrischem Aufbau die Zuleitungen keine Hochfrequenzströme führen können und daher die Periodenzahl nicht beeinflussen. Der Grund dafür ist der, daß die Spulenmitten im Spannungsknoten liegen. Die Gitter- und Anodenspannungen sind deshalb in solchen Knoten angelegt.

[1]) Eccles und Jordan: Electr. Bd. 83, S. 299. 1919; Holborn, F.: Z. Phys. Bd. 6, S. 329. 1921; Mesny, R., und P. David: Comptes Rendus Bd. 177, S. 1106. 1923; Mesny, R.: L'Onde Electrique Bd. 3, S. 99—110, Febr. und S. 25—37, Jan. 1924; Kiebitz, F.: Jahrb. drahtl. Telegr. u. Telef. Bd. 25, S. 4. 1925; Taylor, J.: Experimental Wireless (London) Bd. 2, S. 342. 1925.

Da ferner zwei Röhren Verwendung finden, wird die Leistungsabgabe verdoppelt.

Die Schaltung I der Abbildung zeigt eine solche Anordnung. Der Widerstand r hat einige tausend Ohm (1000 bis 6000 Ohm). Wenn der Generator im Gegentakt arbeitet, wirkt die Anodeninduktivität L_a in der üblichen Weise, und Frequenzen bis zu 10 000 Kiloperioden/Sek. können selbst mit Leistungsröhren erzeugt werden. Manchmal springt die Frequenz zu einem bedeutend höheren Werte über, wenn nämlich die beiden Spulenhälften parallel arbeiten und so die gesamte Induktivität L_a kleiner wird. Die Anordnung arbeitet dann im Gleichtakt.

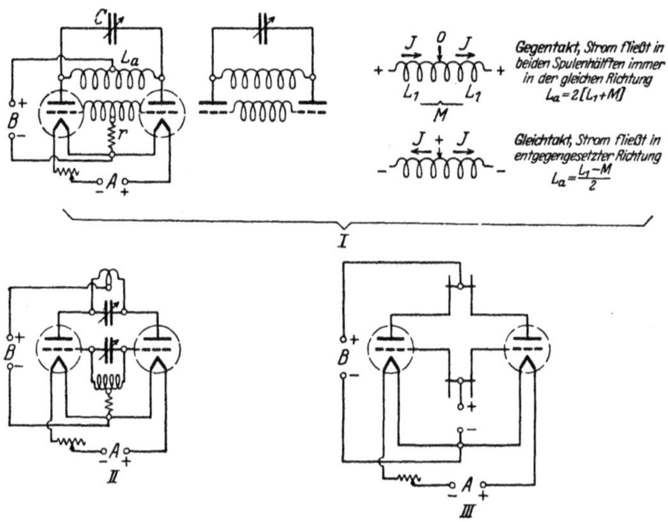

Abb. 19. Die Gegentaktschaltungen für die Erregung sehr hoher Frequenzen (kleiner Wellenlängen).

Für noch höhere Frequenzen (> 10 000 Kiloperioden/Sek.) hat Holborn die Anordnung II mit Erfolg benutzt. Anoden- und Gitterkreise sind hier nur durch die gemeinsamen Kapazitäten verkettet. Es ist dabei vorteilhaft, eine verhältnismäßig kleine Induktivität im Anodenkreis (eine einzige Windung) und eine größere Induktivität (einige Windungen) im Gitterkreis zu verwenden. Für die Kapazitäten gilt das Umgekehrte. Wenn kurze Paralleldrähte ohne jeglichen Kondensator wie in III verwendet werden, so kann man Frequenzen bis zu 150 000 Kiloperioden/Sek. oder Wellenlängen von 2 m erzeugen. Eine positive Gittervorspannung von einigen Volt (10 bis 25 Volt, je nach der Anodenspannung) ist bei dieser Anordnung vorzusehen.

Wenn man die Schaltung von Barkhausen und Kurz[1]) (Abb. 20) verwendet, so kann man mittels Elektronentanz zwischen einer zylinder-

[1]) Barkhausen, H., und K. Kurz: Phys. Z. Bd. 21, S. 1. 1920.

förmigen Anode und einem koaxialen Glühdraht Hochfrequenzströme bis zu 600 Megaperioden/Sek. ($6 \cdot 10^8 \sim$/Sek. entsprechend $\lambda = 50$ cm) und höher erzeugen. Man legt zu diesem Zwecke an den Zylinder eine negative Spannung B und an das Gitter eine positive Vorspannung mit Bezug auf das negative Ende der Glühkathode an. Der Glühfaden wird von der Stromquelle A gespeist. So hat Barkhausen z. B. bei einer Gitterspannung von + 80 Volt und einem negativen Zylinderpotential von 30 bis 40 Volt elektromagnetische Wellen von 40 cm Länge erzeugt. Mittels Paralleldrähten, die vom Gitter und der Anode auslaufen, kann man die Wellenlänge in der gewöhnlichen Weise bestimmen. Die Periodenzahl der Schwingung hängt kaum von den Außenkapazitäten, Induktivitäten und den Zuleitungen ab. Sie ist dagegen von dem Heizstrom der Kathode, den Gitter- und Zylinderspannungen sowie von dem Durchmesser des Zylinders abhängig. Die Frequenz ist um so größer, je größer I_A, je größer also die Elektronenemission ist, und je größer die positive Gitter- und negative Zylinderspannung ist. Wenn man die Frequenz in Megaperioden/Sek. an Stelle der Wellenlänge λ ausdrückt, so kann man die Barkhausen-Kurz-Formel als

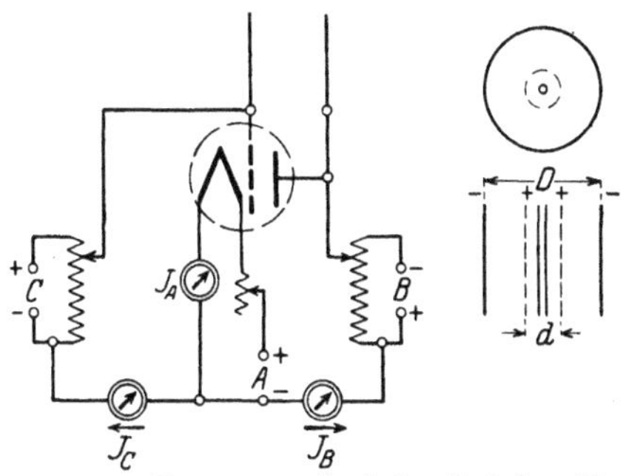

Abb. 20. Erzeugung sehr hoher Periodenzahlen mittels Elektronentanz zwischen einer glühenden Kathode (axial) und einem umhüllenden Anodenzylinder.

$$f = \frac{30\sqrt{E_G^V}}{D_e^{\text{cm}}}$$

schreiben, wenn E_G die positive Gitterspannung und D_e den effektiven Durchmesser des Zylinders bedeuten.

Die Ableitung ist folgende:

Die Elektronen, welche durch das Gitter fallen, pendeln zwischen dem umhüllenden Zylinder mit dem Durchmesser D und dem koaxialen Glühfaden hin und her. Wenn ihre Geschwindigkeit gleich der Lichtgeschwindigkeit v_0 wäre, so würde die Wellenlänge einfach gleich dem Wege für die volle Hin- und Herschwingung sein, d. h. gleich dem Abstand von Kathode zum Zylinder und zurück zum Glühfaden, also ungefähr gleich dem Durchmesser D des Zylinders. Die Geschwindigkeit[1]) ist aber kleiner, nämlich

$$v = \sqrt{\frac{2e}{m} E_G} = 6 \cdot 10^7 \sqrt{E_G^V}\ \text{cm/sec},$$

und die Wellenlänge λ muß im Verhältnis v_0/v_2 größer herauskommen,

[1]) Siehe S. 60.

da man mit der mittleren Elektronengeschwindigkeit rechnen muß, weil am Zylinder und Glühfaden Umkehrpunkte ($v = o$) und am Gitter eine maximale Geschwindigkeit $v_{\max} = v$ auftreten. Die Wellenlänge wird daher

$$\lambda^{\mathrm{cm}} = \frac{2 v_0}{v} D^{\mathrm{cm}},$$

und da

$$\lambda \cdot f = v_0 ,$$

so wird

$$f = \frac{v}{2D} = \frac{3 \cdot 10^7 \sqrt{E_G^V}}{D^{\mathrm{cm}}} \text{ Perioden/Sek.}$$

Diese Ableitung setzt voraus, daß der Zylinder dasselbe negative Potential wie der Glühfaden hat. Wenn man daher, wie es gewöhnlich der Fall ist, eine negative Zylinderspannung mit Bezug auf den Glühfaden hat, so pendeln die Elektronen nicht ganz zum Zylinder hin, und man hat einen kleineren effektiven Zylinderdurchmesser D_e anzunehmen. Derselbe ergibt sich als

$$\boldsymbol{D_e = \frac{D \cdot E_G - d \cdot E_B}{E_G - E_B}},$$

worin E_B die Spannung der B-Quelle ist und d den Durchmesser des Gitterzylinders bedeutet. Diese Formeln können nur in Annäherung benutzt werden, da sie die Raumladung nicht berücksichtigen. Letztere wächst bekanntlich mit dem Kathodenstrom I_A und beschleunigt das Pendeln der Elektronen.

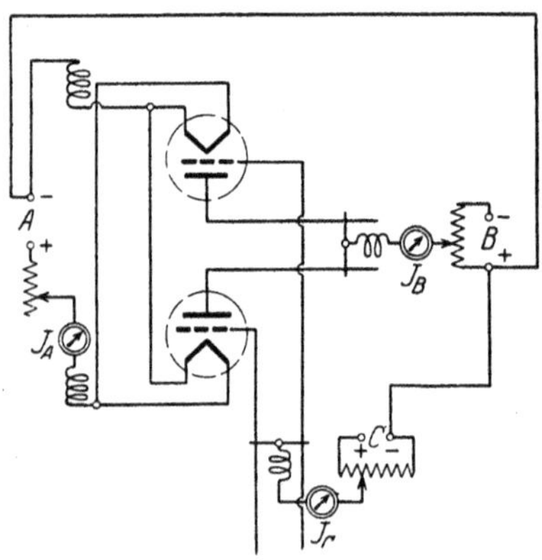

Abb. 21. Erzeugung elektronischer Hochfrequenzströme in der Gegentaktschaltung.

Abb. 21 zeigt eine Zweiröhrenschaltung für die Erzeugung hoher Frequenzen nach dieser Methode. Sie wurde von Grechowa[1]) angegeben und entspricht den Gegentaktanordnungen der Abb. 19 für gewöhnliche Schwingungserzeugung. Man verbindet in dieser Schaltung die Anoden und die Gitter durch je ein Drahtsystem veränderlicher Länge und wählt den Bereich der Zylinderspannung von -5 bis $+15$ Volt, und den Gitterbereich von $+50$ bis $+150$ Volt. Kathodenstrom I_A, Zylinder- und Gitterspannungen werden über Drosselspulen geführt. Der Frequenzbereich ist ungefähr derselbe wie in der Barkhausen-Schaltung, obgleich die obige Formel viel von den wirklichen Werten abweicht.

[1]) Grechowa, M. T.: Z. Phys. Bd. 35, S. 50. 1925.

Wenn große Stromstärken zur Kalibrierung von Meßinstrumenten u. dgl. verlangt werden, so stellt die in der Abb. 22 angegebene Anordnung eine passende Schaltung dar. Die Kopplungsspule im Starkstromkreise bildet ein dicker Kupferärmel[1]), über welchen die Anodenspule gewunden ist. Für die Erzeugung von hochgespannten Hochfrequenzströmen eignen sich die Variometer- und Schleiferanordnungen der Abb. 22. Die beigegebenen Konstanten gelten für Frequenzen in der Nähe von $f = 100\,000$ bis 10^6 per Sekunde. Die

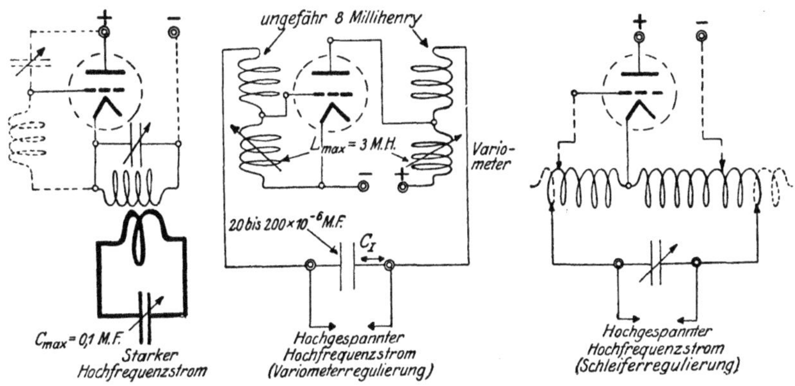

Abb. 22. Röhrengeneratoren für sehr hohe Spannungen und für Starkströme.

Spannung kann aus der Stromstärke, der Kapazität und der Frequenz berechnet werden.

Was die Theorie[2]) des Glühkathodenoszillators anbelangt, so beruht dieselbe auf der inneren Charakteristik der Röhre, welche in Abb. 47 eingezeichnet ist. Wenn Schwingungen vorliegen, so kommt die dynamische Charakteristik an Stelle der statischen in Betracht, da der äußere Anodenkreis die gegenseitige Leitfähigkeit im ganzen System ändert und der Wechselstromwiderstand der Röhre maßgebend ist. Der Verlauf der Schwingungen ist aus der unteren Darstellung in Abb. 23 zu entnehmen. Die Frequenz der erzeugten Schwin-

[1]) Eine Windung, welche eine zylindrische Form hat, bildet mit der Anodenspule einen Stromtransformator.

[2]) Béthenod, La Lumière Electrique, 14. Okt. 1916; Vallauri, G.: L'Electrotechnica 1917, Nr. 3 u. 4; Appleton, E. V.: Electr., 27. Dez. 1918; Hazeltine, L. A.: I.R.E. 1918, S. 63; Hund, A.: I.R.E. 1918, S. 219; Gutton, C.: Rev. gén. électr., 5. Juli 1919; Fortescue, C. L.: Radio Review, Dez. 1919; Ettenreich, R.: Verh. d. d. Phys. Ges. 10. Juni 1920; Rottgardt, K., und A. Meißner: ETZ, 11. Nov. 1920; Blondel, A., und M. Touly: Comptes Rendus Bd. 169, Sept. 1919; Seitz, W.: Jahrb. drahtl. Telegr. u. Telef., Juni 1920; Nesper, E.: Jahrb. drahtl. Telegr. u. Telef., Juni 1920; Fleming, J. A.: Radio Review, März 1921.

gungen ist mit großer Annäherung durch die bekannte Formel[1])

$$f^{-\text{Sek.}} = \frac{1}{2\pi\sqrt{C^F L^H}}$$

gegeben. Man hat Gitter- und Anodenkreis immer in einer solchen Weise anzuordnen, daß in jedem Augenblicke die hervorgerufene

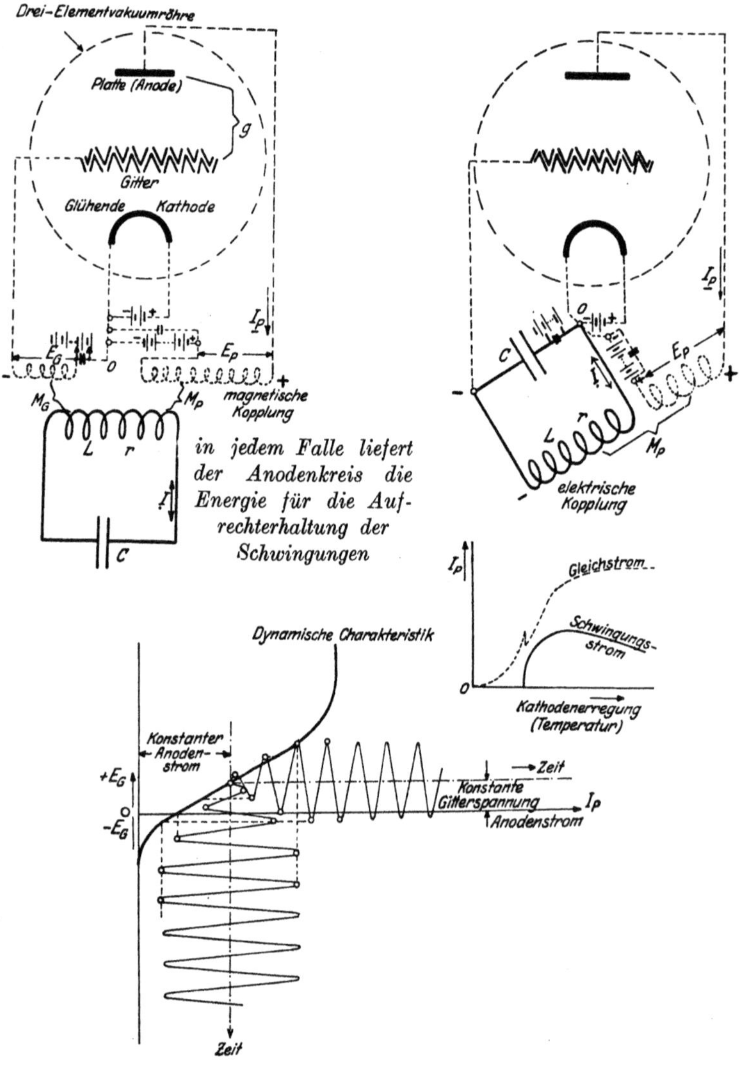

Abb. 23. Entstehung selbsterregter Schwingungen.

[1]) Der innere Wechselstromwiderstand der Röhre sowie andere Faktoren können die Frequenz beeinflussen.

Gitter-EMK E_G die entgegengesetzte Polarität wie die Anoden-EMK E_P hat. Die abgegebene Hochfrequenzenergie ist um so größer, je kleiner der Bruch E_G/E_P gewählt ist. Wenn man den Gitterstrom vernachlässigt, so ist die vorhandene Hochfrequenzenergie[1])

$$W^{\text{Watt}} = E_P \cdot I_P = E_P E_G g ,$$

wenn g^{Mho} die von Prof. Hazeltine[2]) zuerst angegebene gegenseitige Leitfähigkeit zwischen Gitter und Anode ist. In Wirklichkeit bedeutet g (im Falle von Schwingungssystemen) die gegenseitige Leitfähigkeit im ganzen Anodensystem, da, wie oben bemerkt wurde, die dynamische Charakteristik infolge des Spannungsverbrauchs im äußeren Anodenkreis zu benutzen ist. Da die Intensität der erzeugten Schwingungen in erster Linie von dem Grade der Elektronenemission in der Röhre abhängt, so sieht man, daß der innere Widerstand[3]) der Röhre die Möglichkeit von Schwingungen im großen und ganzen bedingt. Der innere Widerstand ist aber unendlich hoch für die unerregte Kathode (wenn kalt) und fällt nach gewissen Gesetzen mit der Zunahme der Kathodentemperatur ab. Wenn also ein Oszillator allmählich mittels des Kathodenstroms erregt wird, so bemerkt man, daß die Schwingungen „plötzlich" beginnen (siehe Abb. 23) und ein in den Anodenkreis eingeschaltetes Gleichstrominstrument für eine gewisse Kathodentemperatur einen merklichen Stromabfall aufweist, da dann die konstante Spannungsquelle im Anodenkreis sowohl die Gleichstrom- als auch die Wechselstromverluste zu decken hat. Von dieser Temperatur an und aufwärts ändert sich die Verstärkungskonstante k_A der Röhre etwas, was die Tatsache erklärt, warum eine gewisse Röhre nur eine bestimmte und nicht mehr Leistung abgeben kann, und selbst dann nicht, wenn die Kopplung zwischen Gitter- und Anodenkreis und anderen Konstanten geändert werden. Da die Verstärkerwirkung in der Dreielementröhre mittels der veränderlichen Gitterspannung e_G im Anodenkreise die verstärkte EMK $k_A e_G$ hervorruft, so kann man folgende drei Bedingungen zugrunde legen:

---

[1]) Wenn $\underset{\cdot}{I}$ der Momentanwert des Stromes ist, der den Parallelzweig der Oszillatorkapazität und Induktivität in Schwingungen versetzt, so stellt $\underset{\cdot}{E}_p \underset{\cdot}{I}$, über die ganze Periode integriert, die von der Röhre abgegebene Hochfrequenzenergie dar.

[2]) L. A. Hazeltine, l. c.

[3]) Man hat, wie an anderer Stelle bemerkt ist, zwischen Wechselstrom- und Gleichstromwiderstand zu unterscheiden, da die E_P/I_P-Charakteristik nur für einen begrenzten Teil ungefähr geradlinig verläuft. Für ein quadratisches Gesetz, für welches $q = 2$ ist, wird der Wechselstromwiderstand nur halb so groß als der Gleichstromwiderstand. Die Größe der Amplitude gibt an, ob die Tangente oder die Sekante der E_P/I_P benutzbar ist.

a) Wenn die treibende Schwingungsspannung größer als $k_A e_G$ ist, so erhält man einen schwach gedämpften Wellenzug, wenn irgendeine Störung den Anodenstrom ändert.

b) Wenn die treibende Schwingungsspannung gleich $k_A e_G$ ist, so werden ungedämpfte Schwingungen nach der Störung aufrechterhalten, während

c) für eine kleinere Schwingungsspannung die Schwingungen so lange anwachsen, bis die ganze dynamische Charakteristik beschrieben wird. Von diesem Augenblicke an bestehen dann ungedämpfte Schwingungen.

Was die Wellenform der möglichen Schwingungen anbelangt, so erhält man reine Sinusströme im Oszillator, wenn die Abspielung längs des geradlinigen Teiles der dynamischen Röhrenüberallcharakteristik[1]) stattfinden kann. Wenn dagegen ein zu negatives Gitterpotential oder eine andere Ursache den von der Anode abfließenden Elektronenstrom zu gewissen Zeiten vernichten kann, so entstehen in diesem Zweige außerdem starke Oberwellen, die sich dem Grundstrom sowohl, wie dem mittleren zugeführten Gleichstrom überlagern. Die Oberwellen sind im eigentlichen Schwingungskreis weniger ausgeprägt, da derselbe der Grundfrequenz sich anpaßt. Trotzdem können solche Oberwellen mit großem Erfolge für Messungen verwendet werden (harmonische Methoden). Man muß bemerken, daß die Sinuswellen mit Oberschwingungen in vielen Fällen einen bedeutend besseren Wirkungsgrad als für reine Sinusschwingungen ergeben, da für die letzteren sowohl ein größerer mittlerer Anodenstrom als auch größere Gitterkreisverluste zu erwarten sind.

Für das Schwingungssystem zur rechten Seite der Abb. 23 ergibt die verallgemeinerte symbolische Methode

$$\underset{\cdot}{I}\left(r + nL + \frac{1}{nC}\right) + \underset{\cdot}{I}_P\, n M_P = 0 \cdots \angle\,,$$

da die Summe aller Spannungsabfälle längs eines geschlossenen Stromkreises verschwinden muß. Wenn man dieses Ergebnis mit der Röhrencharakteristik (dem geradlinigen Teil)

$$\underset{\cdot}{I}_P = \underset{\cdot}{E}_G \cdot g = \frac{\underset{\cdot}{I}}{nC}\, g$$

vereinigt, so erhält man

$$n^2 L + n\left(r + \frac{M_P}{C} g\right) + \frac{1}{C} = 0 \cdots \angle\,,$$

woraus sich für den Schwingungsfall die konjugierten komplexen Winkelgeschwindigkeiten

$$\begin{aligned} n &= \alpha \pm j\,\omega \\ &= -\frac{1}{2L}\left(r + \frac{M_P}{C} g\right) \pm j \sqrt{\frac{1}{CL} - \left[\frac{1}{2L}\left(r + \frac{M_P}{C} g\right)\right]^2} \end{aligned}$$

[1]) Überallcharakteristik steht für die Kennlinie, wenn der wirkliche Oszillator angeschlossen ist.

ergeben. Wenn ungedämpfte Sinusschwingungen vorliegen, muß der Dämpfungsfaktor verschwinden, d. h. $\alpha = 0$ sein, woraus folgt:

$$g^{\text{Mho}} = \frac{C^F \cdot r^\Omega}{[-M_P^H]} \quad \text{und} \quad f^{\text{—Sek.}} = \frac{1}{2\pi\sqrt{C^F \cdot L^H}}.$$

Das negative Zeichen gehört notwendigerweise zur gegenseitigen Induktion M_P und besagt, daß die Polarität des Anodenkreises derjenigen des Gitterkreises entgegengesetzt sein muß. Da der innere Widerstand R_i der Röhre mittels des Verstärkungsfaktors k_A und der gegenseitigen Leitfähigkeit[1]) g aus der Beziehung

$$g = \frac{k_A}{R_i}$$

berechenbar ist, so erhält man für denselben

$$R_i = -\left[\frac{k_A M_P}{r C}\right].$$

Man erkennt hieraus, daß die Röhre einen scheinbaren negativen Widerstand für die Schwingungen aufweist und infolgedessen Schwingungen erzeugt[2]). Die starkgedruckte Formel für die gegenseitige Leitfähigkeit g zeigt an, in welchem Verhältnis die Konstanten C, r und M_P mit Bezug auf die Charakteristik gewählt werden müssen.

Die Verlustmethode ergibt für den magnetisch verketteten Schwingungskreis derselben Abbildung ebenfalls kontinuierliche Schwingungen der Periodenzahl $f = 1/2\pi\sqrt{CL}$. Die im Gitter- und Anodenkreis induzierten Spannungen sind dann

$$\underset{\cdot}{E}_G = j\omega \underset{\cdot}{I} M_G$$

und

$$\underset{\cdot}{E}_P = j\omega \underset{\cdot}{I} M_P.$$

Da die im Schwingungskreis verbrauchte Leistung aus dem Anodenkreis entnommen werden muß, hat man die Beziehungen

$$\underset{\cdot}{I}^2 r = \underset{\cdot}{E}_P \underset{\cdot}{I}_P = \underset{\cdot}{E}_P \underset{\cdot}{E}_G g = -\omega^2 \underset{\cdot}{I}^2 M_P M_G g$$

$$g^{\text{Mho}} = -\frac{r}{\omega^2 M_P M_G} = \frac{C^F \cdot L^H \cdot r^\Omega}{[+M_G^H][-M_P^H]}, \quad \text{da } \omega^2 = \frac{1}{CL}$$

---

[1]) Falls der effektive Widerstand des äußeren Anodenkreises klein ist im Vergleiche zu R_i, ist

$$\frac{\underset{\cdot}{E}_P}{\underset{\cdot}{I}_P} = R_i \text{ und } g = \frac{\underset{\cdot}{I}_P}{\underset{\cdot}{E}_G}, \text{ wobei } \underset{\cdot}{E}_P = k_A \cdot \underset{\cdot}{E}_G.$$

[2]) Ein negativer Widerstand ist aber eine Art Energiequelle, und im obigen Ausdruck darf das Produkt $k_A M_P$ als der Grund dafür angesehen werden, da M_P die Anodenenergie zum Oszillator bringt, und ohne den Verstärkungsfaktor k_A die Schwingungen nicht aufrecht erhalten werden können.

und die scheinbare negative Widerstandsreaktion der Röhre hat wiederum den Wert

$$R_i = -\left[\frac{\omega^2 k_A M_P M_G}{r}\right]$$

und stellt den inneren Widerstand dar.

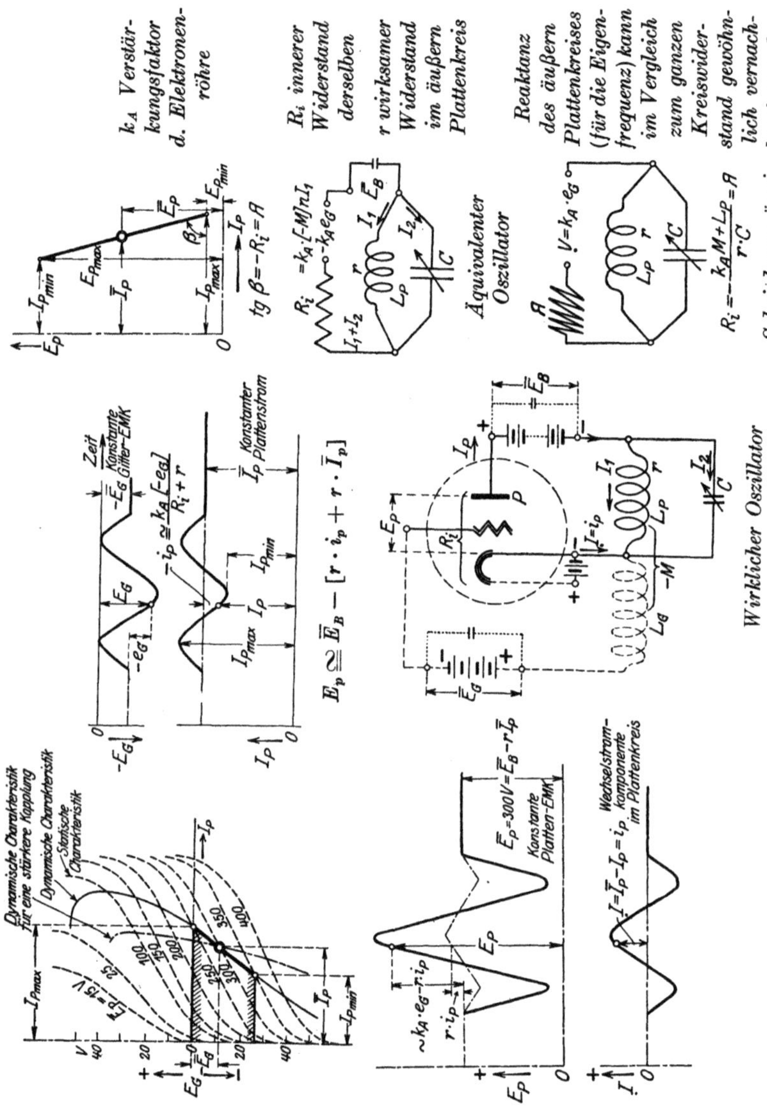

Abb. 24. Phasenbeziehungen eines Röhrenoszillators.

Der in Abb. 24 angegebene Schwingungserzeuger kann mittels des äquivalenten oder des scheinbaren äquivalenten Kreises untersucht werden. Die Phasen der verschiedenen Veränderlichen sind mit Bezug auf verschwindende Reaktanz des Anodenkreises eingezeichnet, was für selbst erregte Schwingungen in guter Annäherung zulässig ist. Man sieht, daß die Wechselstromkomponente e_G der Gitter-EMK eine entgegengesetzte und verstärkte Änderung $-k_A e_G$ im Anodenkreis erzeugt und daß die Wechselstromkomponente i_P im letzteren Kreise im Synchronismus mit e_G sich ändert. Wenn man den äquivalenten Oszillator in Betracht zieht, sieht man, daß dem Kondensator C zwei Zweige parallel liegen. Der eine besteht aus der Spule (L_P und r) und der andere aus dem inneren Röhrenwiderstand R_i und der gedachten Quelle $-k_A e_G$. Die Spannungsdifferenz an den Kondensatorklemmen muß in jedem Augenblicke auch diejenige der Parallelzweige sein. Wenn man bedenkt, daß $-k_A e_G$ die aufgedrückte Spannung ist, so erhält man

$$- k_A M n \underset{.}{I}_1 = R_i(\underset{.}{I}_1 + \underset{.}{I}_2) + (r + nL_P)\underset{.}{I}_1 \cdots \angle$$

und

$$\frac{\underset{.}{I}_2}{nC} = (r + nL_P)\underset{.}{I}_1 \cdots \angle,$$

Beziehungen, welche den Ausdruck

$$(R_i C L_P)\, n^2 + (L_P + r R_i C + k_A M)\, n + (r + R_i) = 0 \cdots \angle$$

ergeben. Die verschiedenen verallgemeinerten Winkelgeschwindigkeiten werden somit

$$n = \alpha \pm j\omega,$$

da $$\alpha = -\frac{1}{2}\left\{\frac{1}{C R_i} + \frac{r}{L_P} + \frac{k_A M}{C R_i L_P}\right\} \quad \text{und} \quad \omega = \sqrt{\frac{1 + \frac{r}{R_i}}{C L_P}} \cdots \angle$$

für den Schwingungsfall. Wenn kontinuierliche Wellen vorliegen sollen, muß der Wert des Dämpfungsfaktors verschwinden, d. h. $\alpha = 0$ sein. Man erhält somit für die Periodenzahl f und den inneren Widerstand R_i die Ausdrücke

$$f^{-\text{Sek.}} = \frac{1}{2\pi}\sqrt{\frac{1 + \frac{r\Omega}{R_i}}{C^F \cdot L_P^H}} \qquad R_i^\Omega = \frac{-k_A M^H - L_p}{r \cdot C},$$

ein Ergebnis, das wiederum andeutet, daß die Röhre eine negative Widerstandsreaktion mittels des Verstärkungsfaktors k_A und der entgegengesetzten Polarität von Gitter- und Anodenkreis ausübt. In Wirklichkeit ist der negative Widerstand nur scheinbar, da das negative Zeichen von M nur auf den Wicklungssinn im Anodenkreis Bezug hat. An Hand einer solchen Betrachtung sieht man, daß der innere Widerstand

$$R_i = \frac{k_A M - L_P}{rC}$$

nicht notwendig negativ sein muß, im Falle große Röhrenverstärkung oder gegenseitige Induktion vorliegt. Die Formel für die Frequenz ergibt bei vernachlässigbarem Widerstand r des äußeren Anodenkreises den gewöhnlichen Ausdruck.

In Abb. 25 ist das genaue Vektordiagramm[1]) des soeben behandelten Schwingungssystems angedeutet. Alle Vektoren haben auf die Hochfrequenzstromkomponenten in den verschiedenen Zweigen Bezug. Eine Leistungskomponente $r \cdot I_1$ ist notwendig, um das System in einem Zustand von Schwingungen zu erhalten. Die treibende Schwingungs-EMK $\dot{E}$, welche numerisch gleich der Komponente $\dot{E}_P$ ist, ist um einen kleinen Winkel α verschoben. Die schwingenden Anoden-

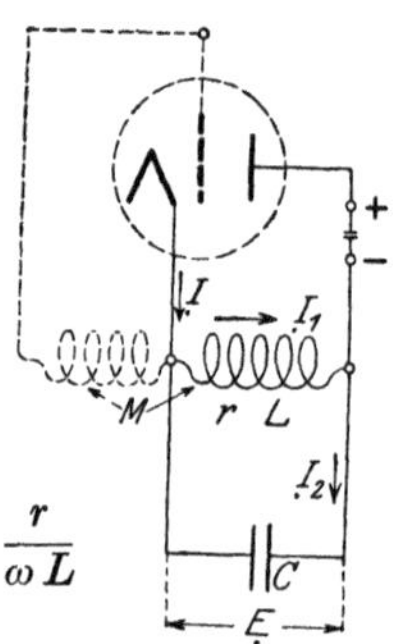

$$\operatorname{tg}\alpha = \frac{r}{\omega L}$$

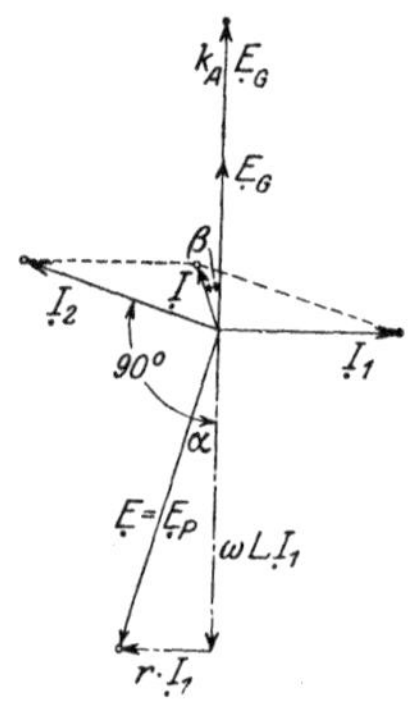

$$\operatorname{tg}\beta = \frac{r}{\omega[L + k_A M]}$$

$\dot{E}_G$ und $\dot{E}_P$ sind die induzierten Gitter- und Anoden-EMKe; die Wirkung des sehr kleinen Gitterstroms ist vernachlässigt

Abb. 25. Vektorendiagramm eines Röhrenoszillators.

und Gitterpotentiale sind deshalb um den Zeitwinkel $(180 + \alpha)$ anstatt um $180°$ verschoben. Der Kondensatorstrom $\dot{I}_2$ eilt der Klemmenspannung $\dot{E}$ um $90°$ voraus und der Spulenstrom $\dot{I}_1$ ist etwas verschieden und nur ungefähr in entgegengesetzter Richtung von $\dot{I}_2$. Der resultierende Strom $\dot{I}$ im Hauptzweig des Anodenkreises kann deshalb durch geometrische Addition gefunden werden. Wenn r Null wäre, so würde derselbe die gleiche Phase wie $\dot{E}_G$ aufweisen, da dann $\dot{I}_1$ die wahre und gleichphasige Fortsetzung von $\dot{I}_2$ im Oszillator $C-L$ sein würde. Die Bestimmung der Phasenabweichung α ist aus der Abbildung ersichtlich. Diejenige von β erhält man auf folgende Weise: Da die innere Charakteristik der Röhre für die Augenblicks-

---

[1]) H. Wigge (Z. Hochfreq. 1925, S. 154) hat neuerdings das Wechselstromdiagramm von Röhrensendern näher behandelt.

werte der Wechselstromkomponenten die bekannte Beziehung

$$\underset{\cdot}{I} = \frac{1}{R_i}[\underset{\cdot}{E}_P + k_A \underset{\cdot}{E}_G]$$

ergibt, so hat man für das vorliegende System

$$\underset{\cdot}{I}_1 - \underset{\cdot}{I}_2 = -\frac{1}{R_i}[(r + nL)\underset{\cdot}{I}_1 + k_A M n \underset{\cdot}{I}_1] \cdots \angle$$

oder

$$\underset{\cdot}{I} = -\frac{1}{R_i}[r\underset{\cdot}{I}_1 + n(L + k_A M)\underset{\cdot}{I}_1] \cdots \angle .$$

Für den Fall von ungedämpften Schwingungen ist $\alpha = 0$ und $n = \pm j\omega$, das heißt

$$\operatorname{tg}\beta = -\frac{r}{\omega[L + k_A M]} .$$

Wenn I und I_1 die entsprechenden Effektivwerte sind, so hat man für den effektiven Hochfrequenzstrom im Anodenkreis

$$I = \frac{I_1}{R_i}\sqrt{r^2 + [\omega(L + k_A M)]^2} .$$

Man sieht deshalb, daß der ganze Röhrenkreis eine solche Wirkung ausübt, als ob eine Spule von Widerstand r und Selbstinduktion $[L + k_A M]$ in den äußeren Kreis gelegt wäre.

Wenn ein Tungargleichrichter mittels einer Gleichstromquelle erregt wird (Abb. 247), so steigt der Anodenstrom mit wachsender Anodenspannung nach einem gewissen Gesetze an. Im Falle die Glühkörpererregung (Glühfadenstrom) unterbrochen wird, kann bei richtiger Bombardierung der Kathode der Vorgang aufrechterhalten werden, da die Argongasmoleküle mittels der Anodenspannung die Kathodentemperatur durch die effektive Ionisation bestehen lassen. Der Anodenstrom nimmt dann zunächst mit erhöhtem Anodenpotential zu, bis bei einer gewissen kritischen Spannung sich unstabiles Gleichgewicht einstellt und eine „fallende“ Volt-Ampere-Charakteristik entsteht. Man hat somit einen unreinen negativen Röhrenwiderstand, welcher Schwingungen in einem im Nebenschluß befindlichen Resonanzsystem hervorrufen kann. Wie in Abb. 247 angedeutet ist, kann man die negative Charakteristik nur mittels sorgfältigster Einstellung des Widerstandes R erhalten, da andernfalls die Röhre beschädigt wird oder überhaupt keine Schwingungen abgibt. Auf ähnliche Weise kann man mittels einer gewöhnlichen Quecksilberröhre Schwingungen erhalten.

7. Die Dreielementröhre mit sekundären Elektronen als Schwingungserzeuger. Der von Dr. A. W. Hull[1]) entwickelte Dy-

[1]) Hull, A. W.: Proc. I. R. E. 1918, S. 5; Hund, A.: El. u. Maschinenb. 1920, S. 397.

natronoszillator ist ein solcher Apparat. Die Anordnung zeigt Abb. 26, wo *HC* die glühende Kathode, *A* die perforierte Anode und *P* die Platte bedeutet. Der negative Widerstand Я der Röhre[1]) erzeugt die Schwingungen, und zwar derart, daß man

$$\left.\begin{array}{r}\text{wachsende}\\ \text{ungedämpfte}\\ \text{oder gedämpfte}\end{array}\right\}\text{ Schwingungen für } \frac{r}{L}+\frac{1}{C Я}\left\{\begin{array}{c}<\\ =\\ >\end{array}\right\}0$$

hat. Der Strom *I*, welcher zu den Oszillatorzweigen fließt, ist für den geradlinigen Teil der inneren Röhrencharakteristik durch die Beziehung

$$I=\frac{V_P}{Я}+I_0$$

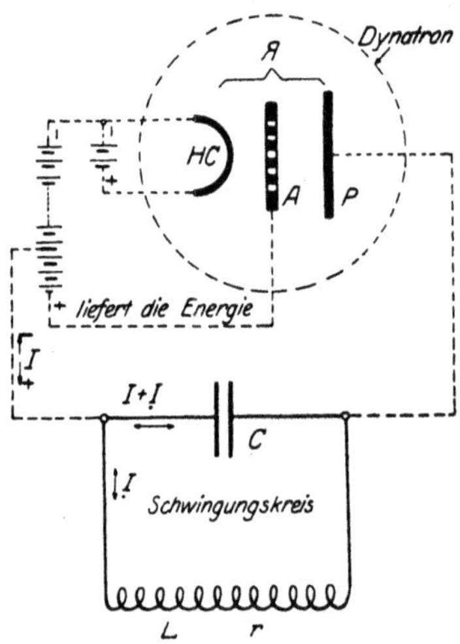

gegeben, wo I_0 verschwindet, wenn die eine Kondensatorklemme auf das Potential *V* gebracht wird (siehe Abb. 194). Die Größe V_P bezeichnet das Plattenpotential und Я den Abfall der geraden Linie.

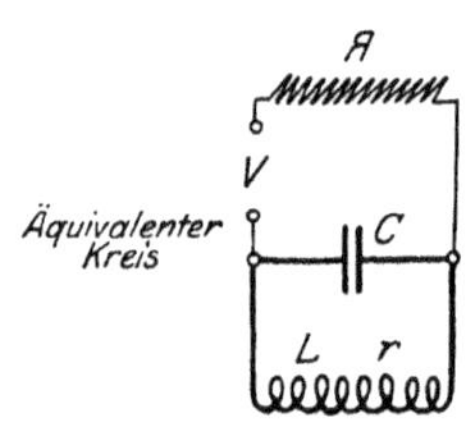

Abb. 26. Der Dynatron-Schwingungserzeuger.

Der Vorgang im System ist folgender:

Wenn der Stromkreis geschlossen wird, empfängt die Platte *P*, gemäß der Werte Я und *C*, Elektronen. Die von dem Kondensator aufgenommene Energie entladet sich dann durch die Spule (*L* und *r*) und den negativen Widerstand. Die Entladezeit hängt von der relativen Wahl dieser Konstanten ab. Wenn

$$\frac{4}{CL}>\left[\frac{r}{L}+\frac{1}{CЯ}\right]^2,$$

so hat man eine Schwingungsentladung der Periodenzahl

$$f^{-\text{Sek.}}=\frac{1}{2\pi}\sqrt{\frac{1}{CL}-\left[\frac{r}{2L}+\frac{1}{CЯ}\right]^2}\cong\frac{1}{2\pi\sqrt{C^F L^H}}.$$

[1]) Näheres siehe Abb. 194 und Abschnitt 208 und S. 342.

Für $\frac{r}{L} + \frac{1}{C\mathfrak{A}} \gtrsim 0$, d. i. $\mathfrak{A} \cdot r$ ungefähr gleich dem numerischen Werte von L/C, erhält man in guter Annäherung Sinusschwingungen. Bei geeigneter Wahl der Konstanten beginnt eine Entladung und infolge der Trägheitswirkung der Selbstinduktion L überläuft der Spulenstrom seinen Nullwert und ladet den Kondensator im umgekehrten Sinne wieder auf usw. Wenn eine zu große Selbstinduktion L im Plattenkreise eingeschaltet ist, so kann die Platte mehr Elektronen aufnehmen als L verbraucht. Die Anode führt dann den Elektronenüberschuß zur Quelle zurück. Apparate dieser Art können einige 100 Watt Hochfrequenzenergie abgeben. Wenn eine gewöhnliche Dreielementröhre in der angegebenen Weise erregt wird, so kann man ebenfalls einen negativen Widerstand erhalten, geradeso wie eine schlecht evakuierte Zweielementröhre für einen gewissen Spannungsbereich eine nicht wünschenswerte negative Charakteristik zeigen kann.

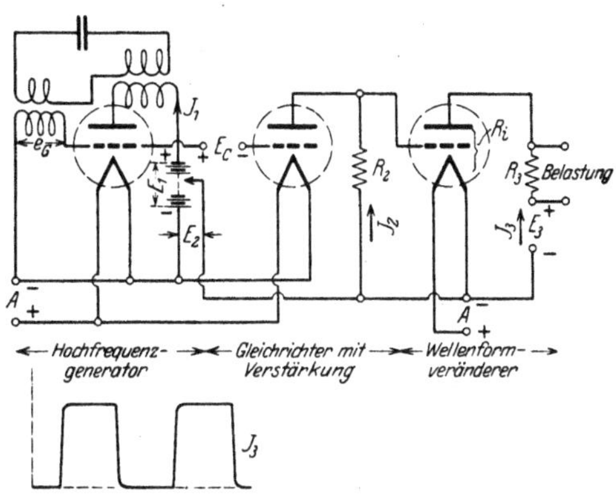

Abb. 27. Anordnung für die Erzeugung eines Hochfrequenzstromes mit rechteckiger Form.

8. Generator für rechteckig geformte Hochfrequenzströme[1]. In Abb. 27 sind die Gitter der ersten beiden Röhren miteinander verbunden, so daß die dem zweiten Gitter aufgedrückte Wechselspannung eine genügend große Amplitude hat. An die zweite Röhre ist außerdem eine solche negative Gittervorspannung E_C angelegt, daß der Anodenstrom I_2 während einer halben Periode des Schwingungsstroms der ersten Röhre zu Null wird. Für dieselbe Halbperiode besteht dann am Gitter der letzten Röhre ein Potential Null, und es fließt ein bestimmter konstanter Anodenstrom I_3 über den Widerstand R_3. Da aber während der darauffolgenden Halbperiode der dritten Röhre ein großes negatives Potential aufgedrückt wird, so muß I_3 sehr rasch auf Null fallen. Der (rechteckige) Hochfrequenzstrom springt daher sehr rasch auf einen bestimmten gleichbleibenden Wert, um später ebenso schnell wieder auf Null abzufallen usf. Dabei arbeiten die zweite und die dritte Röhre während gewissen Zeiten unterhalb der charakteristischen Kurve. Während der positiven Wellenhälfte von e_G steigt das Gitterpotential sehr rasch auf einen bestimmten Wert an, bis die Gitterströme der ersten beiden Röhren einer weiteren Erhöhung des Gitterpotentials eine

[1]) J. L. Bowman: Phys. Rev., Bd. 24, S. 31. 1924.

Grenze setzen. Der positive Anstieg erzeugt daher keine abnormalen Gitterspannungen. Während der negativen Halbperiode dagegen steht der Bildung eines sehr großen negativen Gitterpotentiales nichts im Wege. Den Belastungswiderstand R_3, an dem die rechteckige hochfrequente Wechselspannung erzeugt wird, macht man gleich dem inneren Widerstand R_i der Röhre. Dadurch wird die Spannung der rechteckigen Welle gleich $\frac{1}{2}E_3$. Das Verfahren wurde zur Bestimmung der Mobilität von Ionen benutzt. Ein Generator dieser Art stellt ein vorzügliches Hilfsmittel dar, um Ströme mit vielen Harmonischen zu erhalten. Wenn man daher die Grundfrequenz in den Niederfrequenzbereich legt, so kann man (wie unter der Frequenzbestimmung gezeigt wird) die Oberschwingungen benutzen, um den Frequenzbereich von Wellenmessern zu prüfen. Außerdem kann der rasche Spannungssprung als Hilfsspannung für den Kathodenstrahloszillographen verwendet werden.

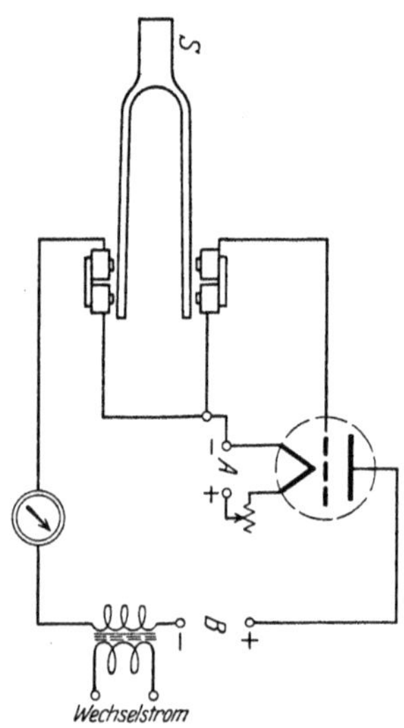

Abb. 28. Audiostromgenerator.

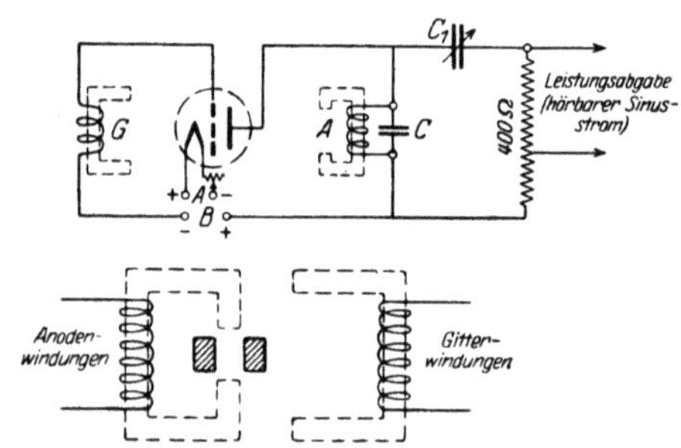

Abb. 29. Stimmgabel-Röhrenoszillator zur Erzeugung eines Audiostroms.

9. Der Stimmgabel-Röhrengenerator für hörbare Frequenzen[1]. In der Abb. 28 bedeutet S eine Stimmgabel, deren Eigenschwingung mittels der Verstärkerwirkung einer Dreielementröhre aufrechterhalten wird. Für die Erzeugung von Tonfrequenz und für Messungen mit Tonfrequenz ist dieser Röhrensummer sehr geeignet. Die Genauigkeit beträgt ungefähr $^1/_2$%; sie kann für eine Korrektur der Temperatur und bestimmte B- und A-Spannungen auf ungefähr $^1/_{10}$% gebracht werden. Die Gitter- und Anodenwindungen werden durch die Magnete eines gewöhnlichen Hörtelephons gebildet.

In Abb. 29 ist die Anordnung des Bureau of Standards wiedergegeben. Bei richtiger Einstellung des Glühfadenstroms und der Anodenspannung (ungefähr 300 Volt) erhält man nur Schwingungen, die von der Eigenfrequenz der Stimmgabel herrühren. Die schraffierten Flächen

[1]) W. H. Eccles: Phys. Soc. Proc., Bd. XXXI, S. 269. 1919.

stellen die Endflächen der Stimmgabel dar. Der Querschnitt des unterteilten Joches beträgt ungefähr 10 × 6 mm. Für $f = 500$ Perioden/Sek. ist $C = 0{,}25$ M.F. bei ungefähr 1200 Windungen im Anoden- und 3000 Windungen im Gitterkreise [1]).

10. Röhrengenerator[2]) **für Meßzwecke.** Ein Apparat dieser Art spielt in der Meßtechnik eine große Rolle, da man mittels desselben hörbare Schwebungsströme beim Empfang von Wellen beliebig einstellen kann. Da, wie bei allen Röhrengeneratoren, die Grundfrequenz etwas von der Röhrencharakteristik beeinflußt wird, so kann man nur eine ungefähre Eichung benutzen, die aber in den meisten Fällen $^1/_2$ bis 1% genau ist. Die Schaltung in Abb. 30 ermöglicht eine Wellenlängenänderung von 40 m bis 300 km. Der Telephonkondensator, der in der Abbildung mit 0,01 M.F. eingezeichnet ist, muß für sehr lange Wellen etwas kleiner (0,001 M.F.) gewählt werden. Die Gitter- und Anodenwindungen bestehen aus einer einzigen Spule mit einer Abzweigung im Mittelpunkte, die zur Kathode der Röhre führt.

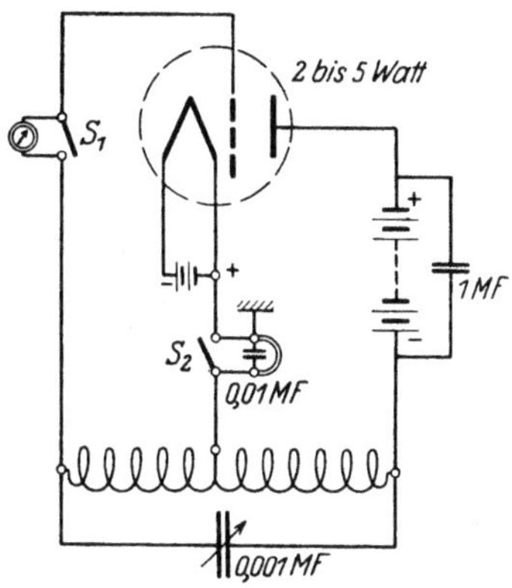

Abb. 30. Röhrengenerator für die Bestimmung von Frequenzen (Wellenlängen).

Spule 1. 6 Windungen, einlagig auf einen Durchmesser von 10 cm und 19 cm Spulenlänge. Gibt mit einem veränderlichen Luftkondensator von 0,01 M.F_{max} 69,8 bis 153 m Wellenlänge oder 4298 bis 1898 Kiloperioden/Sek.

Spule 2. 18 Windungen, einlagig und Abmessungen wie oben. 145 bis 441 m und 1994 bis 680 Kiloperioden/Sek.

Spule 3. 34 Windungen, einlagig, wie oben. 381 bis 821 m und 787 bis 365 Kiloperioden/Sek.

Spule 4. 65 Windungen, einlagig, wie oben. 740 bis 1580 m und 405 bis 190 Kiloperioden/Sek.

Spule 5. Zwei Lagen mit je 60 Windungen, Abmessungen der ersten Lage wie oben, zweite Lage in einem Abstande von 2 mm über der ersten Lage. 1325 bis 2740 m und 226 bis 109 Kiloperioden/Sek. usw.

Der Bereich hängt selbstverständlich von der minimalen Kapazität des Luftkondensators ab. Die Daten können daher nur angenähert richtig sein.

---

[1]) E. A. Eckhardt, J. C. Karchner, M. Keiser: Optical Soc. of Am. & Rev., Nov. 1922.

[2]) Der Piezogenerator ist auf S. 322 beschrieben.

II. Spannungs- und Stromwandler.

11. A. Spannungswandler. Wenn die Abgabespannung dieselbe Periodenzahl wie die Primärquelle aufweist, so hat man den Transformatorfall. Man spricht von einem Autotransformator, wenn ein Teil der primären und sekundären Windungen denselben Leiter benutzt, während für gewöhnliche Transformatoren eine magnetische[1]) Verkettung vorliegt.

Wenn Spannungswandler mit mehr als einer Primärquelle größere Spannungsabfälle an der Abgabeseite aufweisen, so hat man es mit Verstärkern zu tun, welche mittels lokaler Kräfte die Vergrößerung bewirken. Apparate dieser Art sind im Kapitel VI beschrieben.

12. Teslas Transformator für die Erzeugung von Hochspannungen mittels gedämpfter Wellen. Auf einer Vereinigung der gewöhnlichen Transformatorwirkung mit derjenigen der elektrischen Resonanz beruht der Transformator von Tesla. Ein Funkeninduktor oder eine Wechselstromquelle von ungefähr 10 000 bis 30 000 V Spannung ist mit den Klemmen eines Kondensators verbunden, zu dem im Nebenschluß eine Luftspule mit wenigen Windungen in Reihe mit einer Funkenstrecke liegt. In einer zweiten Spule mit bedeutend mehr Windungen, welche die Luftspule umgeben, entstehen dann hohe Hochfrequenzspannungen.

13. Alexandersons Resonanztransformator für die Erzeugung von hochgespannten Sinuswellen. Die Transformation der Anordnung in Abb. 31 ist die Ursache zweier Wirkungen. Die erstere beruht auf derjenigen eines Lufttransformators, die zweite benutzt den Resonanzeffekt im Sekundärsystem.

Das Resonanzsystem besteht aus 24 Spulen und den Sekundärwindungen des Lufttransformators. Die Primärspule führt zum Hochfrequenzschwingungserzeuger. Jede der 24 Spulen enthält zirka 21 Windungen aus Litzendraht, welche spiralenförmig auf einen mittleren Durchmesser von 35 cm in 7 Lagen von je 3 Windungen gewickelt sind. Die Spulen sind derart miteinander verbunden, daß immer zwei äußere oder innere Drahtenden zusammenführen, um die Isolierungsschwierigkeiten zu verringern. Die veränderlichen Luftkondensatoren sind an jeder Seite in Form von kegelförmigen Spiralen aus Kupferrohr angeordnet. Die Änderung der Kapazität wird mittels der Entfernung der Kondensatorlagen erreicht. Bezüglich anderer

[1]) Elektrostatische Transformatoren finden praktische Verwendung nur als Spannungsteiler bei Messungen, trotzdem deren einfache Konstruktion im Bereiche der schnellen Schwingungen ein weiteres Anwendungsgebiet versprechen.

Konstruktionseinzelheiten sei bemerkt, daß alle Teile innerhalb der elektrischen und magnetischen Felder mittels hartem trockenem Holz gehalten werden müssen.

Weiter sei darauf hingewiesen, daß man bei dem Lufttransformator mit einem äquivalenten Transformationsübersetzungsverhältnis

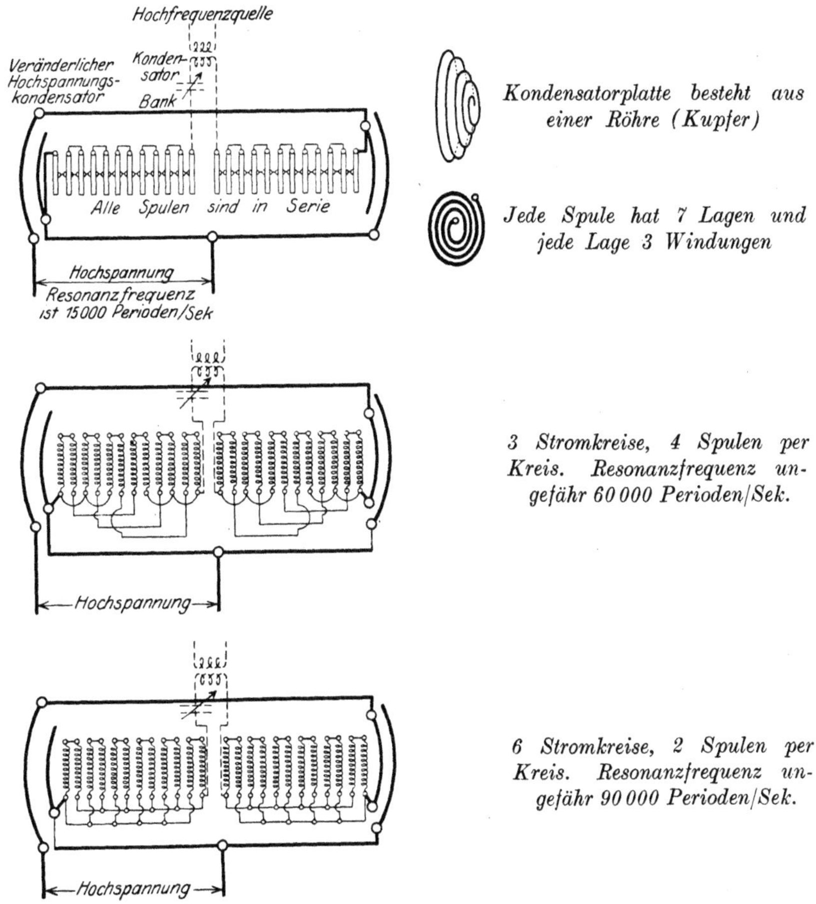

Abb. 31. Hochspannungstransformator für ungedämpfte Wellen.

zu rechnen hat. Dasselbe hängt von dem Widerstand, der äußeren Kreisreaktion und den Kapazitätswirkungen ab und ist bisweilen bedeutend kleiner als das Verhältnis von Sekundär- zu Primärwindungen (z. B. ergab 6 : 1 für eine Anordnung von $f = 100\,000$ nur 3,6 : 1).

14. Der Resonanztransformator, welcher mit einer Sinuskraft erregt ist und gedämpfte Wellen zu erzeugen hat. Dieser Apparat (siehe Abb. 3) bildet einen Teil eines Resonanzkreises für sehr lange

Wellen (entsprechend 50 bis 500 Schwingungen in der Sekunde). Die Resonanzbedingung hat deshalb nur für die Niederfrequenzseite, die Speiseleitung, einen Wert, und nur dann, wenn der Hochfrequenzkondensator sich auflade. Während der Entladung durch kurze Wellen ist die Resonanz gestört, und die Spannung, welche andernfalls Kurzschlußströme hervorrufen würde, auf einen sehr kleinen Wert zurückgeführt.

Ein Resonanztransformator mit offenem magnetischen Feld ergibt die beste Anordnung, da infolge der veränderlichen Kopplung die magnetische Rückwirkung sehr klein eingestellt werden kann, sofern der Speisestrom mittels eines Reihenwiderstandes konstant gehalten wird. Da

$$f_r = \frac{1}{2\pi\sqrt{CL[1-\varkappa^2]}}$$

ist, so erkennt man, daß jede Kopplung $\varkappa$ eine bestimmte Resonanzfrequenz f_r erfordert. Die Größen C und L bedeuten die wirksamen Kreiskonstanten im Niederfrequenzzweige.

15. B. Stromwandler. Auch hier kann man zwischen Transformatoren und Stromverstärkern unterscheiden. Die letzteren be-

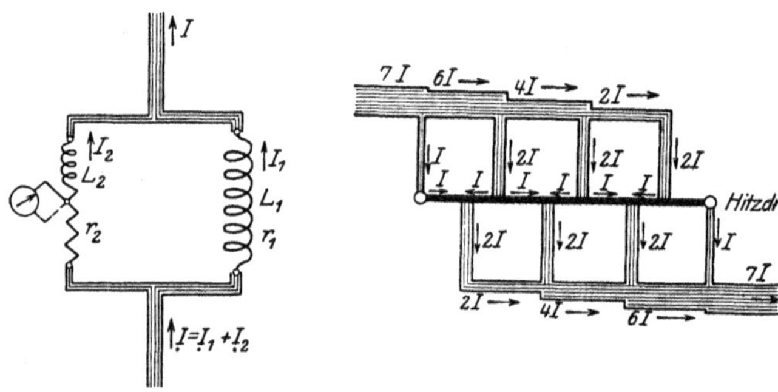

Abb. 32. Anordnungen für die Messung großer Stromstärken.

ruhen wiederum auf Kräften, welche großenteils von einer Sekundärquelle geliefert werden, während die eigentliche Primärquelle nur die Energieschwankungen im Abgabezweige im richtigen Rhythmus abgibt.

Wenn Nebenschlüsse für Hochfrequenzstrommessungen benutzt werden, so muß man, wie in Abb. 32 gezeigt ist, das Verhältnis

$$\frac{I_1}{I_2} = \frac{r_2 + nL_2}{r_1 + nL_1}$$

der wirksamen Teilströme zugrunde legen.

Wenn die Selbstinduktion genügend groß im Vergleiche zum Widerstande gewählt ist, so wird das Stromverhältnis von der Periodenzahl unabhängig und es ist

$$I_2 = k \cdot I_1 .$$

Dasselbe gilt für die allgemeinste Verzweigung

$$\frac{I_1}{I_2} = \frac{r_2 + n L_2 + \frac{1}{n C_2}}{r_1 + n L_1 + \frac{1}{n C_1}},$$

wo für überwiegende Kapazitätswirkungen der Strom I_2 in guter Annäherung durch die Beziehung

$$I_2 = k' \cdot I_1$$

gegeben ist. Wenn die Abweichung η % nicht überschreiten soll, so muß man L_2 und C_2 gemäß den Formeln

$$L_2 \leqq \frac{r_2}{2\pi f \sqrt{\frac{1}{[1-\eta]^2} - 1}} \quad \text{bzw.} \quad C_2 \leqq \frac{\sqrt{\frac{1}{[1-\eta]^2} - 1}}{2\pi f \cdot r_2}$$

wählen.

Das sogenannte Hitzdrahtamperemeter „ohne Nebenschluß“ der Fa. Hartmann und Braun, das ebenfalls Abb. 32 zeigt, gibt für einen großen Frequenzbereich verhältnismäßig gute Ablesungen.

III. Die Phasenwandler.

16. Anordnungen für gedämpfte und ungedämpfte Wellen. Die eine Gruppe von Phasenwandlern ist für ungedämpfte, die andere für gedämpfte Hochfrequenzströme verwendbar.

Wenn ungedämpfte Wellen vorliegen, so kann die in Abb. 33 angegebene Anordnung dazu dienen, Ströme verschiedener Phasen herzustellen. Die Spulen L_1 und L_2 stehen senkrecht zueinander und erzeugen ein kreisförmiges Drehfeld, da L_1, L_2, C_1, C_2 und das Verhältnis der Transformatorspulen so gewählt sind, daß die Magnetisierungsströme I_1 und I_2

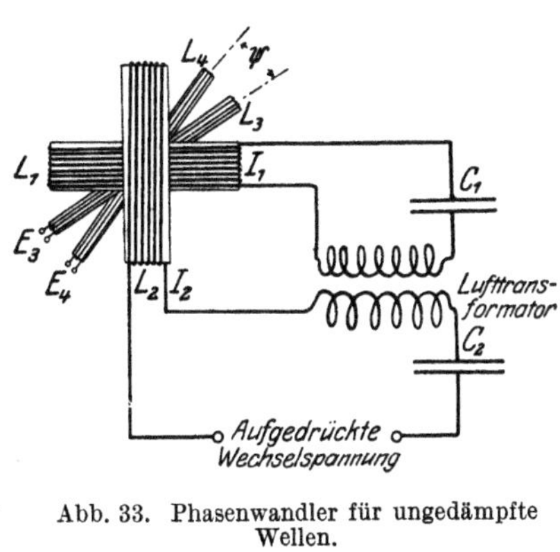

Abb. 33. Phasenwandler für ungedämpfte Wellen.

90 Zeitgrade Phasendifferenz aufweisen und gleiche magnetische Amplituden erzeugen. Die in den anderen Spulen induzierten Spannungen E_3 und E_4 haben dann einen Phasenunterschied Ψ.

Die in der Abb. 34 angedeutete Methode ist das Verdienst der Doktoren L. Mandelstam und N. Papalexi. Die Kreise $F_2L_2C_2L_2F_2$ und $F_1L_1C_1L_1F_1$ haben dieselbe Schwingungskonstante, und die Wellenlänge des Kreises $F_2C_0L_0L_1C_1L_1L_0C_0F_2$ ist größer als diejenige des Kreises $F_1L_1C_1L_1F_1$. Man stimmt die Kapazitäten so ab, daß

$$C_1 = C_2 = \tfrac{1}{2} C_0 .$$

Die Spule L_3 ist eine hohe Impedanz für Hochfrequenzströme. Dieselbe bildet einen Kurzschluß für C_1, wenn die Ladung stattfindet, und hat keinen Einfluß, wenn die Hochfrequenzentladung vor sich geht. Die Funkenstrecke F_1 ist für maximale Spannung eingestellt, d. h. der Funken F_1 entsteht eine halbe Periode später wie derjenige von F_2.

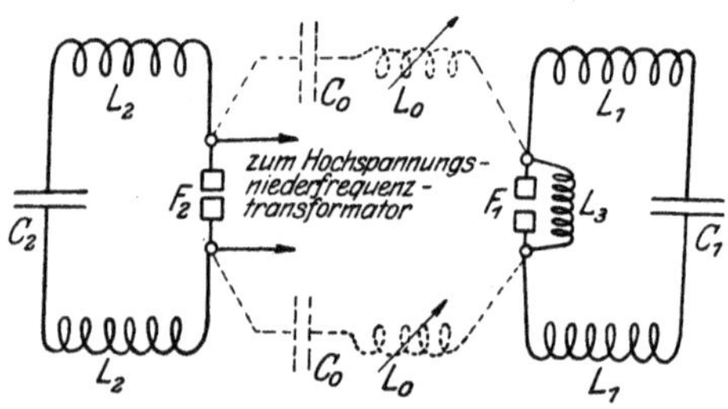

Abb. 34. Phasenwandler für gedämpfte Wellen.

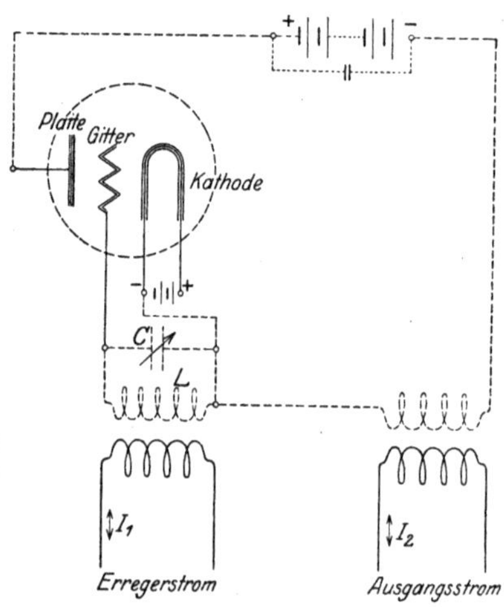

Abb. 35. Phasenwandler für ungedämpfte Röhrenschwingungen.

Die maßgebende Periode ist diejenige des Kreises

$$F_2C_0L_0L_1C_1L_1L_0C_0F_2.$$

Gleich darauf setzen Schwingungen im Kreis $F_1L_1C_1F_1$ ein (gemäß der Eigenfrequenz). Da die Schwingungskonstante des Kreises

$$F_2C_0L_0L_1C_1L_1L_0C_0F_2$$

mittels der Einstellung von L_0 geändert werden kann, so können die Zeiten zwischen den Entladungen von $F_2L_2C_2L_2F_2$ und $F_1L_1C_1L_1F_1$ beliebig geändert und Wellen verschiedener Phase erzeugt werden.

Die in der Abb. 35 angegebene Anordnung benutzt eine Glühkathodenröhre mit einem Gitter als die dritte Elektrode. Die Phasendifferenz zwischen dem Erregerstrom I_1 (muß sinusförmig sein) und dem Ausgangsstrom I_2 wird mittels der Schwingungskonstante CL erhalten, wenn L den effektiven Wert der Gitterspule bedeutet. Der

Erregerstrom induziert in der Gitterspule eine EMK der aufgedrückten Frequenz. Ähnliche und verstärkte Änderungen finden in dem Anodenstrom statt. Die Phase des Stroms I_2 hängt von dem Bruche CL/f ab, wenn f die aufgedrückte Frequenz bezeichnet. Die Amplitude von I_2 hängt sowohl von den Kopplungen von I_1 zum Gitter- und I_2 zum Anodenkreis ab als auch von der Verstärkungskonstante k_A der Röhre, da die Gitterpotentialänderungen k_A-mal an der Anode wirken.

17. Phasenverschiebung mittels Reaktanz und Widerstand, mittels gegenseitiger Induktion und Widerstand und mittels einer Kettenleitung. In Abb. 36 ist eine Schaltung angegeben, wo die Phase mittels C und L bzw. L und r verschoben werden kann. Im letzteren Falle wird C kurzgeschlossen. Abb. 37 stellt ein Verfahren dar, wo man mittels einer

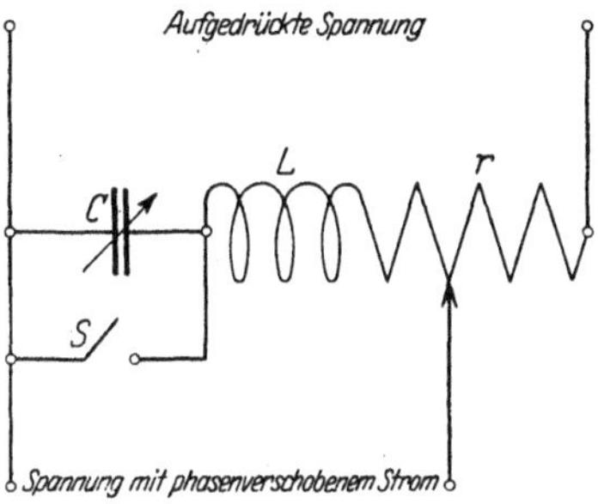

Abb. 36. Erzeugung von Phasenverschiebung.

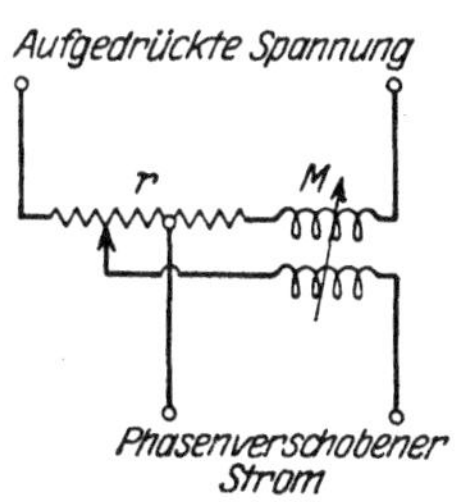

Abb. 37. Erzeugung phasenverschobener Ströme.

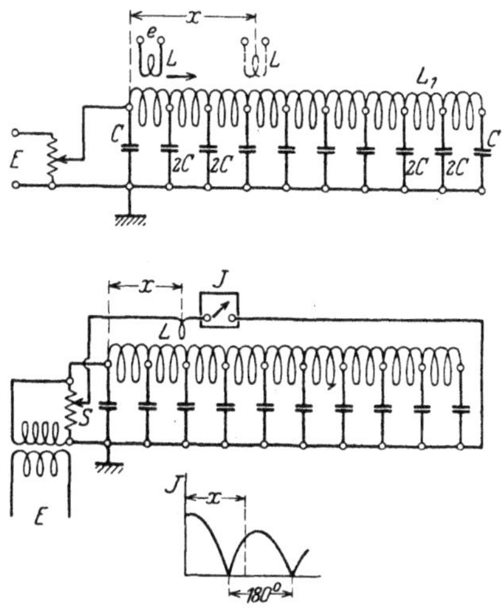

Abb. 38. Kettenleiter zur Erzeugung von Phasenverschiebung.

gegenseitigen Induktion M und eines Ohmschen Widerstandes r Phasenverschiebungen hervorrufen kann. Abb. 38 zeigt eine Schaltung, in der ein Kettenleiter zur Herstellung von Phasenverschiebungen benutzt wird. Das Prinzip geht aus der oberen Darstellung hervor. Die phasenverschobene Spannung e wird von einer Spule L abgenommen, die innerhalb einer langen einlagigen Spule verschoben werden kann Die einzelnen Glieder des Kettenleiters bestehen aus der Induktivität L_1 und den Kapazitäten C an jeder Seite. Man stellt den Kettenleiter aus sehr vielen Gliedern her, so daß der Strom I am Ende des Leiters praktisch Null ist. Wie in der Theorie über Kettenleiter erörtert wird, läßt eine Drosselkette (Spulenleitung) nur niedere Periodenzahlen hindurch, da von der kritischen Frequenz f_0 an eine sehr große Dämpfung auftritt. Abb. 274 zeigt, daß diese Leitung als Phasenwechsler bis zur kritischen Frequenz arbeitet. Es ist deshalb möglich, Phasenverschiebungen ohne Amplitudenänderung zu erhalten, da theoretisch eine Dämpfung erst von f_0 an aufwärts stattfindet. Wenn man daher eine kleine Spule mit abgeschirmten Zuleitungen innerhalb der einlagigen Spule verschiebt, so kann man die Phase mit Leichtigkeit über 360 Grad und mehr verändern. Man kann dies dadurch prüfen, daß man wie in der unteren Darstellung zwei phasenverschobene Ströme über einen Indikator führt (z. B. ein thermoelektrisches Galvanometer) und Ausschläge wie in der untern Darstellung erhält. Bei praktischen Anwendungen muß man die Messung mittels eines Röhrenvoltmeters ausführen, so daß die Spule L keine Rückwirkung haben kann. Mittels Schleifers S stellt man die Amplitude richtig ein.

IV. Die Frequenzwandler.

18. Arbeitsweise der verschiedenen praktischen Frequenzwandler. Die einem System aufgedrückte Periodenzahl kann auf folgende Arten verändert werden:

1. Man verstärkt eine wünschenswerte und ausgeprägte Oberwelle (Wechselstromlichtbogen, Strom verzerrt durch Ferromagnetikum, ergibt dreifache Frequenz).

2. Man verbindet zwei Transformatoren in Serie (oder zwei Spulen, welche sich auf demselben Eisen befinden) und erzeugt resultierende Kraftflußschwankungen höherer Frequenz (ergibt zweifache und dreifache Periodenzahl).

3. Man verwendet Serientransformatoren, welche aufgedrückte Spannungsstöße in einer solchen Weise vereinigen, daß der abgenommene Strom vielfachperiodisch ausfällt (gleichgerichtete Wellenhälften werden dem System aufgedrückt), oder

man überlagert zwei verschiedenartig verzerrte Stromstöße derselben Periodenzahl und in einer solchen Weise, daß der resultierende Strom und Kraftfluß größere Periodenzahl aufweist (zweifache und sechsfache Frequenz).

Bei den Methoden, welche zwei Transformatoren[1]) verwenden, sind entweder die Primär- oder die Sekundärwindungen in entgegen-

---

[1]) Die Theorie der magnetischen Frequenzwechsler wurde in einem interessanten Vortrage des Herrn Prof. Dr. J. Zenneck in New York behandelt. Abdrücke dieser Vorlesung sind im Jahrb. drahtl. Telegr. u. Telef. 1921 und I. R. E., Dezember 1920, S. 468, enthalten. Andere Beschreibungen sind: Epstein, Kühn, Joly: Jahrb. drahtl. Telegr. u. Telef. 1915, von Arco und Meißner Patente; Goldsmith, A. N.: Radio Frequency Changers, I. R. E. 1915, S. 55; Minohara, T.: Proc. I. R. E. 1920, S. 493.

gesetzter Richtung verbunden und die anderen Spulen derart, daß deren Spannungen sich addieren. Wenn eine zweifache Frequenz verlangt ist, so erzeugt man die Unsymmetrie in den zwei Transformatoren durch die Überlagerung eines konstanten Kraftflusses $\bar{\Phi}$ (mittels eines kontinuierlichen Gleichstroms $\bar{I}$) und eines harmonischen Flusses $\tilde{\Phi}$. Für den Fall einer dreifachen Frequenz erzeugt man verschiedene Grade der magnetischen Sättigung in den bezüglichen Transformatoren[1]).

19. Dreifache Periodenzahl von einem Wechselstromlichtbogen (Zenneck). Wenn ein elektrischer Lichtbogen von einem Wechselstrom gespeist wird, so wird die Wellenform so verzerrt, daß ein merkbarer dreifachperiodischer Strom überlagert ist. Wenn eine Drosselspule in die Speiseleitung und ein Resonanzsystem parallel zum Bogen geschaltet wird, so kann ein Strom der dreifachen Frequenz darin erzeugt werden. Die Energie ist bisweilen beträchtlich.

20. Zweifache Periodenzahl mittels unsymmetrischer Magnetisierung (Arco). Die Abb. 39 zeigt die Anordnung. Die primären

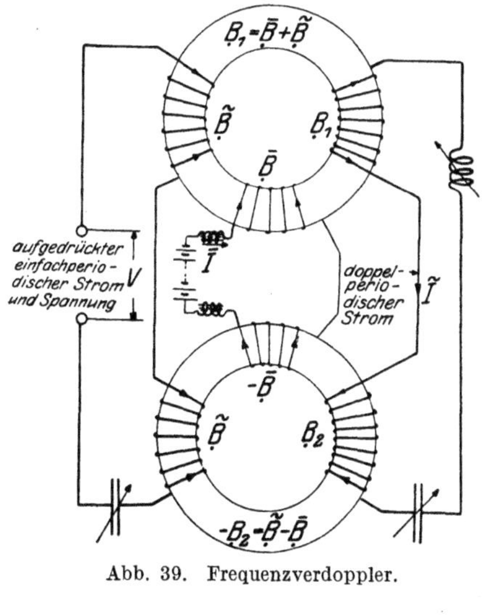

Abb. 39. Frequenzverdoppler.

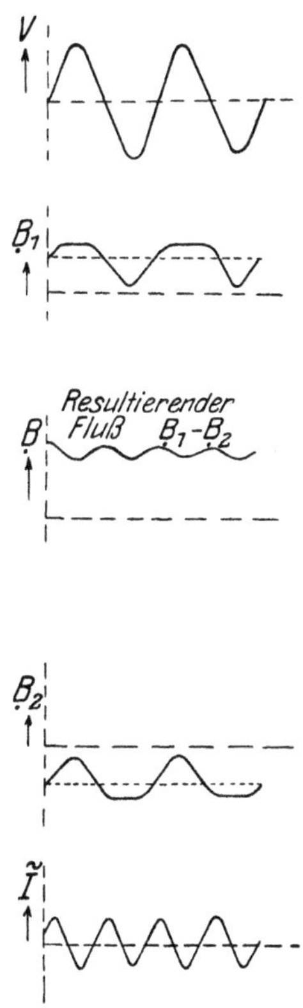

[1]) Methoden für die Frequenzvervielfachung mittels Stromstößen sind auf S. 73 angegeben.

Windungen zweier gleicher Transformatoren sind in Reihe geschaltet, während die Sekundärwindungen in entgegengesetzter Richtung und über ein Variometer und einen veränderlichen Kondensator verbunden sind. Eine Gleichstromerregung $\bar{I}$ erzeugt eine unsymmetrische Magnetisierung, da im selben Augenblicke die wechselnde Flußdichte $\tilde{\underset{\cdot}{B}}$ in einem Transformator sich zu einem Werte $\underset{\cdot}{B}_1 = \bar{\underset{\cdot}{B}} + \tilde{\underset{\cdot}{B}}$ vergrößert und im andern Transformator zu einem Werte $-\underset{\cdot}{B}_2 = \tilde{\underset{\cdot}{B}} - \bar{\underset{\cdot}{B}}$ verkleinert wird. Infolge der Gegeneinanderschaltung der Sekundärwindungen wirkt die resultierende magnetische Dichte $\underset{\cdot}{B}_1 + \underset{\cdot}{B}_2$ so auf das System, daß ein beträchtlicher doppelperiodischer Resonanzstrom $\tilde{I}$ abgegeben wird. Wenn das Goldschmidtsche Reflexionsprinzip angewendet wird, so kann man die Periodenzahl schrittweise noch dadurch vergrößern, daß man den doppelperiodischen Strom $\tilde{I}$ an das Primärsystem zurückspiegeln läßt usw. Diese Methode ist sehr bequem für Laboratoriumszwecke.

21. Dreifache Periodenzahl mittels Transformatoren[1]**, welche verschiedenartig gesättigt sind (Epstein-Joly).** Die Primärspulen der Abb. 40 werden im entgegengesetzten Sinne hintereinander geschaltet und die Sekundärwindungen in Serie. Der Kondensator und das Variometer erleichtern die Resonanzeinstellung für die dreifache Periodenzahl. Die magnetische Dichtenwelle B_1 ist zugespitzt, da der entsprechende Transformator nicht genügend Amperewindungen besitzt ($\tilde{I}_{max}$ kleiner als der Sättigungsstrom), während der andere Transformator genügend Windungen hat, um das Eisen vollständig zu magnetisieren. Die entsprechende magnetische Kraftliniendichte B_2 hat deshalb die bekannte abgeflachte Gestalt. Die resultierende Kraftliniendichte $\underset{\cdot}{B} = \underset{\cdot}{B}_2 - \underset{\cdot}{B}_1$ erzeugt dann einen dreifachperiodischen Strom $\tilde{I}$.

22. Zweifache Periodenzahl mittels gleichgerichteter Wellenhälften (Alexanderson, Zenneck, Hund). Das in der Abb. 41 angedeutete Verfahren benutzt Glühkathodengleichrichter (der gewöhnlichen oder der Tungarart, je nach der verlangten Stromstärke) an Stelle des Quecksilberbogensystems von Alexanderson oder der Aluminiumgleichrichter von Zenneck. Dies hat den Vorteil, daß sowohl hohe Spannungen als auch starke Ströme benutzt werden können (jeder Periodenzahl). Die Primärspulen sind wiederum gegeneinander ge-

---

[1]) Experimentaluntersuchungen für magnetische Frequenzwandler sind neuerdings von H. Plendl, F. Sommer und J. Zenneck, Z. Hochfreq. 1926, S. 101, veröffentlicht worden. Siehe auch L. Casper, K. Hubmann und J. Zenneck Bd. 24, S. 129. 1924.

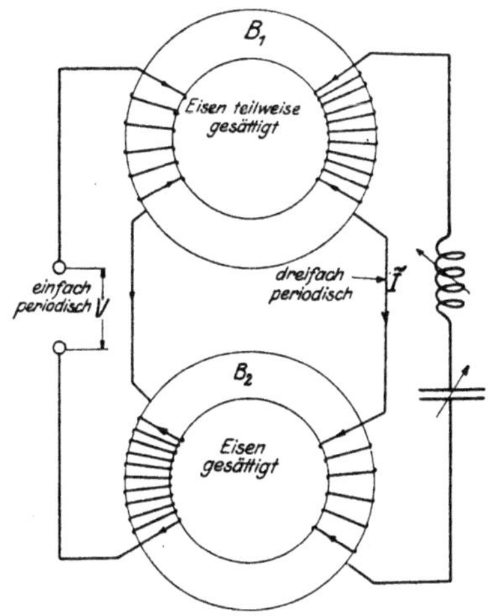

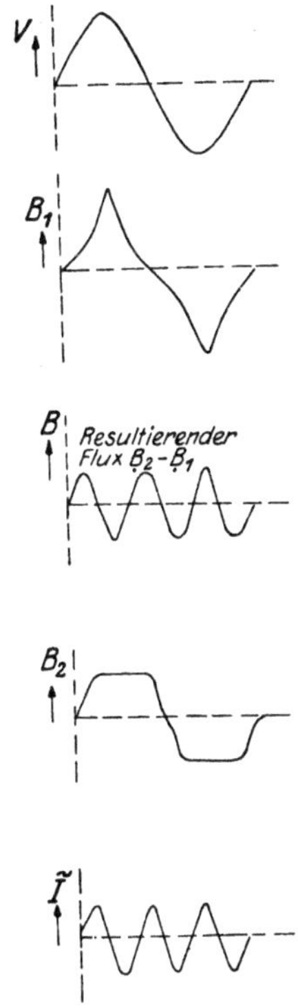

Abb. 40. Erzeugung von dreifacher Periodenzahl.

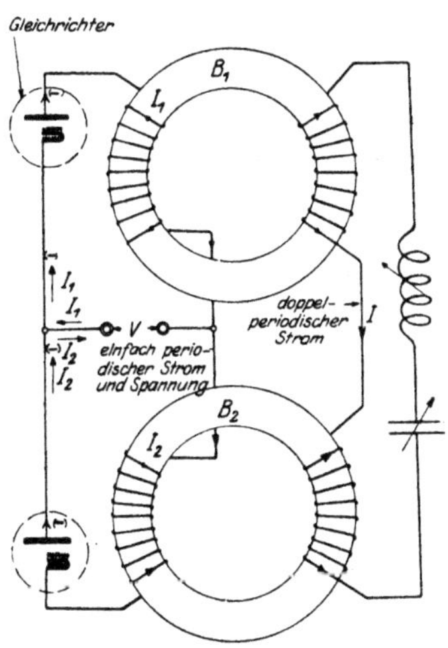

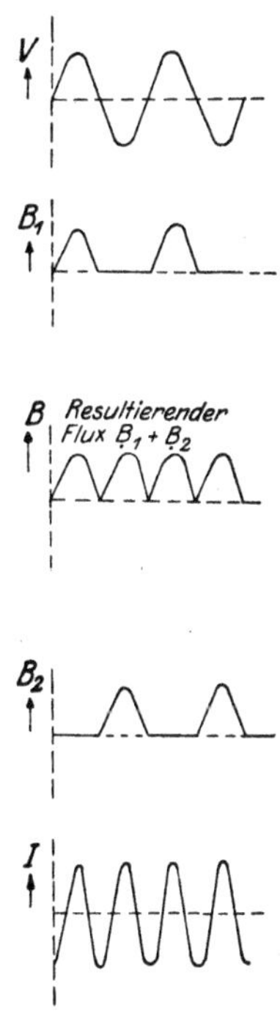

Abb. 41. Frequenzverdoppler.

schaltet. Da der Strom I_1 die B_1-Stöße in der einen Richtung und I_2 Schwebungen B_2 derselben Art (aber zu Zeiten, wenn I_1 gleich Null ist) hervorruft, so erzeugen die Änderungen von $B = B_1 + B_2$ einen doppelperiodischen Resonanzstrom im Sekundärkreise.

23. Sechsfache Periodenzahl mittels zweier Vollwegkenotrons unter Verwendung der Temperatur- und Raumladewirkung (Hund). Aus den Abb. 46 und 51 erkennt man, daß eine zu niedrige Kathodentemperatur die gleichgerichteten Wellenhälften abflacht und geringe Anodenspannung zugespitzte Hälften hervorruft. Wenn deshalb der gleichgerichtete Strom eines Vollweggleichrichters mit einem maximalen Potential $V < V_s$ (kleiner als Sättigungspotential) dem gleichgerichteten Strome eines anderen Vollweggleichrichters mit zu geringer Kathodenerregung überlagert wird, so kann man in einem Resonanzsystem Ströme der sechsfachen Frequenz erhalten. Eine sechsfache Periodenzahl bedingt jedoch, daß die zugespitzten Wellenhälften durch die abgeflachten Wellenhälften verlaufen, wenn alle Wellenhälften auf derselben Seite der Zeitachse gezeichnet sind. Wenn zwei Vollwegkenotrons mit derselben inneren Charakteristik verwendet würden, so könnten die zugespitzten Wellenhälften nie durch die abgeflachten Hälften dringen. Dies kann aber dadurch erreicht werden, daß man bei dem „Raumladungs"gleichrichter den Abstand zwischen Anode und Glühfaden größer wählt als bei dem Gleichrichter, welcher durch die Temperaturwirkung beeinflußt wird. Ein anderer Weg besteht in der Verwendung eines Kenotrons mit Gitter (Pliotron). Die richtige Raumladewirkung kann dann mittels des Gitterpotentials hergestellt werden.

24. Der Frequenzwandler von K. Schmidt[1]). Dieses Verfahren benötigt keine Gleichstrommagnetisierung und arbeitet mit einem einzigen Auto-Transformator. Die Wicklung ist so bemessen, daß das Eisen hoch gesättigt wird. Dies verursacht zugespitzte Spannungshälften, die eine große Anzahl von kräftigen Oberschwingungen hervorrufen. Die einzige Windung des Eisenrings, die unter Zwischenschaltung eines Kondensators an die Stromquelle der Frequenz f angeschaltet wird, erzeugt einen kräftigen Magnetisierungsstrom, d. h. große Eisensättigung. An derselben Wicklung liegt eine Spule in Reihe mit einem Kondensator für die Abstimmung des Ausgangsstromes von der höheren Frequenz mf.

---

[1]) Dieses, wie das Verfahren von W. Dornig (Z. Hochfreq. 1924, S. 44, Artikel von E. Nesper), beruht auf der von Joly und Vallauri angegebenen Methode zur Frequenzvervielfachung.

V. Die Gleichrichtung von Strömen.

25. Definition und Einteilung der Gleichrichter. Ein Gleichrichter bedeutet einen elektrischen Leiter, der einem gewissen Strom weniger Widerstand in einer als in der anderen Richtung entgegenstellt. Das Ohmsche Gesetz gilt im allgemeinen nicht oder nur für einen bestimmten Strombereich.

Die Darstellungen der Abb. 42 behandeln alle praktischen Fälle.

1. Man nennt einen Gleichrichter vollkommen, wenn ein Stromfluß nur in einer Richtung möglich ist und das Ohmsche Gesetz dafür gilt, d. h. wenn ein Gleichrichter einen bestimmten konstanten Widerstand für eine Stromrichtung aufweist, aber einen unendlich großen Wert annimmt, sobald der Strom seinen Sinn ändert. Die meisten Glühkathodengleichrichter gehören in diese Klasse, wenn ein gewisser Spannungsbereich nicht überschritten und die Temperatur des Glühkörpers richtig gewählt wird.

2. Man hat es mit einem Differenzialgleichrichter zu tun, wenn ein gewisser konstanter Widerstand für einen Stromfluß in einer Richtung und ein anderer konstanter Widerstand für einen Stromfluß in der entgegengesetzten Richtung vorliegt. Das Ohmsche Gesetz gilt dann nur für die bezüglichen Stromrichtungen.

3. Die dritte Art von Gleichrichtern folgt dem Ohmschen Gesetze nur für einen sehr kleinen Strombereich. Wenn ein Leiter dieselben unregelmäßigen Widerstandseigenschaften für beide Stromrichtungen aufweist, so kann man mittels einer überlagerten Gleichspannung eine Gleichrichtung erzielen. Ein solches Hilfspotential ist immer notwendig, wenn derselbe Widerstand für eine gewisse Stromstärke in jeder Richtung besteht, d. h. wenn eine symmetrische Spannungsstromcharakteristik vorliegt. Eine überlagerte Gleichspannung stört dann die Symmetrie und erzeugt, wie in Abb. 42 angegeben, eine teilweise Gleichrichtung.

4. Ein Gleichrichter der vierten Art hat eine unsymmetrische Charakteristik und ergibt daher eine teilweise Gleichrichterwirkung ohne Hilfsspannung. Wenn jedoch seine Gleichspannung richtig gewählt ist, so kann hierdurch die Gleichrichtung verbessert werden. Viele der elektrolytischen und Kristallgleichrichter gehören in diese Klasse.

Die untere Darstellung der Abb. 42 zeigt Anordnungen für die Halbweg- und Vollweggleichrichtung. In den meisten Fällen kann die Vollweggleichrichtung mittels eines einzigen Apparates ausgeführt werden (Quecksilbergleichrichter, Elektronenröhren Glimmlichtgleichrichter usf.).

Was die verschiedenen technischen Ausführungen anbelangt, so kann man zwei Hauptgruppen unterscheiden, nämlich:

eine, bei der der Gleichrichter nur sehr schwachen Strom führt,
und eine, bei der große Ströme gleichgerichtet werden.

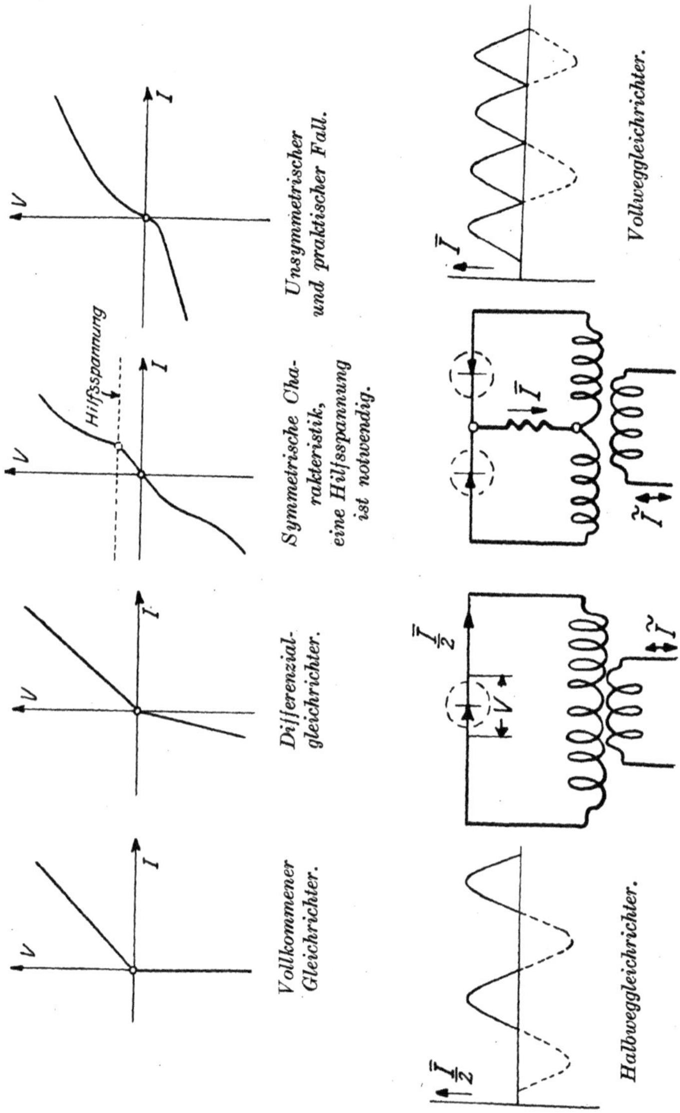

Abb. 42.

Die letztere Gruppe kann man wieder in zwei Klassen teilen, von denen die eine für gewöhnliche Spannungen, die andere für Hochspannungen gilt. Die mechanischen Gleichrichter spielen keine große Rolle in der Hochfrequenztechnik, da die Periodenzahl unmögliche Umlaufsgeschwindigkeiten oder mechanische Vibrationen verlangen würde. Sogar bei Niederfrequenz treten Schwierigkeiten auf, wenn sehr hohe Spannungen vorliegen. Für Röhrenschwingungen können selbst bei niederen Frequenzen mechanische Gleichrichter nur eine schlechte Wirkung ergeben, da in der Regel „geradzahlige" Oberschwingungen mit Kosinus- und Sinusgliedern vorliegen, welche den resultierenden Wechselstrom so beeinflussen, daß die Zeiten für die positiven und negativen Wellenteile nicht mehr gleich sind, obgleich deren Addition die Periodenzeit für die ganze resultierende Welle (und auch der Grundwelle) liefert.

26. Formfaktor, Scheitelfaktor und Nutzstrom eines gleichgerichteten Stromes. Wenn die Leistung des gleichgerichteten Stromes in Betracht kommt, so ist es nicht nur notwendig, den Grad der Ventilwirkung eines gewissen Gleichrichters zu kennen, sondern auch die Form des gleichgerichteten Stromes. Viele Gleichrichter verzerren die Wellenhälften mehr oder weniger, da der innere Widerstand r_g von der aufgedrückten Spannung abhängig ist. Andere Gleichrichter erlauben Umkehrströme, so daß nur der Differentialeffekt im Gleichrichterkreise benutzt werden kann. Dies ist in Abb. 43 näher erklärt, wo I_e den mit einem dynamometrischen Instrumente gemessenen Effektivwert und I_m den von einem Gleichstrommesser angegebenen Mittelwert[1]) des gleichgerichteten Stromes bedeutet. Die punktierten Kurven bedeuten den Wechselstrom, welcher fließen würde, im Falle kein Gleichrichter im Stromkreise eingeschaltet wäre. Die Maximalamplitude I_1 des gleichgerichteten Stromes ist immer kleiner als $I_{\max}$ des entsprechenden Wechselstromes, da für alle technischen Gleich-

[1]) Wenn Mittelwerte beider gleichgerichteten Wellenhälften (zwei Halbwegglühkathodengleichrichter) an einem Gleichinstrument abgelesen werden sollen, so ist es am besten, dieses Instrument in den Hauptkreis zu schalten. Wenn dagegen nur die eine Hälfte das Instrument beeinflußt, so ist für eine verzerrte Wellenform der Spannung die Angabe des Instrumentes etwas zu hoch und mit Zwei multipliziert, um beide Hälften zu berücksichtigen, nicht mehr richtig. Dies ist klar, wenn man bedenkt, daß z. B. ein zweiter Scheitel in den Wellenhälften direkt nach seinem Auftreten einen kleinen Umkehrstrom erzeugt, der aber nur im andern Gleichrichter bemerkbar ist; während für die darauffolgende Wellenhälfte, welche vom andern Gleichrichter (der im allgemeinen das Meßgerät nicht beeinflußt) gleichgerichtet wird, der kleine Umkehrstrom positiv ist, also auf das Meßgerät einwirkt. Dies besagt aber, daß für die erste Wellenhälfte der Zeiger des Instruments im Mittel zu viel ausschlägt, da der Umkehreffekt nicht bemerkbar ist, und für die darauffolgende Hälfte dieser Effekt, da im entgegengesetzten Sinne wirkend, sich addiert und I_m wiederum vermehrt.

richter während der Gleichrichtung ein gewisser innerer Widerstand r_g vorliegt. In vielen Fällen bedeutet r_g eine Veränderliche, da z. B. die innere Charakteristik eines Glühkathodengleichrichters den kleinsten Widerstand r_g dann aufweist, wenn die aufgedrückte Spannung zu einem gewissen Zeitpunkte gleich oder größer als das Sättigungsanodenpotential[1]) der Röhre ist. In vielen Fällen kann der Effekt des unreinen Gleichrichterwiderstandes mittels einer Belastungsspule

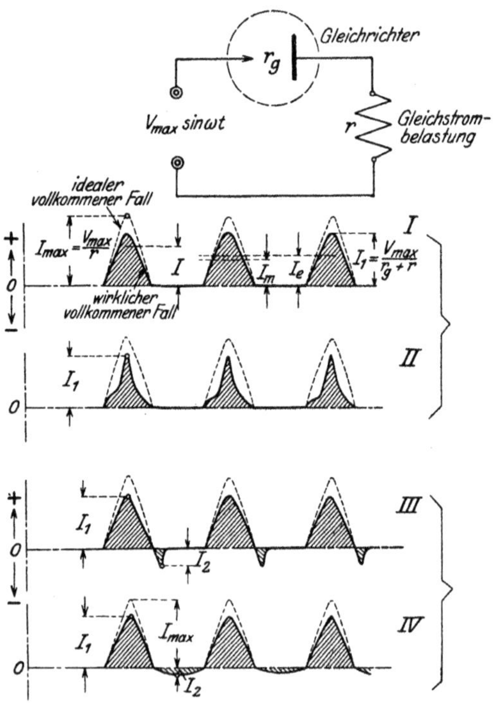

Der Strom fließt nur in einer Richtung und das Ohmsche Gesetz gilt mehr oder weniger genau. Die Wellenhälften sind mehr oder weniger verzerrt und der Formfaktor ist immer größer als die Einheit.

Rückentladungen finden infolge innerer Kapazitätserscheinungen oder anderer Ursachen statt. Verzerrung der Wellenhälften. Formfaktor ist immer größer als die Einheit.

Abb. 43.

oder eines Widerstandes im äußeren Kreise vermindert werden. Die Größe des Belastungswiderstandes r ist jedoch sowohl von dem Sättigungsstrome I_s als auch von der Wechselspannung abhängig, da r so gewählt werden muß, daß $I_s r + I_s r_g = V_{\max}$ ist. Dies liefert dann die günstigste Belastung für die Röhre. Da die Gleichrichtungsfähigkeit gleich dem Verhältnis von Nutzstrom im Gleichrichterkreise (I_m) zum möglichen Wechselstrom (I) ist, so sieht man, daß die Leistungsabgabe durch den Gleichrichterwiderstand und denjenigen der Be-

[1]) Das Sättigungsanodenpotential entspricht derjenigen Spannung zwischen der Anode und dem Glühkörper, welche für eine gewisse Kathodentemperatur gerade den größten Thermionstrom durch die Röhre sendet.

lastung begrenzt ist. Da obiges Verhältnis für vollkommene Gleichrichter den Wert

$$\xi = \frac{1}{2F\left(\frac{r_g}{r} + 1\right)}$$

ergibt, so hat man den größten Nutzstrom bei vernachlässigbarem Gleichrichterwiderstand, da dann der Nutzstrom für eine Halbweggleichrichtung praktisch gleich dem reziproken Werte des doppelten Formfaktors, d. h. gleich $\frac{50}{F}$ % wird. Wenn man diese Betrachtung mit dem bereits erwähnten Resultat für den inneren Minimalwiderstand r_g vereinigt, so erhält man die beste Gleichstromwirkung für

F nicht viel größer als die Einheit

und $r_g = \frac{V_{\max}}{I_s} - r$ verschwindend im Vergleich zu r,

d. h. r ungefähr $= \frac{V_{\max}}{I_s}$.

I_s bedeutet den Sättigungsstrom einer Röhre und muß in diesem Falle gleich dem maximalen Werte I_1 sein, da für vollkommene Gleichrichter $I_2 = 0$ wird. Für alle anderen Gleichrichterarten muß man I_1 so wählen, daß das Verhältnis der maximalen Gleichrichterspannung zum effektiven inneren Widerstand des Ventils den Wert I_1 befriedigt.

Der Scheitelfaktor σ ist durch die Beziehung

$$\sigma = \frac{\text{maximaler Augenblickswert}}{\text{Effektivwert}} = \frac{I_{\max}}{I_e}$$

und der Formfaktor F durch

$$F = \frac{\text{Effektivwert}}{\text{Mittelwert}} = \frac{I_e}{I_m}$$

gegeben. Wenn deshalb eine Gleichrichtung, wie in Darstellung IV der Abb. 43 angedeutet ist, vorliegt, so ist der Scheitelfaktor

$$\sigma = \frac{\frac{I_1 + I_2}{2}}{I_e},$$

wenn I_e den im Gleichrichterkreise mittels eines Wechselstrominstrumentes gemessenen Stromwert bedeutet. Auf ähnliche Weise wird der Formfaktor[1])

$$F = \frac{\frac{I_1 - I_2}{2}}{\sigma I_m},$$

[1]) Da $F = \frac{I_{\max}}{\sigma I_m}$.

wenn I_m die mit einem Gleichstrominstrumente gemessene Gleichrichterstromstärke bedeutet. Für reine Sinusform ist $F = 1{,}11$ und $\sigma = 1{,}414$. Wenn der gleichgerichtete Strom die in der oberen Darstellung der Abb. 44 angedeutete Form[1]) σ hat, so wird der Formfaktor

$$F = \frac{\sqrt{\frac{2}{\pi}\int\limits_0^{\pi/2} (I_1 + I_2 \sin \Theta)^2 \, d\Theta}}{\frac{2}{\pi}\int\limits_0^{\pi/2} (I_1 + I_2 \sin \Theta) \, d\Theta} = \frac{\pi \sqrt{I_1^2 + \frac{I_2^2}{2} + \frac{4}{\pi} I_1 I_2}}{\pi I_1 + 2 I_2}$$

und der Scheitelfaktor

$$\sigma = \frac{I_1 + I_2}{\sqrt{I_1^2 + \frac{1}{2} I_2^2 + \frac{4}{\pi} I_1 I_2}}.$$

Mittels der Form- und Scheitelfaktoren kann man daher die Güte eines bestimmten Gleichrichters ermitteln. Dies ist bei den Verfahren

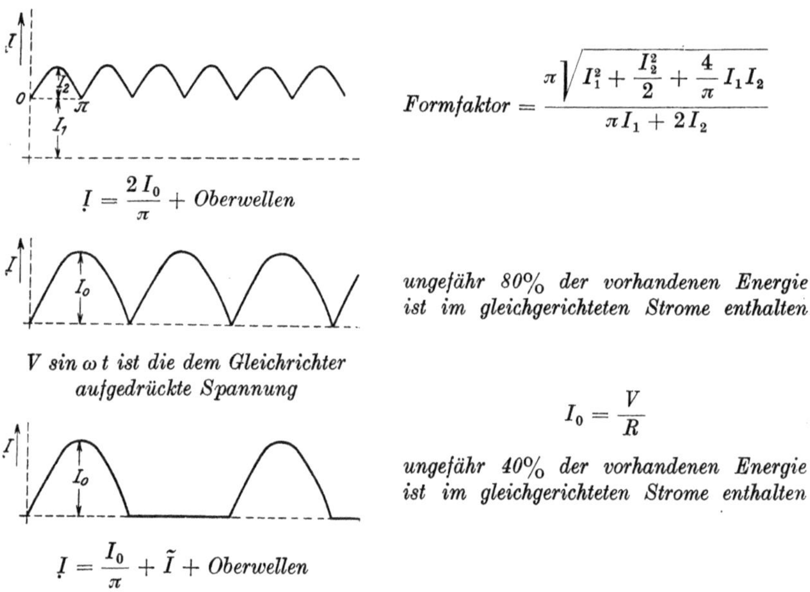

Abb. 44.

in den Abschnitten 267 und 268 näher ausgeführt. Wenn man sich aber ein wahres Bild von der Leistung des gleichgerichteten Stromes zu machen wünscht, so scheint es zweckentsprechend, den resultierenden Strom im Gleichrichterkreise in seine Komponenten aufzulösen. Als

[1]) Hund, A.: El. u. Maschinenb., Jan. 22. 1922.

Nutzstrom bezeichnet man jene Komponente, welche die Gleichstromleistungsabgabe bedingt. Einige der Komponenten können mehr oder weniger energielos sein, und das letztere um so mehr, je kleiner der Widerstand gewählt ist. Die nutzbare Leistung bestimmt die Gleichrichtungswirkung (siehe S. 309) und den Wirkungsgrad (siehe S. 308) des Gleichrichters. Man muß also einen Unterschied zwischen der Gleichrichtungsfähigkeit und dem Wirkungsgrad eines elektrischen Ventils machen, da ein Gleichrichter gleichzeitig als Energiebegrenzer wirkt.

Wenn man eine Vollgleichrichtung in Betracht zieht, für welche z. B. ein symmetrisch gebautes Kenotron mit dem Widerstand R verwendet wird, und die Anodenerregung und Kathodentemperatur so wählt[1]), daß für eine aufgedrückte Spannung $V \sin \omega t$ beide Wellenhälften praktisch unverzerrt gleichgerichtet werden (mittlere Darstellung der Abb. 44), so kann der gleichgerichtete Strom $\underset{\cdot}{I}$ in jedem Augenblick durch den Ausdruck

$$\begin{aligned} \underset{\cdot}{I} &= \frac{V}{R}\left[\frac{2}{\pi} - \frac{4}{\pi}\sum \frac{\cos k\omega t}{k^2-1}\right] \quad \text{für} \quad k = 2, 4, 6, 8, \ldots \\ &= \frac{V}{R}\,\frac{2}{\pi}\left[1 - \frac{2\cos 2\omega t}{1\cdot 3} - \frac{2\cos 4\omega t}{3\cdot 5} - \frac{2\cos 6\omega t}{5\cdot 7} - \cdots\right] \end{aligned}$$

befriedigt werden. Man sieht deshalb, daß ein kontinuierlicher Gleichstrom $\frac{2V}{\pi R} = \frac{2}{\pi} I_0$ einem doppelperiodischen Wechselstrom und einer Reihe von geraden Oberschwingungen überlagert ist. Da aber der Nutzstrom $I = \frac{2}{\pi} I_0$ und die Amplitude $I'' = \frac{4}{3\pi} I_0$ des doppelperiodischen Wechselstroms durch Vergleich die Beziehung

$$I = \frac{3}{2} I'' = \frac{3}{\sqrt{2}} I_e$$

ergibt, so sieht man, daß der Nutzstrom I im Gleichrichterkreise ungefähr 212% des überlagerten effektiven doppelperiodischen Wechselstroms I_e beträgt. Die Energie, die einem Vollweggleichrichter zur Verfügung gestellt wird, ist $V^2/2R$. Der Nutzstrom führt deshalb den Anteil

$$I^2 R = \frac{4}{\pi^2} I_0^2 R = \frac{8}{\pi^2}\left[\frac{V^2}{2R}\right] = 81{,}1\%$$

der vorhandenen Energie, weil in der doppelperiodischen Oberwelle 18% und in den geradzahligen Oberwellen die verbleibenden 0,9% der dem Gleichrichter zugeführten Energie nutzlos hin und her schwingen und

[1]) Gewöhnlich sind die Wellenhälften nahe der Zeitachse verzerrt, da der beinahe gerade Teil der inneren Röhrencharakteristik in den Ursprungspunkt des Koordinatensystems läuft und sich deshalb krümmt. Wenn jedoch sehr hohe Spannungen vorliegen, darf der Effekt des Röhrenwiderstandes in der Nähe des Nullpunktes des Koordinatenkreuzes vernachlässigt werden.

dadurch nur die Leitungen erwärmen. Dies ergibt sich, wenn man bedenkt, daß für den doppelperiodischen Effektivstrom I_e

$$I_e^2 R = \left[\frac{4}{3\pi}\,\frac{I_0}{\sqrt{2}}\right]^2 R = \frac{16}{9\pi^2}\left[\frac{V^2}{2R}\right] = 18\% \text{ von } \left[\frac{V^2}{2R}\right] \text{ beträgt.}$$

Wenn ein Halbweggleichrichter in den Wechselstromkreis eingeschaltet ist und (praktisch) unverzerrte Wellenhälften wie in der unteren Darstellung der Abb. 44 im Gleichrichterkreise erhalten werden, so ist der Momentanwert I des gleichgerichteten Stromes von der Form

$$I = I_0\left[\frac{1}{\pi} - \frac{1}{2}\cos\omega t + \frac{2}{3\pi}\cos 2\,\omega t - \frac{2}{3\cdot 5\pi}\cos 4\,\omega t + \cdots\right],$$

d. h. über den kontinuierlichen Gleichstrom $I = I_0/\pi = V/\pi R$ lagert sich sowohl ein Wechselstrom I_e der aufgedrückten Frequenz und mit der Amplitude $I' = I_0/2 = V/2R$ als auch eine Reihe von höheren geraden Oberschwingungen. Wenn man wiederum den Nutzstrom I mit dem Grundstrom I_e im Gleichrichterzweige vergleicht, so erhält man den Effektivwert

$$I_e = \frac{\pi}{2\sqrt{2}}\,I\,, \qquad \text{da} \qquad I = \frac{2}{\pi}\,I' = \frac{2\sqrt{2}}{\pi}\,I_e\,.$$

Die Intensität des Nutzstroms I beträgt in diesem Falle nur 90% des Effektivwertes I_e des überlagerten Grundstromes. Da für Halbweggleichrichter die vorhandene Energie nur $V^2/4R$ ist, so sieht man, daß der Nutzstrom I dann 40,55% ausnutzt, weil

$$I^2 R = \frac{I_0^2}{\pi^2}\,R = \frac{4}{\pi^2}\left[\frac{V^2}{4R}\right].$$

In der überlagerten Grundwelle I_e schwingt nutzlos die Energie

$$I_e^2\,R = \left[\frac{I_0}{2\sqrt{2}}\right]^2 R = \frac{1}{2}\left[\frac{V^2}{4R}\right] = 50\,\%,$$

und in den geraden Oberwellen die verbleibenden 9,45% der dem Gleichrichter zugeführten Energie hin und her.

27. Gleichstromablesung im Vergleich zum Effektivwert der zweiten Harmonischen. Wenn Messungen vorliegen, ist es eine leichte Aufgabe, recht kleine Gleichströme (z. B. mit Mikroamperemetern) abzulesen. Dies ist dagegen nicht der Fall für sehr kleine Hochfrequenzströme. Obige Ableitungen deuten aber einen Weg an, wie man den Effektivwert der doppelten Periodenzahl, der dem gleichgerichteten Strom überlagert ist, mittels der Gleichstromablesung direkt erhalten kann. Es ist dabei nur notwendig, daß die Reaktanz im äußern Kreise des Gleichrichters klein im Vergleich zum Widerstand ist.

Wenn eine gewöhnliche Zweielementröhre oder eine Dreielementröhre, deren Anode zum Gitter verbunden ist, verwendet wird, um einen Strom gleichzurichten, hat man drei praktische Fälle zu betrachten, nämlich:

1. Sehr kleine Ströme werden gleichgerichtet, für die der Strom praktisch mit dem Quadrate der aufgedrückten Spannung verläuft.

2. Etwas größere Ströme werden gleichgerichtet, für die der Strom praktisch linear verläuft, und

3. Der Gleichrichter ist überlastet, wo nur eine empirische Eichung haltet.

Der zweite Fall wurde bereits im letzten Abschnitte behandelt und für eine aufgedrückte Spannung $V\cos\omega t$ wird der Abgabestrom im Gleichrichterkreise der Reihe

$$1 + \frac{\pi}{2}\sin\omega t - \frac{2}{3}\cos 2\,\omega t - \frac{2}{15}\cos 4\,\omega t - \cdots$$

proportional. D. h. ein Gleichstrommesser zeigt den halben Amplitudenwert der doppelperiodischen Komponente an. Für sehr kleine Ströme erhält man die Reihe

$$\frac{1}{4} + \frac{4}{3\pi}\sin\omega t - \frac{1}{4}\cos 2\,\omega t - \frac{4}{15\pi}\sin 3\,\omega t - \frac{4}{105\pi}\sin 5\,\omega t - \cdots$$

und der Strommesser zeigt direkt die Amplitude des doppelperiodischen Stromes an. Wenn kleine Ströme dieser Art gemessen werden, muß man dem Gleichrichter eine solche negative Vorspannung anlegen, daß der Strom im Anodenkreise gerade Null ist, wenn keine Wechselspannung wirkt.

28. Anwendungen und Schaltungen. Obige Ableitungen zeigen, daß die Vollweggleichrichtung ungefähr 80% der vorhandenen Energie ausnützt, und dies nur unter den günstigsten Versuchsbedingungen. Die übrigen 20% der Energie schwingen wie die entsprechenden 60% der Halbweggleichrichtung nutzlos im System hin und her und sind für große Kreiswiderstände teilweise als Verlust aufzufassen. Drosselspulen und Siebanordnungen werden oft verwendet, um die überlagerten Wellen zu dämpfen und zurückzuhalten, doch ist dies nur dann erfolgreich, wenn der Abnahmegleichstrom verhältnismäßig klein ist im Vergleich zu derjenigen Stromstärke, die entstehen würde, wenn der gleichgerichtete Strom ungehindert verlaufen könnte. Auf jeden Fall scheint es besser, beide Wellenhälften gleichzurichten.

Falls Modulationen von Hochfrequenzströmen studiert werden sollen und kein besonderer Hochfrequenzoszillograph vorhanden ist, so kann die überlagerte Modulation mittels eines gewöhnlichen Oszillographen sichtbar gemacht werden, wenn man den Hochfrequenzstrom gleichrichtet. Quecksilbergleichrichter, Elektronenröhren, Glimmlichtapparate und dergleichen können hierzu verwendet werden.

29. Der Quecksilbergleichrichter. Das in Abb. 45 angegebene Ventil nutzt beide Wellenhälften des Hochfrequenzstromes aus. Wenn ein Halbweggleichrichter verwendet wird, so muß ein Hilfsgleichstrom überlagert werden, um die Ionisation während der Blockperiode aufrechtzuerhalten. Der Gleichstrom wird zwischen der Quecksilberkathode und dem Mittelpunkt der Drossel abgenommen. Der gestrichelte Zweig dient zur Einschaltungserregung der endgültigen Entladung. Die Drossel hat die Aufgabe, die Ionisation des Quecksilberdampfes zu Zeiten aufrechtzuerhalten, in denen der Wechselstrom seine Richtung ändert. Dies ist dadurch möglich, daß das magnetische Feld wegen seiner Trägheitswirkung so langsam verschwindet, daß die andere Graphitanode eine genügend hohe positive Spannung bekommen kann, um den Bogen zu speisen.

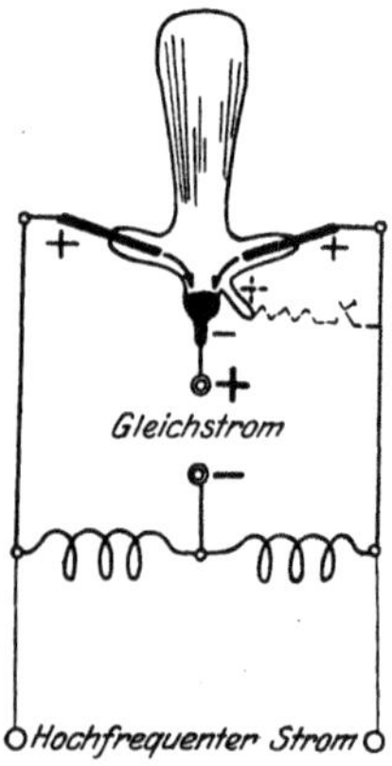

Abb. 45. Der Quecksilbergleichrichter.

30. Die gewöhnlichen Glühkathodengleichrichter (Zweielementröhre). Dieselben bestehen aus einer kalten Anode und einer glühenden Kathode in einem Vakuum. Wenn die Luftleere unter der Glashülle genügend hochgradig gewählt ist und man den Glühkörper in bezug auf die kalte Elektrode negativ macht, so fließt ein Thermionstrom von der Kathode zur Anode. Legt man dagegen ein negatives Potential an die kalte Elektrode, so fließt praktisch kein Strom[1]). Wenn also eine Wechselspannung, wie in Abb. 46 angedeutet, einem glühenden Kathodengleichrichter aufgedrückt wird, so können nur die positiven Wellenhälften einen gleichgerichteten Strom (Anodenstrom I_p) hervorrufen. Der Gleichrichter folgt nur in dem geradlinigen Teil der $V_p - I_p$-Kurve dem Ohmschen Gesetze. Da die innere Röhrencharakteristik entweder in den Nullpunkt des Koordinatenkreuzes oder in die Sättigungslage läuft, so sieht man, daß entweder das untere oder das obere Knie geeignete Stellen für gute Gleichrichtung sind, während

[1]) Diese Eigenschaft wurde zuerst im Jahre 1883 von Edison entdeckt, dann von Wehnelt, Fleming, J. J. Thomson näher untersucht. Fleming, J. A.: Phil. Mag. Bd. 42. 1896; Thomson, J. J.: Phil. Mag. Bd. 48. 1899.

Im Falle die Anode infolge der Bombardierung durch zu viele und zu rasch auftreffende Elektronen ($v =$ einige km/sek) glühend heiß wird, so fließen auch Umkehrströme gegen die Kathode. Solche Thermionströme müssen jedoch vermieden werden, da für derartige Betriebszustände die Röhre beschädigt werden kann.

der mittlere Teil des geradlinigen Verlaufes für kleine aufgedrückte Wechselspannungen nur Schwebungen von I_p ergeben würde, wenn eine Hilfsgleichspannung zur Erhaltung eines dieser Arbeitsgebiete verwendet werden würde. Mit Rücksicht auf den Wirkungsgrad ist die Einstellung auf das untere Knie besser, da dann der Leistungsverbrauch der Hilfsquelle kleiner ausfällt. Hilfsspannungen sind nur für

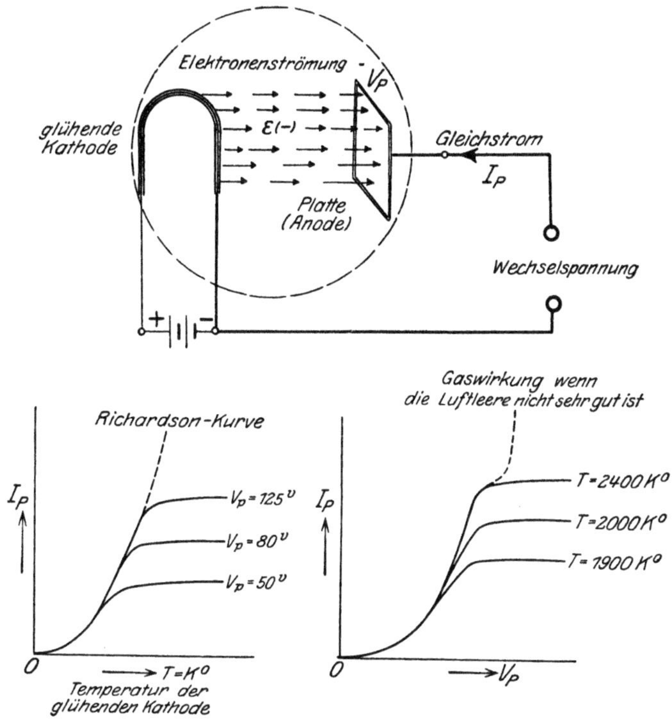

deutet die Begrenzung des möglichen Gleichstroms I_p infolge Raumladewirkung an

deutet die Begrenzung des Gleichstroms I_p infolge Temperaturwirkung an

Abb. 46. Schaltung mit Charakteristiken eines glühenden Kathodengleichrichters (Zwei-Elementröhre).

den Empfang sehr kleiner elektrischer Wellen von Vorteil, da andernfalls infolge davon, daß die innere Charakteristik in dem Nullpunkt endigt, der aufgenommene konstante Anodenstrom I_p für kleine V_p-Schwankungen sehr klein sein würde. Für größere aufgedrückte Wechselspannungen und besonders für die Gleichrichtung von Hochspannungen scheint der Kathodenapparat sehr zweckentsprechend zu sein[1]). Es ist dann keine Hilfsspannung notwendig. Aus den beiden

[1]) Dushman, S.: Gen. El. Rev., März 1915; Hund, A.: Jahrb. drahtl. Telegr. u. Telef. 1917.

charakteristischen Kurven der Abb. 46 kann man ersehen, daß sowohl die Temperatur der glühenden Kathode als auch die Raumladung[1]) zwischen der Anode und Kathode den Thermionstrom vom Glühfaden zur Anode begrenzen kann. Die Erklärung ergibt sich wie folgt.

Temperaturwirkung. Die Anzahl der von der glühenden Kathode abgegebenen Elektronen[2]) hängt von der Elektronenaffinität[3]) und der Temperatur des Glühkörpers ab. Erstere ist durch das Material der Kathode bedingt, weil die Temperatur dann niedrig gewählt werden kann, wenn die Elektronenaffinität verhältnismäßig klein ist. Dies ist klar, wenn man bedenkt, daß für eine kleine Affinität die Elektronen besser aus der glühenden Kathode herausgezogen werden können. Man sieht deshalb, daß für eine bestimmte Kathode und Temperatur derselben eine gewisse Anzahl von Elektronen gegen die Anode hin fließen können. Wenn also ein bestimmtes positives Anodenpotential alle vorhandenen Elektronen mittels des erzeugten elektrostatischen Feldes zur Anode herangezogen hat, so kann ein höheres Anodenpotential keinen größeren Thermionstrom erzeugen, ohne daß man die Kathodentemperatur erhöht. Oxydierte Alkalierde an der Oberfläche von Platin (Wehnelt) und ähnliche Glühkathoden, wie sie z. B. von der Western Electric Company hergestellt werden, erzeugen einen guten Anodenstrom selbst dann, wenn die Kathode nur dunkelrot glüht, während die Wolfram- und Molybdänkathoden der General Electric Company weißglühend sein müssen, um die nötigen Elektronen freizugeben.

Raumwirkung. Wenn für ein gewisses Anodenpotential die Kathodenerregung (Temperatur) größer wird, so fließen mehr Elektronen gegen die Anode. Der Raum zwischen den Elektroden wird deshalb mehr mit negativer Elektrizität aufgeladen, und wenn zu viele Elektronen (infolge zu hoher Kathodentemperatur) gegen die

[1]) Langmuir, I.: Phys. Rev., Dezember 1913; Schottky, Jahrb. Radioakt. u. Elektron. Bd. 12. 1915; Hund, A.: Bulletin der Universität von Südkalifornien, Bd. 10, Nr. 6.

[2]) Wenn ungefähr 10^{19} Elektronen per Sekunde zur Anode fließen, so wird $I_p = 1$ Ampere. Der genaue Wert ist $6{,}285 \cdot 10^{18}$ Elektronen, da die genaueste Bestimmung der elektrischen Ladeeinheit $4{,}77 \cdot 10^{-10}$ E. S. E. ist. Dies ist der Wert von Herrn Professor R. A. Millikan. Er wurde mit der Öltropfenmethode ermittelt. Da 1 coulomb $= 3 \cdot 10^9$ E. S. E., so sieht man, daß 1 Ampere $= 1$ coulomb/Sek. $= 3 \cdot 10^9/4{,}77 \cdot 10^{-10}$ das obige Ergebnis liefert.

[3]) A. Wehnelt (Ann. Physik Bd. 14. 1904) war wohl der erste, welcher vor Prof. O. W. Richardson (The Emission of Electricity from Hot Bodies, Longmans, London) die Elektronenaffinität untersucht hat; P. Debije (Ann. Phys. Bd. 32. 1910) zeigt, daß ein Elektron sich leichter von einem hervorstehenden Punkte als von einer regelmäßigen flachen Fläche abtrennen kann. Andere Originalabhandlungen sind: W. Schottky (Phys. Z. Bd. 15. 1914); I. Langmuir (Trans. Am. Electrochem. Soc. Bd. 33. 1917) und J. Frenckel (Phil. Mag. Bd. 33. 1917).

Anode hin ausgesandt werden, so kommen mehrere davon infolge der Abstoßung von gleichartigen Ladungen wieder zum Glühkörper zurück, falls nicht ein höheres Anodenpotential, das durch die vergrößerte Anziehung die Abstoßung überwiegt, verwendet wird. Die Raumladewirkung ist besonders für ein hochgradiges Vakuum von Bedeutung, da der Elektronenverlauf nicht von Gasmolekeln beeinflußt wird. Wenn dagegen nur die geringste Spur von Gasen[1]) unter der Glashülle vorhanden ist, so kann ein gewisses Anodenpotential (V_p, welches ungefähr die Größe des Sättigungspotentials hat) die Elektronen so in die Gasmolekeln hineinschleudern, daß dieselben in Atome und die letzteren in Elektronen und positive Ionen zertrümmert werden, welche gegen die Anode bzw. Kathode hinfließen. Der Anodenstrom I_p fällt deshalb größer aus.

Diese Wirkung von Gasen ist nicht für alle Röhren wünschenswert, da die horizontale Sättigungslinie der $V_p - I_p$-Kurve für zu hohe angelegte Spannungen abfallen kann (negativer Röhrenwiderstand), weil die gegen die Kathode hingeschleuderten Ionen und Gasmolekeln die Emission der Elektronen verringern.

Wenn ein hochgradiges Vakuum, wie in den Apparaten der General Electric Company, vorausgesetzt wird, so kann man mittels der Richardson-Gleichung[2]) Ausdrücke für den Raumladestrom aufstellen. Da jedoch Vakuumröhren für technische Zwecke jetzt in verschiedensten Ausführungsformen benutzt werden, soll davon abgesehen werden, Sonderausdrücke anzugeben. Die Gleichung

$$I_p = k V_p^q$$

gilt für alle technischen Röhren und verknüpft den Anodenstrom I_p mit dem Anoden-(Platten-)potential V_p. Der Exponent q hängt von der Form der Röhrencharakterstik ab und hat daher verschiedene Werte für verschiedene Teile[3]) derselben. Die Größe k darf man als Konstruktionskonstante auffassen. Wenn $I_p = I_s$, dem Sättigungs- und Raumladestrom, ist, so kann man den Raumladeverlust für hochgradige Vakuumventile berechnen. Man legt dann am besten die von Prof. C. D. Child[4]) gemachte Annahme zugrunde, daß die

---

[1]) Wenn nur wenige Gasmoleküle vorhanden sind, so fällt der Sättigungsstrom ein wenig ab, da der positive Ionenstrom dem Thermionstrom entgegenfließt. Wenn dagegen mehrere Gasmoleküle zertrümmert werden, so kann der resultierende Strom größer wie der Sättigungsstrom ausfallen. Das Vorhandensein von Gasmolekülen hat somit die Neigung, die Raumladung aufzuheben.

[2]) $i = a\sqrt{T}\varepsilon^{-\frac{b}{T}}$ (Phil. Trans. 201, 516. 1903); Langmuir, I. (Phys. Z. 15. 1914); Hund, A. (El. u. Maschinenb., H. 44. 1915).

[3]) Der Exponent q ändert seinen Wert für verschiedene Anodenpotentiale, weil nicht alle Teile der Kathode dieselbe Elektronenzahl abgeben. Der Glühkörper sollte eine Äquipotentialoberfläche bilden.

[4]) Child, C. D.: Phys. Rev. Bd. 32. 1911.

Anfangselektronengeschwindigkeit Null ist und diejenige, mit der die Elektronen auf die Anode treffen, einen Wert v hat. Die erstere Annahme, welche von verschiedenen anderen Autoren gemacht wird, entspricht nicht der Wirklichkeit, da die Elektronen mit endlichen Geschwindigkeiten die glühende Kathode verlassen, was auch der von Richardson aufgestellte Ausdruck berücksichtigt. Wenn kurzweg V die Raumladespannung zwischen der Anode und dem Glühfaden eines Gleichrichters und I den entsprechenden Thermionstrom bezeichnen, so hat man für N Elektronen für die Zeit- und Flächeneinheit, eine Masse m und Ladung e per Elektron, die kinetische Energie $N\left(\frac{1}{2}mv^2\right)$, welche an der Anode Wärmeverluste hervorruft, da bei einem guten Vakuum kein bemerkbarer Leistungsverbrauch zwischen der Kathode und Anode einsetzen kann[1]). Der Raumladeverlust wird deshalb

$$\boldsymbol{W_a} = N\left(\tfrac{1}{2}mv^2\right) = NeV = I \cdot V = \boldsymbol{kV^{q+1}},$$

woraus sich[2]) für den Sonderfall eines Kenotrongleichrichters $q = \frac{3}{2}$ der Anodenverlust $W_a = kV^{\frac{5}{2}}$ ergibt. Der Joulesche Wärmeverlust der Kathode ist

$$W_c = i^2 r,$$

---

[1]) Die ganze Energie W der Bewegung eines Elektrons ist $W = W_e + \frac{1}{2}m_0 v^2$, wenn das erste Glied die magnetische Feldenergie infolge der beweglichen elektrischen Ladung darstellt und das zweite Glied diejenige Energie bedeutet, welche notwendig ist, die ungeladene Masse eines Elektrons mit der Geschwindigkeit v fortzubewegen. Man hat gemäß Prof. Lorentz (Verst. Kon. Ac. Wet. Am. 1904) einen Unterschied zwischen longitudinaler und transversaler Masse zu machen. Wenn man die Anschauungen von Prof. Einstein (Ann. Phys. 1905) berücksichtigt, so hat man das Lorentz-Einsteinische Gesetz

$$m_e = \frac{8{,}9 \cdot 10^{-28}}{\sqrt{1 - \left(\frac{v}{c}\right)^2}}$$

für die bewegliche elektromagnetische Masse des Elektrons von Geschwindigkeit v im Gegensatz zur Masse m_0, für welche eine unendlich langsame Bewegung des Elektrons vorliegt ($m_0 = 8{,}9 \cdot 10^{-28}\,g$). Man sieht aus obiger Formel, daß die elektromagnetische Masse m_e etwas größer als m_0 ist, wenn sich v der Geschwindigkeit c des Lichtes nähert. Der Radius des ruhenden Elektrons ist $1{,}85 \cdot 10^{-13}$ cm. Derjenige eines Wasserstoffmoleküls ist $1{,}085 \cdot 10^{-8}$ cm. D. h. $m_H \cdot e/m_0 \cdot E = 1835$ Elektronen ergeben dieselbe Masse wie ein einziges Wasserstoffatom.

[2]) Diese Beziehung kann auch dazu benutzt werden, die Geschwindigkeit v eines Elektrons zu berechnen. Wenn 1000 Volt zwischen Anode und Glühkörper gelegt sind, so wird für vernachlässigbare Anfangsgeschwindigkeit, die Aufprallgeschwindigkeit des Elektrons

$$v = \sqrt{2V\,\frac{e}{m_0}} = \sqrt{2000 \cdot 1{,}772 \cdot 10^7} = 1{,}88 \text{ km/sek.}$$

Man sieht hieraus, daß eine Steuerelektrode wie das Gitter einer gewöhnlichen Dreielementröhre nahe beim Glühkörper angebracht werden muß, da andernfalls zu hohe Elektronengeschwindigkeiten eine Beeinflussung des Thermionstromes erschweren.

wenn i den Speisestrom und r den wirksamen Widerstand der Kathode bedeutet. Für eine Temperatur T Kelvingrade der Kathode und T_1 für den benachbarten Raum, hat man den Wärmeverlust in Watt/cm²

$$W_c = k_1 h F (T^4 - T_1^4) = 12{,}54 \left[\frac{T}{1703}\right]^{4,74} F.$$

Der erstere Teil stellt die bekannte Stefan-Boltzmann-Annäherungsformel[1]) für die sekundliche Ausstrahlung dar, wenn k_1 die von einem schwarzen Körper ausgestrahlte Energie per Quadratzentimeter für $T = 1^{K^0}$ und T_1 = absolutes Null bedeutet. Die Größe h steht für Energiestrahlung und F für die Fläche. Die letzte Beziehung ist hier von größter Bedeutung und gilt nach Dr. Langmuir[2]) für Wolfram. Um sich ein Bild von dem Wirkungsgrad eines Kenotrongleichrichters machen zu können, ist untenstehende Tabelle nach Versuchsergebnissen von Dr. Dushman[3]) angegeben.

Tabelle 4.

Anode: Molybdenumzylinder, 7,62 cm lang, 1,27 cm Radius.
Kathode[4]): Tungstenglühfaden, 10 mil, koaxial im Anodenzylinder verlaufend.
Normale Temperatur des Glühfadens: 2550 Kelvingrade.
Maximaler Thermionstrom: ungefähr 0,4 Ampere.
Spannungsabfall in der Röhre: $V = \left[\frac{400}{14{,}6} \cdot \frac{1{,}27}{2} \cdot \frac{10^3}{10}\right]^{\frac{2}{3}} = 145$ Volt.
Raumladegleichung: $I_s = 230 \cdot 10^{-3}\, V^{\frac{3}{2}}$ Milliampere.
Anodenverlust (Raumladeverlust): $W_a = 145 \cdot 0{,}4 = 58$ Watt.
Kathodenverlust: $W_c = 72$ Watt.
Ganzer Verlust: $(58 + 72) = 0{,}13$ KW.
Gleichgerichtete Energie: $15\,000 \cdot 0{,}4 = 6$ KW.
Wirkungsgrad: $\frac{5{,}87}{6}\, 100 = 97{,}8\%$.

Der Gleichrichter war so eingestellt, daß der Reihenwiderstand den Sättigungsstrom der Röhre lieferte. Man bemerkt, daß der Spannungsabfall in der Röhre nur 145 Volt im Vergleich zur Spannung 15 000 Volt beträgt. Die besten Kenotrons ergeben in der Regel 5 bis 250 Milliampere Thermionstrom für ca. 100 Volt Spannungsabfall. Spezialkonstruktionen können 1 bis $1^1/_2$ Ampere gleichrichten. Wenn die Entfernung zwischen Anode und Kathode genügend klein gewählt wird, so kann man leicht ein Ampere mittels eines inneren Spannungsabfalls von ungefähr 200 Volt erreichen. Die Elektroden müssen dann große Flächen besitzen.

---

[1]) Die genaueste Bestimmung ergibt für die gesamte ausgestrahlte Energie $W_e = 5{,}7 \cdot 10^{-5} (T^4 - T_1^4)$ ergs/sq. cm/sek.

[2]) Langmuir, J.: Phys. Rev. Bd. 34. 1912.

[3]) Dushman, S.: Gen. El. Rev. März 1915.

[4]) 1 mil = 0,001 Zoll und 1 Zoll = 25,4 mm.

Um sich eine Vorstellung machen zu können, um wieviel sich die Werte von r_g und r'_g für den Gleich- und Wechselstromwiderstand eines beliebigen Gleichrichters unterscheiden, ist es nur notwendig, die Form der inneren Charakteristik des Ventils zu kennen. Allgemein besteht das Gesetz

$$I = kV^q$$

zwischen dem Gleichrichterstrom I und der entsprechenden Klemmenspannung. Der Gleichstromwiderstand r_g für eine gewisse Gleichrichterspannung ist deshalb $r_g = V/I$, und für eine gewisse Spannungsänderung wird der Wechselstromwiderstand $r'_g = dV/dI = V/qI = r_g/q$. Der Wechselstromwiderstand ist deshalb für alle nicht linearen Gleichrichter etwas kleiner als der Gleichstromwiderstand, solange der Exponent $q > 1$ ist.

31. Die Drei- und Mehrelementgleichrichter. Die Dreielementgleichrichter beruhen entweder auf der Emission primärer oder der-

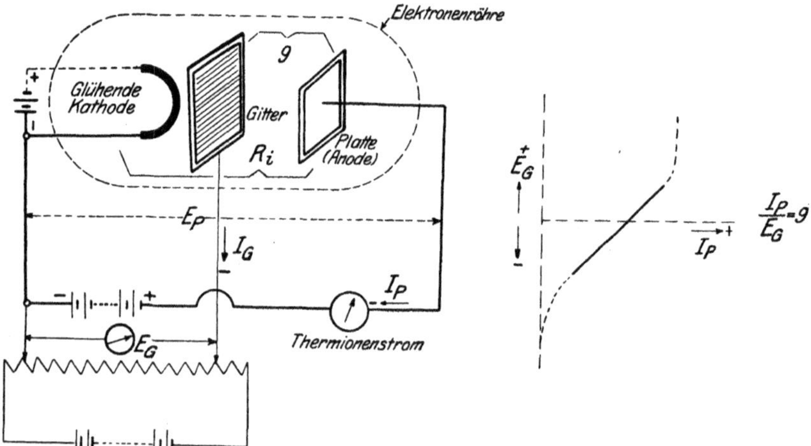

Abb. 47. Maßgebende Charakteristik einer gewöhnlichen Drei-Elementröhre.

jenigen von primären und sekundären Elektronen. Die dritte Elektrode befindet sich gewöhnlich zwischen der glühenden Kathode und der kalten Anode (Platte) und ist als das Gitter[1]) bekannt (Abb. 47). Wenn Apparate, welche außerdem von Sekundärelektronen durchflossen werden, in Betracht kommen, so ist die dazwischengeschaltete Elektrode die eigentliche Anode, wie in Abb. 194 auf Seite 250 gezeigt

[1]) von Baeyer, O.: Verh. D. Phys. Ges. Bd. 7. 1908; Lee de Forest: U. S.-Patent Nr. 841 387, 1907, und Nr. 879 532, 1908; van der Bijl, H. J.: Verh. Phys. Ges. Bd. 15. 1913; Hund, A.: El. u. Maschinenb. 31. Okt. 1915, S. 531; Morecroft, J. H.: Proc. I. R. E. Bd. 8. 1920.

wird. Der letztere Apparat ist im Kapitel über negative Widerstände näher beschrieben. Wenn mehrere Gitter zwischen die Kathode und Anode gebracht werden, so kann der Grad des Elektronenflusses mittels Hoch- und Niederfrequenzkräften beeinflußt werden. Es ergibt auch ein Hilfsmittel, ein empfindliches Röhrengalvanometer (s. S. 134) aufzubauen. Wenn E_P und E_G die Anoden- und Gitterspannung, bezogen auf das negative Ende des Glühkörpers, bedeuten, so kann man den Anodenstrom I_P durch die Beziehung

$$I_P = k(E_P + k_A E_G + m)^q$$

ausdrücken. Die Größen k und k_A sind Konstanten, von denen k_A, wie an anderer Stelle gezeigt wird, von großer Bedeutung ist. Die Größe m bedeutet den Anodenstrom, welcher entsteht, wenn sowohl das Gitter als auch die Anode mit dem negativen Ende des Glühkörpers verbunden werden, d. h. $I_P = m$ für $E_P = E_G = 0$. Die Größe m ist großenteils von der Anfangsgeschwindigkeit der vom Glühkörper abgegebenen Elektronen abhängig, da ja dieser Strom ohne jegliches Anoden- und Gitterpotential fließt. Die Elektronen sind aber so lange an den Glühkörper gebunden, als derselbe kalt ist, und die Emission erfolgt um so stärker, je höher die Temperatur ist. Das heißt für Röhren, welche nur einen dunkelroten Glühkörper besitzen, wird m außerordentlich klein, während für weißglühende Gleichrichter etwas größere Werte dafür auftreten können. Doch selbst für Tungstenkathoden kann diese Größe vernachlässigt werden, da m nur merkbar wird, wenn man den Glühfaden so überlastet, daß ein Durchbrennen nahe liegt. Für alle technischen Röhrenarten kann man also den Anodenstrom durch den Ausdruck

$$I_P = k(E_P + k_A V_G)^q$$

darstellen. Der Exponent q hängt von der Konstruktion der Röhre ab und hat verschiedene Werte für gewisse Teile der Anodenspannung-Anodenstromcharakteristik. Für den beinahe geraden Teil hat man $q = 1$, für den unteren Teil der inneren Charakteristik $q = 2$ (ungefähr) und für den oberen Teil gewisser Röhren (G.E.Co.) $q = 1{,}5$, im Falle die Wirkung der Sättigung vernachlässigbar ist.

Die Vorgänge in der gewöhnlichen Dreielementröhre sind folgende:

1. Wenn eine gewöhnliche Zweielementröhre ein Gitter ohne jedwedes positives oder negatives Hilfspotential eingeschoben wird, so ist der Anodenstrom I_P etwas kleiner als ohne die zwischen Anode und Kathode gelegte Elektrode. Der Grund dafür liegt darin, daß die dritte metallische Elektrode einige der Elektronen an sich zieht, negativ aufgeladen wird und dann (im Falle das Gitter isoliert ist) noch eine abstoßende Wirkung auf die von der Kathode herkommenden Elektronen ausübt.

2. Wenn das Gitter mittels eines Hilfspotentials negativ in bezug auf den Glühkörper aufgeladen ist, so wird die Abstoßungswirkung gegen die Elektronenemission der Kathode beträchtlich und kann bei richtiger Wahl des negativen Gitterpotentials den Elektronenstrom zur Anode gänzlich vernichten. Das heißt, alle von der Anode an-

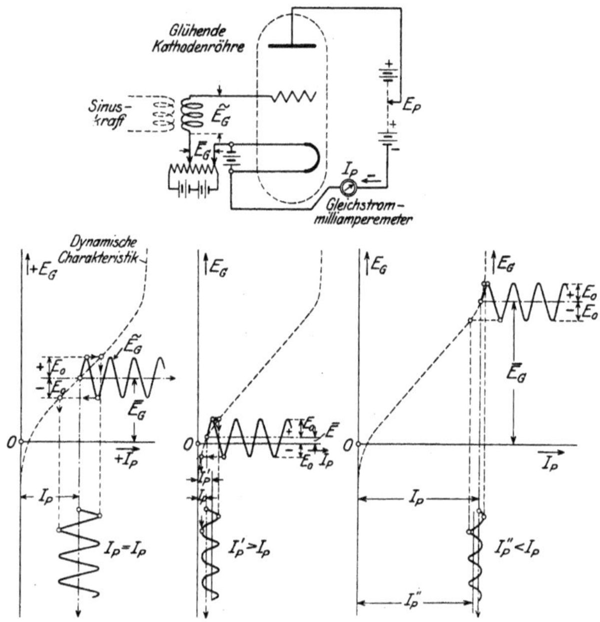

Guter Verstärker *Guter Gleichrichter* *Guter Gleichrichter*

Gute Detektoren

Abb. 48.

gezogenen Elektronen kehren in der unmittelbaren Nähe des Gitters um und fließen zur Kathode zurück.

3. Ein gewisses positives Gitterpotential kann den normalen Anodenstrom (wie er fließen würde, wenn kein Gitter vorhanden wäre) wiederherstellen.

4. Wenn ein größeres positives Potential an das Gitter angelegt wird, so wird die Elektronemission beschleunigt, und wenn am Glühkörper eine genügende Anzahl von Elektronen vorhanden sind, so kann ohne größeres Anodenpotential ein größerer als der normale Anodenstrom erzeugt werden.

Diese vier Fälle zeigen daher, daß ein periodisches Gitterpotential ähnliche Änderungen in dem Anodenstrom hervorrufen kann, wie auf S. 85 näher behandelt ist. Die Dreielementröhre bildet bei richtiger

Wahl des Anoden- und des Gitterpotentials (richtiger Arbeitspunkt) einen vortrefflichen Gleichrichter mit Verstärkung. Dies ist in Abb. 48 erläutert.

Was den inneren Widerstand R_i der Röhre anbelangt, so gilt auch hier in guter Annäherung die bereits angegebene Beziehung $R_i' = R_i/q$, da der Gitterstrom verhältnismäßig sehr klein im Vergleich zum Anodenstrom ist. Wenn die periodischen Schwankungen des Gitterpotentials groß sind, so ist R_i' ungefähr gleich R_i, d. h. der innere Wechselstromwiderstand gleich dem Gleichstromwiderstand. Für den größten Teil der Operationsspannung der Röhre ist der Wechselstromwiderstand R_i' konstant (annähernd) und kleiner als der Gleichstromwert R_i.

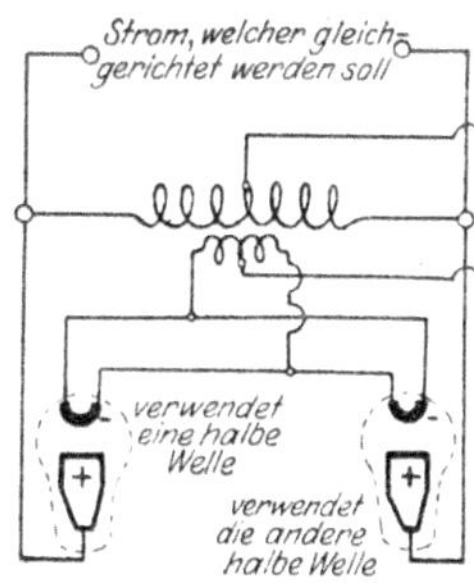

32. Der Tungargleichrichter. Der Tungargleichrichter, welcher von G. S. Meikle[1]) im Wissenschaftlichen Laboratorium der General Electric Company entwickelt wurde, gehört zur Familie der glühenden Kathodengleichrichter. Dieser Apparat benutzt kleine Spuren von reinem Argongas unter 3 bis 8 cm Druck. In Abb. 49 sind Anordnungen für die Halbweg- und Vollweggleichrichtung angegeben.

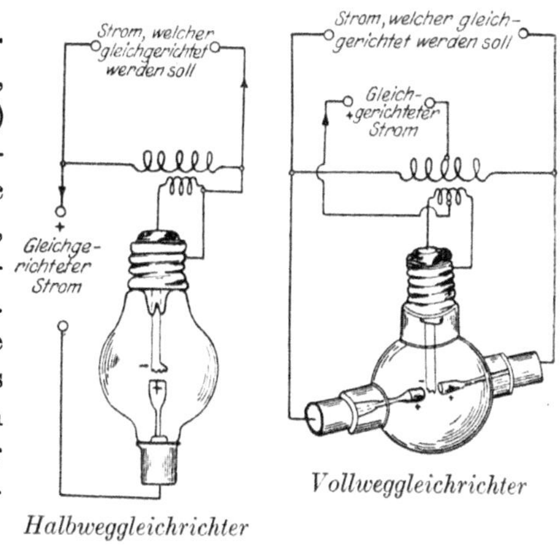

Abb. 49. Schaltungen des Tungargleichrichters.

Der Hauptunterschied zwischen dem Tungar- und den gewöhnlichen Kathodengleichrichtern besteht darin, daß für die letzteren die Raumladewirkung die maximale Elektronemission bestimmt und begrenzt, während die positive Ionisation[2]) des Argongases jegliche

[1]) Meikle, G. S.: Gen. El. Rev. 1915.

[2]) Einige der vielen Elektronen zerstören das Gleichgewicht der Argonatome, ohne zunächst die Elektronen davon loszutrennen. Wenn dies geschehen ist, kann eine geringere als die Ionisationspannung ausreichen, die gestörten Argonatome zu ionisieren. (Unter Ionisationsspannung versteht man das Verhältnis von Ionisationsenergie zur Elektronenladung oder die Spannung, bis zu welcher ein Elektron abfallen muß, um die kleinste Geschwindigkeit zu erreichen.)

negative Raumladung verringert oder selbst vollständig neutralisiert. Der innere Spannungsabfall des Tungars fällt gewöhnlich bis zu 15 Volt und weniger ab, im Gegensatz zu hochgradig evakuierten glühenden Kathodengleichrichtern, für welche der Abfall verhältnismäßig hoch ist, da 100 bis 500 Volt notwendig sind, um nur 250 bis 300 Milliampere Thermionenstrom zu erhalten.

Der Tungargleichrichter ist deshalb ein Starkstromgleichrichter, welcher mit niederen Spannungen arbeiten kann. Gewisse technische Konstruktionen geben ungefähr 5 Ampere bei ungefähr 15 Volt Spannungsabfall. Wenn massive Graphitanoden benutzt werden, so können 20 bis 60 Ampere gleichgerichtet werden (mit Röhren, welche die Form und Größe gewöhnlicher Röntgenröhren haben).

Wirkungsweise. Wenn die Kathode weißglühend ist, so werden Elektronen von der Anode angezogen und bilden ein elektrostatisches Feld. Die negative Raumladung wird dann teilweise oder vollständig durch die positiven Ionen des Argongases beseitigt und es bildet sich ein Lichtbogen zwischen der Kathode und Anode. Wenn der Bogen brennt, so kann für größere Gleichströme die Glühkörpererregung unterbrochen[1]) werden (Glühfadenstrom, welcher vom Transformator herkommt), da die Bombardierung ausreicht, um die Elektronen loszutrennen, ohne den inneren Verlust merklich zu vergrößern. Wenn dagegen nur kleinere gleichgerichtete Ströme fließen, so würde bei unterbrochenem Glühfadenstrom der Lichtbogen entweder erlöschen oder sich mehr oder weniger an einer Stelle des Glühkörpers festsetzen und so denselben an der betreffenden Stelle zu stark beanspruchen. Kleinere Einheiten zwischen 5 bis 60 Ampere benützen am besten die Kathodenerregung während der ganzen Arbeitszeit.

33. Kontakt- und elektrolytische Gleichrichter. Gleichrichter dieser Art spielen in letzterer Zeit keine große Rolle mehr, weshalb hier nur die wichtigsten Punkte berührt werden.

Was die Kontaktgleichrichter[2]) anbelangt, so kann gesagt werden, daß dieselben ausgeprägte unsymmetrische innere Charakteristiken[3]) besitzen. Eine Gleichrichtung ist deshalb ohne Hilfsspannung möglich, obgleich für sehr kleine aufgedrückte Spannungen ein überlagertes Hilfspotential die Empfindlichkeit vergrößert, da der innere Widerstand in der unmittelbaren Nähe des Nullpunktes (sehr kleine aufgedrückte EMK) einen sehr großen Wert hat. Charakteristiken dieser

[1]) Die innere Charakteristik wird dann gewöhnlich unstabil, wie aus der unteren Darstellung Abb. 247 zu erkennen ist. Dies kann natürlich mit Vorteil benutzt werden, um ungedämpfte Schwingungen zu erzeugen.

[2]) Prof. Dr. W. Pierce ist in seinem Lehrbuch ausführlich auf diesen Fall eingegangen.

[3]) Charakteristik für den unsymmetrischen und praktischen Fall (Abb. 42).

Art erhält man, wenn zwei ungleiche Stoffe sich an einer feinen Stelle berühren. Der Widerstand hängt von der aufgedrückten Spannung, Form und Größe des Kontaktpunktes sowohl als von dem Kontaktdrucke ab. Apparate dieser Art waren als Fritter bekannt und können nur für die Gleichrichtung sehr kleiner Ströme benutzt werden. Kristallgleichrichter, welche in einen aperiodischen oder oszillatorischen Stromkreis eingeschaltet werden, bilden unter Benutzung eines Blockkondensators und Hörtelephons ein gutes Indikatorsystem für die Feststellung von Resonanz (gedämpfte Wellen) oder das Verschwinden eines kleinen Stromes. Für die Aufnahme von Resonanzkurven ist ein solcher Apparat nicht zu empfehlen, da es schwer ist, den Kontaktdruck konstant zu halten und sich bestimmten Spannungsbereichen anzupassen. Es scheint von Vorteil zu sein, die Resonanzeinstellung mit dem Hörtelephon gleichzeitig durch die Ablenkung eines Galvanometers nachzuprüfen.

Elektrolytische Gleichrichter können für die Gleichrichtung von sehr kleinen und größeren Strömen verwendet werden. Es gilt jedoch die Regel, daß Apparate, welche für sehr kleine Ströme brauchbar sind, kaum für Starkströme verwendbar sind, und jene, welche für die Gleichrichtung von größeren Strömen dienen, nicht für Schwachströme benutzt werden können. Gleichrichter dieser Art sind das Verdienst von Fessenden, Nernst, Pupin, Pierce, Schlömilch, Hausrath, Zenneck und anderer Forscher. Wenn die Zelle eine Gleichspannung zur Erregung benötigt (da dieselbe nicht als Stromquelle wirken kann), so kann man dieselbe kaum als eigentlichen Gleichrichter ansehen. Wenn die Zelle dagegen eine eigene EMK aufweist, so kann eine Polarisation ohne Hilfsspannung stattfinden (alle Selbstpolarisationszellen benutzen deshalb verschiedenartige Elektroden in einem Elektrolyt). Nach Prof. Zenneck kann ein Gleichrichter, welcher aus Elektroden aus Blei und Aluminium besteht, die in eine Lösung von $(NH_4)_3PO_4$ (5%) eingetaucht sind, für Starkströme benutzt werden, ohne daß die Elektroden sich zu sehr erwärmen. Eine Lösung von $ZnSO_4$ scheint ebenfalls gute Ergebnisse zu liefern, trotzdem es heutzutage besser ist, Gleichrichter der Tungarart für solche Zwecke zu benutzen.

34. Elektrostatisches[1]) Relais zur Gleichrichtung von Strömen. Das von Johnsen Rabbeck angegebene elektrostatische Relais (siehe Abb. 50) kann zur Gleichrichtung von Strömen verwendet werden.

---

[1]) Näheres siehe W. Kramer: Z. f. Phys. Bd. 28, S. 74. Aug. 1924. In neuester Zeit hat die Liebel-Flarsheim Company in Cincinnati einen Kupferoxydgleichrichter entwickelt, der beträchtliche Ströme gleichrichten und für Hochspannungen verwendet werden kann.

Man erkennt aus der angegebenen Charakteristik, daß der Strom leichter von der Silberplatte über die Trennungsfläche durch den Halbleiter (Achat) zur unteren Platte als umgekehrt fließt. Der Widerstand liegt hierbei größtenteils in einer dünnen Oberflächenschicht zwischen dem Halbleiter und dem Metall, so daß eine große Feldstärke an der Trennungsfläche wirksam ist. Hierdurch werden große Anziehungskräfte zwischen dem Halbleiter und der Metallplatte, die auch aus Kupfer u. dgl. bestehen kann, erzeugt. Die Metallplatte leitet unter der Einwirkung der hohen Feldstärke die Elektronen leicht, während der Halbleiter als Ionenteiler wirkt. An Stelle von Achat kann man auch Marmor, Schiefer u. dgl. benutzen[1]).

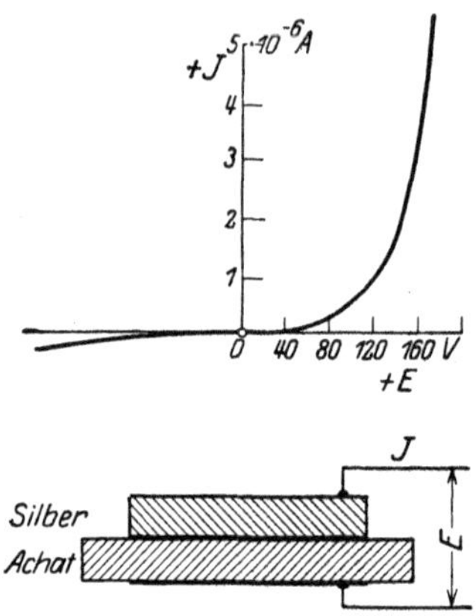

Abb. 50. Gleichrichtung mittels Berührungsflächenfeldverteilung.

35. Wichtige Schaltungen im besonderen für die Wechselstromerregung von Elektronenröhren. Die Darstellung Abb. 51 zeigt eine Vollweggleichrichtung mittels zweier glühenden Kathodenröhren der gewöhnlichen Art. Man sieht, daß der Thermionstrom, das ist der Elektronenfluß ε (—) mittels des elektrostatischen Feldes der positiven Werte von V_p dem Anodenstrom I_p entgegenfließt. Die positive Klemme führt daher zum Mittelpunkt der Transformatorspule, welche die Kathode erregt. Die Spannungs- sowohl als auch die Stromwellenhälften sind etwas verzerrt, obgleich für bessere Einstellungen der bezüglichen Röhren gute Wellenformen möglich sind. Für geringe Stromstärken und beinahe konstante Spannungen stellt die Anordnung der Abb. 52 eine Schaltung dar. Die Siebkreise (C_1—L) können in vielen Fällen weggelassen werden, wenn die Kapazität C einige Mikrofarad[2]) beträgt. Diese Kapazität kann selbstverständlich kleiner gewählt werden, wenn z. B. ein 1000periodischer Wechselstrom anstatt eines gewöhnlichen technischen Stromes (50 Perioden/Sek.) für die Erregung benutzt wird. Im Falle die beiden Siebekreise beibehalten werden und auf die Grundwelle abgestimmt sind (Grundwelle für die Vollweggleichrichtung ist $2f$ und für die Halbweggleichrichtung f, d. h. gleich der Periodenzahl des Erregers), so können selbst starke Schwebungen im Gleichrichterkreise vernichtet werden. Die Spannung V_c ist dann praktisch konstant und ungefähr gleich dem Maximalwerte

[1]) Glimmlichtgleichrichter u. dergl. spielen neuerdings ebenfalls eine Rolle. Für Näheres siehe: James Taylor, Experimental Wireless 1924 S. 41, 1925 S. 330, 394 und 459.

[2]) Ungefähr 6 bis 8 MF.

der halben Sekundärspannung des Transformators. Die Wirkung ist kurzweg folgende: Der Kondensator C empfängt Stromstöße derselben Polarität und kann bei kleiner Stromabnahme eine Gleichspannung in guter Annäherung aufrechterhalten. Die beiden Kreise C_1—L (mit der Eigenfrequenz eines gewissen Wechselstromes) bilden unendlich große Impedanzen für solche Ströme, trotzdem ein Stromfluß anderer Frequenzen möglich ist. Da für die Vollweggleichrichtung Ströme der doppelten Frequenz, und für die Halbweggleichrichtung solche der aufgedrückten Periodenzahl im Gleichrichterkreise die merkbarsten Schwebungen verursachen, so können bei der richtigen Einstellung der Siebkreise dieselben unterdrückt werden. Die Abb. 53 zeigt die Schaltung, wenn ein Schwingungserzeuger in dieser Weise erregt wird. Der Spannungsteiler, der zwischen die Glühfadenklemmen der Schwingungsröhre eingeschaltet ist, hat einen Widerstand von einigen Ohm (groß genug, den größten Teil des Transformatorstromes dem Glühkörper zuzuführen). Durch zweckmäßige Einstellung des

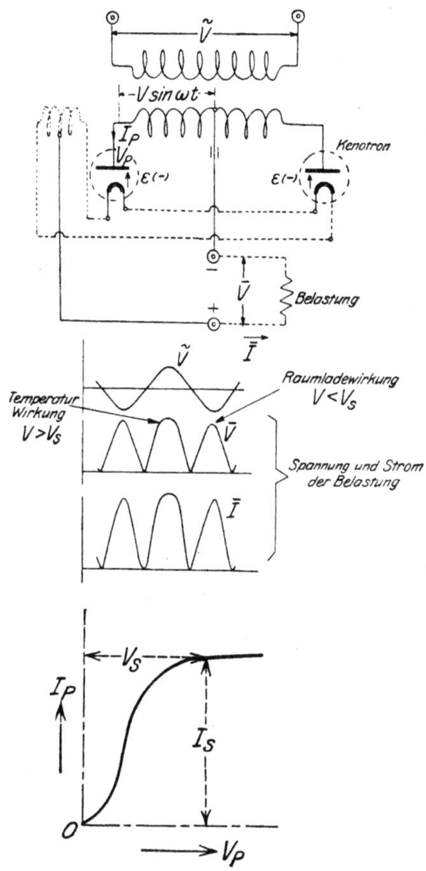

Abb. 51. Vollweggleichrichtung mittels zweier Elektronenröhren.

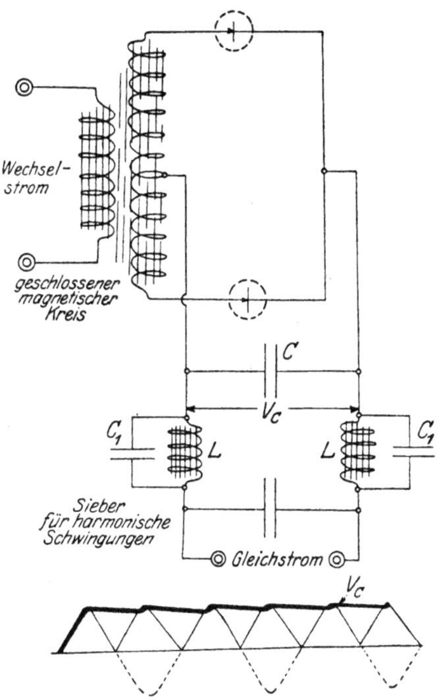

Abb. 52. Vollweggleichrichtung mittels zweier Zwei-Elementröhren.

Schleifkontaktes am Spannungsteiler ist es möglich, unsymmetrische elektrostatische Kräfte am Glühkörper zu verringern und großenteils den Ton des erregenden Wechselstroms zu vernichten.

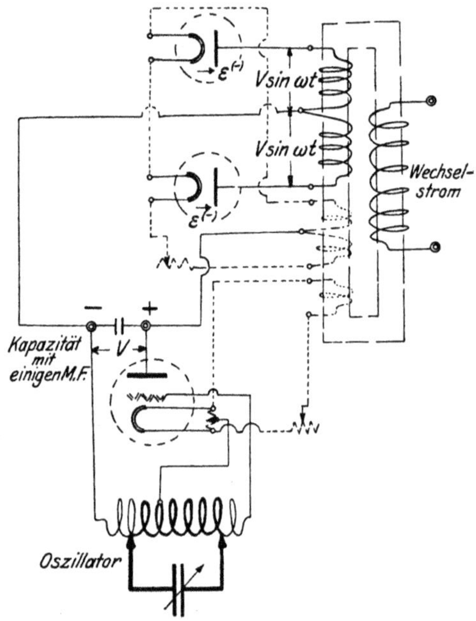

Abb. 53. Erregung eines Röhrenoszillators mittels zweier Halbweggleichrichter.

Die in Abb. 54 angedeutete Anordnung zeigt eine Empfangsschaltung (Hochfrequenzverstärker, Detektor-Gleichrichter und zwei Stufen von Hörverstärkung), wo die Glühfaden- und Anodenerregungen

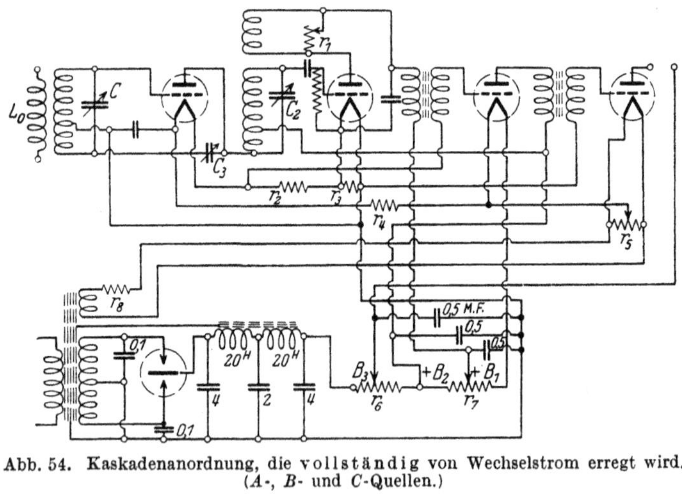

Abb. 54. Kaskadenanordnung, die vollständig von Wechselstrom erregt wird. (*A*-, *B*- und *C*-Quellen.)

wie auch die notwendigen Gittervorspannungen aus einer Wechselstromquelle entnommen werden. Der Fall der Gittervorspannung mittels Wechselstrom wird auf Seite 128 näher erklärt. In obiger Schaltung werden für die ersten drei Stufen gleichartige Röhren (z. B. Sparröhren) verwendet mit passenden positiven Anodenpotentialen B_1 und B_2, während man in der letzten Stufe eine Röhre größerer Leistung (3 bis 5 Watt) mit hohem Anodenpotential B_3 erregt. Man kann daher den gleichgerichteten Strom (Vollweggleichrichtung $2 \cdot 250$ Volt, Glimmlicht- oder Röhrengleichrichter), der mittels einer Siebkette (die angegebenen Werte bedeuten entweder Mikrofarad oder Henry) gereinigt wird, gleichzeitig dazu benutzen, die Glühfäden der ersten drei Röhren zu speisen und die Anodenerregungen B_1, B_2 und B_3 mittels passender Spannungsteiler r_6 und r_7 abzugreifen. Die negativen Gittervorspannungen der ersten und zwei letzten Röhren werden mittels des Spannungsabfalles längs des Glühfadens je einer anderen Röhre und den Reihenwiderständen r_2 bzw. r_4 erhalten. Die Detektorröhre braucht keine solche Einregulierung. Wenn der Glühfaden der letzten Röhre, wie gewöhnlich der Fall ist, einen größeren Strom benötigt, so kann derselbe, wie angedeutet, mittels Wechselstrom (ungefähr 8 Volt Spannung und durch passenden Widerstand r_8 richtig eingestellt) betrieben werden, wenn ein Spannungsteiler r_5 (ungefähr 500 Ohm) zu seinen Klemmen parallel gelegt wird. Da in dieser Erregung die Anodenströme und Glühfadenströme sozusagen in Reihe geschaltet sind, so muß man den Glühfaden der zweiten Röhre mittels eines passenden Parallelwiderstandes r_3 schützen, da derselbe zum negativen Pol des Gleichrichters führt. Wenn man daher die anderen Röhren auf normalen Anodenstrom einstellt, so würde der Glühfaden der zweiten Röhre ohne Schutzwiderstand r_3 zuviel Strom (notwendiger Glühfadenstrom plus Emissionsstrom aller Röhren) führen. Für die erste Röhre ist die Überlastung nicht so gefährlich und noch weniger für die dritte Röhre[1]).

Die in Abb. 55 angegebene Anordnung ergibt eine Gleichspannung, die ungefähr zweimal so groß ist wie die Amplitude der aufgedrückten Wechselspannung. Die obere Schaltung zeigt das Prinzip der Brückenanordnung. Der Gleichrichter zur linken Seite sendet den negativen Elektronenfluß ε $(-)$ gegen den linken Kondensator und ladet dessen obere Platte zum Potential $-V$ auf, während der rechte Gleichrichter dem Glühfaden dieselbe Anzahl von Elektronen entzieht und deshalb den Glühfaden sowohl als auch die obere Platte des rechten Kondensators auf eine geringere als die normale Elektronendichte bringt, d. h. zum Potential $+V$ aufladet. Die Spannungsdifferenz zwischen

[1]) Diese Überlastung spielt natürlich nur für Sparröhren (kleinen Glühfadenstrom) eine Rolle.

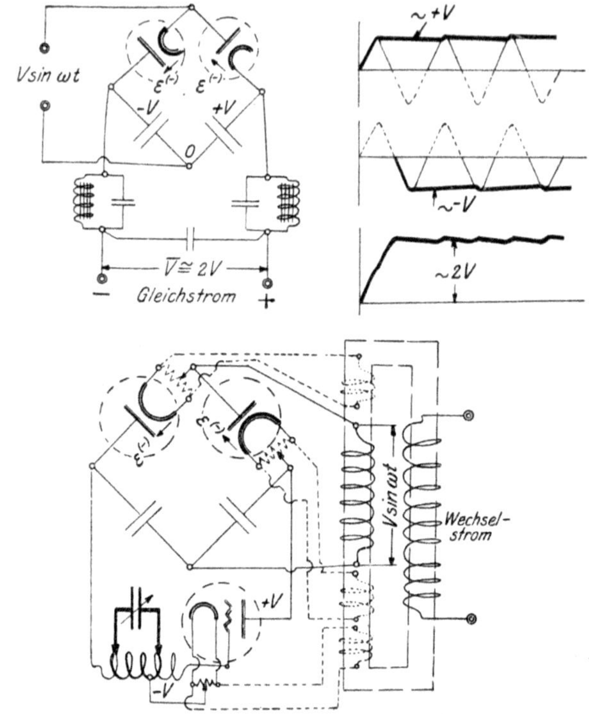

Abb. 55. Gleichrichterbrücke für die Erzielung einer doppelten Gleichspannung.

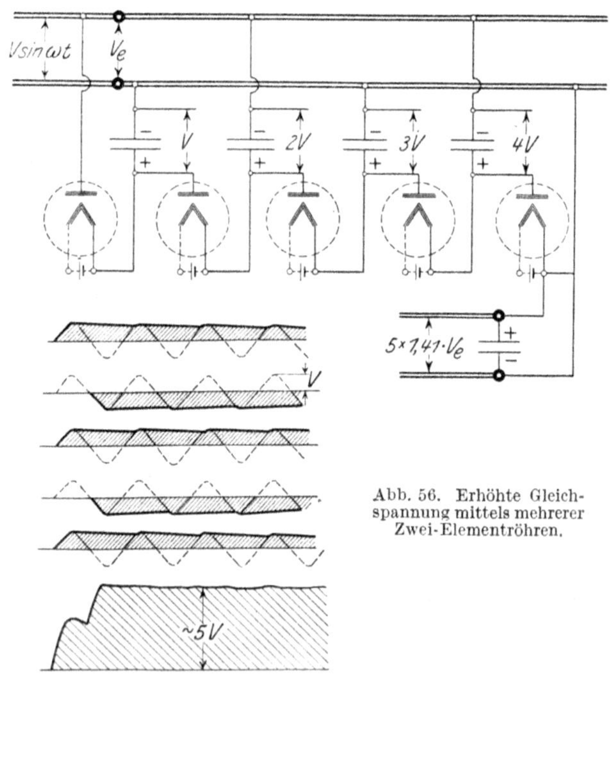

Abb. 56. Erhöhte Gleichspannung mittels mehrerer Zwei-Elementröhren.

den beiden oberen Platten des linken und des rechten Kondensators ist dann $2V$ Volt. Eine von Schenkel[1]) angegebene Anordnung ist in Abb. 56 dargestellt. Mit n Gleichrichtern kann man $nV = \sqrt{2}\,n V_e$ Volt Gleichspannung erhalten, wenn V_e für den Effektivwert der Wechselspannung $V \sin \omega t$ steht. Der erste Gleichrichter ladet den ersten Kondensator zum Potential V auf, welche im zweiten Kondensator zur maximalen EMK der anderen Wellenhälfte sich addiert und so fort. Im Falle von 5 Gleichrichterröhren erhält man dann eine Gleichspannung $V = 7{,}05\,V_e$.

Gleichgerichtete Ströme können auch einem Wechselstromtransformator entnommen werden, wenn eine statische Magnetisierung zweckentsprechend überlagert wird. Wenn man z. B. drei Magnetschenkel, die im magnetischen Nebenschluß aneinanderliegen, so magnetisiert, daß der aufgedrückte Wechselstrom im addierenden Sinne durch zwei gleiche Spulen fließt, die sich je auf Schenkel 1 und 3 befinden, und die Gleichstromerregung, welche auf dem mittleren Schenkel 2 angebracht ist, richtig einstellt, so bekommt man mittels zweier gleicher Spulen (sekundär), die in entgegengesetzter Richtung verbunden sind und sich auf 1 und 2 befinden, einen pulsierenden Gleichstrom. Die Abnahmenklemmen der Gleichspannung werden durch den Mittelpunkt der Sekundärwindung und den Symmetriepunkt einer elektrostatischen Brücke im äußeren Sekundärkreise gebildet. Die elektrostatische Brücke besteht aus zwei Kondensatoren in Reihe, die im Nebenschluß zu den Sekundärwindungen liegen. Die Verbindung zwischen den beiden Kondensatoren stellt den Symmetriepunkt dar, d. h. die andere Gleichstromklemme. Auch zwei Funken- oder Lichtbogenstrecken in Reihe können verwendet werden, was besonders für die größere Leistung in Betracht kommt.

36. Frequenzvervielfachung mittels Stromstößen. Anordnungen dieser Art machen von dem Prinzip Gebrauch, daß, wenn ein Kondensator C (Abb. 57) gleichgerichtete **Ladungen** (I_0 Ladungsstrom) während **t Sekunden** empfängt und in den **Zwischenzeiten,** die **$[2\,m - 1]\,t$ Sekunden** dauern, seine Energie über eine Induktivität L hin und her schwingen kann, in dem richtig abgeglichenen Kreis C—L ein ununterbrochener Schwingungsstrom I der Frequenz $F = m \cdot f$ auftritt, wenn f entweder die erdachte oder die wirkliche Frequenz von I_0 bedeutet. Im ersteren Falle stellt man sich die Stromstöße I_0 als die schraffierten Teile der Sinuskurve (rechte obere Abbildung) vor, während der gestrichelte Verlauf dem ganzen Vorgang den Charakter eines

[1]) M. Schenkel, ETZ Juli 1919, und H. Greinacher, Bull. der Schweizerischen ETZ. März 1920 (ein Auszug in der Radio Rev. Nr. 117, Januar 1920).

Wechselstromes gibt. Man hat dann $f = 1/T_0$. Im wirklichen Falle bedeutet die Sinuslinie den tatsächlichen Verlauf.

1. Wenn daher Spannungsstöße E_0 in gleichmäßigem Takte, die Stromstöße I_0, wie in der linken oberen Darstellung angedeutet ist, hervorrufen und der $C—L$-Zweig so eingestellt ist, daß

$$f = \frac{1}{2\pi\sqrt{CL}} = F,$$

dann wird ein kontinuierlicher, starker Schwingungsstrom in diesem Kreise erhalten.

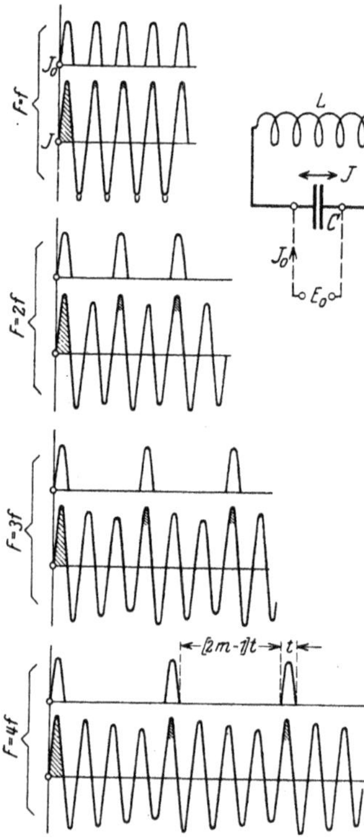

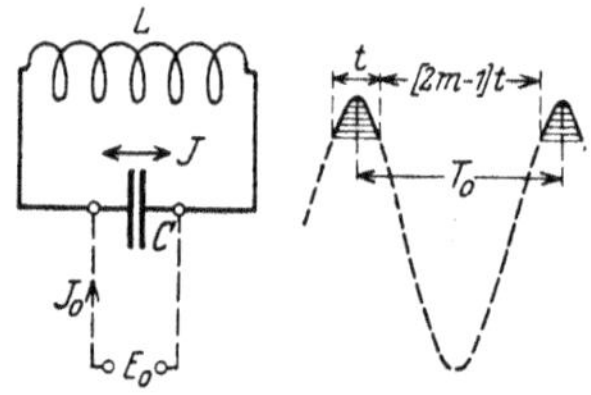

Abb. 57. Grundlage einer neuen Anordnung zur Frequenzvervielfachung (schattierte Flächen haben auf Ladungen des Kondensators C Bezug).

Die negativen Stromhälften haben dann etwas geringere Amplitude, da die Verluste des Kreises gedeckt werden müssen (obere Darstellung, Fall $F = f$). Das ist nicht der Fall für die positiven Wellenhälften, da ja zu gleicher Zeit neue Aufladungen von E_0 empfangen werden. Die nachfolgenden Stromstöße I_0 haben daher nur die Kreisverluste oder die vom Zweig $C—L$ an irgendeinen anderen Kreis abgegebene Energie nachzuliefern. Man hat es hier einfach mit dem umgekehrten Falle der gewöhnlichen Wechselstromgleichrichtung zu tun.

2. Wenn die sich im regelmäßigen Takte wiederholenden Stromstöße I_0 etwas langsamer abspielen wie zuvor, z. B. so, daß die Ladezeit nur t Sekunden[1]) andauert, und die Epoche, während der sich der Kondensator C, ohne gleichzeitige Aufladung von E_0, über L etwas entladen kann,

$$[2\,\mathrm{m} - 1]\,t = 3\,t$$

Sekunden ist, dann hat man den Fall $F = 2f$.

3. Auf dieselbe Weise kann man die Fälle $F = 3f$, $F = 4f$ usf. erklären.

Die schraffierten Flächen stellen überall die von (E_0) empfangenen und notwendigen Lademengen dar.

[1]) t bedeutet hier nur einen sehr kleinen Teil einer Sekunde, da man es ja mit schnellen Schwingungen zu tun hat.

Die Stromstöße I_0 können mittels Kommutatoranordnungen dem Kondensator in richtigen Zeiten zugeführt werden oder mittels Stoßtransformatoren (welche spitze positive Wellen erzeugen). Die Stromstöße können auch von Löschfunkenkreisen, Lichtbogenschwingungen der ausgesprochenen zweiten Art oder dergleichen erteilt werden.

Es ist aber weit einfacher, wenn man gewöhnliche Sinusströme dazu verwendet. Man greift dazu nur die richtig großen Wellenkappen (obere rechte Fig. der Abbildung) ab und kann dadurch Frequenzvervielfachung erreichen. Man kann hierzu gewisse Gleichrichter der Zweielementart, wie auch die gewöhnliche Dreielementröhre unter Überlagerung passender negativer Gittervorspannungen benutzen.

37. Zweielementröhren zur Frequenzvervielfachung nach obiger Methode. Man benutzt dazu die in Abb. 58 angegebene Anordnung. I_0 bedeutet den durch die Zweielementröhre gleichgerichteten Strom. Eine Wechselspannung $E_0 \varepsilon^{j\omega_0 t}$ der Frequenz $f = \omega_0/2\pi$ wird dem System aufgedrückt. Der Gleichrichter ist so eingestellt, daß der Kondensator nur während t Sekunden eine Ladung von E_0 empfängt. Die Größe t beträgt, wie gesagt, nur einen sehr kleinen Teil einer Sekunde. Die Schwingungskonstante $C \cdot L$ wird so eingestellt, daß die Eigenperiode des C—L-Kreises

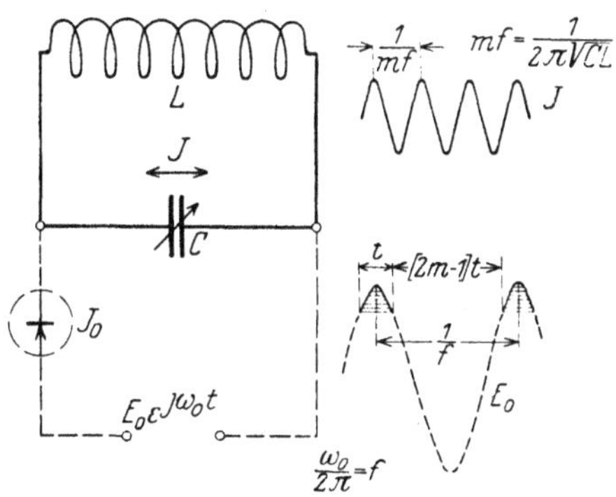

Abb. 58. Frequenzvervielfachung mittels Zweielementröhre, die nur einen gewissen Teil der aufgedrückten Wellenhälften durchläßt.

$$T^{\text{Sek.}} = 2\pi \sqrt{C^F \cdot L^H} = \frac{1}{mf}.$$

Dies ergibt dann einen Schwingungsstrom der m-fachen Frequenz $(= mf)$, d. h. eine Periodenzahl, die m mal größer als diejenige der aufgedrückten Wechselspannung.

Z. B. für eine Frequenzvervielfachung von 5 hat man $m = 5$, die Ladezeit t gleich $^1/_{10}$ der Periodendauer $T_0 = 1/f$ einzustellen, da

$$t + [2m - 1]t = \frac{T_0}{10} + [2 \cdot 5 - 1]\frac{T_0}{10} = T_0.$$

Die Herstellung der richtigen Zeit t kann man z. B. mittels eines Glimmlichtgleichrichters erreichen. Ein solcher Gleichrichter zeigt bekanntlich bis zu einer gewissen Spannung (z. B. + 80 Volt) einen unendlich großen Widerstand an (da vorerst keine Ionisation eintritt). Erst von dieser kritischen Spannung an läßt er einen beträchtlichen Strom fließen. Es ist daher möglich, mittels einer passenden Wechselspannung die Ladezeit t richtig einzustellen. Dies kann auch dadurch erreicht werden, daß man eine geeignete Gleichspannung überlagert. Der Umkehrstrom, der bei guten Gleichrichtern sehr klein ausfällt, ist bei dieser Betrachtung vernachlässigt. Ein gewöhnlicher glühender Kathodengleichrichter (glühende Kathode und Anode) kann mittels negativer Vorspannung ebenfalls zur Einstellung der Zeit t verwendet werden.

38. Dreielementröhren zur Frequenzvervielfachung. Für das Verfahren in Abb. 59 bedeutet E'_G die negative Gitterspannung, von der

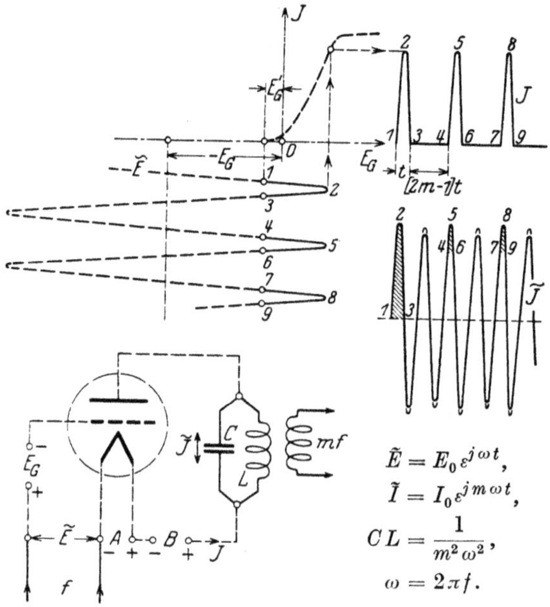

$$\tilde{E} = E_0 \varepsilon^{j\omega t},$$
$$\tilde{I} = I_0 \varepsilon^{j m \omega t},$$
$$CL = \frac{1}{m^2 \omega^2},$$
$$\omega = 2\pi f.$$

Abb. 59. Frequenzvervielfachung mittels einer Dreielementröhre.

ab kein Anodenstrom I mehr möglich ist. Wenn man daher eine solche negative Vorspannung $-E_G$ anlegt, daß eine dem System aufgedrückte Spannungswelle $\tilde{E}$ die Frequenz f nur für die Teile 1—2—3, 4—5—6, 7—8—9 usf. entsprechende Anodenstromstöße I hervorruft, so ergibt sich bei richtiger Einstellung der Schwingungskonstanten $C \cdot L$ ein Resonanzstrom $\tilde{I}$ der m-fachen Frequenz. Das Nähere ist aus der Abbildung selbst ersichtlich. Die schraffierten Teile bedeuten die Aufladungen des Kondensators. Da ein wirksames Kreisdekrement (größer, wenn Leistung an den angekoppelten Kreis abgegeben wird) vorliegt, so hat man es mit einem langsamen Abklingen zwischen den Aufladungen zu tun.

VI. Strom-, Spannungs- und Energieverstärker.

39. Definition und Einteilung von praktischen Verstärkern. Ein Verstärker ist ein Apparat, der infolge des Eintretens neuer Arbeitskräfte größere Änderungen im Austrittskreise als im ursprünglichen Empfangszweige zeigt. Man kann deshalb sowohl von Spannungs- und Strom- als auch von Energieverstärkern reden. Systeme dieser Art bilden vorzügliche Anzeiger außerordentlich schwacher Wellen, wenn eine Sekundärquelle zur Verstärkung benutzt wird. Bei den ökonomischen Verstärkern ist die lokalisierte Quelle derart angeordnet, daß sie nur dann arbeitet, wenn die Wellen auftreffen, d. h. die Sekundärenergie ist meistens in einem Ruhezustand. Man muß jedoch bedenken, daß nicht alle Apparate mit einer Sekundärquelle verstärken, da z. B. ein Kristallgleichrichter mit überlagertem Hilfspotential nur bessere Gleichrichtung hervorrufen kann. Die meisten Verstärker verlangen eine bestimmte Einstellung für die beste Wirkung.

Man kann diejenigen, welche für die Hochfrequenztechnik von Bedeutung sind, wie folgt einteilen:

1. Kontaktverstärker.
2. Bolometeranordnungen (Baretter).
3. Thermokreuzbrücke.
4. Magnetische Verstärker.

Elektronenröhren:

5. Der gewöhnliche Dreielementverstärker.
6. Der Pliodynatron (gewöhnliche Dreielementröhre und Dynatronröhre zusammengebaut).
7. Pliotrons und Dynatrons im Empfangskreise.

8. Gewisse Hörempfänger.

Die Bolometer und Thermokreuzkreise sind im Kapitel über die gewöhnlichen Stromanzeiger beschrieben[1]).

40. Der magnetische Verstärker. [Alexanderson, Nixdorff, Kühn, Fessenden[2]).] Das in der Abb. 60 angedeutete Verfahren von Alexanderson und seiner Vorgänger beeinflußt eine Wechselstromenergie mittels eines kleinen Stromes, dessen Periodenzahl bedeutend verschieden sein kann, oder irgendeines aperiodischen Strom-

[1]) Über Kontaktverstärker ist hier nicht berichtet (siehe Lautverstärker der Ges. d. drahtl. Tel. in Zennecks Lehrbuch der drahtlosen Telegraphie).

[2]) Kühn, L.: ETZ 1914, Nr. 29, und Jahrb. drahtl. Telegr. u. Telef. 1915, S. 502; Alexanderson, E. F. W., und S. P. Nixdorff: I.R.E. 1916, S. 101. R. V. L. Hartley U.S.-Pat. 1 287 982 schlägt zwei unabhängige Ferromagnetica vor, um die Verzerrung des Hochfrequenzstromes zu vermindern. A. Feige beschreibt in der Elektrotechnischen Nachrichtentechnik (Bd. 2, H. 4, S. 96. 1925) die Wirkungsweise des Eisenmodulators und bringt darin auch das von L. Pungs ausgearbeitete System.

verlaufs. Die Wirkung beruht auf der Änderung der magnetischen Sättigung. Wenn die Permeabilität geändert wird, so hat die Hochfrequenzselbstinduktion der Spulen und deren Impedanz einen anderen Wert. Den Grenzfall hat man dann, wenn ein Gleichstrom (hat eine Winkelgeschwindigkeit Null) die Hochfrequenzenergie beeinflußt. Andere wichtige Fälle beruhen auf der Verstärkung von Niederfrequenzänderungen oder solcher, welche einem logarithmischen Gesetze folgen. Das von Alexanderson vorgeschlagene System hat den Vorteil,

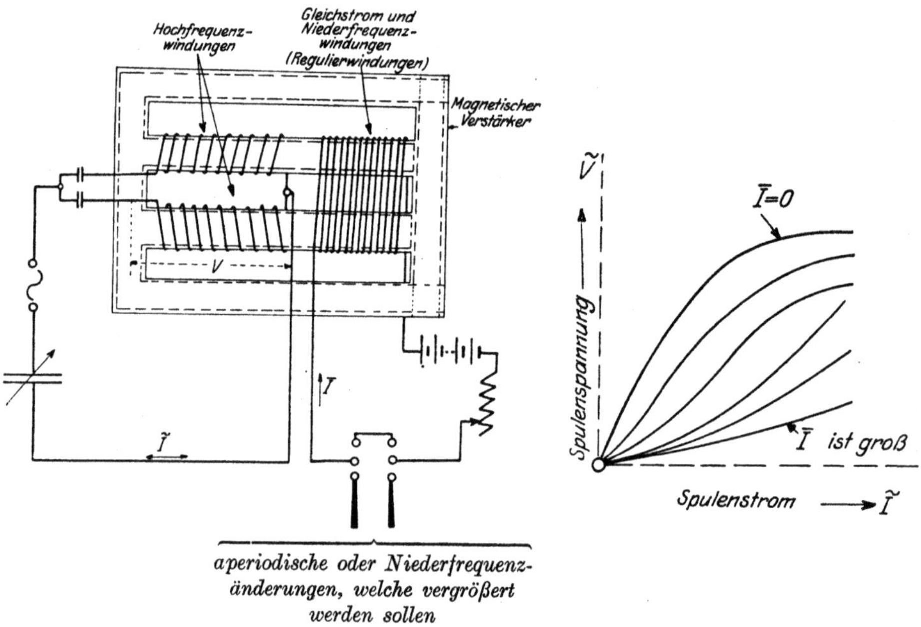

Abb. 60. Magnetischer Verstärker.

daß keine direkten Leistungsübertragungen zwischen den Regulierwindungen und dem Hochfrequenzsystem stattfinden können. Dies ist dadurch erreicht worden, daß man den Hochfrequenzkraftfluß gerade soviel auf die Regulierwindungen in einer Richtung als in der anderen einwirken läßt. Die resultierende EMK muß deshalb verschwinden. Trotz einer solchen Vernichtung wird der Effekt auf die Permeabilität beibehalten. Die rechte Darstellung ergibt die Impedanzkurven einer Hochfrequenzspule für verschiedene Grade der Gleichstromsättigung des Eisens. Man sieht, daß man für einen verschwindenden Gleichstrom in den Regulierwindungen die größten Impedanzen erhält, während für eine gewisse Gleichstromstärke nur einige der Hochfrequenzwindungen von dem Eisen beeinflußt werden und die übrigen Windungen sich wie in Luft verhalten. Folgende Ableitung erläutert das Prinzip.

Für

F = Querschnitt des Eisens in cm²,

E = EMK in Volt, welche in den Hochfrequenzwindungen induziert wird,

i = Momentanwart des induzierten Stromes in Amperes,

L = Selbstinduktionskoeffizient in Henry,

l = Länge des magnetischen Weges in cm,

μ = die Permeabilität,

Z = Windungszahl,

Φ = Kraftfluß, welcher von der Spule erzeugt wird,

hat man

$$E = -\frac{Z}{10^8}\frac{d\Phi}{dt} = -(L)\frac{di}{dt},$$

$$\Phi = \frac{\text{Magnetomotorische Kraft}}{\text{Magnetischer Widerstand}} = \frac{\frac{4\pi}{10}Zi}{\frac{l}{\mu F}}$$

$$d\Phi = \mu\frac{4\pi F Z}{10\cdot l}di$$

und

$$E = -\left[\frac{\mu 4\pi F Z^2}{10^9\cdot l}\right]\frac{di}{dt},$$

d. h.

$$\boldsymbol{L} = \mu\frac{4\cdot\pi\cdot F\cdot Z^2}{10^9\cdot l}$$

oder

L ist eine Funktion von μ.

Infolge der Parallelschaltung der Leistungswindungen hat man in den Regulierwindungen keine induzierte EMK, und dies selbst dann nicht, wenn das Eisen unsymmetrisch magnetisiert ist. Die Parallelschaltung bildet für die zweite Harmonische einen lokalen Kurzschluß. Ströme dieser Art könnten mit der Reihenschaltung nicht vermieden werden. Die beiden Blockkondensatoren verhindern das Entstehen von Niederfrequenzänderungen in den Hochfrequenzspulen, da andernfalls Kurzschlußströme in den Hochfrequenzspulen nutzlos fließen würden und der mittlere Wert von L nicht geändert werden würde, weil der induzierte Strom solche Änderungen verhindert.

Für die Verstärkung hat man

$$\frac{\text{(Änderung der Hochfrequenzenergie)}}{\text{(Effektive Voltampere der Regulierwindungen)}} \quad \text{wenn} \left\{ \begin{array}{l} \text{Allgemeiner Fall.} \\ \text{aperiodische Änderungen} \\ \text{den Regulierwindungen} \\ \text{aufgedrückt werden.} \end{array} \right.$$

$$\frac{(KW_{\max} - KW_{\min}) \times \text{Hochfrequenzenergie}}{\text{(Effektive Voltampere der Regulierwindungen)}} \quad \text{wenn} \left\{ \begin{array}{l} \text{Spezialfall.} \\ \text{sinusförmige oder komplexe} \\ \text{Sinusänderungen} \\ \text{aufgedrückt werden.} \end{array} \right.$$

Was die Änderungsgeschwindigkeit der bezüglichen Ströme anbetrifft, so ist die Verstärkung in Annäherung den nachfolgenden Brüchen proportional.

$$\frac{\text{(Änderungsgeschwindigkeit des Stromes der lokalen Energie)}}{\text{(Änderungsgeschwindigkeit des Regulierstromes)}} \quad \text{wenn aperiodische Änderungen}$$

oder

$$\frac{\text{Frequenz des Stromes der lokalen Energie}}{\text{Frequenz des Regulierstromes}} \quad \text{wenn Sinusschwingungen verstärkt werden sollen.}$$

Wenn also Änderungen der Periodenzahl $f = 1000$ per/Sek. den Regulierwindungen aufgedrückt sind, so wäre die Verstärkung für eine Hochfrequenzenergie von $f = 100\,000$ per/Sek. ($\lambda = 3000$ Meter) ungefähr $100\,000/1000 = 100$fach.

Was die Windungszahl anbelangt, so müssen Gegenamperewindungen der Hochfrequenzspulen zum mindesten von der Größe der Regulieramperewindungen sein, um beträchtliche Wirkungen in der äquivalenten Selbstinduktion der Hochfrequenzwindungen zu erhalten. Dies ist ersichtlich, wenn man bedenkt, daß während einer Wellenhälfte eine Hochfrequenzspule eine entgegengesetzte MMK derjenigen der Regulierwindungen entgegenstellt und während der nächsten Halbperiode die andere Hochfrequenzspule eine solche Wirkung ausübt.

41. Wirkungsweise und Theorie des gewöhnlichen Glühkathodenverstärkers (Kathode-Gitter-Anode). Die in der Abb. 47 dargestellte Elektronenröhre kann wegen des zwischen der Kathode und Anode befindlichen Gitters wünschungswerte Verstärkungen im Anodenkreis hervorrufen, so daß es möglich ist, entweder mit einer einzigen Röhre oder durch Kaskadenanordnungen, wie aus Abb. 61 zu ersehen ist, sehr kleine Ströme wahrzunehmen. Da die Technik der Elektronenröhre während des Weltkrieges vielfach auf unabhängigem wissenschaftlichem Forschen beruhen mußte, so sind Ausdrücke für die innere Röhrencharakteristik in der Literatur vorhanden, welche scheinbar verschieden aussehen. In Wirklichkeit aber ergeben die verallgemeinerten Formeln für die empirischen Volt-Amperekurven Werte, die für die meisten technischen Drei-Elementröhren der gewöhnlichen Art gelten und deshalb miteinander verglichen werden können. Originalarbeiten für die Röhrencharakteristik sind diejenigen von Van

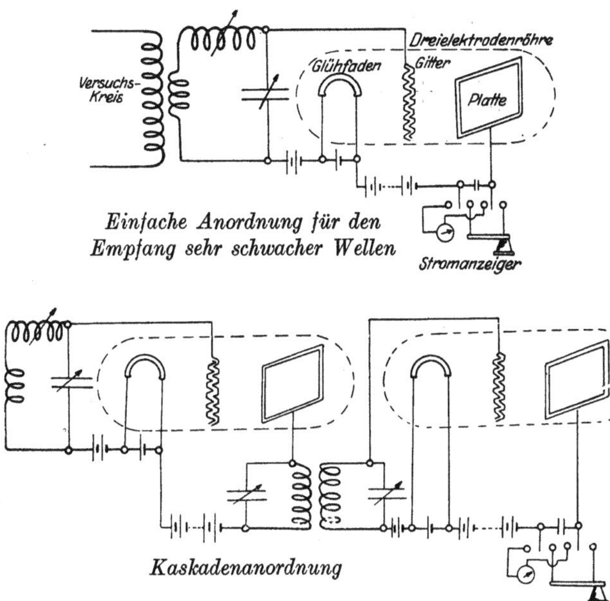

Abb. 61. Detektorschaltungen.

der Bijl, welcher zuerst das Gesetz $I_P = (E_P + k_A E_G)$ durch seine Experimentaluntersuchungen veröffentlichte, I. Langmuir, welcher eine ähnliche Beziehung für eine reine Elektronenentladung durch das bekannte Gesetz mit dem Exponenten 1,5 darstellte, dann die Arbeiten von G. Vallauri, C. Gutton (für die französischen Röhren), J. A. Fleming, W. Schottky, W. H. Eccles, H. Barkhausen und anderen[1]).

[1]) Van der Bijl, Phys. Gesellsch., 1913, S. 330; Langmuir, I.: I.R.E. 1915, S. 278; Hund, A.: El. u. Maschinenb. 1915, S. 531, und Jahrb. drahtl. Telegr. u. Telef. 1916; Vallauri, G.: L'Electrotechnica Bd. 4. 1917; Eccles, W. H.: The Year Book of Wireless Telegraphy 1917; Van der Bijl, H. J.: Phys. Rev. Sept. 1918; I.R.E. April 1919; Eccles, W. H.: Radio Rev. Okt. u. Dez. 1919; Electr. 13. Febr. 1920; Barkhausen, H.: Jahrb. drahtl. Telegr. u. Telef. 1919, S. 27; Schottky, W.: Arch. Elektrot. 1919, S. 1; Gutton, C.: Ann. des Postes usw. 1920, S. 208; Schirmann, M. A.: Ann. Physik 1920, S. 97; Fleming, J. A.: Radio Rev. März 1921; Heising, R.: A.I.E.E. 1920, S. 365.

Wenn man die verschiedenen Gesetze mit der Universalformel[1])

$$\boldsymbol{I_P = k(E_P + k_A E_G + m)^q}$$

für den Anoden(platten)strom I_P^A und die Anoden- und Gitterpotentiale E_P^V und E_G^V vergleicht, so hat man

$$I_P = A\,[E_P + k_A E_G]^{1,5} \; \ldots\ldots \; \text{Langmuir}$$

$$= \alpha \left[\frac{E_P}{k_A} + E_G + \varepsilon\right]^2 \ldots\ldots \; \text{Van der Bijl}$$

$$= \varphi\,[E_G + D \cdot E_P] \ldots\ldots \; \text{Barkhausen}$$

$$= b\left[E_P + \frac{a}{b}E_G + \frac{c}{b}\right] \ldots \; \text{Vallauri}$$

$$= \frac{1}{R_i}[E_P + k_A E_G - X] \ldots \; \text{Gutton}$$

$$= \frac{1}{R_i}[E_P + k_A E_G + m]^q \; \textbf{Universalformel}^{2)}, \qquad (1)$$

wenn R_i den inneren Widerstand der Röhre (zwischen Kathode und Anode) darstellt und der Exponent q verschiedene Werte für gewisse Teile der Anodenspannung-Anodenstromcharakteristik hat und zum Teil als Konstruktionskonstante aufgefaßt werden darf[3]). Die Größe m kann in vielen Fällen vernachlässigt werden[3]). Prof. Gutton und

[1]) Der reziproke Wert $1/k_A$ ist gleich dem Durchgriff D, welcher anzeigt, in welchem Maße die Anodenspannungen durch die Öffnungen des Gitters wirken und die Größe des Thermionenstroms beeinflussen. Gemäß F. F. Martens (Z. Phys. 1921, S. 437) hat man für den geradlinigen Teil der Röhrencharakteristik

$$E = E_G + D E_P,$$

wo E die Gittersteuerspannung bedeutet. Für den Gesamtstrom I hat man

$$I = I_P + I_G$$

und somit

$$E = A + D \cdot R_i \cdot I,$$

wenn A die Anfangsspannung und D wie oben die Durchgriffszahl (oder kurzweg den Durchgriff) bedeuten.

Hierbei wirkt das Gitter zwischen dem Steuergitter und Kathode zur Aufhebung der Raumladung, und recht kleine Spannungen können dann verstärkt werden, selbst wenn Sparröhren mit kleinen Anodenpotentialen verwendet werden. Wenn dagegen das zweite Gitter (nächst zur Anode) genügend positiv gewählt ist und das Steuergitter nächst zur Kathode liegt, so kann die Steuergitter-Anodenkapazität praktisch gleich Null gemacht werden, so daß keine Rückwirkung innerhalb der Röhre möglich ist.

[2]) Diese Formel gilt auch, wenn zwei Gitter (E_{G_1} und E_{G_2}) in der angegebenen Art zwischen der Kathode und der Anode angeordnet sind, da man dann einen Ausdruck

$$I_P = \varphi\left[E_{G_1} + \frac{1}{k_{A_1}} \cdot E_{G_2} + \frac{E}{k_{A_1} \cdot k_{A_2}}\right] = \varphi\,[E_{G_1} + D_1 E_{G_2} + D_1 D_2 E_P]$$

hat. Man hat dann nur eine äquivalente Anoden-EMK E_P' einzuführen, welche den Effekt des zweiten Gitters (E_{G_2}) berücksichtigt, d. h. $E_P' = E_{G_2} + D_2 E_P$ und $I_P = \varphi\,[E_{G_1} + D_1 E_P']$.

[3]) Näheres über q und m siehe Seite 63. Bei Tungstenkathoden kann sich q

Prof. Vallauri setzen in vielen Fällen voraus, daß die Röhre längs einer beinahe flachen Oberfläche von $I_P = b E_P + a E_G + c$ arbeitet. Man nennt

k_A den Verstärkungsfaktor. Derselbe ändert sich proportional mit dem $\frac{\text{(Abstand zwischen der Kathode und Anode)}}{\text{(Abstand zwischen der Kathode und Gitter)}}$ und umgekehrt mit dem Lückenabstand zwischen den Gitterdrähten[1]). In der Formel von Vallauri hat man $k_A = a/b$, wenn

a für den Aufstieg der Gitterpotential-Anodenstromkurve steht, d. h. $= k_A/R_i =$ der gegenseitigen Leitfähigkeit der Röhre, d. h. $= g = dI_P/dE_G$,
b bedeutet den Aufstieg der Anodenspannung-Anodenstromcharakteristikkurve ($= dI_P/dE_P = 1/R_i$),
} bestimmen die Möglichkeit von Schwingungen

R_i der innere Widerstand der Röhre. Er ändert sich mit den Gitter- und Anodenpotentialen und hängt von der Temperatur der Kathode und der Verteilung der Raumladung ab. Die Kathodenerregung (Temp.) ist ein gutes Mittel, den inneren Widerstand zu ändern.

Man hat zwischen statischen und dynamischen Röhrencharakteristiken zu unterscheiden und denjenigen, die nur für die Röhre bzw. für den ganzen Anodenkreis in Frage kommen. Die verschiedenen statischen Charakteristiken sind in der Abb. 62 eingetragen. Die eine Gruppe stellt den Anodenstrom I_P in Abhängigkeit von dem veränderlichen Anodenpotential E_P dar, wenn die Gitter-EMK E_G konstant gehalten wird. Solche E_P/I_P-Kurven darf man als die allgemeine Röhrencharakteristik ansehen, obwohl die E_G/I_P-Charakteristik für konstante Anodenerregung E_B eine größere praktische Bedeutung hat. Wenn der Widerstand r des äußeren Anodenkreises im Vergleich zum inneren Röhrenwiderstand R_i verschwindend klein ist, so stellen die verschiedenen Kurven die Röhrencharakteristiken dar, während für beträchtliche Werte von r im Anodenkreis (der Spannungsabfall rI_P) die Charakteristiken für den ganzen Anodenkreis gelten (da E_B um $r \cdot I_P$ größer ist). Dieselben zeigen für große Werte von r mehr geradlinige Formen, was im Falle von Modulationen die Verzerrung der aufgedrückten Störung vermindert, d. h. von Vorteil sein kann. Wenn die Gitterspannung sich gemäß gewissen Gesetzen beständig ändert (z. B. sinusförmig), so erhält man die in der Abb. 63 angedeuteten dynamischen Charakteristiken, welche für die Röhre allein gelten,

---

zwischen den Grenzen von 0,4 und 1,5 bewegen, während für Röhren, Kathoden der Wehnelt-Art und derjenigen der Western Electric Company (oxydierte Alkalierde an der Oberfläche von Platindraht) q zwischen 2 und 3,5 schwanken kann.

[1]) Eine Experimentaluntersuchung über die mechanischen Anordnungen der Elektroden usw. wurde von Annemarie Katsch (Z. Phys. Bd. 32, H. 4. S. 287. 1925) ausgeführt.

Für $r = 0$ wird die Platten-EMK gleich derjenigen der Plattenquelle.

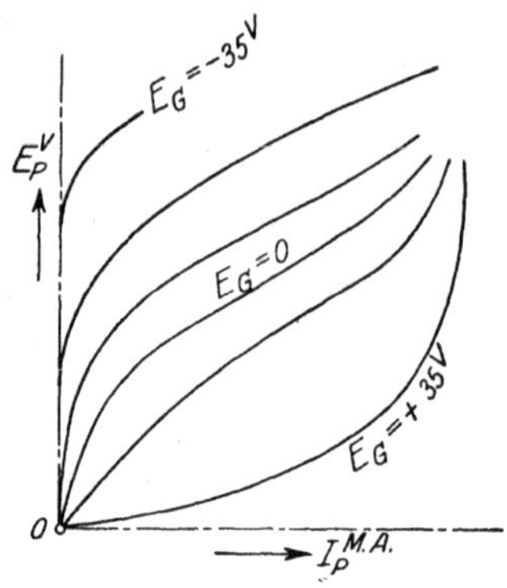

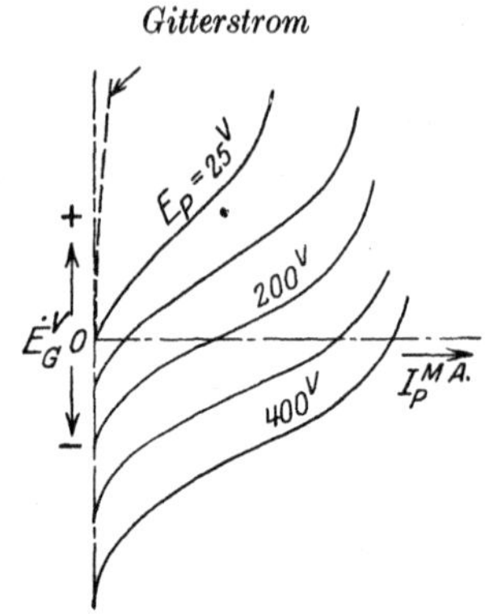

$$E_p = E_B - I_p \cdot r$$

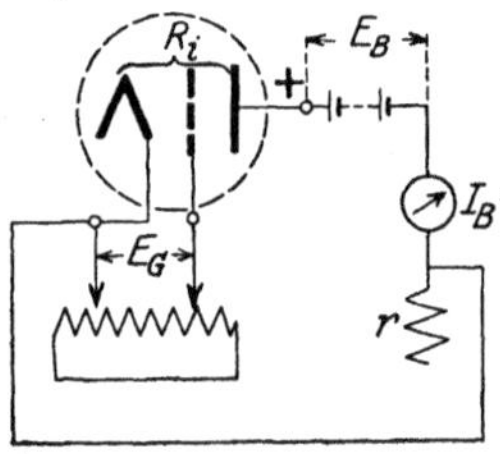

Kreis für die Aufnahme der statischen Röhrencharakteristiken und derjenigen des ganzen Anodenzweiges

Abb. 62.

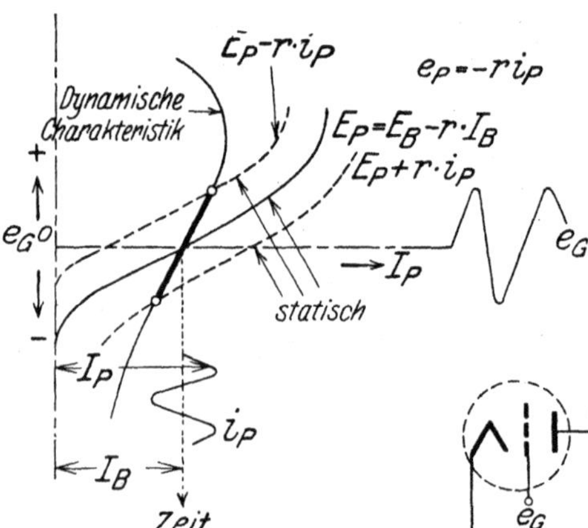

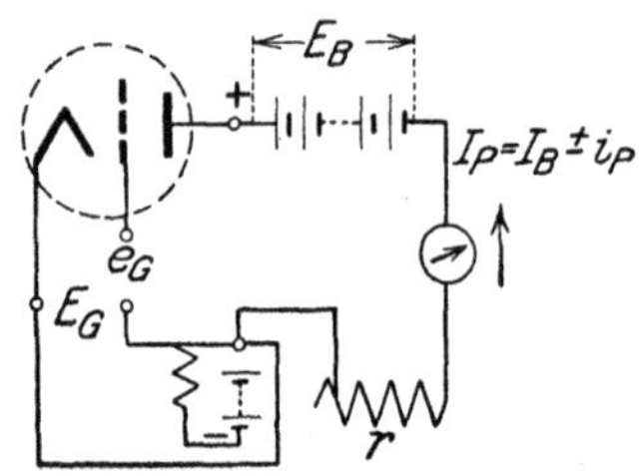

Kreis für die Aufnahme der dynamischen Röhrencharakteristik und derjenigen des ganzen Anodenzweiges

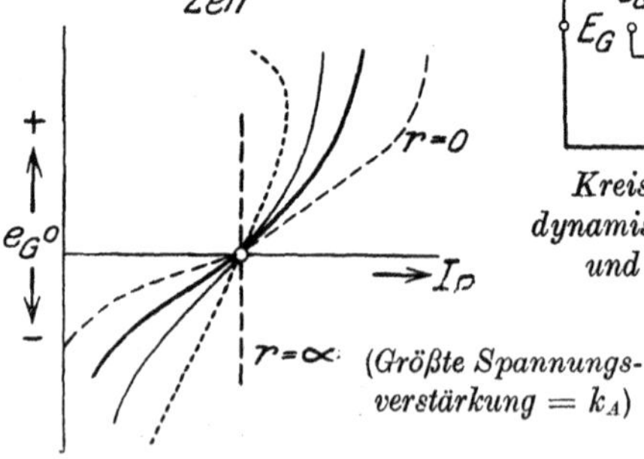

Dynamische Charakteristiken

Abb. 63.

wenn der äußere Plattenwiderstand $r = 0$ ist. Man sieht, daß bei unendlich großem äußeren Anodenwiderstand die Spannungsänderung e_P ein Maximum für unendlich kleine Änderungen i_P im Anodenstrom sein würde, während für die andere Grenze man sich der dynamischen Charakteristik der Röhre und für kleine Änderungen von e_G (längs dem geradlinigen Teil) der statischen Charakteristik derselben nähern würde.

Da die Beziehung

$$\frac{d\{(E_P + k_A E_G + m)^q\}}{d I_P} = R_i'$$

den inneren Wechselstromwiderstand der Röhre bedeutet und dieser[1]) ungefähr

$$R_i' = \frac{R_i}{q}$$

ist, so sieht man, daß für den geradlinigen Teil, für den $q = 1$ ist,

$$R_i' = R_i = \frac{E_P + k_A E_G + m}{I_P}$$

den Wert des inneren Gleichstromwiderstandes R_i bedeutet. Eine dem Gitterkreise aufgedrückte veränderliche EMK e_G erzeugt dann im Anodenstrome eine veränderliche Komponente i_P und im Anodenpotential die Komponente $e_P = -r i_P$, wenn r den im äußeren Anodenkreis wirkenden Ohmschen Widerstand bezeichnet. Die Universalformel ergibt dann

$$R_i = \frac{[E_P + e_P] + k_A [E_G + e_G] + m}{[I_P + i_P]},$$

woraus sich mit Rücksicht auf obigen Ausdruck für R_i die Beziehungen

$$R_i i_P = e_P + k_A e_G = - r i_P + k_A e_G$$

ergeben. Die treibende EMK im Anodenkreise wird somit

$$\boldsymbol{k_A \cdot e_G = [R_i + r] i_P}. \tag{2}$$

Für eine reaktive Anodenbelastung hat man für eine Anodenimpedanz Z

$$\boldsymbol{k_A \cdot e_G = [R_i + Z]\, i_P} \tag{3}$$

zu setzen. Man hat dann die Änderungen $e_P = -Z i_P$. Infolge der Reaktanz im äußeren Anodenkreise ist der Vektor e_P nicht mehr der treibenden EMK $k_A e_G$ entgegengesetzt gerichtet, wie aus dem stark gezeichneten Vektorendiagramm der Abb. 64 zu ersehen ist. Man hat deshalb mit einem Vektorendreieck zu rechnen, dessen Seiten $k_A e_G$, $R_i i_P$ und $Z i_P$ sind. Die Wirkung der Anodenreaktanz erzeugt Charakteristiken, welche ovale Form haben und deren Flächeninhalt als leistungslos angesehen werden kann. Die gekrümmte Hauptachse ist die maßgebende Schaulinie, da man für verzerrungslose Verstärkung längs eines geradlinigen Teiles arbeiten muß. Aus der oberen Dar-

---

[1]) Näheres siehe S. 62, 65 und 90.

stellung kann man ersehen, daß die Krümmung weniger auftritt, wenn die Impedanz des Anodenkreises große Werte hat. Für unendlich große Werte $Z = \infty$ ergibt sich eine gerade Linie und eine maximale

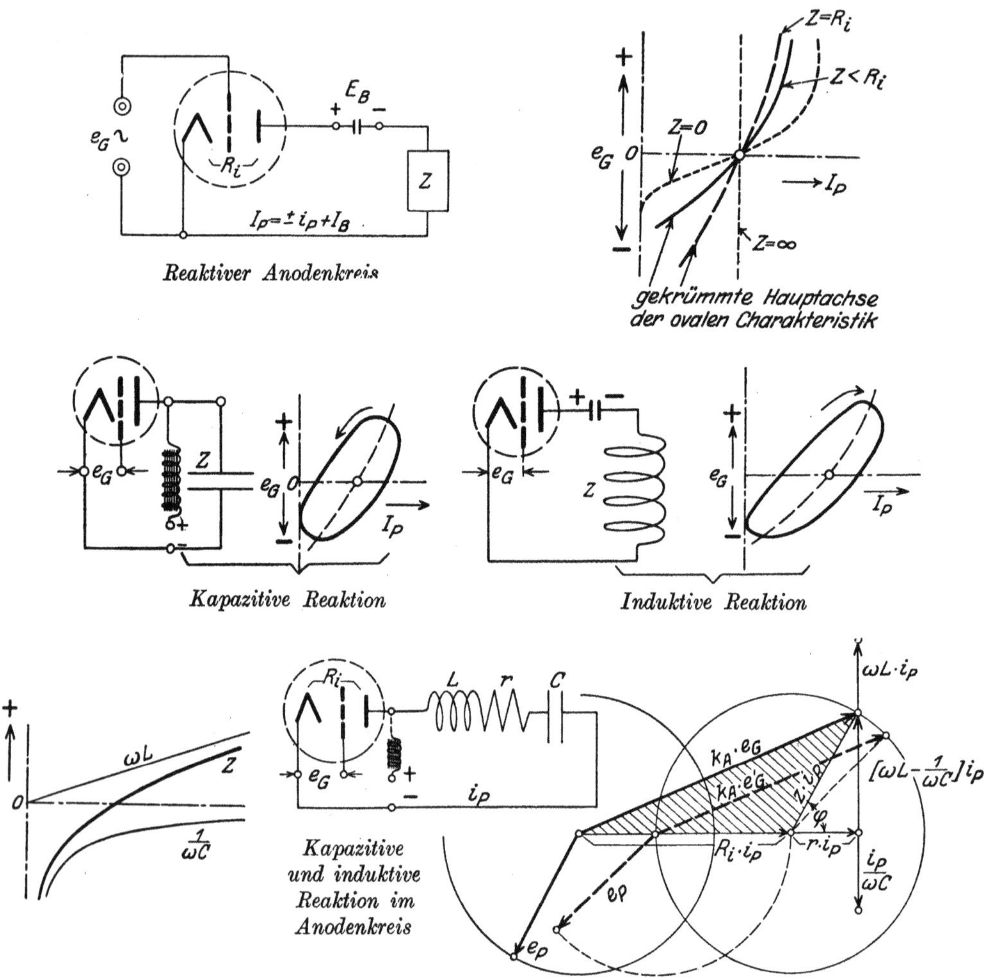

$$ctg\,\varphi = \frac{r}{\omega L - \frac{1}{\omega C}}$$

Abb. 64. Reaktive Belastung einer Drei-Elementröhre.

Potentialänderung im Anodensystem. Da für die meisten praktischen Fälle nur sehr große Anodenreaktanzen (für Spannungsverstärker) oder zum mindesten $Z = R_i$ (für maximale Leistungsverstärkung)[1])

[1]) Wenn dagegen die Leistungsverstärkung ohne jegliche Verzerrung stattfinden soll, so ist es am besten, $Z = 2\,R_i$ anzunehmen, d. h. der äußere Wider-

wünschenswert sind, so erkennt man, daß möglichst geradlinige Teile vorliegen, und, wie durch das gestrichelte Vektorendiagramm der unteren Darstellung in der Abbildung gezeigt ist, die treibende Gitter-EMK $k_A e'_G$ im Anodenkreise nicht soviel aus der entgegengesetzten Richtung von e_P abweicht, selbst wenn Z nur gleich R_i ist, d. h. der Winkel $\varphi = 45$ Zeitgrade beträgt. Der Winkel φ bestimmt die Form der charakteristischen Fläche, und zwar wird bei einer Abnahme von φ die Ovale enger. Die Verringerung der induktiven Reaktanz dreht dann die Hauptachse in der Richtung des Uhrzeigers, weil die entgegengesetzte Drehung vorliegt, wenn eine kapazitive Reaktanz wirkt. Die Reihenanordnung von C und L im Anodenkreise findet keine große Anwendung. Man bevorzugt die Parallelanordnung, wie späterhin beschrieben wird[1]). Der Fall ist hier nur behandelt, um die allgemeinste Anodenimpedanz zu studieren und den praktischen Fall einer induktiven Reaktanz als eine vereinfachte Lösung zu erhalten.

Was die verschiedenen Faktoren der Röhren anbelangt, so kann man

1. die Größe k_A als Spannungsverstärkungsfaktor derselben ansehen. Man versteht darunter den Quotienten

$$\frac{\text{Änderung des Anodenpotentials}}{\text{Änderung des Gitterpotentials}}$$

für ein und dieselbe Änderung des Anodenstromes. Dies ist ersichtlich, wenn man die Universalformel (1) in die Form

$$R_i I_P = (E_P + k_A E_G + m)^q$$

bringt. Man sieht hieraus, daß irgendeine Änderung e_G am Gitter den nämlichen Einfluß hat, als ob eine EMK $k_A e_G$ im Anodenkreise eingeschaltet wäre. Dieser Faktor ist[2]) größer als die Einheit und kann beträchtliche Werte (mehr als 100) für gewisse Konstruktionen aufweisen. Obgleich man diesen Faktor kurzweg Verstärkungskonstante nennt, so muß man bedenken, daß sowohl die Raumladeverteilung als die Größe des Anodenpotentials, um welche die Änderungen sich abspielen, den Wert von k_A beeinflussen können. Die maximale Leistungsabgabe eines gewöhnlichen Drei-Elementschwingungserzeugers wird ebenfalls durch eine Änderung[3]) dieser Faktoren bedingt.

---

stand (bzw. Impedanz) muß gleich dem doppelten innern Röhrenwiderstand gewählt werden. Dies ergibt maximale unverzerrte Leistungsverstärkung. Die negative Gittervorspannung E_C einer Verstärkerröhre kann ungefähr von

$$E_C = \frac{D \cdot E_B}{2} = \frac{E_B}{2\,k_A}$$

berechnet werden.

[1]) Siehe S. 88 und Abb. 65.

[2]) Der Durchgriff der Röhre ist $D = 1/k_A$ und besagt im großen ganzen dasselbe wie der Begriff des Spannungsverstärkungsfaktors k_A. Wenn z. B. eine Röhre einen Durchgriff von $D = 4\%$ hat, so ist dies dasselbe wie ein Verstärkungsfaktor $k_A = 25$.

[3]) Siehe S. 90.

2. Die Größe $k_B = k_A/(R_i + Z)$ bedeutet den **Stromverstärkungsfaktor** des ganzen Systems, wenn Z die äußere Impedanz des Anodenkreises bezeichnet. Für einen Ohmschen Widerstand r im Anodenkreis erhält man den vereinfachten Ausdruck $k_B = k_A/(R_i + r)$. Da diese Formeln natürliche Folgerungen des Spannungsverstärkungsfaktors sind, so findet k_B im Prüffeld wenig Verwendung. Man sieht, daß k_B immer kleiner als k_A ist.

3. Die **Spannungsverstärkung** k_v der Röhre[1]) steht für den Spannungsvorteil e_P/e_G zwischen den aufgedrückten Änderungen des Gitterpotentiales und derjenigen zwischen den Belastungsklemmen im Anodenkreise. Dieselbe würde Null sein, wenn die äußere Impedanz des Anodenkreises Null wäre. Wenn Z die äußere Impedanz bezeichnet, so ist

$$k_v = \frac{Z}{R_i + Z} k_A \tag{4}$$

die Spannungsverstärkung an den Klemmen von Z. Dies ist klar, wenn man den Spannungsabfall $i_P Z = -e_P$ mit Formel (3)

$$e_G = \frac{i_P(R_i + Z)}{k_A}$$

vergleicht. Wenn ein reiner Ohmscher Widerstand r in den Anodenkreis eingeschaltet ist, so hat man die Verstärkung

$$k_v = \frac{r}{R_i + r} k_A. \tag{4a}$$

Man sieht deshalb, daß k_v nie größer als der Spannungsfaktor k_A sein kann, und zwar nur, wenn $i_P = 0$ und $Z = \infty$, wie Abb. 65 zeigt. Eine reaktive Anodenimpedanz ist dann vorzüglich, da der Ohmsche Widerstand niedrig gewählt werden kann und dann nicht sehr hohe Anodenerregung benötigt, und so der Wirkungsgrad dieses Kreises herabgedrückt wird. Die beste reaktive Impedanz besteht aus einer Parallelanordnung eines Kondensators und einer Selbstinduktion, da dann, wie in der Abb. 65 gezeigt ist, eine unendlich große Impedanz Z erzeugt werden kann, wenn dieser Kreis (CL) auf die erregende Frequenz der treibenden EMK $k_A e_G$ abgestimmt ist. Für alle anderen Fälle ist ein Stromfluß i_P möglich, da für kleinere Periodenzahlen die Spule und für größere der Kondensator merkbarere Leitfähigkeit (Suszeptanz) für veränderliche Ströme aufweist. Wenn eine Spule mit wirksamer Impedanz Z den Plattenkreis schließt und die Sekundärspule den Spannungsvorteil k_s hat, so erhält man eine Spannungsverstärkung

$$k_v = \frac{\text{wirksame EMK der Sekundärspule}}{\text{wirksame Gitter-EMK}} = k_s k_A \frac{Z}{R_i + Z}.$$

[1]) **Nicht** Spannungsverstärkungsfaktor.

Solche Verstärkungstransformatoren ergeben deshalb beträchtliche Potentialvergrößerungen, da für eine unendlich große Anodenimpedanz Z eine Potentialänderung $k_s k_A e_G$ an den Klemmen der Sekundärspule erhalten wird. Diese ist um so stärker, wenn Kaskadenanordnungen dieser Art verwendet werden. Wenn Transformatoren dieser Art zwischen Dreielementröhren benutzt werden, so stimmt man die

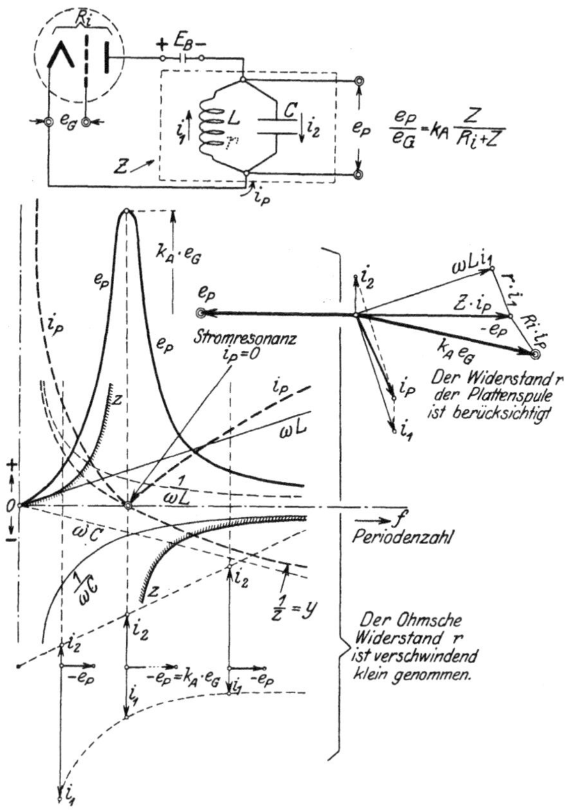

Abb. 65. Die Wirkung einer veränderlichen Impedanz im Anodenkreis.

effektive Primärimpedanz entweder auf die hörbare[1]) Änderung der schwachen Wellen oder auf die Hochfrequenzwelle (Hauptwelle, Träger der Tonfrequenz) ab. Das erstere kann aber nur mit Vorteil geschehen, wenn die Amplitude der Hochfrequenzänderung nicht zu gering ist, da eine zuvorige Gleichrichtung den zu messenden Strom beinahe

[1]) Wenn Lufttransformatoren für höhere Verstärkungen benutzt werden, so ist die Kaskadenanordnung infolge der großen Streureaktanz nicht empfehlenswert. Es scheint dann besser, Transformatoren mit Eisenkernen (unterteilt) zu verwenden, um das störende Geräusch im Telephon zu umgehen.

gänzlich vernichten würde. In diesem Falle verstärkt man zuerst die Hochfrequenz-EMK und richtet mit der zweiten Röhre gleich (Tonfrequenz).

4. Die **Leistungsverstärkung** k_e gewinnt man aus dem Ausdruck

$$W = \frac{(k_A e_G)^2}{(R_i + Z)^2} Z$$

für die im Anodensystem vorhandene veränderliche Energie, da $i_P^2 Z = W$ und $i_P = k_A e_G/(R_i + Z)$. Ist $R_i = Z$, so hat man den größten Wert für k_e und gewinnt im Belastungszweige 50% der veränderlichen Energie im Anodensystem. Für Energieverstärkungen benutzt man am besten eine induktive Reaktanz anstatt einer Parallelschaltung eines Kondensators und einer Selbstinduktion.

Wie bereits bemerkt wurde, ist der innere Röhrenwiderstand $R_i' = dE_P'/dI_P$, wenn $E_P' = (E_P + k_A E_G + m)^q$ und die dynamische Charakteristik zugrunde gelegt ist. Da aber eine Änderung ΔE_G am Gitterpotential so wirkt, als ob ein Generator mit innerem Widerstand R_i' eine Klemmenspannung $k_A \cdot \Delta E_G$ liefert, so sieht man, daß für den Grenzfall $\Delta E_P/\Delta E_G \lim E_{G=0}$ der innere Widerstand der Röhre

$$\boldsymbol{R_i'} = k_A \frac{d E_G}{d I_P} = \frac{k_A}{g} \tag{5}$$

wird, wenn g die gegenseitige Leitfähigkeit der Röhre bezeichnet[1]) und in Mho gemessen wird. Diese Größe ist von besonderer praktischer Bedeutung, da für die Verstärkungen sowohl als für die Erzeugung von Schwingungen die Tangente dI_P/dE_G, d. h. der Abfall der Gitterpotential-Anodenstromcharakteristik günstig gewählt werden muß und eine Röhre mit großem Verstärkungsfaktor k_A in der Regel gute Schwingungen und wünschenswerte Verstärkungen hervorrufen kann. Man hat jedoch zu bedenken, daß g auf den ganzen Anodenkreis bezogen werden muß, und daß die Laboratoriumsbestimmung von g für den wirklichen Kreis ausgeführt werden muß und denjenigen Teil der Röhre, welcher die beste Wirkung gibt. Man erkennt mittels der Minima und Maximarechnung, daß die Leitfähigkeit dI_P/dE_G für die vertikalen Teile (Sättigung und Nullstrom im Anodenkreis) dieser Charakteristik praktisch nicht besteht, d. h. unendlich großer Wechselstromwiderstand vorliegt, während für Stellen, wo die dynamische Charakteristik von einer zur anderen Richtung übergeht, die größte und günstigste Leitfähigkeit sich ergibt. Diese Teile sind gewöhnlich geradlinig, so daß man $g = I_P/E_G = k_A/R_i$ setzen kann, wie aus Abb. 47 und 24 ersichtlich ist. Selbst wenn der geradlinige Teil der Röhrencharakteristik nur sehr kurz sein sollte, kann eine genügend große

---

[1]) Man sieht hieraus, daß $g \cdot R_i' \cdot D = 1$ ist.

Impedanz (Widerstand am besten) im äußeren Anodenkreis verbesserte Zustände hervorrufen.

Wenn das Gitter (Steuerelektrode) außerhalb der Röhre angebracht ist (Weagantröhre), so kann man durch gleichgerichtete Gitterpotentialänderungen keine Anodenstromänderungen erzielen, da praktisch nur eine „dynamische“ Röhrencharakteristik vorliegt. Dies wird klar, wenn man bedenkt, daß die Elektronenemission $N \cdot e \cdot v$ gegen die innere Glaswand gleich

$$\frac{E}{r} + k\frac{dE}{dt}$$

sein muß, und für gleichgerichtete Gitterpotentialänderungen

$$N \cdot e \cdot v = \frac{E}{r} = 0 \text{ (praktisch)}$$

ist, da der Widerstand der Glaswand der Röhre als sehr groß anzusehen ist.

42. Systeme, welche vergrößerte Verstärkung durch Wiedererzeugung hervorrufen. In den soeben behandelten Drei-Elementkreisen erzeugt die Gitterpotentialänderung, welche dem System aufgedrückt wird, verstärkte Wirkungen im Anodenzweige.

In den von E. H. Armstrong angegebenen Anordnungen mit Wiedererzeugung (Regeneration)[1]) sind die Anodenstromänderungen größer, da ein resultierendes Gitterpotential, welches dasjenige der aufgedrückten Änderungen überwiegt, wirksam ist. Die in der Abb. 66 angegebenen Armstrongkreise benutzen die Röhre als Verstärker und als Gleichrichter. Die Gitter-EMK besteht aus der ursprünglich aufgedrückten Klemmenspannung der ankommenden Schwingungen und einer Reihe von Änderungen, welche durch die Rückwirkung der Anodenstromänderungen hervorgerufen werden. Das heißt, daß die dem Gitterkreis aufgedrückten Änderungen zuerst mittels der Röhre verstärkt werden und diese verstärkten Änderungen wiederum auf den Gitterkreis wirken und so größere Wirkungen im Anodensystem erzeugen, als wenn keine Rückwirkung stattfinden würde. Die endgültige Wirkung ist sogar größer, als wenn alle Einzelwirkungen unabhängig stattfinden könnten und sich addierten. Man sieht dies, wenn man das ganze System auffaßt als eine Reihenordnung von

---

[1]) Kreise, welche ähnliche Wirkungen ausüben, sind unabhängig von Arco und Meißner in Berlin und H. Round in England ausgearbeitet worden. Die Originalkreise benutzen die Röhre nur als Verstärker und verwenden einen Kristalldetektor als Gleichrichter. Rounds System bildete während des Weltkrieges den bekannten Kreis Nr. 16 der Alliierten und wurde auch von der Markoni Company benutzt.

C, L und r, der für den Fall einer gewöhnlichen Verstärkung eine EMK $E_1 = E_G$ aufgedrückt wird. Die Leistungsänderung ist dann

$$W_1 = E_G \cdot I_1 = I_1^2 r,$$

wenn I_1 den wirksamen Resonanzstrom E_G/r bezeichnet. Wenn Wiedererzeugung stattfindet, hat man aber zwei treibende Kräfte, nämlich

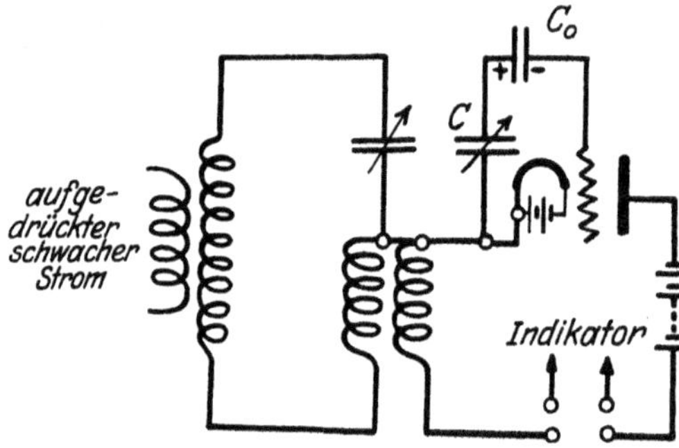

Rückwirkungstransformator für Verstärkung im einfachen System.

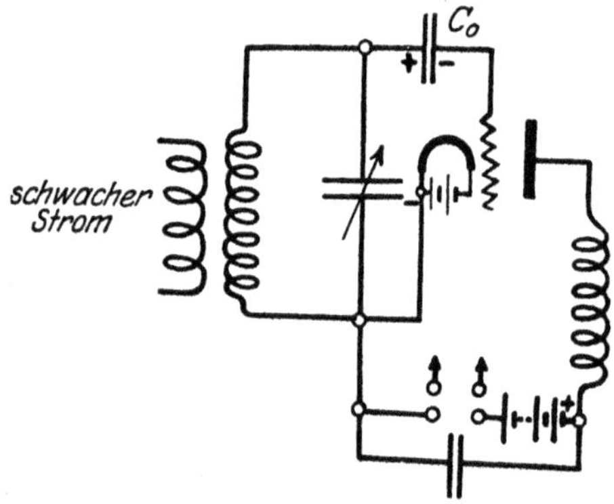

Die Selbstinduktion im Anodenkreis erzeugt vergrößerte Verstärkung.

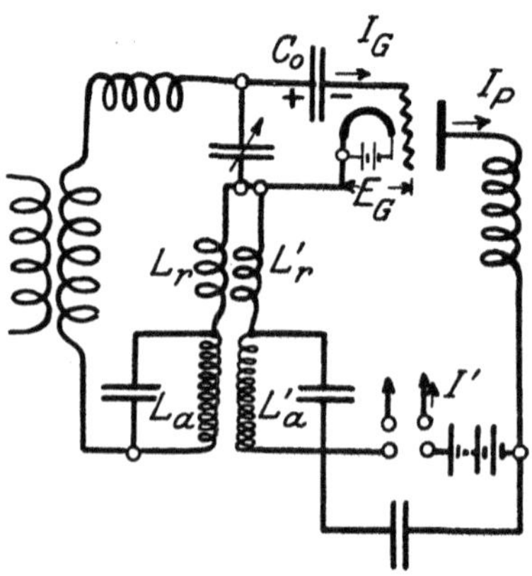

Schwingungssystem mit Rückwirkungstransformator für Verstärkung.

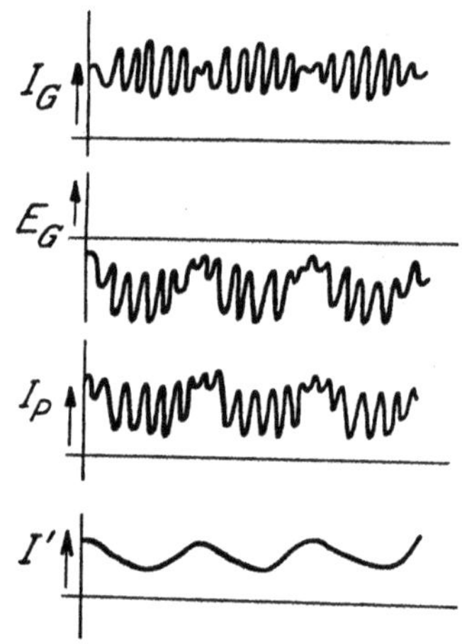

Abb. 66. Vergrößerte Verstärkung mittels Wiedererzeugung.

$E_1 = E_G$, welche von den aufgedrückten Änderungen herrührt, und E_2 infolge der Rückwirkung. E_2 wird in L induziert und in der Regel derart, daß E_1 und E_2 beinahe gleichphasig sind. Die resultierende EMK $E'_G = E_1 + E_2$ erzeugt die Energieschwebungen

$$W_2 = (E_G + E_2) I_2 = I_2^2 r,$$

wenn I_2 den Resonanzstrom $(E_G + E_2)/r$ im Falle von Wiedererzeugung bedeutet. Die resultierende Verstärkung ist dann

$$\frac{W_2}{W_1} = \frac{I_2^2}{I_1^2} = \left[\frac{E_1 + E_2}{E_1}\right]^2 = \left[\frac{E'_G}{E_G}\right]^2 = \frac{E_G I_2 + E_2 I_2}{E_G I_1}.$$

Die Energieänderungen

$$E_G I_2 = E_1 I_2,$$

welche infolge der aufgedrückten E_G vorherrschen, sind deshalb größer wenn Wiedererzeugung vorliegt, da

$$E_1 I_1 = E_G I_1 < E_G I_2,$$

weil

$$I_1 < I_2 \text{ infolge von } \frac{E_G}{r} < \frac{E_G + E_2}{r}.$$

Die Zunahme der Energieänderungen infolge der ursprünglichen EMK E_G ist dann

$$\frac{E_G I_2 - E_G I_1}{E_G I_1} = \frac{E_G \frac{E_G + E_2}{r} - \frac{E_G^2}{r}}{\frac{E_G^2}{r}} = \frac{E_2}{E_G} = \frac{\text{wiedererzeugende EMK}}{\text{ursprüngliche EMK}}.$$

Die vergrößerte Änderung im Anodensystem im Falle von Wiedererzeugung ist deshalb direkt proportional der wiedererzeugenden EMK und umgekehrt proportional der ursprünglichen Gitter-EMK. Das heißt, die Spule des zurückführenden Transformators muß groß (Spule im Gitterkreis) und der Abstimmungskondensator verhältnismäßig klein sein.

Man kann zwei wesentliche Arten von Wiedererzeugung[1]) unterscheiden, je nachdem verwendet wird:

1. ein Zurückspeisungstransformator (Abb. 66),
2. eine Anodenreaktanz ohne jegliche Kopplung mit dem Gitterzweige (obere rechte Figur in Abb. 66).

Die Wirkung der Reaktionsspule im Anodenkreis beruht darauf, daß die induzierte EMK darin sehr beträchtlich ist und deshalb das effektive Anodenpotential bedeutend ändert. Die reaktiven Spannungserscheinungen erzeugen deshalb vergrößerte Verstärkungen, da dieselben immer in Phase (direkt oder entgegengesetzt) mit der Spannung der Anodenquelle sind.

Die Anordnung, welche die untere Darstellung zeigt, vereinigt die beiden oberen Kreise und verstärkt die Radio- und Audiokomponente (Hoch- und Tonfrequenzkomponente). Der Transformator L_r/L'_r ist für die Zurückspeisung der Hochfrequenzkomponente und L_a/L'_a für die hörbare Komponente. Wenn ungedämpfte Wellen gemessen

---

[1]) Eine gute Abhandlung über Verstärker mit Wiedererzeugung ist die von V. D. Landon und K. W. Jarvis: Proc. I.R.E. 1925, S. 709.

werden sollen, so benutzt man am besten das Heterodyneprinzip, inden man eine kleine Verstimmung der Eigenwellenlänge der Empfangskreise vornimmt. Man erhält dann eine resultierende Welle der Mittelfrequenz (zwischen der aufgedrückten f_2 und der Eigenfrequenz f_1 des Empfängers), deren Amplitude sich periodisch mit $(f_1 - f_2)$ ändert. Man kann hierbei Verstärkungen von mehreren tausend erhalten. Die Teilwirkungen sind dann folgende:

1. Die ankommende Sinusstörung erzeugt verstärkte Schwebungen im Anodenstrom.

2. Die Eigenschwingungen f_1 und vergrößerten Schwebungen f_2 erzeugen hörbare Schwebungen $(f_1 - f_2)$.

3. Die hörbaren Stromänderungen werden gleichgerichtet, und die endgültigen Gitterstörungen ergeben abermals verstärkte Wirkungen im Indikator.

Bezüglich der ausführlichen Schaltungen und Theorie solcher Systeme sei auf die Literatur hingewiesen[1]).

Messungen zeigen, daß für Heterodyne[2]) die vorhandene Indikatorenergie ungefähr fünfmal so groß ist, als wenn ein Tikker zum Hörempfang benutzt wird. Die Theorie ergibt nur eine vierfache Wirkung. Nach Prof. Howes[3]) Untersuchung ist die maximale Verstärkung der Hochfrequenzenergie nur 2,43, wenn der hörbare Indikatorstrom direkt proportional dem Empfangsstrom ist. Die Verstärkung ist deshalb begrenzt, selbst wenn der lokale Strom größer gewählt wird. Für Kontaktdetektoren oder andere, welche mit dem Quadrat ansprechen, kann die Verstärkung den vierfachen Wert überschreiten.

Die resultierende Verstärkung der besten Anordnungen setzt sich aus folgenden Teilwirkungen zusammen:

1. Verstärkung infolge der gewöhnlichen Röhrenanordnung (keine Wiedererzeugung).

2. Verstärkung infolge gleicher Heterodynewirkungen (lokale und aufgedrückte Schwingungen haben die gleiche Amplitude), Frequenz der Eigenschwingung ist etwas von derjenigen der zu messenden Wellen verschieden, fünffache Verstärkung.

3. Verstärkung durch Optimumheterodyne (lokale Schwingungen werden so lange geändert, bis der größte Effekt im Indikator merkbar ist), ändert sich umgekehrt wie die Größe der Amplitude der auf-

---

[1]) Armstrong, E. H.: I.R.E. 1917. — Beltz, H. H.: I.R.E. 1918. — de Groot, C. J.: I.R.E. 1917. – Liebowitz, B.: I.R.E. 1917. – Miller, J. M.: I.R.E. 1918.

[2]) Lokale Schwingungen müssen in diesem Falle die gleiche Amplitude wie die ankommenden Schwingungen haben, da sonst andere Verstärkungen vorliegen.

[3]) Howe, G. W. O.: I.R.E. 1918.

treffenden Schwingungen. Die Verstärkung ist deshalb besser, wenn die Amplitude der erregenden Schwingungen kleiner ist als diejenige der Eigenschwingungen der Röhre. Die Einstellung für Optimumheterodyne verbessert die gleiche Heterodynewirkung ungefähr um das 20fache.

4. Verstärkung durch Rückwirkung des Anodenkreises auf das Gittersystem infolge von Wiedererzeugung verbessert den Fall von 3. 50fach.

Die ganze Verstärkung ist deshalb $5 \cdot 20 \cdot 50 = 5000$fach und bisweilen höher.

Der Fall der Optimumeinstellung ist in Abb. 67 illustriert. Für die Stelle 1 sind die Energieänderungen am größten, da die gegen-

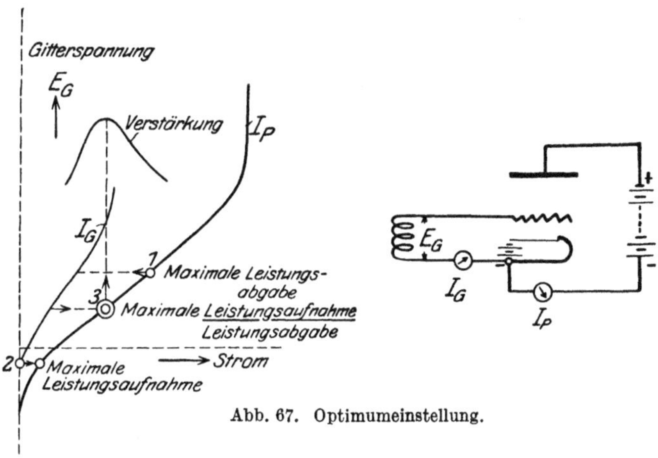

Abb. 67. Optimumeinstellung.

seitige Leitfähigkeit $g = dI_P/dE_G$ den Maximalwert aufweist. Der Gitterstrom I_G ist jedoch verhältnismäßig groß im Vergleiche zum günstigsten Falle der Stelle 2. Die beste Einstellung liegt in der Umgegend von 3.

Die Theorie der Schwebungen ist aus der Akustik bekannt. Wenn hörbare Schwebungen (Heterodyneprinzip)[1]) in Hochfrequenzsystemen erzeugt werden, so hat man folgende Lösung:

[1]) Der Gedanke der Schwebungsmethode wurde schon im Jahre 1886 (La Lumière Electrique, 17. April) kundgegeben. Monsieur Maurice Leblanc deutete an, wie es mittels seines elektrodynamischen Hörempfängers möglich wäre, die Resultierende zweier Hochfrequenzströme hörbar zu machen. Dem Herrn Prof. R. A. Fessenden gebührt wohl das Verdienst, einen hochfrequenten Empfangsstrom mittels einer Welle etwas verschiedener Frequenz zum erstenal hörbar gemacht zu haben. Für solche Methoden ist jedoch in Betracht zu ziehen, daß die Schwebungsfrequenz in der Nähe der Frequenzgleichheit zweier Erreger die Neigung hat rascher zu Null zu werden, da die Teilschwingungen in Synchronis-

Der lokale Sinusstrom der selbsterregten Wellen ist durch

$$\underset{\cdot}{I}_1 = \sum I_1 \cdot \varepsilon^{j\omega_1 t} = I_1 \{\varepsilon^{j\omega_1 t} - \varepsilon^{-j\omega_1 t}\}$$

und der eintreffende Hochfrequenzstrom durch die Beziehung

$$\underset{\cdot}{I}_2 = \sum I_2 \varepsilon^{j\omega_2 t} = \sum I_2 \cdot \varepsilon^{j(\omega_1 + \omega)t}$$

gegeben. Der resultierende Strom $\underset{\cdot}{I}$ dieser Teilwellen wird deshalb

$$\underset{\cdot}{I} = \underset{\cdot}{I}_1 + \underset{\cdot}{I}_2 = \left[I_1 + \sum_{+j}^{-j} I_2 \varepsilon^{j\omega t} \right] \sum_{+j}^{-j} \varepsilon^{j\omega_1 t} = I \sum \varepsilon^{j\omega_1 t}.$$

Die Amplitude I der resultierenden Welle schwankt periodisch mit der Frequenz $f = f_2 - f_1$ zwischen den Grenzen $(I_1 + I_2)$ und $(I_1 - I_2)$.

---

mus überzugehen suchen. Abb. 68 deutet dies an, wo f_1 durch Veränderung der Kapazität C_1 sich der Frequenz f_2 nähert. Beide Kreise induzieren auf einen dritten Kreis, welcher einen Kontaktgleichrichter und ein Galvanometer enthält.

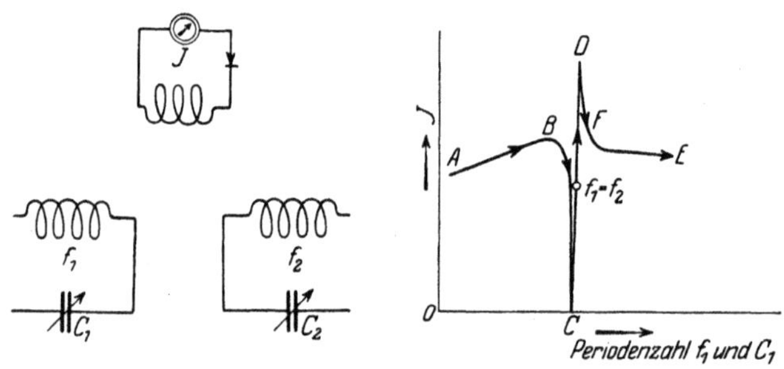

Abb. 68. Erklärung der stillen Zone beim Schwebungsempfang. Von B nach C fallender Ton. $C - D$ stille Zone. Von D nach F ansteigender Ton.

Die untere Darstellung zeigt den Verlauf des resultierenden Stromes. Für den Teil A bis B ist der Schwebungsstrom unhörbar, bis man an der Stelle B einen sehr hohen Ton vernimmt, wenn an Stelle des Strommessers ein Hörtelephon eingeschaltet wäre. Von B bis beinahe C fällt die Tonhöhe, und kurz bevor C erreicht wird, pendelt der Zeiger von I mit der Schwebungsfrequenz hin und her. Bei C steht der Zeiger plötzlich still, und mit einer weiteren kleinen Veränderung von C_1 steigt I an, aber ohne jegliche Pendelungen des Zeigers, bis bei Erreichung der Stelle D die Pendelungen wieder einsetzen. Mit weiterer Änderung von C_1 bekommt man zwischen D und F wieder einen Ton mit steigender Tonhöhe. Jenseits von F gegen E zu hat man es wieder mit Hochfrequenzschwebungen zu tun. Die Stelle $(f_1 = f_2)$ für die absolute Frequenzgleichheit liegt in der Mitte zwischen C und D; bei exakten Messungen muß man dies in Betracht ziehen, da man besonders für lange Wellenlängen oder bei Empfang mittels der Schwebungsmethode (Schwingaudion-Empfang [Detektorröhre zugleich Schwingungserzeuger]) bedeutende Stillezonen bekommen kann. Die Stelle $f_1 = f_2$ entspricht einem Phasenunterschied von 90° und der Teil C bis D ergibt einen Phasenschritt von 180° Graden (bei C) bis 0° (bei D). Die Stillezone wird daher zur Änderung der Phase benutzt, ihre Weite hängt von den relativen Amplituden der Teilschwingungen ab. (Neuere Arbeiten hierüber von I. H. Vincent [Phys. soc. of London Bd. 32, Teil 2, S. 84. 1919] und E. V. Appleton [Proc. of the Cambridge philos. soc. Bd. 21, Teil III, S. 231. 1922].)

Das heißt, daß für gleiche Heterodyne der ganze Anodenstrom zwischen Null und $2E/r$ schwankt, wenn E die maximale EMK der Eigen- und auftreffenden Schwingungen ist. Wenn ein Halbweggleichrichter (was gewöhnlich geschieht) benutzt wird, so ist $1/\pi\ E/r$ die Amplitude der hörbaren Schwebungen. Der Tikker, welcher den pulsierenden Gleichstrom in Gruppen von hörbarer Frequenz zerhackt, wandelt den Strom in einen solchen um, der zwischen Null und $1/\pi\ E/r$ schwankt, d. h. ein Audiostrom der Amplitude $1/2\pi\ E/r$ wird dem Gleichstrom und einer Reihe von harmonischen Wellen überlagert. Dies zeigt, daß man mit gleicher Heterodynewirkung zweimal soviel Indikatorstrom als mit der Tikkermethode erhält, d. h. vierfache Leistungswirkung erzielt wird. Wenn die Eigenschwingungen eine größere Amplitude $E + \varDelta E$ aufweisen, so verursacht die Heterodynemethode einen Aufstieg und Abfall der Wellenhälften zwischen den Grenzen $2E/r + \varDelta E/r$ und $+\varDelta E/r$. Die Amplitude des höheren Schwebungsstromes ist deshalb wiederum $1/\pi\ E/r$ mit einer vierfachen Leistungswirkung.

Was den Indikator anbetrifft, so muß man zwischen Instrumenten unterscheiden, welche auf das Quadrat des Stromes, und solchen, welche direkt mit dem Strome ansprechen. Thermoanordnungen der gewöhnlichen Art, Hitzdrahtinstrumente usw. geben Ausschläge, welche dem Quadrate des erregenden Stromes proportional sind. Der Hörempfänger, welcher mit einem starken permanenten Magnet ausgerüstet ist, spricht direkt mit dem Strom an, während ein Empfänger, dessen magnetischer Effekt nur von dem Spulenstrom abhängt, dem Quadratgesetz folgt, was unvorteilhaft für die Aufnahme sehr kleiner Ströme ist. Telephonempfänger, welche proportional dem resultierenden Strom ansprechen, erfordern jedoch, daß entweder die Frequenz f_1 der selbsterregten Schwingungen im Röhrenkreis oder die (f_2) der zu messenden Ströme im hörbaren Bereich liegt, während Empfänger, welche nicht einem geradlinigen Gesetz folgen, hörbare Wirkungen erzeugen können, selbst wenn zwei Hochfrequenzströme verschiedener Periodenzahl einander überlagert werden, im Falle $f = f_2 - f_1$ hörbar ist. Das heißt, die Wirkung in einem gewöhnlichen Hörempfänger mit Elektromagneten von vernachlässigbarer Permanenz ist proportional dem Quadrate I^2 des Audiostromes der Frequenz $f = f_2 - f_1$, wo

$$I^2 = [I_1 + I_2]^2 = \left[\sum_{+j}^{-j} I_1 \varepsilon^{j\omega_1 t}\right]^2 + 2\sum_{+j}^{-j} I_1 \varepsilon^{j\omega_1 t} \sum_{+j}^{-j} I_2 \varepsilon^{j(\omega_1+\omega)t} + \left[\sum_{+j}^{-j} I_2 \varepsilon^{j(\omega_1+\omega)t}\right]^2,$$

während alle anderen überlagerten Ströme der Periodenzahlen

$$\left.\begin{array}{l} 2f_1 \\ 2f_2 \\ f_1 + f_2 \\ \text{Nullfrequenz} \end{array}\right\}\ \text{nicht hörbar sind.}$$

Folgende Ableitung beweist dies.

$$
\begin{aligned}
& I_1^2\{\varepsilon^{j\omega_1 t} - \varepsilon^{-j\omega_1 t}\}^2 \\
+ & 2 I_1 I_2 \{\varepsilon^{j\omega_1 t} - \varepsilon^{-j\omega_1 t}\}\{\varepsilon^{j(\omega_1+\omega)t} - \varepsilon^{-j(\omega_1+\omega)t}\} \\
+ & I_2^2\{\varepsilon^{j(\omega_1+\omega)t} - \varepsilon^{-j(\omega_1+\omega)t}\}
\end{aligned}
$$

$= \left.\begin{matrix} -2I_1^2 \\ -2I_2^2 \end{matrix}\right\}$ der Frequenz Null und nicht hörbar

$-2I_1 I_2\{\varepsilon^{j\omega t} + \varepsilon^{-j\omega t}\}$ der Frequenz $\frac{\omega}{2\pi} = f$ und hörbar im Empfänger.

Hochfrequenzströme, welche nicht hörbar sein können:

$+ I_1^2\{\varepsilon^{j(2\omega_1)t} + \varepsilon^{-j(2\omega_1)t}\}$ der Frequenz $\frac{2\omega_1}{2\pi} = 2f_1$ zweifache Frequenz der lokalen Eigenschwingungen

$+ 2I_1 I_2\{\varepsilon^{j(2\omega_1+\omega)t} + \varepsilon^{-j(2\omega_1+\omega)t}\}$ der Frequenz $\frac{2\omega_1+\omega}{2\pi} = 2f_1 + f = f_1 + f_2$, d. h. gleich der Summe der Eigen- und aufgedrückten Periodenzahl

$+ I_2^2\{\varepsilon^{j2(\omega_1+\omega)t} + \varepsilon^{-j2(\omega_1+\omega)t}\}$ der Frequenz $\frac{2\omega_1+\omega}{2\pi} = 2(f_1+f) = 2f_2$ zweifache Frequenz der aufgedrückten Schwingungen.

43. Bemerkungen über die Schwingungen in einer Verstärkerröhre und den Leistungsverbrauch im Gitterkreis. In Abb. 69 bedeutet R_i den inneren Anoden- und r_G den inneren Gitterwiderstand einer Verstärkerröhre. Die inneren Röhrenkapazitäten zwischen Gitter und Kathode, Gitter und Anode und Kathode und Anode seien C_1, C_2 und C_3. Bei Verwendung der Röhre als Generator (Erzeugung kontinuierlicher Wechselströme) unterscheidet man drei Arten der Selbsterregung: bei der ersten gelangt eine elektromagnetische Rückkopplung zur Anwendung, bei der zweiten eine äußere elektrostatische Rückkopplung und bei der dritten erfolgt die Rückkopplung mittels der inneren Röhrenkapazitäten. Gerade die letzte Art der Rückkopplung ruft bei Verstärkern oft unerwünschte Verstärkerschwingungen hervor. Die Bedingung für das Auftreten derartiger störender Schwingungen hängt von der inneren Gitterimpedanz und deren Abhängigkeit von der Belastung im Anodenkreise[1]) ab. Man kann zeigen, daß die Gitterimpedanz

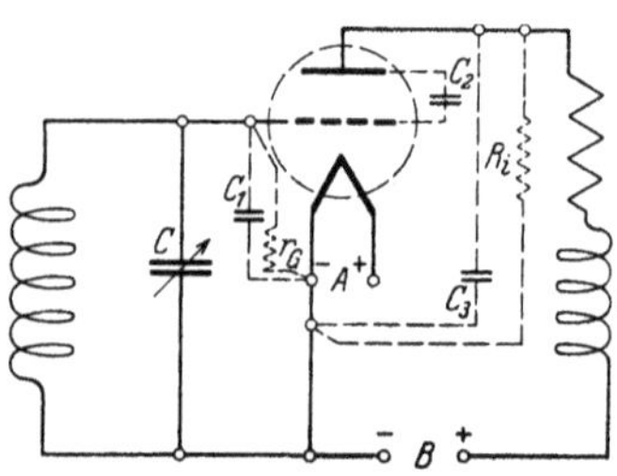

Abb. 69. Schaltung für das Studium der inneren Röhrenkapazität.

[1]) Die Abhängigkeit der inneren Gitterimpedanz von der Anodenbelastung wird beim piezoelektrischen Generator zur Schwingungserzeugung benutzt.

einer Reihenkombination aus einem wahren Widerstand und einer Kapazität entspricht. Das heißt der Gitterkreis muß etwas Leistung verbrauchen und darf nicht als ein reiner Spannungsteil angesehen werden, wie z. B. ein elektrostatisches Voltmeter (dagegen arbeitet bei Röhrenvoltmetern und bei gewissen Messungen mit solchen Apparaten der Gitterkreis wiederum praktisch wie ein reiner Spannungsapparat). Der Leistungsverbrauch hängt vom scheinbaren Gitterwiderstand und seinem Strome ab. Dieser scheinbare Gitterwiderstand ist seinerseits von der Anodenbelastung und den inneren Kapazitäten abhängig. Man kann ihn verkleinern, ja sogar negativ machen. In diesem Falle liefert der Gitterkreis Energie, anstatt Leistung zu verbrauchen, und es treten Schwingungen auf, wie im Kapitel über den negativen Widerstand näher erklärt ist.

Fall A. Die Belastung im Anodenkreis ist ein reiner Widerstand. In diesem Falle ist r_G ein wahrer positiver Widerstand und der Gitterkreis verbraucht etwas Leistung, selbst wenn das Gitter negativ mit Bezug auf den Glühkörper ist, doch nimmt der scheinbare Gitterwiderstand rasch mit steigender Hochfrequenz ab. Diese Annäherung an einen verschwindend kleinen Widerstand im Bereich höherer Frequenzen und ferner kleine Selbstinduktionswirkungen im Anodenkreise begünstigen bei Hochfrequenzverstärkern die Entstehung parasiter Schwingungen.

Wenn die Belastung im Anodenkreis entweder ein reiner Widerstand oder eine Kapazität ist, so ist der Gitterwiderstand positiv und gibt Ursache zu Verlusten. Das bedeutet aber, daß ein im Anodenkreis befindlicher Fernhörer, welcher von etwa 15 000 Perioden/Sek. an aufwärts wie ein Kondensator wirkt, die Ursache zu inneren Gitterverlusten sein kann. Wenn die Belastung ein reiner Widerstand ist, so setzt sich die scheinbare Gitterkapazität aus einer zu C_1 parallel liegenden Reihenschaltung von C_2 und C_3 zusammen, gerade als ob der äußere Anodenzweig offen wäre.

Fall B. Die Anodenbelastung ist induktiv. In diesem Falle wird der scheinbare Gitterwiderstand r negativ und hat die Neigung, den Widerstand des äußeren Gitterkreises zu kompensieren. Geschieht das, so werden die parasiten Schwingungen erzeugt. Dies erklärt die Tatsache, daß Selbstschwingungen auftreten, selbst wenn keine äußeren elektromagnetischen und elektrostatischen Rückkopplungen vorhanden sind. Der Wert für den scheinbaren inneren Gitterwiderstand r_g bei induktiver Belastung des Anodenkreises ist

$$r_g = -\frac{L}{R_i}\,\frac{k_A C_2}{C_1 + C_2}\,,$$

wo k_A den Verstärkungsfaktor der Röhre bedeutet. Die scheinbare Gitterkapazität[1]) ist $C_g = C_1 + C_2$.

[1]) Die scheinbaren Gitterkapazitäten und Widerstände C_g bzw. r_g sind nicht mit den Niederfrequenzwerten C_G und r_G zu verwechseln.

Wenn der äußere Widerstand des Anodenkreises sehr groß ist, so kann dessen Wirkung auf r_g so bedeutend werden, daß der innere Gitterwiderstand nie negativ wird und daher die Röhre von parasiten Schwingungen frei bleibt. Man kann also mittels eines zweckmäßigen Widerstandes im äußeren Anodenkreise die Selbstschwingungen eines Verstärkers verhindern.

44. Bemerkungen über die Verstärkung gebräuchlicher praktischer Anordnungen. Bei Frequenzmessungen von Empfangswellen ist man bei Stationen sehr großer Entfernung gezwungen, Kaskadenschaltungen zur Verstärkung zu verwenden. Die Verstärkerkette in Abb. 70 mit Widerstand-Kondensator-Kopplung ist hierzu besonders geeignet (besonders bei Stationen verhältnismäßig niedriger Periodenzahl von $15 \cdot 10^3$ bis $100 \cdot 10^3 \sim$/Sek), da keine Einstellung für die zu messenden

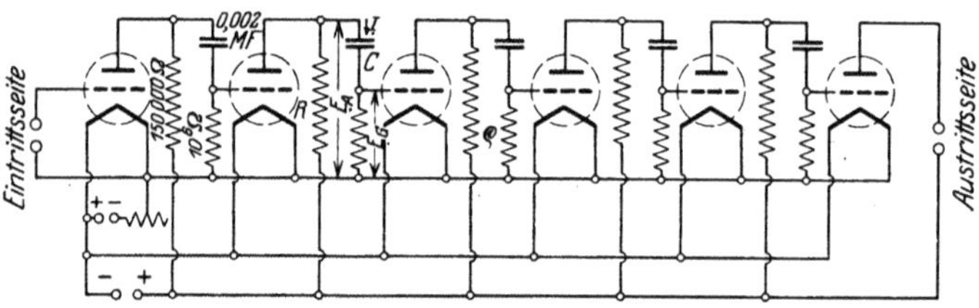

Abb. 70. Sechsstufiger Widerstand-Kondensator-gekoppelter Verstärker.

Frequenzen f des ganzen Bereiches notwendig ist. Die Kapazität C verhindert die konstante EMK des Anodenkreises, direkt am Gitter der nächsten Röhre zu wirken. C hat aber die Neigung, den Grad der Verstärkung zu verkleinern. Wenn $\dot{E}_A$ den Vektor der im Anodenkreise abgegebenen veränderlichen Spannung bedeutet, so kommt am Gitter der nächsten Röhre nur der Wert $\dot{E}_G$ zur Geltung, da der Kondensator C einen gewissen Teil der Spannung zurückhält. Der Spannungsverlust für einen gegebenen Wert von C ist um so größer, je niedriger die zu messende Periodenzahl ist. Es ist deshalb von Interesse, $\dot{I}/j\,\omega C$ für die niedrigste zu messende Frequenz $f = \frac{\omega}{2\pi}$ klein im Verhältnis zum Ableitungswiderstand ϱ des Gitters zu halten.

Die ganze Impedanz $\dot{Z}$, die dem veränderlichen Empfangsstrom $\dot{I}$ entgegengesetzt wird, ist

$$\dot{Z} = \varrho + \frac{1}{j\,\omega C} = \frac{\omega C \varrho - j}{\omega C}$$

mit dem Skalar

$$Z = \frac{\sqrt{\omega^2 C^2 \varrho^2 + 1}}{\omega C} = \frac{\sqrt{1 + p^2}}{\frac{p}{\varrho}}$$

für $p = \omega C \varrho$.

Der Spannungsfaktor

$$f_s = \frac{\dot{E}_G}{\dot{E}_A} = \frac{E_G}{E_A}$$

zeigt an, bis zu welchem Grad die Kapazität die zu erwartende Gitterspannung der nächsten Röhren beeinflußt.

Da für die effektiven Werte

$$E_G = \varrho I$$

$$E_A = Z \cdot I$$

ist, so wird

$$f_s = \frac{p}{\sqrt{1+p^2}}.$$

Dieser Faktor muß von der Periodenzahl des zu verstärkenden Stromes möglichst unabhängig sein, da z. B. 10% Spannungsverlust ($f_s = 0{,}9$) bei einem 4stufigen Verstärker dieser Art 30% Spannungsverlust am Gitter der letzten Röhre hervorrufen.

Wenn z. B. der Widerstands-Kondensator-Verstärker für Empfangswellen mit einem Frequenzbereich von 15 Kilo-Hertz bis 100 Kilo-Hertz[1]) benutzt werden soll, und die Bedingung gestellt ist, daß der maximale prozentuale Spannungsverlust infolge von C nicht mehr als 5% betragen darf, so hat man gemäß obiger Formel

$$f_s = 0{,}95 \qquad \text{und} \qquad p = 3.$$

Wenn man den Gitterableitungswiderstand zu $\varrho = 10^6\,\Omega$ annimmt, so wird

$$C^{\mathrm{MF}} = \frac{p \cdot 10^6}{\omega\,\varrho} = \frac{3 \cdot 10^6}{2\pi \cdot 15 \cdot 10^3 \cdot 10^6} = 0{,}000032\ \mathrm{MF}.$$

In der Abb. 70 ist $C = 0{,}002$ MF, d. h.

$$p = \omega\,\varrho\,C \cdot 10^{-6} = 2\pi \cdot 15 \cdot 10^3 \cdot 10^6 \cdot 2 \cdot 10^{-3} \cdot 10^{-6} = 188{,}5,$$

d. h. einen unmerklichen Spannungsabfall in C.

Wenn dagegen der lokale Generator mit der Antenne gekoppelt wird (bei genügender Energie der eintreffenden Wellen ist nur Audioverstärkung notwendig), so muß man die untere Grenze im hörbaren Bereich annehmen; beispielsweise ist $f = 25$ Perioden/Sek schon ein recht niedriger Ton, den man kaum einstellen wird, der aber für einen gewissen Empfang nahe der unteren Tongrenze angenommen werden darf, und es wird für 5% Spannungsverlust

$$C = \frac{3 \cdot 10^6}{2\pi \cdot 25 \cdot 10^6} = 0{,}019\ \mathrm{MF}$$

---

[1]) Kilo-Hertz = Kiloperioden/Sek = KP/Sek = 1000 ~/Sek.

und ein Kondensator von ungefähr 0,02 MF muß verwendet werden. Abb. 71 zeigt eine Anordnung an, die für verzerrungsfreie Verstärkungen bis zu 100 Perioden/Sek zu verwenden ist. Die Kapazitäten C_1, C_2 haben dann entsprechende größere Werte. Das Verfahren benutzt bisweilen für r_1 und r_2 Werte von einigen Megohm. Die Verstärkungen sind dann größer als mit Transformatorkopplung. Für noch kleinere Periodenzahlen (kleiner als 100 ∾/Sek) schaltet man C_1 und C_2 Gitterspannungen parallel.

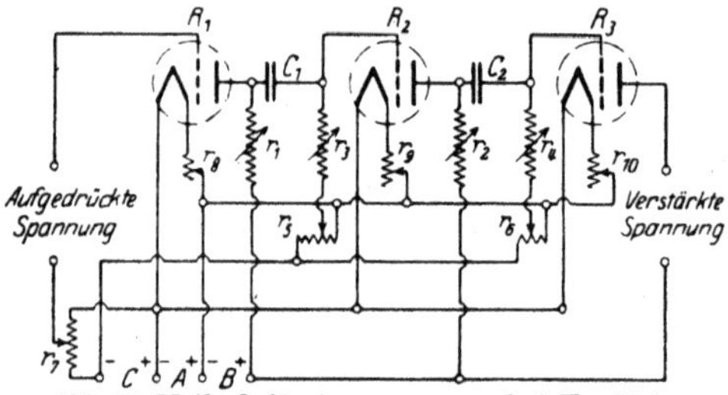

Abb. 71. Methode für eine verzerrungsfreie Verstärkung.

Abb. 72 zeigt einen Verstärker, welcher das Reflexionsprinzip benutzt. Derselbe gibt bei richtiger Einstellung von S verzerrungsfreie und große Verstärkungen.

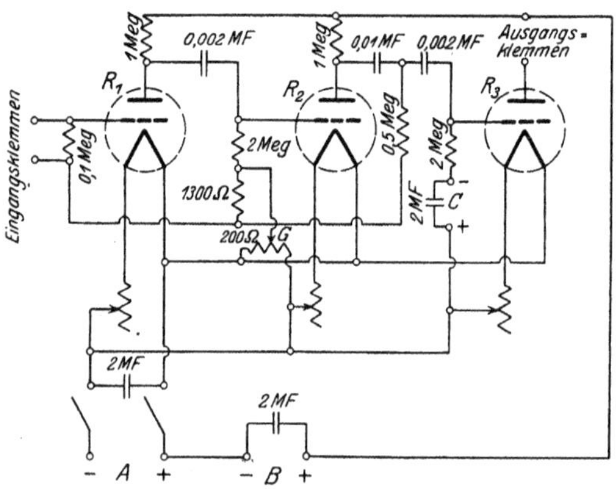

Abb. 72. Widerstand-Kondensator-Verstärker mit Rückkopplung (1300 Ω). R_1 und R_2 sind Röhren mit großem Verstärkungsfaktor und R_3 eine passende Leistungsröhre.

45. Zweifache Steuerung für die Verstärkung der hörbaren und Hochfrequenzkomponente[1]). Die Anordnung in der Abb. 73 bildet ein sehr empfindliches System für die Wahrnehmnng von schwach gedämpften Wellenzügen. Der Kondensator C_2 wird so eingestellt, daß die Schwingungskonstante $C_2 L_3$ die dem System aufgedrückte Frequenz befriedigt und die mittels des gestrichelten Gitters verstärkten Hochfrequenzschwingungen aufnehmen kann. Der durch den Kristallkontakt gleichgerichtete Strom lädt die Kapazität C_3 auf, deren Span-

[1]) Eine Empfangsschaltung derselben Art wurde von J. Scott Taggart vorgeschlagen.

nungsänderung mittels des stark ausgezogenen Gitters auch eine Vergrößerung der hörbaren Stromstöße im Anodenkreis bewirkt.

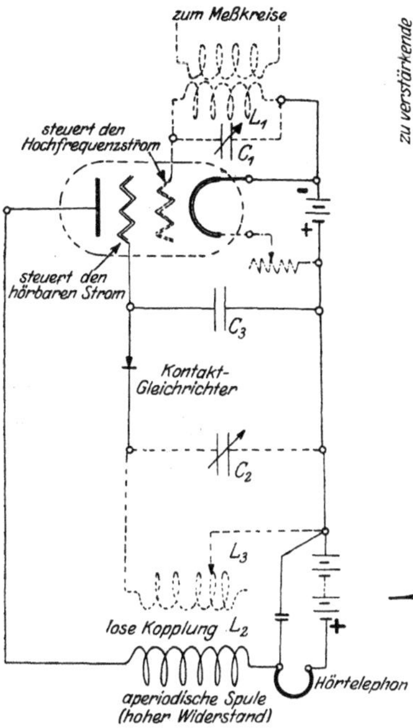

—— bezieht sich auf die Verstärkung des Audiostroms.
······ bezieht sich auf die Verstärkung des Hochfrequenzstroms.

Abb. 73. Verstärkung mit Doppelgitterröhre.

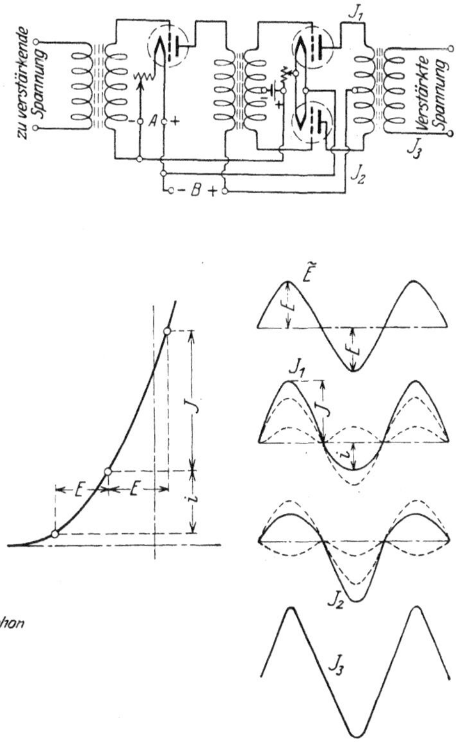

Abb. 74. Gegentaktverstärkung mittels Transformators.

46. Gegentaktverstärker. Die Anordnungen in Abb. 74 und 75 haben den Vorteil, daß die Austrittsimpedanz der Röhre nur halb so groß ist wie sonst. Wenn z. B. der Transformator-gekoppelte Verstärker (Abb. 74) verwendet wird, so werden, wenn die beiden im Gegentakt arbeitenden Röhren eine gleiche äußere dynamische Kennlinie haben, nur die Grundströme und deren ungerade harmonische im Abgabekreis aufgenommen, da alle geraden Harmonischen einander kompensieren. Da bei Röhren die Ströme doppelter Frequenz am meisten zur Verzerrung beitragen (wegen ihrer relativen Stärke), aber die dritte Harmonische eine verhältnismäßig kleine Amplitude hat, so kann man mit dem Gegentaktverfahren reinere Abgabeströme I_3 erreichen. Abb. 75 zeigt

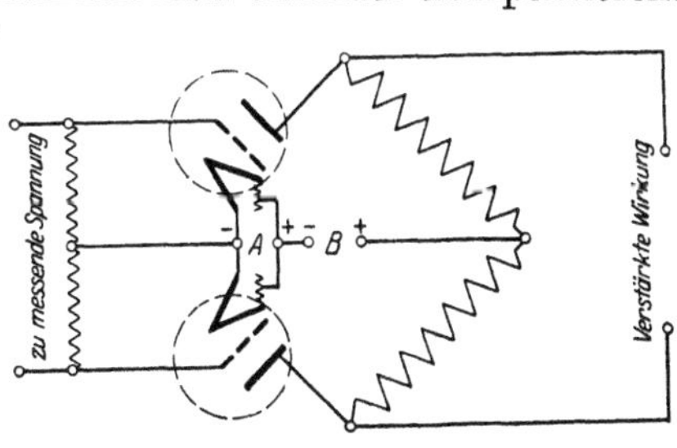

Abb. 75. Widerstandsverstärkung im Gegentakt.

einen Widerstandsverstärker derselben Art. Derselbe ist für niedere Periodenzahlen und für Gleichstromverstärkung verwendbar. Die Gitterspannung der einen Röhre nimmt zu, während die der anderen Röhre abnimmt. Alle Gegentaktverstärker haben den Nachteil, daß sie eine genaue Balanzierung der beiden Röhren erfordern. Andernfalls ist die Verzerrung sogar schlimmer wie bei Verwendung nur einer Röhre. Dies ist besonders der Fall, wenn Verstärker mit Transformatoren benutzt werden.

47. Der Dynatronverstärker und das Pliodynatron. Apparate, welche negativen Widerstand[1]) aufweisen, können nach den im Kapitel XXIV angestellten Betrachtungen wünschenswerte Verstärkungen ergeben. Das in Abb. 194 abgebildete Dynatron ist besonders wirksam wenn ein Gitter eingebaut wird, wodurch das Pliodynatron in Abb. 195 entsteht. Das Gitterpotential ändert die Raumladung innerhalb der Röhre, was entsprechende Wirkungen auf die Emission der Primärelektronen und die Zurückschleuderung der Sekundärelektronen zur Folge hat. Da der Röhrenwiderstand negativ ist und das Plattenpotential den primären Elektronenfluß nur wenig beeinflußt, so sieht man, daß irgendwelche Spannungsänderungen zwischen dem Gitter und der glühenden Kathode entsprechende große Änderungen im Hauptkreis hervorrufen. Wenn ein solcher Apparat in Reihe mit einem beinahe gleichwertigen Ohmschen Widerstand geschaltet wird, so können nach S. 332 beträchtliche Spannungsverstärkungen erzielt werden.

48. Das Pliotron und Dynatron in Parallelschaltung als Verstärker. Sehr große Verstärkungen können mit der Parallelanordnung in Abb. 76 erhalten werden. Eine gewöhnliche Dreielementröhre, welche ein gutes Vakuum aufweist, ist einem Dynatron parallel geschaltet. Wenn die Dynatron-EMK richtig gewählt wird, so werden die bezüglichen Anodenströme I_P und I'_P praktisch gleichwertig und gegenphasig. Ein hochempfindliches Instrument kann dann die Verstärkungswirkungen wahrnehmen. Dr. Hull fand z. B., daß mit dieser Anordnung für einen positiven Röhrenwiderstand $r = 10\,000$ Ohm und einem Serienwiderstand $R = 250\,000$ Ohm die 12fache Verstärkung der gewöhnlichen Röhre auf den Wert 650 gebracht werden konnte. Die Unter-

[1]) Das Negatron von Scott-Taggart (Electr. 1921, S. 386) verwendet zwei Anoden auf jeder Seite der glühenden Kathode und außerdem ein Gitter zwischen der einen Anode und dem Glühkörper (Abb. 247, obere Darstellung). Diese Röhre zeigt bei richtiger Einstellung einen negativen Widerstand zwischen der einen Anode und der Kathode, da das Gitter den anderen Anodenstrom im selben Maße steuert, wie das Anodenpotential der Hauptanode sich ändert.

suchungen wurden mittels aperiodischen Spannungsänderungen am Gitter ausgeführt, und es scheint, daß bei Kaskadenanordnungen beinahe unbegrenzte Verstärkungen möglich sind.

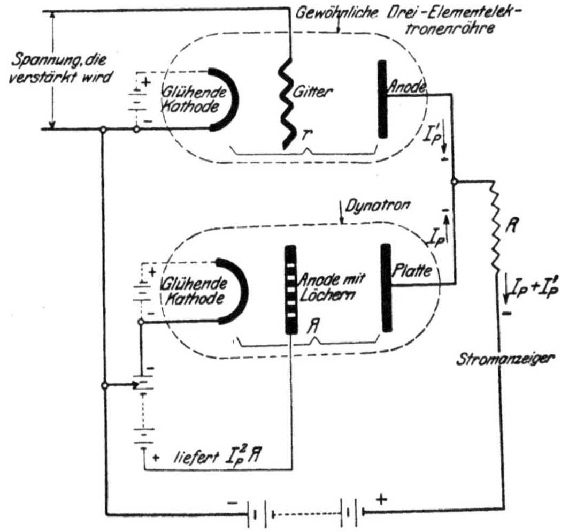

Abb. 76. Verstärkung mittels negativen und positiven Widerstands in Parallelschaltung.

49. Die Drückerschaltungen für die indirekte Verstärkung von sehr schwachen Strömen und Empfangswellen. Die Anordnungen in den Abb. 77 und 78 beruhen auf der Grundlage, daß ein Röhrengenerator, wenn gerade auf Schwingungslosigkeit eingestellt, selbst

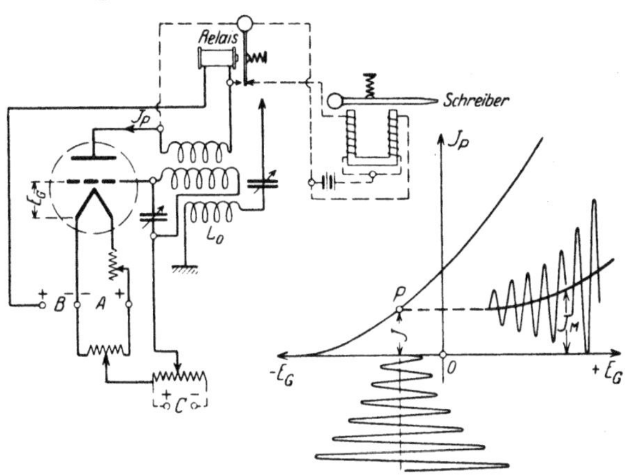

Abb. 77. Die Drückermethode für den Schreibempfang schwacher Wellen.

mittels sehr kleiner auftreffenden Gitterpotentialen plötzlich in einen Zustand von Schwingungen gesetzt wird und dadurch das Auftreffen von Wellen oder induzierten Spannungen anzeigt.

Die erste Anordnung (Abb. 77) wurde von L. B. Turner[1]) und späterhin im Bureau of Standards[2]) dazu verwendet, Zeitsignale in großer Entfernung aufzunehmen. Die Methode beruht darauf, daß man mittels des Spannungsteilers der A-Quelle und einer passenden negativen Gittervorspannung ein solches Gitterpotential ($-E_G$) einstellt, daß gerade keine Schwingungen erzeugt werden können. Dies entspricht dem Arbeitspunkte P und einem Anodenstrom I, wenn dieser mit einem Gleichstrommesser gemessen wird[3]). Wenn dann eine Spannung durch die Spule L_0 im Gitterkreis induziert wird, so erzeugen deren positive Hälften infolge der Krümmung der $E_G - I_p$-Schaulinie größere positive als negative Stromschwankungen im Anodenstrom I_p und somit einen größeren mittleren Anodenstrom I_M. Die Röhrenschwingung wird gleichzeitig ausgelöst, und der mittlere Anodenstrom kann bedeutend größere Werte als I annehmen, selbst wenn die Frequenz der induzierten Spannung irgendeinen anderen Wert hat als diejenige der Röhrenschwingungen. Die Gleichheit der Frequenz erhöht natürlich die Empfindlichkeit des Systems.

Der Nachteil dieses Verfahrens besteht darin, daß ohne besondere Anordnung die Gesamtwirkung der Röhre bestehen bleibt, auch wenn die kleine induzierte Spannung aufhört. Die Schwingungslosigkeit kann man aber automatisch wiederherstellen, wenn man über den linken Kontaktpunkt und den Kontaktarm des Relais die Anodenspule kurzschließt. Wenn daher ein langes Zeichen (Strich) ankommt, wird der Kontaktarm zunächst gegen den linken Kontakt angezogen und versucht sofort wieder zurückzuspringen, kehrt aber sofort wieder zum linken Kontakt zurück, ohne wirklich ganz am rechten (Ruhe-) Kontakt anzuliegen, bis das lange Zeichen vorbei ist. Der Kontaktarm „zittert“ daher am linken Kontakt so lange hin und her, bis das Zeichen aufhört, und betätigt zu derselben Zeit den Schreiber, da dann dessen Differentialmagnet nicht mehr abgeglichen ist. Mittels einer gewöhnlichen Empfangsröhre kann man so mit Leichtigkeit ein 2-M.A.-Relais betätigen. Man stellt dazu den kritischen Ruhestrom für zirka $^1/_4$ M.A. ein und erhält beim Zeichenempfang Stromschwankungen, die das Relais betätigen. Die Rückwirkung der Unterbrechung der Anodenspule verlangt, daß der Arbeitspunkt P etwas niederer (mehr negativ) als das kritische Gitterpotential gewählt wird. Wenn man noch größere Empfindlichkeit wünscht, schaltet man zwischen die Anoden- und

---

[1]) Turner, L. B.: London Electr. 4. Juli 1919, S. 4.

[2]) Eckhardt, E. A. und J. C. Karcher: J. Washington Academy of Sciences Bd. 11, Nr. 13, S. 303. Juli 1921.

[3]) Gemäß den Betrachtungen auf S. 27 entspricht der kritische Punkt der Bedingung $g = C \cdot r/M$, wenn C die Kapazität, die der Gitterspule des Widerstandes r parallel liegt, und M die Gegeninduktivität der Rückkoppelung bedeuten.

Gitterspule eine Hilfsspule und schließt diese Spule anstatt der Anodenspule über den Kontaktarm und den linken Kontakt zu passenden Zeiten kurz. Die Schirmwirkung der kurzgeschlossenen Spule unterbricht dann die Generatorschwingungen, und man kann in diesem Falle P der kritischen Spannung besser anpassen.

Die in Abb. 78 angegebene Drückermethode hat den Vorteil, daß man mittels der kapazitiven Rückkoppelung C_3 eine recht feine Einstellung des kritischen Schwingungspunktes erzielen kann. Die B-Quelle für die Anodenerregung muß dann über eine Drosselspule L_1 angelegt werden, um die Schwingungen von diesem Zweige fernzuhalten. Diese Spule kann gleichzeitig dazu benutzt werden, die hörbareren Schwebungsströme, die mittels des Überlagerers und des Empfangsstromes erzeugt werden können, an einen Verstärker abzugeben,

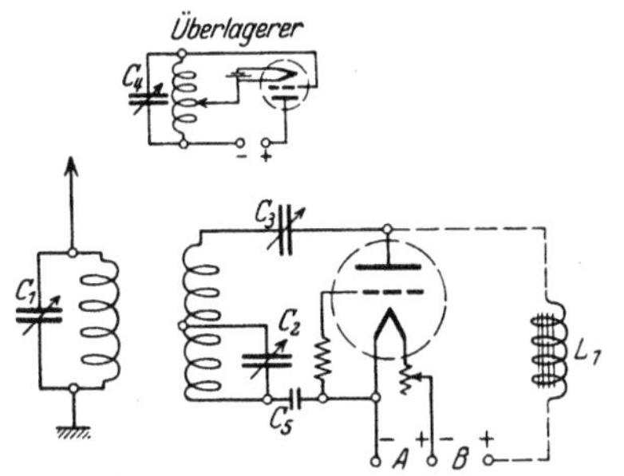

Abb. 78. Die Drückermethode für die Messung von Frequenzen entfernter Stationen.

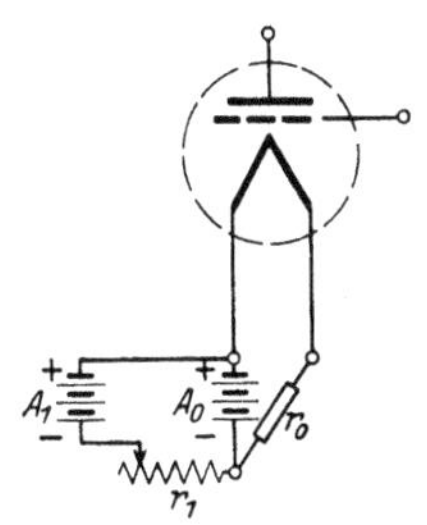

Abb. 79. Konstante Kathodenerregung für Verstärkerröhren und Drückerschaltungen.

andernfalls kann L_1 als die Primärspule eines Audiotransformators angesehen werden. Dr. E. Alberti und Prof. G. Leithäuser[1]) haben eine ähnliche Anordnung dazu benutzt, um Wellenlängen sehr entfernter Stationen zu messen. Sie stellen hierbei den Rückkoppelungskondensator C_3 so ein, daß die Eigenschwingungen der Detektorröhre gerade noch einsetzen. Die Antennenspule wird dann allmählich angekoppelt, bis die Detektorschwingung gerade aufhört. Die Trägerwelle gleicher Frequenz einer entfernten Senderstation versetzt dann wieder die Detektorröhre in Schwingungen.

Da in Drückerschaltungen der Glühfadenstrom die feine Einstellung leicht verändert, verwendet man zweckmäßig die doppelte Speisung wie in Abb. 79.

50. Der Hörempfänger mit starken permanenten Magneten als Verstärker. Wenn Φ den permanenten Fluß und Φ' den veränderlichen Kraftfluß infolge des Erregerstroms I bedeutet, so hat man

[1]) ETZ 1923, H. 47/48.

für die momentane Kraft K, welche die Telephonmembrane in Bewegung setzt:

$$K = k_1[\Phi + \Phi']^2$$
$$= k_1[\Phi + k_2 I]^2$$
$$= k_1 \Phi^2 \ldots$$ konstante Anziehung, welche immer wirkt,

$$+ k_1 k_2^2 I^2 \ldots$$ veränderliche Kraft, welche nur von dem zu messenden Strom abhängt,

$$+ 2 k_1 k_2 \Phi I \ldots$$ Kraft, welche von dem konstanten und veränderlichen Magnetismus abhängt.

Wenn daher der Kraftfluß Φ des permanenten Magnets ziemlich groß gewählt wird, so kann die reine veränderliche Kraft des Erregerstromes vernachlässigt werden. Der Empfänger wird deshalb viel lauter und beinahe ohne Verzerrung ansprechen, da

$$K \cong k_1 \Phi^2$$
$$+ 2 k_1 k_2 \Phi I$$
$$= k_1 \Phi [\Phi + 2 k_2 I]$$
$$= \text{konst.}\, [\Phi + k_3 I]\,.$$

Ein Indikator dieser Art ist sehr zweckentsprechend, wenn hörbare Ströme wahrgenommen werden sollen. Wenn Heterodynekreise vorliegen, so muß eine Komponente hörbar sein.

VII. Die Kathodenstrahlröhre als Hochfrequenzoszillograph.

Prinzip.

51. Die Braunsche Röhre. Alle Oszillographen beruhen auf der Tatsache, daß ein von einem Strome durchflossener Leiter in einem magnetischen Felde gemäß dessen Stärke und Polarität abgelenkt wird. Dem verstorbenen Herrn Prof. Dr. F. Braun[1]) gebührt das Verdienst, die Kathodenstrahlröhre erfunden zu haben[2]).

Der von einem Strome durchflossene Leiter der Braunschen Röhre besteht aus einem Bündel von Kathodenstrahlen, welches die Form eines konischen Bleistiftes hat. Die Strahlen bestehen aus

---

[1]) Braun, F.: Wied. Ann. 1897, S. 552.

[2]) Die grundlegenden Konstruktionen und Anwendungen der Braunschen Röhre sind in dem Werke „Apparate und Verfahren zur Aufnahme und Darstellung von Wechselstromkurven und elektrischen Schwingungen" von Herrn Prof. Dr. H. Hausrath eingehend behandelt (Leipzig: Hachmeister & Thal).

negativen Teilchen, welche senkrecht aus der Kathodenfläche geschleudert werden. Die Strahlen können mittels eines magnetischen oder eines elektrischen Feldes abgelenkt werden. Wenn ein Drehfeld konstanter Intensität vorliegt, so beschreiben die Kathodenstrahlen eine konische Fläche. Da Kathodenstrahlen Kreide, ZnS, $CaWO_4$, Zn_2SiO_4 usw. zum Aufleuchten bringen, so kann man irgendeine Bewegung der Strahlen beobachten. $CaWO_4$ glüht blau und ist deshalb besonders gut für photographische Aufnahmen der Ablenkungen geeignet, während andere Körper wie Zn_2SiO_4 infolge ihres gelbgrünen Aufleuchtens für Beobachtungen mit dem Auge von Vorteil sind.

52. Konstruktion von Kathodenoszillographen. Man kann zwei Gruppen von Kathodenröhren unterscheiden, nämlich:

eine, bei der die Kathode kalt ist	und eine, welche eine glühende Kathode (Wehnelt) besitzt

Je nach der Ablenkungsweise hat man die Fälle:

A. Röhre der ersten Art, Ablenkung mittels eines magnetischen Feldes, das durch ein symmetrisch angebrachtes Spulenpaar (Abb. 80) erzeugt wird (Braun, Chaffee, Faßbender, Hupka, Hausrath, Ort, Ryan, Zenneck)[1].	B. Röhre der zweiten Art, Ablenkung mittels eines elektrischen Feldes, das zwischen zwei parallelen Platten (Abb. 82) hervorgerufen wird (Ebert, Dufour, Fleming, General Electric Company, Roschansky, Ryan, Wehnelt usw.).	C. Röhre der dritten Art, Ablenkung mittels magnetischer und elektrischer Felder.

Die erste Ablenkungsweise, die in Abb. 80 dargestellt ist, eignet sich für das Studium von Stromverläufen. Die zweite empfiehlt sich

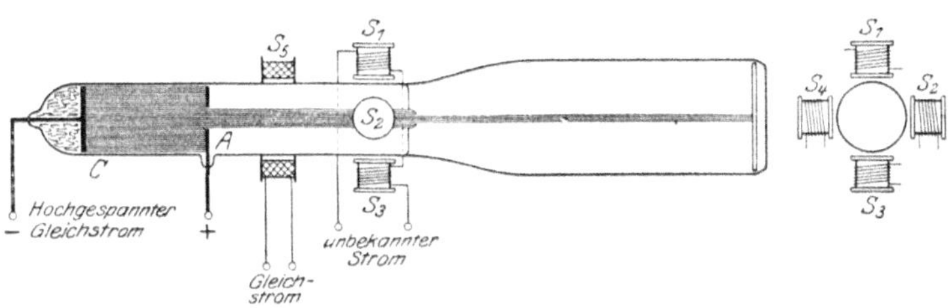

Abb. 80. Die Kathodenstrahlröhre (Braunsche Röhre) der ersten Art.

zur Aufnahme von Spannungswellen, während die dritte Ablenkungsart die der ersten zwei Röhren vereinigt und deshalb für das Studium

[1]) Hausrath, H.: l. c. — Zenneck und Giesel: Phys. Z. 1909, S. 378. — Ryan: Electr. 1903, S. 771. — Chaffee: Proc. American Academy of Arts and Sciences Bd. 47, Nr. 9. 1911. — Faßbender und Hupka: Phys. Z. 1912, S. 559. — Roschansky: Ann. Phys. 1911, S. 281.

von Leistungsdiagrammen und Voltamperecharakteristiken verwendet wird. Die Glühkathodenstrahlröhre, welche von Dr. Chaffee, L. M. Hull des Bureau of Standards[1]), Washington, D. C. und verschiedenen Firmen entwickelt wurde, hat den in Abb. 81 angedeuteten Aufbau. Die Elektronenströmung kommt von der glühenden Kathode und ist deshalb von der verhältnismäßig niederen Beschleunigungsspannung 500 bis 1000 Volt unabhängig. Bei den Röhren mit kalter Kathode wird der Kathodenstrahl durch ionische Bombardierung mittels einer bedeutend höheren Gleichspannung von 10000 bis 15000 Volt erzeugt. Die Dichte des Kathodenfleckes hängt für die kalte Röhre von der Beschleunigungsspannung und der Luftleere (ungefähr 0,006 mm Hg) ab. Bei der Glühkathodenstrahlröhre kann der Kathodenfleck mittels der Kathodenerregung (Temperatur der Kathode) eingestellt werden. Die mittlere Geschwindigkeit der Elektronen (d. h. die Beschleunigungsspannung zwischen der Kathode und Anode) kann deshalb klein gehalten werden. Die Empfindlichkeit einer Glühkathodenstrahlröhre ist deshalb höher[2]).

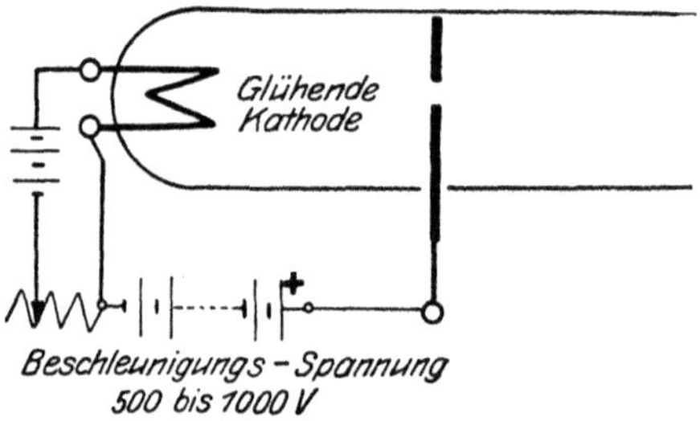

Abb. 81. Die Glühkathodenstrahlröhre.

53. Arbeitsweise von Kathodenstrahlröhren. Wenn in einer Röhre der ersten Art (Abb. 80) in dem Spulenpaar S_1—S_3 ein hochfrequenter Strom fließt, so beschreibt der Kathodenfleck eine Linie, da er im Synchronismus hin und her wandert. Dasselbe gilt für einen Hochfrequenzstrom im Spulenpaar S_2—S_4. Ihm entspricht eine leuchtende Linie, welche normal zur obigen Achse ist. Wenn Ströme derselben Phase und Frequenz gleichzeitig in den betreffenden Ablenkungsspulenpaaren fließen, so ist die resultierende magnetomotorische Kraft, welche den Elektronenstrahl ablenkt, geradlinig polarisiert und der Kathodenfleck beschreibt eine geneigte Linie, deren Abfallwinkel α aus $\operatorname{tg}\alpha = I_1/I_2$ berechnet werden kann, wenn $i_1 = I_1 \sin \omega t$ und

[1]) W. Rogowski und W. Grösser bringen im Arch. Elektrot. (Bd. 15, S. 377. 1925) verbesserte Formen der Glühkathodenröhre und beschrieben darin auch das System von Samson (Ann. Physik Bd. 55, S. 608. 1918), von Lilienfeld (Ber. d. Verh. d. sächs. Akad. d. Wiss. Bd. 71, S. 26. 1919) und Engelhardt (Phys. Z. Bd. 24, S. 239. 1923).

[2]) Infolge der Mitwirkung von positiven Ionen bei der kalten Kathodenstrahlröhre bekommt man einen feinen Kathodenstrahl, während man es bei der glühenden Kathodenstrahlröhre nur mit Elektronen zu tun hat und dies bei der Konstruktion der Röhre in Betracht ziehen muß.

$i_2 = I_2 \sin \omega t$ die beiden Ströme ausdrücken. Wenn aber die Gleichphasigkeit der Erregerströme gestört ist, so umschreibt der Kathodenfleck eine Fläche. Wenn Sinuserregungen vorliegen, so hat man es in der Regel mit elliptischen oder kreisförmigen, polarisierten Magnetfeldern zu tun, je nach dem Phasenunterschied und der relativen Wahl der beiden maximalen Stromamplituden. Die Spule S_5 hat ungefähr 2500 Amperewindungen und erzeugt ein Längsfeld, durch das der

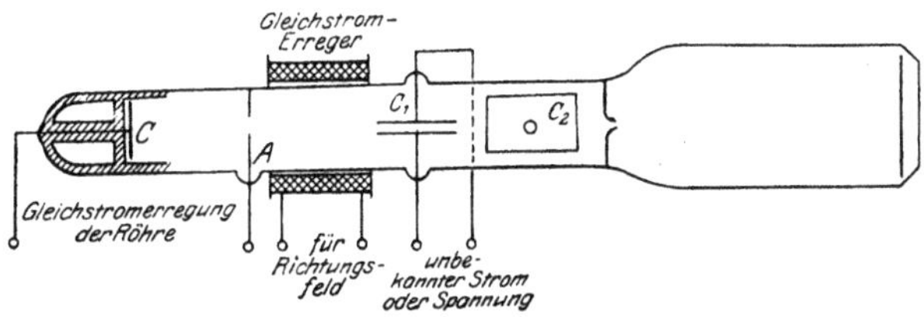

Abb. 82. Die Kathodenstrahlröhre der zweiten Art.

Kathodenstrahl in seiner Längsrichtung zusammengedrängt wird und so ein scharfer Kathodenfleck am Schirme entsteht. Für kleine Magnetisierungskräfte ist die Ablenkung des Fleckes diesen ungefähr direkt proportional. In einer Röhre der zweiten Art (Abb. 82) sind die Ablenkungsspulen durch Ablenkungskondensatoren ersetzt. Die Ablenkung wächst proportional mit der Spannungsdifferenz zwischen den Platten.

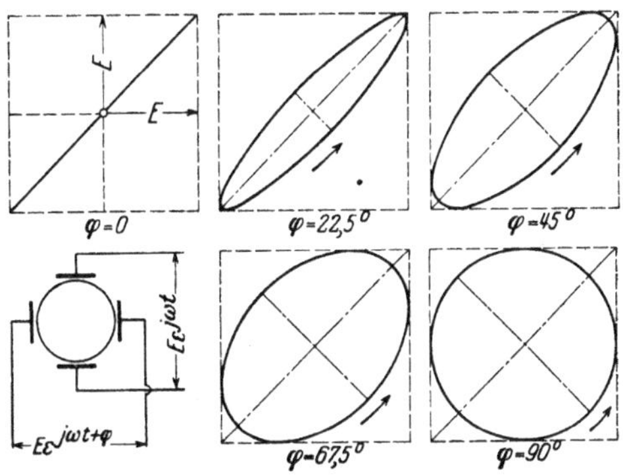

Abb. 83. Lissajousche Figuren für gleiche Frequenzen und Amplituden der Stromquellen.

Abb. 83 zeigt Lissajousche Figuren, wie sie mittels Ablenkungskondensatoren erhalten werden, wenn die Amplituden bzw. die aufgedrückten Frequenzen dieselben sind. Die Figur ist dann eine Ellipse, deren große Achse die Mittellinie zwischen den beiden Komponentenrichtungen ist. Sind die beiden Amplituden ungleich, so erhält man ebenfalls Ellipsen, jedoch ändert sich mit wachsender Phasendifferenz nicht bloß die Exzentrizität, sondern es dreht sich auch die große Achse, wie aus Abb. 84 ersichtlich ist.

Die Empfindlichkeit der Röhre mit kalter Kathode der gewöhnlichen Konstruktion beträgt ungefähr 0,1 mm Ablenkung für 1 Volt, wenn die Ablenkungsplatten ungefähr 15 mm Abstand haben. Die

Empfindlichkeit einer Glühkathodenröhre ist ungefähr zweimal so groß, trotzdem die Beschleunigungsspannung nur 500 bis 1000 Volt anstatt ungefähr 14 000 Volt beträgt. Für das Studium von Elektronenschwingungsröhren können beide Röhren benutzt werden, für kleine Schwingungserzeuger jedoch ist eine Glühstrahlröhre empfehlenswert, da andernfalls die Ablenkungsspulen zu groß ausfallen und falsche Bilder infolge ihrer Reaktion[1]) hervorrufen würden. Die Anordnung

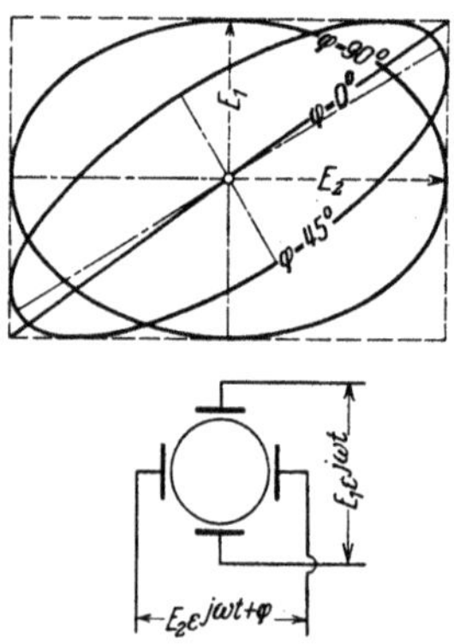

Abb. 84. Lissajousche Figuren für gleiche Frequenz und verschiedene Amplituden der Stromquellen.

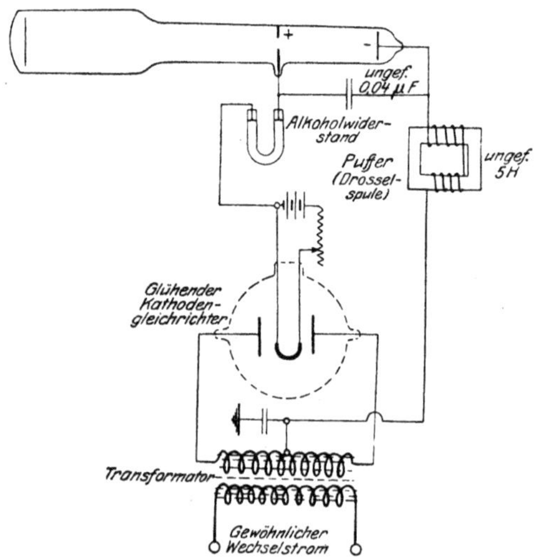

Abb. 85. Die Erregung einer Röhre mit kalter Kathode mittels Wechselstroms.

in Abb. 85 ist wohl die beste, um aus gewöhnlichem Wechselstrom hohe Gleichspannung für die Beschleunigung der Elektronen zu erhalten. Der symmetrische Glühkathodengleichrichter (Kenotron) kann auch durch zwei Halbweggleichrichter ersetzt werden. Falls keine Elektronenröhren für hochgespannten Strom vorhanden sind, kann man sich einen einfachen rotierenden Kontaktgleichrichter aufbauen und denselben gemäß den Anordnungen der Abb. 86 oder 87 in Synchronismus mit dem gleichzurichtenden Wechselstrom drehen.

54. Lissajoussche Figuren und deren Verwendung. Die einfachsten Fälle sind in Abb. 83 und 84 angedeutet. Der Kathodenstrahl wird dabei von zwei harmonischen Kräften in einer solchen Weise beeinflußt, daß die zwei Komponentenablenkungen senkrecht zueinander stehen. Man hat es dann in der Regel mit einer elliptischen Figur zu tun, wie

[1]) Siehe Abb. 64 und S. 85, sowie Abb. 92 IX und S. 118 und 119.

folgende Ableitung zeigt. Die zwei Kräfte geben für $\omega t = \Theta$ die Ablenkungen

$$\left.\begin{aligned} x &= E_1 \sin\Theta \\ y &= E_2 \sin(\Theta + \varphi) \end{aligned}\right\}$$

Da

$$\sin\Theta = \frac{x}{E_1} \quad \text{und} \quad \cos\Theta = \frac{\sqrt{E_1^2 - x^2}}{E_1},$$

wird

$$y = \frac{E_2\left[x\cos\varphi + \sqrt{E_1^2 - x^2}\,\sin\varphi\right]}{E_1},$$

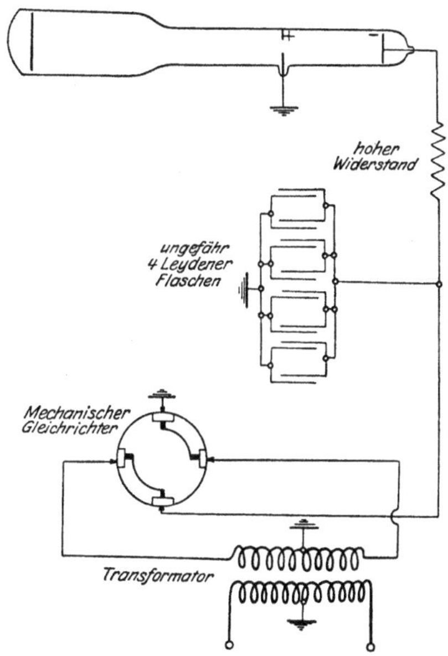

Abb. 86.

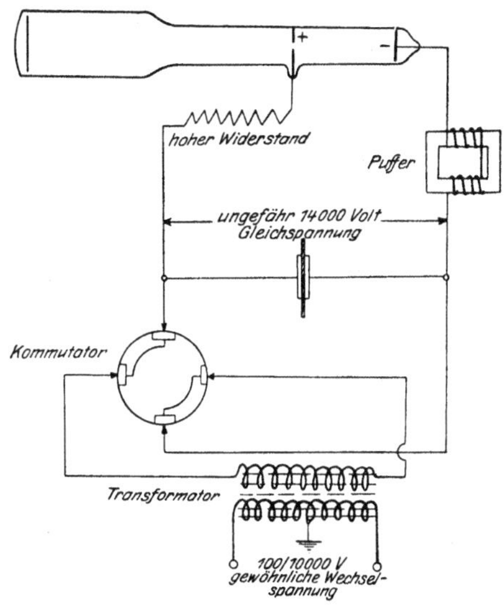

Abb. 87.

Mechanische Gleichrichtung der Erregerspannung.

welches die Gleichung der Figur ist und als eine Ellipse aufgefaßt werden kann.

Diese ergibt für

$\varphi = 0°$ $\quad y = \frac{E_2}{E_1}x$ eine gerade Linie mit der Neigung $\alpha = \mathrm{tg}^{-1}\frac{E_2}{E_1}$,

$\varphi = 90°$ $\quad y = \frac{E_2}{E_1}\sqrt{E_1^2 - x^2}$ oder $\left(\frac{x}{E_1}\right)^2 + \left(\frac{y}{E_2}\right)^2 = 1$

die Gleichung einer Ellipse, welche bei Gleichheit der Amplituden ($E_1 = E_2$) einen Kreis (Abb. 83) ergibt.

$\varphi = 180°$ $\quad y = -\frac{E_2}{E_1}x$ eine gerade Linie,

$\varphi = 270°$ wie für $\varphi = 90°$,

$\varphi = 360°$ wie für $\varphi = 0°$.

Alle möglichen Ellipsen sind einem Rechteck (Abb. 84) einbeschrieben, dessen zwei Seiten $2E_1$ und $2E_2$ sind, da die eine Komponentenablenkung zwischen $\pm E_1$ und die andere zwischen $\pm E_2$ hin und her schwankt. Man erkennt daraus die Tatsache, daß der Kathodenstrahl im allgemeinsten Fall, bei ungleichen Amplituden E_1 und E_2 und

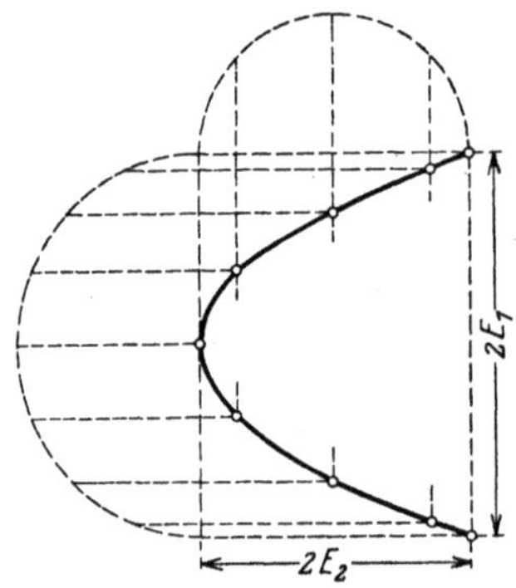

Amplituden der Komponentenschwingungen $E_1 : E_2 = 4 : 3$ und die entsprechenden Frequenzen $f_1 : f_2 = 2 : 1$ für Phasengleichheit beim Einsetzen der beiden EMKe.

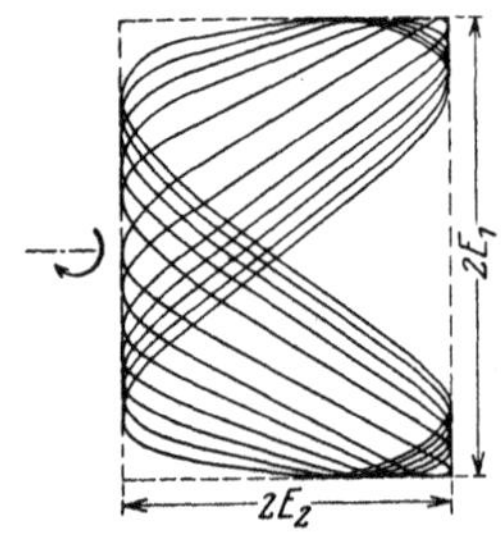

Wenn das Verhältnis der Frequenzen nur annähernd 2 : 1.

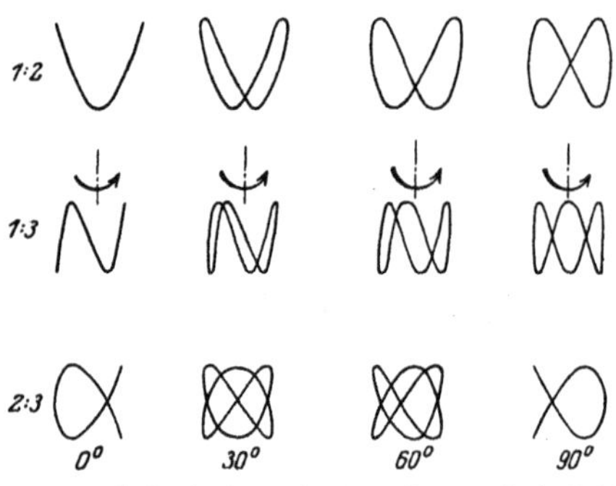

Figuren für das Frequenzverhältnis 1 : 2, 1 : 3 und 2 : 3, bei gleichen Amplituden und einer Phasenverschiebung beim Einsetzen der EMKe von 0, 30, 60 und 90 Zeitgraden.

Abb. 88. Lissajoussche Figuren für Schwingungen verschiedener Periodenzeiten.

etwas ungleichen Periodenzahlen $\omega_1/2\pi$ bzw. $\omega_2/2\pi$ eine rechteckige leuchtende Fläche am Schirme der Röhre erscheinen läßt, da sich die Ellipse beständig ändert (φ ist nicht mehr konstant), während gleichzeitig eine Drehung des Achsensystems stattfindet. Man hat somit ein Hilfsmittel, die Amplituden abzugleichen, selbst wenn die Frequenzen der aufgedrückten EMKe etwas verschieden sind. Sind die Frequenzen genau aufeinander abgeglichen, so erhält man gewöhnlich eine stillstehende

Ellipse. Darauf ist in Artikel 102 näher eingegangen. Man kann auch stillstehende Figuren für irgendein anderes Verhältnis der Frequenzen erhalten, solange f_1/f_2 gleich dem Verhältnis zweier ganzen Zahlen, wie $\frac{1}{2}$, $\frac{1}{3}$, $\frac{2}{3}$ usf. ist.

Die Figuren werden dann verwickelter, wie aus Abb. 88 zu ersehen ist. Die beiden oberen Abbildungen gelten für die Fälle, wo f_1/f_2 entweder genau oder angenähert gleich 2 : 1 ist. Im ersten Fall bekommt man eine Parabel, während für den zweiten Fall sich die Parabel beständig verschiebt und dreht, aber dabei immer das Rechteck, das aus den doppelten Amplituden gebildet wird, von innen berührt. Gerade diese Drehung kann zur Berechnung des Frequenzunterschiedes benutzt werden. Zum Beispiel, wenn die Figur sich $^1/_2$mal in der Sekunde dreht, so ist $f_1 - f_2 = 0{,}5$ ~/sek. Man kann bei solchen komplizierten Verhältnissen, welche nicht gleich der Einheit sind, im eigentlichen Sinne nicht mehr von einem Phasenunterschied sprechen, weil ja der eine Vektor sich rascher als der andere dreht. Das heißt, selbst wenn beide Schwingungen mit Phasengleichheit einsetzen, ist ein Phasenunterschied im nächsten Augenblick vorhanden. Die Phase beim Beginn der Schwingungen bestimmt dann die Art der stillstehenden Figur, wie es aus den unteren Darstellungen zu erkennen ist. Es besteht eine einfache Regel für das Frequenzverhältnis. Zum Beispiel würde für die untere Reihe die Figur das umschriebene Quadrat 2mal vertikal und 3mal horizontal berühren, da das Verhältnis 2 : 3 ist. Figuren, die von praktischer Bedeutung bei der Normalisierung von Wellenmessern sind, sind in Abb. 89 angedeutet. Für solche Zwecke scheint es bequem, die Stromkreise so einzuschalten, daß beide Schwingungen mit

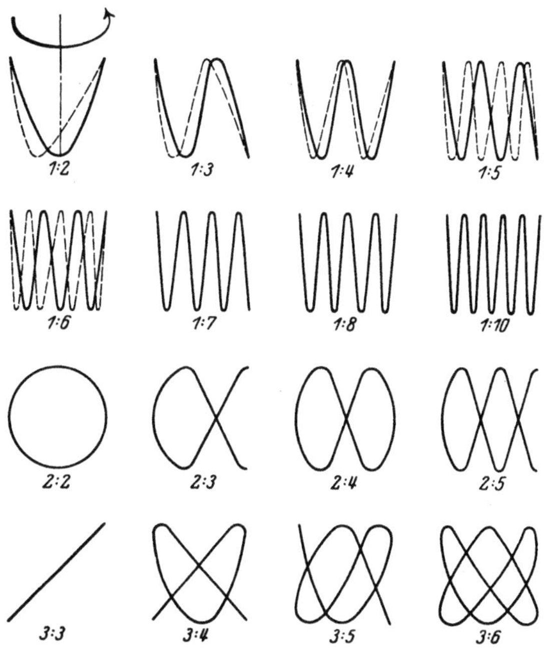

Abb. 89. Lissajoussche Figuren, welche zur Eichung von Wellenmessern verwendet werden können.

Phasengleichheit einsetzen. Man erhält dann die einfachen, stark ausgezogenen Figuren, die leichter zu erkennen sind. Wenn die Periodenzahlen nicht richtig eingestellt sind, so dreht sich die Figur entweder im Sinne des Uhrzeigers oder in entgegengesetzter Richtung. Das Bild auf dem Schirme einer Braunschen Röhre sieht dann so aus wie die Darstellungen mit den gestrichelten und stark ausgezogenen Figuren. Mit etwas Übung kann man irgendeine andere Figur leicht ablesen, trotzdem es meistens nicht praktisch erscheint, andere Verhältnisse wie $\frac{1}{1}, \frac{1}{2} \cdots \frac{1}{25}, \frac{2}{3}, \frac{2}{4}, \frac{2}{5}$ zu benutzen, da sonst das Stillhalten der Figur recht schwierig sein würde. Darauf ist in Artikel 102 näher eingegangen.

55. Anwendungen insbesondere auf die Deutung und Entwicklung von geschlossenen Kathodenfleckfiguren. Wenn Spannungs- oder Stromverläufe sichtbar gemacht werden sollen, so muß das eine Platten-

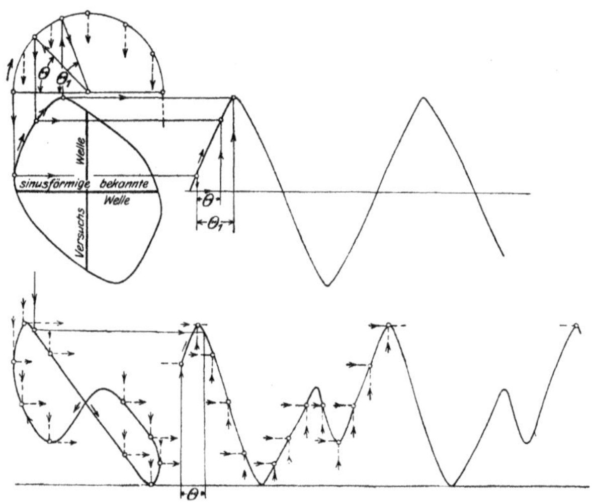

Abb. 90. Entwicklung einer Lissajous-Ryan-Figur.

paar (für eine Röhre der zweiten Art) oder Spulenpaar (für eine Röhre der ersten Art) eine mit der Zeit proportionale Bewegung hervorrufen, sofern die bezüglichen Spannungen oder Ströme eine senkrechte Bewegung im anderen Ablenkungspaar erzeugen. Man verwendet gewöhnlich für die Zeitachse einen Strom, dessen Zeitfunktion bekannt und im Synchronismus mit der unbekannten Welle ist. Die Lissajous-Ryanfiguren werden dann mittels des in Abb. 90 angegebenen Verfahrens entwickelt[1]). Andere Darstellungen sind in Abb. 92 angegeben. Man kann die Lage der Zeitachse mittels der gestrichelten Flächen

[1]) Die untere Entwicklung entspricht einer Aufnahme mit der Schaltung Abb. 91.

feststellen, da der Kondensator während der Ladung dieselbe Energie aufnehmen muß (in der einen Richtung gestrichelt), die er während der Entladung abgibt (Schattierung in der anderen Richtung). Die meisten Darstellungen der Abb. 92 sind nach experimentellen Aufnahmen des Prof. H. Yagi, Japan, und des Herrn L. M. Hull des Bureau of Standards[1]) entworfen und zum besseren Vergleich mit verändertem Maßstabe hier angegeben. Die zyklischen und dynamischen Lichtbogendiagramme sind mittels der in Abb. 186 und 185 angegebenen Verfahren aufgenommen. Die zweite Gruppe (II) der Abb. 92 zeigt die Entwicklung der i—t-Kurve aus dem entsprechenden zyklischen Diagramm. Die Größe e bedeutet die momentane induzierte Spannung in den wenigen Windungen ($L/2$ und $L/2$), welche den Schwingungsstrom führen und deren Klemmen mit den Ablenkungsplatten der Röhre verbunden sind. Die vertikale Ablenkung des Elektronenzeigers ist proportional zu di/dt, da L in dem Ausdruck $e = -L di/dt$ als eine Konstante aufgefaßt werden darf. Der Wert i_0 bedeutet den konstanten Speisestrom, welcher dem Lichtbogen von der Gleichstromquelle zufließt. Die entwickelte i—t-Kurve wurde wie in Abb. 90 erhalten. Wenn $di/dt = 0$ ist, so hat man mit horizontalen Teilen zu tun und für $di/dt = \max$ ergibt sich die maximale Steigung der i—t-Kurve. Die Länge der Zeitachse zwischen den Punkten 2—4—2 kann man nicht direkt aus dem zyklischen Diagramm erhalten, dagegen mittels der schattierten Flächen, wie oben angedeutet wurde. III und IV zeigen die Entwicklungen der i—t- und v—t-Kurven aus den zyklischen und dynamischen Charakteristiken[2]). Die Darstellung V zeigt den Fall für Oberwellen an. Die Darstellungen VI, VII, VIII, IX und X geben die entwickelten Stromverläufe direkt nach dem Bild der Braunschen Röhre. In Darstellung VI wurde die Zeitachse durch die rasche Entstehungsspannung des Primärkondensators gewonnen. Die Klemmen dieses Kondensators sind mit dem Ablenkungskondensator der Röhre verbunden. Die aufeinanderfolgenden Spannungsaufstiege des Primär-

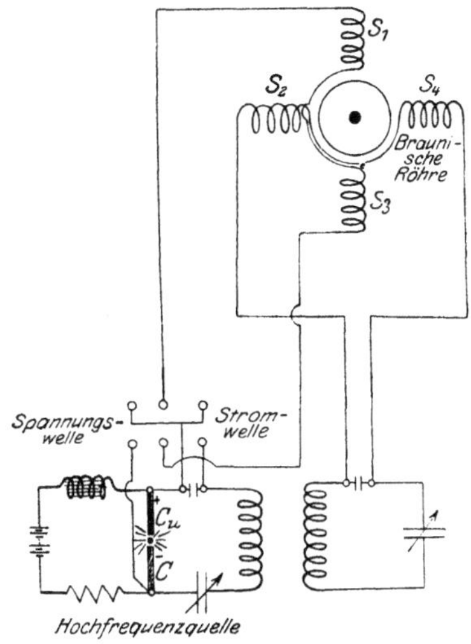

Abb. 91. Aufnahme der Stromkurve (untere Abb. 90).

[1]) Hull, L. M.: I.R.E. April 1921. — Yagi, H.: I.R.E. 1916.

[2]) H. Plendl hat in der Z. Hochfrequenztechn. 1926, S. 153, eine einfachere graphische Methode angegeben.

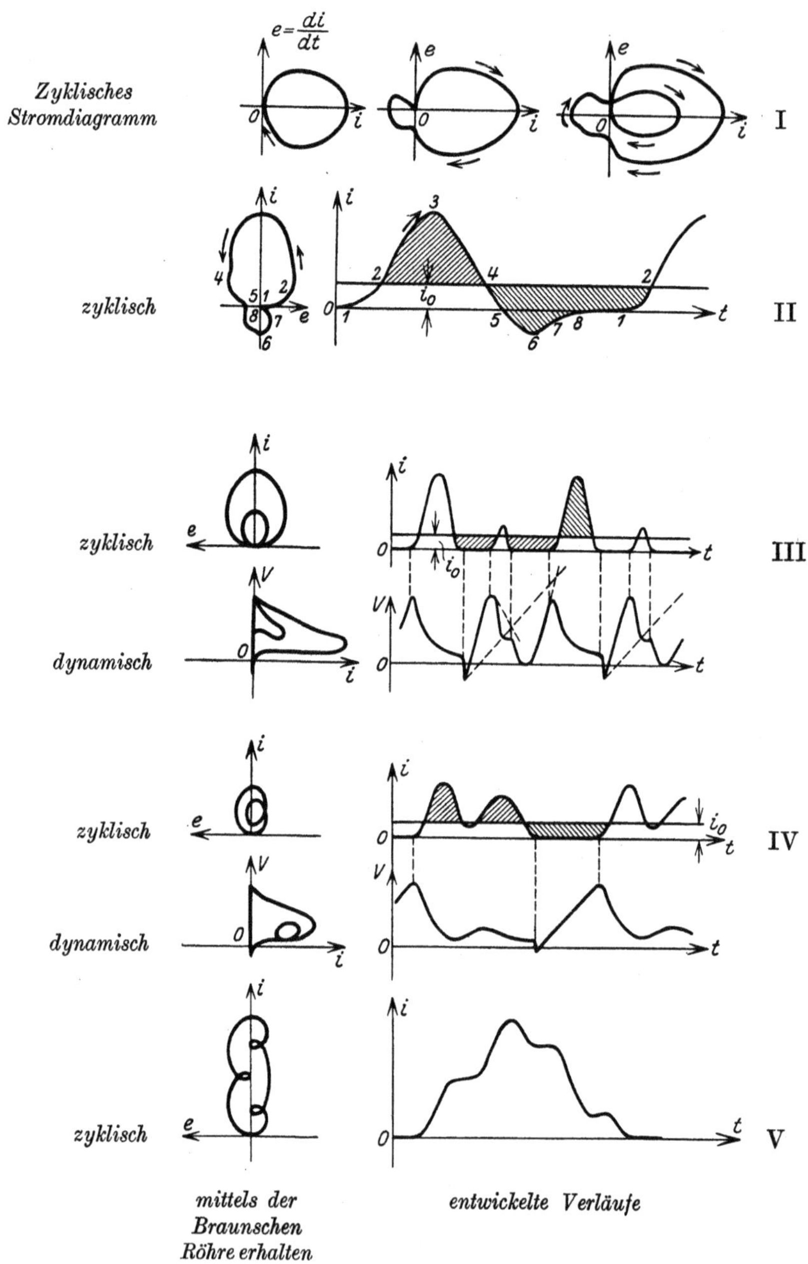

Abb. 92. Hochfrequenz-

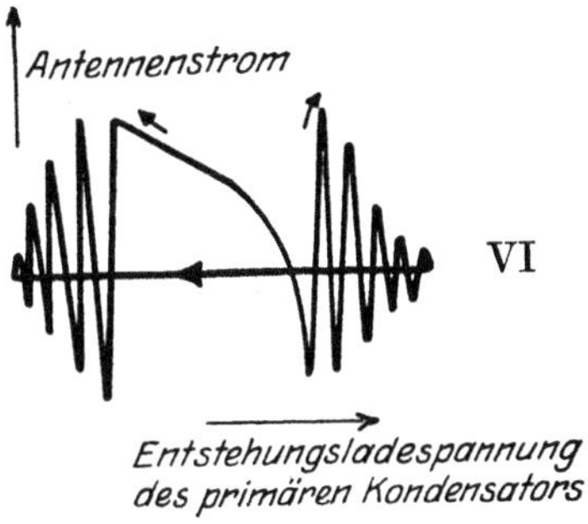

VI

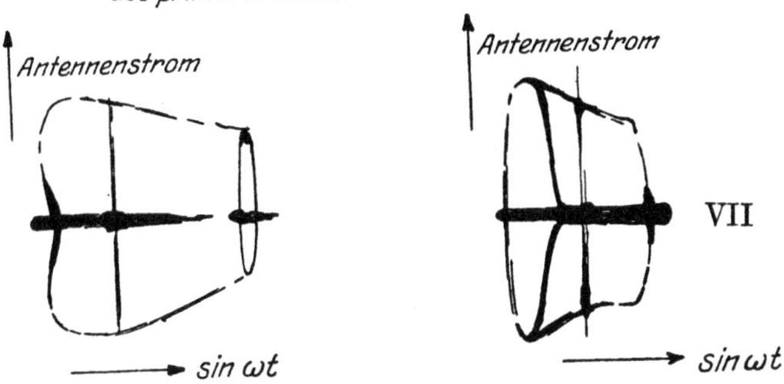

VII

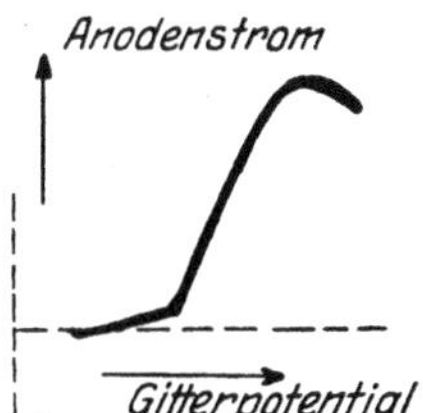

VIII

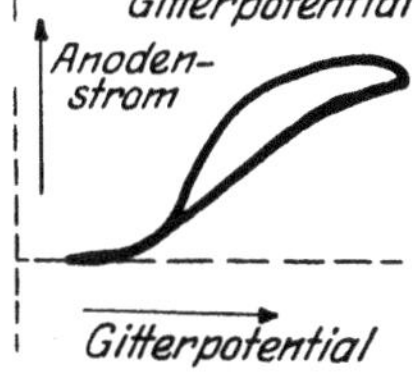

IX

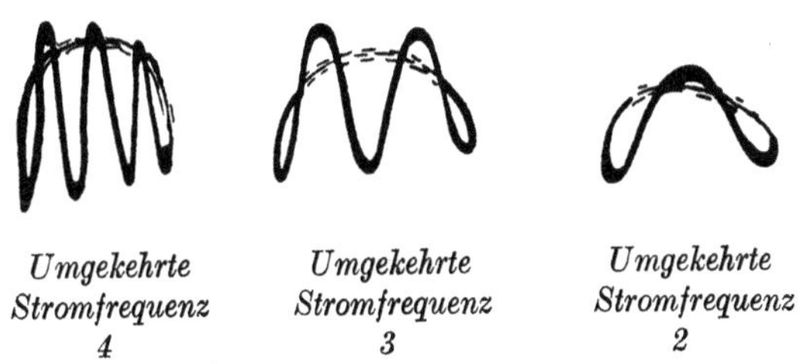

X

oszillogramme.

kondensators sind von höherem Grade als die Anzahl der Wechsel des niederperiodischen Speisestromes, da für jede Wellenhälfte sich mehrere Entladungen abspielten. Darstellung VII deutet die einhüllende Kurve des Antennenstromes an, wenn eine Elektronenröhre, welche Hochfrequenzschwingungen erzeugt, mittels Wechselstrom erregt wird. Die Zeitachse ändert sich mit $\sin \omega t$, wenn ω die kreisförmige Winkelgeschwindigkeit $2\pi f$ des aufgedrückten Anodenpotentials ist. Darstellung VIII bedeutet die Gitterspannung-Anodenstromcharakteristik[1]) einer Vakuumröhre. Darstellung IX zeigt die Wirkung einer zu großen Ablenkungsspule der Röhre auf eine solche Röhrencharakteristik. Der Einfluß der Ablenkungswindungen, welcher im Anodenkreis eingeschaltet ist, kann so groß werden, daß der Anodenstrom der Gitterspannung nacheilt. Man erhält dann eine hysteresisförmige Charakteristik. Es scheint dann besser, eine Glühkathodenröhre zu benutzen und die Anzahl der Ablenkungswindungen kleiner zu wählen. Darstellung X zeigt Schwingungen in einem Chaffeekreis für eine umgekehrte Stromfrequenz 2, 3 und 4.

56. Studium sehr rascher Wellen und nicht stationärer[2]) Ströme mittels der Kathodenstrahlröhre. Das in Abb. 93 angedeutete Verfahren beruht auf der Ablenkung des Kathodenfleckes durch ein elektrisches und zwei magnetische Felder. Die magnetischen Felder werden durch die zwei zueinander senkrechten Spulen 1—1 und 2—2 erzeugt, während der Ablenkungskondensator 3—3 dazu dient, die unbekannte Welle in derselben Richtung auf den Kathodenfleck einwirken zu lassen wie den Hilfsstrom in der Spule 1—1.

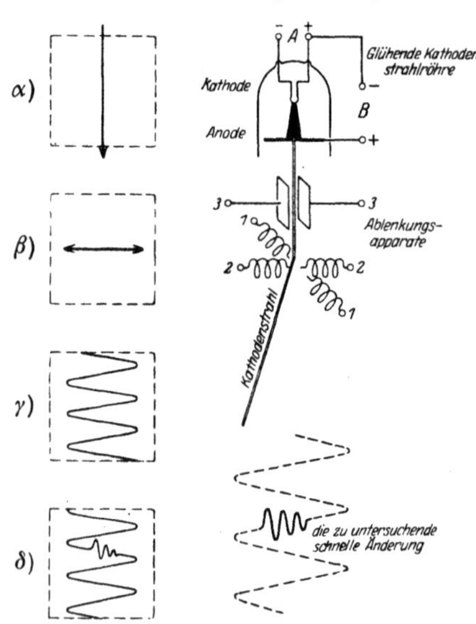

α) Nichtstationärer Strom durch Ablenkungsspule 1—1 wirft den Kathodenfleck längs der geraden Linie nach einer Seite hin. — β) Hochfrequenzstrom durch Spule 2—2 erzeugt diese Hin- und Herschwingung des Fleckes. — γ) Wenn vorübergehender Strom in 1—1 und Hochfrequenzstrom in 2—2 zu gleicher Zeit wirken. — δ) Wenn Fall γ) vorliegt und eine unbekannte Spannungswelle zu gleicher Zeit den Ablenkungsplatten 3—3 aufgedrückt ist.

Abb. 93. Anordnung für die direkte photographische Aufzeichnung einer raschen Änderung.

---

[1]) Untersuchungen dieser Art sind auch neuerdings von H. Krüger und H. Plendl (Z. Hochfrequenztechn. 1925, S. 81) dargestellt worden.

[2]) Ein solches Verfahren wurde von A. Dufour (L'Onde Electrique Bd. 1, S. 638. 1922) und später von K. B. McEachron und E. I. Wade (Proc. of A.I.E.E. Jan. 1926, S. 46) zum Studium nichtstationärer Ströme benutzt.

Mittels eines rotierenden Kontaktgebers wird der vorübergehende Hilfsstrom in 1—1 zur richtigen Zeit mit der unbekannten Welle eingeschaltet. Der Peitschstrom in der Spule 1—1 hat daher den Zweck, einen Hochfrequenzstrom bekannter Frequenz (der in Spule 2—2 fließt), wie in γ) angedeutet ist, in der gewöhnlichen oszillographischen Weise längs einer Zeitachse auszuziehen. Ein Teil der so erhaltenen Sinuswelle dient dann, wie aus δ) zu ersehen ist, als Zeitachse für die unbekannte Welle. Es ist daher möglich, sehr rasche Vorgänge zu studieren.

VIII. Differentialsysteme.

57. Die einfache und die differentialkalorimetrische Anordnung. Die kalorimetrischen Methoden, obgleich sehr mühsam, sind die zuverlässigsten Verfahren, wenn Verlust- oder andere Bestimmungen bei verzerrter Strom- und Spannungsform sowohl als verwickelter Frequenz und deren Veränderlichkeit vorzunehmen sind. Dies ist besonders im Bereich der schnellen Schwingungen bei Gegenwart von Eisen[1]) von Bedeutung.

Das einfache Kalorimeter besteht aus zwei zylinderförmigen Behältern, welche mittels Luft voneinander isoliert sind, und zwar derart, daß ein Behälter vom anderen vollständig umgeben ist. Behälter mit polierten Nickeloberflächen scheinen sehr zweckentsprechend zu sein. Der Doppelbehälter wird in Kerosen eingetaucht, welches mittels einer drehbaren Schaufelvorrichtung, eines Thermometers und einer Heizvorrichtung immer auf derselben Temperatur erhalten wird. Die kalorimetrische Flüssigkeit, welche den einen Behälter füllt, hat zuerst dieselbe Temperatur wie das Kerosen außerhalb. Ein Thermoelement wird durch den Deckel eingetaucht, um mittels eines Galvanometers die Temperaturerhöhung durch die Heizwirkung des unter der Flüssigkeit befindlichen Prüfstückes messen zu können. Um den gewöhnlichen ungeeichten Galvanometerausschlag direkt benutzen zu können, befindet sich in der kalorimetrischen Flüssigkeit eine kleine Heizspule, welche aus Konstantendraht Nr. 30 bestehen kann und auf Ebonit aufgewunden ist. Der Verlust des Prüfstückes wird dann einfach dadurch bestimmt, daß man denselben Galvanometerausschlag mittels eines bekannten Gleichstromes in der Heizspule erzeugt. Der Wärmeverlust ist dann

$$W = E \cdot I,$$

wenn E die aufgedrückte Gleichspannung und I den entsprechenden Spulenstrom bedeutet.

Das Differentialsystem besteht aus zwei einfachen Kalorimetern, welche gleiche gegeneinander geschaltete und durch ein Galvanometer

[1]) Herr Dr. C. Nusbaum (I.R.E. Febr. 1919) hat z. B. Hysteresis- und Wirbelstromverluste mit einer solchen Methode bis zu den höchsten praktischen Schwingungen bestimmt.

verbundene Thermosäulen enthalten. Zusatzwiderstände verhindern jegliche unwünschenswerte Streuerscheinung. Wenn beide kalorimetrische Flüssigkeiten dieselbe Temperatur aufweisen und die eine das Prüfstück, die andere die Heizspule enthält, so ändert man die Zusatzwiderstände so lange, bis das Galvanometer einen Nullausschlag angibt. Hiernach wird das Prüfstück mit dem Hochfrequenzstrom der gewünschten Frequenz und Intensität $\tilde{I}$ erregt und eine solche Gleichspannung E der Heizspule aufgedrückt, daß der Heizstrom I wieder einen Nullausschlag ergibt. Die Beziehung

$$W = \tilde{I}^2 \cdot r = E \cdot I$$

ermöglicht dann die Verlustbestimmung und diejenige des wirksamen Widerstandes r des Prüfstückes.

58. Der Differentialtransformator, welcher zur Bestimmung von Widerstand, Selbstinduktion, gegenseitiger Induktion, Kapazität, Kopplung, Phasenverschiebung und von Leistung benutzt werden kann[1]. Der Differentialtransformator, welcher in Abb. 94 wiedergegeben ist, besteht aus zwei, zu den Sekundärwindungen S symmetrisch angebrachten Primärspulen P_1 und P_2. Wenn die Ströme in den beiden Primärwindungen dieselbe Phase und Amplitude haben, so kann keine EMK in der Sekundärspule erzeugt werden. Das letztere wird durch Nullstromdetektoren bestätigt, deren Wahl den Versuchsbedingungen anzupassen ist. Wenn Audioströme das Differentialsystem erregen, so kann ein gewöhnlicher Hörempfänger an die Sekundärklemmen angeschlossen werden. Wenn die Wellenform nicht rein ist, so stimmt man den Nullstromkreis mittels eines Kondensators auf die Grundwelle ab. Dies

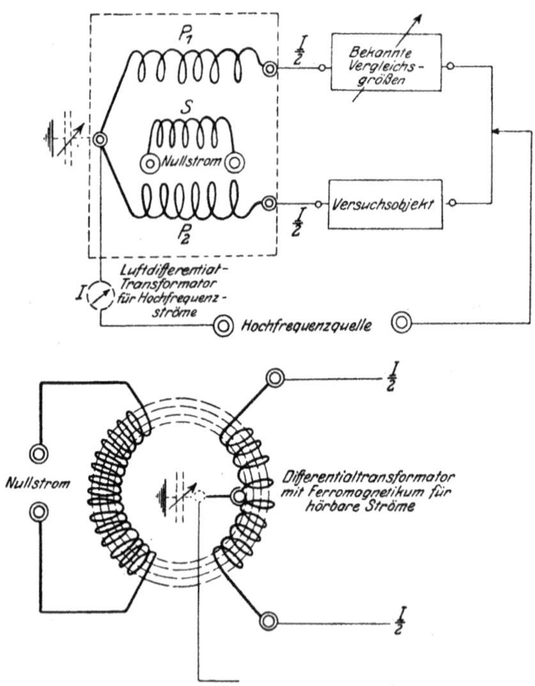

Abb. 94. Schaltung des Differentialtransformators.

[1]) Hund, A.: Jahrb. d. drahtl. Telegr. Bd. 13, H. 6.

kommt besonders für Prüfstücke mit Eisenkernen in Betracht. Für gedämpfte Wellen ist gewöhnlich das aperiodische Detektorsystem ausreichend. Ein Galvanometer ersetzt dann am besten das Telephon. Für sehr genaue Messungen ist die Thermokreuzbrücke, welche linear mit dem verschwindenden Sekundärstrom abnimmt, sehr zweckentsprechend. Elektronenröhren sind ebenfalls für diesen Fall empfehlenswert, trotzdem zu große Verstärkungen, besonders infolge der kapazitiven Wirkungen, bisweilen die Abgleichung unmöglich machen[1]).

Die Verwendung des Differentialtransformators kommt darauf hinaus, daß man in den einen Primärzweig das Prüfstück und in den anderen das Vergleichsobjekt, dessen Einstellungen geeicht sind, einschaltet. Die Phaseneinstellungen werden mit Bezug auf voreilende oder nacheilende[2]) Zweigströme mittels eines Variometers oder eines veränderlichen Luftkondensators ausgeführt, während irgendwelche Leistungsverschiedenheiten der beiden Zweige am besten mittels eines feinen Manganin- oder Konstantandrahtes ausgeglichen werden. Ein Schleifkontakt, welcher sich längs dieses Drahtes verschieben läßt, führt dann zu einer Klemme der Stromquelle, während der Zweigpunkt der beiden Primärwindungen zur anderen Klemme führt. Dieses Ende ist außerdem über einen veränderlichen Kondensator mit Erde verbunden, um unwünschenswerte Streuerscheinungen nach Möglichkeit zu umgehen.

Was die Konstruktion anbetrifft, so muß man zwischen sehr hohen Frequenzen, mittleren und niederen Frequenzen unterscheiden. Da die Grenze für diese Gruppierung von deren bezüglichem Arbeitszweig abhängt, so sind hier kurzweg die Frequenzbereiche direkt angegeben, um jegliche Verwirrung zu vermeiden. Es ist dem Leser anheimgestellt, den geeignetsten Transformator, der ja an sich recht einfach ist, auf Grund der angegebenen Daten für seinen Frequenzbereich selbst zu bauen.

1. Zwischen den Grenzen $f = 2 \cdot 10^5$ bis 10^6 in der Sekunde scheint ein Lufttransformator von 15 cm Durchmesser mit je 6 primären Windungen und 9 Sekundärwindungen aus Litzendraht gute Dienste zu leisten.

2. Zwischen den Grenzen $f = 5 \cdot 10^4$ bis $1{,}5 \cdot 10^5$ in der Sekunde verwendet man je 18 Primär- und 125 Sekundärwindungen.

3. Wenn hörbare Frequenzen vorliegen, benutzt man einen ringförmigen unterteilten Eisentransformator, wie er von Herrn

---

[1]) Alle Zuleitungen usw. müssen im Bereich der schnellen Schwingungen sorgfältigst geschirmt werden. Näheres siehe Hund, A.: Arbeiten aus dem E.T.I. der Technischen Hochschule, Karlsruhe, Bd. 3. Berlin: Julius Springer 1921.

[2]) Ein voreilender Strom wird mittels der induktiven Reaktion in Phase gebracht, geradeso wie ein nacheilender Teilstrom in einem Differentialzweige eine kapazitive Kompensation benötigt.

Prof. Dr. Hausrath[1]) zuerst im E.T.I. der Karlsruher Hochschule vorgeschlagen wurde.

59. Modifizierte Differenzialbrücke. Obige Anordnungen mit dem Differentialtransformator haben den Nachteil, daß das Vergleichsobjekt dieselbe Größenordnung wie die zu messende Impedanz haben muß, da das Verhältnis der beiden Zweige gleich der Einheit ist. Obgleich es gelingt, für hörbare Ströme Transformatoren mit Übersetzungsverhältnissen, z. B. 8 : 1, zu bauen, so ist dies für genaue Messungen im Hochfrequenzbereich praktisch unmöglich. K. Küpfmüller[2]) hat daher die in Abb. 95 gezeigte Anordnung vorgeschlagen. Das Übersetzungsverhältnis ist gleich dem Bruch C_2/C_1, wenn X die zu messende Impedanz und N die Vergleichsnormale bedeutet. Man kann also den Differentialtransformator auch in dieser Brückenanordnung verwenden, da man an Stelle des Mittelpunktes *1* der beiden Primärspulen den Verhältnispunkt *1'* durch passende Wahl von C_2/C_1 festlegt.

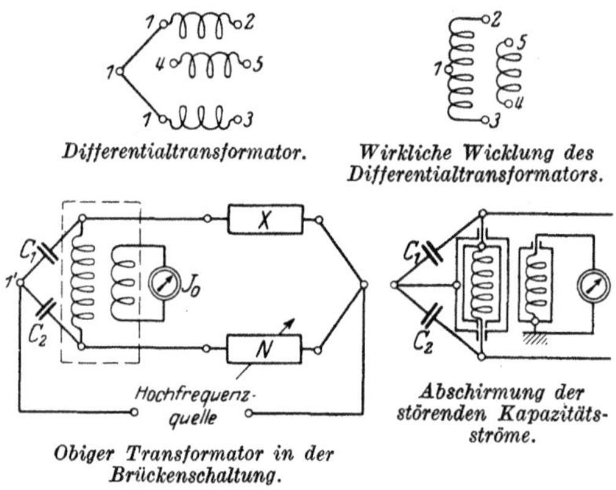

Abb. 95. Differentialtransformator in der Brückenschaltung zur Erzielung eines Übersetzungsverhältnisses.

IX. Apparate und Systeme für die Messung von Hochfrequenzströmen.

60. Allgemeine Gesichtspunkte. Hochfrequenzströme werden am besten mittels Hitzdrahtinstrumenten gemessen. Wenn ein Nebenschluß- oder ein Stromtransformator benutzt werden muß, so gilt die Eichung nur für einen kleinen Frequenzbereich. Die Hitzdrahtinstrumente[3]) der Firma Hartmann und Braun mit kleiner Heizstromstärke und beträchtlichem Meßbereich sind dann zu empfehlen. Für kleine Ströme sind die gewöhnlichen Thermodetektoren, die Thermokreuzbrücke, die Baretterschaltung (Bolometer) und das Hochfrequenzgalvanometer gute Indikatoren, während für die Bestimmung von

[1]) Hausrath, H.: Untersuchung elektrischer Systeme usw. Berlin: Julius Springer 1907.

[2]) Elektr. Nachrichtentechnik Bd. 2, H. 9, S. 265. 1925.

[3]) Siehe Abb. 32, rechte Darstellung.

außerordentlich kleinen Stromstärken Schaltungen mit Elektronenröhren vorzügliche Meßmittel abgeben[1]).

61. Aperiodische und oszillatorische Detektorschaltungen für die Wahrnehmung von sehr kleinen Stromstärken. Die beiden Anordnungen Abb. 96 bilden gute Nullstromdetektoren, wenn gedämpfte oder ungedämpfte Wellenzüge im Meßkreise vorliegen. Für gedämpfte Wellen kann ein Hörtelephon anstatt des Galvanometers benutzt werden oder beide Indikatoren, und zwar derart, daß nur ein Instrument zur Zeit der Messung im Kreise liegt und dann die Bestimmung des anderen Indikators nachprüft. Der Grad der Kopplung mit dem Meßkreis ist so zu wählen, daß die Zustände im letzteren nicht merklich beeinflußt werden. In dem aperiodischen Detektorkreis lädt der induzierte Strom

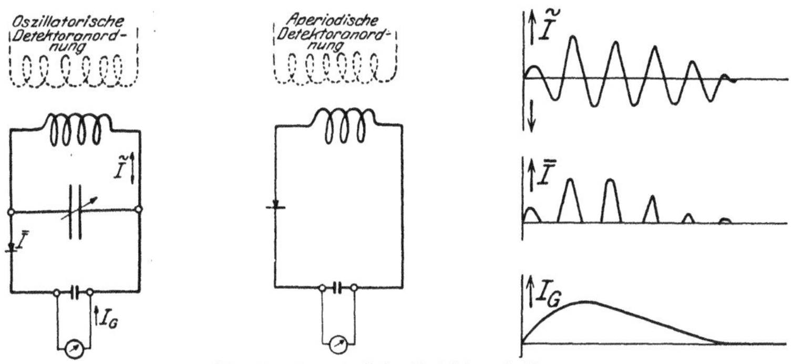

Abb. 96. Gewöhnliche Detektorschaltungen.

den Blockkondensator mittels des Kristallgleichrichters immer in derselben Richtung auf, und der Stromanzeiger, welcher an den Klemmen des Blockkondensators angelegt ist, wird durch die gleichgerichteten Stromstöße erregt. Dasselbe gilt für das oszillatorische System, welches auf die Frequenz des zu messenden Stromes abzustimmen ist. Wenn gedämpfte Ströme untersucht werden sollen, so benutzt man einen Blockkondensator von der Größe 0,001 bis 0,003 MF., wenn die Gruppfrequenz ungefähr 1000 in der Sekunde ist.

62. Glühkathodenröhren zum Nachweis von kleinen Strömen. Die gewöhnliche Zweielementröhre mit einer glühenden Kathode und einer kalten Anode [Fleming Valve[2])] kann an Stelle der Kristall-

---

[1]) Mittels eines Einthoven-Galvanometers ist es möglich, bis zu 10^{-10} Ampere zu messen. Für noch kleinere Ströme bildet das Dolezalek-Quadrantelektrometer mit einem geeigneten Kondensator ein Hilfsmittel, Ströme zwischen 10^{-8} und 10^{-14} Ampere wahrzunehmen. Für Ströme bis zu 10^{-17} Ampere scheint das Elektroskop ein zweckentsprechender Indikator zu sein (solche Stromwerte liegen für gewisse Ionenströme vor).

[2]) Fleming, J. A.: Proc. Royal Soc. Bd. 74, S. 476. 1905. — Wehnelt, A.: Ann. d. Phys. Bd. 19, S. 153. 1906.

gleichrichter verwendet werden. Da die Röhrencharakteristik (siehe Abb. 51) für sehr kleine Spannungsänderungen nicht sehr günstig ist, so kann man die Empfindlichkeit mittels einer geeigneten Hilfsspannung bedeutend erhöhen. Die von Dr. Lee de Forest ursprünglich angegebene Dreielement-Kathodenröhre ist dem Zweielementgleichrichter vorzuziehen; man kann dann entweder Anordnungen wie in den Abb. 48 und 61 verwenden, oder die Hilfsgitterspannung, wie in den Abb. 97 und 98 gezeigt ist, gewinnen. Wenn ungedämpfte Wellen wahrgenommen werden sollen und ein Telephon hierbei verwendet wird, so hat man entweder einen Tikker (welcher die Wellen in Gruppen hörbarer Frequenz erscheinen läßt) oder Fremd- bzw. Selbsterregung der Röhrenanordnung vorzusehen (Heterodyneschaltungen). Wenn der Dreielementdetektor zu gleicher Zeit Schwingungen von etwas verschiedener Frequenz zu erzeugen hat (Selbsterregung), so ist die Anordnung nicht so empfindlich wie für die Fremderregung (ein unabhängiger Oszillator wirkt auf das Detektorsystem), da ja der Empfangskreis zur Erzeugung von hörbaren Schwebungen etwas verstimmt sein muß und deshalb seine Resonanzfähigkeit einbüßt.

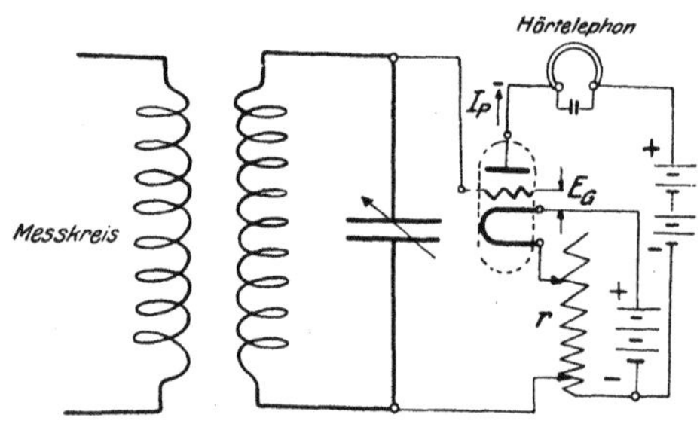

Negatives oder positives Gitterpotential wird mittels der Kathodenerregung und des Widerstandes r erhalten.

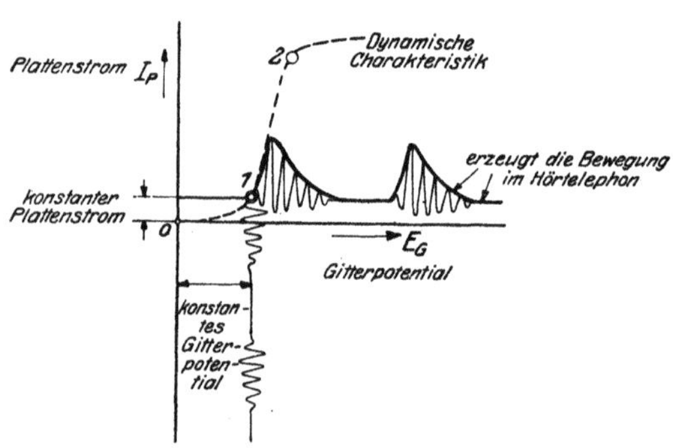

Abb. 97. Guter Röhrendetektor.

An Stelle der magnetischen Kopplung von Kaskadenanordnungen kann man Widerstandskopplungen mit großem Vorteil anwenden. Die Größe des Widerstands hängt natürlich von den Versuchsbedingungen ab. In der Regel geben Widerstände von (0,5 bis 5) $\cdot 10^6$ Ohm gute Ergebnisse. Dieser Widerstand wird in den Anodenkreis der ersten Röhre gelegt. Das Gitter der zweiten Röhre und das negative Ende des Glühkörpers werden mit passenden Punkten des hohen Widerstandes verbunden. In vielen Fällen macht man den Widerstand im Anodenkreis gleich dem inneren Widerstand der Röhre. Der Widerstand beseitigt dann beinahe vollständig die zweite Harmonische (infolge der gewöhnlichen Röhrencharakteristik), da in diesem Falle das elektrostatische Feld der Röhre nur einem Teile der ganzen vorhandenen Spannung

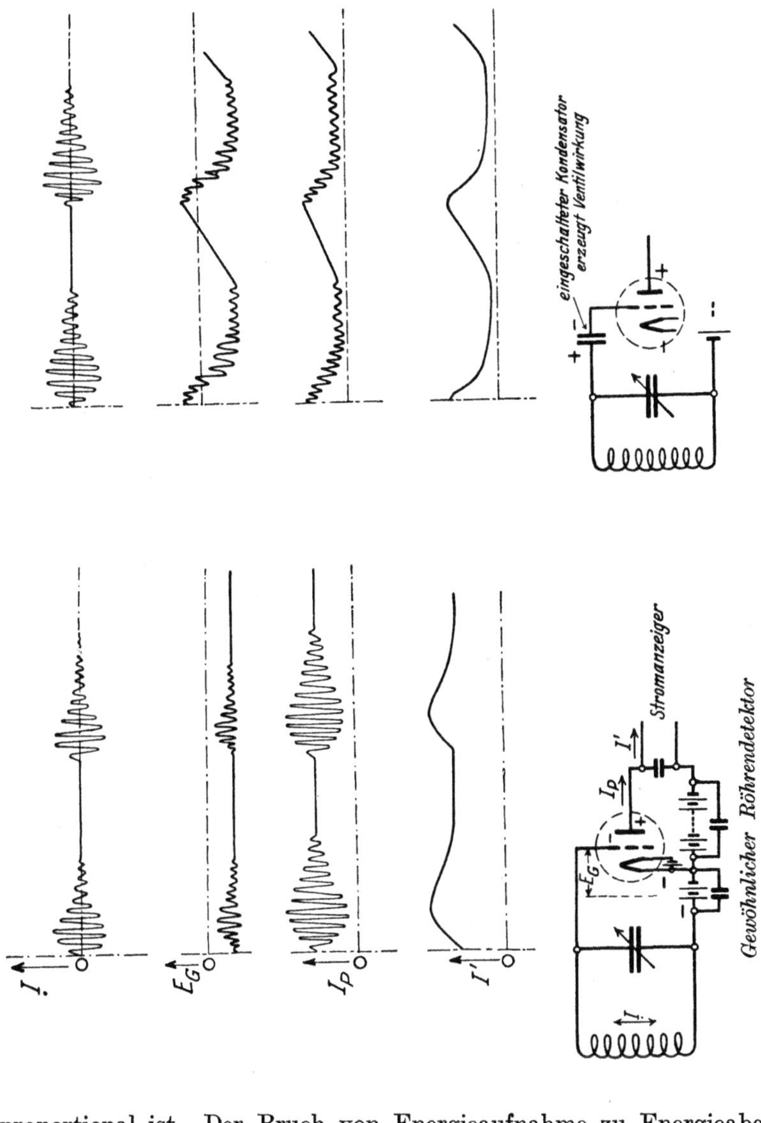

Abb. 98. Deutet an, daß die Einfügung eines Gitterkondensators erhöhte Stromänderung im Detektorinstrument hervorruft.

proportional ist. Der Bruch von Energieaufnahme zu Energieabgabe der Röhre ist hierbei beinahe konstant, und im Anodenkreise entstehen verzerrungslose Stromvergrößerungen. Was die Empfindlichkeit anbetrifft, so sei auf das Kapitel über Verstärker hingewiesen. Versuche mit solchen Anordnungen zeigen, daß Verstärkungen von mehreren tausend möglich sind.

Wenn mehrere Röhren in Kaskadenschaltung verwendet werden, so kann man die negativen Gittervorspannungen mittels des Verfahrens der Abb. 16 erhalten. Man schaltet dazu die Glühfäden der zweiten und ersten Röhre indirekt in Serie und hiernach die Glühfäden der zwei letzten Röhren direkt in Serie, und fügt außerdem die Widerstände r_1, r_2 und r_3 ein. Die Anordnung sei z. B. eine solche, bei der die erste Röhre mit dem Glühfadenwiderstand R_1 (wenn normaler Glühstrom) die Hochfrequenzverstärkung erzeugt, die zweite mit R_2 als Detektor (Gleichrichter) wirkt und die beiden folgenden Röhren mit Widerstandskopplung die Hörverstärkung hervorrufen. Alle Röhren mit Ausnahme der zweiten (R_2) benötigen eine negative Gittervorspannung, die mittels des Spannungsabfalls an dem Glühfaden einer anderen Röhre und einem passenden Reihenwiderstand hervorgerufen wird. Die negative Gittervorspannung der ersten Röhre erhält man mittels des Spannungsabfalls $E_1 = -[R_1 + r_1] I$, diejenige der zweiten Röhre mittels $E_2 = +R_2 I$, da ja ein Gitterkondensator mit paralleler Ableitung vorliegt. Diejenige der ersten Audioverstärkung mittels $E_3 = -[r_1 + R_2] I$ und diejenige der letzten Audioverstärkung mittels des Abfalles $E_4 = -[R_3 + r_3] I$. Wenn man daher wie gewöhnlich gleichartige Röhren verwendet, so werden die Widerstände $R_1 = R_2 = R_3 = R_4 = R$ einander gleich und auch $r_1 = r_2 = r_3 = r$. Der Teil RI bedeutet nichts anderes als den Spannungsabfall des Glühkörpers. Wenn daher die notwendige Gittervorspannung der Röhre — 4,5 Volt ist und Röhren mit einem normalen Kathodenabfall von 3 Volt und Glühstrom von 100 Milliampere verwendet werden, so muß (4 · 5 — 3) Volt durch den Reihenwiderstand r erzeugt werden, d. h. $r = 150$ Ohm an den Stellen r_1, r_2 und r_3 eingefügt werden. Die A-Quelle erfordert dann eine Betriebsspannung von $4 \cdot 3 + 3 \cdot 1{,}5 = 16{,}5$ Volt. Wenn man eine bedeutend höhere Betriebsspannung zugrunde legt und mittels eines Widerstandes (Reihen) den normalen Glühfadenstrom wieder einstellt, so kann man an den Klemmen dieses Widerstandes die B-Spannung für die Anodenerregung abgreifen. Dies ist für Wechselstromerregung in Abb. 54 ausgeführt.

63. Bolometeranordnung zum Nachweis kleiner Hochfrequenzströme. Die Bolometeranordnung in Abb. 99 stellt ein Brückensystem dar, welches mittels eines Gleichstroms $\bar{I}$ so abgeglichen wird, daß der Baretter, der aus einem feinen Platindrähtchen besteht, für den Zweigstrom $k\bar{I}$ eine Nulleinstellung ergibt. Wenn ein Hochfrequenzstrom I diesem Brückenteile überlagert wird, so ändert sich der Widerstand des Baretters ungefähr linear mit dem Heizeffekt des Schwingungsstromes und das Galvanometer ergibt dann eine Ablenkung, welche dem Quadrat des zu messenden Stromes proportional ist. Die zwei Blockkondensatoren verhindern den Gleichstromfluß und die zwei Drosselspulen denjenigen des Hochfrequenzstromes über die bezüglichen Zweige, zu welchen sie nicht gehören.

Der Baretter besteht aus einem feinen Platindrähtchen, das als Wollastondraht in den Handel kommt. Die Größe schwankt zwischen den Grenzen von 0,0005 bis 0,001 mm im Durchmesser; die Silberumhüllung wird nach dem Löten mittels HNO_3 entfernt. In vielen Fällen ist es gut, den Baretter mittels einer Kapsel vor Luftströmungen zu schützen. Entsprechend der Widerstandscharakteristik erhält man für einen bestimmten Gleichstrom die größte Empfindlichkeit.

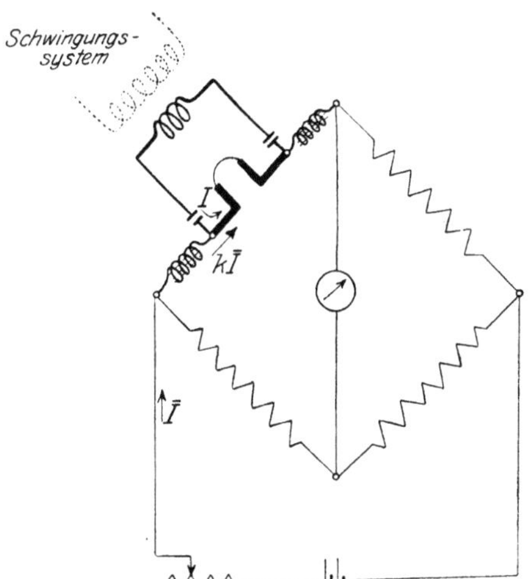

Abb. 99. Der Baretterdetektor (Bolometeranordnung).

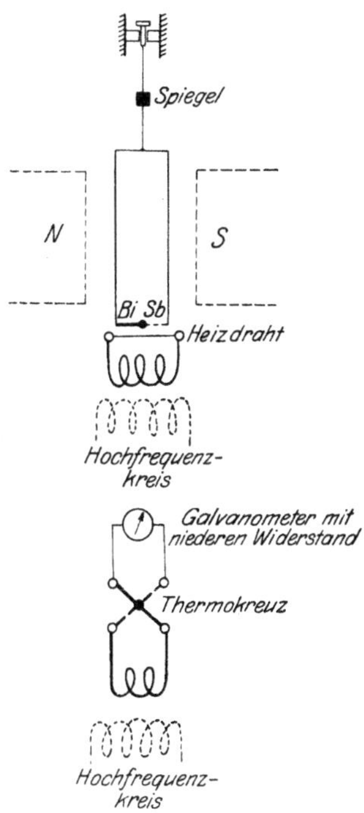

Abb. 100. Thermoelektrischer Anzeiger.

64. Einfache Thermokreuzanordnungen und das Thermogalvanometer. In den einfachen Thermokreuzdetektoren der Abb. 100 verwendet man ein niederohmiges Galvanometer, welches mit dem einen Thermoelement verbunden ist, während das andere Element als Heizdraht für den Hochfrequenzstrom vorgesehen ist. Dadurch umgeht man Blockkondensatoren und Drosselspulen, da die Gleich- und Hochfrequenzströme nur in den richtigen Zweigen fließen können. Thermokreuze aus Tellur und Konstantan oder Tellur und Platin bilden gute Gleichstromerzeuger.

Das angedeutete Thermogalvanometer von Dr. W. Duddell[1]) ist bedeutend empfindlicher als obige Anordnungen. Der Schwingungsstrom fließt durch den Heizdraht, welcher durch Strahlung seine Wärme einem Sb—Bi-Element zuführt. Der hervorgerufene Gleichstrom erzeugt in dem rechteckigen Drahtgebilde ein magnetisches Feld, das zusammen mit dem stationären Feld eine Drehung des Leiters verursacht, welche ungefähr einem Quadratgesetze folgt.

65. Die Thermokreuzbrücke als Stromanzeiger[2]). Wenn sehr kleine Stromstärken und besonders deren Verschwinden beobachtet werden sollen, so wünscht man natürlich Systeme, welche linear mit dem Erregerstrome ansprechen. Die Anordnung in Abb. 101 genügt dieser Voraussetzung auch selbst dann, wenn die Widerstände r_1 und r_2 verschiedene Werte haben, obgleich eine Symmetrie größere Empfindlichkeit ergibt. Der Gleichstrom, welcher durch das Galvanometer fließt, ist die Differenz der Ströme, welche in beiden Elementen erzeugt werden und durch die Beziehung

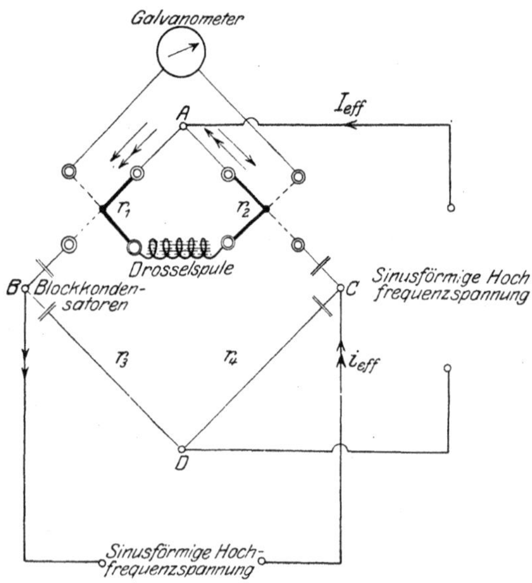

Abb. 101. Die Thermokreuzbrücke.

$$i_{\text{galv}} = k\, I_{\text{eff}}\, i_{\text{eff}} \cos\varphi$$

gegeben. Wenn der Grundstrom I_{eff} konstant gehalten wird, so ist die Galvanometerablenkung direkt von der Größe von i_{eff} abhängig, da der Leistungsfaktor nur die Empfindlichkeit aller Ablesungen heruntersetzt.

66. Eichung eines Thermokreuzsystems. Wenn in der Anordnung Abb. 102 der Schalter durch die Punkte 1 und 2 und das Galvanometer

[1]) Duddell, W.: Phil. Mag. Bd. 91. 1904.

[2]) Hund, A.: Diss. Karlsruhe 1913, S. 29. — Isakow (Phys. Z. Dez. 1912) hat eine ähnliche Anordnung für Resonanzmessungen angedeutet, welche späterhin von dem Verfasser (Hund, A.: Gen. El. Rev. 1914) als Phasenmesser benutzt wurde. Gemäß der Dissertation von Dr. F. Trautwein hat Herr Prof. H. Hausrath eine Röhrenthermobrücke vorgeschlagen, die zu denselben Messungen verwendet werden kann (Diss. Karlsruhe 1921).

durch die Klemmen 5 und 6 geschlossen ist, ist die Ablenkung d_1 der thermoelektrischen Kraft E_1 proportional und

$$E_1 = k_G d_1 = k' I_0^2 + k'' I_0,$$

wenn k_G die Galvanometerkonstante und k' und k'' Faktoren für den thermoelektrischen und Peltiereffekt bedeuten.

Wenn die Quelle an die Klemmen 3 und 4 angeschlossen wird, wird der Peltiereffekt negativ und eine kleinere Kraft E_2 verursacht die Ablenkung d_2 gemäß dem Ausdruck

$$E_2 = k_G d_2 = k' I_0^2 - k'' I_0.$$

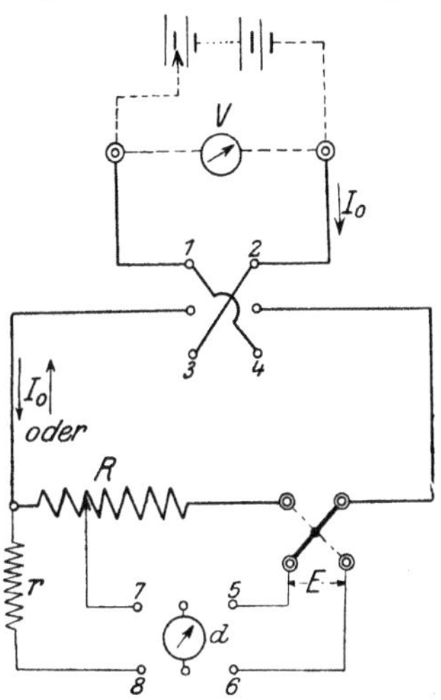

Abb. 102. Eichung eines Thermokreuzsystems.

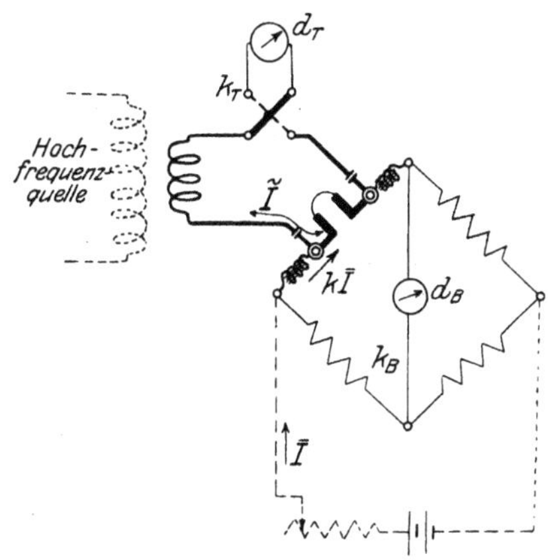

Abb. 103. Eichung eines Bolometers.

Die mittlere Spannung ist somit

$$\frac{E_1 + E_2}{2} = k_G \frac{d_1 + d_2}{2} = k' I_0^2$$

und der Erregerstrom

$$I_0 = \sqrt{\frac{k_G}{k'}} \sqrt{\frac{d_1 + d_2}{2}} = k_T \sqrt{\frac{d_1 + d_2}{2}},$$

wenn k_T die Konstante des Thermokreuzsystems bedeutet. Wenn R der ganze Widerstand des Erregerkreises ist, so kann man mittels $I_0 = V/R$ die Eichkonstante aus

$$k_T = \frac{V}{R\sqrt{\dfrac{d_1 + d_2}{2}}}$$

berechnen.

67. Eichung eines Bolometersystems. Man eicht die Baretteranordnung in Abb. 103 mittels eines Thermokreuzes, dessen Konstante k_T

bekannt ist. Dabei stellt man den Baretterstrom $k\tilde{I}$ auf die empfindlichste Hochfrequenzablenkung ein. Die Ablenkung d_B wächst mit dem Quadrate des Stromes $\tilde{I}$ an, und da das Quadratgesetz auch für den thermoelektrischen Indikator gilt, so hat man

$$\tilde{I}^2 = k_T d_T = k_B d_B$$

und

$$k_B = k_T \frac{d_T}{d_B}.$$

68. Eichung von Hitzdrahtinstrumenten. 1. Der einfachste Weg besteht in einer Reihenanordnung des Hitzdrahtinstrumentes mit einem Normalinstrument.

2. Die andere Methode vergleicht das Hitzdrahtinstrument I_x mit dem geeichten Kreis Abb. 104, wo I_n ein Normalmesser ist. Schwingungen werden dann mittels einer Schwingungsröhre im Kreise induziert und die Meßkonstante k des Systems für die gewünschte Frequenz f aus der Ablenkung a_n und der Normalablesung I_n mittels der Formel

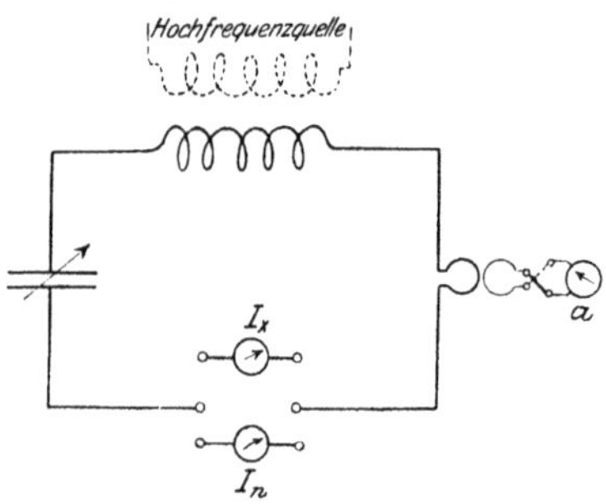

Abb. 104. Eichung von Hitzdrahtstrommessern.

$$k = \frac{I_n}{\sqrt{a_n}}$$

bestimmt. Das Hitzdrahtinstrument wird dann an Stelle des Normalmessers in den Kreis eingeschaltet und die Eichkurve I_x mittels der entsprechenden Ausschläge a_x aus

$$I_x = k\sqrt{a_x}$$

berechnet[1]).

[1]) Wenn Stromwandler zusammen mit Hitzdrahtinstrumenten verwendet werden, so geschieht obige Eichung mittels des Ausschlages I_x des Sekundärstromes im Stromtransformator.

Der Stromwandler kann entweder Eisen oder ein Dielektrikum als Kern enthalten, trotzdem das letztere eine Eichung für größeren Frequenzbereich zu geben scheint. Der Transformator ist am besten, wenn er astatisch und die Zeitkonstante des Sekundärsystems groß ist, da dann keine äußeren Felder bestehen und die induktive Reaktanz den Ohmschen Widerstand praktisch verschwinden läßt. Die erstere Bedingung kann dadurch teilweise erfüllt werden, daß man die Windung ringförmig ausbildet, während die letztere Bedingung dadurch angestrebt wird, daß man mehrere Sekundärwindungen aus Litzendraht und nur wenige Primärwindungen verwendet. Herr Dr. N. W. McLachlan hat die Stromtransformation für Meßzwecke im Electr. (Dez. 22, 1916) eingehend behandelt (Jahrb. drahtl. Telegr. u. Telef. 1918). — Fernerhin: Lindemann, R.: (Z. Instrumentenk. 1915. — Keinath, G.: Jahrb. drahtl. Telegr. u. Telef. 1916.

69. Das Wirbelstromgalvanometer für die Messung von kleinen Schwingungsströmen. Dieser Apparat folgt ebenfalls dem Quadratgesetze, da bei ihm eine kreisförmige Kupferscheibe, welche an einem Quarzfaden hängt, durch das Hochfrequenzfeld einer Spule aus der 45-Grad-Lage herausgedreht wird. Die Scheibe hängt in der Mitte von ungefähr 6 Windungen von 2,5 cm Durchmesser. Die Ablenkungen sind mittels eines Fernrohrs und eines auf der drehbaren Scheibe befestigten kleinen Spiegels beobachtbar.

70. Das Kurzschlußringgalvanometer[1] **für die Messung von kleinen Schwingungsströmen und Phasenverschiebungen.** Dieser Apparat folgt dem geradlinigen Gesetze. Zwei zueinander senkrecht stehende Spulen sind unbeweglich angeordnet. Die Spulen bilden einen quadratförmigen Luftraum und bestehen aus 5 längs den 2,5 cm langen Quadratseiten aufgewickelten Windungen Litzendraht. Ein Kupferring von 1 cm Durchmesser ist in der Mitte so an einem Quarzfaden angebracht, daß seine Ebene mit derjenigen einer der beiden festen Spulen zusammenfällt. Wenn Hochfrequenzströme I_1 und I_2 derselben Frequenz in den beiden Spulen fließen, so erhält man mittels eines Fernrohrs und kleinen Spiegels am Kurzschlußringe eine Ablenkung a, welche durch die Beziehung

$$a = K I_1 I_2$$

gegeben ist. Wenn I_1 den konstanten Grundstrom bedeutet, so geben irgendwelche Änderungen in I_2 proportionale Ablenkungen. Ein solches Galvanometer ermöglicht dann die Messung sehr kleiner Ströme und deren Phasen.

71. Allgemeines über die Verstärkung von kleinen Strömen. Im allgemeinen kann man sagen, daß die Verstärkung von kleinen Strömen äußerst schwierig ist, wenn die Quelle des zu messenden Stromes eine niedrige Impedanz bzw. einen kleinen inneren Widerstand hat. Der Grund dafür liegt darin, daß der kleine Strom über einen beträchtlichen Widerstand zu fließen hat, um merkbare Gitterspannungsänderungen im Verstärker hervorzurufen. Eine solche Bedingung steht aber im Widerspruch mit einem kleinen Widerstand der Quelle, wenn eine gute Leistungsabgabe verlangt wird. Wenn kleine Ströme, z. B. von photoelektrischen Zellen, verstärkt werden sollen, so ist die Aufgabe etwas leichter, solange man eine Röhre mit guter Gitterisolation zur Verfügung hat. Es scheint hierbei am zweckmäßigsten, die Gitterzuleitung am oberen Ende der Röhre durch die Glaswand herauszuführen.

Bisweilen ist es auch möglich, kleine Ströme dadurch zu bestimmen, daß man dieselben über einen passenden Widerstand führt und dessen

---

[1] Mandelstam, L., und N. Papalexi: Jahrb. 1911.

Klemmenspannung an Glühfaden und Anode einer gewöhnlichen Dreielementröhre anlegt. Das Gitter der Röhre ist über ein Mikroamperemeter mit dem positiven Ende des Glühfadens verbunden und zeigt somit einen kleinen Gitterstrom an. Irgendwelche positiven Potentiale an der Anode verkleinern den Gitterstrom.

Bei gewöhnlichen Röhrenverstärkern wird man zweckmäßig nur sehr kleine Anodenspannungen bei der ersten Röhre verwenden, da andernfalls positive Ionisation die Empfindlichkeit bedeutend verringert (Anodenspannung ca. 10 bis 15 Volt). Der Grund hierfür liegt darin, daß selbst in den besten Röhren genügend Gasreste vorhanden sind, um selbst bei normalen Verstärkerspannungen (45 und mehr Volt an der Anode) Ionenströme zu erzeugen. Die positiven Ionen, die durch Kollision erzeugt werden, entladen das Gitter teilweise, so daß die zu messenden aufgedrückten kleinen Potentiale noch unmerklicher gemacht werden. Man muß daher die Anodenspannung niederer als das Ionisationspotential wählen.

72. Das Röhrengalvanometer[1]). Die in Abb. 105 angegebene Anordnung ergibt die Möglichkeit, recht kleine Ströme i_1 zu messen, da eine Gleichstromrückkopplung (Gleichstromregeneration) zur Anwendung gelangt. Es werden zwei Gitter benutzt; die Summe von Raumladestrom i_3 des inneren Gitters und Anodenstrom i_2 ist gleich dem Sättigungsstrom i_s (konstant. Da i_3 durch R_3 fließt, welcher Widerstand eine Rückkopplung darstellt, so muß dieser Strom eine Verringerung des Potentiales des äußeren Gitters hervorrufen, während der zu messende Strom i_1 die entgegengesetzte Wirkung hat. Das resultierende Gitterpotential ist daher

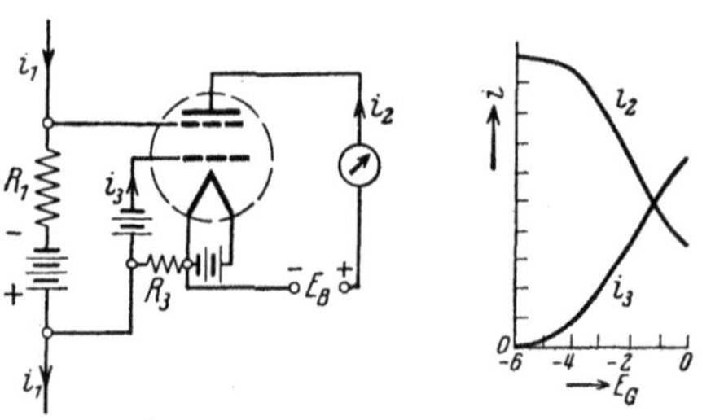

Abb. 105. Doppelgitterröhre mit Gleichstromrückkopplung für die Wahrnehmung von sehr kleinen Strömen.

$$V_g = i_1 R_1 - i_2 R_3 + E,$$

wo E negativ oder positiv sein kann. Wenn man im geradlinigen Teil der Röhrencharakteristik arbeitet, wird der Anodenstrom

$$i_2 = \frac{V_g + \alpha E_B}{K}$$

und

$$\frac{d V_g}{d i_1} = \frac{R_1}{1 - \frac{R_3}{K}},$$

[1]) R. Jäger und H. Scheffers: Wiss. Veröffentl. a. d. Siemens-Konzern, Bd. II, S. 325. 1922 und El. u. Maschinenb. S. 1038. 1926.

d. h. für $R_3 = K$ ist die Verstärkung unendlich groß und für $R_3 < K$ nimmt die Verstärkung mit fallendem R_3 hyperbolisch ab.

Die Verstärkung ist daher folgende: Der zu messende Strom i_1 erhöht das äußere Gitterpotential und ruft daher eine entsprechende Vergrößerung von dem Anodenstrom i_2 hervor. Da das innere Gitter aber so positiv ist, daß sein Strom zusammen mit i_2 gleich dem konstanten Emissionsstrom des Glühfadens ist, so muß eine Vermehrung von i_2 eine gleichwertige Verringerung von i_3 erzeugen. Dies ergibt aber einen kleineren Spannungsabfall an den Enden von R_3, die äußere Gitterspannung wird also noch mehr vergrößert und so fort.

73. Die Messung von Telephonströmen und die Empfindlichkeit von Fernhörern. 1. Die gebräuchlichste Methode ist in Abb. 106 erläutert und besteht darin, daß man den Parallelwiderstand r so lange verändert, bis man den Unterschied zwischen Punkten und Strichen des Morsealphabets nicht mehr unterscheiden kann. Wenn man eine Unterbrechererregung benutzt, so verändert man in derselben Weise, bis man keinen Ton mehr im Prüfempfänger bemerken kann. Wenn Z_t die wirksame Impedanz des Empfängers ist, so kann man den kleinsten Telephonstrom mittels der Beziehung

$$I_t = \frac{r}{r + Z_t} I$$

berechnen. Den Faktor

$$\frac{r}{r + Z_t}$$

nennt man die Empfindlichkeitskonstante und seinen reziproken Wert den Faktor der Hörbarkeit. Die Impedanz Z_t mißt man am besten mit demselben Unterbrechererreger und dem Eisendifferentialtransformator. Das Tonradsystem ersetzt den Unterbrecher und ergibt gleichzeitig eine Methode, die Eigenfrequenz der Membran festzustellen.

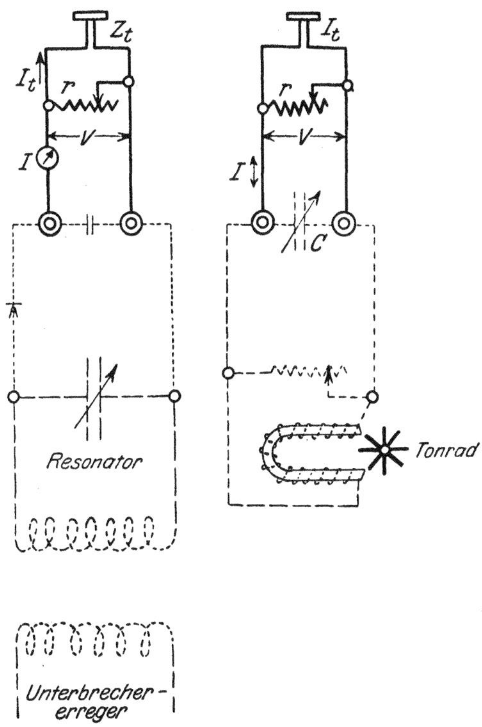

Abb. 106. Bestimmung der Empfindlichkeit von Fernhörern.

2. Eine andere Methode zur Messung sehr kleiner Ströme wurde von Dr. van der Bijl[1]) vorgeschlagen. Die Anordnung, welche Abb. 107 zeigt, beruht auf der Tatsache, daß die durch eine Elektronenröhre erzielte Verstärkung durch die Dämpfung einer Leitung oder einer künstlichen Leitung wieder vernichtet werden kann. Das Hörtelephon wird zunächst an die Klemmen 1 und 2 angeschlossen und dann mit 3 und 4 verbunden, welche Verbindung einen Strom derselben Frequenz liefern muß. Die Serien- und Parallelwiderstände r_1 und r_2 werden dann so lange geändert, bis dieselbe Lautstärke wie für den anderen

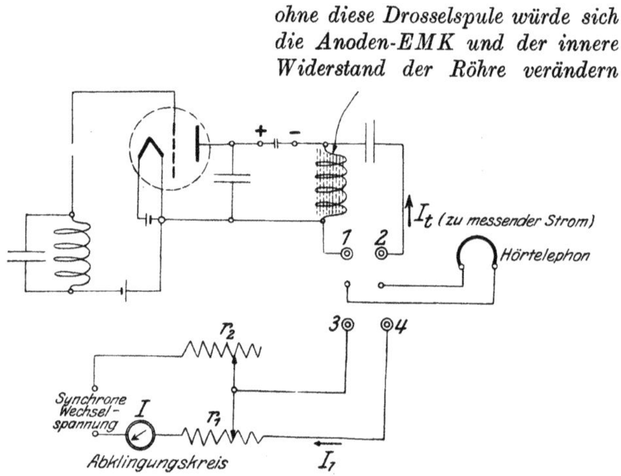

Abb. 107. Messung sehr kleiner Stromstärken.

Generatorkreis vorliegt[2]). In diesem Falle ist der Strom I_1 der künstlichen Leitung gleich dem zu messenden Strom I_t, welcher durch die Klemmen 1 und 2 abfließt. Man hat dann

$$\frac{I_t}{I} = \varepsilon^{-nl},$$

wenn n die Dämpfungskonstante für die Längeneinheit und l die Länge der Leitung bedeutet. Da ε^{nl} ein Maß für die Stromverstärkung ist, so sieht man, daß n von den Relativwerten von r_1 und r_2 abhängt. Die künstliche Leitung kann man entweder mittels einer wirklichen Leitung mit bekannter Dämpfung eichen oder einer Dreielementröhre, deren Stromvergrößerung bekannt ist. Man hat dann

$$l = k \cdot \log \frac{I}{I_t} \quad \text{für} \quad k = \frac{2{,}303}{n},$$

[1]) Van der Bijl, H. J.: Phys. Rev. 1919, S. 311.

[2]) Die Änderung des Nebenschlusses r_2 und des Reihenwiderstandes r_1 muß so geschehen, daß die Impedanz im äußeren Röhrenkreis konstant bleibt.

und aus der Beziehung

$$\log I_t = \log I - \frac{l}{k}$$

ist der kleine Strom I_t berechenbar, da I mit dem Hitzdrahtinstrument gemessen wird und n und l bekannt sind[1]).

74. Messung von Telephonströmen durch Vergleich. Die in Abb. 108 angegebene Anordnung kann dazu benutzt werden, Empfangszeichen mit Strömen bekannter Stärke zu vergleichen. Zur Anwendung gelangt in den schwierigsten[2]) Fällen das Hörtelephon. Die hörbare Sinusspannung wird einem Piezo- oder einem Stimmgabelgenerator entnommen. Mittels des Schleifkontaktes von r_1 kann man die Stromstärke I_1 beliebig einstellen. Die Widerstände $(r_3 + r_4)$ stellen einen Spannungsteiler dar. Wenn man $I_1 = 10^{-2}$ Amp. wählt, so ergibt sich 1 Volt Spannung zwischen den Enden von $(r_3 + r_4)$. Der Strom fließt zum Hörtelephon über $4 \cdot 10^5$ Ohm Widerstand, so daß der Telephonstrom ohne genaue Kenntnis der Impedanz des Telephons genügend genau berechnet werden kann. Der Schwebungston des Empfängers wird auf die Frequenz der aufgedrückten Sinusspannung eingestellt und die Schleifer an r_3 und r_4 werden solange verschoben, bis der Strom im Telephon für beide Stellungen des Schalters (nach oben oder nach unten hin geschlossen) von gleicher Stärke erscheint.

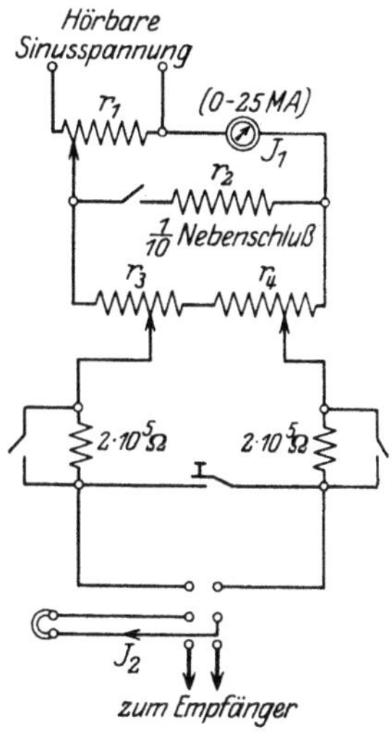

$r_3 + r_4 = 100\ \Omega$,
r_3 in Stufen von $10\ \Omega$,
r_4 ,, ,, ,, $1\ \Omega$.

Abb. 108. Vergleicher für Telephonströme nach Dr. Austin.

Beispiel: Die Impedanz eines Hörtelephons für einen Ton der Frequenz 1000 Perioden/Sek. sei ungefähr 30 000 Ohm. Der gleiche Ton wird erhalten, wenn die Schleifer an $(r_3 + r_4)$ einen Wert von 17 Ohm abgreifen. Dann wird für $I_1 = 10^{-2}$ Amp. die Spannung, die dem Telephonkreis aufgedrückt wird, 0,17 Volt. Der Telephonstrom ist somit

$$I_2 = \frac{0{,}17}{430\,000} = 3{,}95 \cdot 10^{-7} \text{ Amp.}$$

Bei der Messung von noch kleineren Strömen schließt man den Schalter, der zum Nebenschluß r_2 führt.

[1]) Diese Methode beruht auf einem ähnlichen Verfahren, welches F. Breisig (Verh. d. d. Phys. Ges. 1910) vorher für die Dämpfungsmessung von Fernsprechleitungen benutzt hat.

[2]) Die Zeichen kommen unregelmäßig an; hier dürfte das Hörtelephon der geeignetste Indikator zur Messung der Empfangsstärke sein. Für einen konstanten Senderstrom kann man das Röhrenvoltmeter benutzen.

75. Das Helmholtzsche Pendel für die Aufnahme von Kondensatorentladungen (Stromkurven). Entladungsvorgänge in Einzelkreisen sowohl als in gekoppelten Systemen können mit der in Abb. 109 angegebenen Anordnung mittels der Punktmethode aufgenommen werden. Das Pendel besteht aus zwei unabhängigen Kontaktschaltern K_1 und K_2, welche mittels eines fallenden Hebels in rascher und einstellbarer Folge geöffnet werden können. Wenn die Kontakte in einer parallelen

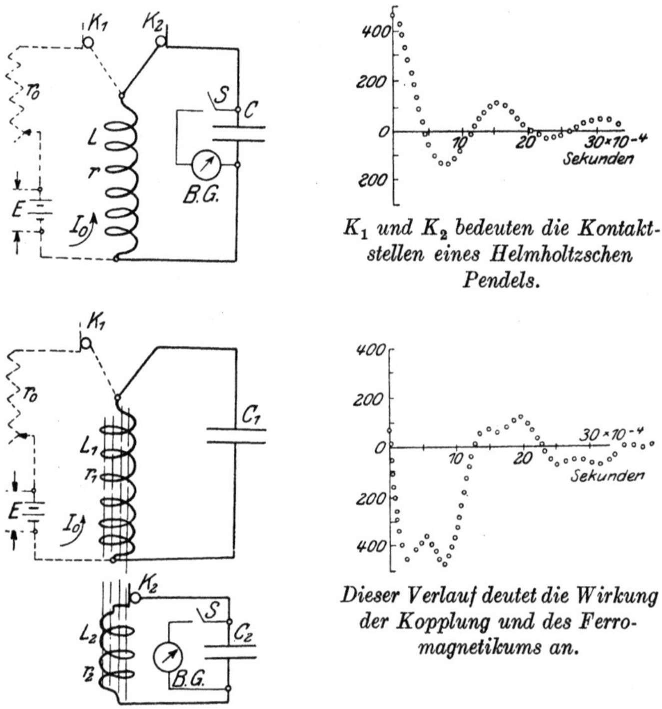

K_1 und K_2 bedeuten die Kontaktstellen eines Helmholtzschen Pendels.

Dieser Verlauf deutet die Wirkung der Kopplung und des Ferromagnetikums an.

Abb. 109. Die Punktmethode für die Aufnahme von Schwingungskurven.

Linie mit dem Hammer des Hebels angeordnet sind, so öffnen sich dieselben zu ein und derselben Zeit, während für irgendeine andere relative Verschiebung ein Zeitunterschied besteht. Der Vorgang ist kurz folgender:

Wenn beide Kontakte geschlossen sind, lädt sich der Kondensator C des Schwingungskreises auf, und wenn der Hebel den Kontakt K_1 aufschlägt, so findet eine Entladung statt, bis der Kontakt K_2 auch geöffnet wird. Hiernach wird der Schalter S mit der Hand geschlossen und das ballistische Galvanometer (B. G.) zeigt durch den ersten maximalen Ausschlag die zurückgebliebene Ladung an. Die beiden Kontakte werden dann mittels einer Mikrometerschraube etwas mehr verschoben und ein anderer Punkt aufgenommen usw., bis die ganze Kurve

$$q = I_0 \sqrt{CL} \sqrt{\frac{\frac{1}{CL} - 8\alpha^2}{\frac{1}{CL} - \alpha^2}}\, \varepsilon^{-at} \sin(\omega t + \varphi)$$

$$\cong \frac{I_0 T}{2\pi} \varepsilon^{-at} \sin\left(\frac{2\pi}{T} t + \varphi\right)$$

für $\alpha^2 = (-r/2L)^2$ aufgezeichnet werden kann. Die Konstante der Anordnung, welche ungefähr (in der Regel) $1 \cdot 10^{-6}$ bis $2 \cdot 10^{-6}$ Sek. für die Einheitsverdrehung der Mikrometerschraube beträgt, kann man durch Aufnahme einer Entladung mit bekannter Periode bestimmen. Eine andere Methode besteht darin, daß man die aperiodische Entladung eines gewöhnlichen Luftkondensators mit dem Pendel aufnimmt. Man hat dann für die momentane Ladung

$$q = \frac{ECr}{r + r_0} \left[1 - \varepsilon^{-\frac{t}{rC}}\right]$$

und der Zeitunterschied für irgendeine relative Verschiebung der beiden Kontakte wird

$$t^{\text{Sek.}} = r^{\Omega} \cdot C^{F} \cdot \log_{\varepsilon} \frac{D}{D - d},$$

wenn D der maximale Ausschlag des ballistischen Galvanometers für die maximale Kondensatorladung (K_1 und K_2 parallel zum Hammer des Hebels) und d derjenige Ausschlag ist, der entsteht, wenn eine relative Verschiebung den Zeitunterschied $t^{\text{Sek.}}$ hervorruft.

76. Methoden für die Beobachtung von lichtelektrischen Strömen[1]). Die Schaltungen in Abb. 110 und 111 wurden von G. Ferrié, R. Jouaust und R. Mesny angewendet, um kleine Ströme bis zu 10^{-12} Amperes zu messen. In Abb. 110 ist ein positives Gitterpotential von ungefähr 6 Volt angelegt. Die Elektronemission von dem Glühfaden wird dadurch vermehrt und das Anodenpotential kann infolgedessen sehr niedrig gehalten werden, ungefähr auf 15 Volt, also kleiner als das Ionisationspotential. Wenn keine Potentiale das zweite Gitter beeinflussen, so zeigt das Galvanometer im Anodenkreis keinen Strom an, da eine 4-Voltbatterie den Anodenstrom kompensiert. Irgendwelche Gitterpotentiale erzeugen einen Differenzstrom im Galvanometer. Diese Methode ergibt somit ein Hilfsmittel zur Verstärkung sehr kleiner

[1]) Proc. I. R. E., August 1925, S. 461. Andere Arbeiten: J. Kunz: Phys. Rev. Bd. 10, S. 205. 1917; E. Meyer, H. Rosenberg und Lank: Zürich. Arch. des Sc. Phys. et Nat., Bd. 2, S. 260. 1920; G. Rougier: Rev. d'opt. th. et exp., Bd. 2, S. 133, 365. 1923.

Gleichströme. Die Methode kann noch empfindlicher gemacht werden, wenn man die Beleuchtung, welche die photoelektrische Zelle beeinflußt, intermittierend wirken läßt. Dies kann dadurch erzielt werden, daß man eine durchlöcherte Scheibe vor der Zelle rotieren läßt. Wenn letzteres auf das in Abb. 111 angegebene Verfahren angewendet wird, so erzeugt die intermittierende photoelektrische Emission einen veränderlichen Strom, der mittels eines dreistufigen Niederfrequenzverstärkers verstärkt wird. Die verstärkte Spannung wird dann an das

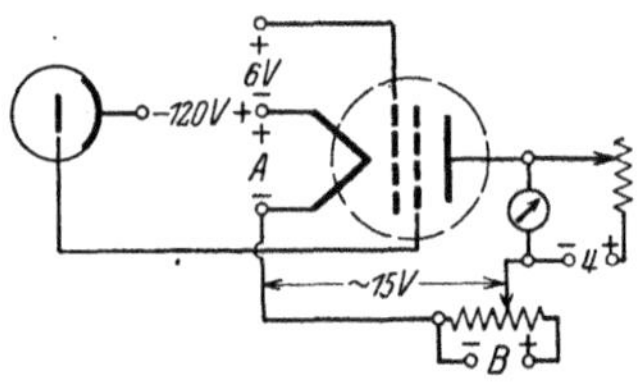

Abb. 110. Doppelgitterröhre zur Beobachtung von photoelektrischen Strömen.

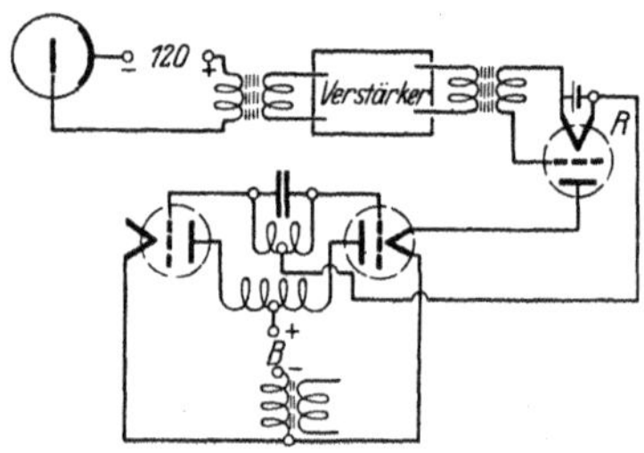

Abb. 111. Gegentaktgenerator zur Bestimmung von kleinen Strömen.

Gitter und das negative Heizdrahtende einer Röhre ohne Anodenspannung angelegt. Der Glühfaden-Anodenwiderstand dieser Röhre wird parallel zum Gitter und Glühfaden eines Gegentaktverstärkers geschaltet. Wenn daher veränderliche Gitterpotentiale auftreten, so ändert sich der innere Anodenwiderstand (R_i) der Röhre R und damit der Anodenstrom im Gegentaktverstärker. Diese verstärkten Änderungen werden mittels eines Transformators im Anodenkreise des Gegentaktverstärkers abgenommen. Die Wirkung ist bei kurzen Wellen (ungef. 50 bis 100 m) besonders groß. Verstärkungen bis zu 10^6 können dadurch erzielt werden.

X. Spannungsmessungen.

77. Allgemeine Gesichtspunkte. Die direkte Messung von Hochfrequenzspannungen ist bisweilen schwierig, da die kapazitiven und induktiven Störungen bedeutende Fehler hervorrufen können oder ein gewisses Indikatorsystem die Resonanzbedingung stören kann. Im allgemeinen sind die Angaben von guten Hitzdrahtspannungsmessern bis zu ungefähr 120 Volt ziemlich zuverlässig. Wenn elektrostatische Instrumente verwendet werden, so muß deren Kapazitätswirkung berücksichtigt werden. In vielen Fällen empfiehlt es sich, die Spannung aus der Stromstärke und der Impedanz zu berechnen. Das Vakumröhrenvoltmeter bildet eine gute Anordnung, um die maximalen Scheitelwerte von Spannungskurven zu bestimmen.

78. Die elektrostatische Spannungsteilermethode. Wenn sehr hohe Spannungen gemessen werden müssen, so empfiehlt es sich, mehrere Luftkondensatoren C_1, C_2, C_3, C_4 usw. in Reihe anzuordnen und das ganze System mit den Meßpunkten zu verbinden. Da $1/C = 1/C_1 + 1/C_2 + 1/C_3 + 1/C_4 \ldots$, so kann man mittels einer Veränderung von C_1 eine solche Teilspannung E_1 an dessen Klemmen mit einem gewöhnlichen Hitzdrahtmesser messen, daß die gesuchte Potentialdifferenz E aus der Beziehung

$$E = \frac{C_1}{C} E_1$$

berechnet werden kann. Dieses Verfahren ist aber nur genau, wenn die elektrostatische Kapazitätsbrücke die zu messende Spannung E nicht beeinflußt. Man kann zu diesem Zwecke eine Glimmlichtröhre benutzen, die von einer gewissen Spannung an gerade leitend wird, d. h. aufglüht. Wenn z. B. die Zündspannung $E_1 = 105$ Volt und die Glimmröhre C_1 parallel liegt, so ändert man C_1 bis die Zündspannung gerade einsetzt und berechnet E von $E = 105 C_1/C$.

79. Spannungsteiler zur Herstellung sehr kleiner Eichspannungen (Mikrovolt). Der in Abb. 112 angegebene induktive Spannungsteiler wurde von A. W. Hull und N. H. Williams[1]) im Wissenschaftlichen Laboratorium der General Electric Co. entwickelt, um damit die wirksamen Schrott-Spannungen, die in Verstärkerröhren teilweise die Geräusche verursachen, zu vergleichen. Es war dabei notwendig, von dem Spannungsteiler Spannungen von 5 bis 150 Mikrovolt bei einer Frequenz von 750 Kiloperioden/Sek. abzugreifen. Die Hochfrequenzquelle wird über eine veränderliche gegenseitige Induktion, deren Größe M entweder berechnet oder gemessen wird, angeschlossen. Der Strom I kann direkt mittels eines thermoelektrischen Instrumentes abgelesen und der induktive Spannungsabfall e daraus berechnet werden. Die abgegriffene Selbstinduktion besteht aus einem kleinen Teil eines geraden Kupferdrahtes mit einem konzentrischen Kupferzylinder für dic Rückleitung des Stromes. Stellt man sich diese Anordnung als unendlich lange Doppelleitung vor, so wird die Selbstinduktion pro Längeneinheit

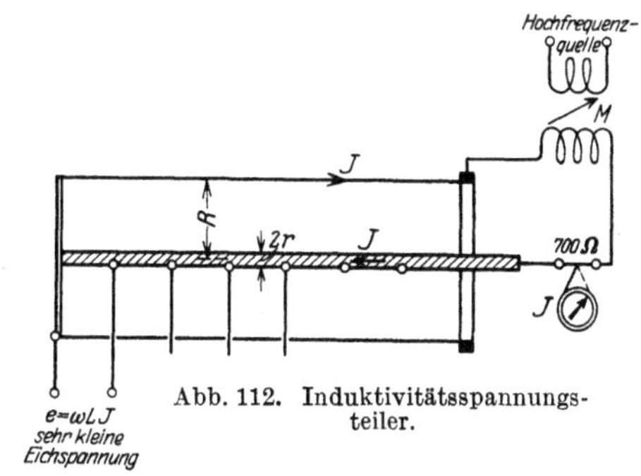

Abb. 112. Induktivitätsspannungsteiler.

$$L = 0{,}0046 \log_{10}\left(\frac{R}{r}\right) \text{Mikrohenry/cm}.$$

[1]) Phys. Review, Bd. 25, S. 160. 1925.

Die Durchmesser des Drahtes und des benutzten Messingzylinders waren 0,25 und 1,5 Zoll (1 Zoll = 25,4 mm), d. h. $R/r = 6$. Die Genauigkeit des Verfahrens betrug ungefähr 5%, obgleich dieselbe für größere Werte bedeutend höher ist (ungefähr 1% von 20 Mikrovolt an aufwärts).

Ein Widerstandsspannungsteiler, dessen induktive Wirkung bei Frequenzen von mehr als 750 Kiloperioden die Ablesung um kaum mehr als 1% fälscht, ist in Abb. 113 angedeutet[1]). Man kann damit Hochfrequenzspannungen herunter bis zu 0,1 Mikrovolt abgreifen. Zu diesem

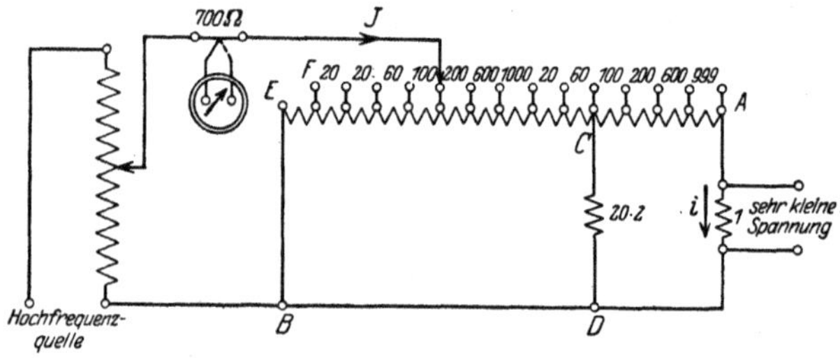

Abb. 113. Widerstandsspannungsteiler für sehr kleine Eichspannungen.

Zwecke sind die verschiedenen Widerstände mit der zurückkehrenden Schleifenwicklung auf einen Hartgummiring so aufgewickelt, daß die Klemmen A und E einander nahe stehen und die Klemmen C und E am weitesten voneinander entfernt sind. Die sehr kleine Spannung wird an einem Widerstand von 1 Ω abgenommen. Mittels der Anordnung kann man folgende Stromverhältnisse i/I einstellen: 0,0001; 0,0002; 0,0005; 0,001; 0,002; 0,005; 0,01; 0,02; 0,05; 0,1; 0,2; 0,5 und 1,0, wobei das kleinste Verhältnis (0,0001) der Schleiferstellung F entspricht.

80. Das Elektrometer. Das gewöhnliche elektrostatische Voltmeter besteht aus zwei feststehenden Platten und einer beweglichen Scheibe, an deren Aufhängung ein kleiner Spiegel befestigt ist. Wenn eine der feststehenden Platten mit der Drehscheibe und dem einen Potentialpunkte und die andere Platte mit dem anderen Potentialpunkte eines Meßsystems verbunden wird, so ist die Ablenkung dem Quadrate der wirksamen Spannung zwischen diesen Punkten proportional. Die Kapazitätswirkung dieses Apparates muß in vielen Fällen berücksichtigt werden, während man gegenüber den Hitzdrahtinstrumenten den Vorteil hat, daß kein innerer Widerstand vorliegt.

81. Das Funkenstreckenvoltmeter. Dieser Apparat mißt die Scheitelwerte, d. h. vorkommende Höchstspannungen. Man stellt die Entfernung der Elektroden so ein, daß der Funken gerade verschwindet.

---

[1]) A. G. Jensen, Phys. Review, Bd. 25, S. 147. 1925.

Wenn die Entfernung zwischen zwei Kugelelektroden gemessen ist, so ergeben sich die Scheitelwerte der Spannung in guter Annäherung aus

Tabelle 5.

Funkenlänge in cm	Maximale Spannung in Volt für 1 cm Durchmesser	Maximale Spannung in Volt für 2 cm Durchmesser
0,02	1 560	1 530
0,04	2 460	2 430
0,06	3 300	3 240
0,08	4 050	3 990
0,10	4 800	4 800
0,20	8 400	8 400
0,30	11 400	11 400
0,40	14 400	14 400
0,50	17 100	17 100
0,60	19 500	19 800
0,70	21 600	22 500
1,00	23 400	24 900
1,10	24 600	27 300
1,20	25 500	29 100

Wenn der Funken zwischen zwei Nadelelektroden übergeht, so kann nachfolgende Tabelle für die ungefähre Berechnung verwendet werden.

Tabelle 6.

Funkenlänge in cm	Maximale Spannung in Volt	Funkenlänge in cm	Maximale Spannung in Volt
0,57	5 000	11,81	60 000
1,19	10 000	14,86	70 000
2,54	20 000	18,03	80 000
4,13	30 000	24,38	100 000
5,08	35 000	32,89	130 000
7,49	45 000	38,10	150 000

Für sehr genaue Messungen empfiehlt es sich, eine besondere Eichung vorzunehmen und obige Werte nur als Ausgangspunkte zu benutzen[1]).

82. Elektronenröhre mit zwei Elektroden zur Messung von Wechselspannungen mittels eines Mikroamperemeters. Wenn an eine Gleichrichterröhre oder eine gewöhnliche Empfangsröhre, deren Gitter direkt mit der Anode wie in Abb. 114 verbunden ist, eine Wechselspannung angelegt wird, so ist der Ausschlag a des im Kreise liegenden Mikroamperemeters der mittleren Spannung E_m proportional, da für einen Widerstand r des Kreises

$$a = kI = k\frac{E_m}{2r} = KE_m$$

[1]) Für Kugelelektroden mit obigen Durchmessern gelten die angegebenen Eichungen bis zu 25 KP/Sek. Für höhere Periodenzahlen schlägt der Funken bei etwas kleineren Spannungen über (z. B. für 100 KP/Sek. ist die Spannung ungefähr 10% niederer).

ist, weil jede andere Stromhälfte unterdrückt wird (Halbweggleichrichter). Da aber die effektive Wechselspannung E_e gleich dem Formfaktor k_1 mal dem Mittelwert E_m ist, so ist die Ablenkung a auch dem Effektivwert E_e proportional, d. h.

$$a = K_1 E_e$$

wo $K_1 = \frac{K}{k_1}$. Das Mikroamperemeter kann daher direkt in effektiven Volt geeicht werden, wenn der Formfaktor bekannt ist. Für sinusförmige Wechselströme ist der Formfaktor bekanntlich gleich

$$\frac{\pi}{2\sqrt{2}} = 1,11$$

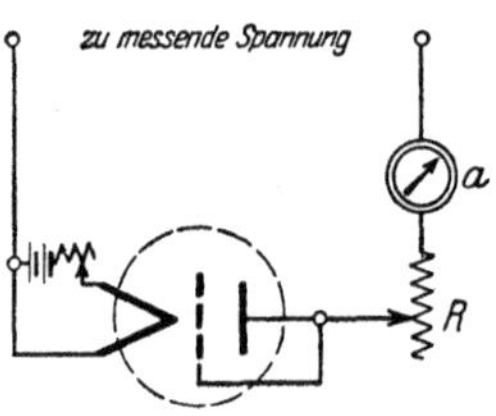

Abb. 114. Spannungsmessung mittels zweier Elektroden einer Röhre.

Die Eichung wird mit einer bekannten Gleichspannung E, die ja eine Ablenkung

$$a = \frac{kE}{r}$$

hervorruft, ausgeführt. Wenn daher die maximale Ablenkung a_{max} 100 Teile der Skala ergibt, und dies einer Gleichspannung von 50 Volt entspricht, so gibt dieselbe Ablesung, wenn mit einer Wechselspannung ausgeführt, $2 \cdot 50 = 100$ Volt mittlere Spannung und $100 \cdot K_1$ die effektive Spannung. Wenn also Sinusspannungen vorliegen, verändert man R für eine angelegte Gleichspannung von $111 : 2 = 55$ Volt solange, bis wiederum die maximale Ablenkung 100 erhalten wird. Diese Ablenkung mißt dann direkt 100 Volt effektive Wechselspannung und alle anderen Teile der Skala sind derselben proportional, da ein linearer Verlauf vorliegt. Dies ist ein großer Vorzug dieses Instrumentes. Der Apparat hat nur einen kleinen Fehler, da der geschlossene Meßkreis auch ohne jegliche aufgedrückte äußere Spannung infolge der Elektronenemission einen kleinen Stromfluß anzeigt; doch kann dieser mittels einer kleinen negativen Vorspannung kompensiert werden. Es ist natürlich auch möglich, die Eichung direkt mittels einer Sinusspannung auszuführen. Man muß aber bei diesen direkten Eichungen für die Effektivspannung bedenken, daß dieselben nur für Sinusspannungen richtig sind, während die Eichungen mit Mittelwerten für alle Fälle gelten. Das angegebene Instrument kann auch dazu dienen, den Formfaktor einer Spannung zu bestimmen. Dies ist zum Teil auf Seite 51 und 308 näher verfolgt.

83. Die Dreielement-Vakuumröhre für die Messung von Maximalamplituden von Spannungswellen[1]). Wenn verhältnismäßig normale Scheitelspannungen bestimmt werden sollen, so bildet die Röhren-

[1]) Hund, A.: El. u. Maschinenb. 1915, S. 533.

anordnung in Abb. 115 ein gutes Meßsystem. Man macht dabei von der Tatsache Gebrauch, daß der Thermionenstrom von der glühenden Kathode zur Anode durch ein geeignetes negatives Gitterpotential vernichtet werden kann.

Zur Messung der maximalen Amplitude E_x eines gewissen Spannungszuges stellt man zunächst, bevor die Spannung E_x eingeschaltet ist, die Schleifkontakte des Gitterspannungsteilers so ein, daß der

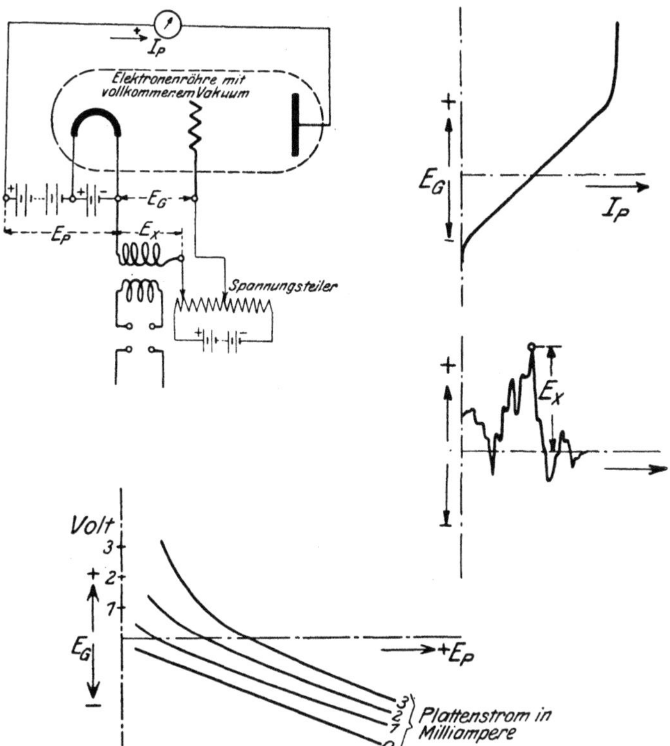

Abb. 115. Das Röhrenvoltmeter für verhältnismäßig normale Maximalspannungen.

Anodenstrom gerade verschwindet. Darauf wird die zu messende Spannung E_x dem konstanten Gitterpotential überlagert. Das bekannte Gitterpotential E_G wird dann wiederum verändert, bis das Anodenkreisinstrument gerade Stromlosigkeit anzeigt. Das zugefügte negative Gitterpotential, d. h. die Spannungsänderung zwischen der ursprünglichen und neuen Nullstromeinstellung, mißt dann den Scheitelwert E_x.

Obiges Verfahren hat den Nachteil, daß eine sehr hohe Gitterspannung notwendig ist, um gleichwertige Maximalwerte direkt zu bestimmen. In Abb. 116 wird von dem Verstärkungsfaktor[1]) k_A einer gewöhnlichen Dreielementröhre Gebrauch gemacht, um eine sehr hohe Maximalspannung $E_{\max} = E_x$ mittels einer verhältnismäßig niederen EMK zwischen dem Gitter und dem negativen Ende des Glühkörpers zu bestimmen. Die Messung[2]) wird wie folgt ausgeführt:

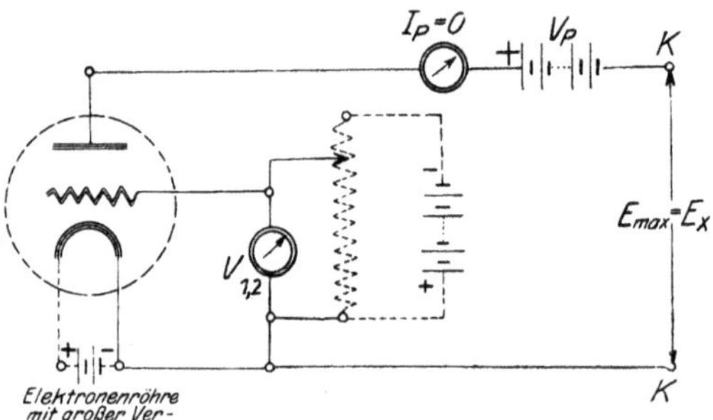

Abb. 116. Das Röhrenvoltmeter für höhere Maximalspannungen.

1. Der Gitterschleifer wird zunächst bei ausgeschalteter Meßspannung E_x und direkt verbundenen Klemmen KK längs des Spannungsteilers verschoben, bis der Anodenstrom I_P einen Nullwert annimmt. Dies ergibt die Voltmeterablesung V_1 und befriedigt den Ausdruck

$$I_P = k[V_P + k_A V_1 + m]^q = 0 .$$

2. Die Prüfspannung E_x wird an den Klemmen KK dem Anodenkreis aufgedrückt und der Schleifkontakt wiederum verschoben, bis der Anodenstrom verschwindet. Dies ergibt die Ablesung V_2 und den Ausdruck

$$[V_P + E_X + k_A V_2 + m]^q = 0 .$$

Aus beiden Gleichungen folgt:

$$E_X = k_A[V_1 - V_2] = \frac{V_P}{V_1}[V_2 - V_1] = V_P\left[\frac{V_2}{V_1} - 1\right].$$

Wenn sehr hohe Spannungen, wie bei Sprühentladungen, gemessen werden sollen, so ist das Koronavoltmeter von Herrn Professor Whitehead[3]) der Johns Hopkins University eine vortreffliche Anordnung, welche besonders dann sehr empfindlich ist, wenn Röhren zur Gleichrichtung oder zur Gleichrichtung mit Vergrößerung (Dreielementröhre) im Indikatorkreis verwendet werden. Die Methode beruht darauf,

---

[1]) Nicht Spannungsverstärkung.

[2]) Dieses Verfahren wurde mittels eines elektrostatischen Spannungsteilers für die Bestimmung sehr hoher Maximalspannungen erweitert (Hund, A.: Z. Hochfrequenztechn. Bd. 21, H. 5).

[3]) Whitehead, J. B., and N. Inouye: A.I.E.E. Jan. 1922, S. 1; eine sehr ausführliche Beschreibung dieses Scheitelspannungsmessers für Sprühspannungen wurde im Mai 1920 in A.I.E.E. von J. B. Whitehead and T. Isshiki veröffentlicht. Bereits im Jahre 1904 (A.I.E.E. Bd. 101) hat Herr Professor H. J. Ryan die Möglichkeit eines Sprühspannungsmessers angedeutet.

daß man ein Ionisationsgefäß ähnlich wie eine Dreielementröhre, aber in Luft anordnet. Eine perforierte zylindrische Elektrode ist von einer etwas größeren zylindrischen Elektrode umgeben und davon isoliert, während der Prüfdraht, dessen Sprühspannung studiert werden soll, längs der gemeinsamen Zylinderachse verläuft. Die perforierte Elektrode führt zur Erde und dem positiven Pol einer Batterie (ungefähr 100 Volt), während der negative Pol der Gleichstromquelle durch ein empfindliches Galvanometer zum äußeren Zylinder führt. Das Galvanometer liegt im Nebenschluß zu einem Widerstand und hat einen Vorschaltwiderstand. Sobald genügend hohe Spannungen zwischen dem axialen Prüfdraht und der Erde angelegt sind, erzeugt die Sprühspannung genügend Ionisation, um eine gewisse Leitfähigkeit zwischen den zylindrischen Elektroden herzustellen. Nach Dr. Whitehead ist es am besten, den positiven Pol an die äußere Elektrode anzulegen, da beim Einsetzen der Korona die Ionisation zuerst infolge der Bewegung von Elektronen einzutreten scheint und weil die Sprühentladung spitzenförmige Wellenform mit einer ausgeprägteren positiven Wellenhälfte aufweist. Da das Galvanometer den Differentialeffekt der Sprühentladewellen anzeigt, so sieht man, daß eine Gleichrichtung dieser Entladung bessere Ergebnisse liefert. Man schaltet dann am besten einen Zweielementgleichrichter so in den Galvanometerkreis ein, daß die Anode des Gleichrichters mit der äußeren Zylinderelektrode verbunden ist. Die Anordnung ist sehr empfindlich, wenn das Gitter einer Dreielementröhre zum äußeren Zylinder führt und die heiße Kathode den Koronakreis gegen das geerdete Ende hin schließt. Der Indikator liegt dann im Anodenkreis der Dreielementröhre, welcher außerdem die Anodenerregung enthält.

Obige Anordnung kann nicht nur dazu benutzt werden, die Sprühspannung zu studieren, sondern auch, um einen Normalspannungsmesser zu haben, da die Sprühwirkung bei einer bestimmten Spannung einsetzt und mittels des Luftdruckes geändert werden kann, wenn ein und derselbe axiale Draht benutzt wird. Für die gewöhnlichen Wechselströme der Starkstromtechnik hat man nach Prof. Whitehead die Beziehung

$$\frac{E}{D} = k_1 + \frac{k_2}{\sqrt{D \cdot r}},$$

d. h. eine lineare Beziehung zwischen E/D und $1/\sqrt{D \cdot r}$. Hierin bedeutet E den Spannungsgradienten in Kilovolt/cm an der Oberfläche des axialen Drahtes von Radius r cm und D die relative Luftdichte innerhalb des Ionisationsgefäßes. Die relative Luftdichte berechnet sich aus der bekannten Beziehung

$$D = \frac{3{,}92\,p}{t^0},$$

wenn p den Druck in cm der Quecksilbersäule und t^0 die absolute Temperatur (= 273 + Celsiusgrade) bedeuten. Ein empirisches Gesetz, welches für Hochfrequenz gilt, ist noch ein offenes Problem. Doch scheint es, daß für einen kurzen axialen Draht (kurz im Vergleich zur Wellenlänge) nur die Konstanten k_1 und k_2 einer Bestimmung bedürfen.

84. Direkt anzeigende Röhrenspannungsmesser[1]. Dieselben beruhen auf der Gleichrichterwirkung einer gewöhnlichen Dreielementröhre. Die Gleichrichterwirkung kann entweder längs des gekrümmten Teils der Gitterpotential-Anodenstromschaulinie erzeugt werden oder auch, wenn die Röhre längs der Krümmung der Gitterpotential-Gitterstromcharakteristik arbeitet. Wenn keine Spannung an den Apparat angelegt ist, stellt sich ein bestimmter Anoden- bzw. Gitterstrom ein, während bei angelegten Spannungen andere Stromwerte sich einstellen. In vielen Fällen ist es zweckmäßig, mittels der Änderung im Anodenstrom die angelegten Spannungen zu messen. Man kann hierbei die Empfindlichkeit bedeutend erhöhen, wenn man den normalen Anodenstrom mittels einer Hilfsspannung gerade kompensiert. Irgendwelche im Gitterkreise angelegten Spannungen erzeugen dann einen Differenzstrom, der an einem empfindlichen Instrument (Mikroamperemeter oder dergleichen) abgelesen werden kann. Der Differenzstrom ist dann ein Maß für die zu messende Spannung.

85. Spannungsmesser, welcher die Krümmung der Gitterspannung-Anodenstromkurve benutzt. Die Anordnung in Abb. 117 stellt die einfachste Art eines direkt anzeigenden Röhrenvoltmeters dar. Man benutzt dabei nur eine Stromquelle (A). Dieselbe erregt die Kathode der Röhre, liefert die richtige negative Gittervorspannung und legt infolge des Spannungsverlustes längs des Glühfadens ein gewisses positives Potential an die Anode mit Bezug auf das negative Ende der glühenden Kathode. Wenn gewöhnliche Empfangsröhren benutzt werden, kann man mittels einer solchen Anordnung Spannungen bis zu ungefähr 1,5 Volt messen. Die untere Grenze beträgt ungefähr $^1/_4$ Volt für die Durchschnittsröhre, obgleich man mittels einer sehr geeigneten Röhre weit kleinere Spannungen messen kann. Die Anordnung wird wie folgt geeicht. Der Schalter wird geschlossen und S_1 solange verschoben, bis der normale Glühfadenstrom fließt. Man muß zu diesem Zwecke

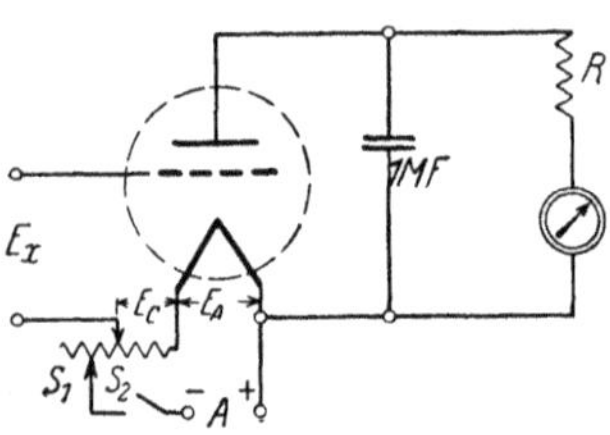

Abb. 117. Röhrenvoltmeter für $^1/_4$ bis 1,5 Volt (nur eine Stromquelle).

[1] Apparate dieser Art wurden von E. B. Moulin: Wireless World and Radio Rev. 1922 ausgearbeitet.

einen Strommesser einschalten. Dann verschiebt man S_2, bis das Mikroamperemeter im Anodenkreise gerade einen Nullstrom anzeigt, wenn die E_x-Klemmen kurzgeschlossen sind. Diese Kontaktstelle wird festgelötet. Der Strommesser für den Glühfadenstrom wird ausgeschaltet und S_1 solange verschoben, bis der Anodenstrom gerade wieder verschwindet. Zu Eichung legt man an die E_x-Klemmen einen Widerstand von 10 Ohm und außerdem an dieselben Klemmen eine veränderliche Wechselspannung (50 Perioden/Sek-Lichtnetz). In der Zuleitung befindet sich ein Milliamperemeter, so daß man aus dessen Ausschlag und dem Widerstand 10 Ohm die am Gitter wirkende Wechselspannung mit Leichtigkeit berechnen kann. Hiernach trägt man die angelegten Spannungen in Abhängigkeit vom Ausschlag des Anodeninstrumentes auf. Die Eichung gilt für alle hohen Frequenzen, solange der Gitterkreis mit einem geschlossenen Leiter (Widerstand, Spule), dessen Klemmenspannung gemessen werden soll, verbunden ist. Die Ablesungen haben wenig Sinn, wenn der angelegten Spannung eine Gleichstromkomponente überlagert ist. Soll das Voltmeter benutzt werden, so schließt man zunächst die E_x-Klemmen kurz und verschiebt den Schleifkontakt S_1 solange, bis der Anodenstrom gerade verschwindet; danach legt man die zu messende Spannung an, für welche die obige Eichung eine Genauigkeit von etwa 2% ergibt.

86. Spannungsmesser, welcher die Krümmung der Gitterspannung-Gitterstromkurve benutzt. Die in Abb. 118 angedeutete Anordnung ermöglicht die direkte Ablesung von ungefähr $^1/_2$ bis 10 Volt, wenn eine gewöhnliche Empfangsröhre und ungefähr eine 80-Volt-Anodenbatterie verwendet werden. Da hier ein Gitterkondensator und eine Gitterableitung ϱ zur Anwendung gelangen, so können mit dieser Anordnung Wechselspannungen gemessen werden, selbst wenn ihnen Gleichspannungen (da Gleichspannungen keine Wirkung haben können) überlagert sind. Diese Anordnung mißt auch die an einem offenen Leiter (Kondensator) erzeugten Spannungen richtig. Die Eichung dieses Spannungsmessers kann in derselben Weise wie oben ausgeführt werden. Kleine Abweichungen am Anoden- und Glühfadenpotential beeinflussen die Eichung nur wenig.

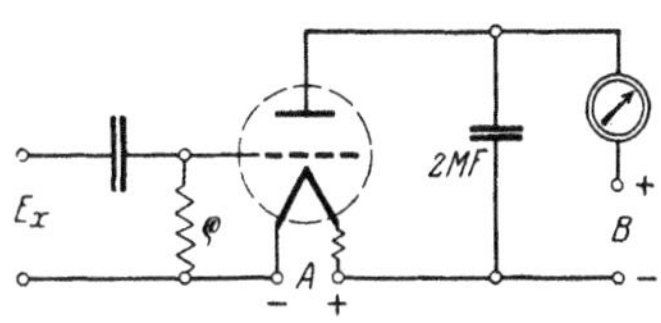

Abb. 118. Direkt anzeigender Spannungsmesser, der nicht von einer überlagerten Gleichspannung beeinflußt wird.

87. Empfindliches Röhrenvoltmeter mit direkter Ablesung. Die in Abb. 119 angegebene Methode hat den Vorteil, daß ein sehr empfindliches Instrument im Anodenkreis verwendet werden kann, um die Spannungen E_x an Hand einer Eichkurve direkt zu ermitteln, da nur der Unterschiedsstrom abgelesen wird. Die Widerstände R_1 und R_2 sind so gewählt, daß bei einem günstigen negativen Gitterpotential E_C das Mikroamperemeter gerade dann nicht anspricht, wenn die E_x-Klemmen kurzgeschlossen sind. Ein Röhrenvoltmeter dieser Art kann mit gutem Erfolg für Verstärkermessungen verwendet werden. Eine Eichung ist in diesem Falle nicht notwendig, da man mittels eines Spannungsteilers dieselben Anodenausschläge erzeugt, wenn das Voltmeter an der Eintritts- bzw. der Austrittsseite des Verstärkers angelegt ist. Für die Durchschnittsröhre $R_1 = 400$ bis $500\ \Omega$ und $R_2 = 3000$ bis $5000\ \Omega$.

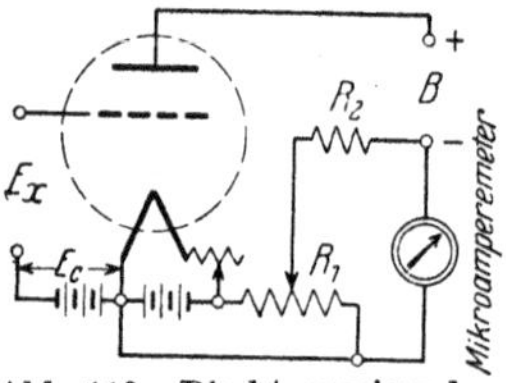

Abb. 119. Direkt anzeigender Röhrenspannungsmesser mit kompensiertem normalen Anodenstrom.

88. Zweistufiges Röhrenvoltmeter. Die Empfindlichkeit kann auch mittels zweier Stufen vergrößert werden, wie in Abb. 120 gezeigt ist. Wenn der gestrichelte Gitterkondensator verwendet wird, können Wechselspannungen auch mit überlagerter Gleichspannung gemessen werden. Die erste Röhre mit $B_1 = 20$ bis 30 Volt arbeitet als Detektor und die zweite Röhre mit $B_2 = 50$ bis 80 Volt als Verstärker. Die erste Röhre wird mittels der negativen Gittervorspannung $-C$ auf Nullstrom im Anodenkreis eingestellt. Dann wird der Schleifkontakt des 400 Ω-Spannungsleiters verschoben, bis das Amperemeter ungefähr 1,5 MA anzeigt. Wird nun E_x angelegt, so kommt das Gitter der zweiten Röhre auf ein stärkeres negatives Potential. Das Milliamperemeter zeigt infolgedessen einen kleineren Strom an. Die Wirkung ist daher folgende. Die erste Röhre arbeitet als Gleichrichter und die zweite als Verstärker. Die Anordnung kann sowohl für Hochfrequenzströme (wo dann eine kleinere Kapazität an Stelle von 0,1 MF zu wählen ist) als auch für Niederfrequenzströme verwendet werden. Mittels des Spannungsteilers (400 Ohm) kann man die Anordnung so einstellen, daß die Verstärkung durch die zweite Röhre im umgekehrten Sinne wie im Anodenkreise der ersten Röhre erfolgt. Der Spannungsabfall längs des Spannungsteilers ist gleich der Summe der Glühfadenspannungen beider Röhren. Man kann daher an das Gitter der zweiten Röhre eine passende negative Spannung anlegen. Wenn z. B. Sparröhren verwendet werden, die 3 Volt Glühfadenspannung benutzen, so kann man mit einem negativen Gitterpotential von 3 Volt an der Verstärkerröhre

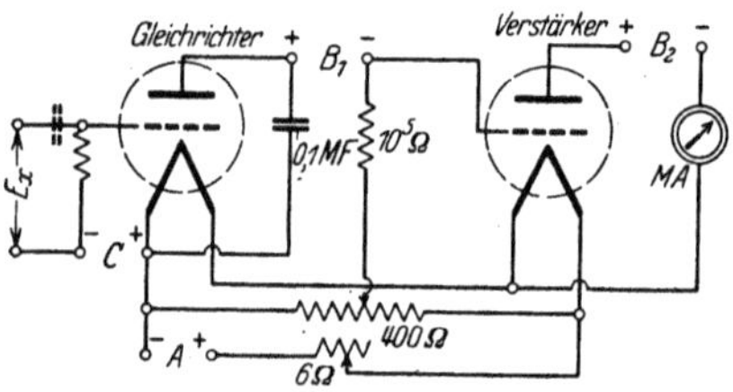

Abb. 120. Röhrenspannungsmesser.

einen Anodenstrom von 0,5 MA erhalten, während ca. 1,5 MA fließen, wenn der Schleifkontakt des Spannungsteilers auf der rechten Seite steht (positives Ende des Glühfadens). Wenn man daher den Schleifkontakt an dieser Stelle läßt, so bewirkt irgendeine Zunahme des durch den Widerstand von 10^5 Ohm fließenden Anodenstromes der ersten Röhre eine Verminderung des Gitterpotentials der zweiten Röhre und somit einen kleineren Anodenstrom in dieser Röhre. Die Verminderung hängt von dem Spannungsabfall längs der 10^5 Ohm und dem Verstärkungsfaktor der zweiten Röhre ab.

89. Röhrenvoltmeter als Millivoltmeter. Das soeben beschriebene Voltmeter kann auch zur Messung kleinerer Spannungen verwendet werden. Wenn aber die Anordnung in die Schaltung der Abb. 121 abgeändert wird, so kann man sie als Hochfrequenzmillivoltmeter benutzen. Um die Empfindlichkeit zu steigern, wird der normale Anodenstrom der letzten Röhre mittels E und R kompensiert. Der normale Anodenstrom ergibt sich dann, wenn die Klemmen E_x kurzgeschlossen sind und der Schleifkontakt S auf das richtige negative Gitterpotential eingestellt ist. Die Eichkurve $[E_x = f(I_d)]$ verläuft ungefähr linear, wenn gewöhnliche Empfangsröhren benutzt werden. Die Eichung wird wie oben erwähnt ausgeführt.

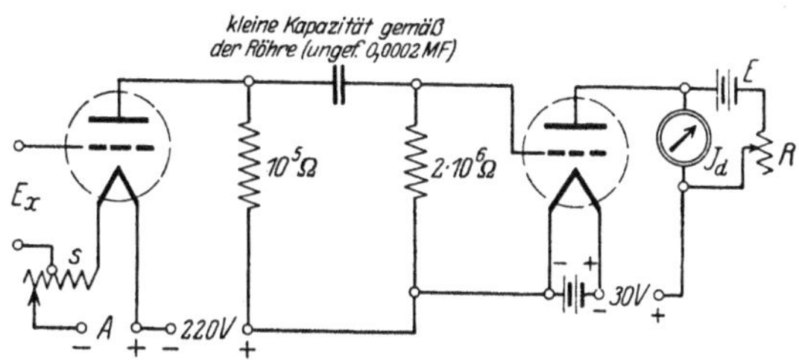

Abb. 121. Röhrenmillivoltmeter.

Die Kompensation mittels einer Hilfsspannung und eines veränderlichen Widerstandes hat bisweilen den Nachteil, daß ein großer Teil der zu messenden Stromänderung im Anodenkreis über den Parallelzweig verläuft. Dies ist um so mehr der Fall, wenn der Widerstand des Parallelzweiges verhältnismäßig klein ist. Man kann diesen Nachteil dadurch umgehen, daß man eine Röhre derselben Art wie die letzte Röhre des Voltmeters so an das Mikroamperemeter anschaltet, daß der Anodenstrom wie in Abb. 122 kompensiert wird. Eine solche Kompensation erhöht

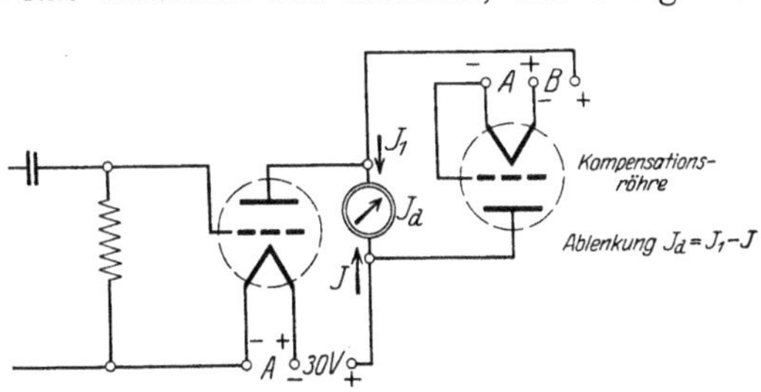

Abb. 122. Röhrenmillivoltmeterkompensation.

die Empfindlichkeit in hohem Maße, da der innere Widerstand der Kompensationsröhre sehr hoch im Verhältnis zu demjenigen des Mikroamperemeters ist.

90. Bestimmung der Klemmenspannung eines Thermokreuzes für eine bestimmte Erregung. Ein Verfahren benutzt die Anordnung in Abb. 102. Die Quelle wird zunächst an die Klemmen 1 und 2 angeschlossen. Das an die Klemmen 5 und 6 angelegte Galvanometer ergibt dann für eine gewisse Quellenspannung V die Ablenkung d_1. Der Schalter wird dann in die Lage 3 und 4 gebracht und die Ablesung d_2 ermittelt. Die mittlere Ablenkung $(d_1 + d_2)/2 = d$ entspricht somit der Durchschnittsspannung $(E_1 + E_2)/2 = E$ des Thermokreuzes.

Wenn das Galvanometer an die Klemmen 7 und 8 angelegt und dieselbe Durchschittsablenkung d mittels des Schleifers längs R eingestellt wird, so kann der Abfall zwischen dem festen und dem Schleifkontakt abgelesen werden. Wenn man davon den Spannungsabfall in dem Reihenwiderstand r abzieht, erhält man die Klemmenspannung E für eine Erregung I_0.

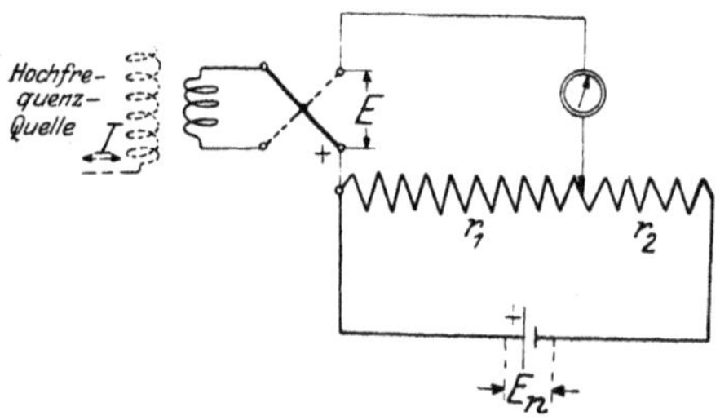

Abb. 123. Die Kompensationsmethode.

Die Kompensationsmethode in Abb. 123 verwendet die Normalspannung E_n und einen Schleifwiderstand $(r_1 + r_2)$. Die EMK des Thermokreuzes wird der Normalspannung E_n entgegengeschaltet und der Schleifkontakt verschoben, bis der Galvanometerstrom verschwindet. Man hat dann

$$\frac{E_n}{E} = \frac{r_1 + r_2}{r_1}$$

oder

$$E = \frac{r_1}{r_1 + r_2} E_n .$$

91. Erzeugung von Normalspannungen. Für die Eichung von Empfangs- und anderen Apparaten ist bisweilen die Kenntnis einer hochfrequenten Spannung notwendig. Die direkte Messung mittels Hitzdrahtgeräten ist nicht immer zuverlässig und recht schwierig, wenn verhältnismäßig kleine Spannungen bestimmt werden müssen.

Im wesentlichen kann man zwei brauchbare Methoden unterscheiden. Die eine (Abb. 124) benutzt einen induktions- und kapazitätsfreien Normalwiderstand r_n und berechnet die gesuchte Spannung aus der Beziehung

$$E = I \cdot r_n .$$

Wenn man für r_n einen dünnen kurzen Konstantendraht benutzt, der gerade 1^{Ω} Widerstand hat, so gibt die Ablesung am thermoelektrischen Strommesser direkt den Wert der gesuchten Spannung an. Der Widerstand des Heizdrahtes des Thermoelementes gibt für Werte in der Nähe von 30^{Ω} zusammen mit einem niederohmigen Galvanometer eine zweckmäßige Anordnung.

Die andere Methode (Abb. 125) verwendet zur sehr genauen Bestimmung von E einen Zwischenkreis, so daß der Strom möglichst frei

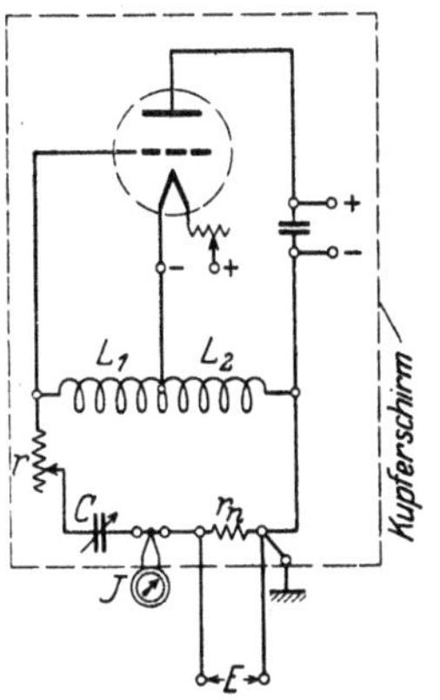

Abb. 124.

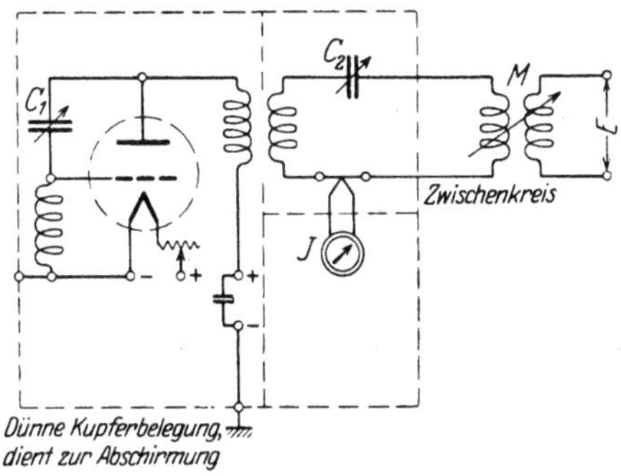

Abb. 125. Schwingungserzeuger zur Einstellung einer bekannten hochfrequenten Spannung E mittels einer gegenseitigen Induktion M.

von Oberwellen ist, andernfalls tritt ein Fehler von ungefähr 2 bis 3% auf. Man eicht die gegenseitige Induktion M in Henry für verschiedene Stellungen und berechnet für $\omega = 2\pi f^{\sim/\text{sek}}$ die gesuchte Spannung

$$E^{\text{Volt}} = \omega\, I^{\text{Amp.}}\, M^{\text{Henry}}\,.$$

92. Direkte Erzeugung von kleinen Normalspannungen. Wenn sehr große Hochfrequenzverstärkungen (z. B. 1000 bis 5000fach) direkt gemessen werden sollen, so ist es nicht immer zweckmäßig, die kleinen Normalspannungen, die der ersten Röhre aufgedrückt werden, entweder mittels eines Dämpfungsapparates oder sonstwie auf die gewünschten Werte herabzusetzen, da die Kraftfelder der Quelle direkt auf das Prüfstück wirken können. Es ist dann besser, den kleinen Hochfrequenzstrom, der die Normalspannung erzeugt, mit der richtigen Größe direkt zu erzeugen. Abb. 126 und 127 geben solche Verfahren[1]) an.

In Abb. 126 erzeugt ein Röhrengenerator einen Hochfrequenzstrom I_0 der Frequenz f, der mittels eines abgestimmten Zwischenkreises auf einen Gegentaktgleichrichter einwirkt. Der Zweck des

[1]) Roberts, Walter van B: Journal of the Franklin Institute, Bd. 201, S. 301. 1926.

Überbrückungsresonators ist, dem Gegentaktgleichrichter nur eine EMK. der Grundfrequenz f aufzudrücken und besonders eine EMK. der Fre-

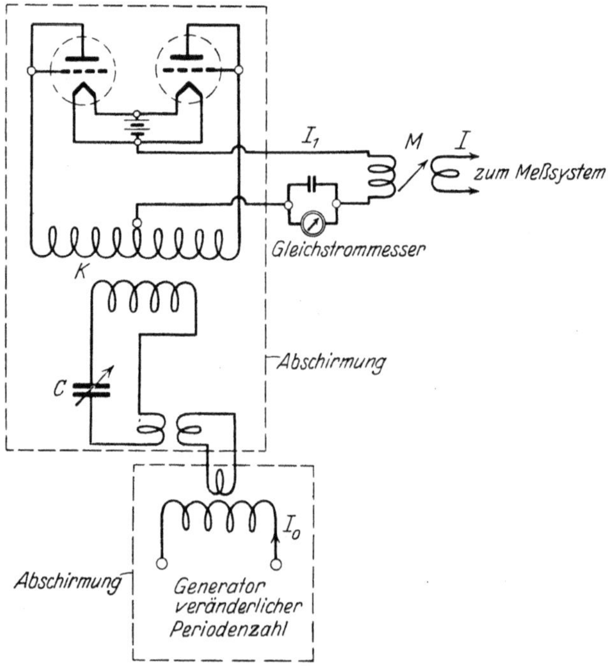

Abb. 126. Messung kleiner Normalströme I mittels eines Gleichstromanzeigers (Mikroamperemeter).

quenz, $2f$ die im Generator gleichzeitig vorhanden ist, praktisch zu unterdrücken. Im Gleichrichterkreise ergibt sich dann ein Gleichstrom, dem eine kräftige Komponente I_1 der Frequenz $2f$ überlagert ist. Solange, als die Kopplung K und somit I_1 klein gehalten werden, zeigt der Gleichstrommesser direkt die Größe von I_1 an und der kleine Strom I kann mittels I_1 und M gefunden werden. Wenn der Grundstrom I_0 z. B. mittels einer Reihenwechselspannung im Anodenkreise des Generators moduliert wird, so ist die Modulation für I_1 zweimal so groß.

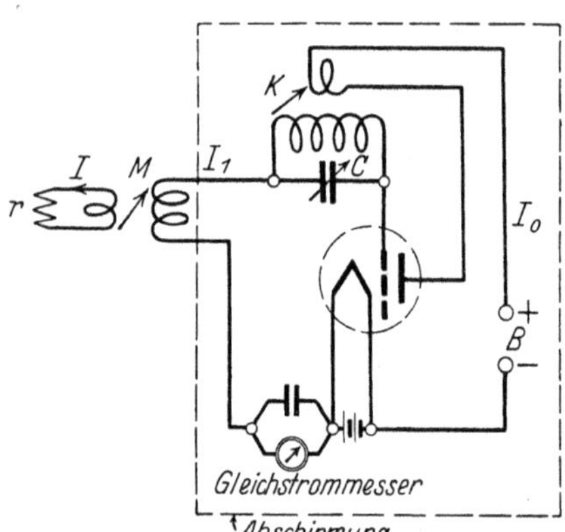

Abb. 127. Erzeugung sehr kleiner Normalspannungen mittels des Gitterstromes eines Generators.

Die in Abb. 127 angegebene Methode benutzt dieselbe Röhre zur Erzeugung des Stromes I_0 (Wechselstromkomponente der Grundfrequenz f im Anodenkreise) und zur Gleichrichtung (Gitter-Glühfaden) der im Gitterkreise durch die Rückkopplung K induziertem Ströme. Ein Gleichstromanzeiger im Gitterkreise gibt dann für kleine Ströme I_1 (Wechselstromkomponente der Frequenz $2f$) den effektiven Wert von I_1 direkt an und die Hochfrequenzspannung an den Klemmen von r kann dann mittels I berechnet werden. I ist von M und I_1 berechenbar. Wenn die Normalspannung moduliert sein muß, schaltet man eine Wechselspannung in Reihe mit B und erhält zweifache Modulation in I. Die Amplitute von I verändert man mittels K und M. Da K die Frequenz des Generators beeinflußt, ist es zweckmäßig, mittels eines anderen Generators oder eines Frequenzmessers die richtige Frequenz zu bestimmen.

XI. Bestimmung der Wellenlänge, Periodenzahl und Periodendauer.

93. Wellenlänge und Lichtgeschwindigkeit, Wellenmesser. Geradeso wie für die gewöhnliche Bewegung die Geschwindigkeit v mit dem während der Zeit t zurückgelegten Weg S durch die Beziehung

$$v = \frac{S}{t}$$

verknüpft ist, so hat man für die Wellenlänge λ, die Fortpflanzungsgeschwindigkeit v und Periodenzeit T den Ausdruck

$$v = \frac{\lambda}{T} = f \cdot \lambda .$$

Wenn f für die Frequenz (Periodenzahl), d. h. Zahl der Schwingungen in der Sekunde steht und die Wellenlänge λ in Metern ausgedrückt ist, so ist der Wert der Fortpflanzungsgeschwindigkeit in den meisten praktischen Fällen $v = 3 \cdot 10^8$ m/Sek. (Wenn Hochfrequenzströme sich längs sehr langen elektrischen Leitern fortpflanzen, so können kleinere Geschwindigkeiten auftreten.) Man sieht deshalb, daß eine Kenntnis der Wellenlänge gleichzeitig diejenige der Frequenz und der Periode mit einschließt. Die Wellenlänge hat sich jedoch mehr eingebürgert, trotzdem die Periodenzahl eine bequemere Größe für Laboratoriumszwecke ist. Der Grund dafür liegt in der Tatsache, daß man sich in der gewöhnlichen Wechselstromtechnik ausschließlich mit der Frequenz bedient. Bei Hochfrequenzmessungen hat man es ebenfalls mit Strömen zu tun, die eine gewisse Periodenzahl haben, während der Begriff der Wellenlänge nur einen Sinn hat, wenn man sich die Wellenbildung entweder längs Leitungen oder im offenen Raume vorstellt. Außerdem ist die Frequenz eine bestimmte Größe, während sich die Wellenlänge für ein und dieselbe Frequenz etwas verändern kann. So hat z. B. die Periodenzahl denselben Wert im Generator, in der Senderantenne, im freien Raum und in allen Teilen des Empfangssystems. Dies ist nicht der Fall für die entsprechende Wellenlänge, da die Geschwindigkeit im freien Raume etwas größer ist als die Fortpflanzungsgeschwindigkeit längs Drähten; z. B. beträgt dieselbe für eine sehr lange Antenne (Wellenantenne) nur 80 bis 90% der Lichtgeschwindigkeit.

In der Radiotechnik gibt es jedoch gewisse Gebiete, in denen der Begriff der Wellenlänge eine Rolle spielt und in physikalischer

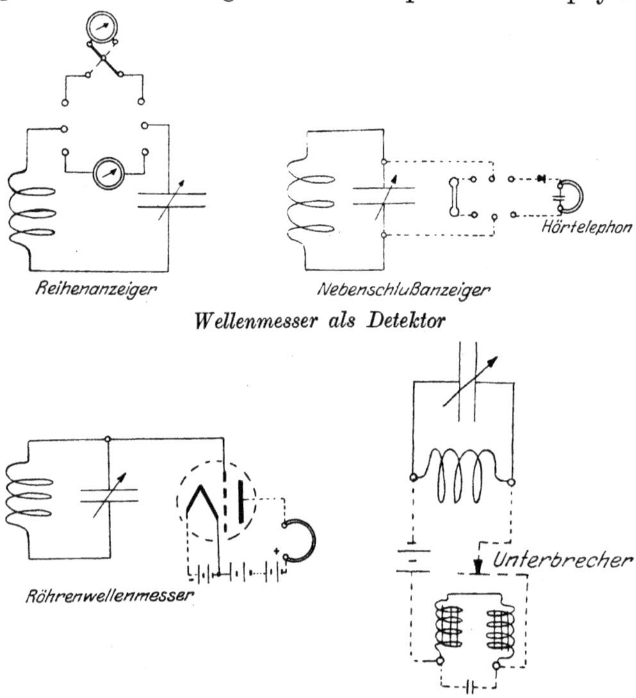

Abb. 128. Gebräuchliche Laboratoriums-Wellenanzeiger (Frequenzanzeiger).

Hinsicht besser erscheint. Dies trifft z. B. für die Wellenbildung längs Leitungen, Fortpflanzung über große Entfernungen, Schwebungserklärungen der Feldstärken infolge leitender Schichten (Heaviside-Kennelly-Schicht) zu[1]).

Was die Wellenmesser (bzw. Frequenzmesser) anbelangt, so sei auf die Schaltungen in Abb. 128 hingewiesen. Man kann zwischen

[1]) Am Ende des Bandes sind 2 Tabellen gegeben für die direkte Ablesung der Periodenzahl f, Schwingungskonstande $C \cdot L$ und der Wellenlänge. Für die eine Tabelle (die im U. S. Bureau of Standards zusammengestellt wurde, ist die wahre Lichtgeschwindigkeit zugrunde gelegt.

Detektoren und Erregern unterscheiden. Die ersteren benötigen nur Indikatoren und keine Erregung, wenn keine Glühkathodenröhre verwendet wird, und beruhen wie die meisten genauen und einfachen Laboratoriumswellenmesser auf dem Resonanzprinzip[1]). Der Anzeiger mißt deshalb den maximalen Stromeffekt direkt oder mittels einer Nebenschlußschaltung. Für die letztere benutzt man entweder eine Neonröhre, ein Hörtelephon oder ein Galvanometer. Das letztere ist immer dann notwendig, wenn ungedämpfte Wellen vorliegen und keine Schwebungen (Heterodynewirkungen) erzeugt werden. Wenn Reihenanzeiger verwendet werden, so bildet ein Thermo-Galvanometer oder ein niederohmiges Hitzdrahtinstrument einen guten Detektor. Als Wellenmesser-Erreger kann man entweder einen Röhrenschwingungserzeuger benutzen, bei dem der Glühfaden und das Gitter an die Kondensatorklemmen des Resonanzkreises angelegt werden, oder einen Unterbrecherkreis. Wenn große Genauigkeit der Eichung verlangt wird, muß die Wellenlänge für die verwendete Indikatoranordnung des Wellenmessers bestimmt werden.

94. Die Eichung eines Wellenmessers. Ein Wellenmesser wird am bequemsten mittels eines veränderlichen Normalkreises, dessen

[1]) Die technischen Wellenmesser, die selbständig anzeigen, bilden gute Schalttafelinstrumente, wo ein etwas größerer Energieverbrauch und sehr zuverlässige Ablesungen keine so große Rolle spielen. Apparate dieser Art beruhen gewöhnlich auf der Tatsache, daß die Verzweigungsströme bei richtiger Dimensionierung der Zweige sich so ändern, daß für irgendeine Zuflußstromstärke das Verhältnis der Zweigströme nur von der Frequenz abhängt. Die Anordnungen von Seibt (Jahrb. drahtl. Telegr. u. Telef. 1916, S. 504) sowohl als diejenige von G. Ferrié und J. Carpentier (Longueur d'Onde, La Lumière Électr. 1910, S. 427) und der Wellenmesser von Herrn Oberingenieur O. Scheller (Jahrb. drahtl. Telegr. u. Telef. 1916, S. 507) und H. Thurn (Jahrb. drahtl. Telegr. u. Telef. Aug. 1921) gehören in diese Gruppe. Die Systeme von Seibt und Scheller benutzen einen dynamometrischen Indikator mit feststehenden Richtungsspulen und einem leichten drehbaren Kurzschlußring (Anker), während der Wellenmesser von Colonel Ferrié die zwei Abzweigströme auf Hitzdrahtmesser so einwirken läßt, daß der Kreuzungspunkt der Zeiger entweder die Wellenlänge oder die Spannung angibt. Der Unterschied zwischen dem Seibtschen und dem Wellenmesser von Scheller besteht darin, daß ersterer zwei Parallelströme, welche vom zu messenden System herkommen, auf die Richtungsspulen einwirken läßt, während letzterer die „Spannungsströme" einer Reihenanordnung im zu messenden System verwendet und in einer solchen Weise, daß das Richtungsfeld der einen Richtungsspule des Dynamometers für die kleinste und dasjenige der anderen für die größte Wellenlänge verschwindet. Man hat deshalb eine Skala von nahezu 180 Graden. Die Serienanordnung besteht daher aus den Hauptimpedanzen Z_1 und Z_2, welche die Spannungsströme an deren Endpunkten erzeugen, und zwar so, daß $Z_1 = n_1 L_1 + 1/n C_1 = 0$ und $Z_2 = n_2 L_2 + 1/n C_2 = 0$ für die kleinste Winkelgeschwindigkeit $n_1 = \alpha \pm j(2\pi f_1)$ und die größte Winkelgeschwindigkeit $n_2 = \alpha \pm j(2\pi f_2)$ des zu untersuchenden Hochfrequenzstromes.

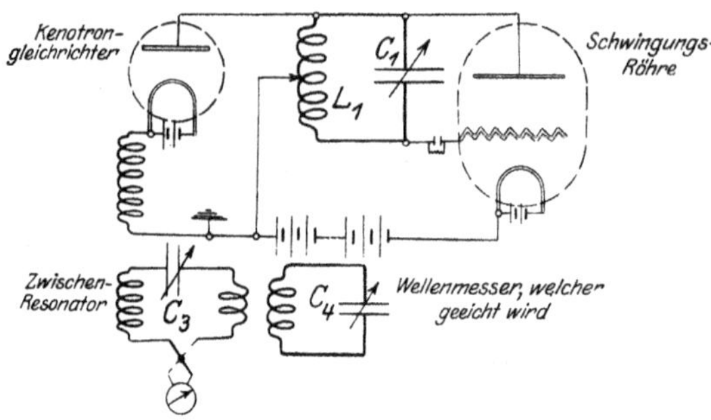

Abb. 129. Eichung eines Wellenmessers.

Eigenwelleneinstellungen bekannt sind, geeicht. Die bezüglichen Eigenwellenlängen des Normalkreises werden entweder aus dessen Konstanten berechnet oder mittels der Feddersen-Methode festgelegt.

Die harmonische Vergleichsmethode, die in Abb. 129 angedeutet ist,

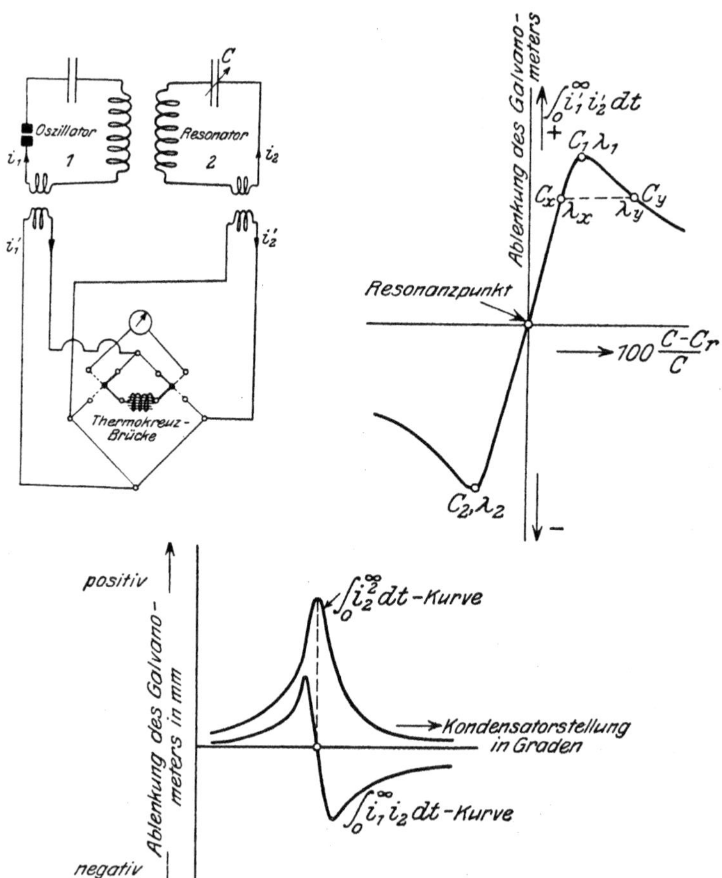

Abb. 130. Eichung eines Wellenmessers und Resonanzmessung.

benutzt die Eigenschaft, daß die Wellen, welche von einem Röhrenschwingungserzeuger erhalten werden, etwas verzerrt sind und deshalb Oberschwingungen mitführen. Dieselben werden durch den Kathodengleichrichter verstärkt und mittels des Zwischenresonators auf den Prüfwellenmesser übertragen. Die Abstimmung des Zwischenresonators[1]) ist durch eine maximale und diejenige des Wellenmessers durch eine minimale Ablenkung des Thermo-Galvanometers erkennbar. Der Normalkreis $C_1 - L_1$ ist an die Schwingungsröhre angeschlossen. Der Prüfkreis C_4 wird dann zuerst auf die Grundwelle von $C_1 - L_1$ und hiernach auf die nächsten Oberschwingungen abgestimmt. Hierauf wird die Kondensatorstellung C_1 etwas geändert und derselbe Prozeß wiederholt. Der Eichbereich ist daher beträchtlich, selbst wenn die maximale Eigengrundwellenlänge des Normalkreises $C_1—L_1$ verhältnismäßig niedrig ist.

Die Anordnung Abb. 130 benutzt eine Thermokreuzbrücke für die Eichung eines Wellenmessers. Der lose gekoppelte Resonator stellt den Prüfwellenmesserkreis dar, während der Oszillator den Normalkreis bedeutet. Dieser Kreis wird entweder mittels eines Unterbrechererregers oder einer Funkenstrecke betrieben. Die Galvanometerablenkung verschwindet immer, wenn beide Kreise aufeinander abgestimmt sind, da für diesen Fall $\int_0^\infty i_1 i_2 dt = 0$ und die Ströme i_1 und i_2 praktisch 90 Zeitgrade gegeneinander verschoben sind.

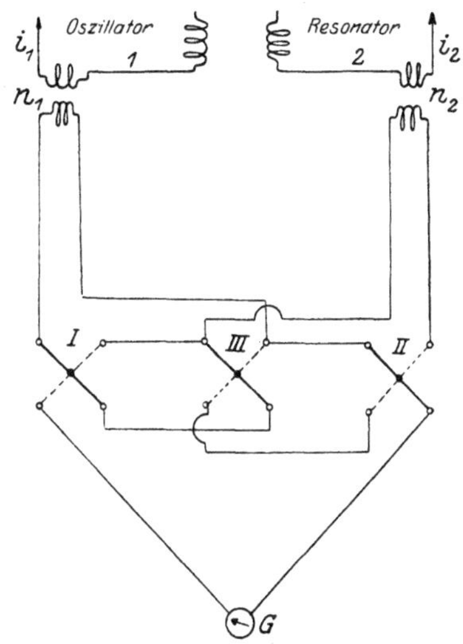

Abb. 131. Resonanzmessung.

Die Methode in Abb. 131 beruht ebenfalls auf einer Nulleinstellung des Galvanometers G und der Verwendung dreier Thermokreuze. Das Vergleichsverfahren ist dasselbe wie oben.

Das Verfahren in Abb. 132 setzt

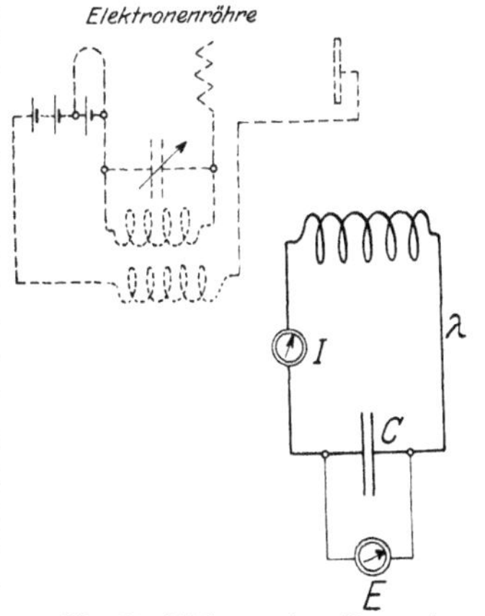

Abb. 132. Eichung eines Resonators.

[1]) Es ist notwendig, daß die Kopplung zwischen den Resonatoren und dem Überbrückungsresonator und dem Schwingungserzeuger lose ist, da andernfalls die endgültige Einstellung nicht der richtigen Wellenlänge entsprechen kann. Wenn die Kopplung zwischen dem C_3-Kreis und dem Wellenmesser sehr eng ist, so kann man z. B. bei einer Verkleinerung von C_4 einen Minimalausschlag im Galvanometer erhalten, der einer zu großen Wellenlänge entsprechen würde.

Sinusschwingungen voraus und benutzt die Beziehungen

$$E^{\mathrm{V}} = \frac{I}{\omega C} = \frac{I^{\mathrm{A}} \lambda^{\mathrm{m}}}{6\pi \cdot 10^8 C^{\mathrm{F}}}$$

für die effektive Spannung E am Luftkondensator bei dem Strom I. Die natürliche Wellenlänge des lose gekoppelten Resonators wird dann

$$\lambda^{\mathrm{m}} = 1884 \frac{E^{\mathrm{V}} \cdot C^{\mathrm{MF.}}}{I^{\mathrm{A}}}$$

$$= 2{,}09 \cdot 10^{-3} \frac{E^{\mathrm{V}} C^{\mathrm{cm}}}{I^{\mathrm{A}}}.$$

95. Die Methode von Feddersen. Wenn in der Anordnung Abb. 133 der Funken in einem verhältnismäßig langsam rotierenden Spiegel

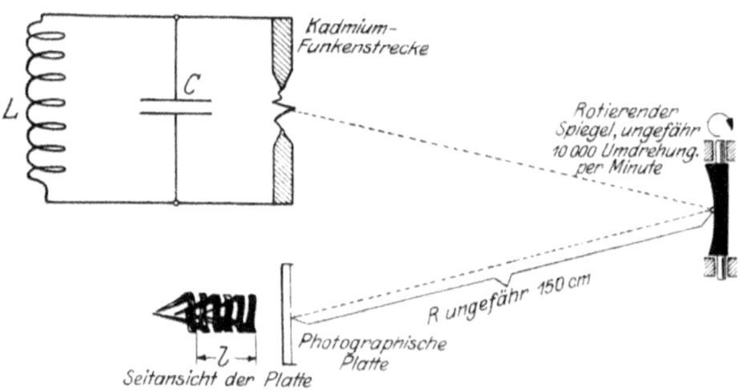

Abb. 133. Prof. Feddersens Methode.

betrachtet wird (ungefähr 100 U.P.M.), so sieht man parallele, leuchtende Streifen. Dieselben werden mit der doppelten Winkelgeschwindigkeit gegen die Platte hin abgelenkt, als sie der rotierende Spiegel aufweist, und jeder dieser Streifen entspricht einem vollständigen Wellenzuge. Wenn die Umdrehungsgeschwindigkeit jedoch auf ungefähr 10 000 oder gar 15 000 U.P.M. gesteigert wird, so werden diese Streifen ausgezogen, wie man aus der Seitenansicht der Abbildung ersehen kann[1]). Man kann dann erkennen, ob man es mit ultra-, aperiodischen oder Schwingungsentladungen zu tun hat. Wenn R die Entfernung in mm zwischen der Platte und dem Drehspiegel und n die Umdrehungen in der Minute bedeutet, so wird die Winkelgeschwindigkeit

$$\omega = \frac{2\pi n}{60} \text{ Radian}^{2)} \text{ pro Sekunde}$$

[1]) Eine nähere Erklärung des Bildes ist durch Abb. 134 gegeben.

[2]) Ein Radian ist der geometrische Zentriwinkel zu einem Bogen von der Länge des Radius. Da 2π einem Winkel von 360° entspricht, so ist 1 Radian $= 360/2\pi = 57° \, 17' \, 44{,}8''$.

und die Bewegungsgeschwindigkeit des Funkenbildes auf der Platte

$$v = 2\omega R = \frac{4\pi n}{60} R.$$

Die Länge l^{mm} der Platte wird während $t^{\mathrm{Sek.}}$ beleuchtet und

$$t = \frac{l}{v} = \frac{60}{4\pi} \frac{l}{nR}.$$

Wenn f' vollständige Schwingungen auf die Länge l fallen, d. h. f' leuchtende Streifen derselben Polarität, so hat man für die Wellenlänge λ, Periode T und die Frequenz f der Hochfrequenzschwingung

$$\frac{\lambda^{\mathrm{m}}}{3 \cdot 10^8} = \frac{1}{f} = T = \frac{t}{f'}$$

und

$$f^{-\mathrm{Sek.}} = \frac{4\pi}{60} \frac{n^{\mathrm{U.P.M.}} \cdot R^{\mathrm{mm}} \cdot f'}{l^{\mathrm{mm}}},$$

$$\lambda^{\mathrm{m}} = \frac{60}{4\pi} 3 \cdot 10^8 \frac{l}{n \cdot R \cdot f'}.$$

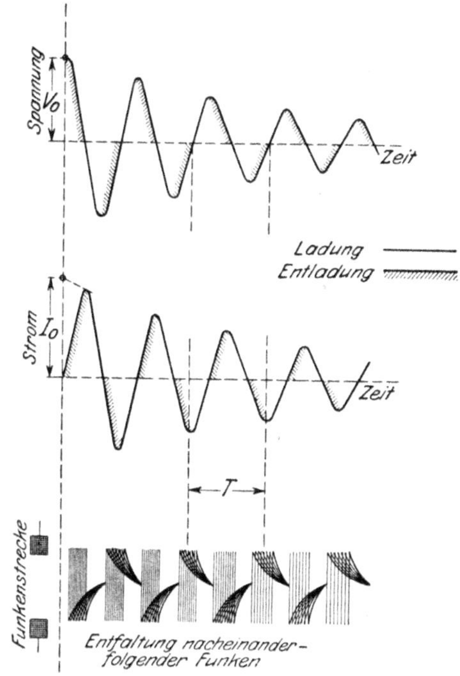

Abb. 134. Der oszillatorische Charakter eines Funkens.

96. Gehrkes Glimmlichtoszillograph. Die einfachste Anordnung ist in Abb. 135 angedeutet, für die ein rasch rotierender Spiegel wie bei der Feddersen-Methode verwendet wird. Die Schaltung in Abb. 136 benutzt die Schwebungsmethode für die Bestimmung der unbekannten Frequenz. Die Theorie, auf der dieses Meßverfahren beruht, ist folgende: Wenn die Frequenzen f_1 und f_2 der Kreise I und II etwas verschieden gewählt sind und auf den aperiodischen Kreis III einwirken, so bestehen Zeiten, in denen sich die Wirkungen addieren und Augenblicke, in denen sie sich teilweise bzw. vollständig aufheben. Man hat deshalb mit einem periodischen Verstärken und Schwächen, d. h. mit Schwebungen, zu rechnen, da nach den Beziehungen f_1 und $f_2 = f_1 + f_s$ in jeder Sekunde f_s Übereinstimmungen (Schwebungen) entstehen. Wenn z. B. die Komponentenwellen dieselben Maximalamplituden $I_{1\max} = I_{2\max} = I_{\max}$ aufweisen, so wird der momentane Strom in III

$$i = I_{\max}[\sin 2\pi f_1 t + \sin 2\pi(f_1 + f_s)t],$$

$$= 2 I_{\max} \cos\left(\frac{2\pi f_s}{2}\right) t \sin 2\pi(f_1 + \tfrac{1}{2} f_s) t.$$

Der resultierende Strom hat deshalb die harmonische Form $A \sin 2\pi (f_1 + \frac{1}{2} f_s) t$ der Periodenzahl $f_1 + \frac{1}{2} f_s$, welche halbwegs f_1 oder f_2 ist, mit einer maximalen Amplitude $A = 2 I_{\max} \cos \frac{2\pi f_s}{2} t$. Da der Unterschied $f_1 - f_2$ klein ist, so ändert sich die Amplitude nur langsam von $2 I_{\max}$ über Null zu $-2 I_{\max}$ usf. Die Stromwelle i_5 zeigt die Schwebe-

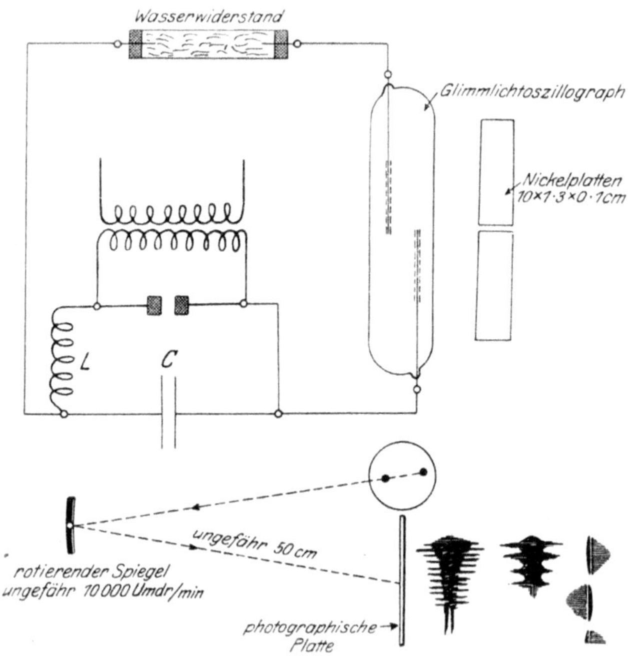

Abb. 135. Dr. Gehrkes Oszilloskop.

frequenz $f_s = f_1 - f_2$ an. Dieselbe kann mittels eines Hörtelephons und eines geeichten akustischen Instrumentes gefunden werden[1]). Wenn photographische Aufnahmen gemacht werden, so berechnen sich die Komponenten-Wellenlängen und Frequenzen mittels der Ausdrücke

$$\left.\begin{aligned} f_1 &= \frac{\pi}{30} n R \left[\frac{1}{l_1} + \frac{2}{l_2}\right] \\ f_2 &= \frac{\pi}{30} n R \left[\frac{2}{l_2} - \frac{1}{l_1}\right] \end{aligned}\right\} \quad \text{bzw.} \quad \left.\begin{aligned} \lambda_1^{\mathrm{m}} &= \frac{9 \cdot 10^9}{\pi} \frac{1}{n R \left[\frac{1}{l_1} + \frac{2}{l_2}\right]} \\ \lambda_2^{\mathrm{m}} &= \frac{9 \cdot 10^9}{\pi} \frac{1}{n R \left[\frac{2}{l_2} - \frac{1}{l_1}\right]} \end{aligned}\right\},$$

[1]) Ein Gleichrichter ist zu diesem Zwecke, wie z. B. in Abb. 136 angedeutet ist, eingeschaltet.

da für eine Entfernung R zwischen der Platte und dem Drehspiegel und n Umdrehungen in der Minute

$$T_s = \frac{1}{f_1 - f_2} = \frac{l_1 60}{n R 4\pi}$$

und

$$T_3 = \frac{2}{f_1 + f_2} = \frac{l_2 60}{n R 4\pi}.$$

l_1, l_2 und R sind in mm zu messen. Da die Entfernung l_2 gewöhnlich recht klein ausfällt, so mißt man am besten ein Vielfaches für mehrere Perioden ab und berechnet l_2.

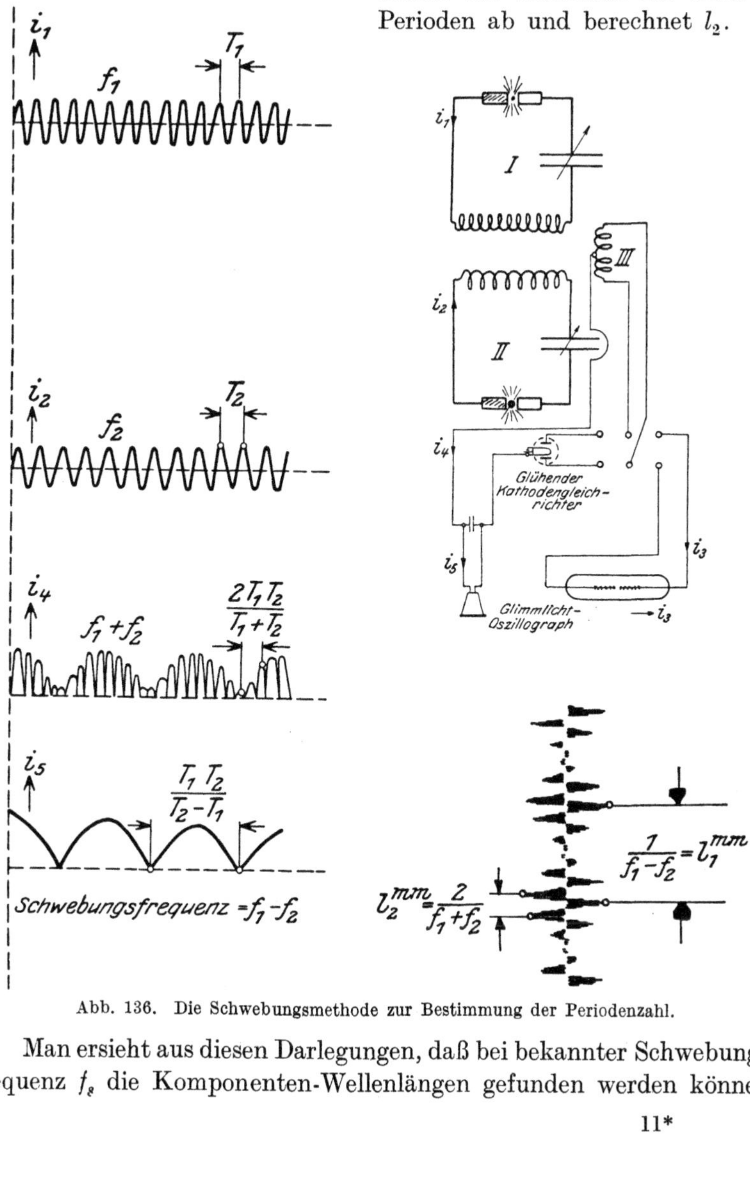

Abb. 136. Die Schwebungsmethode zur Bestimmung der Periodenzahl.

Man ersieht aus diesen Darlegungen, daß bei bekannter Schwebungsfrequenz f_s die Komponenten-Wellenlängen gefunden werden können.

Wenn z. B. N vollständige Schwingungen während der Zeit T_s entstehen, so hat man für die Periode T_3 der kombinierten Welle

$$T_3 = \frac{T_s}{N} = \frac{1}{f_s N} = \frac{1}{f_3}$$

aber

$$f_3 = \frac{f_1 + f_2}{2}$$

und somit

$$\frac{3 \cdot 10^8}{\lambda_1^{\mathrm{m}}} = f_1 = f_3 + \tfrac{1}{2} f_s = f_s(N + \tfrac{1}{2})$$

$$\frac{3 \cdot 10^8}{\lambda_2^{\mathrm{m}}} = f_2 = f_3 - \tfrac{1}{2} f_s = f_s(N - \tfrac{1}{2}).$$

Dieses letztere Verfahren scheint in manchen Fällen von Vorteil zu sein, da sowohl die Abmessung von l_1, l_2 und R als auch die Ermittlung der Umlaufsgeschwindigkeit des Spiegels umgangen wird[1]).

97. Messung der Wellenlänge mittels eines Röhrengenerators. Der Röhrengenerator in Abb. 137 ist so angeordnet, daß bei geöffnetem Schalter S_2 Schwebungstöne und Knacken bemerkt werden können oder bei geöffnetem Schalter S_1 Änderungen im Gitterstrom. Die Anordnung hat fernerhin die Eigenschaft, daß der erzeugte Strom zahlreiche Oberwellen aufweist, so daß für besondere Fälle (harmonische Methoden) dieselben benutzt werden können. Ein solcher Generator läßt sich leicht für einen Wellenbereich von 50 m bis 40 000 m bauen, da die Spule mit einer Abzweigung, die ungefähr in der Mitte der Windungen liegt, bequem durch eine andere ersetzt werden kann.

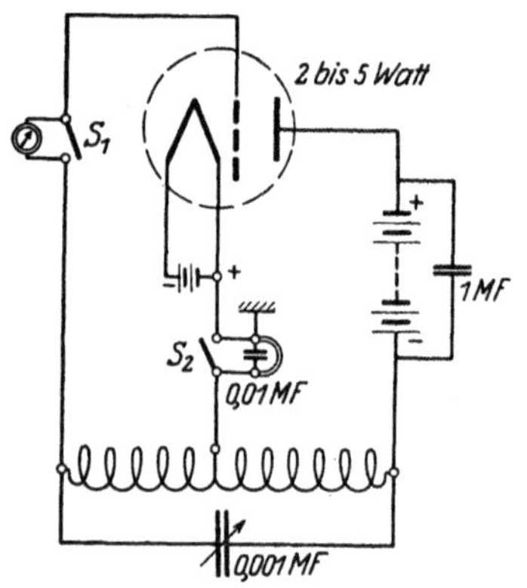

Abb. 137. Geeichter Röhrengenerator als Frequenzmesser.

Man koppelt den zu eichenden Wellenmesser lose mit der Spule des Generators und verändert die Einstellung des Wellenmessers, bis ein Knacken bemerkbar wird. Das findet statt, wenn der Wellenmesser infolge Resonanz dem Generator plötzlich Energie entnimmt. Wenn das Knacken an zwei Stellen zu hören ist, so ist dies ein Zeichen, daß die Kopplung zu stark ist. Die Einstellung auf einfaches Knacken zeigt an, daß der Wellenmesser auf die Grundwelle des Generators abgestimmt ist. Ein Normalwellenmesser wird dann in derselben Weise gegen den Generator abgeglichen, und er gibt die gesuchte Wellenlänge.

[1]) Dieses Verfahren ist eine Anwendung des Heterodyneprinzips, das zuerst von Prof. R. A. Fessenden vorgeschlagen wurde.

Die Methode wird noch bedeutend empfindlicher, wenn man den Schalter S_2 schließt und S_1 öffnet. Das Milliamperemeter (ungefähr 1 mA für die ganze Skala) zeigt dann einen gewissen Strom an. Sobald der lose gekoppelte Wellenmesser in Resonanz gerät, zeigt der Gitterstrommesser plötzlich eine Stromabnahme an, die dem Knacken entspricht.

Bei der obigen Methode kann man die Kopplung so lose halten, daß in vielen Fällen der Indikator im Wellenmesser kaum anspricht. Die Rückwirkung des Wellenmessers kann deshalb praktisch vermieden werden.

98. Messung der Wellenlänge von Empfangsströmen. Obige Methode kann für diese Messung mit gutem Erfolge benutzt werden. Man stellt zu diesem Zwecke den lokalen Generator in einem ziemlichen Abstand[1]) von dem Empfangsapparat auf. Der Schalter S_1 (Abb. 137) ist zunächst geschlossen und S_2 geöffnet. Die Wellenlänge des lokalen Generators wird geändert, bis zunächst ein Schwebungston hörbar ist. Durch eine weitere kleine Änderung am lokalen Generator erzeugt man die kritische Tonlosigkeit. Die Wellenlänge des Empfängers ist somit gleich derjenigen am lokalen Generator. Man mißt dann wie im letzten

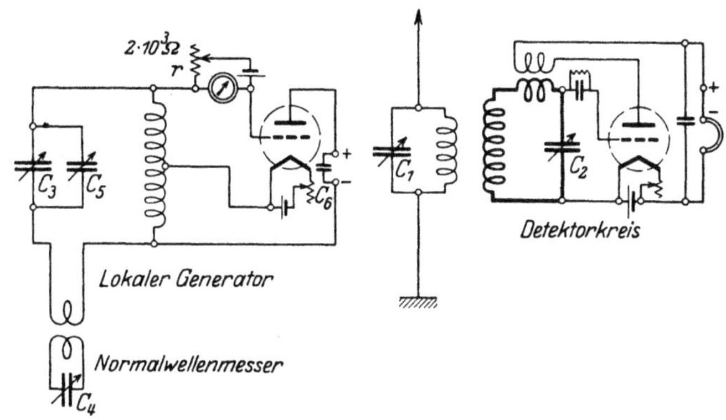

Abb. 138. Messung der Frequenz (Wellenlänge) von Empfangsströmen.

Abschnitt die Wellenlänge des lokalen Generators mittels eines Wellenmessers und des plötzlichen Rückganges[2]) im Gitterstrom.

Die vollständige Anordnung ist in Abb. 138 dargestellt. Der lokale Generator verwendet ein Mikroamperemeter. Bei schwachen Empfangswellen muß man einige Stufen Hochfrequenzverstärkung benutzen. Für

[1]) Andernfalls geraten die Wellen des lokalen Generators so stark in die Verstärkerröhren des Empfängers, daß der Detektorkreis nicht mehr anspricht.

[2]) Die Verringerung des Gitterstromes geschieht deshalb, weil bei Resonanz der Wellenmesser etwas Energie aufnimmt. Dies hat denselben Einfluß auf den Generator, wie wenn im Anodenkreis ein Widerstand eingeschaltet wäre, der den Anodenstrom verringert und somit die Rückwirkung auf die Gitterspule hervorruft und eine Verkleinerung des Gitterstromes bewirkt.

Stationen, die sehr weit entfernt sind (Überseestationen z. B.) verwendet man wohl am besten Rahmenempfänger, da man dann Stationen des näheren Umkreises etwas herausbringen kann.

Das Meßverfahren ist kurzweg folgendes:

1. Man stellt die Wellenlänge ungefähr auf die zu messende Wellenlänge ein.

2. Der Kondensator C_1 der Antenne wird verändert, bis das Hörtelephon im Dektorkreis die Zeichen als Schwebungston laut erkennen läßt.

3. Die Einstellung von C_2 und die Rückkopplung zwischen dem Anoden- und Gitterkreise des Detektors wird dann so lange verändert, bis das Hörtelephon am lautesten anspricht.

4. Der Widerstand r im Gitterkreis des lokalen Generators wird so eingestellt, daß das Mikroamperemeter einen guten Ausschlag ergibt.

5. Die Einstellung des kleinen Kondensators C_3 wird verändert, bis die kritische Tonlosigkeit der Schwebungen erreicht ist.

6. Der Kondensator C_4 des Wellenmessers wird verändert, bis der Gitterstrom im lokalen Generator plötzlich auf ein Minimum fällt.

7. Die Ablesung am Wellenmesser ergibt dann die gesuchte Wellenlänge der Station.

99. Methode zur Wellenlängenbestimmung mittels gleicher Tonhöhe. Die Methode in Abb. 139 beruht auf der Einstellung gleicher Tonhöhe auf jeder Seite der Resonanzeinstellung an Stelle der kritischen Tonlosigkeit der Schwebungen zwischen der verstärkten Empfangswelle und dem lokalen Hochfrequenzstrome. Die Antennen- und Detektorkreise sind nicht eingezeichnet. Sie sind dieselben, wie in Abb. 138 angedeutet ist.

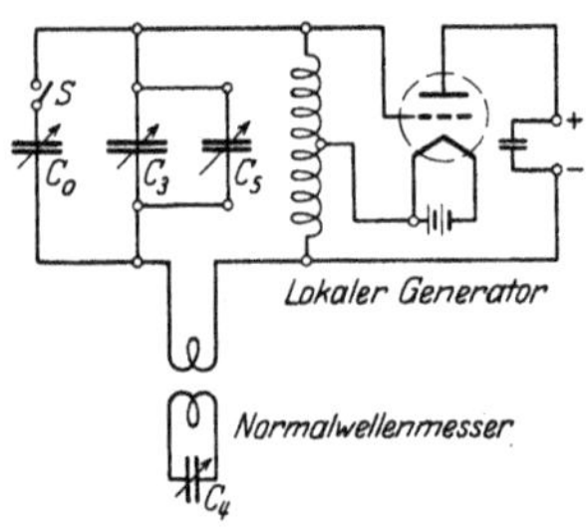

Abb. 139. Frequenz-(Wellenlängen-)messung mittels gleicher Tonhöhen.

Die Ausführungen von 1., 2. und 3. sind dieselben, wie im letzten Artikel beschrieben wurde.

4. Der Kondensator C_3 wird für eine gewisse Tonhöhe[1]) bei geöffnetem Schalter S eingestellt.

5. Der Schalter S wird geschlossen und C_1 verändert, bis dieselbe Tonhöhe wieder erhalten wird. Ein schnelles Öffnen und Schließen des Schalters S ergibt somit denselben Ton, da für die eine Schaltung die Frequenz des lokalen Generators $(f + f_a)$ und für die andere Schaltung gleich $(f - f_a)$ ist, wo f die Frequenz der Empfangswelle und f_a die Frequenz der hörbaren Schwebungen (Änderungsfrequenz der Amplitudenänderung) ist.

[1]) Dieselbe kann bei sehr genauen Messungen, z. B. mittels des Tones eines Quarzoszillators, genau eingestellt werden, da man die langsamen Schwebungen im Ohre dazu benutzen kann, um den Synchronismus der Töne genau herzustellen.

6. Man mißt mittels des Wellenmessers f_1 für S offen und f_2 für S geschlossen. Die Periodenzahl der Empfangswelle ist dann

$$f = \frac{f_1 + f_2}{2} \quad \text{und} \quad \lambda^m = \frac{2{,}9982 \cdot 10^8}{f}.$$

100. Notwendigkeit genauer Normalwellenmesser und deren Eichung. Die oben angegebenen Verfahren stellen Methoden dar, welche für die Eichung gewöhnlicher Wellenmesser verwendet werden können. Falls der zur Vergleichung benutzte Normalwellenkreis kein Präzisionsinstrument ist, dürfte man kaum eine bessere Genauigkeit als 0,5% erwarten.

Die Entwicklungen[1]) in der Radiotechnik während der letzten Jahre verlangen aber in manchen praktischen Fällen eine Kenntnis der Wellenlänge bzw. der Periodenzahl, welche wenigstens $1^0/_{00}$ richtig sein muß. Der Normalwellenmesser, welcher daher zur Eichung guter technischer Wellenmesser[2]) verwendet wird, muß daher noch besser sein, d. h. seine Genauigkeit muß beispielsweise in der Nähe von $1^0/_{000}$ liegen.

101. Überlagerung zweier verzerrter Hochfrequenzströme für die Eichung von Wellenmessern. Wechselströme, die mittels Röhrengeneratoren erzeugt werden, sind gewöhnlich mehr oder weniger verzerrt, d. h. außer der Grundfrequenz f sind auch Ströme der Periodenzahl $2f, 3f, 4f$ usw. vorhanden[3]). Wenn daher zwei solche Generatoren, wie in Abb. 140, auf einen gemeinsamen Detektorkreis wirken, der

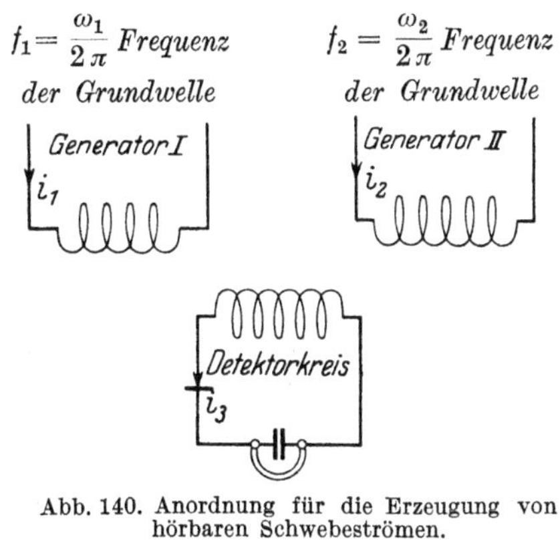

Abb. 140. Anordnung für die Erzeugung von hörbaren Schwebeströmen.

[1]) Dies ist zum Teil dem Umstande zuzuschreiben, daß bisweilen die festgelegten Wellenlängen zweier Großstationen (z. B. von POZ 2 und AXL) so wenig voneinander verschieden sind, daß eine kleine Verschiebung der einen Welle gegen die andere gegenseitige Störung beim Empfang einer der Stationen hervorrufen kann. Ein anderer Fall liegt in der drahtlosen Übertragung der Sprache mit unterdrückter Trägerwelle vor. (Dies kann bekanntlich zur Geheimhaltung gegen unerwünschten Empfang verwendet werden und bedingt bedeutend kleinere Senderenergie.) Es ist dann notwendig, im Empfänger eine Trägerwelle mit der Periodenzahl der unterdrückten Hauptwelle zu überlagern. Je genauer diese Periodenzahl erreicht werden kann, desto besser ist die Wiedergabe der Sprache.

[2]) Bezüglich der Meßgenauigkeit verschiedener Frequenz-(Wellen-)messer sei auf einen Artikel von E. Giebe und E. Alberti: Z. techn. Phys. Nr. 3, S. 92. 1925 hingewiesen.

[3]) Ungleich den gewöhnlichen technischen Wechselströmen, die von Maschinen erzeugt werden, hat man es hier auch mit geradzahligen Oberwellen zu tun, da im Anodenkreise auch eine Gleichstromkomponente besteht.

entweder einen gewöhnlichen Kontaktgleichrichter oder eine Dreielementröhre in Detektorschaltung enthält, so fließt in demselben ein Strom, dessen Momentanwert die Form

$$i_3 = [I_1 \sin(\omega_1 t + \varphi_1) + I_2 \sin(\omega_2 t + \varphi_2)]^q$$

hat, wenn zunächst nur die zwei Grundwellen in Betracht gezogen werden. Der Wert $q = 2$ ist von größter praktischer Bedeutung und ergibt die Lösung

$i_3 = I_1 \sin^2(\omega_1 t + \varphi_1) + I_2^2 \sin^2(\omega_2 t + \varphi_2)$ ... Ströme der Frequenz[1]) $2f_1$, $2f_2$ und 0

$+ \boldsymbol{I_1 I_2 \cos[(\omega_1 - \omega_2) t + \varphi_1 - \varphi_2]}$ ... der hörbare Schwebungsstrom

$- I_1 I_2 \cos[(\omega_1 + \omega_2) t + \varphi_1 + \varphi_2]$ ... Strom der Frequenz $f_1 + f_2$,

welches auch aus Abb. 136 zu ersehen ist. Wenn a bzw. b ganze Zahlen wie 1, 2, 3, 4 usw. bedeuten, so ist $a \cdot f_1$ irgendeine mögliche Periodenzahl infolge des Generators I und $b \cdot f_2$ irgendeine Frequenz infolge des Generators II. Das Hörtelephon im Detektorkreis wird daher einen Ton ergeben, wenn $a \cdot f_1 - b \cdot f_2$ einer hörbaren Frequenz entspricht. Wenn daher z. B. die Frequenz f_1 allmählich verändert wird, so hört man im Telephon zuerst einen hohen Ton, der allmählich niedriger wird, durch Null geht ($f = 0$) und wieder ansteigt, bis am Ende die Periodenzahl ($a \cdot f_1 - b \cdot f_2$) so groß wird, daß der Ton nicht mehr hörbar ist. Für die Messungen ist der Fall

$$\boldsymbol{a \cdot f_1 = b \cdot f_2}$$

wichtig, weil nach obigem für eine solche Bedingung das Telephon schweigt und bei der geringsten Änderung der Frequenz nach jeder Seite hin (größere oder kleinere Werte) ein niederfrequenter Ton einsetzt. Wenn entweder f_1 oder f_2 bekannt ist, so kann man immer die entsprechende Frequenz der Oberwellen finden. Die einfachste Anwendung ist folgende: Die Grundfrequenz f_1 des ersten Generators sei zunächst konstant und gleich 100 KHertz, wo 1 KHertz = 1 KP/Sek. = 1 Kiloperiode/Sek. = 1000 $\sim$/Sek. Wenn die Periodenzahl f_2 des zweiten Generators allmählich von einem kleinen Werte vergrößert wird, so spricht das Telephon zunächst mit einem sehr hohen Ton an, wenn sich f_2 ungefähr dem Werte 85 KHertz nähert. Eine weitere Steigerung von f_2 ergibt ein Sinken der Tonhöhe, bis bei $f_2 = 100$ KHertz vollständiges Stillschweigen erfolgt. Eine weitere Steigerung von f_2 erzeugt einen ansteigenden Ton, wie es in Abb. 141 angedeutet ist. Das Schweigen des Hörtelephons ist sehr scharf, und die geringste Änderung der Frequenz [ungefähr 15 Perioden[2])] pro Sekunde nach jeder Seite er-

[1]) Da $I^2 \sin^2 x = 0{,}5 \cdot I^2 - 0{,}5 \cdot I^2 \cdot \cos 2x$.

[2]) Wenn man die Einstellung absolut richtig haben will, muß man einen Schwebungsanzeiger verwenden, wie er auf S. 96 beschrieben ist.

zeugt einen hörbaren Strom im Telephon. Die kritischen Nulleinstellungen der Schwebungsbereiche ergeben dann

$$
\begin{array}{llll}
a f_1 = f_2 = 100 \text{ KHertz}, & \text{wo} & a = 1, \\
a f_1 = f_2 = 200 \quad ,, & ,, & a = 2, \\
a f_1 = f_2 = 300 \quad ,, & ,, & a = 3, \\
a f_1 = f_2 = 400 \quad ,, & ,, & a = 4, \\
\text{usf.} & &
\end{array}
$$

und die Eichungen $f_2 = f_1, 2f_1, 3f_1, 4f_1$ usw. für den zweiten Generator. Wenn andererseits die Frequenz f_1 verändert wird und die Periodenzahl f_2 konstant bleibt, ergeben sich die Eichungen für den ersten Generator mit $f_1 = f_2, \frac{f_2}{2}, \frac{f_2}{3}, \frac{f_2}{4}$ usw. Im ersten Fall hat man die entsprechenden Wellenlängen $\lambda_2 = \lambda_1, \frac{\lambda_1}{2}, \frac{\lambda_1}{3}, \frac{\lambda_1}{4}$ und im zweiten Fall $\lambda_1 = \lambda_2$, $2\lambda_2$, $3\lambda_2$, $4\lambda_2$. Wenn daher der Detektorkreis einen Wellenmesser darstellt oder zur Überbrückung beider Generatoren[1]) verwendet wird, so kann man eine Eichung nach oben und unten hin mit der harmonischen Methode ausführen.

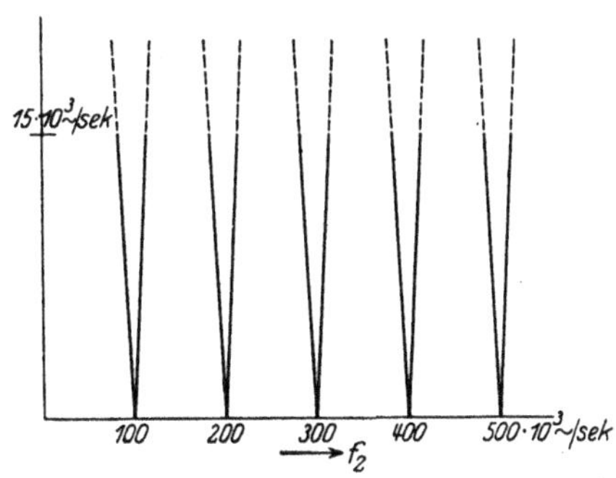

Abb. 141. Die ausgezogenen Linien deuten die Tonhöhe an, die gestrichelten Teile gehören zum nichthörbaren Bereich.

Gemäß der Formel $a f_1 = b f_2$ müssen auch kritische Nulleinstellungen zwischen obigen Werten bestehen, da eine gewisse Harmonische $a f_1$ des ersten Generators mit einer harmonischen $b f_2$ des zweiten Generators hörbare Schwebungen erzeugen kann. Diese Schwebungen können ebenfalls für die Eichung verwendet werden und sind daran erkennbar, daß ihre Intensität kleiner ist. Obige Ergebnisse stehen im Einklang mit dem Theorem von Fourier, nach dem kritische Nulleinstellungen möglich sind, wenn die zwei Frequenzen sich so verhalten, daß $\frac{f_1}{f_2} = \frac{a}{b}$, d. h. gleich dem Verhältnis zweier ganzen Zahlen ist. Messungen zeigen jedoch (z. B. bei der Eichung mittels Piezooszillatoren), daß auch kritische Nulleinstellungen für $f_2 = 1{,}5 f_1$; $2{,}5 f_1$; $3{,}5 f_1$ und entsprechend für $f_1 = \frac{f_2}{1{,}5}, \frac{f_2}{2{,}5}, \frac{f_2}{3{,}5}$ usf. möglich sind. Der Grund hierfür liegt in dem Auftreten von Kombinationsschwebungen, d. h. Schwebungen, die infolge der Überlagerung zweier Schwebungen entstehen. Ein Beispiel erklärt dies. Es sei $f_1 = 106$ KHertz die Periodenzahl der Grundschwingung des ersten Generators. Wenn der zweite Generator

---

[1]) Siehe Artikel 106 auf S. 179.

so eingestellt wird, daß $f_2 = 160$ KHertz ist, erhält man zunächst Schwebungen zwischen den Grundströmen mit einer Schwebungsfrequenz von

$$160 - 106 = 54 \text{ KHertz},$$

die also nicht hörbar sind. Der erste Generator hat aber auch eine Harmonische der Frequenz $2 f_1 = 212$ KHertz, was zusammen mit der Grundschwingung des zweiten Generators eine weitere Schwebung mit der Frequenz

$$212 - 160 = 52 \text{ KHertz}$$

ergibt; d. h. wieder einen Strom, der nicht hörbar sein kann. Jedoch muß die Interferenz zwischen den Strömen der Frequenz 54 und 52 KHertz im Hörtelephon einen Ton von 2000 Perioden in der Sekunde ergeben. Eine Einstellung von $f_2 = 159$ KHertz ergibt somit einen kritischen Nullpunkt im Telephon. Da $\frac{159}{106} = 1{,}5$ ist, so ist eine Eichung für $1{,}5 f_1$ möglich. Dies kann auch mittels der Harmonischen von der Frequenz $3 f_1 = 318$ KHertz bewiesen werden, da

$$\begin{aligned} 3 f_1 - f_2 &= 318 - 160 = 158 \text{ KHertz} = f_3, \\ f_2 - f_1 &= 160 - 106 = 54 \quad ,, \quad = f_4, \\ f_3 - f_4 &= 104 \quad ,, \quad = f_5, \\ f_1 - f_5 &= 2 \quad ,, \end{aligned}$$

einen Ton der Periodenzahl 2000/Sek. ergibt. Ströme der Frequenz $3 f_1$, $4 f_1$ usf. verschärfen daher die Einstellung von $1{,}5 f_1$.

102. Eichung eines Wellenmessers mittels Lissajousscher Figuren am Schirme einer Kathodenstrahlröhre. Eine der genauesten Methoden[1]) für die Eichung eines Präzisionswellenmessers ist in Abb. 142 angedeutet. Sie beruht auf der im Artikel 54 angeführten Tatsache, daß die von dem Kathodenfleck beschriebene Figur nur dann stillstehend erscheint, wenn die Periodenzahlen der EMKe, die den bezüglichen Ablenkungskondensatoren einer Kathodenstrahlröhre aufgedrückt werden, genau dieselben sind oder wenn sich ihre Periodenzahlen wie zwei ganze Zahlen verhalten. Dies ist in den Abb. 83, 84, 88 und 89 dargestellt. Wenn daher in der Anordnung der Abb. 142 der Doppelpolschalter auf den „hörbaren Strom" geschaltet ist und der Röhrengenerator[2]) (in der Abbildung rechts) genau auf die Periodenzahl f_0 eingestellt wird, so bekommt man in der Regel eine stillstehende Ellipse. Dieselbe beginnt sich jedoch zu drehen, sobald die Frequenzgleichheit

---

[1]) Dieses Verfahren wurde im Bureau of Standards (Scientific Papers Nr. 487) mit der gewöhnlichen Braunschen Röhre durchgeführt.

[2]) Der Einfachheit halber sind die Röhren in der Abbildung nicht eingezeichnet, nur die maßgebenden Schwingungskreise sind dargestellt.

nur um das geringste gestört wird. Zwei vollständige Drehungen pro Sekunde bedeuten, daß die Periodenzahl des Röhrengenerators entweder um 2 ∾/Sek. zu hoch oder zu niedrig eingestellt ist; in dem einen Falle dreht sich die Ellipse in der einen Richtung und im anderen Falle im entgegengesetzten Sinne.

Die praktische Anwendung ist kurzweg folgende:

1. Man benutzt als Quelle des hörbaren Stromes einen Röhrengenerator, dessen Periodenzahl f_0 mittels einer Stimmgabel[1]) oder eines Piezokristalles konstant gehalten wird. Die Frequenz[2]) sei $f_0 = 1$ KHertz Der Schalter wird nach oben geschlossen und der Kondensator C_1 so

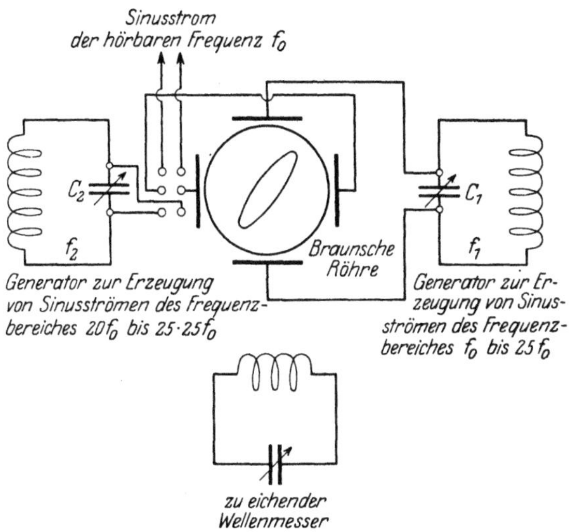

Abb. 142. Kathodenstrahlröhre zur Eichung von Frequenz-(Wellen-)messern.

lange verändert, bis eine rechteckige Fläche am Schirme der Kathodenstrahlröhre[3]) erscheint. Dies zeigt, daß die Amplituden der Komponentenschwingungen sich ungefähr wie die beiden Seiten des Rechteckes verhalten. Est ist dann von Vorteil, die Amplitude der einen Schwingung mittels der Kopplung so einzustellen, daß ungefähr eine Quadratfläche[4]) am Schirme aufleuchtet. Der Kondensator C_1 wird dann so

[1]) Näheres siehe Artikel 9 und Artikel 105.

[2]) Wenn $f_0 = 0{,}1$ KHertz, d. h. gleich 100 ~/Sek. gewählt wird, bekommt man mehr Punkte am Wellenmesser, doch ist der Meßbereich, der direkt mit der Stimmgabel erhalten wird, dementsprechend niedriger.

[3]) Eine Röhre mit glühender Kathode scheint etwas ökonomischer und einfacher zu sein, da keine Hochspannungsapparate notwendig sind und die Röhre bedeutend empfindlicher ist.

[4]) Die Quadratfläche wird durch eine weitere Einstellung von C_1 gestört, ohne jedoch die Messung irgendwie zu beeinflussen. Sie kann für die endgültige Einstellung wieder von neuem mittels einer kleinen Änderung der Kopplung erhalten werden.

lange verändert, bis eine stillstehende Ellipse oder irgendeine andere Modifikation derselben, wie in Abb. 83 gezeigt ist, erhalten wird. Dies ergibt die Einstellung $f_1 = f_0 = 1$ KHertz, welche mit dem zu eichenden Wellenmesser gemessen wird. Der Wellenmesser muß dabei lose gekoppelt werden, um eine Rückwirkung zu vermeiden. Eine etwa vorhandene Rückwirkung bemerkt man sofort an der Kathodenstrahlröhre, da die Lissajoussche Figur sich dann rasch[1]) zu drehen beginnt. Die Rückwirkung eines lose gekoppelten Wellenmessers ist gewöhnlich verschwindend klein, wenn der Röhrengenerator genügend Energie hat (20 bis 50 Watt).

2. Der Kapazitätswert von C_1 wird nun verkleinert, bis die nächste stillstehende Figur, wie in Abb. 89 (obere linke Figur) erscheint. Dies ergibt die Einstellung $f_1 = 2f_0 = 2$ KHertz. Zweckmäßig führt man dieses Verfahren direkt mittels der hörbaren Normalfrequenz bis zu $f_1 = 25 f_0$ aus. Das heißt es ist eine direkte Eichung des Wellenmessers bis zu 25 KHertz in diesem Sonderfalle möglich.

3. Für den nächsthöheren Frequenzbereich schaltet man den Generator des Frequenzbereiches f_2 an Stelle des Stimmgabeloszillators an die Kathodenstrahlröhre und benutzt irgendeine der Einstellungen von f_1 wie oben bei f_0. Das heißt man benutzt z. B. eine Einstellung $f_1 = 14 f_0$ und verändert C_2, bis die Parabelfigur des Frequenzverhältnisses 1 : 2 am Schirme der Kathodenstrahlröhre stillstehend erscheint. Wenn der Wellenmesser mit dem Kreis, in dem C_2 liegt, gekoppelt wird, erhält man an demselben die Resonanzeinstellung $f_2 = 2 f_1 = 28$ KHertz. Die Figur 1 : 3 würde $f_2 = 3 f_1 = 42$ KHertz ergeben und den Zwischenwert 30 KHertz für $f_1 = 10$ KHertz, was natürlich auch mit $f_1 = 15$ KHertz und der stillstehenden Parabelfigur (1 : 2) geprüft werden kann. Praktisch wird man bis zum Verhältnis 1 : 25 gehen, d. h. für $f_1 = 25 f_0$ erhält man mittels der Einstellung von C_2 die Eichung $f_2 = 25 \cdot f_1 = 25^2 = 625$ KHertz, was einer Wellenlänge von 480 m entspricht. Dies ist schon eine kurze Welle im Vergleich zu der sehr langen Ausgangswellenlänge, die der Frequenz $f_0 = 1$ KHertz entspricht. Man könnte mittels dieses Substitutionsverfahrens der Röhrengeneratoren bis zu recht kurzen Wellen gehen. Doch kann man bei sehr kurzen Wellen einfachere Eichungen mittels eines abgeänderten Lechersystems vornehmen.

Da es sich hier um ein Präzisionsverfahren handelt, ist es am besten, die Einstellungen von f_1 auf f_2 gleichzeitig mit der Stimmgabel zu prüfen. Dies kann in einfacher Weise dadurch erfolgen, daß man zunächst den Schalter nach oben schließt und irgendeine stillstehende Figur mittels C_1 einstellt. Man hat dann allgemein $f_1 = a \cdot f_0$, wo a eine ganze Zahl wie 1, 2, 3, 4 usw. ist. Dann schließt man den Schalter nach

---

[1]) In den meisten Fällen bemerkt man eine langsame Drehung der Figur, wenn der Wellenmesser abgestimmt wird; die endgültige Resonanzeinstellung bringt aber bei recht loser Kopplung die Figur wieder zum Stehen.

unten und stellt irgendeine stillstehende Figur mittels C_2 ein. Der Wellenmesser ergibt hierbei eine Resonanzeinstellung für $f_2 = b f_1 = a \cdot b \cdot f_0$, wo b wiederum eine ganze Zahl wie 1, 2, 3, 4 usw. bedeutet. Man schließt dann den Schalter wieder nach oben, was wiederum die erste stillstehende Figur ergeben muß. Wenn sich jedoch dieselbe jetzt drehen sollte, so muß die Messung wiederholt werden, da sich dann f_1 verändert hat.

Die Genauigkeit der Methode hängt nur von der Ausgangsfrequenz f_0 des hörbaren Stromes ab, da ja $f_2 = a b f_0 = \text{const} \cdot f_0$ ist. Wenn daher die Einstellungen richtig gemacht werden und z. B. die Periodenzahl eines guten Stimmgabeloszillators bis auf ein $^1/_{100\,000}$ richtig ist, so beträgt die Abweichung im Eichwert des Wellenmessers ebenfalls nur 0,0001%. Die Erfahrung zeigt, daß es am leichtesten ist, nur Lissajoussche Figuren der Verhältnisse $\frac{1}{1}$, $\frac{1}{2}$ .... $\frac{1}{25}$ zu benutzen. Dagegen scheint es recht schwierig zu sein, Figuren der komplizierten Verhältnisse, wie z. B. 2 : 5, in Stillstand zu halten.

103. Glühkathodenstrahlröhre für die Eichung von Wellenmessern[1]). Die nachfolgende Methode benutzt Lissajoussche Figuren, wie sie in

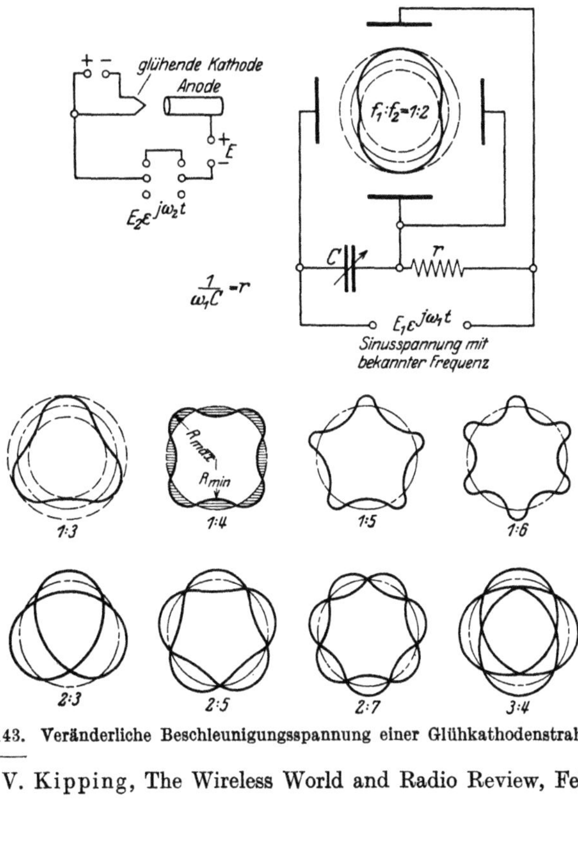

Abb. 143. **Veränderliche Beschleunigungsspannung einer Glühkathodenstrahlröhre.**

---

1) N. V. Kipping, The Wireless World and Radio Review, Feb. 20, 1924.

Abb. 143 angedeutet sind. Eine sinusförmige Spannung $E_1 \sin \omega_1 t$ wird so an die Ablenkungskondensatoren angelegt, daß der Kathodenfleck einen Kreis beschreibt. Die Frequenz $f_1 = \frac{\omega_1}{2\pi}$ ist dabei bekannt. Es wird nur die Tatsache benutzt, daß für ein größeres Beschleunigungspotential an der Anode der Kreis kleiner wird. Eine sinusförmige Spannung $E_2 \sin \omega_2 t$, die mit der Gleichspannung E in Reihe liegt, erzeugt daher ein Schwingen des Halbmessers des strichpunktierten Kreises zwischen den Werten $R_{\min}$ und $R_{\max}$, da die Erregerspannung zwischen den Werten $(E + E_2)$ und $(E - E_2)$ schwankt. Wenn z. B. die Frequenz $\frac{\omega_2}{2\pi} = f_2 = 4 f_1$ ist, so ist die Anodenspannung 4mal $(E + E_2)$ und $(E - E_2)$ für einen Umlauf des Kathodenfleckes. Das heißt, der Fleck nimmt 4mal die Werte $R_{\max}$ und 4mal die Werte $R_{\min}$ an. Wenn f_2 nicht ganz genau $4 f_1$ ist, so dreht sich das Zahnradgebilde dementsprechend. Man kann also die Abweichung $f_1 - 4 f_1$ wie bei dem vorigen Verfahren berechnen. Für die Verhältnisse $f_1 : f_2$ wie $\frac{1}{1}$, $\frac{1}{2}$, $\frac{1}{3}$ usw. bekommt man zahnradförmige Figuren, in denen die Anzahl der Zähne den Wert f_2/f_1 ergibt. Für Werte von $f_1 : f_2$ wie $2 : 3$, $2 : 5$ usw. erhält man die anderen angedeuteten Figuren, welche wiederum das Frequenzverhältnis leicht erkennen lassen, falls die aufgedrückten Spannungen E_1 und E_2 praktisch sinusförmig sind.

104. Harmonischer Generator[1]) mit hörbarer Frequenz zur Eichung von Wellenmessern. Der in Abb. 144 hergestellte harmonische Generator

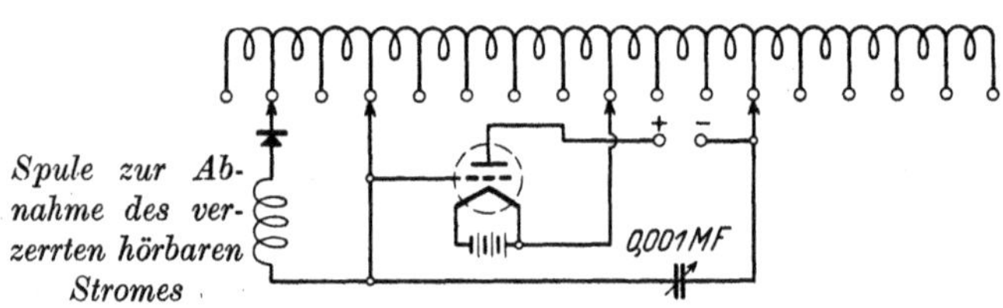

Abb. 144. Harmonischer Generator.

erzeugt einen stark verzerrten hörbaren Strom, dessen Tonhöhe mittels des Kondensators und der Spulenabzweigung verändert werden kann. Die Abmessungen der Spulen sind dieselben wie in Verbindung mit Abb. 17 angegeben wurde. Der Generator weist eine große Anzahl kräftiger Oberwellen auf, so daß ein Wellenmesser darauf eingestellt werden kann. Die Anordnung in Abb. 145 kann bei Präzisionsmessungen verwendet werden, da die Grundfrequenz des Generators während der Messung beständig gegen die konstante Periodenzahl einer (mit einer Röhre) elektrisch erregten Stimmgabel geprüft werden kann. An Stelle

[1]) Für Näheres: Hund, A.: Proc. I. R. E. Bd. 13, S. 207. 1925.

des üblichen Hörtelephons wird ein gewöhnliches Meßinstrument benutzt.

Die stark ausgezogenen Teile zeigen die wichtigsten Apparate an. Um Schwebungen hervorzurufen, wird ein Hilfsgenerator mit einer höheren Grundfrequenz F mit dem System gekoppelt. Der kritische Nullpunkt der Schwebungen, die aus den Strömen des harmonischen Generators mit der Grundfrequenz f und des Hilfsgenerators entstehen, wird mittels eines Resonanzindikators beobachtet. Ein Milliamperemeter (1 M.A. für den ganzen Skalenbereich) wird zur Prüfung der Grundfrequenz f gegen die konstante Stimmgabelfrequenz verwendet.

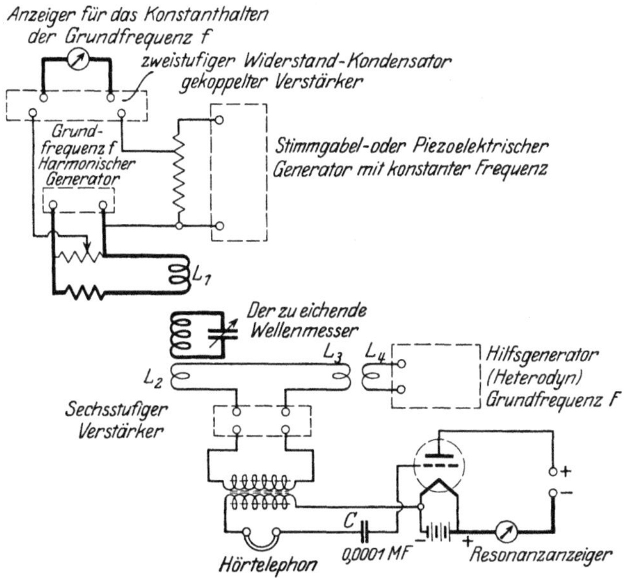

Abb. 145. Eichung eines Frequenz-(Wellen-)messers mittels der Oberschwingungen eines verzerrten Audiostromes.

Wenn der Strom der Stimmgabel mit der Grundschwingung des harmonischen Generators in Synchronismus ist, so steht der Zeiger still[1]) und gibt einen gewissen Ausschlag. Wenn die Frequenz f sich etwas ändert, so beginnt der Zeiger hin und her zu schwingen (2 Schwingungen pro Sekunde zeigen an, daß f um 2 Perioden/Sek. abweicht).

Die Messung wird folgendermaßen durchgeführt:

1. Die Grundfrequenz f des harmonischen Generators wird verändert, bis der Anzeiger, der zum Konstanthalten von f dient, rasch

[1]) Der Zeiger steht auch still, wenn die Frequenz sehr stark abweicht, doch wird eine solche Frequenzverschiebung nach richtiger Synchronisierung kaum vorkommen. Der Zeiger steht natürlich auch still, wenn die Frequenz f gleich dem zweifachen, dreifachen usf. Werte der Stimmgabelfrequenz ist.

„zittert". Hiernach dreht man den Kondensator (0,001 M.F.) in Abb. 144 sehr langsam, bis der Anzeiger gerade stillsteht.

2. Die Grundfrequenz F des Hilfsgenerators wird nun auf einen gewissen Wert eingestellt, der in der Nähe der zu eichenden Frequenzen liegen muß.

3. Wenn man dann den Kondensator des zu eichenden Wellenmessers dreht, so vernimmt man im Hörtelephon nacheinander die wohlbekannten Pfeiftöne der Schwebungen, deren kritischer Nullpunkt gleichzeitig am Resonanzindikator eine plötzliche Verringerung des Ausschlages hervorruft. Der Hörempfänger wird nur zur ungefähren Orientierung benutzt, da die Verringerungen im Anodenkreis leichter zu erkennen sind. Der Resonanzindikator zeigt immer einen plötzlichen Rückgang an, sobald

$$a \cdot f = b \cdot F$$

wird, wo $a \cdot f$ alle möglichen Frequenzen des harmonischen und $b \cdot F$ alle möglichen Frequenzen des Hilfsgenerators bedeuten; d. h. a und b sind ganze Zahlen, wie 1, 2, 3, 4 usf. Ein plötzlicher Rückgang des Zeigers findet also immer dann statt, wenn der Wellenmesser entweder mit dem Grundstrom von der Frequenz f oder mit einer seiner Oberwellen in Resonanz ist. Infolge des Faktors b kann man auch Schwebungen erhalten, wenn Interferenz zwischen den Oberwellen beider Generatoren stattfindet. Der Faktor b kann mittels einer recht losen Kopplung des Hilfsgenerators gleich der Einheit gemacht werden. Eine solche Vorsicht ist jedoch nicht notwendig.

4. Wenn man ungefähr die Grundfrequenz F kennt, so ist es leicht, die Größe irgendeiner Frequenz $a \cdot f$, auf welche der Wellenmesser abgestimmt ist, zu finden. Der einfachste Weg ist jedoch derjenige, daß man außerdem einen Wellenmesser benutzt, dessen Eichung ungefähr bekannt ist.

Beispiel: Die Grundfrequenz sei $f = 1$ KHertz und die ungefähre Frequenz $a \cdot f$ sei zu 21,13 KHertz gefunden. Dann ist der richtige Eichwert 21 KHertz, der a eine ganze Zahl sein muß.

Mittels dieser Methode ist es möglich, Eichungen bis zur 100. Oberwelle ($a = 100$) auszuführen, selbst Werte wie $a = 400$ sind für einen geübten Beobachter möglich. In solchen Fällen nimmt man jedoch besser einen größern Wert für f oder verwendet einen zweiten harmonischen Generator mit einer Grundfrequenz f'.

Beispiel: $f = 1$ KHertz sei die Grundfrequenz des ersten harmonischen Generators. Die Grundfrequenz f' des zweiten harmonischen Generators sei mittels eines anderen Anzeigers zur Konstanthaltung von f' auf die 19. Oberwelle von f eingestellt, d. h. $f' = 20 f = 20$ KHertz. Eine Eichung des Wellenmessers für 500 KHertz würde dann nur die

24. Oberwelle des zweiten harmonischen Generators erfordern, anstatt der 499. Oberwelle des ersten Generators, wenn f' nicht benützt würde.

Ein anderer Übelstand stellt sich ein, wenn man zu hohen Harmonischen übergeht. So kommen z. B. von ungefähr der 150. Oberwelle an die sich einander folgenden Schwebungstöne sich so nahe, daß eine kleine Kondensatorverdrehung eine andere Schwebung anbahnt. Was die praktischen Winke anbetrifft, so sei zunächst auf die Abb. 70 und 146 hingewiesen. Wenn viele elektrischen Störungen (infolge anderer Messungen) in einem Laboratorium stattfinden, so muß man den Gitterkondensator im Kreise des Resonanzanzeigers mittels eines Widerstandes (von ungefähr $10^6\,\Omega$) überbrücken. Der Widerstandkondensator gekoppelte sechsstufige Verstärker vervielfacht dann in dieser Anordnung nur hörbare Ströme, da nur Schwebungen bei der Messung verwendet werden, d. h. er arbeitet in allen Eichungsbereichen gleich gut.

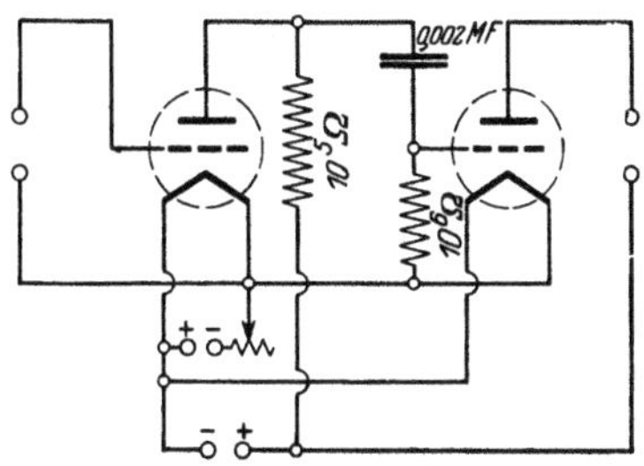

Abb. 146. Widerstandskondensator gekoppelter Verstärker für den Anzeiger des kritischen Nullpunktes der Schwebungen.

Die Spulen L_1, L_2, L_3 und L_4 (Abb. 145) hängen von dem Frequenzbereich ab, während die Form der Spulen L_1 und L_2 außerdem der Gestalt der Spule des Wellenmessers anzupassen ist.

Der Hilfsgenerator muß durch Metallwände (Staniol usw.) abgeschirmt werden. Dasselbe gilt sowohl für den harmonischen Generator als auch für den sechsstufigen Verstärker.

Auch die Spulen L_3 und L_4 wird man zweckmäßig abschirmen.

105. Eichung eines Frequenz- bzw. Wellenmessers mittels der Schwebungsfrequenz zweier piezoelektrischen Generatoren. Die soeben beschriebene Methode hat den Nachteil, daß man die Grundfrequenz des harmonischen Generators prüfen muß. Dies erfordert einen besonderen Normalkreis und viel Geduld während der Einstellung. Die Messungen beruhen außerdem auf recht empfindlichen Aufnahmen der Schwebungen und eine Abschirmung der Hilfsapparate ist notwendig, wenn andere Versuche im Laboratorium zu gleicher Zeit gemacht werden.

Diese Mängel sind bei der Methode in Abb. 147 umgangen. Zwei Quarzplatten befinden sich zwischen dem Glühkörper und dem Gitter (oder zwischen dem Gitter und der Anode). Sie haben ungefähr dieselben Abmessungen. Eine Platte erzeugt einen Hochfrequenzstrom i_1 mit der Frequenz f_1 und die andere einen hochfrequenzen Strom i_2 mit der Periodenzahl f_2. Der Frequenzunterschied ist so gewählt, daß

$$f = \frac{\omega}{2\pi} = f_1 - f_2$$

im hörbaren Bereich liegt. Der angekoppelte Abnehmerkreis verzerrt den Schwebungsstrom noch mehr infolge des Kontaktgleichrichters. Ein Verstärkungstransformator drückt der angeschlossenen Verstärkerröhre mit etwas zu negativer Gittervorspannung eine sehr verzerrte Spannungswelle mit derselben hörbaren Grundfrequenz f auf und ruft daher im Anodenkreise einen noch verzerrteren Wechselstrom hervor. Eine weitere Verstärkung derselben Art erzeugt im Anodenzweig der letzten Röhre einen starken verzerrten Strom mit derselben Grundfrequenz f. Man ändert C, bis

$$\omega L = \frac{1}{\omega C}$$

ist, und stimmt den lose gekoppelten Wellenmesser darauf ab. Dies ergibt einen Eichpunkt mit der Frequenz f. Die Kondensatorstellung wird dann verändert, bis CL der Schwingungskonstanten für $2f$ entspricht. Der Resonanzausschlag am Frequenzmesser gibt dann die Eichung für $2f$. Es ist leicht möglich, bis zur 200. Oberschwingung zu gehen. Da aber die Einstellungen sehr hoher Oberschwingungen sehr nahe zusammenliegen, scheint es besser, die in Abb. 147a dargestellte Schaltung für den höheren Frequenzbereich zu benutzen. Zwei Stufen werden dabei angewendet. Die Frequenz f

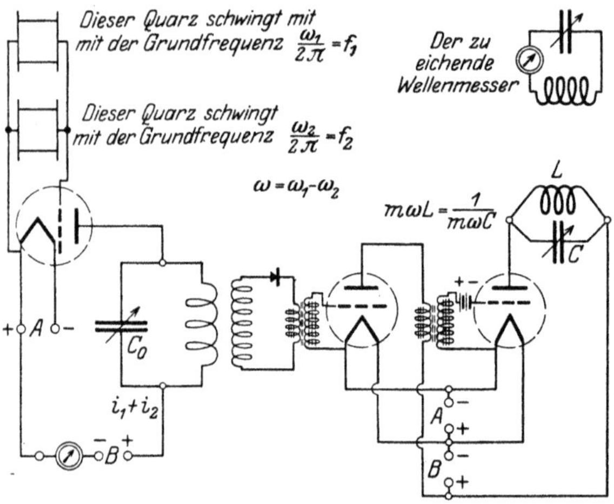

Abb. 147. Eichung eines Frequenz- (Wellen-) Messers mittels der Schwebefrequenz zweier Piezoelektrischen Generatoren.

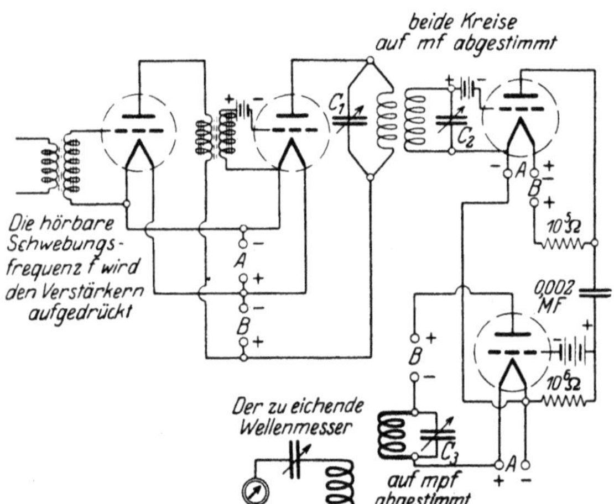

Abb. 147a. Doppelte Frequenzvervielfachung des hörbaren Schwebestromes zweier Quarzplatten.

wird wie in Abb. 147 erzeugt, und die Kreise mit C_1 und C_2 werden auf irgendeine Oberwelle mit der $m$fachen Frequenz (mf) der Ausgangsfrequenz f abgestimmt. Mittels zweier anderen Röhren erhält man dann im Anodenkreise eine kräftige verzerrte Stromänderung mit der Grundfrequenz mf. Mittels Resonanz nimmt man irgendeine Oberwelle mit der Frequenz mpf ab und eicht den Wellenmesser mit dieser Frequenz mpf.

Beispiel. Hörbare Schwebungsfrequenz $f = 1$ KHertz; C_1 und C_2 werden so lange verändert, bis die dazugehörigen Kreise auf einen Strom der 20fachen Periodenzahl $(m = 20)$ abgestimmt sind. Man kann damit den Wellenmesser auf $20f$ eichen $(p = 1)$. Mit der ersten Oberwelle ($p = 2$ erhält man eine Eichung für 40 KHertz, für die 99. Oberschwingung $(p = 100)$ den Eichpunkt für 2000 KHertz usf.

106. Einfache Anordnung zur Eichung eines Wellenmessers mittels eines piezoelektrischen Generators. Die in Abb. 148 angedeutete Methode kann mit Leichtigkeit dazu verwendet werden, um einen Wellenmesser zu prüfen oder zu eichen. Irgendeine der drei Grundwellen[1]) der piezoelektrischen Schwingungen kann mit ihren Oberwellen zur Prüfung des ganzen Wellenbereichs benutzt werden, da man mittels der Grundfrequenz f und den zugehörigen Oberwellen $a \cdot f$ (für $a = 1, 2, 3$ usf.) leicht Messungen bis zur 20. Frequenz $(20f)$ ausführen kann. Wenn man die Frequenz des lokalen Generators auf Werte von $f/2$, $f/3$, $f/4$ usw. einstellt, so kann man mittels der Harmonischen des lokalen Generators die Eichungen dieser Bruchwerte erhalten.

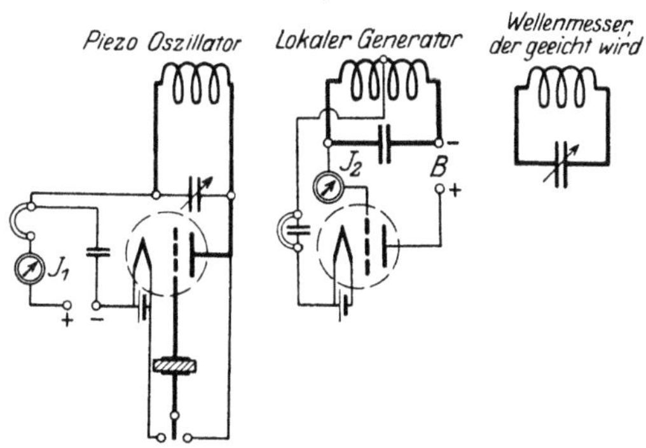

Abb. 148. Eichung eines Frequenz- (Wellen-) Messers mittels eines Quarzkristalles und eines Generators.

Das Verfahren ist wie folgt:

1. Der Quarzoszillator wird an der einen Seite und der zu eichende Wellenmesser auf der anderen Seite des lokalen Generators aufgestellt (lose Kopplung).

2. Zuerst wird nur der lokale Generator erregt und mit dessen ungefährer Eichung der Wellenmesser geeicht. Man benutzt den Stromrückfall I_2 im Gitterkreis zur Bestätigung der Resonanzeinstellung des Wellenmessers, da dann der Wellenmesser loser gekoppelt werden kann.

[1]) Für näheres siehe A. Hund, Proc. I. R. E., S. 447. 1926.

3. Hiernach wird der Quarzoszillator erregt, was an einem Stromrückfall im Werte I_1 zu erkennen ist. Der Kondensator dieses Oszillators wird so eingestellt, daß der Abgabestrom ausgeprägte Oberwellen besitzt. Dies findet dann statt, wenn der Strom I_1 nicht ganz auf seinen Minimalwert mittels einer Änderung des Kondensators eingestellt ist. Hätte man den Kondensator zuviel in die Resonanzlage gedreht, so wird entweder die Schwingung plötzlich abreißen oder nur eine ausgeprägte Grundwelle aufweisen.

4. Die Frequenz des lokalen Generators wird nun auf die Grundfrequenz f des Quarzoszillators eingestellt. Dies ist an dem kritischen Nullpunkt im Schwebungston, der im Hörtelephon des Piezooszillators beobachtet wird, zu erkennen.

5. Der Wellenmesser wird dann verändert, bis I_2 einen rasch erfolgenden Stromabfall anzeigt, und die Eichung f ist erhalten.

6. Hiernach wird die Kapazität des lokalen Generators verkleinert, bis ein anderer Schwebungston wieder einsetzt und das kritische Stillschweigen die Einstellung $2f$ am lokalen Generator ergibt. Diese Frequenz wird wie oben auf den Wellenmesser übertragen. Das Verfahren läßt sich leicht bis zur 20. Oberwelle ausführen. Bei der Eichung mit $f/2$, $f/3$ bis $f/10$, was praktisch möglich ist, muß man die Kapazität des lokalen Generators vergrößern oder größere Spulen verwenden oder beides vornehmen. Die Empfindlichkeit der Methode wird dann gesteigert, wenn man den Schwebungston mittels des Hörempfängers im lokalen Generator beobachtet, da ja die Oberwellen dieses Generators jetzt die Schwebungstöne mittels der Grundschwingung des Piezooszillators hervorrufen. Um sich eine Vorstellung machen zu können, wie viele Punkte man z. B. mittels einer einzigen rechteckigen Quarzplatte erhalten kann, ist das Ergebnis für eine Platte von der Dimension 31,855 × 25,155 × 3,12 mm hier angegeben. Die drei Grundfrequenzen wurden als

$$f_1 = 79{,}925; \quad f_2 = 105{,}41 \quad \text{und} \quad f_3 = 924{,}54 \text{ KP/sek}$$

gefunden.

Kiloperioden/sek	Kiloperioden/sek	Kiloperioden/sek
7,992 = $f_1/10$	239,775 = $3f_1$	1438,65 = $18f_1$
8,880 = $f_1/9$	308,18 = $f_3/3$	1475,74 = $14f_2$
9,991 = $f_1/8$	316,23 = $3f_2$	1518,575 = $19f_1$
10,541 = $f_2/10$	319,7 = $4f_1$	1581,15 = $15f_2$
11,418 = $f_1/7$	399,625 = $5f_1$	1598,5 = $20f_1$
11,712 = $f_2/9$	421,64 = $4f_2$	1686,56 = $16f_2$
13,176 = $f_2/8$	462,27 = $f_3/2$	1791,97 = $17f_2$
13,321 = $f_1/6$	479,55 = $6f_1$	1849,08 = $2f_3$
15,058 = $f_2/7$	527,05 = $5f_2$	1897,38 = $18f_2$
15,985 = $f_1/5$	559,475 = $7f_1$	2002,79 = $19f_2$
17,568 = $f_2/6$	632,46 = $6f_2$	2108,2 = $20f_2$
19,981 = $f_1/4$	639,4 = $8f_1$	2773,62 = $3f_3$
21,082 = $f_2/5$	719,325 = $9f_1$	3698,16 = $4f_3$
26,352 = $f_2/4$	737,87 = $7f_2$	4622,7 = $5f_3$

Kiloperioden/sek	Kiloperioden/sek	Kiloperioden/sek
26,642 $= f_1/3$	799,25 $= 10 f_1$	5547,24 $= 6 f_3$
35,137 $= f_2/3$	843,28 $= 8 f_2$	6471,78 $= 7 f_3$
39,962 $= f_1/2$	879,175 $= 11 f_1$	7396,32 $= 8 f_3$
52,705 $= f_2/2$	**924,54 $= f_3$**	8320,86 $= 9 f_3$
79,925 $= f_1$	948,69 $= 9 f_2$	9245,4 $= 10 f_3$
92,454 $= f_3/10$	959,1 $= 12 f_1$	10169,94 $= 11 f_3$
102,727 $= f_3/9$	1039,025 $= 13 f_1$	11094,48 $= 12 f_3$
105,41 $= f_2$	1054,1 $= 10 f_2$	12019,02 $= 13 f_3$
115,567 $= f_3/8$	1118,95 $= 14 f_1$	12943,56 $= 14 f_3$
132,077 $= f_3/7$	1159,51 $= 11 f_2$	13868,1 $= 15 f_3$
154,09 $= f_3/6$	1198,875 $= 15 f_1$	14792,64 $= 16 f_3$
159,85 $= 2 f_1$	1264,92 $= 12 f_2$	15717,18 $= 17 f_3$
184,908 $= f_3/5$	1278,8 $= 16 f_1$	16641,72 $= 18 f_3$
210,82 $= 2 f_2$	1358,725 $= 17 f_1$	17566,26 $= 19 f_3$
231,135 $= f_3/4$	1370,33 $= 13 f_2$	18490,8 $= 20 f_3$

107. Eichung eines Piezokristalls. Man koppelt den Piezooszillator lose mit einem Normalwellenmesser und findet durch den maximalen Ausschlag am Wellenmesser oder mittels der Stromverminderung in I_1 (Abb. 148) die eine Grundwelle. Die anderen zwei Grundwellen werden mittels einer geeigneten Spule und Kondensatorstellung am Piezooszillator erhalten und auf dieselbe Weise geeicht.

Für sehr genaue Eichungen scheint es aber besser zu sein, den Piezo-Oszillator in der Nähe eines lokalen Generators aufzustellen und mittels des Hörtelephons dessen Grundwelle und einige der Oberwellen auf einen Normalwellenmesser (Anordnung wie in Abb. 148) zu übertragen. Dies ergibt z. B. für die eine Grundfrequenz f_1 die Ablesungen am Wellenmesser in Kiloperioden 79,875; 159,9; 479,3; 560,03; 639,4 KP/sek. Da 79,875 der Grundfrequenz entspricht, erhält man die Grundfrequenz aus den anderen Ablesungen als

$$\frac{159,9}{2} = 79,95; \quad \frac{479,3}{6} = 79,88; \quad \frac{560,03}{7} = 80,00; \quad \frac{639,4}{8} = 79,92 \text{ KP/sek}$$

und für alle Ablesungen einen Mittelwert von 79,925 KP/sek. Für die zwei anderen Grundwellen ergeben sich die Messungen und Ergebnisse:

Gemessene Frequenz

$$\left.\begin{aligned} f_2 &= 105,43 \\ 2 f_2 &= 210,8 \\ 3 f_2 &= 316,2 \\ 4 f_2 &= 421,3 \end{aligned}\right\} f_{2\,\text{mittel}} = 105,41 \text{ KP/sek}$$

$$\left.\begin{aligned} f_3 &= 924,2 \\ 2 f_3 &= 1850,8 \\ 3 f_3 &= 2777 \\ 4 f_3 &= 3698 \\ \frac{f_3}{2} &= 461,5 \end{aligned}\right\} f_{3\,\text{mittel}} = 924,54 \text{ KP/sek.}$$

108. Präzisionseichung eines Piezokristalles. Die oben angegebene Methode hat den Nachteil, daß man Frequenznormalen haben muß, um den Piezokristall zu eichen, und daß die Genauigkeit des Frequenzwertes von derjenigen der Frequenznormalen abhängt, die zur Vergleichung benutzt wird.

Eine sehr genaue Eichung kann dadurch ausgeführt werden, daß man entweder einen Stimmgabelgenerator oder einen Piezooszillator (mit zwei Quarzerregern), dessen Grundfrequenz f mittels einer photographischen Aufnahme mit einem gewöhnlichen Oszillographen gefunden wurde (Genauigkeit $1^0/_{000}$ od. dgl.), wie in Abb. 147 verstärkt[1]) und eine solche Oberwelle abnimmt, daß sie mit der Grundfrequenz des zu eichenden Piezogeneratoren einen hörbaren Schwebungston der Frequenz f_s ergibt. Die Grundfrequenz des Piezogenerators sei f_x und kann aus

$$f_x = mf \pm f_s$$

berechnet werden, da die Schwebungsfrequenz ebenfalls mittels eines gewöhnlichen Oszillographen gemessen werden kann. Ob das Glied f_s addiert oder von mf abgezogen werden muß, hängt davon ab, ob die Periodenzahl f_x des zu eichenden Oszillators entweder größer oder kleiner als die $m$te Frequenz von f ist. Dies läßt sich leicht mittels eines Heterodyns (Schwingaudion, lokaler Generator Abb. 137) ermitteln. Man stellt zu diesem Zwecke den gewöhnlichen Hochfrequenzerreger so ein, daß die kritische Tonlosigkeit für die Grundschwingung des Piezooszillators erreicht wird. Das heißt der lokale Generator ist praktisch auf die zu messende Grundfrequenz f_x eingestellt. Dann entfernt man den Piezogenerator und hört den Schwebungston f_s, der jetzt mittels des Schwingaudions und der Oberwelle mf erzeugt wird. Hierauf dreht man den Kondensator des Schwingaudions, bis der Schwebungston durch den kritischen Nullpunkt geht. Wenn dies nur durch eine Verkleinerung der Kapazität möglich ist, so ist das ein Zeichen, daß f_s abgezogen werden muß, während bei einer Vergrößerung der Kapazität die Schwebungsfrequenz f_s addiert werden muß.

109. Piezoelektrische Resonatoren als Frequenznormalen. Der Gedanke, kleine Quarzstäbchen als Hochfrequenznormalen zu benutzen, ist das Verdienst von Prof. W. G. Cady[2]). Ein richtig bemessenes Quarzstäbchen stellt das Dielektrikum eines Kondensators dar, welcher z. B. aus Stanniolbelegungen gebildet wird. Man legt diesen Kondensator, dessen Kapazität im Vergleich mit der eines gewöhnlichen Wellenmesser-Kondensators sehr klein ist, dem veränderlichen Kondensator

[1]) Man wählt das Gitterpotential des Verstärkers so, daß Verzerrung der Wellenform stattfindet.

[2]) Proc. I. R. E., Bd. 10, S. 83. 1922. Eine eingehende Abhandlung des Resonators wurde von D. W. Dye in den Proc. of the Phys. Soc. of London, Bd. 38, S. 399, 1926 veröffentlicht. Für interessante physikalische Erklärungen siehe M. V. Laue, Zeitschr. f. Phys., Bd. 34, S. 347. 1925.

eines Wellenmessers parallel. Sobald die Frequenz des Wellenmessers mit der Grundfrequenz oder einer anderen möglichen Eigenschwingung des Quarzstäbchens übereinstimmt, gerät das Stäbchen in entsprechende Hochfrequenzschwingungen. Wenn der Wellenmesser auf die Frequenz abgestimmt wird, nimmt die Resonanzablenkung plötzlich ab, sobald das Quarzstäbchen in Resonanz gerät. Die Resonanzkurve ist für den Quarzresonator bedeutend schärfer, und es ist daher notwendig, daß man den Kondensator langsam dreht und die Stabresonanz womöglich mit der Eigenfrequenz des Wellenmessers zusammenfallen läßt. Dies erfordert mehr oder weniger Geschicklichkeit. Aus diesem Grunde haben Prof. Giebe und Dr. Scheibe von der Physikalisch-Technischen Reichsanstalt[1]) eine Methode erfunden, bei der man mittels einer Glimmerscheinung die Wellenbildung am Quarzstäbchen verfolgen kann. Der Quarzresonator wird in eine evakuierte Röhre gebracht, deren Gasdruck 10 bis 15 mm Quecksilber beträgt. Das Gas ist eine Mischung von Helium und Neon. Das elektrische Feld des schwingenden Quarzstäbchens erzeugt sekundäre Spannungen am Stäbchen, die ein Glimmlicht hervorrufen. Die Resonanzeinstellung ist außerordentlich scharf und kann direkt am Quarzstäbchen bemerkt werden.

110. Das abgeänderte Lecher-System[2]) zur Präzisionseichung von Wellenmessern. Wie in Artikel 324 gezeigt wird, kann eine über ein Meßinstrument kurzgeschlossene Doppelleitung, die von einer konstanten sinusförmigen Spannung gleichbleibender Frequenz erregt wird, zur absoluten Bestimmung der Wellenlänge bzw. der Periodenzahl benutzt werden. Man legt dabei Wellenlängen zugrunde, die ziemlich kurz (4 bis 20 m) sind. Für die Eichung mit längeren Wellen benutzt man außerdem einen lose gekoppelten Röhrengenerator niederer Frequenz. Die Einstellungen an dem zu eichenden Wellen- bzw. Frequenzmesser werden dann mittels der Oberwellen des Hilfsgenerators mit den kurzen Wellen der Doppelleitung verglichen. Das Verfahren ist wie folgt.

Wenn eine Doppelleitung wie in Abb. 149 durch einen mit dem System gekoppelten Röhrengenerator erregt wird, so kann man die Strom- bzw. Spannungsverteilung benutzen, um die Wellenlänge längs der Leitung zu messen. Dies wird in einfacher Weise dadurch ausgeführt, daß man einen niederohmschen Strommesser[3]) längs der Leitung

[1]) E. Giebe und A. Scheibe: Z. f. Phys., Bd. 33, S. 335. 1925; A. Scheibe: Z. f. Hochfreq. 1926, S. 15.

[2]) Diese Methode wurde im Bureau of Standards ausgearbeitet.

[3]) Thermoelektrischer Strommesser, ungefähr 10^{-1} Amp. für die ganze Ablenkung und ca. 5 Ohm Widerstand mit einem dicken Kupferdraht ($d = 2$ mm Durchmesser) im Nebenschluß, gibt sehr empfindliche Ablesungen und einen sehr kleinen Gesamtwiderstand. Man kann auch ein kleines Galvanometer mit Kontaktdetektor und dem Nebenschluß verwenden.

verschiebt. Die Entfernung l zwischen zwei Maximalausschlägen ist gleich der halben Wellenlänge $\lambda/2$, die an der Leitung entwickelt wird. Um die Leitung möglichst kurz zu halten, schaltet man einen veränder-

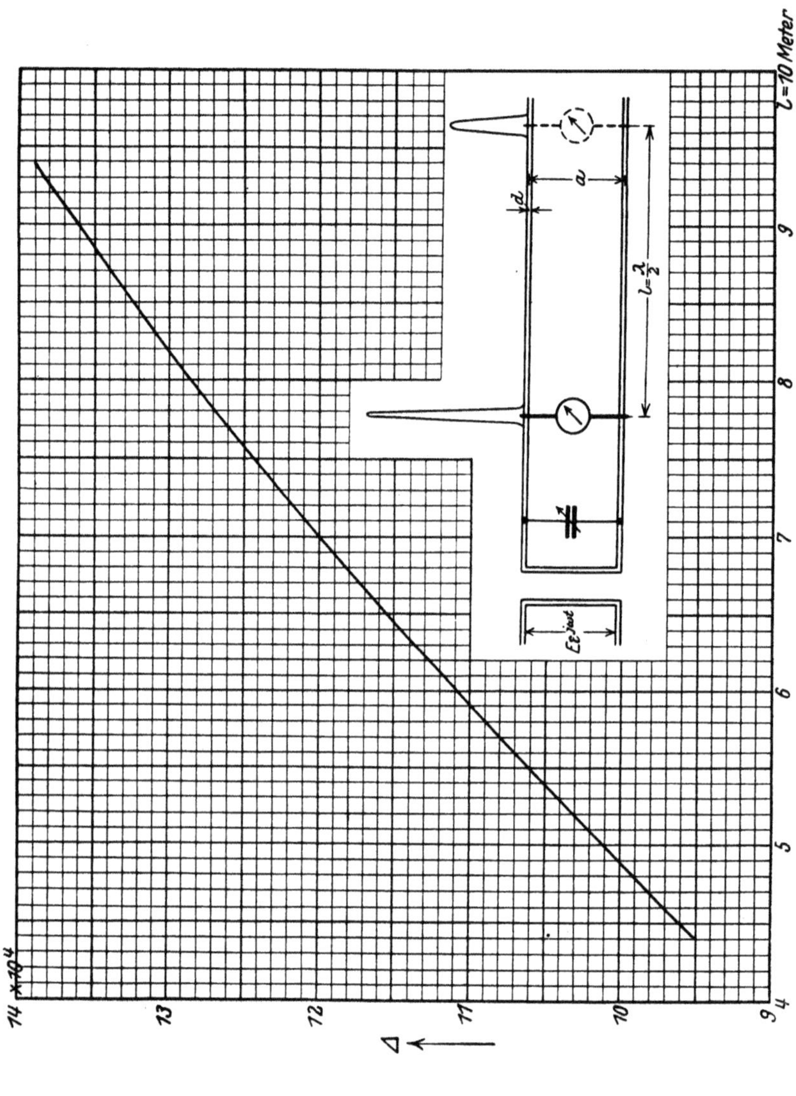

Abb. 149. Kurve für den Faktor Δ in Abhängigkeit von der Länge l zwischen zwei Maximalablesungen für $a = 4{,}2$ cm und $d = 0{,}14$ cm.

lichen Luftkondensator am Generatorende zwischen die Doppelleitung und stellt die Kapazität so ein, daß die beiden ersten maximalen Stromeinstellungen näher an den Anfang der Leitung rücken und das freie Ende verhältnismäßig kurz bleibt. Den Abstand zwischen den zwei Einstellungen mißt man in Metern ab. Ein mit der Doppelleitung lose gekoppelter Wellenmesser wird dann auf Resonanz eingestellt und die entsprechende Wellenlänge λ_0 mittels

$$\lambda_0^{\mathrm{m}} = 2l[1 + \Delta]$$

oder die dazugehörige Periodenzahl mittels

$$f^{\mathrm{KHertz}} = \frac{1{,}4991 \cdot 10^5}{l}(1 - \Delta)$$

berechnet. Wenn eine Meßgenauigkeit von $^1/_{10}$ bis $^1/_2$% genügt, so kann die kleine Größe Δ für normale Abmessungen der Doppelleitung und kurze Wellen (4 bis 25 m) vernachlässigt werden. Die Größe Δ ist ein Korrektionsglied und hängt von der Periodenzahl, dem Widerstand und der Induktivität der Leitung ab. Für genauere Messungen ist dieselbe[1]) nach der Formel

$$\Delta = \frac{\sqrt{r_0}}{8 \ln B \sqrt{\omega\left[1 - \left(\frac{d}{a}\right)^2\right]}}$$

berechenbar, wo

$$B = \frac{1 + \sqrt{1 - \left(\frac{d}{a}\right)^2}}{\frac{d}{a}},$$

was für normale Abmessungen, bei denen der Abstand a zwischen den beiden Leitungen verhältnismäßig groß im Vergleich zum Drahtdurchmesser d ist, in guter Annäherung

$$B \cong \frac{2a}{d}$$

ergibt. Der Abstand a ist zwischen den Drahtachsen zu messen. Die Größe r_0 bedeutet den Gleichstromwiderstand pro cm Länge der Doppelleitung und ist im elektromagnetischen CGS-System (10^9 EME $= 1\,\Omega$) ausgedrückt; $\omega = 2\pi f$ und $f = \sim$/Sek. Ein Zahlenbeispiel ist auf Seite 430 gegeben. Um für praktische Messungen die mühsame Arbeit bei der Berechnung von Δ zu umgehen, ist die Eichkurve für Δ in Abhängigkeit vom Abstande l in Abb. 149 gegeben, falls die ihr zugrunde liegenden Abmessungen des Leitungsgebildes, die leicht zu treffen sind, benutzt werden. Wie in Tabelle 20 auf Seite 431 angedeutet ist, haben kleine Änderungen im Drahtdurchmesser (d. h. wenn d nicht an allen Stellen der Leitung genau gleich 0,14 cm ist) sowie im Abstande a zwischen den Leitern (d. h. wenn die Meßbrücke den Abstand etwas beeinflussen sollte) keinen merkbaren Einfluß auf den Wert von Δ. Selbst für einen Wert von $a = 4{,}7$ cm anstatt $a = 4$ cm beträgt in dem

[1]) Ableitung der Formel siehe Seite 429 und 430.

angegebenen Bereich ($16 \cdot 10^3$ bis $34 \cdot 10^3$ KHertz) der Unterschied im Mittel nur 0,003%. Für Laboratoriumsversuche ist die Länge der Doppelleitung durch die größte Abmessung des Versuchsraumes begrenzt. Obiger Frequenzbereich, der ungefähr einem Wellenbereich von 9 bis 20 m entspricht, erfordert ungefähr eine Doppelleitung von 14 m Länge. Man muß also einen Versuchsraum haben, der etwas länger ist, da die Enden der Drähte durch Isolatoren (ungefähr 25 cm lang) und Zugfedern an den Wänden befestigt werden (Abb. 150). Diese Abmessungen ergeben dann eine Eichung von 4 m bis ungefähr 1000 m.

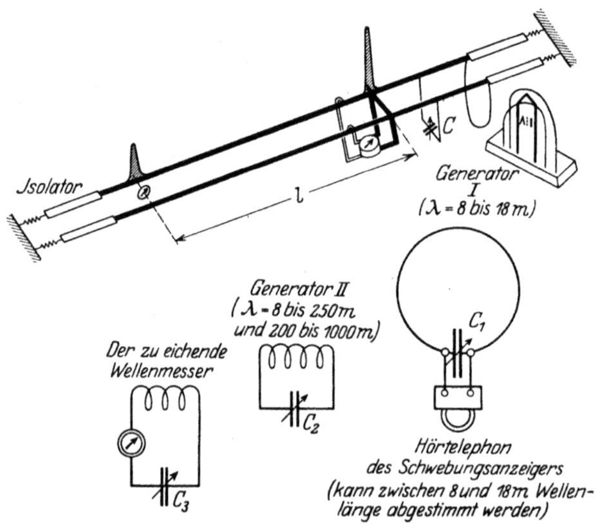

Abb. 150. Doppelleitung für die Eichung von Wellenlängen (Frequenzen).

Der Hochfrequenzgenerator I (ungefähr 50 Watt), welcher die kurzen Drahtwellen erzeugt, wird lose mit der Doppelleitung gekoppelt und der Kondensator C so eingestellt, bis der erste maximale Ausschlag ziemlich nahe an das Generatorende heranrückt.

Die Meßbrücke[1]) wird dann nach dem offenen Ende der Leitung hin verschoben und die zweite Resonanzstellung am Drahte abgesteckt. Der Wellenmesser wird lose mit dem Generator I gekoppelt und auf denselben abgestimmt, während die Brücke an den maximalen Stellen stehenbleibt. Die Wellenlänge λ_0 und f werden mittels obiger Formeln und der Kurve für Δ berechnet. Der Generator I ist in Abb. 18 wieder-

[1]) Der stark ausgezogene Schieber stellt den Nebenschluß des darunterhängenden Strommessers dar. Der Strommesser wird am besten so angebracht, daß man ihn von unten ablesen kann, da die Doppelleitung in halber Zimmerhöhe zwischen der Decke und dem Fußboden verläuft. Die anderen Teile des Schiebers bestehen aus Glas.

gegeben und auf Seite 18 näher beschrieben. Mittels dieses Verfahrens kann man den Wellenbereich bis ungefähr 18 m eichen. Bei längeren Wellen verfährt man wie folgt:

1. Man stellt z. B. Generator I so ein, daß $l = 5$ m, d. h. die Wellenlänge am Drahte $\lambda = 10$ m ist. Dies entspricht ungefähr einer Frequenz $f = 30\,000$ KHertz am Generator I.

2. Der Schwebungsanzeiger[1]) wird auf obige Wellenlänge abgestimmt, so daß der Einfluß von Schwebungstönen vermöge der Oberschwingungen des Generators I ausgeschlossen ist.

3. Der Generator II wird solange verändert, bis derselbe ungefähr in Resonanz mit Generator I gerät. Man hört dann einen Ton im Schwebungsanzeiger, welcher verschwindet, sobald die Abstimmung richtig getroffen ist.

4. Der Wellenmesser wird auf Generator II abgestimmt und die Wellenlänge[2]) λ_0 bzw. f notiert, d. h. der abgelesene Punkt ist 30 000 KHertz. Die Kondensatoreinstellung des Generators II wird nun vergrößert, bis der nächste Schwebungston bemerkbar ist. Eine weitere Drehung des Kondensators (in demselben Sinne) ergibt tiefere Töne, läßt dann den Schwebungston verschwinden und erzeugt schließlich wieder Töne mit zunehmender Höhe. Die Tonlosigkeit zeigt an, daß die Grundschwingung des Generators I mit der ersten Oberwelle des Generators II in Synchronismus ist. Das heißt eine Abstimmung des Wellenmessers auf Generator II ergibt die Einstellung 30 000/2 KHertz entsprechend einer Wellenlänge $2\lambda = 20$ m. Die Stelle der Tonlosigkeit des nächsten Schwebungstones ergibt $3\lambda = 30$ m und 10 000 KHertz. Dies Verfahren kann man leicht bis $40\lambda = 400$ m ausführen.

5. Um größere Wellenlängen zu eichen, ändert man die Einstellung des Generators und verfährt wie oben. Zum Beispiel hat man für $l = 9$ m $\lambda = 18$ m und gemäß der Kurve in Abb. 149 an dem Wellenmesser eine Wellenlänge $\lambda_0 = \lambda(1 + \Delta) = 18 \cdot 1{,}00136 = 18{,}0243$, welche 2,43 cm länger ist als die an der Doppelleitung entwickelte Wellenlänge. Wenn man das Schwebungsverfahren bis zu $50\,\lambda_0$ wie oben ausführt, so erhält man eine Eichung des Wellenmessers bis ungefähr 900 m, was für die Abmessung obiger Doppelleitung ungefähr die obere Grenze des erreichbaren Wellenbereiches sein dürfte. Bei noch größeren Wellenlängen ist es am besten, entweder eine längere Doppelleitung oder eine harmonische Methode zu verwenden (Artikel 105), die die Oberwellen eines hörbaren Stromes zur Eichung benutzt. Um dic Konstanz der

---

[1]) Der Schwebungsanzeiger verwendet zweifache Verstärkung (Audio-Frequenz).

[2]) Bei Präzisionsmessungen muß wie oben der Berichtigungsfaktor Δ benutzt werden. Obige Zahlenwerte werden nur der Einfachheit halber in dem angegebenen Beispiel benutzt.

Periodenzahl des Generators I während der Messung zu prüfen, koppelt man mit dem Generator einen Wellenmesser für sehr kurze Wellen und beobachtet den Resonanzausschlag, der sich während der Messung nicht ändern darf.

XII. Bestimmung der Wellengruppenfrequenz und der brauchbaren Schwingungen per Wellenzug.

111. Funkenentladung und Wellengruppenfrequenz. Wenn Funkenentladungen vorliegen, so ist der Schwingungskreis gewöhnlich nur in gewissen Zeitabschnitten wirksam. Man spricht dann von der Anzahl von Wellenzügen in der Sekunde, welche gleich der sekundlichen Funkenzahl ist. Man kann somit mittels der letzteren die Wellengruppenfrequenz bestimmen. Dasselbe gilt auch für jede Art der Stoßerregung.

112. Die Methode mittels des Helmholtzschen Pendels. Man verschiebt die beiden Kontakte K_1 und K_2 des Pendels so viel, daß K_1 eine Sekunde zuvor den Schwingungskreis schließt, bevor K_2 die Erregung wieder unterbricht. Zur selben Zeit läuft ein gewöhnlicher, in Ferrizyanidlösung gesättigter Papierstreifen mit verhältnismäßig konstanter Geschwindigkeit durch die Funkenstrecke. Die Anzahl der braunen Punkte gibt dann die Wellengruppenfrequenz. Wenn eine hohe Funkenfrequenz, z. B. 1000, vorliegt, so empfiehlt es sich, die Kontakte auf einen Zeitunterschied von $^1/_{10}$ einer Sekunde einzustellen und das Ergebnis mit 10 zu vervielfachen.

113. Die stroboskopischen Methoden. Die Grundlage dieser Methoden beruht auf der Tatsache, daß ein rotierendes Speichenrad dann still zu stehen scheint, wenn dasselbe in einer solchen Reihenfolge belichtet wird, daß während nacheinander erscheinenden Beleuchtungen eine Speiche sich gerade in die Lage der nächsten oder irgendeiner andern Speiche bewegen kann. Wenn das Rad sich etwas zu langsam dreht, so scheint dasselbe langsam zurückzulaufen, geradeso, wie bei einer zu raschen Umdrehung ein allmähliches Vorwärtsdrehen zu sehen ist.

Die einfachste Anordnung beruht auf der Verwendung einer schwarzen Kreisscheibe mit einem eingezeichneten weißen Radius. Man ändert die Umdrehungsgeschwindigkeit während der Belichtung einer Funkenentladung so lange, bis der Radius stillzustehen scheint. Die Umdrehungszahl in der Sekunde ist dann die Wellengruppenfrequenz. Damit man die Scheibe nicht so schnell zu drehen braucht, teilt man den Kreisumfang der Scheibe in zehn gleiche Teile und zeichnet die zehn gleichmäßig verteilten Radien. Das Zehnfache der sekundlichen Umläufe des scheinbar stillstehenden Radiensternes ist dann die Wellengruppenfrequenz.

Wenn, wie in Abb. 151 angedeutet, eine Geißlersche Röhre längs eines Radius einer schwarzen Scheibe befestigt und durch Schleifringe vom Meßkreis her erregt wird, so braucht man nur den leuchtenden Stern zu photographieren und die sekundliche Umdrehungszahl mit

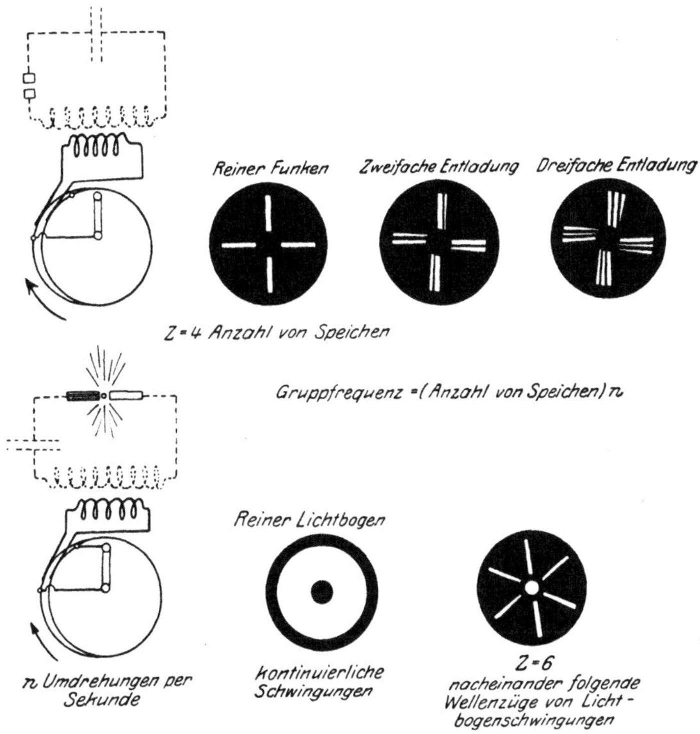

Abb. 151. Die stroboskopische Scheibe mit einer Geißlerschen Röhre.

der Zahl der scheinbaren Röhren zu multiplizieren, um die Gruppenfrequenz zu erhalten.

114. Die stroboskopische Methode für die Bestimmung von Mehrfachentladungen und der Regelmäßigkeit derselben. Man benutzt wiederum die Geißlersche Röhrenanordnung in Abb. 151.

1. Wenn ein scharfer Radienstern bei einer gewissen Umdrehungszahl erscheint, so hat man eine reine Entladung.

2. Wenn ein verzerrter Stern mit zwei oder drei parallelen leuchtenden Streifen auf den mittleren Radius erscheint, so hat man eine Doppel- bzw. eine Dreifachentladung.

3. Wenn der Stern ab und zu aufleuchtet, so ist dies ein Zeichen einer sehr unregelmäßigen Erregung.

115. Die Dekrementsmethode für die Bestimmung der brauchbaren Vollschwingungen (hin und her) in einem Wellenzuge. Dieses Verfahren beruht in erster Linie auf der Bestimmung des logarithmischen Dekrementes δ der Schwingung. Wenn I_1 und I_2 aufeinanderfolgende Maximalamplituden gleicher Polarität sind, so ist

$$\delta = \log \varepsilon \frac{I_1}{I_2} .$$

Wenn deshalb p vollständige Schwingungen für einen Zug vorliegen und I_p die p-te maximale Amplitude derselben Polarität wie die der ersten I_1 bedeutet, so ist das logarithmische Dekrement bis zur p-ten Amplitude

$$\delta_t = [p-1]\,\delta = \log \varepsilon \frac{I_1}{I_p}$$

$$= 2{,}3026 \cdot \log 10 \frac{I_1}{I_p} .$$

Wenn man den Wellenzug als vernichtet betrachtet, sobald I_p nur noch 1% der ursprüngliche Amplitude beträgt, so hat man $I_1/I_p = 100$. Die Anzahl p der brauchbaren Vollschwingungen[1]) ist deshalb

$$\boldsymbol{p = \frac{4{,}6052 - \delta}{\delta}} .$$

Beispiel: $\delta = 0{,}03$ mittels einer der bekannten Methoden gefunden.

$$p = \frac{4{,}6052 - 0{,}03}{0{,}03} = 152{,}5 \text{ volle Schwingungen.}$$

116. Der Saitenvibrator für die Messung von Schwebungsfrequenzen und Tonfrequenzen. Derselbe (Abb. 152) besteht aus einem Pianodraht, welcher mittels eines Gewichtes G gespannt wird. Zwei Schleifbügel erlauben die Einstellung auf die Frequenz des erregenden Wechselstromes. Dieser wirkt auf die Saite durch die Polschuhe der Magnete eines gewöhnlichen Hörtelephons ein. Bei der Messung werden die Bügel verschoben,

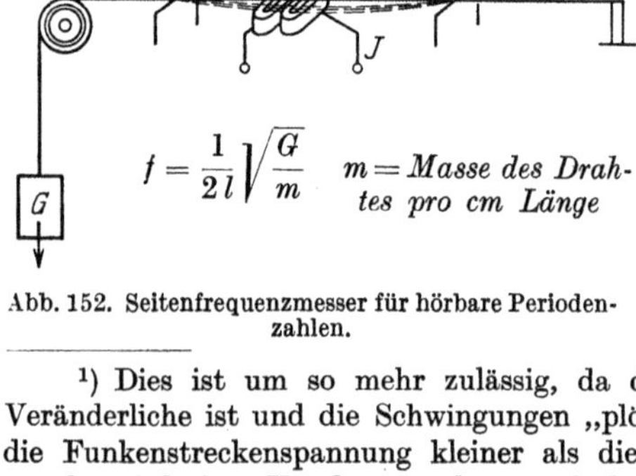

Abb. 152. Seitenfrequenzmesser für hörbare Periodenzahlen.

[1]) Dies ist um so mehr zulässig, da der Funkenstreckenwiderstand eine Veränderliche ist und die Schwingungen „plötzlich“ unterbrochen werden, wenn die Funkenstreckenspannung kleiner als die Ionisationsspannung der Funkenstrecke wird. Der Kondensator kann sich deshalb nie vollständig entladen.

bis die Saite schwingt. Die Resonanz ist ziemlich scharf und wird aus der Länge l nach der in der Abbildung angegebenen Formel berechnet. Man kann auch die Saite direkt eichen. Als Vergleichsmittel dienen hierbei mehrere Stimmgabeln, wobei die richtige Saitenlänge mittels des Ohres bestimmt wird. Einige Punkte genügen, um die Eichkurve zu erhalten. Die Genauigkeit beträgt ungefähr 2%, wenn keine besonderen Vorsichtsmaßregeln getroffen werden.

XIII. Bestimmung der Kapazität.

117. Absolute und praktische Einheiten der Kapazität. Formeln. Die Einheit der Kapazität erzeugt bei der Lademenge 1 ein Volt Klemmenspannung. Gerade so wie in dem Fall der Selbst- und gegenseitigen Induktion ist sowohl das praktische System als auch eine der absoluten Einheiten im Gebrauch. Die praktische Einheit ist das Farad (F). Sehr oft werden das Mikrofarad (1 MF $= 10^{-6}$ F) und das Mikromikrofarad (1 MMF $= 10^{-12}$ F) verwendet. Im absoluten elektrostatischen System ist das Zentimeter (cm) die Einheit, während die elektromagnetische Einheit namenlos ist und keine Bedeutung hat.

Die Übergangsbeziehung

$$\mathbf{1\,MF = 9 \cdot 10^5\,cm}$$

ist von großer Wichtigkeit.

Die Kapazität C eines Kondensators, dessen dielektrische Konstante k ist, kann durch die bekannte Formel

$$C^{\mathrm{MF.}} = k\frac{F}{d}\,\frac{10^{-5}}{36\pi}$$

gefunden werden, wenn F den Flächeninhalt einer Platte in Quadratzentimetern und d den Abstand zwischen den beiden Platten in Zentimetern bedeutet. Wenn in einen Kondensator N Platten derart eingebaut sind, daß alle ungeraden Platten zu einem und alle geradzahligen Platten zum andern Pole führen, so gilt obige Formel ebenfalls, wenn $(N - 1)\,F$ anstatt F gesetzt wird. Wenn die Randwirkungen eines veränderlichen Kondensators mit N halbkreisförmigen Platten, deren äußerer Radius R^{cm} und innerer Radius r^{cm} ist, vernachlässigt werden, so erhält man für die maximale Kapazität

$$C^{\mathrm{MF.}} = 0{,}139\,k\,\frac{(N-1)\,(R^2 - r^2)}{d}\,10^{-6},$$

wenn d wiederum die Dicke des Plattenabstandes in cm bedeutet. Alle andern Kapazitätswerte ändern sich proportional mit der Plattenverstellung. Formeln für die Berechnung der Randkurven besonderer Kondensatoren sind im Kapitel XXVIII gegeben.

118. Die Differentialmethode. Das in Abb. 153 angegebene Differentialsystem scheint das schnellste Verfahren zu sein, die Hochfrequenzkapazität von Apparaten durch Vergleich mit einem Luftkondensator C_n zu bestimmen. Die Abgleichung ist so scharf, daß eine Widerstandsabgleichung mittels des Schleifdrahtes nur in wenigen Sonderfällen notwendig ist. Die Stellung des Luftkondensators C_n ergibt dann direkt die Kapazität C_x des Prüfstücks. Der Luftkondensator C_0 wird so lange verändert, bis die störenden Streuwirkungen praktisch verschwinden. Das Variometer L im Hauptzweige ergibt eine Möglichkeit, das ganze System auf irgendeine gewünschte Frequenz abzustimmen, obgleich dies nur zur Erzielung großer Ströme notwendig ist.

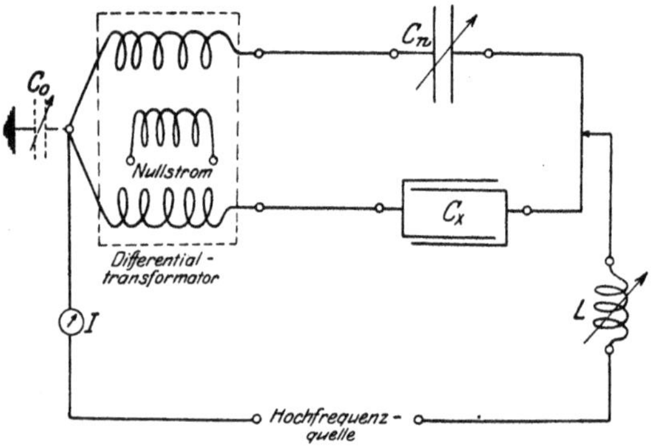

Abb. 153. Messung einer Kapazität.

119. Die Substitutionsmethode. Der Prüfkondensator C_x wird in das Resonanzsystem Abb. 154 eingeschaltet und die Wellenlänge des erregenden Unterbrecherschwingungserzeugers geändert, bis das Hörtelephon eine maximale Wirkung ergibt.

Ein Luftkondensator C_n wird dann an Stelle der unbekannten Kapazität eingeschaltet und dessen Kapazitätswert geändert, bis für eine Einstellung C_n ein Resonanzmaximum wiederum hörbar ist. Die Größe C_n ist dann die gesuchte Kapazität des Prüfstückes.

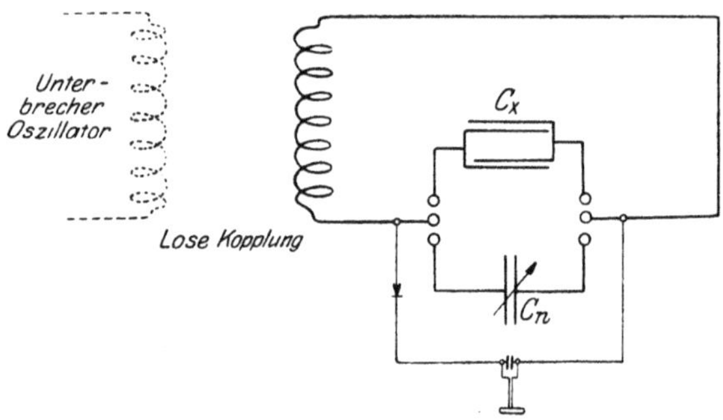

Abb. 154. Messung einer Kapazität.

120. Die harmonische Methode. Das Verfahren der Abb. 155 benutzt die Grundfrequenz und diejenige einer Oberwelle, welche in einem Röhrenschwingungserzeuger vorkommen. Der Zwischenkreis hat wiederum den Vorteil, daß die endgültige Resonanzeinstellung, nämlich diejenige des Meßkreises, auf eine Minimalablenkung des thermischen Detektors (was leichter zu erkennen ist) zurückgeführt wird.

Das Verfahren besteht einfach darin, daß man den Prüfkondensator C_x über ein Variometer L_n schließt, dessen Eichung nicht bekannt zu sein braucht. Der Überbrückungskreis wird dann auf die Grundwellenlänge λ eingestellt (maximale Ablenkung) und der Meßkreis mittels L_n abgestimmt, d. h. bis $\lambda = k\sqrt{C_x \cdot L_n}$ ist (an einer scharfen Minimalablenkung zu erkennen). Hiernach ersetzt man das Prüfstück C_x durch einen Luftkondensator C_n, dessen Eichung bekannt sein muß, und stimmt wiederum erst den Zwischenkreis und dann den Meßkreis, aber jetzt auf die dreifache Periodenzahl ab, d. h. bis

$$\lambda/3 = k\sqrt{C_n \cdot L_n}$$

ist. Die letztere Einstellung wird mittels C_n ausgeführt und an einem scharfen Minimalanschlag erkannt.

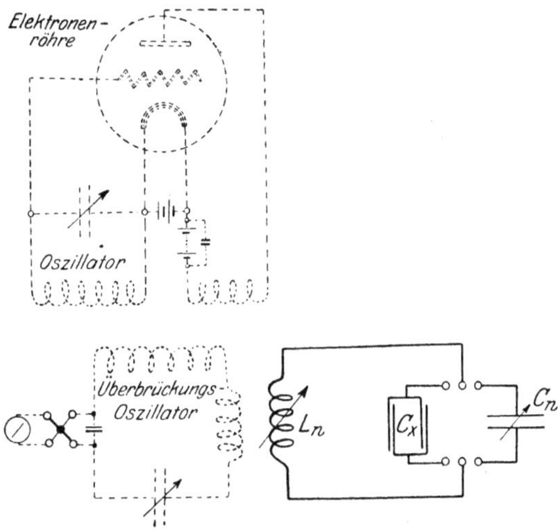

Abb. 155. Messung einer Kapazität.

Durch Vergleichung der bezüglichen Schwingungskonstanten sieht man, daß

$$C_x \cdot L_n = 9\,C_n \cdot L_n$$

d. h. die wirksame Kapazität C_x des Prüfstücks ist:

$$\boldsymbol{C_x = 9 \cdot C_n} .$$

121. Die Resonanzmethode. Das Prüfstück C_x wird mit den Klemmen eines Variometers verbunden, zu dem gleichzeitig die Reihenanordnung eines Blockkondensators und eines Kristallgleichrichters im Nebenschluß liegt. Die Klemmen des Blockkondensators führen zu einem Hörtelephon, welches den Resonanzzustand anzeigt. Wenn dieser Meßkreis mittels eines lose gekoppelten Unterbrecherschwingungserzeugers erregt wird und L_n die Resonanzeinstellung für die aufgedrückte Wellenlänge λ ist, so hat man

$$C_x^{\mathrm{MF.}} = 2{,}82 \cdot 10^{-13} \frac{\lambda^{\mathrm{m}\,2}}{L_n^{\mathrm{H}}}$$

und im absoluten System

$$C_x^{\mathrm{cm}} = 253 \frac{\lambda^2}{L_n^{\mathrm{cm}}} .$$

122. Die Bestimmung mittels einer verhältnismäßig kleinen Kapazitätsnormale. Die Anordnung in Abb. 156 wird mittels eines Röhrenoszillators erregt. Die Klemmen 1—2 werden zunächst kurzgeschlossen und die Kopplungsspule L und der Luftkondensator werden geändert, bis für eine Einstellung $L = L$ und $C = C_1$ Resonanz stattfindet. Man hat dann die Schwingungskonstante $C_1 \cdot L$.

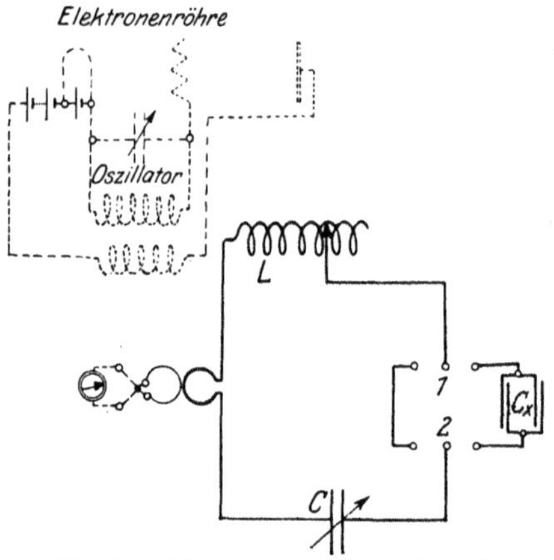

Abb. 156. Messung einer kleinen Kapazität.

Hiernach wird der Prüfkondensator C_x zwischen die Klemmen 1—2 eingeschaltet und Resonanz nur mittels der Kondensatoränderung $C = C_2$ hergestellt. Die Schwingungskonstante ist dann $\frac{C_2 C_x}{C_2 + C_x} L$ und muß gleich der ersteren sein, d. h.

$$C_x = \frac{C_1 \cdot C_2}{C_2 - C_1}.$$

123. Die Bestimmung mittels einer verhältnismäßig großen Kapazitätsnormale. Die Anordnung in Abb. 157 wird mittels eines Röhrenschwingungserzeugers erregt. Wenn das Prüfstück C_x weggelassen wird und Resonanz mittels der Einstellung $C = C_1$ hergestellt wird, so hat man die Schwingungskonstante $C_1 L$.

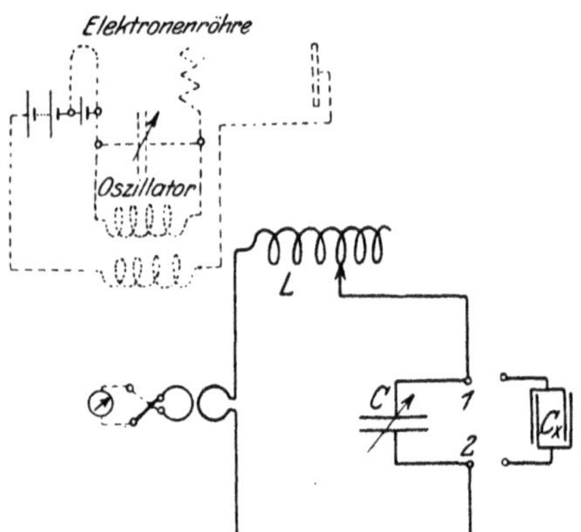

Abb. 157. Messung einer großen Kapazität.

Hiernach wird C_x zwischen die Klemmen 1—2 gelegt und mittels der neuen Kondensatorstellung $C = C_2$ abgestimmt. Dies führt zur Schwingungskonstanten $(C_2 + C_x) L$ und der Lösung

$$C_x = C_1 - C_2.$$

124. Absolute Methode für die Kapazitätsbestimmung. Die auf Seite 213 und in Abb. 169 beschriebene Methode kann verwendet werden, um die Kapazität C, die in diesem Falle unbekannt ist, mittels eines Widerstandes und eines Röhrenvoltmeters zu messen. Man verändert hierbei den Normalwiderstand (als r_x in der Abb. angedeutet), bis derselbe Erregerstrom $\tilde{I}$ wieder erhalten wird, der vorher bei eingeschaltetem C (an Stelle von r_x) vorhanden war, wobei der Anodenstrom I gerade verschwindet. Die unbekannte Kapazität berechnet sich dann aus

$$C^{\mathrm{F}} = \frac{1}{2\pi f r_x^{\Omega}},$$

wo f die Periodenzahl/sek bedeutet. Wenn man keinen Normalwiderstand hat, der denselben Wert wie die Reaktanz $1/\omega C$ ergibt, so schaltet man den bestmöglichen Normalwiderstand r in Reihe mit der unbekannten Kapazität C und läßt die Kombination von dem Hochfrequenzstrom I durchfließen. Man mißt dann mittels des Röhrenvoltmeters die Klemmenspannung des Widerstandes r, welche die Gitterspannung $E = E_1$ erfordere, und hiernach die Kondensatorspannung, welche eine Gitterspannung $E = E_2$ benötige. Die Kapazität berechnet sich dann zu

$$C^{\mathrm{F}} = \frac{E_1}{E_2} \frac{1}{2\pi f \cdot r\Omega}.$$

125. Die Bestimmung der wirksamen Kapazität eines Raumkondensators. Raumkondensatoren werden in der Hochspannungstechnik und für große Leistungen in der Hochfrequenzpraxis verwendet. Die Platten haben hier die Form von Zylindern oder von abgerundeten Kegeln u. dergl. Die besonders geformten Kondensatorpole zeigen dann Kapazitätswirkungen gegen alle Richtungen hin und besonders gegen die Erde.

Wenn ein Raumpol mit A und der andere mit B bezeichnet wird, so kann man die Erdwirkungen und die richtige Kapazität zwischen den Polen mittels des Differentialsystems Abb. 153 finden. Man hat zu dem Zwecke die Erdung des Mittelpunktes des Differentialtransformators zu entfernen und dann folgende drei Bestimmungen vorzunehmen.

1. Der Raumkondensator C_x wird eingeschaltet und die Kapazitätseinstellung $C_n = C_1$ für den geerdeten Raumpol B aus der Beziehung

$$C_1 = C_{A-B} + C_{A-O}$$

gefunden.

2. Die Einstellung $C_n = C_2$ wird aus

$$C_2 = C_{A-B} + C_{B-O}$$

für den geerdeten Raumpol A ermittelt.

3. Die ungeerdeten Raumpole sind zusammen verbunden und die Kapazität C_3 mittels des Ausdruckes

$$C_3 = C_{A-O} + C_{B-O}$$

zwischen diesem Äquipotentialpaar und der Erde bestimmt. Die wirksame Kapazität C_x des Raumkondensators ist dann aus dem Ausdrucke

$$C_x = C_{A-B} + \frac{C_{A-O} \cdot C_{B-O}}{C_{A-O} + C_{B-O}}$$

$$= \frac{1}{2}\left\{C_1 + C_2 - C_3 + \frac{[C_1 + C_3 - C_2]\,[C_2 + C_3 - C_1]}{C_3}\right\}$$

berechenbar.

126. Bestimmung der statischen Kapazität eines Luftkondensators. Die ballistische Methode in Abb. 158 scheint einfach und zuverlässig zu sein, da im Falle von Luftkondensatoren die dynamische Kapazität praktisch diejenige ist, welche hier bestimmt wird.

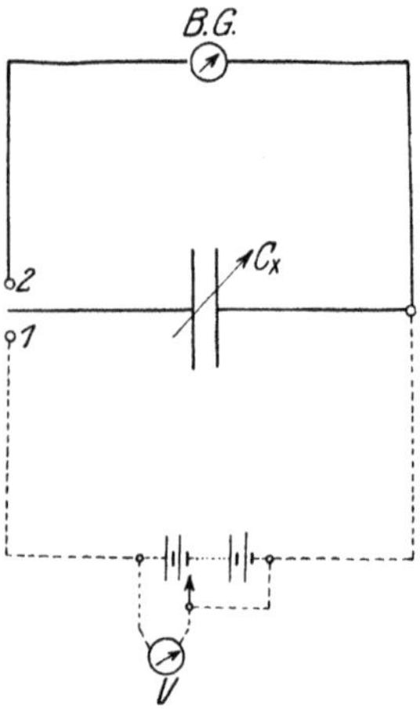

Abb. 158. Die ballistische Methode.

Wenn d der erste maximale Ausschlag bei der Entladung des Kondensators ist (2 geschlossen) und k die ballistische Konstante bedeutet, so wird für eine ursprüngliche Ladespannung V

$$C^{\text{MF.}} = k \cdot \frac{d^{\text{mm}}}{V^{\text{V}}}.$$

Die ballistische Konstante k, welche in Mikrocoulombs per mm Ablenkung (an der Skala) gemessen wird, bestimmt man am besten mittels einer bekannten Kapazität $C_1^{\text{MF.}}$ und des entsprechenden Ausschlages d_1 mittels der Formel

$$k = \frac{C_1 \cdot V}{d_1}.$$

Eine Gleichspannung von $V = 110$ Volt, welche gewöhnlich zur Verfügung steht, ist für das Durchschnittsgalvanometer und den gewöhnlichen Kapazitätsbereich ausreichend.

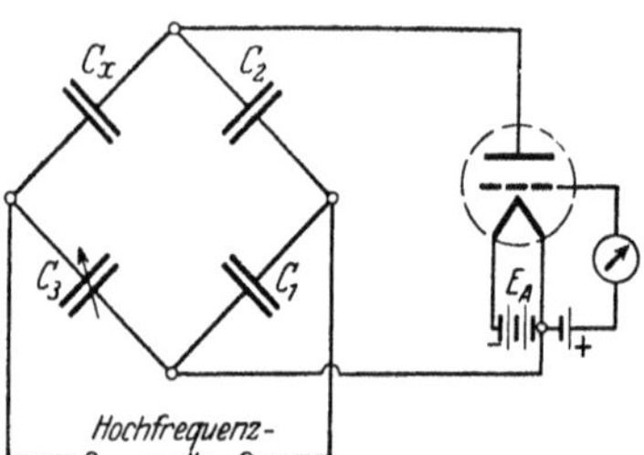

Abb. 159. Gitterstrommethode zur Feststellung von Equipotentialpunkten.

127. Flemings Methode zur Bestimmung der Hochfrequenzkapazität. In Abb. 159 dient eine gewöhnliche Dreielementröhre als Anzeigemittel für die Abgleichung einer Kapazitätsbrücke. Ein in den Gitterkreis geschaltetes Galvanometer zeigt infolge des positiven Gitterpotentials einen bestimmten Ausschlag. Das positive Gitterpotential wird teils durch den Spannungsabfall längs des Glühfadens, teils durch eine positive Gittervorspannung von ca. 2 Volt gebildet. Wenn $C_1 = C_2$ gewählt ist, so ändert man C_3, bis das Galvanometer keine Stromverringerung mehr anzeigt. Für eine solche Einstellung sind die Brückenpunkte, welche zur Röhre führen, auf dem gleichen Potential. Man hat dann $C_x = C_3$. Die Röhrenschaltung kann natürlich auch auf die Differentialschaltungen Kapitel VIII, Abb. 94 und 153 u. dergl. angewendet werden.

Die Bestimmung von Spulenkapazitäten.

128. Die analytische Methode. Wie in Abb. 160 angedeutet ist, ver-

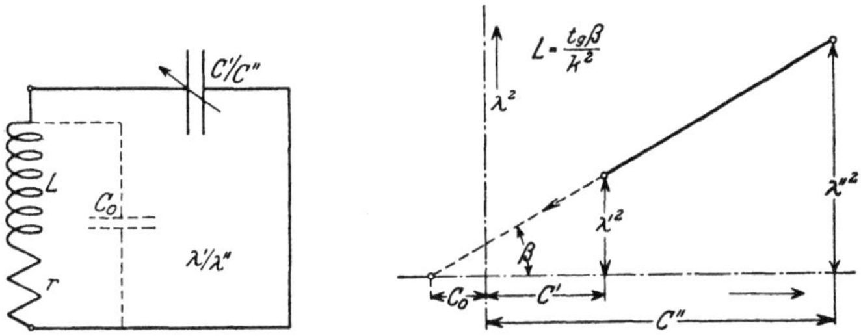

Die Spulenkapazität C_0 wird mittels der angegebenen Konstruktion gefunden.

Abb. 160. Graphische Ermittlung der Spulenkapazität.

ändert die Spulenkapazität C_0 die Schwingungskonstante, da gemäß der verallgemeinerten Impedanz

$$Z_L + Z_C = \frac{nL + r}{1 + n^2 C_0 L + nrC_0} + \frac{1}{nC} = 0 \ldots \angle$$

oder

$$n^2 L[C + C_0] + n \cdot r[C + C_0] + 1 = 0 \ldots \angle$$

man für die verallgemeinerte Winkelgeschwindigkeit die Lösungen

$$n = \alpha \pm j\sqrt{\alpha^2 - \frac{1}{L[C + C_0]}}$$
$$= \alpha \pm j\omega \qquad \ldots \angle$$

für $\alpha = -r/2L$ hat. Die Schwingungskonstante hat deshalb praktisch den Wert $(C_0 + C)L$ anstatt $C \cdot L$. Wenn daher zwei Welleneinstellungen λ_1^{m} und λ_2^{m} mittels C_1 und C_2 ausgeführt werden, so hat man

$$\lambda_1 = k\sqrt{[C_0 + C_1]L}$$

$$\lambda_2 = k\sqrt{[C_0 + C_2]L}$$

und die Spulenkapazität C_0

$$C_0 = \frac{C_1 \lambda_2^2 - C_2 \cdot \lambda_1^2}{\lambda_1^2 - \lambda_2^2}$$

in denselben Dimensionen wie C_1 oder C_2.

129. Die graphische Methode. Dieses Verfahren, welches in Abb. 160 angedeutet ist, beruht auf der graphischen Auswertung der im letzten Abschnitte aufgestellten Formel für C_0. Man macht also zwei Wellenlängenablesungen λ' und λ'' gemäß den entsprechenden Kondensatoreinstellungen C' und C'' und ermittelt den Schnittpunkt für die Verbindungslinie der Ordinatenenden $\lambda^{2\prime}$ und $\lambda^{2\prime\prime}$ mit der Abszisse. Der Abschnitt C_0 liefert dann die Spulenkapazität im selben Maßstabe wie C' oder C''. Der Aufstieg ($\operatorname{tg}\beta$) der Verbindungslinie ergibt in einem gewissen Maßstabe die wahre Selbstinduktion der Spule. Wenn die Kapazität in Farad, L in Henry und die Wellenlänge in Metern ausgedrückt ist, so wird die Konstante $k = 6\pi \cdot 10^8$.

130. Die dielektrische Methode. Man verbindet die Spule mit einem Luftkondensator C und erregt dieses Resonanzsystem mit einem Röhrenoszillator, wenn die Spule in Luft und wenn dieselbe in eine Flüssigkeit (Öl) bekannter dielektrischer Konstante K untergetaucht ist. Dies ergibt die zwei Resonanzwellenlängen $\lambda_1 = k\sqrt{(C + C_0)\,L}$ und $\lambda_2 = k\sqrt{(C + K\,C_0)\,L}$ und die Spulenkapazität C_0 als

$$C_0^{\text{MF.}} = C^{\text{MF.}} \frac{\lambda_2^2 - \lambda_1^2}{K\lambda_1^2 - \lambda_2^2}.$$

131. Die harmonische Methode. Wenn ein Röhrenoszillator in dem eben erwähnten Meßkreise (Prüfspule parallel zu einem Luftkondensator) mit der Grundwelle λ_1 wirkt, so hat man gemäß der Resonanzeinstellung C_1 die Beziehung

$$\lambda_1 = k\sqrt{(C_1 + C_0)\,L}\,,$$

während für den doppeltperiodischen Resonanzstrom eine Stellung C_2 die Beziehung

$$\lambda_2 = \frac{\lambda_1}{2} = k\sqrt{(C_2 + C_0)\,L}$$

befriedigt. Die Spulenkapazität C_0 wird somit

$$C_0 = \frac{C_1 - 4\,C_2}{3}.$$

Man kann zur Feststellung der Resonanz die in Abb. 157 angegebene Anordnung verwenden, wenn C_x weggelassen wird und L die Prüfspule bedeutet.

132. Die Bestimmung der Kapazität eines Isolators. Der Isolator wird an Stelle der Kapazität C_x in Abb. 153 eingeschaltet und der dielektrische Verlustwiderstand mittels der Schleifdrahteinstellung kompensiert. Der Luftkondensator C_n wird dann gedreht, bis kein Strom mehr im Sekundärsystem des Transformators bemerkbar ist, worauf $C_x = C_n$.

XIV. Die Bestimmung des Koeffizienten der Selbstinduktion.

133. Absolute und praktische Einheiten von Selbstinduktionen und Formeln. Da dieser Koeffizient durch die Beziehung $L = e/di/dt$ gegeben ist, so erkennt man, daß dessen Einheit durch diejenige Änderung des Stromes in der Sekunde dargestellt ist, die 1 Volt erzeugt. Das praktische System benutzt das Henry (H) als die Einheit, oder das Millihenry ($= 10^{-3}$ H) und Mikrohenry ($= 10^{-6}$ H).

Was das absolute System anbelangt, so hat man zwischen einer elektrostatischen namenlosen Einheit und einer elektromagnetischen dem Zentimeter, welches durch die Beziehung

$$1 \text{ cm} = 10^{-9} \text{ H}$$

gegeben ist, zu unterscheiden. Die namenlose E.S.E., welche keine große Rolle spielt, hätte man mit $9 \cdot 10^{11}$ zu vervielfachen, um das Henry zu erhalten[1]).

Was die Berechnung der Induktivität anbelangt, so sind viele Formeln in der Literatur vorhanden. Die sehr zuverlässigen Formeln setzen aber gewöhnlich Spulenformen voraus, die nicht immer zweckmäßigen Hochfrequenzapparaten anzupassen sind (große Zeitkonstante $L/_r$, möglichst astatisch, kleine Spulenkapazität, Stufenwicklung und dergl.) und erfordern auch vielfach eine langwierige Vorausberechnung mit Tabellen. Da die Stromverdrängung gegen die Drahtoberfläche hin und die Strom- und Spannungsverteilungen längs des Spulendrahtes die Induktivität ändern, so scheinen Messungen die einzigen Hilfsmittel zu sein, um richtige Ergebnisse zu erhalten. Vielfach ist jedoch eine Vorausberechnung notwendig. Professor Brooks[2]) Formel

$$L^{\mathrm{H}} = \frac{l^2}{b+c+R} \frac{F' \cdot F''}{10^9}$$

für die Formfaktoren

$$F' = \frac{10b + 12c + 2R}{10b + 10c + 1{,}4R} \quad \text{und} \quad F'' = 0{,}5 \log_{10}\left(100 + \frac{14R}{2b + 3c}\right)$$

---

[1]) Wenn Selbstinduktionen als Drosselspulen verwendet werden, so ist es am besten, nur einlagige Spulen zu benutzen, da andernfalls die kapazitiven Wirkungen einen schädlichen Strom hervorrufen können.

[2]) Brooks, Morgan, and H. M. Turner: Bulletin Nr. 53, University of Illinois.

gilt für alle Spulenformen, d. h. für einlagige, mehrlagige, lange oder scheibenförmige Spulen, sofern die Windungen einander berühren. Selbst für etwas losere Windungen gilt die Formel in Annäherung. Obige Beziehung darf als die Universalformel angesehen werden. Der Formfaktor F' ist 1 für sehr lange Spulen und wird 1,43, wenn eine einzige Windung vorliegt (Kirchhoffsche Formel). Alle anderen Werte liegen zwischen diesen beiden Grenzen. F'' ist für lange Spulen ebenfalls 1 und ist noch gleich 1,01 oder ungefähr gleich diesem Werte, wenn die axiale Länge der Spule die größte Dimension ist. F'' hat jedoch einen bedeutenden Einfluß, wenn kurze (scheibenförmige) Spulen vorliegen. In obiger Universalformel bedeuten:

a = Durchschnittsradius der Windung
b = axiale Länge der Spule (Windung)
c = Dicke der Windung = $(R - r)$
r = innerer Radius der Windung
R = äußerer Radius der Windung
l = Länge des Drahtes
} in Zentimeter

Die mit Versuchsergebnissen durchgeführte Annäherungsrechnung zeigt, daß für

$$\boldsymbol{a : b : c = 1{,}5 : 1{,}2 : 1}$$

die Spule die größte Induktivität bei kleinster Drahtlänge l ergibt und daß hierbei L mit dem 1,667-ten Exponenten der Drahtlänge l zunimmt. Da dann $F' \cdot F'' = 1{,}14$, so kann man die Selbstinduktion entweder aus

$$\boldsymbol{L^{H}_{max} = 2{,}56\, l \cdot N \cdot 10^{-9}}$$

oder aus

$$L^{H}_{max} = 0{,}2714 \frac{l^2}{c \cdot 10^9}$$

berechnen. Die Einfachheit dieser Formeln ist aus folgendem Beispiel zu ersehen. Eine Normalspule wurde so dimensioniert, daß der äußere Durchmesser 10 cm, der innere Durchmesser 5 cm und die axiale Länge 3 cm war. Die Windungszahl war $N = 1868$ Windungen. Man hat somit: $R = 5$ cm, $r = 2{,}5$ cm, $a = 3{,}75$ cm, $b = 3$ cm und $c = 2{,}5$ cm. Die ganze Drahtlänge erhält man aus

$$l = 2\pi a N = 2\pi 3{,}75 \cdot 1868 = 43\,990 \text{ cm.}$$

Somit wird:

$$L = 2{,}56 \cdot 43\,990 \cdot 1868 \cdot 10^{-9} = \mathbf{0{,}21\ Henry.}$$

Mit der zweiten Formel erhält man

$$L = 0{,}2714 \cdot 10^{-9} \frac{43\,990^2}{2{,}5} = 0{,}21 \text{ Henry.}$$

Die Messung ergab $L = 0{,}217$ Henry.

134. Die Differentialmethode. Die Prüfspule L_x wird in den einen Zweig des Differentialtransformators Abb. 161 eingeschaltet und das Variometer L_n und der Schleifkontakt so lange verstellt, bis kein Strom mehr in der Sekundärspule zu bemerken ist. Die Einstellung von L_n mißt dann den Koeffizienten L_x der Prüfspule. Diese Methode ermöglicht die Vergleichung von sehr kleinen Selbstinduktionen.

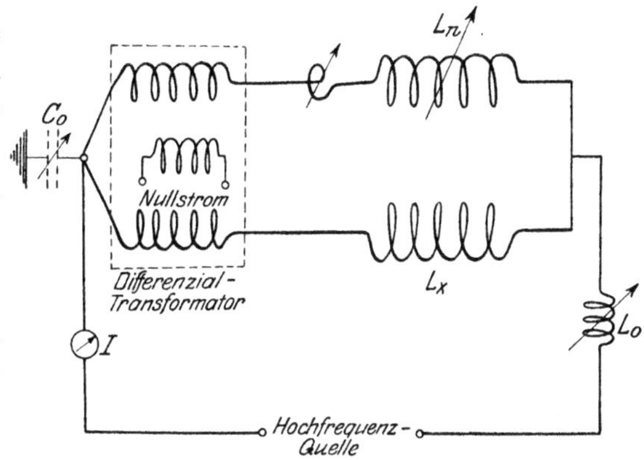

Abb. 161. Messung einer Selbstinduktion.

135. Vereinfachte Differentialmethode. Man benutzt dazu die Schaltung der Abb. 167 und stellt, wie auf Seite 211 beschrieben wird, auf einen Nullstrom im Galvanometer ein. Die scheinbare Induktivität L_x berechnet sich dann aus

$$L_x^{\mathrm{H}} = \frac{1}{4\pi^2 f^2 C^{\mathrm{F}}},$$

wenn f in Perioden/sek.

136. Die harmonische Methode. Das in Abb. 162 angegebene Verfahren benutzt die Grundfrequenz und diejenige einer der Oberwellen, welche in einem gewöhnlichen Vakuumröhrenschwingungserzeuger vorkommen. Ein Zwischenkreis enthält einen einfachen thermoelektrischen Resonanzanzeiger. Das Versuchsstück L_x liegt im Meßkreis, wo sich außerdem der veränderliche Luftkondensator C befindet. Man stimmt zunächst den Zwischenkreis auf den Röhrenoszillator ab (maximale Galvanometerablenkung). Hiernach ändert man die Einstellung des Luftkondensators bis zu dem Werte $C = C_1$, für den das Galvanometer durch eine minimale Ablenkung geht (da dann der

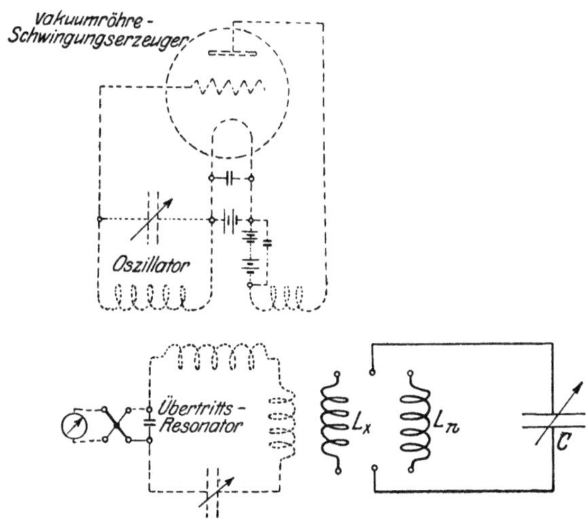

Abb. 162. Maximum-Minimum-Methode mittels der Grund- und Oberschwingungen.

Meßkreis ebenfalls auf λ des Oszillators abgestimmt ist). Man hat dann

$$\lambda = k\sqrt{C_1 \cdot L_x},$$

wo k von dem Einheitssystem abhängt.

Auf dieselbe Weise stimmt man den Meßkreis, in den eine bekannte Normalselbstinduktion L_n an Stelle von L_x eingeschaltet wird, auf die höhere Frequenz ab, z. B. diejenige, welche $\lambda/3$ entspricht und erhält die Kondensatoreinstellung $C = C_2$ mit der Wellenlängengleichung

$$\lambda/3 = k\sqrt{C_2 L_n}.$$

Der Koeffizient der unbekannten Selbstinduktion ist dann

$$L_x = 9\frac{C_2 \cdot L_n}{C_1},$$

wo L_x in demselben Maßstabe wie L_n ausgedrückt ist.

137. Die gewöhnliche Resonanzmethode. Die unbekannte Selbstinduktion L_x wird mit den Klemmen eines Luftkondensators C verbunden und der Kreis auf einen Wellenmessererreger abgestimmt (λ) und L_n aus

$$L_x^{\mathrm{H}} = \frac{\lambda^{2\,\mathrm{m}}}{C^{\mathrm{MF.}}}\, 2{,}82 \cdot 10^{-13}$$

berechnet.

XV. Bestimmung der Koeffizienten der gegenseitigen Induktion und der Kopplung.

138. Kopplungskoeffizient und gegenseitige Induktion[1]**.** Der Kopplungskoeffizient $\varkappa$ ist durch den Ausdruck

$$\varkappa = \frac{M}{\sqrt{L_1 \cdot L_2}}$$

gegeben, wenn $M = L_{12} = L_{21}$ für den Koeffizienten der gegenseitigen Induktion steht und L_1 und L_2 die wirksamen Selbstinduktionen zweier Spulen bedeuten. Wenn die gegenseitigen Induktionen ungleich sind, so hat man

$$\varkappa = \sqrt{\frac{L_{12} \cdot L_{21}}{L_1 \cdot L_2}}.$$

139. Die einfache Differentialmethode. Die Methode Abb. 163 erfordert vier Messungen.

1. Die Selbstinduktion L_1 der Primärspule wird mittels der Abgleicheinstellung L_{n_1} des Variometers bestimmt.

---

[1]) Im Nachtrage auf Seite 490 ist eine rasche Methode zur Messung der gegenseitigen Induktion angegeben.

2. Auf dieselbe Weise findet man für die Sekundärspule allein die Variometerablesung

$$L_{n_2} = L_2 .$$

3. Man verbindet beide Spulen in Reihe, so daß die Windungen immer dieselbe Richtung beibehalten und erhält die Einstellung

$$L_{n_3} = L_{x_1} .$$

4. Man schaltet die Spulen so in Reihe, daß die magnetischen Felder der Spulen gegeneinander wirken und erhält die Variometerabgleichung

$$L_{n_4} = L_{x_2} .$$

Man hat dann

$$L_{x_1} = L_1 + L_2 + 2M$$
$$L_{x_2} = L_1 + L_2 - 2M$$

und

$$M^{\mathrm{H}} = \frac{L^{\mathrm{H}}_{n_3} - L^{\mathrm{H}}_{n_4}}{4}$$

und

$$\varkappa\,\% = \frac{L_{n_3} - L_{n_4}}{4\sqrt{L_{n_1} \cdot L_{n_2}}} \cdot 100 .$$

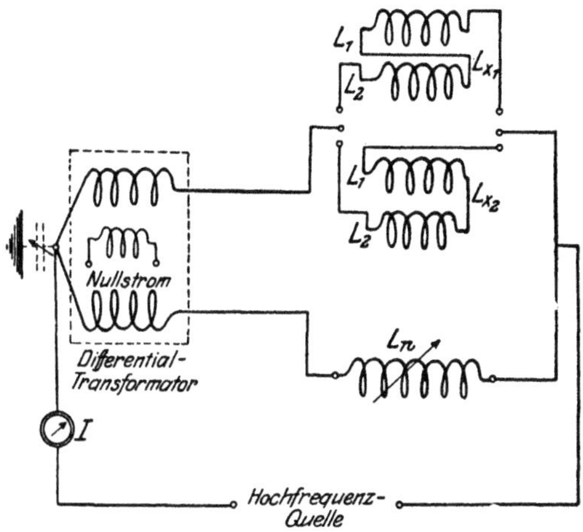

Abb. 163. Differentialmethode.

140. Die konstante Kapazitätsmethode. Man bestimmt mittels eines Wellenmessers die Wellenlängen der vier Schwingungskreise Abb. 164, wenn ein und derselbe Kapazitätswert C beibehalten wird. Man verfährt dann wie folgt:

1. Die primäre Spule L_1 wird mit der Kapazität C verbunden und der Kreis mittels eines Wellenmessers erregt. Die gemessene Wellenlänge sei λ_1.

2. Auf ähnliche Weise erhält man die Wellenlängeneinstellung λ_2, wenn die Sekundärspule mit dem Kondensator C verbunden ist.

3. und 4. Für die direkte und indirekte Reihenschaltung der Primär- und Sekundärspulen mit den wirksamen Werten L_{x_1} und L_{x_2} bekommt man die entsprechenden Ablesungen λ_3 und λ_4. Man hat somit

$$\lambda_1 = k\sqrt{L_1} ,$$
$$\lambda_2 = k\sqrt{L_2} ,$$
$$\lambda_3 = k\sqrt{L_{x_1}} = k\sqrt{L_1 + L_2 + 2M} ,$$
$$\lambda_4 = k\sqrt{L_{x_2}} = k\sqrt{L_1 + L_2 - 2M} ,$$

wenn k eine Einheitskonstante[1]) bedeutet, welche teilweise von der Größe von C abhängt. Der Kopplungskoeffizient $\varkappa$ und die gegenseitige Induktion M werden dann aus den Formeln

$$\varkappa\,\% = \frac{\lambda_3^2 - \lambda_4^2}{4\lambda_1 \cdot \lambda_2} 100 \qquad \text{und} \qquad M^{\mathrm{H}} = 7{,}04 \cdot 10^{-14} \frac{\lambda_3^{\mathrm{m}^2} - \lambda_4^{\mathrm{m}^2}}{C^{\mathrm{MF.}}}$$

berechnet.

Beispiel: Für die vier Wellenablesungen $\lambda_1 = 200$ m; $\lambda_2 = 400$ m; $\lambda_3 = 605$ m und $\lambda_4 = 367$ m würde der Kopplungskoeffizient 72,3% sein. Dies entsprach einem Spulenabstand von 7,8 cm.

141. Die konstante Wellenlängenmethode. Dieses Verfahren, welches wiederum mit der in Abb. 164 angegebenen Schaltung ausgeführt wird, hat den Vorteil, daß man nur die verlangte Wellenlänge zu kennen braucht und deshalb die Koeffizienten der Kopplung und der gegenseitigen Induktion für einen festgelegten Zustand bestimmt, während in der vorhergehenden Methode das Ergebnis nicht immer genau ausfällt, da diese Koeffizienten von der Wellenlänge, durch die Art der Stromverteilung längs und kreuzweise zum Leiter, etwas beeinflußt werden können.

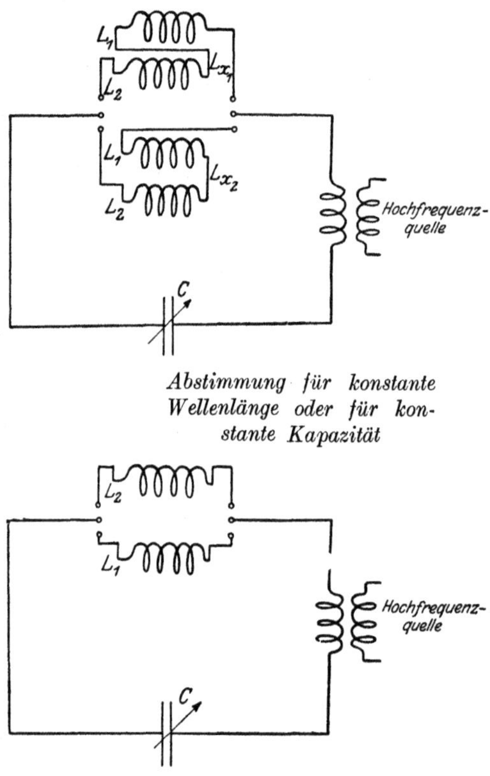

Abb. 164. Konstante Kapazitäts- und Wellenlängemethode.

Die Messung erfordert folgende Einstellungen:

1. Der Luftkondensator wird so lange mit der Primärspule L_1 im Nebenschluß geändert, bis die Platteneinstellung C_1 die verlangte Wellenlänge λ befriedigt.

2. Auf ähnliche Weise genügt man mittels der Einstellung C_2 und der Sekundärspule L_2 im Nebenfluß der Wellenlänge λ.

---

[1]) $k = 6\pi \cdot 10^8 \sqrt{C}$, wenn C in Farad, L in Henry und λ in Meter.

3. und 4. Die direkte und indirekte Reihenschaltung

$$L_{x_1} = L_1 + L_2 + 2M \quad \text{und} \quad L_{x_2} = L_1 + L_2 - 2M$$

im Nebenschluß zum Luftkondensator erfordern dann die Kapazitätswerte C_3 und C_4.

Man hat somit[1])

$$\lambda = k\sqrt{C_1 \cdot L_1} = k\sqrt{C_2 L_2} = k\sqrt{C_3 L_{x_1}} = k\sqrt{C_4 L_{x_2}},$$

d. h.

$$L_1 = \frac{K}{C_1},$$

$$L_2 = \frac{K}{C_2},$$

$$L_1 + L_2 + 2M = \frac{K}{C_3},$$

$$L_1 + L_2 - 2M = \frac{K}{C_4}$$

und

$$\varkappa^0/_0 = \frac{C_4 - C_3}{4C_3 \cdot C_4}\sqrt{C_1 \cdot C_2} \cdot 100, \quad M^{\mathrm{H}} = 7{,}04 \cdot 10^{-14}\,\lambda^{2\,\mathrm{m}}\,\frac{C_4^{\mathrm{MF.}} - C_3^{\mathrm{MF.}}}{C_3 \cdot C_4}.$$

142. Bestimmung der Koeffizienten $\varkappa$ und M zwischen einem gewöhnlichen Funkenerreger und einem Resonator. Dieses Verfahren beruht auf der Tatsache, daß bei gewöhnlicher Funkenerregung zwei bestimmte Wellen entstehen. Die Länge λ_A der längeren Welle ist

$$\lambda_A = \lambda\sqrt{1 + \varkappa}$$

und diejenige der kürzeren

$$\lambda_B = \lambda\sqrt{1 - \varkappa},$$

wenn λ die Eigenwellenlänge bedeutet, auf welche jeder Kreis vorher abgestimmt wird. Man hat dann die Lösungen

$$\varkappa^0/_0 = \frac{\lambda_A^2 - \lambda_B^2}{\lambda_A^2 + \lambda_B^2}100 \quad \text{und} \quad M^{\mathrm{H}} = \frac{\lambda_A^2 - \lambda_B^2}{\lambda_A^2 + \lambda_B^2}\sqrt{L_1^{\mathrm{H}} \cdot L_2^{\mathrm{H}}}.$$

Die Längen λ_A und λ_B müssen bei einer sehr losen Wellenmesserkopplung an einem der beiden Kreise abgelesen werden, da andernfalls Rückwirkungen falsche Ergebnisse liefern.

Beispiel: Ein Spulenabstand von 12,2 cm ergab $\lambda_A = 377$ m und $\lambda_B = 285$ m mit einem Koeffizienten $\varkappa = 27\%$.

---

[1]) $k = 6\pi \cdot 10^8$ für die Einheiten m, H und F.

XVI. Bestimmung des wirksamen Widerstandes.

143. Begriff des wirksamen Widerstandes. Wenn kontinuierliche Gleichströme durch einen Leiter fließen, so ist der Ohmsche Widerstand ein Material- und Dimensionsgröße, während im Bereich der schnellen Schwingungen die Stromverdrängung gegen die Oberfläche des Leiters einen bedeutend höheren Widerstand hervorrufen kann. Zuverlässige Werte können nur dann erhalten werden, wenn ihre Messung unter den tatsächlichen Arbeitsbedingungen angestellt wird[1]).

Wenn offene Schwingungssysteme oder lange elektrische Leiter vorliegen, so tritt außerdem die Stromverteilung längs des Leiters als eine den wirksamen Widerstand beeinflussende Größe auf. In allen Fällen aber kann der wirksame Widerstand als diejenige Größe aufgefaßt werden, welche, mit dem Quadrat des effektiven Stromes multipliziert, den Leistungsverbrauch im Leiter ergibt. Die Methoden, welche hierauf beruhen, sind immer zuverlässig, da die Verteilungen kreuzweise und längs des Leiters erfolgen und Wellenformen und dergleichen in den Verfahren nicht auftreten, weil die Summenwirkung aller Zustände berücksichtigt ist.

Für gewisse Frequenzbereiche ist es besser, Litzendraht[2]) anstatt eines Massivdrahtes zu verwenden. Man muß jedoch beachten, daß von einer gewissen Periodenzahl des Hochfrequenzstromes an der Widerstand mit steigender Frequenz größer wird als bei Massivdraht

---

[1]) Gute Normalwiderstände für schnelle Schwingungen verwenden platinierte Quarzfäden, die sehr dünn sein müssen; ungefähr 10 cm lang und 0,01 mm im Durchmesser, 10 000 Ohm Normalwiderstand. Man taucht die geradlinigen Fäden in säurefreies Paraffinöl (nach John G. Frayne: Phys. Rev. März 1921). Der Hochfrequenzwiderstand R' ist dann praktisch gleich dem Gleichstromwiderstand R, wie aus Lord Rayleighs Formel

$$R' = R\sqrt{\frac{\omega\mu\pi d^2}{8\varrho}}$$

zu erkennen ist, wo ω die Winkelgeschwindigkeit des Hochfrequenzstromes, μ die Permeabilität, d der Durchmesser und ϱ die Raumwiderstandsfähigkeit ist. Eine andere Formel für den Hochfrequenzwiderstand R' gerader Drähte (empirische Formel, beruht auf zahlreichen Messungen) ist

$$R' = R[k_1 \cdot d\sqrt{f} + k_2]$$

für $d\sqrt{f} > 30$, wo f die Periodenzahl pro Sekunde, sind $k_1 = 0{,}033$ und $k_2 = 0{,}5$. Bezüglich Untersuchungen an Silitwiderständen sei auf eine interessante Arbeit von E. Alberti und A. Günther-Schulze verwiesen (Z. techn. Phys. 1925, S. 11).

[2]) Lindemann, R.: Verhandl. der Phys. Gesellsehaft 1908, S. 682; Rogowski, W.: Arch. Elektrot. Bd. 8, S. 269. 1919.

desselben Querschnittes. Dies wurde auch kürzlich von dem Verfasser[1]) an verschiedenen Spulen, die im Rundfunk Verwendung finden, beobachtet. Viele Einzeldrähte sind im allgemeinen nur für längere Wellen von Vorteil, während für Frequenzen höher als 600 Kiloperioden/sek mehr als 25 Einzeldrähte eine ungünstige Litze ergeben. Rogowski[2]) zeigt, daß die kritische Periodenzahl f_k, von welcher an eine Spule, die mit Litzendraht gewickelt ist, im Vergleich mit einem querschnittsgleichen Massivdraht mit steigender Frequenz höheren Hochfrequenzwiderstand aufweist, nach der Formel

$$f_k = \frac{13{,}62}{d^2 \cdot \varrho \cdot s \cdot \sqrt[3]{N}}$$

berechnet werden kann. Hierin bedeuten f_k die Anzahl der Kiloperioden/sek, d den Durchmesser des Einzeldrahtes in cm, ϱ die spezifische Leitfähigkeit (für Zimmertemperatur und Kupfer $\varrho = 60$), N die Drahtzahl der Litze und

$$s = \sqrt{\frac{\pi}{4}}\,\frac{d\sqrt{N}}{g}$$

mit g, als Ganghöhe der Spulenwindung in cm. Der Wert für s ist immer kleiner als 0,89 und weicht bei dichter Wicklung nur wenig von 0,89 ab.

Beispiel: Für eine Kupferlitze mit 81 Drähten vom Durchmesser 0,12 mm und einer Ganghöhe von 1,82 mm für die Windung der Spule, sind: $d = 0{,}012$; $\varrho = 60$; $N = 81$ und $s = 0{,}52$. Also Frequenz $f_k = 697{,}3$ Kiloperioden/sek; von da an hat die Litze größere Verluste als ein entsprechender Massivdraht.

Die günstigste Periodenzahl für die Litze, bei der ein Widerstandsminimum auftritt, kann man nach der Formel

$$f_g = \frac{6{,}71}{d^2 \cdot \varrho \cdot s\sqrt{N}}$$

berechnen, was für obiges Beispiel $f_g = 167$ Kiloperioden/sek ergeben würde. Bei einer geradlinig ausgespannten Litze wird von einer Frequenz

$$f_k^1 = \frac{25}{d^2 \cdot \varrho\sqrt[3]{NK^2}}$$

an die Litze ungünstiger, wobei K den Raumfaktor der Litze, d. h. das Verhältnis des gesamten Kupferquerschnittes zum Flächenquerschnitt, bedeutet.

---

[1]) Hund, A., und H. B. de Groot: Technologic Paper No. 298 des Bureau of Standards 1925.

[2]) l. c. Obige Formeln wurden für die Periodenzahl f ausgerechnet, während die Originalausdrücke die Wellenlänge enthalten.

144. Methode mittels Sinusschwingungen. Wenn zum Beispiel der Hochfrequenzwiderstand einer Spule gefunden werden soll, so verbindet man dieselbe über einen Hitzdrahtstrommesser mit den Klemmen eines Kondensators und erregt dieses Resonanzsystem mittels eines gekoppelten Röhrengenerators, worauf man mittels des veränderlichen Kondensators Resonanz (maximaler Strom I) herstellt. Man schaltet dann einen bekannten Widerstand r in Reihe mit der Spule vom Hochfrequenzwiderstand r_x und mißt den verkleinerten Resonanzstrom I_1, welcher von derselben induzierten Spannung E erzeugt wird. Da für beide Fälle

$$E = I r_x = I_1 (r_x + r),$$

so wird der Hochfrequenzwiderstand

$$r_x = r \cdot \frac{I_1}{I - I_1}.$$

Vorliegende Methode eignet sich z. B. gut zur Bestimmung des wirksamen Widerstandes von Wellenmessern[1]).

145. Die Reaktionsmethode. Ein Röhrengenerator wird benutzt, um in dem geschlossenen Meßkreis, welcher aus der Versuchsspule mit dem Hochfrequenzwiderstand r_x, einem veränderlichen Kondensator und einem Strommesser besteht, Schwingungen hervorzurufen. Man liest zuerst den Resonanzstrom I_r für eine Kondensatoreinstellung C_r ab und dann die Stromstärke I, die sich ergibt, wenn die Platten desselben etwas verdreht werden und die Kapazität infolgedessen den Wert C hat. Wenn λ die Resonanzwellenlänge ist, so wird der Hochfrequenzwiderstand

$$r_x^{\Omega} = \pm \frac{(C_r^{\mathrm{F}} - C^{\mathrm{F}})\lambda^{\mathrm{m}}}{C_r \cdot C \cdot 6\pi \cdot 10^8} \sqrt{\frac{I^2}{I_r^2 - I^2}}.$$

146. Die gedämpfte Wellenmethode. Wenn ein Wellenmesser oder irgendein anderer Resonanzkreis mit gedämpften Schwingungen verwendet werden soll, so scheint es zuverlässiger, den Kreiswiderstand für die wirklichen Arbeitsbedingungen zu bestimmen. Die vorliegende Methode ist dann brauchbar, wenn das Dekrement des Funkenerregers dasjenige des Meßkreises (selbst wenn Hilfswiderstand in denselben geschaltet ist) bedeutend überwiegt.

Man beobachtet den Resonanzausschlag a_r des Anzeigers im Wellenmesser, wenn der Funkenerreger sehr lose gekoppelt ist, und den verkleinerten Resonanzanschlag α_1, wenn ein bekannter Wider-

---

[1]) Bei dieser sowohl als bei den zwei nachfolgenden Methoden muß der Widerstand des Strommessers für kleine Werte von r_x abgezogen werden, falls nicht ein niederohmiges Thermoamperemeter verwendet wird.

stand r eingeschaltet ist. Der wirksame Widerstand r_x des Wellenmessers ist dann

$$r_x = r\frac{a_1}{a_r - a_1}.$$

Wenn ein Hitzdraht- oder Thermo-Milliamperemeter mit den entsprechenden Angaben I_r und I_1 verwendet wird, so bekommt man:

$$r_x = r\frac{I_1^2}{I_r^2 - I_1^2}.$$

Wenn man einen Schleifdrahtwiderstand benutzt und $I_1 = I_r/1{,}41$, d. h. $a_1 = a_r/2$ macht, wenn der Zusatzwiderstand r eingeschaltet ist, so ist $r = r_x = kl$, wo k der Widerstand der Längeneinheit und l die benutzte Länge des Schleifdrahtes bedeutet.

147. Resonanzmethoden nach Pauli[1]) **für die Widerstandsbestimmung von Spulen.** Die in Abb. 165 angegebene Schaltung gibt eine Methode, die bei einer beliebigen Kopplung des Meßkreises mit der Hochfrequenzquelle den Widerstand r_x der Spule zu messen erlaubt. Für genaue Bestimmungen muß man den Widerstand des Instrumentes I_2 von r_x abziehen.

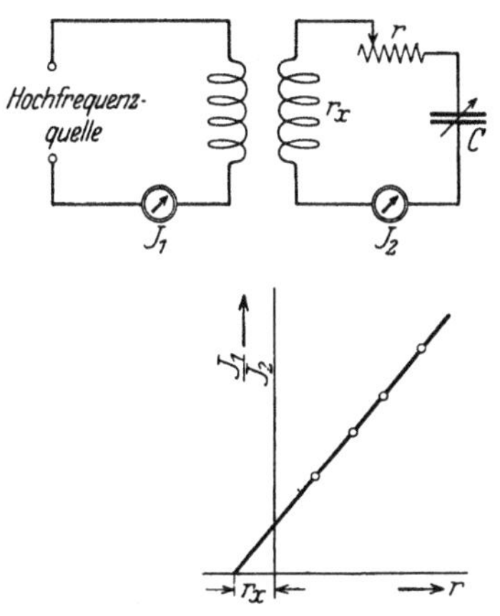

Abb. 165. Graphische Methode zur Bestimmung von Widerstand.

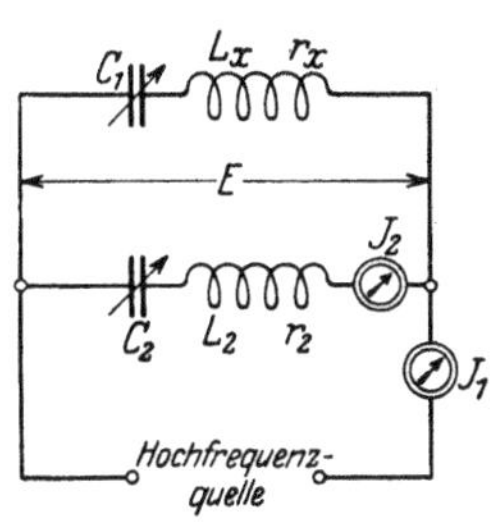

Abb. 165a. Doppelresonanzmethode für die Bestimmung von Hochfrequenzwiderstand.

Man stellt in dieser Methode zunächst Resonanz mittels C her und läßt die Ströme I_1 bzw. I_2 für verschiedene Werte des Normalwiderstandes r ab. Hiernach trägt man das Verhältnis I_1/I_2 gegen r auf und findet r_x als den Schnitt der geraden mit der Widerstandsachse.

Die in Abb. 165a angegebene Schaltung beruht auf der Tatsache, daß für Spannungsresonanz des oberen und mittleren Zweiges

$$E = [I_1 - I_2]\,r_x = I_2 \cdot r_2$$

[1]) Z. Phys. Bd. 5, S. 376. 1921; Bd. 6, S. 118. 1921.

ist, d. h., der Widerstand r_x der oberen Spule kann aus

$$r_x = \frac{I_2}{I_1 - I_2} r_2$$

berechnet werden.

Die Differentialmethoden für die Bestimmung der Widerstandserhöhung.

148. Mittels des Differentialtransformators. Das in Abb. 166 angegebene Differentialsystem ermöglicht die Bestimmung des wirk-

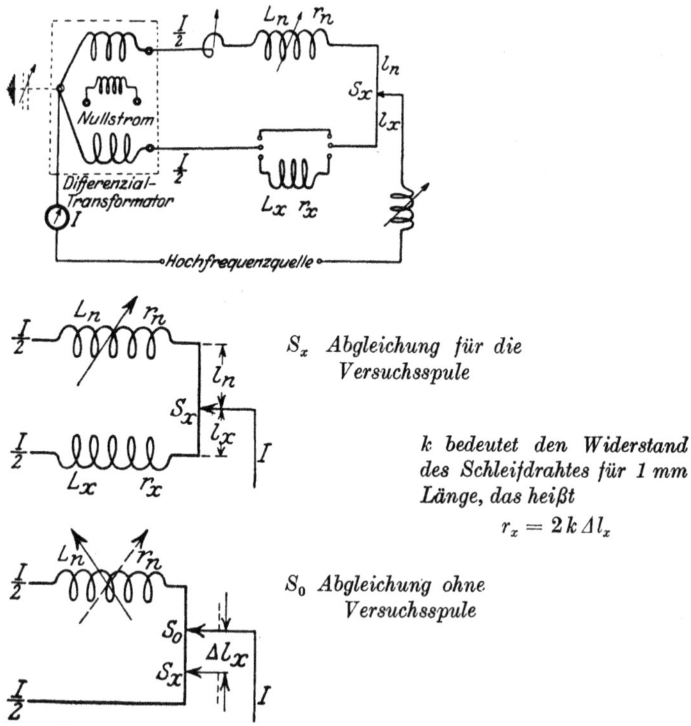

Abb. 166. Die Bestimmung des Skineffektes.

samen Widerstandes r_x von Spulen der Selbstinduktion L_x und eignet sich auch für kurze Leiter. Das Verfahren dürfte genauer und rascher durchführbar als die anderen Methoden sein. Die Selbstinduktion L_x wird mittels des Variometers L_n und des einfachen Ringes abgeglichen, während der Widerstand mittels des Schleifdrahtes der Länge $l_n + l_x$ kompensiert wird. Beide Einstellungen ergeben merkliche Minimalwirkungen am Nullstromanzeiger, obgleich die endgültige Abgleichung mittels beider Einstellungen ausgeführt werden muß.

Das Verfahren ist folgendes:

Wenn beide Einstellungen mittels des Nullstromzeigers in der Sekundärspule gemacht sind, steht der Schleifkontakt an der Stelle S_x mit den Schleifdrahtteilen kl_n und kl_x in den entsprechenden Differentialzweigen. Die Größe k bedeutet den Widerstand für einen Millimeter Länge und l_n und l_x die Drahtlängen in mm. Hiernach wird das Prüfstück weggenommen und durch einen Kurzschluß ersetzt. Mittels des Variometers und des Schleifkontaktes stellt man dann eine andere absolute Abgleichung her. Der Schleifkontakt muß dabei um die Strecke Δl_x nach der Stelle S_0 verschoben werden. Der Hochfrequenzwiderstand r_x des Prüfstückes wird somit

$$r_x^\Omega = 2\,k \cdot \Delta l_x .$$

Wenn $\bar{r}_x$ den mit einer Wheatstoneschen Brücke gefundenen Gleichstromwiderstand bedeutet, so wird die scheinbare Widerstandserhöhung infolge der Stromverdrängung[1])

$$\Delta \boldsymbol{r}_x = \boldsymbol{r}_x - \bar{\boldsymbol{r}}_x .$$

149. Vereinfachte Differentialmethode[2]). Das soeben beschriebene Verfahren hat den Nachteil, daß der Widerstand des Variometers mit der Frequenz und der Einstellung des Variometers sich etwas ändert. Viele Eichkurven des Variometers sind daher für eine Präzisionsmessung notwendig. Das Verfahren in Abb. 167 umgeht diesen Übelstand. Wenn L_x die Prüfspule mit dem wirksamen Hochfrequenzwiderstand R_x bedeutet, so schaltet man dieselbe in Reihe mit einem Normalkondensator C. In den anderen Zweig schaltet man einen veränderlichen Normalwiderstand R. Man stellt zuerst mittels C Spannungsresonanz her. Dies wird an einem Minimalausschlag des Galvanometers erkannt. Dann verändert man R, bis das Instrument einen Nullstrom angibt. Man hat dann $R_x = R$.

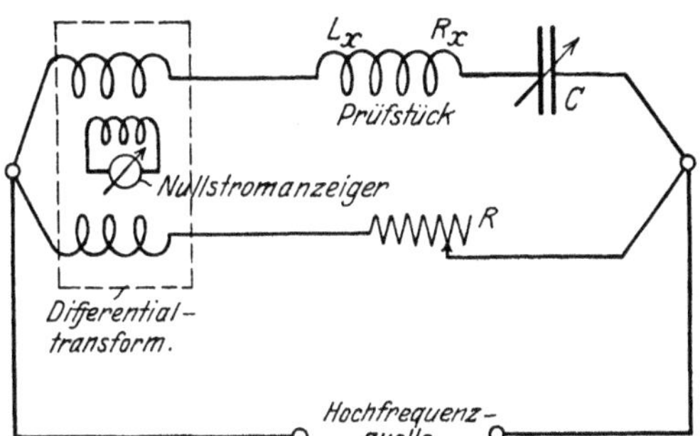

Abb. 167. Bestimmung des wirksamen Widerstandes und Induktivität mittels C, f und R.

[1]) Diese Methode bildet ein vorzügliches Hilfsmittel für die Bestimmung von Spulenverlusten (Hund, A.: El. World 1915, Abdruck im Electr. 1915).

[2]) Hund, A.: El. World Bd. 84, S. 998. 1924.

150. Mittels des Differentialkalorimeters. Man verwendet hier die bereits erwähnte Tatsache, daß die Proportionalitätskonstante, mit welcher man den Quadratwert des wirksamen Stromes vervielfachen muß, um den Leistungsverlust zu erhalten, der wirksame Widerstand ist.

Das Versuchsobjekt mit dem zu messenden wirksamen Widerstand r_x wird in das eine Kalorimeter (der Abb. 168) untergetaucht und der Heizstrom I im Gleichstromkalorimeter so lange verändert, bis das Galvanometer wieder zur Nullstellung kommt. Wenn alsdann I_1 den Hochfrequenzstrom und EI die Gleichstromleistung bedeutet, so wird der wirksame Widerstand

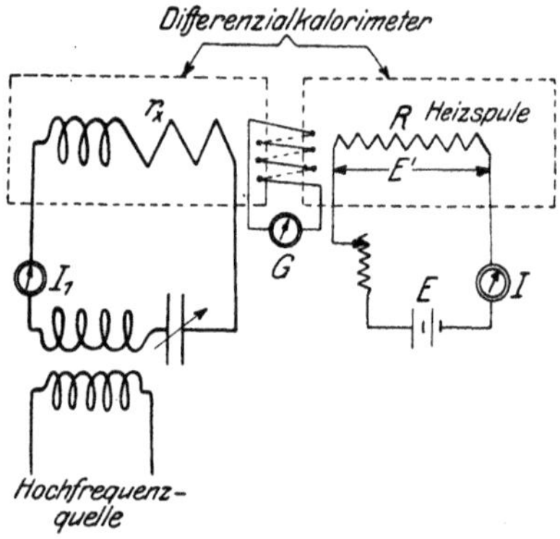

Abb. 168. Bestimmung eines Hochfrequenzwiderstandes.

$$r_x = \frac{EI}{I_1^2}.$$

151. Die Substitutionsmethode. Dieses Verfahren beruht auf zwei Messungen. Zuerst erregt man den geschlossenen Meßkreis, der aus dem Prüfstück (r_x, L_x), einem Strommesser und einem Kondensator besteht, mittels eines Röhrenschwingungserzeugers und bestimmt den Resonanzstrom I_r für die gewünschte Frequenz. Hiernach ersetzt man das Prüfstück durch ein Variometer vom wirksamen Widerstand r_n und einen Schleifdrahtwiderstand r in Reihe. Man stellt wiederum Resonanz her und schaltet so viel von r ein, bis derselbe Resonanzstrom I_r wiederhergestellt ist. Der wirksame Widerstand ist dann

$$r_x = r_n + r.$$

152. Die Differentialmethode zur Ermittlung der Widerstandserhöhung durch einen Eisenkern. Man benutzt hier am besten die umständlichere aber zuverlässigste Methode, bei der das Differentialkalorimeter Abb. 190 auf Seite 242 verwendet wird.

Das Verfahren beruht auf einer weiteren Einstellung für einen bestimmten Strom I_1 derselben Frequenz bei Gegenwart von Eisen. Dies bedingt natürlich einen größeren Kompensationsstrom I' im Gleichstromkreise, und der wirksame Widerstand r'_x für die Spule mit Eisen wird

$$r'_x = \frac{E \cdot I'}{I_1^2}$$

und die durch den Eisenkern bedingte Widerstandserhöhung

$$\Delta r = r'_x - r_x = \frac{E}{I_1^2}[I' - I],$$

wenn I den Gleichstromwert für die Spule ohne Eisen und r_x den entsprechenden Spulenwiderstand[1]) bedeutet.

153. Absolute Methode für die Bestimmung von Hochfrequenzwiderstand (irgendeiner Größe). Diese Methode beruht auf der Messung der Spannung zwischen den Klemmen des unbekannten Widerstandes r_x und der Klemmenspannung eines veränderlichen Luftkondensators, dessen Eichung bekannt sein muß. Die Bestimmung wird mittels eines Röhrenvoltmeters ausgeführt, da dann für die endgültige Ablesung der Anodenstrom I verschwindet und der parallel liegende Röhrenwiderstand unendlich groß ist, d. h. keinen Einfluß auf die Klemmenspannung des Meßobjektes haben kann. Abb. 169 zeigt die Anordnung. Ein Sinusstrom wird an die Mittelklemmen eines zweipoligen Umschalters angelegt, so daß entweder die Widerstandsspannung oder die Kondensatorspannung in den Anodenkreis der Röhre gelegt werden kann. Gemäß der Normalformel (1) auf Seite 82 und den Betrachtungen auf Seite 87 zeigt das Gittervoltmeter E, wenn mit dem Verstärkungsfaktor k_A der Röhre multipliziert, die dem Anodenkreis aufgedrückte Maximalspannung an. Dies setzt voraus, daß der Anodenstrom gerade verschwindet ($1/k_A$ ist gleich dem Durchgriff D der Röhre). Die Messung ist wie folgt:

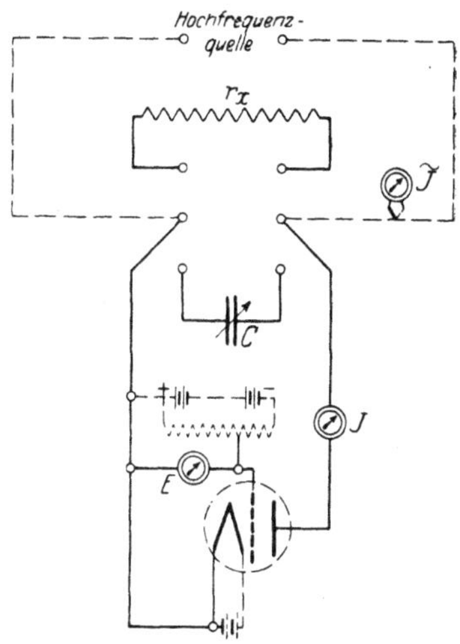

Abb. 169. Absolute Bestimmung von Hochfrequenzwiderstand (gute Methode für hohen Widerstand).

1. Der zu messende Widerstand r_x wird in den Anodenkreis geschaltet und der Schleifkontakt längs des Gitterspannungsteilers bewegt, bis der Anodenstrom I gerade verschwindet. Das Gleichstrominstrument zeigt dann die Spannung E an und die Einstellung ist durch die Beziehung

$$E + D \cdot r_x \tilde{I} \sqrt{2} = 0 = k_A E + r_x \tilde{I} \sqrt{2}$$

befriedigt. Die Ablenkung des thermoelektrischen Strommessers im Hochfrequenzkreis sei $\tilde{I}$. Eine genaue Eichung dieses Instrumentes ist nicht notwendig.

2. An Stelle des Widerstandes wird der Luftkondensator C angelegt und seine Kapazität so lange verändert, bis der Anodenstrom

---

[1]) Eine andere Methode ist auf S. 313 für Transformatoren und Drosselspulen von Verstärkern angegeben. Jene Methode gilt für beliebige Spulen.

gerade wieder verschwindet. Für diese Einstellung muß der Strommesser $\tilde{I}$ wieder dieselbe Ablenkung wie zuvor angeben. Man hat dann

$$E + D\frac{\tilde{I}\sqrt{2}}{\omega C} = 0 = k_A E + \frac{\tilde{I}\sqrt{2}}{\omega C},$$

wenn wiederum die Ausdrücke für den Durchgriff und den Verstärkungsfaktor verglichen werden. Der Widerstand wird daher zu

$$r_x^{\Omega} = \frac{1}{2\pi f C^{\mathrm{F}}}$$

berechnet, wenn f die Frequenz in Perioden/sek bedeutet.

Diese Methode hat den Vorteil, daß man mit ihr wirksame Widerstände irgendeiner Größe messen kann. Die gewöhnlichen Vergleichs- und Substitutionsmethoden können, falls nicht besondere Kunstgriffe verwendet werden, nicht für die Bestimmung hoher Widerstände gebraucht werden, da es an guten Vergleichsnormalien dieser Größenordnung fehlt.

154. Methode zur Bestimmung sehr hoher Hochfrequenzwiderstände. Ein anderes Verfahren für die Bestimmung hoher Widerstände beruht auf der Tatsache, daß, wie in Abb. 170, eine verlustlose Kapazität C_1 mit parallel liegendem hohem Widerstand r_x durch einen anderen verlustlosen Kondensator C_2 mit einem niederen Reihenwiderstand r ersetzt werden kann. Es ist also möglich, einen sehr hohen Widerstand mittels eines kleinen Normalwiderstandes zu bestimmen, wenn die Kapazitäten C_1 und C_2, sowie die Periodenzahl des Erregerstromes bekannt sind.

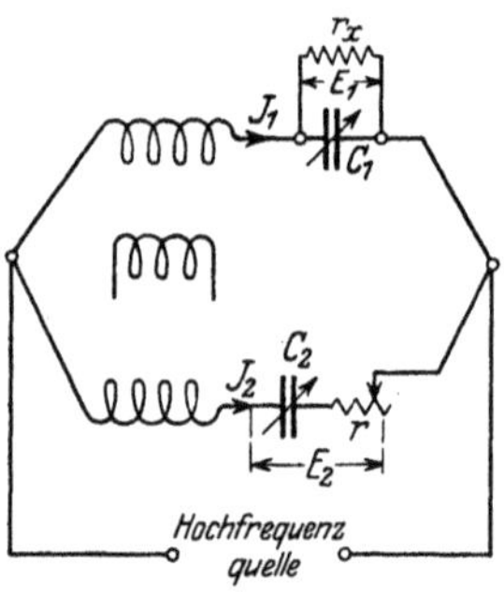

Abb. 170. Differenzialmethode für die Bestimmung eines großen Widerstandes mittels eines kleinen Normalwiderstandes.

Man schaltet zu diesem Zwecke in ein Differentialsystem zwei gute Luftkondensatoren C_1 und C_2 und einen veränderlichen bekannten Widerstand r in Reihe mit C_2 ein. Den unbekannten Widerstand r_x legt man C_1 parallel und ändert r, C_1 und C_2, bis die Sekundärspule einen Nullstrom ergibt. Man berechnet dann den unbekannten Widerstand nach der Formel:

$$r_x^{\Omega} = \frac{1}{\omega^2 C_1 C_2 r^{\Omega}},$$

wenn ω das 2π-fache der Periodenzahl/sek bedeutet und C_1 und C_2 in Farad ausgedrückt sind. Diese Beziehung beruht auf der Tatsache, daß für die endgültige Abstimmung des Differentialsystems die Ströme

I_1 und I_2 gleiche Amplitude und Phase haben müssen. Die Phase für den oberen Zweig ergibt sich aus

$$\operatorname{tg} \varphi_1 = \omega C_1 r_x$$

und für den unteren Zweig aus

$$\operatorname{tg} \varphi_2 = \frac{1}{\omega C_2 r}.$$

Für $\varphi_1 = \varphi_2$ ergibt sich obiger Ausdruck.

155. Bestimmung hoher Widerstände und ihrer Phasenwinkel. Wenn man es mit hohen Widerständen zu tun hat, die nicht aus kurzen hochohmigen Stäben oder dergleichen bestehen, sondern eine gewisse kapazitäts- und induktivfreie Wicklung eines hochohmigen Drahtes verwenden, so darf man im allgemeinen annehmen, daß kleine Phasenunterschiede zwischen dem Strom und der Klemmenspannung bestehen können. Dieselben sind in der Regel die Folge von Eigenkapazitätswirkungen des Widerstandes, da diese die induktiven Wirkungen bei höheren Widerständen gewöhnlich überwiegen. Falls dies nicht zutreffen sollte, so kommt das Vorzeichen für obige Annahmen einfach negativ heraus.

Dieselbe Methode, die oben beschrieben und in Abb. 170 angedeutet ist, kann dazu verwendet werden, den unbekannten Widerstand r_x, die Eigenkapazität C_0, die r_x parallel liegt, und den Phasenwinkel φ_x von r_x zu bestimmen.

Für dieselbe Abstimmung wie oben berechnet man den gesuchten Widerstand zu

$$\boldsymbol{r_x^{\Omega} = \sqrt{\frac{1+\omega^2 A^2}{B}}},$$

die Eigenkapazität

$$\boldsymbol{C_0^{F} = A\sqrt{\frac{B}{1+\omega^2 A^2}} - C_1}$$

und den Phasenwinkel nach der Formel

$$\boldsymbol{\varphi_x^{0} = \operatorname{tg}^{-1} \omega C_0 r_x},$$

wo ω das 2π-fache der Periodenzahl/sek bedeutet und die Kapazitäten in Farad und die Widerstände in Ohm ausgedrückt sind. Die Faktoren A und B sind durch

$$\left.\begin{aligned} A &= \frac{1}{r C_2 \omega^2} \\ B &= \frac{C_2^2 \omega^2}{r^2 C_2^2 \omega^2 + 1} \end{aligned}\right\}$$

gegeben, wobei man in vielen Messungen $B \cong C_2^2 \omega_2$ annehmen darf, da $r^2 C_2^2 \omega_2$ in der Regel verschwindend klein gegen die Einheit ist. Da φ_x sehr klein ist, so darf man auch im obigen Ausdruck

$$\varphi_x \cong \omega C_0 r_x$$

setzen.

Der Beweis für obige Ausdrücke ist folgender:

Gemäß Abb. 170 hat man für die obere Kombination, wenn man sich die Eigenkapazität C_0 parallel zu dem Widerstand r_x liegend denkt,

$$\operatorname{tg}\varphi_1 = \omega r_x [C_0 + C_1] \qquad \text{und} \qquad I_1 = E_1 \sqrt{\left(\frac{1}{r_x}\right)^2 + \omega^2 [C_0 + C_1]^2}$$

und für die untere Kombination

$$\operatorname{tg}\varphi_2 = \frac{1}{\omega r C_2} \qquad \text{und} \qquad I_2 = \frac{E_2}{\sqrt{r^2 + \left[\frac{1}{\omega C_2}\right]^2}}.$$

Da für die endgültige Abstimmung

$$\varphi_1 = \varphi_2; \qquad E_1 = E_2 \qquad \text{und} \qquad I_1 = I_2,$$

so erhält man

$$\omega r_x [C_0 + C_1] = \frac{1}{\omega r C_2} \tag{1}$$

und

$$\frac{1}{r_x^2} + \omega^2 [C_0 + C_1]^2 = \frac{1}{r^2 + \frac{1}{\omega^2 C_2^2}}, \tag{2}$$

r_x und $[C_0 + C_1] = C_x$, da C_0 nicht bekannt, sind die Unbekannten dieser zwei Gleichungen. Man erhält somit aus (1)

$$r_x C_x = \frac{1}{r C_2 \omega^2} = A, \tag{3}$$

da alle Werte auf der rechten Seite bekannt sind. Aus (3)

$$C_x = \frac{A}{r_x}. \tag{4}$$

Aus (2) folgt

$$\frac{1}{r_x^2} + \omega^2 C_x^2 = \frac{\omega^2 C_2^2}{r^2 C_2^2 \omega^2 + 1} = B, \tag{5}$$

da alle Werte auf der rechten Seite wiederum bekannt sind.

Aus (4) und (5) ergibt sich

$$\frac{1}{r_x^2} [1 + \omega^2 A^2] = B \tag{6}$$

oder

$$r_x = \sqrt{\frac{1 + \omega^2 A^2}{B}} \tag{7}$$

und

$$C_x = A\sqrt{\frac{B}{1+\omega^2 A^2}}, \tag{8}$$

d. h. die Eigenkapazität des hohen Widerstandes r_x ist

$$C_0 = C_x - C_1 = A\sqrt{\frac{B}{1+\omega^2 A^2}} - C_1 \tag{9}$$

und

$$\operatorname{tg}\varphi_x = \omega C_0 r_x. \tag{10}$$

156. Dritte Methode für die Bestimmung eines höheren Widerstandes mittels einer kleineren Normale. Man verwendet dafür die in Abb. 95 angegebene Schaltung. X bezeichnet hier den unbekannten Widerstand r_x und N den veränderlichen niederen Normalwiderstand r, der soviel kleiner sein darf als r_x, wie C_2 größer ist als C_1, d. h. das Übersetzungsverhältnis ist C_2/C_1. Die Abstimmung erfolgt wie gewöhnlich für einen Nullstrom im Sekundärkreis.

Die Bestimmung des wirksamen Verlustwiderstandes eines unvollkommenen Kondensators.

157. Die Differentialmethode. Wenn eine Thermokreuzbrücke, wie in Abb. 171, als Nullstromanzeiger benutzt wird, so ist es

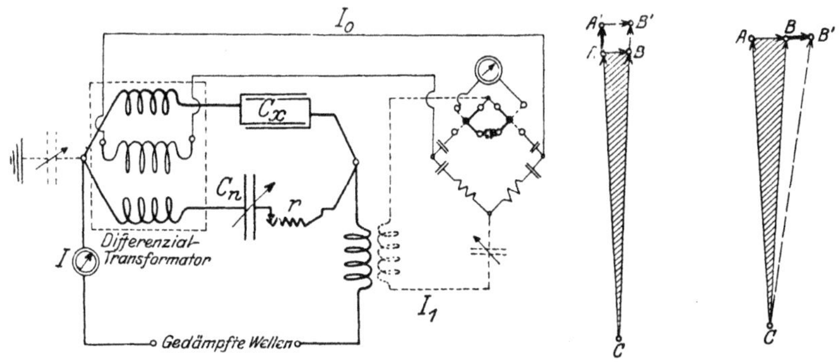

Abb. 171. Bestimmung des Verlustwiderstandes eines Kondensators.

möglich, nach Abgleichung der Kapazität C_x mittels des Normalkondensators C_n, den Verlustwiderstand des unvollkommenen Kondensators zu bestimmen. Dies wird mit dem Schleifdrahtwiderstand r in der endgültigen Abgleichung erreicht. Die Einstellung von r mißt dann den gedachten Reihenwiderstand des Prüfkondensators.

158. Die Substitutionsmethode. Der unvollkommene Kondensator C_x wird zunächst in Reihe mit einem Variometer und einigen Windungen geschaltet, welche mit einem Röhrenschwingungserzeuger gekoppelt sind. Die Reihenanordnung ist durch ein Milliamperemeter geschlossen (oder einen thermoelektrischen Detektor). Man liest den Resonanzstrom I_r ab und ersetzt hiernach das Prüfstück C_x durch einen Luftkondensator C_n mit einem Schleifdrahtwiderstand r. Mittels des Kondensators[1]) stellt man Resonanz her und schaltet soviel r vor, bis der ursprüngliche Strom I_r wieder erreicht ist. Die Größe des vorgeschalteten Widerstandes stellt dann den Verlustwiderstand des unvollkommenen Kondensators dar.

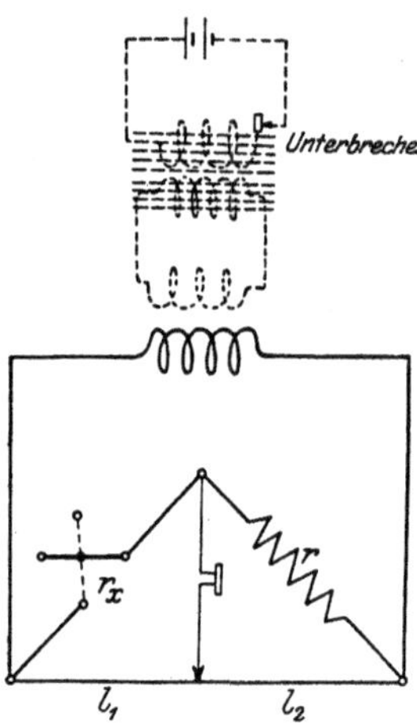

Abb. 172. Brückenmethode.

159. Bestimmung des inneren Widerstandes eines Thermoelementes. Die Brückenanordnung Abb. 172 wird entweder mittels eines Unterbrecherstromes oder den hörbaren Schwingungen einer Vakuumröhre[2]) erregt. Der Schleifkontakt wird dann verschoben, bis das Telephon schweigt und der innere Widerstand r_x aus der Beziehung

$$r_x = \frac{l_1}{l_2} r$$

berechnet, wobei l_1 und l_2 die betreffenden Längen des homogenen Schleifdrahtes aus Manganin oder Konstanten bedeuten.

160. Methode[3]) zur Ermittlung von Isolierwiderständen. Der Ausschlag I des Indikators der Abb. 173 wird zunächst bei offenen Prüfklemmen abgelesen. Das Prüfstück (Isolator u. dgl.) wird hiernach in den Gitterkreis eingeschaltet und der Ausschlag des Galvanometers nach einigen Minuten beobachtet. Wenn der Isolator eine merkbare Leitfähigkeit aufweist, so wird sich allmählich eine kleinere

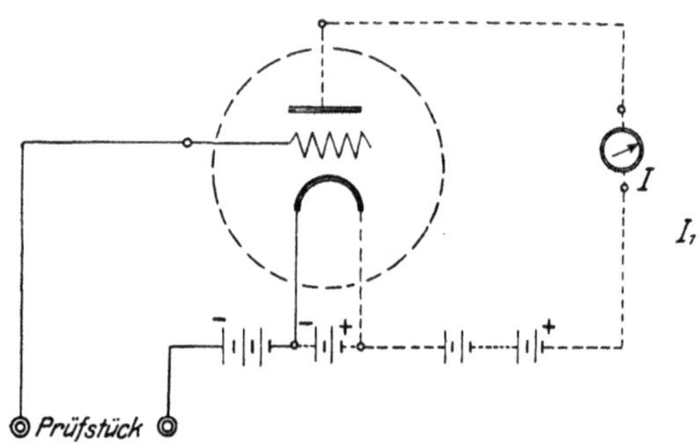

Abb. 173. Bestimmung der Isolationswirkung eines Apparates.

[1]) Die Wellenlängeneinstellung muß notwendigerweise mittels C_n ausgeführt werden, da eine Einstellung mittels des Variometers den wirksamen Widerstand des letzteren beeinflussen würde.

[2]) Siehe Abb. 17.

[3]) Scott-Taggart, J.: London Electrican, 28. Jan. 1921.

Ablenkung I_1 einstellen, da das Potential von ungefähr 50 Volt das Gitter auflädt und die Elektronenemission in diesem Falle verringert. Im Falle eines sehr hohen Isolierwiderstandes wird man eine nur unmerkliche Verkleinerung von I erhalten.

Der Widerstand r läßt sich nach der Formel

$$r^{\Omega} = \frac{t^{\text{Sek}}}{C^{\text{F}}[\ln V - \ln(V - v)]}$$

berechnen, da

$$v = V\left[1 - \varepsilon^{-\frac{t}{Cr}}\right].$$

Man schaltet zu diesem Zwecke einen Kondensator C zwischen Gitter und Glühfaden. C muß bedeutend größer als die Gitterkapazität sein. Die nach t Sekunden vorhandene Spannung r kann man aus der Gitter-Anodenstromkurve entnehmen.

161. Prüfung von sehr hohen Widerständen. Hohe Widerstände von 10^5 bis 10 Megohm, wie sie z. B. in Gitterkreisen zur Ableitung der negativen Ladungen und im Anodenkreise gewisser Widerstandsverstärker Verwendung finden, müssen bisweilen Ströme führen, welche die Größe des Widerstandes ändern können. Die schlechte Wirkung gewisser Verstärker ist vielfach auf einen veränderlichen Widerstand zurückzuführen. Mittels des Verfahrens in Abb. 174 kann man die Widerstände unter den wirklichen Bedingungen messen und dieselben gleichzeitig auf Geräusche prüfen. Wenn z. B. ein Widerstand von 2 Megohm in dem Anodenkreise eines Widerstandsverstärkers gebraucht werden soll und die Spannung der Anodenbatterie 220 Volt beträgt, so schaltet man den hohen Widerstand zwischen die Klemmen für R_x und legt eine Spannung $E = 220$ Volt in den Kreis. Mittels eines Mikroamperemeters mißt man den kleinen Gleichstrom I und berechnet R_x gemäß des Ohmschen Gesetzes aus E und I, da der Spannungsverlust an dem Strommesser und der Primärwicklung des Transformators (gewöhnlicher Hörverstärkertransformator) vernachlässigt werden darf. Mittels eines zweistufigen Hörverstärkers kann man mit dem Hörtelephon irgendwelche Geräusche, die durch R_x verursacht werden, finden. Die Prüfung muß ungefähr für 10 Minuten gemacht werden, da vielfach ein Widerstand während einer raschen Messung den gewünschten Anforderungen entsprechen kann, jedoch bei längerer Belastungsdauer diesen Anforderungen u. U. nicht mehr genügt.

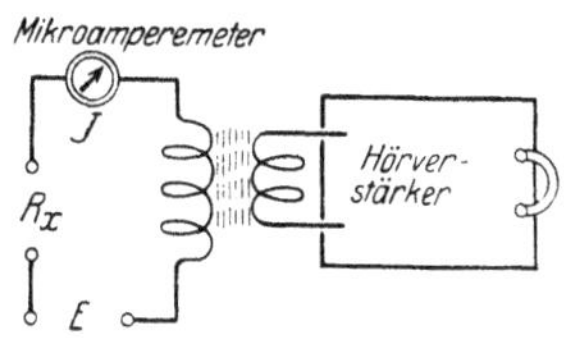

Abb. 174. Messung hoher Widerstände.

162. Die Gitterableitungsmethode zur Messung von hohen Widerständen und Kapazitäten. Das im vorletzten Abschnitt beschriebene Verfahren kann auch in der Schaltung der Abb. 175 angewendet werden. Hierbei koppelt man die Spulen L_1 und L_2 so miteinander, daß die veränderliche Gitterspannung e_G den Gitterkondensator C ziemlich rasch aufladen kann, so daß das doppelte Knacken beim Ein- und Aussetzen der Schwingungen in ein einziges Knacken verschmilzt. Man berechnet dann den hohen Widerstand R_x oder die Kapazität C, wenn der Widerstand bekannt ist, aus der Beziehung

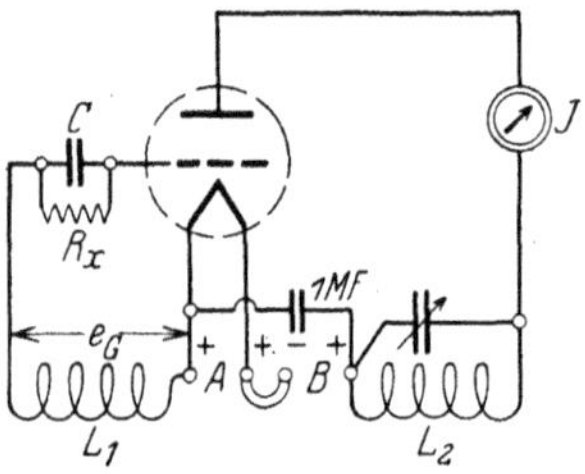

Abb. 175. Schwingungserzeuger zur Messung hoher Widerstände.

$$t^{\mathrm{Sek}} = C R_x \ln \frac{V_1}{V_2},$$

wo V_1 die Gitterspannung ist, bei der Schwingungen gerade wieder einsetzen können, und V_2 die Spannung, bei der die Schwingungen gerade aufhören; t bedeutet die Zeit, während welcher sich C über R_x auf die Spannung V_1 entladet. Da für ein einziges Knacken die ganze Pause, während welcher kein Knacken stattfindet, gleich der Entladezeit ist, so kann man Spannungsablesungen zu irgendwelchen Zeiten zwischen zwei Knacken machen und die Spannungen V_1 und V_2 zur Zeit t_1 bzw. t_2 aus der Gitterpotential-Anodenstromcharakteristik mittels der Ablesungen I_1 bzw. I_2 bestimmen. Der unbekannte Widerstand berechnet sich dann aus

$$t_2 - t_1 = C R_x \ln \frac{V_1}{V_2}.$$

Hierin ist C in F und R_x in Ohm einzusetzen.

XVII. Die Messung von Hochfrequenzleistungen.

163. Allgemeine Gesichtspunkte. Leistungsmesser der gewöhnlichen Wechselstromtechnik können wegen den ausgeprägten induktiven und kapazitiven Störungen im Bereich der schnellen Schwingungen nicht mit gutem Erfolg benutzt werden. Man bestimmt deshalb die Hochfrequenzenergie entweder mittels eines Hitzdrahtstrommessers und des wirksamen Widerstandes oder mittels Anordnungen, wie sie im nachfolgenden beschrieben sind.

164. Die Braunsche Röhre als Leistungsmesser[1]**.** Die Braunsche Röhre der zweiten Art (Abb. 176) ergibt für eine konstante

[1] Diese Methode wurde zuerst von Herrn Prof. H. J. Ryan an der Stanford Universität für Hochspannungsmessungen vorgeschlagen. Späterhin hat Herr J. P. Minton von der General Electric Company in Pittsfield dieselbe auf dielektrische Verlustbestimmungen in Transformatorspulen angewendet.

Frequenz eine geschlossene[1]) Figur, deren Flächeninhalt der verbrauchten Energie des Prüfstückes proportional ist. Die Spannung wird dem kleineren Quadrantenpaar und der Stromeffekt dem größeren Paar aufgedrückt. Die horizontale Ablenkung des Kathodenfleckes ist deshalb dem Hochfrequenzstrom proportional, während die Spannung des Prüfstückes senkrechte Ablenkungsgeschwindigkeiten erzeugt. Die geschlossene Lissajou-Ryansche Figur hängt somit von dem Produkte der Spannung und des Stromes ab und stellt daher das Leistungsdiagramm dar. Wenn der Kondensator C für die Stromablenkung und konstante Leistung größer gewählt wird, so verkleinert sich der Flächeninhalt F im selben Maße. Daß die Fläche F der mittleren Leistung W für eine Periode T entsprechend der Periodenzahl $f = 1/T$ proportional ist, sieht man aus der Ableitung:

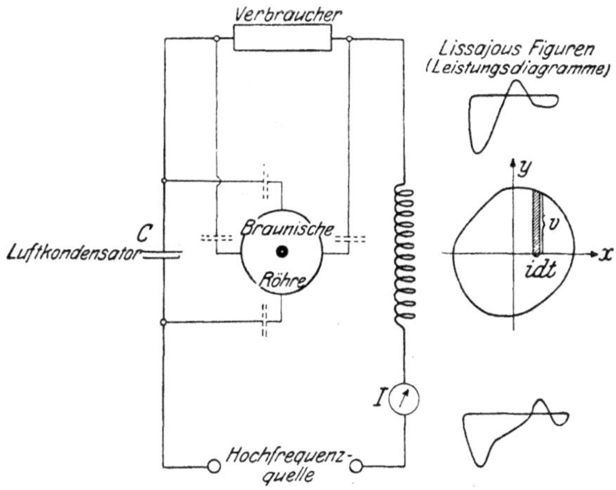

Abb. 176. Die Braunsche Röhre als Wattmeter.

$$\left.\begin{aligned} y &= k_1 v \\ dx &= \frac{k_2}{C}\, i\, dt \end{aligned}\right\} dF = \frac{k_3}{C}\, v\, i\, dt.$$

Wenn man die Beziehungen

$$F = \frac{k_3}{C}\int_0^T v\, i\, dt \quad \text{und} \quad W = \frac{1}{T}\int_0^T v\, i\, dt$$

miteinander vergleicht und

$$k = \frac{1}{k_3}, \qquad k' = 3 \cdot 10^8\, k$$

setzt, so wird die Leistung

$$\boldsymbol{W^{\text{Watt}} = k f C F = \frac{k' \cdot C^{\text{F}} \cdot F^{\text{mm}^2}}{\lambda^{\text{m}}}}\,.$$

Die Konstante k der Röhre bestimmt man wie folgt. Wenn für einen gewissen Hochfrequenzstrom I der Flächeninhalt $F = 50$ mm²,

[1]) Da Phasen- und Amplitudenverschiedenheiten vorliegen.

$\lambda = 700$ m, $C = 0{,}002$ MF ist, so bestimmt man k durch eine zusätzliche Messung, bei der z. B. 100 Volt an den Spannungsquadranten 1 mm Ablenkung und 30 Volt an den Stromquadranten dieselbe Ablenkung hervorrufen. D. h. 1 mm² Fläche des Leistungsdiagramms entspricht $100 \cdot 30 = 3000$ Volt² und $k = \frac{3000\,\mathrm{V}^2}{\mathrm{mm}^2}$. Der Leistungsaufwand ist deshalb $W = 3000 \cdot 0{,}002 \cdot 10^{-6} \cdot \frac{3 \cdot 10^8}{700} \cdot 50 = 128{,}5$ Watt.

165. Die Thermokreuzbrücke als Leistungsmesser. Die Anordnung in Abb. 101 auf Seite 130 kann als Wattmeter benutzt werden, wenn die eine Spannungsklemme direkt mit dem Brückenpunkt B und die andere über einen hohen Widerstand mit C verbunden wird, während die Zweigpunkte A und D als Stromklemmen dienen. Die Leistung W läßt sich dann aus dem Ausdrucke

$$W = \frac{a}{k}$$

berechnen, wenn a die Ablenkung des Galvanometers in mm und k die Brückenkonstante in mm per (Ampere)² bedeutet. Die Auswertung der letzteren ist ersichtlich, wenn man bedenkt, daß für einen Leistungsfaktor $\cos\varphi$ die Ablenkung

$$a = kIi\cos\varphi = kW.$$

Man bestimmt die Konstante k am besten mit zwei bekannten Strömen I_1 und I_2, die der Brücke durch A bzw. C zufließen. Die Ablenkung wird dann

$$a = kI_1I_2$$

und die Konstante

$$k = \frac{a}{I_1I_2}.$$

166. Leistungsmessung mittels des Röhrenwattmeters nach Trautwein[1]). Die auf Seite 236 und Abb. 182 angegebene Methode kann auch dazu benutzt werden, um Leistungen zu messen. Die Messung ist dieselbe wie auf Seite 236. Wenn E_G und E_A die Spannungsvektoren im Gitter- bzw. Anodenkreise sind, so gibt der Anodenstrom I ein Maß für $E_A \cdot E_G \cos\varphi$, worin E_A und E_G Effektivwerte darstellen. Man macht dabei eine der beiden Spannungen proportional dem Strome.

167. Leistungsmessung mittels des Röhrenwattmeters nach Hausrath[2]). Dieses Verfahren verlangt nur zwei Bestimmungen anstatt drei wie in der letzten Methode. Liest man in Abb. 182 für bestimmte

---

[1]) Inaug.-Diss. Karlsruhe 1921.

[2]) F. Trautwein, Inaug.-Diss. Karlsruhe 1921, S. 16.

Spannungsamplituden E_1 bzw. E_2 am Gitter und an der Anode den Anodenstrom I_1 und hiernach den Strom I_2 ab, für den die Gitterspannung um 180 Grad phasenverschoben ist, so ist

$$I_1 = k(E_2 + k_A E_1),$$
$$I_2 = k(E_2 - k_A E_1),$$

wenn man die Charakteristik als geradlinig annimmt. Hieraus ergibt sich für die entsprechenden Effektivwerte E_A und E_G und $k_A = 1/D$

$$I_1^2 - I_2^2 = \frac{4k}{D} E_A \cdot E_G \cos\varphi = \text{konst.}\, E_A \cdot E_G \cdot \cos\varphi .$$

168. Der Differentialtransformator als Hochfrequenzwattmeter. Der Verbraucher wird in den einen Zweig des Differentialsystems der Abb. 177 eingeschaltet und dessen Wirkungen mittels des Variometers L_s, des veränderlichen Luftkondensators C_s und des reinen Widerstandes r im andern Zweige abgeglichen. Wenn der Stromeffekt in der Sekundärspule des Transformators verschwindet, so ist die verbrauchte Leistung W aus dem Ausdrucke

$$W = \left[\frac{I^2}{4}\right] r$$

berechenbar, wenn I den mit einem Hitzdrahtinstrumente im Hauptzweige gemessenen Strom bedeutet. Wenn sehr kleine Verluste gemessen werden sollen, so muß der Widerstand des Variometers berücksichtigt werden. Für die Bestimmung großer Antennenenergien verwendet man einen äußerst einfachen Differentialtransformator. Die zwei primären Windungen bestehen dann aus einer offenen Schleife 1—2—3, welche von einem Kupferzylinder gebildet wird. Die Bögen 1—2 und 3—2 sind symmetrisch zu dem offenen Kupferring 4—5 angeordnet. Der letztere Ring besteht aus ideal verdrillten Drähtchen und bildet die Sekundärspule des Transformators.

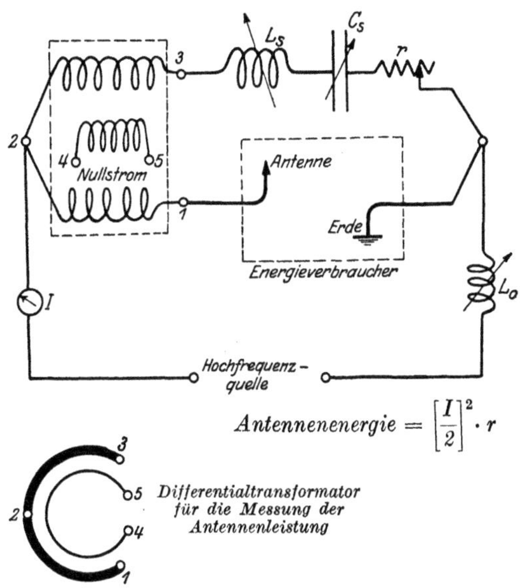

Abb. 177. Differentialmethode.

Bestimmung dielektrischer Verluste.

169. Für den Fall von ungedämpften (Sinus-)Wellen. Das eine Verfahren beruht auf der Verwendung der Braunschen Röhre in der Anordnung Abb. 176. Die Selbstinduktion wird hierbei weggelassen, und der Verlustkondensator bildet den Verbraucher. Der Flächeninhalt F des vom Kathodenfleck beschriebenen Diagramms ist dann dem dielektrischen Verluste proportional, da die vertikale Ablenkung

$$y = k_1 V_{\max} \sin \omega t$$

und die momentane Horizontalablenkung

$$x = k_2 I_{\max} \cos(\omega t + \Theta),$$

weil der momentane Kondensatorstrom[1])

$$i = I_{\max} \sin(\omega t + \Theta)$$

der Kondensator-EMK um 90 Zeitgrade voreilt. Der Winkel Θ bedeutet die Voreilung des Stromes im Versuchskondensator gegen dessen Klemmenspannung. Der Flächeninhalt der Ellipse wird dann

$$F = \int y\,dx = \int [k_1 V_{\max} \sin \omega t][- k_2 \omega I_{\max} \sin(\omega t + \Theta)\,dt]$$
$$= -\pi k_1 k_2 V_{\max} I_{\max} \cos \Theta = K W,$$

das heißt, proportional dem dielektrischen Verluste W, da K die Konstante der Anordnung ist. Diese wird auf dieselbe Weise bestimmt, wie auf S. 221 angegeben ist. Die Anordnung Abb. 178 dürfte zweckmäßiger sein, da Symmetrie vorherrscht und günstigere Spannungsänderungen zwischen den Spannungsquadranten der Röhre erzielt werden können. Dies wird dadurch erreicht, daß man die den Versuchsdielektriken aufgedrückte Spannung zur gleichen Zeit auch an den veränderlichen Kondensator $C_4 - C_4$ legt. Dieser Kondensator besteht aus hohlen Zylindern mit abgerundeten Endkappen. Ungefähr 6 Röhren dieser Art sind mittels Kupferstangen miteinander verbunden und hängen an Isolatoren. Die inneren Pole, welche den Kondensator C_3 bilden, sind ebenfalls an Hängeisolatoren befestigt, der

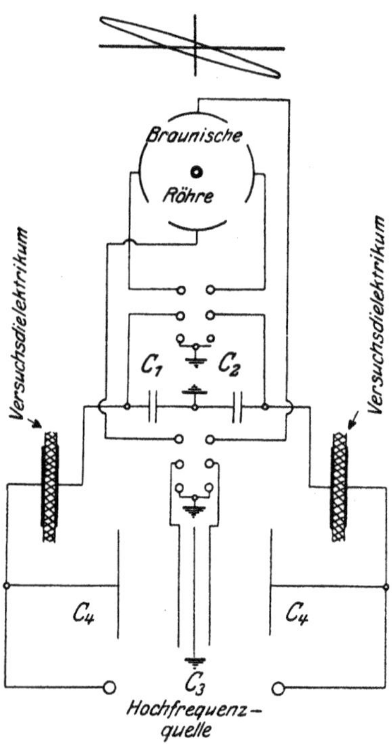

Abb. 178. Dielektrische Verlustbestimmung mittels einer Braunschen Röhre.

[1]) Durch den Luftkondensator.

mittlere Teil ist geerdet. Die Luftkondensatoren haben ungefähr 0,01 MF. Kapazität.

Eine andere Methode[1]) verwendet die Differentialschaltung Abb. 179, mittels deren ein Kondensator mit dem Versuchsdielektrikum mit einem Luftkondensator C_n und einem Normalwiderstand r_n verglichen wird. Der unvollkommene Kondensator kann dann entweder als ein

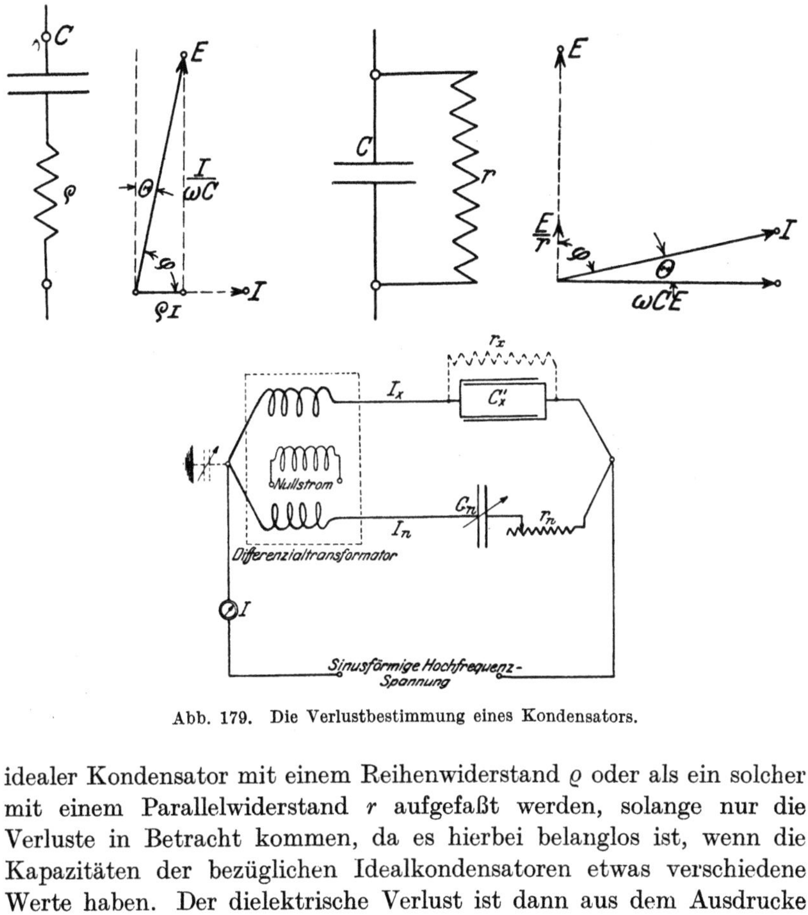

Abb. 179. Die Verlustbestimmung eines Kondensators.

idealer Kondensator mit einem Reihenwiderstand ϱ oder als ein solcher mit einem Parallelwiderstand r aufgefaßt werden, solange nur die Verluste in Betracht kommen, da es hierbei belanglos ist, wenn die Kapazitäten der bezüglichen Idealkondensatoren etwas verschiedene Werte haben. Der dielektrische Verlust ist dann aus dem Ausdrucke

$$W = \left[\frac{I}{2}\right]^2 r_n$$

berechenbar.

Der Ausdruck

$$W = \frac{r_n (\omega C_n)^2}{1 + r_n^2 \omega^2 C_n^2} E^2$$

[1]) Näheres siehe: Hund, A.: Jahrb. drahtl. Telegr. u. Telef. 1915.

ist ein Hilfsmittel, den dielektrischen Verlust W in Abhängigkeit von der aufgedrückten Spannung E zu untersuchen. Die letztere kann aus dem Zweigstrome $I/2$ berechnet werden. Wenn der Verlust in Abhängigkeit von der Kapazität C'_x gefunden werden soll, so benutzt man die Formel

$$W = r_n \omega^2 C_n C'_x E^2 .$$

170. Für den Fall von gedämpften Wellen. Die Anordnung Abb. 171 auf S. 217 gleicht die Wirkungen des unvollkommenen Kondensators C_x mittels des Luftkondensators C_n und des Schleifdrahtwiderstandes r aus. Wenn für einen Nullstrom im Detektor der Thermokreuzbrücke das Hitzdrahtinstrument im Hauptzweige des Differentialsystems den Wert I anzeigt, so wird der dielektrische Verlust

$$W = \left[\frac{I}{2}\right]^2 \cdot r .$$

Eine Messung ergab z. B. $I/2 = 0{,}0045$ Ampere; $C_x = C_n = 0{,}00192$ MF., $\lambda = 320$ m; $r = 0{,}255$ Ohm; $W = 0{,}0045^2 \cdot 0{,}255 = 5{,}2 \cdot 10^{-5}$ Watt.

Die Phasenverschiebung des Nullstroms gegen den Hauptstrom hängt davon ab, in welcher Weise die Einstellung der Kapazität und des Widerstandes von der exakten Abgleichung abweicht. Maßgebend hierfür ist der Differenzstrom, den man durch Superposition der beiden Differentialströme entstanden und den Nullstrom induzierend zu denken hat. Seine Phase ergibt sich durch die Betrachtungen der Vektorendiagramme. AB stellt die Watt- und AC die wattlose Komponente dar, welche immer sehr groß ist. BC ist der Vektor des resultierenden Stromes. Wenn man z. B. in dem linken Diagramm annimmt, daß die Widerstände genau aufeinander abgeglichen und die Stromphasen etwas ungleich sind, so muß man die wattlose Komponente um die Länge AA' ändern. BB' stellt dann die Stromdifferenz im resultierenden Strome dar, welche praktisch gleich und parallel AA' ist. Nehmen wir andererseits an, daß die Kapazitäten der beiden Differentialzweige genau gleich sind, dagegen die Widerstandsabgleichung etwas unvollkommen, so geht das Stromdreieck des rechten Vektorendiagramms über in $AB'C$. Man sieht, daß in beiden Fällen Ströme in der Sekundärspule des Differentialtransformators induziert werden, die praktisch 90 Zeitgrade gegeneinander verschoben sind. Man kann deshalb durch geeignete Wahl der Hauptstromphase eine Abgleichung erhalten, die entweder nur auf die Verlust- oder nur auf die Kapazitätseinstellung anspricht.

171. Bemerkungen über die Phasendifferenz, den Leistungsfaktor und den gedachten Reihen- bzw. Parallelwiderstand eines Kondensators mit Verlusten (Verlustwiderstand eines Kondensators). Der Verlustwinkel eines Verlustkondensators ist gleich 90 Graden weniger dem Phasenwinkel. Der Verlustwinkel ändert sich nur wenig mit der Frequenz und wird daher oft dem Phasenwinkel vorgezogen; z. B. ist bei 100 Perioden der Verlustwinkel selten mehr als 2- bis 3mal so groß als der Wert bei 1000 Perioden/Sek. Die Änderung ist bedeutend kleiner im Bereich der schnellen Schwingungen. Der Sinus des Verlustwinkels ist nichts anderes als der Leistungsfaktor. Da der Winkel gewöhnlich sehr klein ist, so kann er gleich der Sinusfunktion gesetzt werden. Dabei ist der Winkel im Bogenmaß (Radian . . . 2π Kreisradian = 360 Grade) auszudrücken. Der Leistungsfaktor verläuft daher angenähert linear mit der Frequenz. Man kann also den Leistungsfaktor gerade so vorteilhaft wie den Verlustwinkel verwenden. Die gedachten Reihen- bzw. Parallelwiderstände für einen Verlustkondensator haben nur soweit einen Zweck, als man mittels solcher Vorstellungen Meßmethoden zur Bestimmung von Kondensatorverlusten finden kann. Andernfalls scheinen solche Annahmen von wenig Belang. Man kann dies aus dem folgenden ersehen. Der gedachte Reihenwiderstand ändert sich beinahe umgekehrt mit der aufgedrückten Frequenz. Ein gedachter Parallelwiderstand ändert sich aber für eine bestimmte Kapazität beinahe direkt mit der Periodenzahl der aufgedrückten EMK. Der Leistungsfaktor dagegen gibt eine bestimmte Eigenschaft des elektrischen Materials an.

XVIII. Bestimmung des Dekrements, des Leistungsfaktors, der Phasenverschiebung und der Resonanzschärfe.

172. Begriff des logarithmischen Dekrementes und Formeln für dasselbe. Die nacheinanderfolgenden Maximalamplituden derselben Polarität nehmen (oder haben die Neigung dazu) entweder nach einem geradlinigen, logarithmischen oder einem anderen Gesetze ab. Wenn z. B. ausgeprägte Funkendämpfung vorliegt, so kann man von einem linearen Dekrement

$$d = \frac{I_1 - I_3}{I_1}$$

sprechen, wenn I_1 und I_3 zwei sich einander folgende Maximalwerte in derselben Richtung bedeuten. Für die richtig gewählten Funkenschwingungen hat man mit dem logarithmischen Dekrement

$$\delta = \log \varepsilon \frac{I_1}{I_3}$$

$$= 2{,}30626 \log_{10} \frac{I_1}{I_3}$$

zu rechnen, d. h. mit dem Unterschiede zweier einander folgenden gleichpoligen Amplituden, wenn dieselben an einem logarithmischen

Maßstabe abgelesen werden. Man kann natürlich irgend zwei Momentanwerte benutzen, die 360 Zeitgrade in der Phase auseinanderliegen, z. B.

$$\frac{i_t}{i_{t+T}} = \frac{I_0 \varepsilon^{-\frac{r}{2L}t} \sin \omega t}{I_0 \varepsilon^{-\frac{r}{2L}[t+T]} \sin \omega t}$$

$$\log \varepsilon \frac{i_t}{i_{t+T}} = \frac{r}{2L} T = \delta$$

oder

$$\delta = \pi r^{\Omega} \sqrt{\frac{C^{\mathrm{F}}}{L^{\mathrm{H}}}}$$

$$= 5920 \frac{r^{\Omega} \cdot C^{\mathrm{MF.}}}{\lambda^{\mathrm{m}}}.$$

Da für eine volle Schwingung

$$\frac{\text{Joulescher Wärmeverlust}}{\text{Magnetische Feldenergie}} = \frac{\frac{1}{2} I_0^2 r T}{\frac{1}{2} I_0^2 L} = 2 \left[\frac{r}{2L} T\right] = 2\delta,$$

so sieht man, daß dieser Bruch das Zweifache des logarithmischen Dekrementes ergibt. Bei ungedämpften Wellen wird dieses Abklingen durch eine entsprechende Energieaufnahme kompensiert, und man kann deshalb den Verlust aus dem Leistungsfaktor oder dem Dekrement berechnen. Gekoppelte Kreise (wenn von freien Funkenschwingungen der gewöhnlichen Art erregt) ergeben zwei verschiedene Dekremente. Richtig gewählte Stoßerregung und ungedämpfte Wellen erzeugen im Resonator Ströme, welche nur von den wirksamen Konstanten dieses Kreises abhängen. Die Weite der Resonanzkurve wird deshalb nur durch die Resonatorverluste bestimmt.

Dekremente von Einzelapparaten, wie z. B. die des unvollkommenen Kondensators, werden am genauesten mittels der Differential- oder der Substitutionsmethode bestimmt. Die Dekrementsbestimmungen, welche auf der Aufnahme der Resonanzkurve beruhen, sind nur dann am Platz, wenn Kreisverluste studiert werden sollen. Da für den Durchschnittsingenieur der Leistungsfaktor[1]) und für den Hochfrequenzphysiker der älteren Schule das Dekrement eine bekannte Größe ist, so sind hier die Übergangsformeln

$$\delta = \pi r^{\Omega} \sqrt{\frac{C^{\mathrm{F}}}{L^{\mathrm{H}}}} = \pi \frac{r}{\omega L} = \pi r \omega C \cong \pi \varphi = \pi \cos \Theta$$

oder

$$\text{Leistungsfaktor} = \frac{\text{Logarithmisches Dekrement}}{\pi}$$

[1]) Der Leistungsfaktor scheint nur dann einen Vorteil zu bieten, wenn ungedämpfte Schwingungen vorliegen.

angegeben. Der Winkel φ bedeutet den Phasenunterschied ($= 90 - \Theta$), wo Θ gleich dem Zeitwinkel zwischen der treibenden EMK und dem Strome, d. h. $\cos\Theta = \sin\varphi \cong \varphi$, da φ gewöhnlich sehr klein ist.

173. Der Röhrenschwingungserzeuger für die Bestimmung des logarithmischen Dekrements eines Resonators. Der Resonator, welcher aus einem Kondensator C und einer Spule L besteht, wird durch einen gekoppelten Röhrenoszillator erregt und die Resonanzablenkung a_r mittels eines lose gekoppelten Thermokreuzsystems (ungefähr zwei Windungen mit dem einen Element des Kreuzes verbunden, das andere Element wird über ein niederohmiges Galvanometer geschlossen) abgelesen. Sie entspreche einer Kondensatorstellung C_r. Die Kondensatorplatten werden erst etwas nach links und dann etwas nach rechts gedreht, so daß die Einstellungen C_1 und C_2 gerade die halbe Ablenkung $a_1 = a_2 = a_r/2$ ergeben. Das logarithmische Dekrement ist dann

$$\delta = \frac{\pi}{2} \frac{C_2 - C_1}{C_r}.$$

174. Die Röhrenmethode von Offermann. Erich Offermann hat in der Zeitschr. f. Hochfrequenztechnik 1925, S. 152, eine Röhrenmethode angegeben, die Messungen von Kondensatordekrementen mit großer Empfindlichkeit gestattet. Ein Röhrengenerator arbeitet dabei längs des geradlinigen Teils der Kennlinie, und die Rückkopplung zum Gitterkreis ist so eingestellt, daß sich der Kreis gerade an der Grenze der Selbsterregung befindet, wenn dabei ein Luftkondensator von derselben Kapazität wie der des Verlustkondensators verwendet wird. Wenn der Verlustkondensator eingeschaltet wird, so setzen die Schwingungen gerade aus. Die Messung ist daher kurzweg folgende: Der zu untersuchende Kondensator wird mit einer Spule zu einem Schwingungskreise vereinigt, welcher nun durch eine Röhre erregt wird. Die Rückkopplung wird dabei so eingestellt, daß sich der Kreis im indifferenten Schwingungsgleichgewichte befindet. Dann wird der Luftkondensator an Stelle der Verlustkapazität eingeschaltet und so viel Reihenwiderstand dazu, bis derselbe Schwingungszustand wiederhergestellt ist.

175. Die Bestimmung des Dekrements und des Leistungsfaktors eines Wellenmessers. Das Verfahren läuft wiederum darauf hinaus, daß ein Röhrenoszillator ungedämpfte Wellen induziert und die Resonanzbedingung in diesem Falle mittels des Milliamperemeters des Wellenmessers für die maximale Stromstärke I_r entsprechend der Welleneinstellung λ_r beobachtet wird. Der Wellenmesser wird dann etwas nach links und hierauf nach rechts gedreht, und zwar so, daß die entsprechenden Wellenlängen λ_1 und λ_2 die Ablesung $I_r/1{,}41$ ergeben. Das Dekrement des Wellenmessers wird aus dem Ausdrucke

$$\delta = \pi \frac{\lambda_2 - \lambda_1}{\lambda_r}$$

berechnet.

Der Leistungsfaktor $\cos\Theta$ ist

$$\cos\Theta = \frac{\lambda_2 - \lambda_1}{\lambda_r}.$$

176. Die Methode mit gedämpften Wellen. Man koppelt in diesem Falle den Funkenerreger sehr lose mit dem Wellenmesser und verfährt in derselben Weise wie bei der letzten Methode. Da die Resonanzkurve jetzt vom Oszillatordekrement δ_0 und demjenigen des Wellenmessers abhängt, so hat man

$$\delta = \delta_w + \delta_0 = \pi \frac{\lambda_2 - \lambda_1}{\lambda_r}.$$

Hiernach schaltet man in den Wellenmesserkreis einen bekannten Widerstand r (ungefähr 10 Ohm) ein. Die Zunahme $\Delta\delta$ des Wellenmesserdekrements wird aus dem Ausdrucke

$$\Delta\delta = 5920 \frac{C_r^{\text{MF.}} \cdot r^{\Omega}}{\lambda_r^{\text{m}}}$$

berechnet, wenn C_r die Resonanzeinstellung des Wellenmesserkondensators ist. Wenn I_r der Resonanzstrom des Wellenmessers ohne den Zusatzwiderstand r und I_1 derjenige ist, wenn sich r im Kreise befindet, so ergibt sich das Dekrement δ_w des Wellenmessers zu

$$\delta_w = \frac{\Delta\delta}{\left[\frac{I_r}{I_1}\right]^2 \frac{\delta}{\delta + \Delta\delta} - 1}.$$

Beispiel: Für $\lambda_r = 390$ m und $I_1 = I_2 = \frac{I_r}{\sqrt{2}}$ erhielt man $\lambda_1 = 346$ m und $\lambda_2 = 445$ m. Der Einschaltwiderstand $r = 10^{\Omega}$ verkleinerte den Resonanzanschlag $a_r = 0{,}8$ auf $a_1 = 0{,}3$; hieraus: $\frac{a_r}{a_1} = \left[\frac{I_r}{I_1}\right]^2$ und $\delta_w + \delta_0 = 0{,}796$; $\Delta\delta = 0{,}0591$, da für $\lambda_r = 390$ m, $C_r = 0{,}000\,389$ MF.; $\delta_w = 0{,}0399$; $\delta_0 = 0{,}7561$.

177. Die Thermokreuzbrückenmethode. Die Resonanzkurve dieser Methode beruht auf der Gleichung

$$\int_0^\infty i_1 \cdot i_2 \cdot dt = \text{Funktion } (\lambda),$$

und Resonanz findet praktisch für die Bedingung

$$\int_0^\infty i_1 \cdot i_2 \cdot dt = 0$$

statt, da dann die zwei Ströme i_1 und i_2 um ungefähr 90 Zeitgrade in der Phase verschoben sind, wie aus Abb. 130 auf Seite 158 zu entnehmen ist. Diese Methode ist deshalb eine Nullstrom- anstatt eine Maximalmethode und hängt daher nicht von Stromschwankungen ab, wie im Falle des Verfahrens von Bjerknes, wo $\int_0^\infty i_2^2 dt$ ein Maximum werden muß. Wenn die Kopplungswindungen klein gehalten werden, so haben die betreffenden Sekundärströme i_1' und i_2' praktisch denselben Phasenunterschied wie die Primärerregungen i_1 und i_2, und die Galvanometerablenkung a wird

$$a = k \int_0^\infty i_1' i_2' dt .$$

Die Summe der Dekremente ist dann durch die Beziehungen:

$$\begin{aligned}\delta_1 + \delta_2 &= \pi \frac{C_1 - C_r}{C_1} \\ &= \pi \frac{C_r - C_2}{C_2} \\ &= 2\pi \frac{\lambda_1 - \lambda_r}{\lambda_1} \\ &= 2\pi \frac{\lambda_r - \lambda_2}{\lambda_2}\end{aligned}$$

gegeben, wenn λ_r und C_r bei der Resonanzeinstellung des Kreises 2, λ_1 und C_1 bei der positiven maximalen und λ_2 bzw. C_2 bei der negativen maximalen Galvanometerablenkung a abgelesen würden.

Wenn die maximalen Kurventeile zu flach ausfallen sollten, so kann man die Formel

$$\begin{aligned}\delta_1 + \delta_2 &= \pi \sqrt{\frac{C_x - C_r}{C_x} \cdot \frac{C_y - C_r}{C_y}} \\ &= 2\pi \sqrt{\frac{\lambda_x - \lambda_r}{\lambda_x} \cdot \frac{\lambda_y - \lambda_r}{\lambda_y}}\end{aligned}$$

benutzen, wo C_x und C_y bzw. λ_x und λ_y aus den Schnittpunkten der Resonanzkurve mit irgendeiner parallelen Linie zur Abszissenachse, wie in der Abbildung angedeutet, gefunden werden. Für solche Fälle empfiehlt es sich, die Galvanometerablenkungen statt der Wellenlängen aufzutragen.

178. Die Dreithermokreuzmethode. Die in Abb. 131 auf Seite 159 angegebene Schaltung führt zu denselben Ergebnissen wie das letzte

Verfahren, da die Wirkungen von I und II sich addieren und der Effekt von Element III negativ ist.

179. Die maximale und effektive Spannungsmethode. Man bestimmt die maximale Kondensatorspannung E_0 mittels einer gut evakuierten Dreielementröhre (siehe Abb. 116 auf Seite 146) und den Effektivwert E mittels eines elektrostatischen Voltmeters, dessen Nadel mit dem einen Quadrantenpaar verbunden ist (Anziehung zwischen den beweglichen und ruhenden Platten hängt von dem Quadrat der angelegten Spannung ab). Die Wellengruppenfrequenz N und die Frequenz f der gedämpften Schwingung wird in der üblichen Weise gefunden. Das logarithmische Dekrement δ der Schwingung wird dann aus der Beziehung

$$\delta = \left[\frac{E_0}{E}\right]^2 \frac{N}{4f}$$

berechnet.

180. Die Bestimmung der Dekremente von überlagerten Wellen. Wenn eine gewöhnliche Funkenerregung einen Resonator erregt, so erhält man Schwebungen im resultierenden Strom eines jeden Kreises, da zwei bestimmte Wellen λ_A und λ_B mit verschiedenen Dekrementen δ_A und δ_B infolge der Rückwirkung auftreten[1]). Die Theorie zeigt, daß das logarithmische Dekrement der längeren Welle kleiner ist als das der andern, und daß für sehr lose Kopplung

$$\delta_A + \delta_B \cong \delta_1 + \delta_2 ,$$

da die Resonanzkurve nur ein bestimmtes Maximum hat und dann nur die Eigendekremente δ_1 und δ_2 in Betracht kommen.

Wenn aber eine gewisse Kopplung $\varkappa$ vorliegt, so ist

$$\delta_A = \frac{\delta_1 + \delta_2}{2\sqrt{1+\varkappa}},$$

$$\delta_B = \frac{\delta_1 + \delta_2}{2\sqrt{1-\varkappa}}.$$

Man bestimmt dann $\delta_1 + \delta_2$ für eine sehr lose Kopplung aus der Weite der Resonanzkurve und $\varkappa$ aus den Kopplungswellen λ_A und λ_B und der Eigenwellenlänge λ, wenn beide Kreise bei sehr loser Kopplung abgestimmt sind.

181. Die Differentialmethode für die Bestimmung des Dekrementes von Einzelapparaten. Soll z. B. das logarithmische Dekrement eines unvollkommenen Kondensators bestimmt werden, so bildet das Diffe-

---

[1]) Siehe Tabelle 12, S. 375.

rentialsystem Abb. 171 auf Seite 217 eine gute Anordnung, wenn die Thermokreuzbrücke benutzt wird. Dieser Nullstromanzeiger erlaubt eine genaue Verlusteinstellung des dielektrischen Widerstandes r, wie auf Seite 225 erläutert ist. Wenn C_n und r die für eine Wellenlänge λ gemessenen Werte sind, so berechnet sich das logarithmische Dekrement δ aus der Beziehung

$$\delta = 5920 \frac{C_n^{\mathrm{MF.}} \cdot r^{\mathrm{Ohm}}}{\lambda^{\mathrm{m}}}.$$

Beispiel: Für ein abgeglichenes Differentialsystem war für einen Kondensatorstrom $I/2 = 0{,}0045$ Ampere und $\lambda = 390$ m, $C_n = 0{,}00192$ MF. und $r = 0{,}31$ Ohm. Das Dekrement wird dann

$$\delta = 5920 \frac{0{,}00192 \cdot 0{,}31}{390} = 0{,}00914.$$

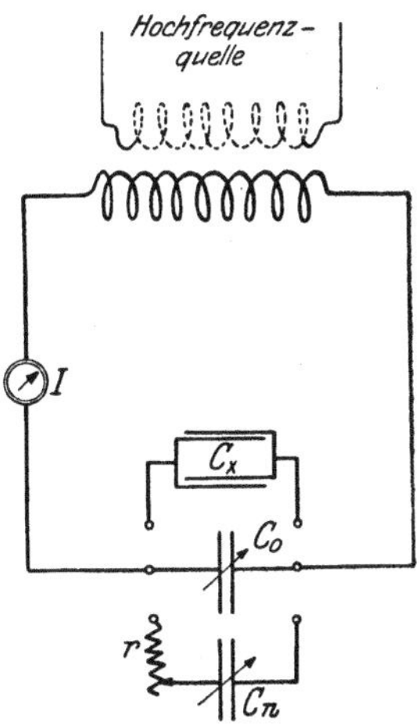

Abb. 180. Bestimmung des Dekrementes infolge von Kondensatorverlusten.

182. Die Substitutionsmethode. Das in Abb. 180 angegebene Verfahren vergleicht die Wirkung eines unvollkommenen Kondensators C_x mit derjenigen eines Luftkondensators C_n in Reihe mit einem Schleifdrahtwiderstand r. Dabei kann ein Röhrenoszillator oder irgendeine gedämpfte Wellenerregung benutzt werden.

1. Zunächst schaltet man das Prüfstück C_x in den Meßkreis und erzeugt Resonanz mittels der Einstellung $(C_0 + C_x)$, wo C_0 einen anderen veränderlichen Luftkondensator bedeutet. Der Resonanzstrom des Hitzdrahtmessers sei I;

2. C_x wird dann durch den Luftkondensator C_n mit dem Reihenwiderstand r ersetzt und Resonanz mittels C_n, d. h. $(C_0 + C_n)$, hergestellt. Hierauf wird der ursprüngliche Resonanzstrom I durch Vorschalten eines passenden Wertes von r eingestellt. Das Dekrement des unvollkommenen Kondensators C_x ist dann aus

$$\delta = 5920 \frac{C_n^{\mathrm{MF.}} \cdot r^{\mathrm{Ohm}}}{\lambda^{\mathrm{m}}}$$

oder

$$\delta = 6{,}578 \cdot 10^{-3} \frac{C_n^{\mathrm{cm}} \, r^{\mathrm{Ohm}}}{\lambda^{\mathrm{m}}}$$

berechenbar.

183. Die Braunsche Röhre als Leistungsfaktormesser. Wie in Abb. 181 angedeutet ist, kann der Flächeninhalt der $V - I$-Kurve eines von Hochfrequenzstrom durchflossenen Apparates[1]) durch die Beziehung

$$A_\Theta = \int_0^{2\pi} y \cdot dx = \text{konst.}\, V \cdot I \cdot \cos\Theta$$

dargestellt werden. Man hat also für einen Sinusstrom eine geneigte Ellipse. Wenn der Leistungsfaktor $\cos\Theta = 1$, so hat die Ellipse die gestrichelte Form, d. h.

$$A_0 = \text{konst.}\, V \cdot I\,.$$

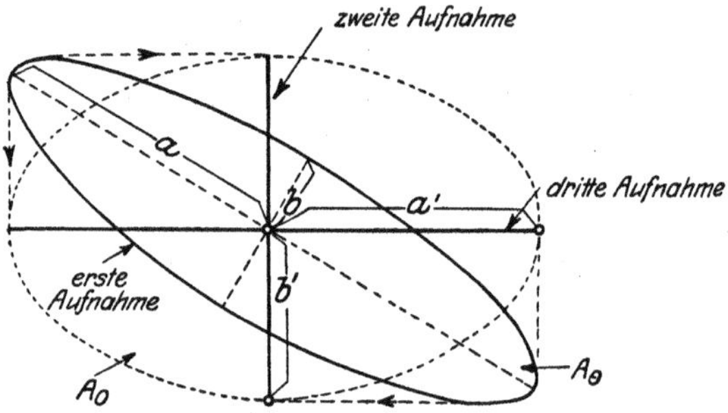

Abb. 181. Leistungsellipsen.

Wenn a' und b' die Hauptachsen der Resonanzellipse und a und b diejenigen für eine Phasenverschiebung Θ zwischen V und I sind, so hat man

$$\cos\Theta = \frac{A_\Theta}{A_0} = \frac{a \cdot b}{a' \cdot b'}\,.$$

Die Meßmethode erfordert daher drei photographische Aufnahmen:

1. Die geneigte Ellipse wird photographiert, wenn V und I auf die Braunsche Röhre einwirken.

2. und 3. Ein Quadrantenpaar allein wird während der betreffenden Aufnahmen erregt ($2\,a'$ oder $2\,b'$ wird photographiert). Hiernach werden die Achsen a und b konstruiert und die betreffenden Längen abgemessen.

184. Bestimmung des Leistungsfaktors eines Resonators mittels eines Röhrenschwingungserzeugers. Man erregt den Resonator mittels eines gekoppelten Röhrenoszillators und vermerkt die Resonanzeinstellung C_r. Hiernach dreht man den Kondensator etwas nach links und dann nach rechts, bis für die Einstellungen C_1 und C_2 der Resonatorstrom nur $I/1{,}41$ ist. Der Leistungsfaktor des Resonators ist dann

$$\cos\Theta = \frac{C_2 - C_1}{C_1 + C_2}\,.$$

Da die Einfügung eines Hitzdrahtinstrumentes den Leistungsfaktor vergrößern kann, so ist es bisweilen besser, die entsprechenden Ausschläge a_r und $a_r/2$ eines lose gekoppelten Thermoindikators zu benutzen.

[1]) Dies ist z. B. in Abb. 178 auf Seite 224 für symmetrisch angebrachte Kondensatoren mit Verlusten ausgeführt.

185. Die Bestimmung der Resonanzschärfe[1]. Diese beruht entweder auf der Bestimmung des Leistungsfaktors oder des logarithmischen Dekrements. Die Resonanzschärfe S wird dann aus den Formeln

$$S = \frac{\pi}{\delta} = \frac{1}{\cos\Theta}$$

berechnet.

186. Die Thermokreuzbrücke als Phasenmesser. Wenn in dem System Abb. 101 auf Seite 130 zwei Sinusströme I und i fließen, so wird der Ausschlag a des Galvanometers

$$a = k \cdot I \cdot i \cdot \cos\varphi .$$

Die Methode besteht darin, daß man zunächst zwei gleichphasige Ströme I_1 und i über die entsprechenden Klemmen AD und BC zuführt. Die Ablenkung a_1 ist dann

$$\begin{aligned} a_1 &= k \cdot I_1 \cdot i \cdot \cos 0 \\ &= k_1 \cdot I_1 . \end{aligned}$$

Hiernach wird der eigentliche Strom I_2 an Stelle von I_1 benutzt, wobei sich die Ablenkung

$$\begin{aligned} a_2 &= k \cdot I_2 \cdot i \cdot \cos\varphi \\ &= k_2 \cdot I_2 \end{aligned}$$

ergibt.

Das Verhältnis

$$\cos\varphi = \frac{k_2}{k_1}$$

ermöglicht dann die Bestimmung des Phasenwinkels φ, da ja $k_1 = a_1/I_1$ und $k_2 = a_2/I_2$. Wenn i den Voltmeterstrom bedeutet und I_2 denjenigen eines Apparates, so mißt k_2/k_1 den Leistungsfaktor des Apparates.

Beispiel: $I_1 = 0{,}25^A$ ergab eine Ablenkung $a_1 = 75$ mm und
$I_2 = 0{,}1^A$ „ „ „ $a_2 = 26{,}5$ mm.

Man hat dann $k_1 = 75/0{,}25 = 300$ und $k_2 = 26{,}5/0{,}1 = 265$, woraus sich der entsprechende Leistungsfaktor $\cos\varphi = 265/300 = 0{,}8825$, und der Phasenwinkel $\varphi = 28^0\,3'\,20''$ ergibt.

187. Das Röhrenphasometer[2]. Die in Abb. 182 angegebene Röhrenschaltung ermöglicht mittels dreier Messungen die Phasenbestimmung φ zwischen zwei Sinusströmen. Sie beruht darauf, daß durch den einen Strom der Gitterkreis und durch den anderen Strom der Anodenkreis

---

[1] Herr Dr. J. H. Dellinger des „Bureau of Standards" hat den Fall der Resonanzschärfe in I.R.E., Februar 1919, eingehend behandelt.

[2] F. Trautwein, Inaug.-Diss. Karlsruhe 1921.

beeinflußt wird. Die Spannungen e_1 und e_2 seien die entsprechenden Wechselspannungen; mittels der Spannungsteiler r_1 und r_2 werden geeignete Spannungen der Röhre aufgedrückt. Beide Spannungen wirken im Anodenkreise und erzeugen einen gewissen Emissionsstrom I gemäß

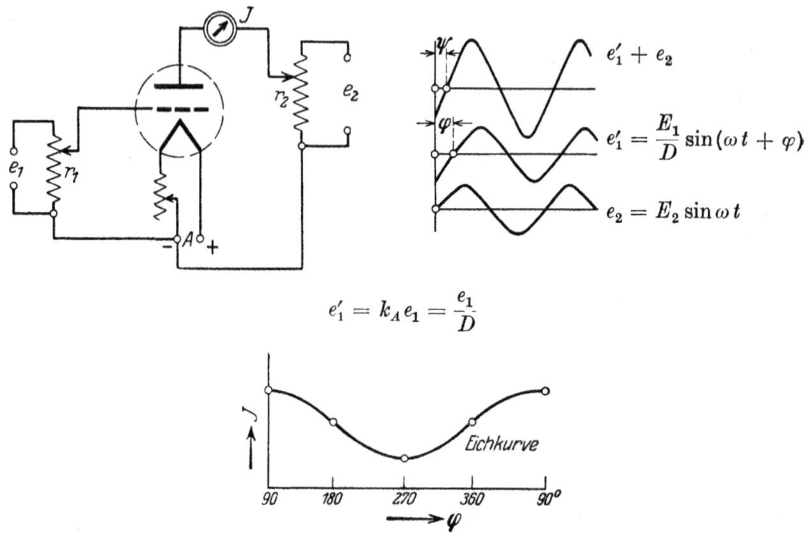

Abb. 182. Das Röhrenphasometer von Dr. Trautwein.

ihrem Phasenunterschied. Man eicht die Röhre mittels bekannter Gitter- und Anodenwechselspannungen und trägt den Strom I in Abhängigkeit von der bekannten Phasenverschiebung auf. Wenn daher die Röhre als Phasometer verwendet wird, muß man dieselben Gitter- bzw. Anodenspannungen wie bei der Eichung mittels der Spannungsteiler einstellen und liest aus der Eichkurve die Phasenverschiebung φ für den abgelesenen Wert I ab. Die drei Messungen beruhen also darauf, daß man die angelegten Spannungen den beiden Eichspannungen anpaßt. Man kann hierzu die gleiche Röhre in der Voltmeterschaltung benutzen. Die dritte Messung beruht auf der Ablesung des Anodenstromes I. Dr. Trautwein hat in seiner Arbeit auch eine Schaltung für die unmittelbare Ablesung von φ angegeben (Inaug.-Diss. S. 20, Abb. 24). Dies ist durch die Verwendung eines Spannungsbegrenzers möglich. Bei den Messungen muß die kleinere Spannung am Gitter liegen.

188. Messung des Phasenunterschiedes zweier Ströme mittels eines Kettenleiters. Diese Methode (Abb. 183) beruht auf demselben Verfahren wie die Wellenwage (Wave Balance) von M. J. Pupin für Hörfrequenzen. Man benutzt dabei eine lange einlagige Spule, die in gleichen Abständen über Kapazitäten mit einem gemeinsamen Leiter verbunden ist. Da man eine genügende Anzahl gleicher Kettenglieder benutzt, so ist die Wirkung der an einem Ende aufgedrückten Spannung am anderen Ende gleich Null. Man drückt daher die eine Spannung $E_1 \sin(\omega t + \varphi_1)$ an der einen und $E_2 \sin(\omega t + \varphi_2)$ an der anderen Seite des Kettenleiters auf. Mittels der bezüglichen Spannungsteiler r_1 und r_2 stellt man gleiche Amplituden ein und verschiebt die gleichgroßen Spulen L_1 und L_2 innerhalb der langen Spule; bis ein (direkt anzeigender) Röhrenspannungsmesser nicht mehr anzeigt. Dies ergebe die in Abb. 183 angegebenen Stellungen. Der Unterschied $(a_2 - a_1)$ ist dann ein Maß für den Phasenunterschied $(\varphi_2 - \varphi_1)$. Dieselbe Methode kann dazu benutzt werden, den Kettenleiter für Phasen zu eichen. Die Eichung gilt gewöhnlich für einen gewissen Frequenzbereich.

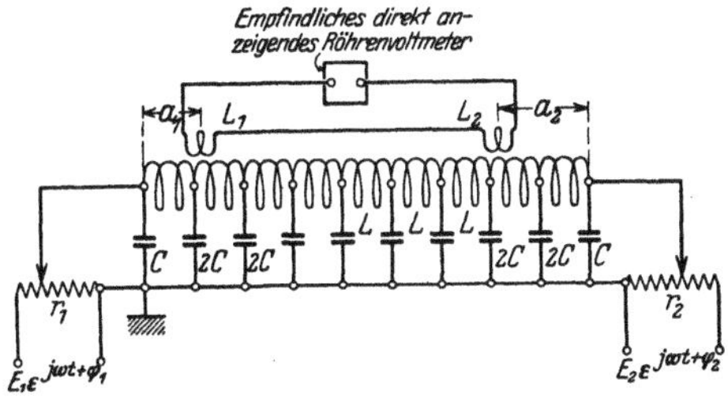

Abb. 183. Messung der Phasendifferenz mittels eines Kettenleiters.

XIX. Messungen an Lichtbogengeneratoren.

189. Stroboskopische Methode für das Studium von Lichtbogenschwingungen. In der Anordnung Abb. 151 auf Seite 189 wird eine Geißlersche Röhre längs eines Radius einer schwarzen Scheibe angebracht und durch Vermittlung von Schleifringkontakten von dem Lichtbogenkreise erregt.

1. Wenn ein konzentrischer, leuchtender Ring bei rascher Umdrehung der Scheibe erscheint, so hat man kontinuierliche Schwingungen.

2. Wenn ein scheinbar stillstehender Stern sichtbar ist, so hat man gedämpfte Wellenzüge.

Um zu erkennen, ob die Schwingungen in einem gekoppelten Resonanzkreise kontinuierliche oder unterbrochene Schwingungen sind, ordnet man zwei unabhängige Geißlerröhren längs eines Durchmessers in verschiedenem Abstande vom Drehpunkte an und erregt die eine mit dem Lichtbogen und die andere mit dem gekoppelten Resonator.

190. Studium von Schwingungen mittels der Braunschen Röhre. Die in Abb. 184 angegebene Anordnung wurde von K. Vollmer[1]) zuerst benutzt, um die Abhängigkeit der Wellenlängen von der Licht-

[1]) Vollmer, K.: Jahrb. drahtl. Telegr. u. Telef. Bd. 3, S. 123. 1909.

bogenspannung zu studieren. Hierbei wird eine Röhre der dritten Art verwendet und der sekundäre Kreis lose mit dem primären Lichtbogensystem gekoppelt. Die Lichtbogenspannung wird an die Ablenkungsspulen der Braunschen Röhre, die Klemmenspannung des Sekundärkondensators C_2 an Ablenkungsquadranten gelegt. Wenn die Lichtbogenspannung nicht an die Röhre angelegt wäre, so würde der Kathodenfleck sich proportional dem elektrostatischen Felde und somit proportional der Klemmenspannung von C_2 verschieben. Die Länge der leuchtenden Linie hängt von der Resonanzschärfe und dem Dekrement des Sekundärkreises ab. Wenn aber die Lichtbogenspannung gleichzeitig wirkt und dieselbe keinen Einfluß auf die Wellenlänge hätte, so würde sich die leuchtende Linie parallel zu sich selbst verschieben und gemäß der Selbstinduktion und Kapazität eine rechteckige Figur am Schirme beschreiben. Wenn jedoch, wie in Wirklichkeit, die Wellenlänge von der Bogenspannung beeinflußt wird, so verliert das Resonatorsystem zu gewissen Zeiten seine Resonanzfähigkeit und die vertikalen Ablenkungen nehmen, wie in der Abbildung, mehr oder weniger ab.

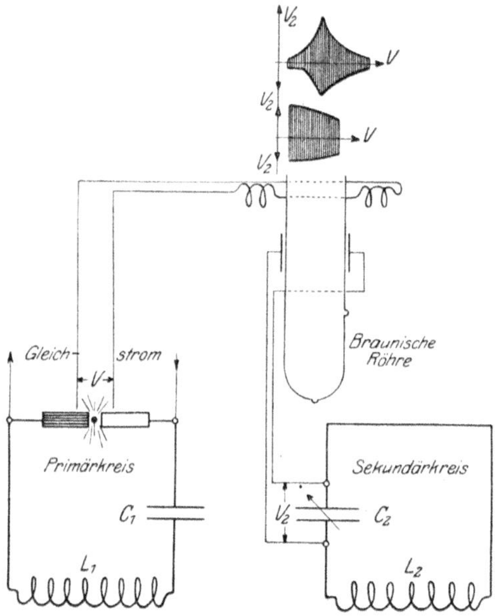

Abb. 184. Einfluß der Lichtbogenspannung auf die Periodenzahl.

191. Aufnahme der dynamischen Lichtbogencharakteristik (Bogenhysteresis). Die Anordnung Abb. 185 zeigt den Meßkreis. Die quadratischen Ablenkungen sind den Momentanwerten der Lichtbogenspannung und dem Strome proportional.

Die Charakteristik zur linken Seite entspricht einer Lichtbogenschwingung der ersten Art, die mittlere einer der zweiten Art und die rechte Darstellung Schwingungen der dritten Art.

192. Aufnahme der zyklischen Lichtbogencharakteristik. Man verwendet zu diesem Zwecke eine Braunsche Röhre der dritten Art, wie in Abb. 186 erläutert ist. Man sieht, daß in diesem Falle die Spannungsablenkungen von kleinen Spulen im Bogenkreis beeinflußt werden, d. h. von

$$e = L\frac{di}{dt},$$

wo L als eine Konstante aufgefaßt werden darf. Das zyklische Bogendiagramm ist deshalb eine $di/dt = F(i)$-Charakteristik.

193. Bestimmung des Wirkungsgrades von Lichtbogenschwingungen. Wenn I' und r den Hochfrequenzstrom und den wirksamen Widerstand und $V \cdot I$ die dem Lichtbogen zufließenden Watt bedeuten, so wird der Wirkungsgrad

$$\eta\% = \frac{I'^2 \cdot r}{V \cdot I}\,100.$$

Wenn der Widerstand des Hochfrequenzkreises aus der Dekrementformel

$$\delta = k\,\frac{C \cdot r}{\lambda}$$

berechnet ist, so hat man

$$\eta\% = \frac{I'^2}{V \cdot I}\,\frac{\delta \cdot \lambda}{kC}\,100,$$

wo k eine Dimensionskonstante ist.

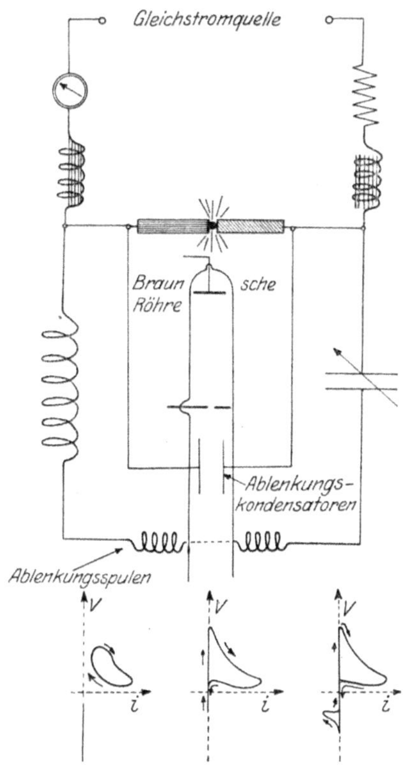

Abb. 185. Die Bestimmung der dynamischen Lichtbogencharakteristik.

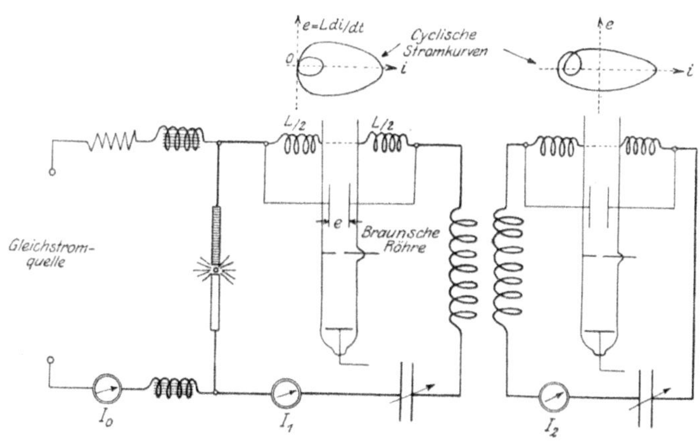

Abb. 186. Die Bestimmung der zyklischen Charakteristik von Lichtbogenschwingungen.

XX. Ferromagnetische Untersuchungen.

194. Allgemeine Gesichtspunkte. Wenn eine Spule einen Eisenkern besitzt, so entstehen Kupfer- und Eisenverluste; ein Teil der ersteren sind dieselben wie für Gleichstrom, im Falle die zusätzlichen Jouleschen Wärmeverluste, welche infolge des Leistungsverbrauchs im Eisen und durch Stromverdrängung entstehen, abgezogen werden. Dies ist ersichtlich, wenn man bedenkt, daß der Wärmeverlust im Eisen durch einen größeren Spulenstrom gedeckt werden muß und daß dieser Extrastrom, selbst wenn wattlos, die Windungen nutzlos erwärmt. Die Eisenverluste können in Hysteresis- und Wirbelstromverluste eingeteilt werden. Wenn der wirksame Widerstand der Spule mit dem Quadrate des Stromes vervielfacht wird, erhält man die ganze Leistungsaufnahme, d. h. den Verlust der Spule. Es ist dies natürlich nur ein scheinbarer Widerstand, da der Gleichstromwiderstand immer zugrunde liegt. Der Begriff eines wirksamen Widerstandes führt aber zu wünschenswerten Methoden, wenn Integralstrommesser, wie Hitzdrahtinstrumente, verwendet werden.

Was den Hysteresisverlust anbelangt, so kann man diesen mittels der Hysteresisschleife feststellen, da deren Flächeninhalt ein Maß dafür ist. Der Fall ist aber schwieriger, wenn gedämpfte Wellen vorliegen, da dann die Schleife nicht mehr geschlossen ist und auf einen Wellenzug eine Reihe offener Schleifen entfällt.

Die Magnetisierungskraft erzeugt Wirbelströme im Eisen, welche eine magnetische Verdrängung und ungleiche Verteilung der Kraftliniendichte hervorrufen. Man sieht deshalb, daß das Eisen unter denjenigen Bedingungen geprüft werden muß, welche im tatsächlichen Gebrauch vorliegen, ganz abgesehen davon, daß die Wellenform durch das Eisen bedeutend verzerrt werden kann.

Wenn Prüfringe benutzt werden, so muß das Eisen ungefähr 70% der Durchschnittsfläche der Spule ausfüllen, da dann in der Regel ungefähr nur 1% Klemmenspannungsänderung infolge der Luftflächen auftreten. Dies ist klar, wenn man bedenkt, daß die Spannung infolge der Luftfläche ungefähr 90 Grade gegen diejenige infolge des Eisens verschoben ist[1]).

[1]) Was den magnetischen Kreis anbetrifft, so entspricht derselbe in vielem dem elektrischen Stromkreis.

Die elektrische Leitfähigkeit g entspricht der magnetischen Permeabilität μ; die elektromotorische Kraft EMK der magnetomotorischen Kraft MMK; die Stromdichte D_s der Kraftliniendichte B; der Ohmsche Widerstand r dem magnetischen Widerstand R; die Stromstärke I dem Kraftfluß Φ. Wenn H die magnetische Feldstärke in Gilbert/cm, F^{qcm} den magnetischen bzw. elektrischen Querschnitt und l^{cm} die Länge für den Strom- oder magnetischen Kreis bedeuten, so hat man:

$$\frac{\text{EMK}^{\text{V}}}{I^{\text{A}}} = r^{\text{Ohm}} \quad \text{entspricht} \quad \frac{\text{MMK}}{\Phi} = R,$$

195. Aufnahme der Hysteresisschleife. Man verbindet die Ablenkungsspulen einer Braunschen Röhre und eine Luftdrosselspule wie in Abb. 187. Die Reaktanz der Drosselspule muß groß im Vergleich zu deren Widerstand sein. Der Strom in den Spulen $S_2 S_4$ ist dann proportional der Kraftliniendichte und der Strom in $S_1 S_3$ proportional der Magnetisierungskraft. Der Kathodenfleck beschreibt daher eine Hysteresisschleife.

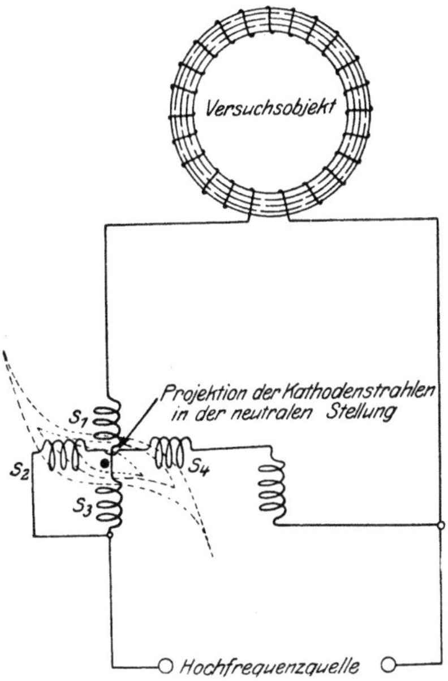

Abb. 187. Die Braunsche Röhrenschaltung für die Aufnahme der Hysteresisschleife.

196. Aufnahme der Magnetisierungskurve. Das Verfahren in Abb. 188 verwendet wiederum eine Kathodenstrahlröhre zur Aufnahme der Magnetisierungskurve. Der magnetisierende

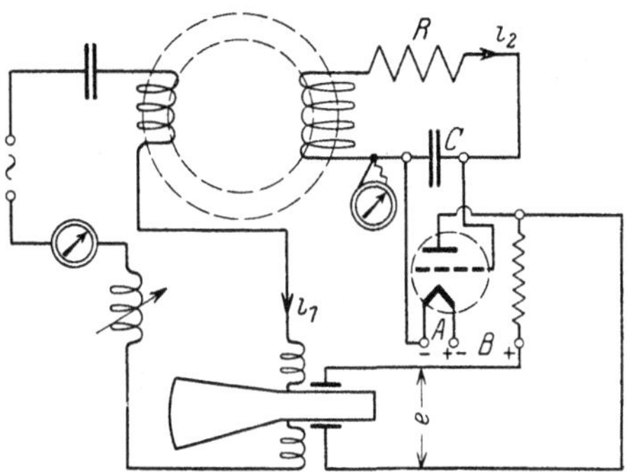

Abb. 188. Aufnahme der Magnetisierungskurve.

Wechselstrom i_1 beeinflußt den Kathodenstrahl mittels der Ablenkungsspulen, während der wechselnde Kraftfluß die Quadraturablenkungen mittels des Ablenkungskondensators bewirkt, da die Spannung e dem Kraftfluß proportional ist. Man muß dabei R groß im Verhältnis zur Reaktanz der Kapazität C wählen und die sekundäre Windungszahl so treffen, daß der Strom i_2 klein ist und keine merkliche Rückwirkung[1]) auf i_1 ausüben kann.

wenn Φ in Maxwell, MMK in Gilbert und R in Oersted ausgedrückt wird. Man hat für N Windungen mit einem Magnetisierungsstrom I_m

$$\text{MMK} = Hl = 0\cdot 4\pi N I_m \text{ Gilbert} = N I_m \text{ Amperewindungen.}$$

Der Ausdruck für den magnetischen Widerstand R ist

$$R = \frac{l}{\mu F}.$$

Man hat fernerhin die Beziehungen

$$g^{\text{Ohm}} = \frac{I/F}{\text{EMK}/l} = \frac{D_s^{\text{A/qcm}}}{\text{Volt/cm}} \quad \text{entspricht} \quad \mu = \frac{\Phi/F}{\text{MMK}/l} = \frac{B^{\text{Gauss}}}{H^{\text{Gilbert/cm}}}.$$

[1]) K. Krüger und H. Pendl, Zeitschr. f. Hochfreq. 1926, S. 155.

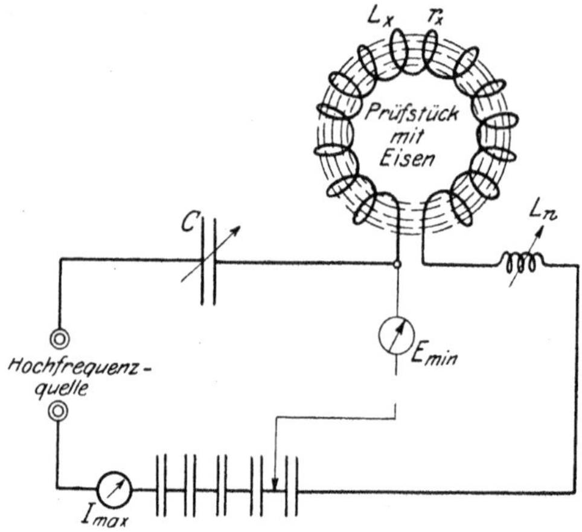

Abb. 189. Ungenaue, obgleich einfache Methode für die Bestimmung von Eisenverlusten.

Die Bestimmung der Eisenverluste.

197. Die Substitutionsmethode. Die Spule mit dem Versuchseisen ist in ein Schwingungssystem eingeschaltet, in welchem ein Strommesser, ein Luftkondensator und einige Kopplungswindungen liegen (Abb. 192 auf Seite 245). Man erregt das System je nach der Versuchsbedingung mittels eines Röhrenoszillators oder gedämpfter Wellen. Der Luftkondensator wird so lange verändert, bis Resonanz eintritt, was an dem maximalen Kreisstrom I_r erkennbar ist. Die Prüfspule mit dem Eisen wird dann entfernt und an deren Stelle ein Variometer mit Reihenwiderstand eingeschaltet, so daß der wirksame[1]) Widerstand beider gleich dem Widerstand der Prüfspule ohne Eisen ist. Man schaltet außerdem einen Schleifdrahtwiderstand in den Resonanzkreis, stimmt auf die erregende Frequenz ab und schaltet so viel Widerstand r ein, bis wieder I_r fließt. Der Eisenverlust W wird dann aus dem Ausdrucke

$$W = r \cdot I_r^2$$

berechnet[2]).

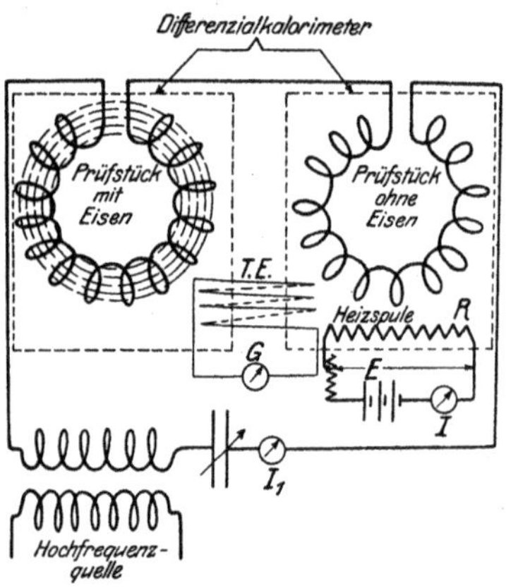

Abb. 190. Genaue, jedoch umständliche Methode für die Bestimmung von Eisenverlusten.

198. Die Differentialmethode. Die Anordnung Abb. 190 ist zuverlässig, wenn gedämpfte oder ungedämpfte Schwingungen vorliegen. Zwei gleiche Spulen, die eine mit dem Versuchseisen und die andere mit einem hölzernen Kern, sind in Reihe geschaltet, wobei die Spule mit dem Eisen in dem einen Kalorimeter liegt und die andere

---

[1]) Eine andere Methode für die Bestimmung von r_x wie von L_x ist auf S. 259 angegeben.

[2]) Eine übliche Methode, bei der die Prüfspule in einem Resonanzkreis liegt, der mit einer Sinuskraft erregt wird (Abb. 189), berechnet den Verlust aus $W = E_{\min} I_{\max}$. Dieses Verfahren ist jedoch nicht immer zuverlässig.

gleiche Spule ohne Eisen zusammen mit einer Heizspule sich im anderen Kalorimeter befindet. Das Meßverfahren ist folgendes:

1. Bevor irgendein Strom eingeschaltet ist, werden die kalorimetrischen Flüssigkeiten auf dieselbe Temperatur gebracht und eine Nulleinstellung mittels Widerständen am Galvanometer herbeigeführt.

2. Der gewünschte Hochfrequenzstrom wird durch die Reihenanordnung der beiden Spulen gesandt, was einen Galvanometeranschlag verursacht.

3. Eine konstante Gleichspannung E wird der Heizspule von Widerstand R Ohm aufgedrückt und der äußere Widerstand so lange verkleinert, bis ein Gleichstrom I die Galvanometernadel auf Null zurückbringt. Der ganze Eisenverlust W wird dann

$$W = I^2 \cdot R.$$

Die Trennung der Wirbelstrom- von den Hysteresisverlusten wird dann in der üblichen[1]) Weise ausgeführt.

199. Bestimmung des Leistungsfaktors einer Spule mit Eisen. In der Anordnung Abb. 191 enthält die Spule L_x das Eisen. Die Luftspule L_n hat soviel Windungen, daß ihre Klemmenspannung für den verlangten Hochfrequenzstrom, welcher von einem Röhrenoszillator entnommen werden kann, ungefähr gleich der Klemmenspannung der Spule L_x ist. Der meßbare Spulenstrom I bleibt dann praktisch 90 Zeitgrade hinter der EMK V_n zurück. Man konstruiert nun das Spannungsdreieck mit V_x und V_n als Komponenten und V als resultierender Spannung. Die Spannungen werden mit demselben Hitzdrahtinstrumente gemessen. Hiernach zeichnet man den Stromvektor I senkrecht zum Vektor V_n. Der Kosinus des Winkels zwischen V_x und I ist dann der Leistungsfaktor. Man hat daher

$$\cos\varphi_x = \frac{I}{V_x}.$$

Aus dem Vektordiagramm erhält man

$$V^2 = I^2 + \left\{V_n + \sqrt{V_x^2 - I^2}\right\}^2,$$

d. h.

$$I = \frac{V}{2V_x}\sqrt{V^2 - 4V_x^2},$$

wodurch für $V_x = V_n$ eine Berechnung des Leistungsfaktors φ_x nach der Formel

$$\cos\varphi_x = \frac{V\sqrt{V^2 - 4V_x^2}}{2V_x^2}$$

ermöglicht ist.

---

1) Näheres siehe: Hund, A.: Jahrb. drahtl. Telegr. u. Telef. Bd. 13, H. 6, S. 481, Formel Nr. 30.

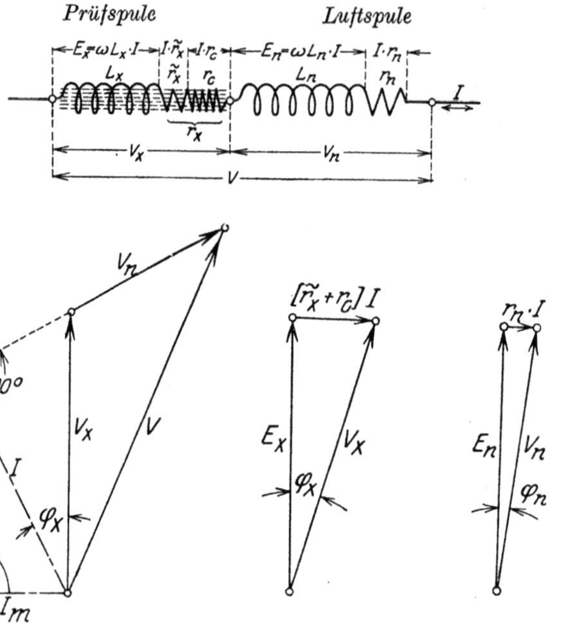

r_n Hochfrequenzwiderstand der Luftspule (Normalspule).

$\tilde{r}_x$ Hochfrequenzwiderstand der Prüfspule.

r_x Scheinbarer Widerstand der Prüfspule.

r_c Scheinbare Zunahme des Hochfrequenzwiderstandes infolge des Eisens (für die Prüfspule).

I_e Energiekomponente des Spulenstromes.

I_m Magnetisierungsstrom der Prüfspule.

φ_n Phasenwinkel der Luftspule.

φ_x Phasenwinkel der Prüfspule.

$\cos \varphi_x$ Leistungsfaktor der Prüfspule.

Abb. 191.

Bestimmung der magnetischen Kraftliniendichte und Permeabilität[1]).

200. Die Substitutionsmethode[2]). Das Versuchsobjekt besteht wiederum aus einem Eisenring, welcher mit Windungen versehen

---

[1]) Messungen dieser Art wurden mittels einer ferromagnetischen Wechselstrommaschine von E. F. W. Alexanderson bei bis zu 200 000 Schwingungen in der Sekunde (A.I.E.E. Bd. 30, S. 2433. 1911) angestellt. L. T. Wilson (I.R.E. Bd. 9, S. 56. 1921) benutzte für seine Messungen nebeneinandergeschaltete Röhrenschwingungserzeuger ($f = 100\,000$ bis $1\,500\,000$ per Sekunde). Dr. N. W. McLachlan's Untersuchungen (J. Am. Electr. Engs. Bd. 54, S. 480. 1. April 1916) lieferten bereits zu jener Zeit Ergänzungen zu den Alexandersonschen Untersuchungen. Sie benutzten Hochfrequenzschwingungen eines Lichtbogengenerators bis zu 10^6 in der Sekunde.

[2]) Nach diesem Verfahren haben neuerdings H. Plendl, F. Sommer und J. Zenneck (Z. Hochfrequenztechn. 1925, S. 101) Eisenkernspulen untersucht.

ist. Er wird in einen Resonanzkreis eingeschaltet, welcher einen veränderlichen Luftkondensator, ein Variometer und einige Kopplungswindungen enthält (Abb. 192). Der Stromeffekt wird mittels eines Hitzdrahtinstrumentes nachgewiesen und das System durch einen Röhrenschwingungserzeuger erregt. Das Versuchsstück darf nur wenig Eisen enthalten, so daß die wirksame Selbstinduktion L_x im Vergleiche zur Selbstinduktion der Variometereinstellung klein ist. Das Eisen muß den größten Teil des Raumes innerhalb der Windungen ausfüllen, damit L_x größtenteils von der Permeabilität des Versuchskernes abhängt.

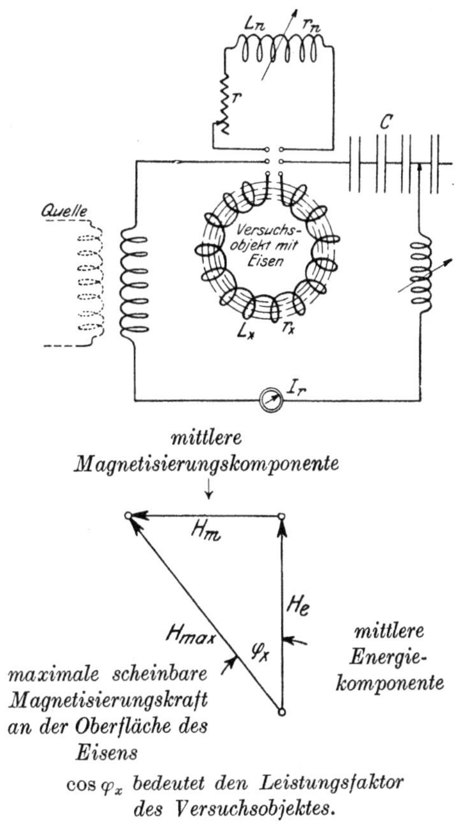

Abb. 192. Die Bestimmung von B und μ.

Man stellt zunächst Resonanz mittels des Variometers und des Kondensators her. Sie wird an dem maximalen Ausschlag I_r erkannt. Der Versuchsring wird hierauf durch ein Variometer L_n und einen Reihenwiderstand ersetzt. Ergibt die Einstellung L_n denselben Resonanzstrom I_r wie zuvor, so ist der wirksame Widerstand des Variometers plus dem mit ihm in Reihe liegenden Widerstand gleich dem Verlustwiderstand des Versuchsstückes. Da $L_n = L_x$, so wird die wirksame Kraftliniendichte

$$B_{\max} = 1{,}415 \frac{L_n^{\mathrm{H}} \cdot 10^8}{N \cdot F^{\mathrm{qcm}}} I_r^{\mathrm{A}} \left\{ \begin{array}{l} \textbf{Induktionslinien für einen} \\ \textbf{Quadratzentimeter (Gauss),} \end{array} \right.$$

wenn F den Eisenquerschnitt und N die Windungszahl bedeuten. Die wirksame Permeabilität μ wird dann aus

$$\mu = \frac{B_{\max}}{H_{\max}}$$

und die resultierende magnetische Feldstärke $H_{\max}$ des Versuchsstückes aus

$$H_{\max} = \frac{4\pi}{10} \sqrt{2} \frac{N \cdot I_m}{l} \text{ Gilbert per Zentimeter}$$

berechnet, wenn die mittlere magnetische Länge l ebenfalls in cm gemessen ist.

Da die Magnetisierungskomponente I_m des Stromes I_r in dem Versuchsstück

$$I_m = I_r \frac{\omega L_n}{\sqrt{(r + r_n)^2 + (\omega L_n)^2}}$$

ist, so kann man $H_{\max}$ und μ auch aus den Formeln

$$H_{\max} = \frac{11{,}14 N \cdot f \cdot L_n^{\mathrm{H}} \cdot I_r^{\mathrm{A}}}{l^{\mathrm{cm}} \sqrt{(r + r_n)^2 + (2\pi f L_n)^2}}$$

und

$$\mu = 1{,}27 \frac{l^{\mathrm{cm}} \sqrt{(r + r_n)^2 + (2\pi f L_n)^2}}{N^2 \cdot F \cdot f} \cdot 10^7$$

berechnen, wenn f die Periodenzahl des Hochfrequenzstromes bedeutet[1]).

201. Die Voltmetermethode. Die Anordnung ist in Abb. 191 auf Seite 244 angegeben. Das Versuchsstück, welches das Eisen enthält, ist in Reihe geschaltet mit einer Luftspule von bekannter Hochfrequenzselbstinduktion L_n und dem Widerstand r_n. Man mißt die Spannungen mittels eines Hitzdrahtinstrumentes. Die aufgedrückte Spannung V muß möglichst sinusförmig sein, damit auch die Klemmenspannungen V_x und V_n sinusförmig sind. Die Wirkung des Widerstandes r_n kann im Vergleich zur Reaktanz ωL_n vernachlässigt werden. Die Serienspule muß dieselbe Form wie die Spule des Versuchseisens haben. Für einen gewissen Hochfrequenzstrom I wird der induktive Spannungsabfall E_n der Luftselbstinduktion L_n

$$\underset{\cdot}{E}_n = \omega L_n \underset{\cdot}{I} = \underset{\cdot}{V}_n - \underset{\cdot}{I} r_n \cong \underset{\cdot}{V}_n ,$$

da eine vektorielle Subtraktion vorliegt und der Strom I praktisch 90 Zeitgrade der Klemmenspannung V_n nacheilt. Die Selbstinduktion L_n der Spule ist

$$L_n^{\mathrm{H}} = \frac{0{,}4\pi N^2 \cdot F^{\mathrm{qcm}} \cdot 10^{-8}}{l^{\mathrm{cm}}},$$

wenn N die Windungszahl, F der wirksame Querschnitt der Spule und l die mittlere magnetische Weglänge darstellt. Die Gegen-EMK der Luftspule wird somit

$$E_n^{\mathrm{V}} = \omega \frac{0{,}4\pi N^2 \cdot F}{l} 10^{-8} \cdot I^{\mathrm{A}} = \omega N H F$$

für

$$H = \frac{0{,}4\pi N}{l^{\mathrm{cm}}} I^{\mathrm{A}} \,\text{Gilbert/cm}\,.$$

---

[1]) Die maximale Feldstärke $H_{\max}$, welche an der Eisenoberfläche auftritt, besteht aus einer Leistungs- und einer dazu senkrecht stehenden wattlosen Komponente, welche magnetisiert. Da die Phase und die Amplitude der magnetisierenden Kraft sich an verschiedenen Stellen innerhalb des Eisens verändern, so muß man $H_{\max}$ in obigen Formeln als Mittelwerte ansehen.

Da für das Versuchsstück von F' Quadratzentimetern Querschnitt dieselben Windungen verwendet werden, so wird die Anzahl der magnetischen Induktionslinien um den Betrag $\mu F'$ vergrößert, wenn μ die Hochfrequenzpermeabilität bedeutet. Die richtige EMK E_x des Versuchsstückes wird deshalb

$$E_x = \omega N H (F + \mu F').$$

Man findet die Größe von E_x durch geometrische Subtraktion des Widerstandsabfalls in $\tilde{r}_n$ und dessen scheinbare Erhöhung r_c infolge des Eisenverlustes aus der Klemmenspannung V_x. Das Spannungsverhältnis

$$\frac{E_n}{E_x} = \frac{F}{F + \mu F'}$$

gibt dann die scheinbare oder wirksame Permeabilität

$$\mu = \frac{F}{F'}\left[\frac{E_x}{E_n} - 1\right]$$

für irgendeine Frequenz

$$f = \frac{E_n}{2\pi L_n I}.$$

Mittels der graphischen Konstruktion in Abb. 191 kann man die richtigen Spulenspannungen E_x und E_n nach den Formeln

$$E_x = \sqrt{V_x^2 - [I \cdot (\tilde{r}_x + r_c)]^2},$$
$$E_n = \sqrt{V_n^2 - (I \cdot r_n)^2}$$

bestimmen, wenn r_x, r_n und r_c nach bekanntem Verfahren ausgewertet sind.

202. Die Voltamperemetermethode. Dieses Verfahren besteht darin, daß man die Klemmenspannung E des Versuchsstückes und dessen Stromstärke I mißt und $H_{\max}$ mittels der wirksamen Amperewindungen nI/l für ein Zentimeter Länge des magnetischen Weges aus der Formel

$$H_{\max} = \frac{\sqrt{2} \cdot 0{,}4\pi N \cdot I}{l} \text{ Gilbert/cm}$$

bestimmt und die Kraftliniendichte aus

$$B_{\max} = \frac{E}{4{,}44 f N F \cdot 10^{-8}} \text{ Gauß}.$$

Dieses Verfahren ist das älteste und gewissermaßen das ungenaueste, da man keinen Unterschied zwischen der resultierenden Stromstärke und dem Magnetisierungsstrome macht. Hierauf hat der Verfasser an anderer Stelle[1]) aufmerksam gemacht. Die scheinbare Permeabilität wird dann aus dem Verhältnis B_{max}/H_{max} berechnet.

203. Die Bestimmung des Magnetisierungs- und des Leistungsstromes einer Spule mit Eisenkern. Die Schaltung Abb. 191 zeigt die Meßanordnung. Eine sinusförmige Spannung muß der Serienanordnung der beiden Spulen aufgedrückt werden. Das Versuchseisen wird in die eine Spule gebracht und die Windungszahl der Luftspule so gewählt, daß deren Klemmenspannung V_n ungefähr gleich derjenigen V_x des Versuchsobjektes ist. Wenn diese Bedingung erfüllt ist, so können die Leistungs- bzw. Magnetisierungskomponenten des Gesamtstromes mit guter Genauigkeit bestimmt werden. Mittels der Spannungsablesungen V, V_n und V_x mit ein und demselben Hitzdrahtinstrument konstruiert man das Spannungsdreieck. Der Stromvektor I steht dann senkrecht zum Vektor V_n. Die absolute Länge von I liefert der Schnittpunkt der I-Linie mit der Verlängerung von V_n. Diese Länge und der gemessene Spulenstrom ergeben den Strommaßstab. Die Leistungskomponente von I, welche den Eisenverlust deckt, ist verhältnismäßig klein und verläuft parallel mit V_x. Der zur Leistungskomponente senkrechte Vektor stellt den wattlosen Strom dar. Der absolute Wert der betreffenden Teilströme kann dann mittels des Maßstabes

$$\frac{I^{\mathrm{A}}}{I^{\mathrm{mm}}}$$

aus dem Diagramm bestimmt werden.

XXI. Vakuumröhrenmessungen.

204. Allgemeine Gesichtspunkte. Die Güte von Vakuumröhren hängt in erster Linie von ihrer Konstruktion ab, da die gegenseitigen Lagen der Elektroden, deren Form, Größe und Material gewisse Röhrenkonstanten bestimmen. Röhren müssen für die tatsächliche[2]) Arbeitsbedingung geprüft werden, da die innere Charakteristik sowohl als die äußere von der Belastung abhängen. Wenn Schwingungen oder andere veränderliche Ströme im Anodenkreis vorliegen, so muß die dynamische Röhrencharakteristik an Stelle der statischen benutzt werden.

205. Bestimmung des Formfaktors und der Gleichrichterwirkung einer Glühkathodenröhre. In der Anordnung der Abb. 193 bedeutet

[1]) Hund, A.: I.R.E. Febr. 1917, S. 48, Formel Nr. 9, S. 50, S. 51 und Abb. 5, S. 53, und Abb. 6, 7 und 8 und Formel 21 auf S. 57.

[2]) Sowohl der Grad der Luftleere wie die Art des zurückgebliebenen bzw. eingeführten Gases.

I_e den mit einem Wechselstrominstrument (Dynamometer) gemessenen Wert und I_m den Ausschlag eines Gleichstrominstrumentes (Galvanometer für kleine Röhren). Der Formfaktor F wird dann mittels des Ausdruckes

$$F = \frac{I_e}{I_m}$$

berechnet, und die Gleichrichterwirkung ξ ist durch den reziproken Wert

$$\xi = \frac{I_m}{J_e}$$

gegeben. Dabei ist zu beachten, daß dieses Verfahren nur einen Stromfluß in einer Richtung durch die Röhre voraussetzt. Die Methode gilt nicht, wenn für eine außerordentlich hohe Periodenzahl die innere Kapazitätswirkung des Gleichrichters auch Ströme in der anderen Richtung auftreten läßt.

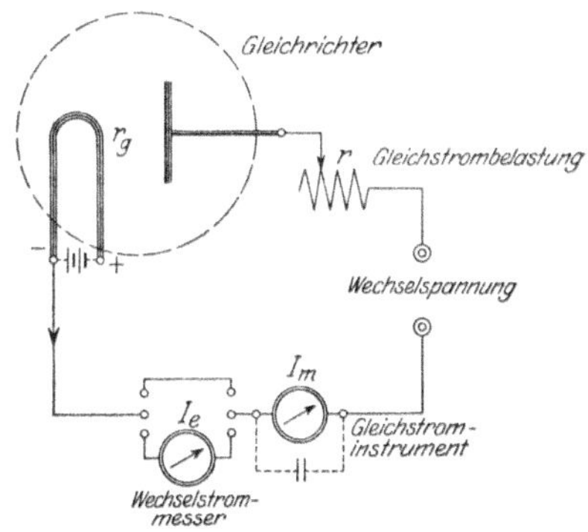

Abb. 193. Anordnung für den Grad der Gleichrichterwirkung.

206. Bestimmung des Wirkungsgrades eines Glühkathoden-Gleichrichters. Diese Methode beruht auf der bekannten Beziehung

$$\eta\% = \frac{(\text{Gleichgerichtete Leistung}) - (\text{Röhrenverluste})}{(\text{Gleichgerichtete Leistung})}\,100$$

für den Wirkungsgrad in Prozenten. Das Verfahren ist in der Tabelle 4 auf Seite 61 erläutert.

Zur Bestimmung des Wirkungsgrades der gesamten Gleichrichteranordnung (welcher wichtiger ist) benutzt man die in Abschnitt 266 angegebene Methode.

207. Die Aufnahme der statischen und dynamischen Charakteristiken einer Drei-Elementröhre. (Glühkathode-Gitter-kalte Anode.) Die statische Röhrencharakteristik erhält man durch Messung (Abb. 47 auf Seite 62) des (Platten-) Anoden-Stromes I_P für verschiedene Werte der Gitterspannung E_G. Das aufgedrückte Anodenpotential (entsprechend der Spannung E_P zwischen der Anode und dem negativen Ende des Glühkörpers) bleibt dabei konstant. Das Verhältnis I_p/E_G bedeutet für einen bestimmten Operationspunkt die entsprechende gegenseitige Leitfähigkeit g^{Mho} vom Gitter zur Anode. Da die statische Röhrencharakteristik von der Belastung im äußeren Anodenkreise abhängt, benutzt man die Meßanordnung der Abb. 62 auf S. 84.

Eine andere statische Charakteristik verwendet den Anodenstrom I_p in Abhängigkeit von der entsprechenden Anodenspannung E_p.

Die dritte Charakteristik gibt I_P als eine Funktion der Kathodenerregung (Strom der Kathode) für konstante Gitter- und Anodenpotentiale (Abb. 23, Seite 24).

Die **dynamische** Röhrencharakteristik wird mittels der in Abb. 63 auf Seite 84 angegebenen Anordnung aufgenommen. Das Gitterpotential besteht dann aus einem konstanten und veränderlichen Gliede. Die dynamische Röhrencharakteristik gibt die Abhängigkeit von I_P von dem Effektivwert e_G der veränderlichen Gitter-EMK. Wenn der äußere Anodenkreis einen merkbaren Widerstand r aufweist, so bezieht sich die dynamische Charakteristik auf den ganzen Anodenkreis. Wenn der äußere Anodenkreis induktiv, kapazitiv oder beides ist, so erhält man Schaulinien, wie in Abb. 64 gezeigt und auf Seite 86 beschrieben sind. Wenn eine Kathodenstrahlröhre für die Aufnahme der dynamischen Charakteristik benutzt wird, so müssen eine glühende Kathode und wenige Ablenkungswindungen verwendet werden[1]).

208. Die Aufnahme der Charakteristik einer Drei-Elementröhre mit perforierter Anode (Dynatron). Man liest gemäß der Anordnung der Abb. 194 den Plattenstrom I_P in Abhängigkeit von der

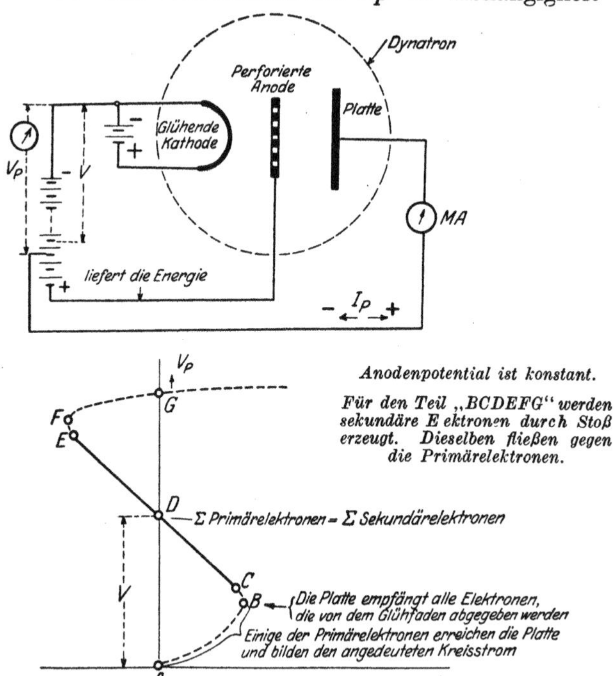

Abb. 194. Das Studium eines Apparates mit negativem Widerstand.

1) Der Grund dafür ist auf S. 117 angegeben.

Platten-EMK V_P ab. Die Anodenspannung bleibt dabei konstant. Wenn das Plio-Dynatron der Abb. 195 studiert werden soll, so nimmt

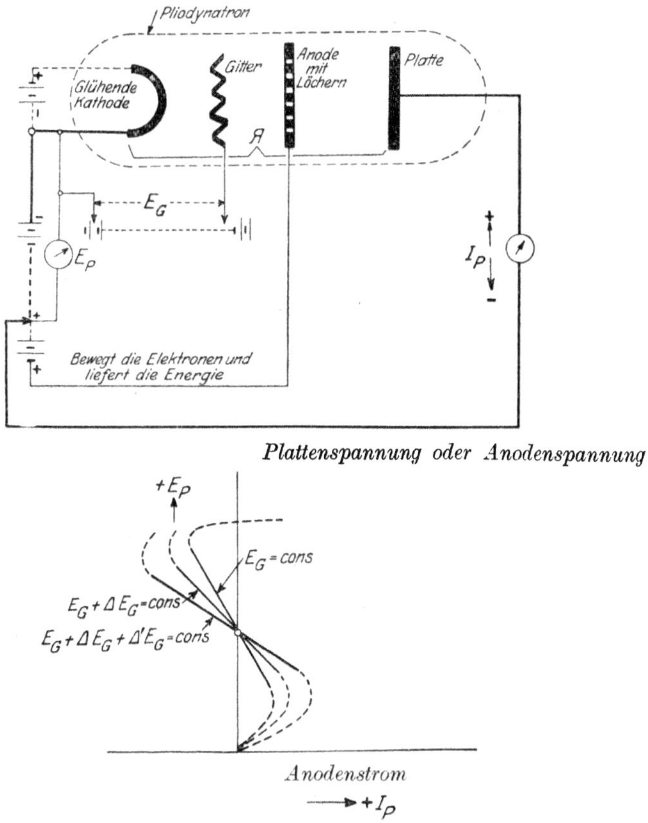

Abb. 195. Der negative Widerstand kann mittels des Gitters verändert werden.

man diese Charakteristiken für bestimmte Gitterpotentiale auf. Man muß hier ebenfalls zwischen statischen und dynamischen Schaulinien unterscheiden.

209. Bestimmung des statischen (Gleichstrom) und des dynamischen (veränderlichem Strom) inneren Widerstandes einer Vakuumröhre. Das Verfahren ist dasselbe für Zwei-, Drei- und Mehrelementröhren, da man unter dem inneren Widerstand R_i das Verhältnis des wirksamen Anoden-(Platten-)Potentials zum Anodenstrom versteht. Das heißt

$$I_P \cdot R_i = E_P.$$

Den statischen Röhrenwiderstand bestimmt man gewöhnlich aus der inneren Röhrencharakteristik. Wenn man daher dieselbe, wie in Abb. 62 auf Seite 84, aufgetragen hat, so deutet der Aufstieg (Steilheit) irgendeines Arbeitspunktes einer gewissen E_P/I_P-Kurve den inneren Gleichstromwiderstand an. Man mißt dann für den gewünschten Arbeitspunkt die Spannungsordinate E_P ab und teilt dieselbe durch die entsprechende Stromabszisse I_P.

Den dynamischen inneren Röhrenwiderstand R_i kann man entweder aus der Gleichung eines bestimmten Teiles der Kennlinie berechnen, wie auf Seite 85 gezeigt wurde, oder mittels der Methode von Dr. J. M. Miller vom Bureau of Standards[1]), die durch Abb. 196 erläutert ist. Die Anordnung wird am besten durch den Audiostrom eines Röhrenschwingungserzeugers erregt (500 bis 1000 per Sek.). Der Schalter wird geschlossen. Nach Gl. (2) auf Seite 85 erfährt dann der Anodenstrom die Schwebungen

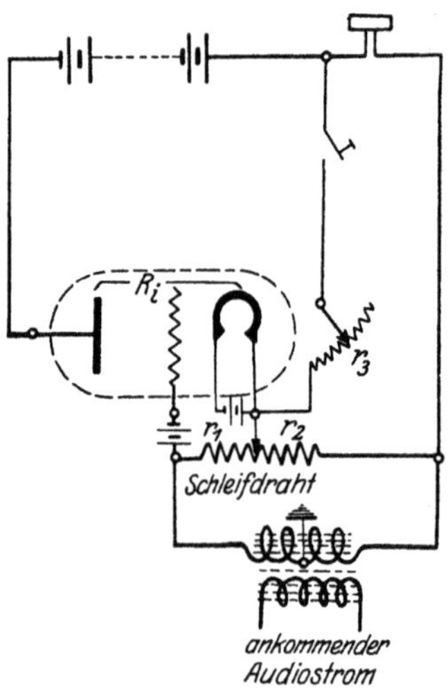

Abb. 196. Die Bestimmung des dynamischen Röhrenwiderstandes, des Durchgriffs und der Vergrößerungsfaktoren.

$$i_P = \frac{k_A e_G}{R_i + r_3}.$$

Man verändert den Wert von r_3, bis das Hörtelephon schweigt. Alsdann ist:

$$i_P \cdot r_3 = \frac{k_A e_G}{R_i + r_3} r_3$$

und

$$\frac{k_A e_G}{R_i + r_3} r_3 = \frac{r_2}{r_1} e_G,$$

da die Spannungsabfälle sich in r_3 und r_2 vernichten. Man kann dann den dynamischen Röhrenwiderstand R_i aus der Beziehung

$$\boldsymbol{R_i = \left[\frac{r_1}{r_2} k_A - 1\right] r_3}$$

berechnen. Im Falle $r_1 = r_2$ gewählt ist, wird $R_i = (k_A - 1)\, r_2$.

210. Bestimmung des statischen und dynamischen Verstärkungsfaktors bzw. des Durchgriffes einer Drei-Elementröhre.

Das Verhältnis

$$\boldsymbol{k_A = \frac{E_P}{E_G} = \frac{1}{D}}$$

ist als statischer Spannungsverstärkungsfaktor einer gewöhnlichen Drei-Elementröhre bekannt, wenn D den Durchgriff und E_P und E_G

---

[1]) Miller, J. M.: I.R.E. Juni 1918, S. 144 u. 145.

die entsprechenden Anoden- und Gitterspannungen bezogen auf das negative Ende des Glühkörpers bedeuten und $I_P = 0$ ist. Man kann deshalb die statischen Werte von D bzw. k_A dadurch erhalten, daß man E_G so lange bei einer gegebenen Anodenspannung E_P verändert, bis der Plattenstrom I_P gerade verschwindet, und berechnet sie dann aus den obigen Formeln. Da aber diese Faktoren sich etwas mit E_P verändern, so ist es genauer, das Verhältnis E_P/E_G für verschiedene Werte von E_P und $I_P = 0$ zu bestimmen und den Durchschnittswert als den Faktor k_A anzunehmen.

Den dynamischen Faktor, welcher von größerer Bedeutung ist, bestimmt man mit der Anordnung der Abb. 196, welche von Dr. Miller[1]) zuerst angegeben wurde. Das System wird mit hörbaren Strömen ($f = 500$ bis 1000 per Sekunde) mittels eines Röhrengenerators erregt. Der Schalter wird hierbei geöffnet. Wenn e_G die dem Gitter aufgedrückte EMK bedeutet, so ist der Spannungsabfall in r_2 gleich $(r_2/r_1)e_G$ und um 180 Zeitgrade gegen die treibende EMK $k_A e_G$ in der Phase verschoben. Wenn das Telephon schweigt, was durch das Verschieben des Schleifkontaktes längs r_1 und r_2 erreicht werden kann, so wird

$$\frac{r_2}{r_1} e_G = k_A e_G .$$

Der Spannungsverstärkungsfaktor k_A ist dann aus dem Ausdruck

$$k_A = \frac{r_2}{r_1}$$

und der Durchgriff D aus

$$D\,\% = \frac{r_1}{r_2} 100$$

berechenbar.

211. Zweivoltmetermethode zur Bestimmung des Durchgriffes bzw. des Verstärkungsfaktors einer Röhre. Die in Abb. 197 angegebene Methode verwendet zwei Spannungsmesser für die Ablesung der angelegten negativen Gitterspannungen e und der positiven Anodenspannungen E. Die Eichung des Milliamperemeters im Anodenkreis braucht nicht bekannt zu sein. Man erregt die Röhre für die normalen Gitter- bzw. Anodenspannungen und liest die Werte $e = e_1$ und $E = E_1$ ab. Dies ergibt eine gewisse Ablenkung a für den Anodenstrom. Nun vergrößert man die angelegte Anodenspannung mittels des Schleifers S

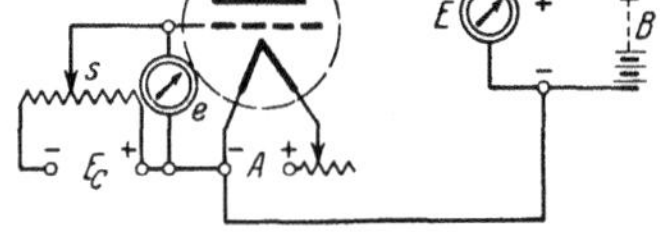

Abb. 197. Rasche Messung des Durchgriffes einer Röhre.

[1]) l. c.

auf eine Spannung $E = E_2$, die ungefähr 10% größer ist als die Normalspannung, und bringt mittels des Schleifers S den erhöhten Anodenstrom wieder auf die Ablenkung a. Dies erfordert eine größere negative Gittervorspannung $e = e_2$. Die Änderung des Gitterpotentials ist daher gleich der Erhöhung des Anodenpotentials, und es ist der Durchgriff

$$D = \frac{e_2 - e_1}{E_2 - E_1} = \frac{1}{k_A}.$$

212. Bestimmung des Stromverstärkungsfaktors und der Spannungsverstärkung einer Drei-Elementröhre. Diese Methode beruht in erster Linie auf der Auswertung des dynamischen Röhrenwiderstandes R_i und des dynamischen Verstärkungsfaktors k_A der Röhre. Der Stromverstärkungsfaktor k_B wird dann für eine äußere Anodenimpedanz Z aus der Formel

$$k_B = \frac{k_A}{R_i + Z}$$

und die Spannungsverstärkung k_v mittels der Gleichung

$$k_v = k_A \frac{Z}{R_i + Z}$$

berechnet.

213. Bestimmung der Güte einer Verstärkerröhre (Barkhausen). Die Güte G einer Verstärkerröhre hat Prof. Barkhausen als das Verhältnis der vierfachen Maximalleistung im Anodenkreise zum Quadrate der veränderlichen Gitter-EMK e_G vorgeschlagen. Wenn man den wirksamen äußeren Widerstand des Anodenkreises gleich r setzt, so wird für eine induktions- und kapazitätsfreie Belastung die Leistung im Anodenkreise gleich

$$W = i_P^2 \cdot r = \left[\frac{k_A \cdot e_G}{R_i + r}\right]^2 \cdot r,$$

wie aus den Ableitungen der Seite 85 und 90 ersichtlich ist. Die Leistung wird am größten, wenn der äußere Widerstand r gleich dem Widerstand R_i der Röhre ist, d. h.

$$W_{\max} = \frac{(k_A \cdot e_G)^2}{4 R_i},$$

und die Güte G der Röhre berechnet sich zu

$$G = \frac{k_A^2}{R_i},$$

da

$$G = \frac{4 W_{\max}}{e_G^2} = \frac{1}{D^2 \cdot R_i}.$$

214. Bestimmung der Güte einer Detektorröhre. Eine Detektorröhre hat die den hochfrequenten Trägerschwingungen überlagerten Audioströme möglichst gut im Anodenzweig herauszubringen. Der Röhrendetektor hat also denselben Zweck wie der Kontaktgleichrichter, er hat aber den Vorteil, daß er zur selben Zeit auch eine Verstärkung ausübt.

Die Methode, welche hier angegeben ist, wurde im Bureau of Standards[1]) vorgeschlagen. Sie beruht darauf, daß eine vollständig modulierte Hochfrequenzspannung der Röhre aufgedrückt und die im Anodenkreis abgegebene Hörspannung mit einer bekannten Spannung derselben Hörfrequenz verglichen wird. Der im Anodenkreis abgegebene Audiostrom einer vollständig modulierten Gitterspannung ändert sich bei den meisten Detektorröhren ungefähr mit dem Quadrat der aufgedrückten Gitterspannung. Dies gilt für ein begrenztes Spannungsgebiet. Dasselbe trifft auch für die im Anodenkreis hervorgerufenen Spannungen zu. Das heißt für eine bestimmte Belastung im Anodenkreise ist die Spannung an den Klemmen dieser Belastung dem Quadrate der aufgedrückten Gitterspannung proportional.

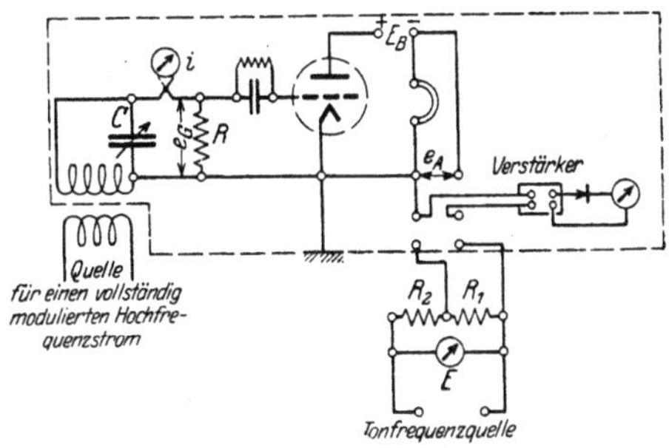

Abb. 198. Messung der Detektorwirkung einer Röhre.

Die Meßanordnung ist in Abb. 198 angegeben. R bedeutet darin einen rein Ohmschen Hochfrequenzwiderstand[2]) (kurzer gerader Konstantendraht 10 bis 30 Ohm), so daß die dem Gitter aufgedrückte Spannung aus dem Produkt der Stromstärke (i) in R und dem Widerstand R berechnet werden kann. Die Stromstärke wird mittels des angedeuteten Thermoamperemeters gemessen. R_1 ist ein Stufenwiderstand (0 bis 1000 Ohm) und R_2 ein ebensolcher veränderlicher Widerstand mit etwas höherem Bereiche (0 bis 10000 Ohm). E ist ein Hitzdrahtvoltmeter (0 bis 30, 0 bis 150 Volt), so daß die Spannung an den Klemmen von R_1 mit Leichtigkeit bestimmt werden kann. Für die Vergleichung der vom Detektor abgegebenen Audiospannung mit einer bekannten Spannung wird ein gewöhnlicher Kontaktgleichrichter mit Galvanometer verwendet. Es ist dabei notwendig, daß die Audiospannung zunächst verstärkt wird, ein zweistufiger Niederfrequenzverstärker reicht hierfür aus. In den Anodenzweig der letzten Verstärkerröhre ist ein Austritts-

[1]) Letter Circular 87, siehe auch Hulburt und Breit: Phys. Rev., Bd. 16, S. 274 und 408. 1920.

[2]) Die Gleichstromeichung gilt praktisch für alle vorkommenden Frequenzen.

transformator einzuschalten, damit nur eine Wechselspannung an dem Kontaktgleichrichter wirkt. Die Tonfrequenzquelle, die hier die bekannte Vergleichsspannung liefert, dient gleichzeitig zur vollständigen Modulation der Hochfrequenzschwingungen. Als Anodenquelle für die Elektronenröhre, die den modulierten Hochfrequenzstrom erzeugt, benutzt man hierbei ungefähr 120 Volt Wechselspannung mit 500 Per/sec. Dieselbe Spannung arbeitet über einen Spannungstransformator (120 zu 30) auf die Reihenwiderstände R_1 und R_2. Der Hochfrequenzgenerator ist in einem Metallkäfig untergebracht und ungefähr 3 m von der Meßanordnung aufzustellen. Die Meßanordnung ist ebenfalls abzuschirmen und mit einem geerdeten Gitterkäfig zu umgeben, der außerdem mit dem negativen Ende des Glühfadens der Detektorröhre verbunden wird. Der Hochfrequenzgenerator muß den gewünschten Frequenzbereich haben, für den der Detektor untersucht werden soll. Das Meßverfahren ist kurzweg folgendes:

Der Verstärker wird mittels des Umschalters an den Hörtelephon angelegt. Die vollständig modulierte Spannung wird der Röhre aufgedrückt und C so lange verändert, bis ein maximaler Ausschlag am Galvanometer bemerkt wird. Für eine solche Einstellung liegt Resonanz vor. Wenn der Ausschlag zu groß oder zu klein ausfällt, muß ein anderer Meßwiderstand R benutzt werden. Die Spannung e_G am Gitter kann dann mittels einer Verstimmung durch C geändert werden. Hiernach wird der zweipolige Umschalter gegen den Vergleichskreis geschlossen und R_1 und R_2 verändert, bis das Galvanometer ungefähr dieselbe Ablenkung ergibt. Es ist dabei nicht immer möglich, genau dieselbe Ablenkung zu erreichen. Man schaltet daher den Indikator wiederum an den Detektor und stellt mittels C die Ablenkung auf denselben Wert wie mit der bekannten Spannung ein. Die an den Telephonklemmen hervorgerufene Audiospannung ist dann aus

$$e_A = E \frac{R_1}{R_1 + R_2}$$

berechenbar, wo E die mit dem Hitzdrahtvoltmeter gemessene Spannung ist. Die der Detektorröhre aufgedrückte hochfrequente Spannung ist

$$e_G = i \cdot R$$

und die Güte der Detektorröhre

$$G_d = \frac{e_A}{e_G^2}.$$

Die Messungen sind für die maßgebensten Frequenzen des Rundfunkbetriebes auszuführen. Man hat aber dabei zu bedenken, daß obiges Maß für die Güte eines Detektors nur dann einen Sinn hat, wenn die Belastungsimpedanz im Anodenzweig der Röhre konstant bleibt.

Diese Forderung kann aber mit Leichtigkeit erfüllt werden. Man verwendet für die Belastung entweder ein Normaltelephon oder einen Lautsprecher und stellt die Messungen für mehrere Röhren an. Die Güte der Röhren bezieht sich dann auf die angewendeten Hörer oder Lautsprecher.

215. Prüfung der Verzerrungsfreiheit eines Verstärkers. In Abb. 199 ist eine Methode angegeben, wo der reflektierte Lichtstrahl eines Oszillographen in einfacher Weise dazu benutzt werden kann, die Reinheit einer Tonwelle zu untersuchen. Es ist dabei zu beachten, daß weder die Apparate, welche an den Gitterkreis der ersten Röhre angelegt werden, noch die Übertragung zwischen dem Anodenkreis der letzten Röhre und dem Oszillographen selbst eine Verzerrung hervorrufen. Man benutzt daher einen Kondensatormikrophon (z. B. dünne Aluminiummembrane isoliert gegenüber massiver Messingplatte mit vielen Löchern, die zum Luftausgleich dienen). Irgendwelche Luftschwingungen verändern hier die dielektrische Entfernung zwischen Membrane und Platte und ändern somit die Kapazität des Kondensatormikrophons, welches über einen hohen Widerstand R (ungef. 5 bis 10 Megohm) aus derselben Quelle wie der Verstärker gespeist wird. Für Frequenzen bis zu ungefähr 100 Perioden kann eine kapazitive Kopplung C_k verwendet werden, bei niederen Periodenzahlen schaltet man eine Gitterbatterie dem Kondensator C_k parallel. Dies ergibt dann einen wahren Widerstandsverstärker, in dem alle Glühfäden an der A-Quelle liegen und alle Röhren aus derselben Anodenquelle B gespeist werden. Hält man nun vor das Mikrophon eine schwingende Stimmgabel und ruft der Verstärker keine Verzerrung hervor, so beschreibt der Lichtstrahl ein Band; wenn dagegen Verzerrung vorliegt, so bekommt man ein Band, das an Spektrallinien erinnert. Man verändert dann die Gitterpotentiale und den Glühfadenstrom so lange, bis die sogenannten Spektrallinien sich verschieben und bei richtiger Einstellung gegen das Ende hin wandern. Es ist vorteilhaft, Stimmgabeln für etwa 100, 500, 1000, 2000, 4000 Perioden/Sek. zu verwenden. Es ergibt sich hierdurch die Möglichkeit, den wichtigsten Teil des Tonbandes zu untersuchen. Der Verstärker ist in Abb. 199 nur angedeutet, da man Transformatoren, Reaktanzen

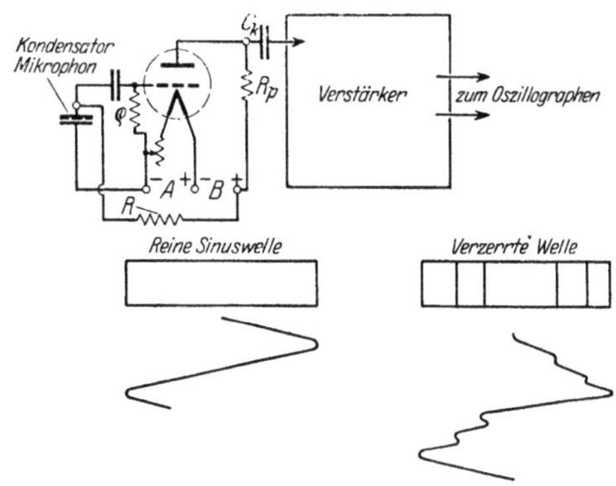

Abb. 199. Prüfung der Güte (wahren verzerrungsfreien Verstärkung) eines Verstärkers.

und andere Verstärkerarten nach dieser Methode untersuchen kann. Die Methode hat den Vorteil, daß man keine photographischen Aufnahmen zu machen braucht. Da in manchen Fällen Oszillographen 10 bis $50 \cdot 10^{-3}$ Amperes gebrauchen, um gute Ausschläge zu erzeugen, muß man bei Verstärkern mit kleineren Abgabeströmen einen Stromtransformator im Anodenkreis der letzten Röhre verwenden. Ein Ringtransformator der Differentialart (S. 122) eignet sich vorzüglich als Stromwandler. Man schaltet zu diesem Zwecke die Sekundärwindungen (ungef. 3000 Windungen) in den Anodenkreis und benutzt eine primäre Differentialspule oder beide direkt in Serie für die Speisung der Oszillographenschleife. Ein solcher Transformator arbeitet praktisch verzerrungsfrei für den ganzen Lautbereich.

216. Bestimmung der gegenseitigen Leitfähigkeit einer Röhre. Die statische Leitfähigkeit wird mittels der Anordnung Abb. 47 auf Seite 62 gefunden, da das Verhältnis des Anodenstromes I_P zur entsprechenden Gitterspannung E_G die gegenseitige Leitfähigkeit g^{Mhos} vom Gitter gegen die Anode darstellt.

Die dynamische Leitfähigkeit g erfordert in erster Linie die Bestimmung der dynamischen Werte des Verstärkungsfaktors k_A und des inneren Röhrenwiderstandes, da nach der Formel (5) S. 90 die gegenseitige Leitfähigkeit aus

$$g = \frac{k_A}{R_i} = \frac{1}{D \cdot R_i}$$

berechnet werden kann¹).

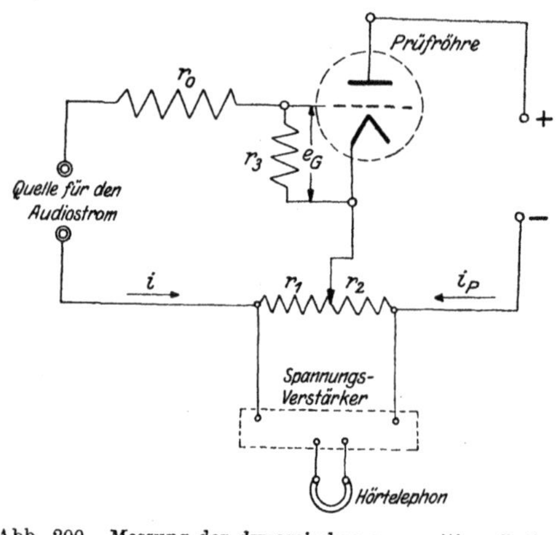

Abb. 200. Messung der dynamischen gegenseitigen Leitfähigkeit zwischen Gitter und Anode.

Eine andere Meßmethode wurde von Stuart Ballantine²) angegeben und beruht auf der Schaltung Abb. 200. Der Schleifkontakt wird so lange längs des Schleifdrahtes $r_1 + r_2$ verschoben, bis das Hörtelephon, welches über einen Röhrenverstärker mit den Endpunkten des Schleifdrahtes verbunden ist, schweigt, während ein hörbarer Strom von einem Röhrengenerator dem Meßsystem aufgedrückt wird. Für

¹) Obige Beziehung kann auch in der Form $g \cdot D \cdot R_i = 1$ ausgedrückt werden.

²) Ballantine, S.: I.R.E. April 1919, S. 129.

einen solchen Fall muß die EMK an den Klemmen von $r_1 + r_2$ verschwinden, d. h.

$$i \cdot r_1 = i_P \cdot r_2$$

sein. Da die dynamische gegenseitige Leitfähigkeit $g = di_P/de_G$ und für den geradlinigen Teil

$$i_P = g \cdot e_G = g \cdot r_3 i,$$

so wird

$$g^{\mathrm{Mho}} = \frac{r_1}{r_2 \cdot r_3}.$$

Wenn $r_3 = 10^3$ Ohm gesetzt ist, so kann man g aus der Beziehung

$$g = \frac{r_1}{r_2} \cdot 10^{-3}$$

berechnen.

217. Methode für die Bestimmung der wirksamen Impedanz von Hochfrequenztransformatoren und Reaktanzen. Die Anordnung der Abb. 201 ermöglicht die Bestimmung des wirksamen Widerstandes und der wirksamen Induktivität von Verstärkertransformatoren und Reaktanzen. Sie kann für irgendeine Hochfrequenzspule mit oder ohne Eisen benutzt werden, solange die Messung sich nur auf die Grundfrequenz bezieht.

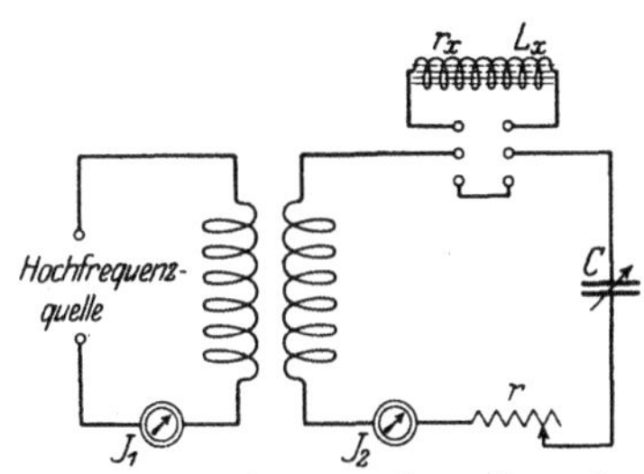

Abb. 201. Bestimmung des reellen und imaginären Teiles einer Drosselspule.

In der Abbildung bedeutet r_x, L_x z. B. eine Drosselspule mit Eisenkern[1]). Die Messung ist folgende:

1. Die Spule wird in den Kreis geschaltet und der Resonanzstrom I_2 und Erregerstrom I_1 bei ausgeschaltetem Normalwiderstand r für die Kondensatoreinstellung C_1 abgelesen.

2. An Stelle der Spule wird die Überbrückungsstelle kurzgeschlossen und die neue Einstellung C_2 für denselben Resonanz- und Erregerstrom abgelesen. Dies ist nur möglich, wenn ein gewisser Widerstand r eingeschaltet wird.

3. Der Verlustwiderstand der Drosselspule ist dann

$$r_x = r$$

und die wirksame Induktivität aus

$$L_x^{\mathrm{H}} = \frac{1}{\omega^2}\left[\frac{1}{C_1^{\mathrm{F}}} - \frac{1}{C_2^{\mathrm{F}}}\right]$$

[1]) Drosselspulen mit richtig unterteiltem Eisenkern arbeiten sehr gut in Verstärkerkreisen.

berechenbar, wenn $\omega = 2\pi f$ und f die Anzahl der Perioden/sek bedeuten. Diese Ergebnisse beruhen auf der folgenden Ableitung:

Bei der ersten Messung ist der Scheinwiderstand, der durch die Drosselspule und den Kondensator bedingt ist,

$$Z = r_x + j\left[\omega L_x - \frac{1}{\omega C_1}\right],$$

und bei der zweiten Ablesung mit eingeschaltetem Normalwiderstand r, aber weggelassener Drosselspule ist

$$Z = r + \frac{j}{\omega C_2}.$$

Wenn man in diesen beiden Gleichungen die reellen und imaginären Teile trennt und einander gleichsetzt, ergeben sich obige Formeln.

218. Bestimmung der wirksamen Impedanz von Verstärker-Transformatoren. Die Differentialschaltung Abb. 202 wird mit einem hörbaren Strom erregt und der Normalwiderstand R verändert, bis das Telephon im Sekundärkreis ein merkbares Tonminimum aufweist. Der wirksame Wert der Impedanz des Verstärkertransformators ist praktisch gleich dem Werte von R. Wenn die durch das Eisen verzerrte

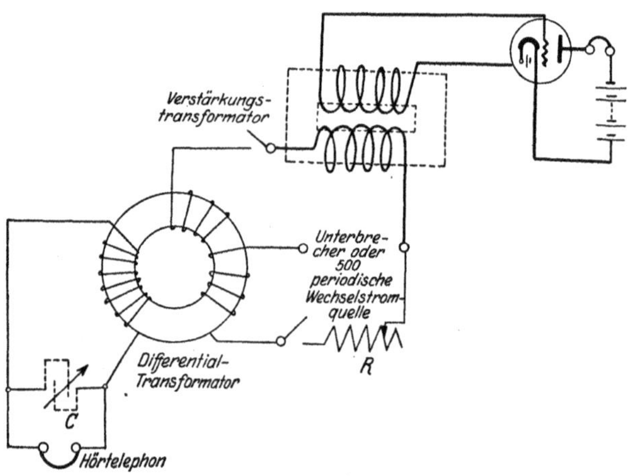

Abb. 202. Differentialschaltung.

Wellenform keine gute Abgleichung ermöglichen sollte, so ist es besser, den Ton im Empfänger festzustellen, wenn R ausgeschaltet ist, und dann denselben Ton bei ausgeschaltetem Verstärkungszweig mittels R herzustellen. Man konstruiert zu diesem Zweck die beiden Schalter so, daß der eine sich öffnet, wenn der andere geschlossen wird. Der Kondensator C hat den Zweck, Resonanz mit der gewünschten Frequenz des Audiostromes herzustellen. Wenn eine sehr genaue Messung notwendig ist, so kann das Verfahren in Paragraph 273 verwendet werden. Man muß dann den Sekundärkreis des Differentialtransformators auf die gewünschte Grundwelle mittels eines Kondensators abstimmen, da das Eisen in einem Differentialzweige die Wellenform ungleich verzerren kann.

219. Apparat zur Messung des inneren Gitter- und Anodenwiderstandes und des Durchgriffs einer Röhre. Es ist bequem, einen Apparat zu haben, mittels welchem man die wichtigsten Röhrengrößen rasch bestimmen kann. In Abb. 203 und 204 ist eine Anordnung wiedergegeben, wie sie im U.S. Bureau of Standards benutzt wird. Abb. 203 zeigt die Brückenschaltungen, die mittels der Apparatur in Abb. 204 her-

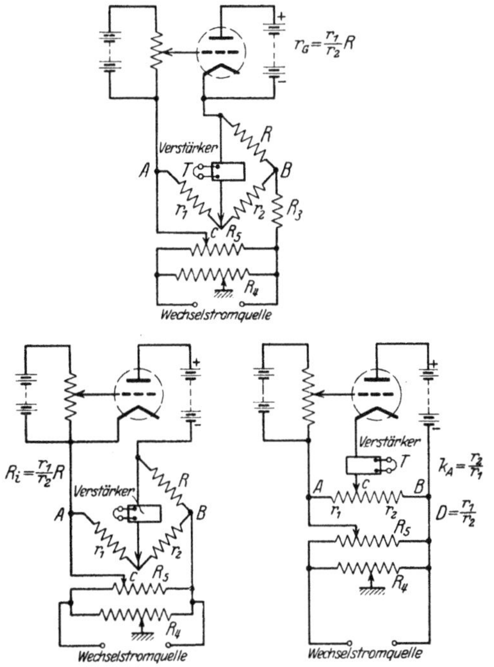

Abb. 203. Bestimmung des Gitter- bzw. Anodenwiderstandes einer Röhre.

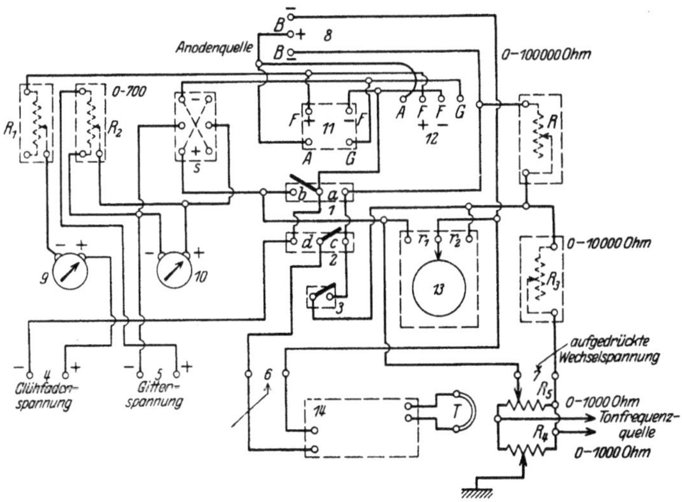

Abb. 204. Apparatur für die rasche Bestimmung des inneren Eintritts- und Austrittswiderstandes und des Durchgriffes $\left(D = \frac{1}{k_A}\right)$ einer Röhre.

gestellt werden können. Jedes der Verfahren beruht darauf, daß man einen Audiostrom von ungefähr 500 Perioden/Sek. dem System aufdrückt und für normale Röhrenspannungen die Brücke abgleicht. In jedem Falle wird dies an dem Stillschweigen des Hörtelephons *T* erkannt. In Abb. 204 bedeutet *11* den Sockel für die Prüfröhre, falls diese in den Sockel nicht eingesetzt werden kann, so benutzt man zum Anschluß die entsprechenden Klemmen *12*. *A* bedeutet dabei die Anode, *F* die Glühfadenklemmen und *G* die Gitterklemme. Die kapazitiven Erdströme können dadurch praktisch beseitigt werden, daß man den Schleifkontakt längs des Widerstandes richtig einstellt. *14* bedeutet einen zweistufigen Niederfrequenzverstärker. *9* mißt den Glühfadenstrom und *10* die Gitterspannung, die mittels des Potentiometers R_2 auf den richtigen Wert einzustellen ist. R_1 ist der regulierbare Heizwiderstand. Bei *8* kann man ein hochohmiges Voltmeter zwischen $B+$ und der oberen negativen Klemme einschalten. Bisweilen ist es bequem, als ein solches Voltmeter ein Mikroamperemeter in Verbindung mit einem sehr hohen Vorschaltwiderstand zu benutzen, so daß das Gerät bei vollem Ausschlag nicht viel mehr als ungefähr $\frac{1}{2}$ Milliamp. verbraucht. Die Anwendung des Apparates ist folgende:

220. Bestimmung des inneren Gitterwiderstandes r_G. Schalter *1* ist mit *a* verbunden, Schalter *2* mit *c*, Schalter *3* bleibt offen. Dies ergibt den oberen Stromkreis in Abb. 203. Die Anodenspannung wird gemessen und der Spannungsmesser während der Abgleichung der Brücke abgeschaltet. Man findet dann

$$r_G = \frac{r_1}{r_2} R$$

für eine angelegte Gitterspannung

$$e_G = \frac{r_1 E}{r_1 + r_2 + R_3},$$

wo E die an die Brücke angelegte Wechselspannung bedeutet. Dieselbe kann mittels eines Wechselstromspannungsmesser gemessen werden. Einen einfachen Spannungsmesser, der über den ganzen Frequenzbereich richtig zeigt, kann man aus einem hochohmigen Thermoelement und einem Mikroamperemeter zusammenstellen. Man eicht diese Anordnung zunächst mit Gleichstrom an einem Spannungsteiler und legt sie dann an die Klemmen „*7*“. Obiges Verfahren gibt absolute Abgleichungen bis zu ungefähr $r_G = 10^6$ Ohm.

221. Bestimmung des inneren Anodenwiderstandes R_i. Schalter *1* ist mit *b* verbunden, Schalter *2* mit *c*, Schalter *3* bleibt offen. Der Widerstand *R* ist ungefähr auf 10000 Ohm eingestellt und der Schleifkontakt des Spannungsteilers *13* wird so lange bewegt, bis das Telephon ein Minimum einzeigt (r_1/r_2 ist für die beste Meßgenauigkeit gleich der Einheit zu wählen; wenn der Quotient zuviel davon abweicht, so ändert man R etwas und gleicht wieder ab). Der Schleifkontakt längs R_4 wird verschoben, bis ein besseres Minimum erhalten wird. Danach ist der Schleifkontakt von *13* wiederum etwas nachzustellen, bis der Ton vollständig verschwindet. Man hat dann

$$R_i = \frac{r_1}{r_2} R.$$

Der innere Widerstand der Anodenquelle ist in dieser Messung mit eingeschlossen, doch darf er wegen seiner relativen Kleinheit vernachlässigt werden.

222. Bestimmung des Durchgriffs. Schalter *1* ist geöffnet, Schalter *2* mit d verbunden, Schalter *3* geschlossen. Der Schleifkontakt des Spannungsteilers *13* und derjenige von R_4 werden verschoben, bis Stillschweigen stattfindet. Der Durchgriff ist dann

$$D = \frac{r_1}{r_2}.$$

223. Bestimmung der Leistungsabgabe und des Wirkungsgrades eines Röhrengenerators. Da man, wie aus Abb. 15 zu ersehen ist, verschiedene Schaltungen zur Erzeugung von Röhrenschwingungen benutzen kann und die Leistungsabgabe von den Kopplungen abhängt, so ist es notwendig, solche Messungen mit den wirklichen Systemen auszuführen. Die Leistungsabgabe für geschlossene Schwingungskreise ist praktisch gleich dem Produkt aus dem Quadrat der mit einem Hitzdrahtmesser gemessenen Stromstärke und dem wirksamen Widerstande des Schwingungskreises, da ja Resonanz vorliegen muß. Den wirksamen Widerstand des Abgabekreises bestimmt man nach Methoden, wie sie auf S. 208 angegeben sind. Wenn man größere induktions- und kapazitätsfreie Widerstände in den Abgabekreis legt, so kann man in vielen Fällen den Wert dieser Widerstände als wirksamen Kreiswiderstand annehmen. Man verwendet dabei kurze geradlinige Stücke von Konstantandraht und setzt deren Gleichstromwiderstand dem wirksamen Hochfrequenzwerte gleich. Wenn mehr Leistung in solchen Widerständen verbraucht werden soll, kann man Glühlampen mit kurzen Glühkörpern verwenden. Bei genaueren Messungen bestimmt man den Leistungsverbrauch solcher Lampen dadurch, daß man mittels einer photometrischen Methode dieselbe Lichtabgabe bei Gleichstromerregung herstellt wie in dem betreffenden Hochfrequenzfalle. Der Leistungsverbrauch ist dann auch bei Hochfrequenz gleich dem Volt-Ampereprodukt der Gleichstromerregung. Man kann auch mittels eines Röhrenvoltmeters (welches mit dem Verschwinden des Anodenstromes arbeitet) die Klemmenspannungen der verwendeten Glühlampen messen. Diese Klemmenspannungen ergeben mit dem Strom des Schwingungskreises multipliziert die Leistungsabgabe (der Strom im Schwingungskreis wird durch ein Hitzdraht- oder ein thermoelektrisches Gerät gemessen). Das Röhrenvoltmeter (siehe auch S. 145) obiger Art hat den Vorteil, daß es während der wirklichen Messung das Abgabesystem nicht beeinflussen kann, da ja der innere Widerstand unendlich groß ist (Anodenstrom gleich 0). Die Leistungsaufnahme wird dazu verwendet, um Elektronen zu erzeugen und die Elektronen gegen die Anode zu führen. Das erstere geschieht mittels des Glühfadens und das letztere mittels der Anodenquelle. Bei gewöhnlichen Empfangsröhren ist der Verlust in der Kathode (Heizverlust) groß, und es wäre unrichtig, die Leistungsaufnahme einer Röhre nur aus dem Produkt Spannung der Anodenquelle mal Anodenstrom zu bestimmen. Wenn E_A und E_B die Glühfaden- bzw. Anodenspannungen bedeuten und I_A und I_B die entsprechenden Ströme, so ist die Leistungsaufnahme des Röhrenoszillators

$$W_1 = E_A \cdot I_A + E_B \cdot I_B,$$

und wenn W_2 die wie oben gefundene Hochfrequenzabgabe ist, so ergibt $100\, W_2/W_1$ den prozentualen Wirkungsgrad.

224. Bestimmung der Verstärkerwirkung irgendeines Verstärkers. Hierzu wird dasselbe Verfahren wie in Artikel 274 und in Abb. 227 benutzt. Man bestimmt den Quotienten E/e, wo E in diesem Falle die Klemmenspannung des Lautsprechers bzw. des Hörempfängers ist und e wiederum die dem Verstärker aufgedrückte Spannung. Wenn für sehr große Spannungsverstärkungen die Schleifdrahtmethode zu Ungenauigkeiten führen sollte, so benutzt man statt des Schleifdrahtes Stöpselwiderstände, die für den Tonfrequenzbereich praktisch induktions- und kapazitätsfrei sind, oder kurze Drähte aus Konstantan und berechnet aus deren Gleichstromwiderständen und dem Strom I die Spannung. Bei 5000- bis 100000facher Verstärkung scheint es besser den Dämpfungsapparat (Seite 444) benutzen.

225. Bestimmung der Hochfrequenzverstärkerwirkung. Die Messung ist dieselbe wie bei Tonfrequenz. Man führt sie in der Weise aus, daß die Hochfrequenzspannung an einen Ohmschen Widerstand von einigen Hundert Ohm angelegt wird. Dieser Widerstand liegt an Gitter und Kathode. Praktisch ergibt sich hierdurch keine Wiedererzeugung (Rückkopplung). Wenn die Verstärkungen größer als 20 sind, ist es zweckmäßig, die Meßanordnung in einem geerdeten Metallkäfig (Schirm) unterzubringen. Wenn die Abschirmung richtig durchgeführt ist, darf bei kurzgeschlossener Gitter- und Kathodenstrecke das Voltmeter nicht ansprechen. Andernfalls erhält man Spannungen im Anodenkreise des Prüfverstärkers, welche teilweise auf indirektem Wege auftreten und nichts mit der Verstärkung zu tun haben. Das in Abb. 205 angegebene Verfahren ist dasselbe wie bei Niederfrequenzverstärkung. Zur Spannungsmessung eignen sich in diesem Falle die Röhren-Millivoltmeter in Abb. 119 und 121. Die erstere Anordnung ist einfacher und reicht aus bis zu Verstärkungen von etwa 500. Eine Eichung des Voltmeters ist nicht notwendig. Man legt zuerst das Röhrenvoltmeter an r an (Prüfverstärker abgeschaltet) und stellt den Schleifkontakt S_1 so ein, daß der größtmögliche Widerstand r (einige 100 Ohm) abgegriffen wird und an der Röhre liegt. Hiernach verschiebt man den Schleifkontakt S, bis eine gute Ablenkung α am Röhrenspannungsmesser hervorgerufen wird. Das Röhrenvoltmeter sowie die Hochfrequenzquelle mit dem Spannungsteiler werden dann, wie in der Abbildung angegeben, verbunden. Dabei stellt man zunächst den Schleifkontakt S_1 so ein, daß kein Widerstand r an Gitter und Glühfaden liegt. Der Kreis ist also kurzgeschlossen und das Röhrenvoltmeter darf bei richtiger Abschirmung des Systems keine Spannung anzeigen. Nun verschiebt man S_1, bis für einen Wert r_1 dieselbe Ablenkung α wieder erhalten wird. Dieser Widerstand r_1 ist dann gerade soviel kleiner wie r als der Grad der Hochfrequenzverstärkung beträgt. Bezeichnet k_v die Spannungsverstärkung, so ist dieselbe demnach

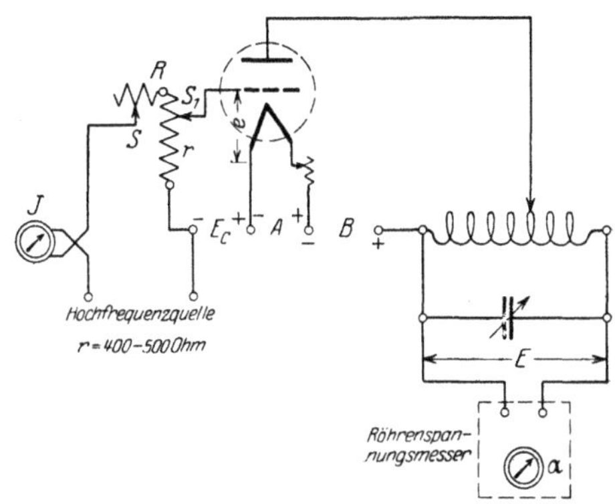

Abb. 205. Anordnung für die Messung der gewöhnlichen Hochfrequenzverstärkung.

$$k_v = \frac{E}{e} = \frac{r}{r_1}.$$

Diese Messung ergibt die sog. „Vorwärts“verstärkung, da für einen niederen Widerstand im ersten Gitterkreis (wo e wirkt) kaum eine merkliche Rückkopplung stattfinden kann, die aber besteht, wenn der Gitterkreis auch abgestimmt ist. Dieser Fall ist auf Seite 267 behandelt.

226. Bestimmung sehr großer Verstärkungen. Sehr große Verstärkungen können, wie bereits auf Seite 264 bemerkt ist, mittels Dämpfungsapparates (Seite 444) gemessen werden, da man dann den Strom I, welcher den Spannungsabfall e (Abb. 205) dem Verstärker aufdrückt, auf indirektem Wege bestimmen kann. Dieser Strom wird für sehr große Verstärkungen, wie sie besonders bei Hochfrequenzverstärkern vorkommen können, so klein, daß ein thermoelektrisches Instrument nicht immer empfindlich genug ist, um seine Größe genau anzuzeigen.

Man kann aber ein Verfahren benutzen, welches die Kenntnis des sehr kleinen Stromes nicht voraussetzt, und zwar wie folgt:

Es möge ein dreistufiger Hochfrequenzverstärker hinsichtlich seiner Verstärkung untersucht werden. Die ganze Verstärkung sei ungefähr 5000. Nach der im vorigen Abschnitte angegebenen Methode würde die Messung darauf herauskommen, daß $I \cdot r = E$ und $I \cdot r_1 = e$ ist; r_1 hätte sonach 5000 mal kleiner zu sein als r. Die Meßgenauigkeit würde also nicht genügend genau sein. Man muß daher danach trachten, eine bedeutend kleinere Stromstärke I_1 für die Erzeugung der Gitterspannung e zugrunde zu legen als sie für die Eichung des Röhrenvoltmeters mit der Spannung E verwendet wird. Um die Messung dieses geringen Stromes I_1 zu umgehen, stellt man folgende drei Messungen an.

I. Das Röhrenvoltmeter wird für einen günstigen Ausschlag α wie oben am ganzen Widerstand r geeicht (Abb. 205), dabei ist der zu prüfende Verstärker nicht in den Stromkreis und das Voltmeter direkt an die Klemmen von r gelegt. Dies ergibt für eine gewisse Stellung von R einen Strom I, welcher mit Leichtigkeit mittels eines thermoelektrischen Amperemeters gemessen werden kann (einige Milliampere). Die nachfolgenden hervorgerufenen verstärkten Spannungen E sind, wenn sie für ein und denselben Ausschlag α eingestellt werden, aus

$$E = I \cdot r \tag{1}$$

berechenbar.

II. Der Verstärker wird, wie in Abb. 205 angegeben ist, mit nur einer Stufe eingeschaltet und die Spannungsverstärkung

$$k_1 = \frac{E}{e_1} \tag{2}$$

für diese Stufe wie üblich bestimmt. Dies erfordere einen kleineren Widerstand r_1 für denselben erregenden Hochfrequenzstrom I, d. h.

$$e_1 = I \cdot r_1 \,. \tag{3}$$

Der Hochfrequenzstrom wird dann bedeutend verkleinert, wenn notwendig selbst so weit, daß er nicht mehr gut am Strommesser abgelesen werden kann. Sein Wert sei mit I_1 bezeichnet. In den Gitterkreis wird dann ein größerer Widerstand in Reihe mit r geschaltet und so lange verändert, bis bei dem ganzen äußeren Gitterkreiswiderstand r_2 sich dieselbe Ablenkung α ergibt. Das heißt

$$e_1 = I_1 \cdot r_2 \,. \tag{4}$$

III. Alle Stufen des Prüfverstärkers werden eingeschaltet, ohne dabei den Hochfrequenzstrom I_1 zu verändern, und der Schleifkontakt S_1 wird so lange verschoben, bis bei einem äußern Gitterkreiswiderstande r_3 (welcher bedeutend kleiner als r_2 ist) dieselbe Ablenkung α wieder stattfindet. Dies ergibt eine aufgedrückte Gitterspannung

$$e_2 = e = I_1 \cdot r_3 . \tag{5}$$

Der Bruch

$$\frac{E}{e} = k \tag{6}$$

ergibt die vollständige Spannungsverstärkung aller Stufen, und es ist

$$\frac{E}{e} = \frac{E \cdot e_1}{e_1 \cdot e_2} = k_1 \frac{r_2}{r_3} . \tag{7}$$

Man kann somit die vollständige Verstärkung aus der Verstärkung mit einer Stufe und dem Verhältnis r_2/r_3 berechnen.

227. Bestimmung der Hochfrequenzverstärkung, wenn Rückkopplung (Regeneration) vorliegt[1]**.** Der Durchschnittshochfrequenzverstärker arbeitet im wirklichen Falle nicht gegen einen Widerstand, wie beispielsweise bei der Messung in Abb. 205. Dort war der Grund dafür der, daß bei Verwendung eines selektiven Gitterkreises (abgestimmter Kreis, C und L parallel und an Gitter und Glühfaden) und einer abgestimmten Anodenreaktanz, wie in Abb. 205 gezeigt, eine Rückkopplung durch die Anoden-Gitterkapazität stattfindet und entweder eine größere oder kleinere resultierende Gitterspannung hervorruft als bei einem Hochfrequenzverstärker, bei dem zweifellos durch einen äußeren Gitterkreiswiderstand von einigen hundert Ohm keine Rückkopplung mehr auftritt. Die Verstärkungsmessung ergibt daher für eine Stufe Verstärkung nur die nach dem Telephonempfänger hinschreitende (sog. „vorwärtsschreitende") Spannungsverstärkung („Vorwärtsverstärkung"). Bei mehreren Stufen kann Rückkopplung für die zweite und die nachfolgenden Röhren stattfinden, so daß die Rückkopplung zwischen den Stufen mitgemessen wird. Die Rückkopplungswirkung ist besonders ausgeprägt, wenn die abgestimmten Gitterkreise ein kleines Dekrement haben, d. h. wenn das Verhältnis von Widerstand zu Induktivität der Spule klein ist. Hat dagegen der abgestimmte Kreis einen großen Hochfrequenzwiderstand, so ist die Rückkopplung verschwindend klein und der Rückkopplungsfaktor k_r des Verstärkers praktisch gleich der Einheit. Dieser Faktor, mit der gewöhnlichen Spannungsverstärkung multipliziert (wie sie in Abb. 205 gemessen wird), gibt die wirkliche Spannungsverstärkung.

---

[1]) H. T. Friis und A. G. Jensen haben diesen Fall für einen Rahmenempfang behandelt. The Bell System Technical Journal, Vol. III, Nr. 2, April 1924.

Die wirkliche Spannungsverstärkung kann aber nur mit Schwierigkeiten direkt gemessen werden. Außerdem hängt dieselbe von der Empfangsanordnung ab und hat nur einen Sinn, wenn sie unter den wirklichen Gebrauchsbedingungen gemessen wird. Aus diesem Grunde begnügt man sich mit der gewöhnlichen Verstärkungsmessung, die auch für die meisten Zwecke ausreicht.

228. Bestimmung der wirklichen Hochfrequenzverstärkung eines Empfängers, der an eine Antenne gekoppelt ist. Der Empfänger, dessen Hochfrequenzstufen untersucht werden sollen, wird in der üblichen Weise mit einem Luftdraht gekoppelt und der L—C-Kreis auf eine gewisse Trägerwelle, die in der Antenne induziert wird, abgestimmt (Abb. 206). Hierbei wird der Kurzschlußbügel benutzt, so daß nur das Dekrement des tatsächlichen Gitterkreises in Betracht kommt. Die Glühfadenbatterie des Empfängers ist dabei ausgeschaltet. Der Spannungsmesser (Röhrenvoltmesser) zeigt dann eine gewisse Ablenkung α an. Hiernach wird die Kathodenerregung angeschlossen und richtig eingestellt. Wenn keine Rückkopplung stattfindet, muß das Röhrenvoltmeter denselben Ausschlag beibehalten, andernfalls ergibt sich entweder ein größerer oder kleinerer Ausschlag. Bei einem größeren Ausschlag ist die Rückkopplung positiv, der wirksame Widerstand scheint daher kleiner zu sein. Man braucht in diesem Falle nur einen genügend großen Widerstand r in den Kreis einzuschalten, um wieder den ursprünglichen Ausschlag α zu erhalten. Dieser Widerstand ist dann ein Maß für die Rückkopplungswirkung und deren Einfluß auf die gewöhnliche Verstärkung. Wenn R den wirksamen Kreiswiderstand des abgestimmten Gitterkreises mit Kurzschlußbügel bedeutet, so ist der Widerstand $(R - r)$ der wirksame Widerstand für den vorliegenden Fall. Da aber die am Gitter der ersten Verstärkerröhre induzierte Spannung e umgekehrt mit dem Kreiswiderstand wächst, so ist der Rückkopplungsfaktor $k_r = \frac{R}{R - r}$, und wenn die gewöhnliche Verstärkung wie in Abb. 205 gefunden wurde und gleich k_v ist, so wird die wirkliche Hochfrequenzverstärkung

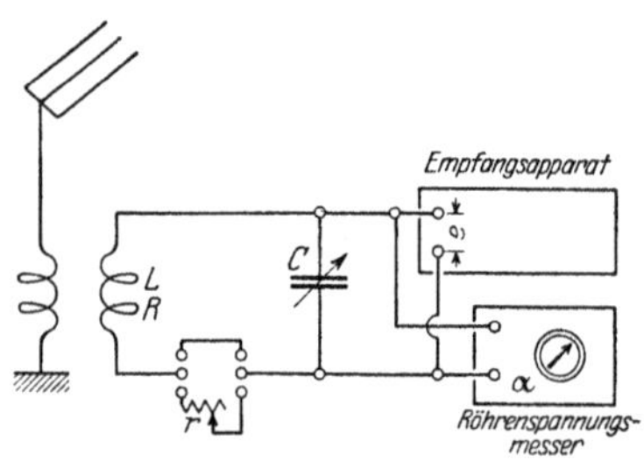

Abb. 206. Messung des Rückkopplungsfaktors der Hochfrequenzverstärkung.

$$K_v = k_v \cdot k_r,$$

wo r mit dem richtigen Vorzeichen einzusetzen ist. Wenn zum Beispiel das Röhrenvoltmeter einen kleineren Ausschlag nach Einschaltung des Heizkreises des Empfangsapparates ergibt, so ist dies ein Zeichen, daß die Rückkopplung die gewöhnliche Gitterspannung verringert und somit den Kreiswiderstand scheinbar erhöht. Man muß dann den Kreiswiderstand kleiner als den Spulenwiderstand machen, wobei in diesem Falle $k_r = \frac{R}{R+r}$ ist.

229. Bestimmung der wirklichen Hochfrequenzverstärkung bei einem Rahmenempfänger. Das Verfahren ist dasselbe wie im vorigen Abschnitt. Die Anordnung ist in Abb. 207 dargestellt. Der Widerstand wird in der Mitte des Rahmens eingeschaltet und die Messung nur an einer Rahmenhälfte ausgeführt.

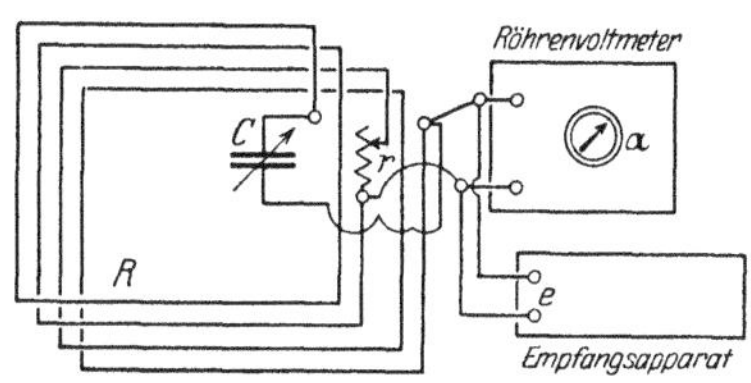

Abb. 207. Messung der Rückkopplungsfaktoren für Rahmenempfang.

230. Messung von Hochfrequenzverstärkung mittels der zweiten Harmonischen und einer Gleichstromablesung. Die in Abb. 126 und 127 von W. van Roberts angegebenen Verfahren bilden vorzügliche Generatoren, die zur Verstärkungsmessung benutzt werden können. Bei der Messung benutzt man nur die Komponente der zweifachen Periodenzahl und der auf $2f$ abgestimmte Verstärker kann daher nicht von dem Grundstrom des Generators und dessen Streufelder beeinflußt werden.

Wenn Abb. 126 benutzt wird, berechnet man den Strom I der doppelten Frequenz von M und der Gleichstromablesung wie in Artikel 92 angegeben wird.

Die Schaltung der Abb. 127 ist noch einfacher und die recht kleine Spannung e kann, dann, wie auf Seite 154 angegeben wird, von dem Gleichstrommesser im Gitterkreis der gegenseitigen Induktion M und dem Widerstande im I-Kreise berechnet werden. Mit dieser Anordnung scheint es am besten die Periodenzahl mittels eines Frequenzmessers zu prüfen, da die kleine Spannung e mittels M und k eingestellt werden kann. Letztere beeinflußt die Periodenzahl ziemlich.

231. Messung der Güte des Vakuums einer Röhre. Nachfolgende Methoden beruhen im großen ganzen auf den von Möller[1]) angegebenen Verfahren, und zwar alle darauf, daß der im Anodenkreis fließende Strom in Wirklichkeit aus zwei in entgegengesetzter Richtung verlaufenden Strömen sich aufbaut. Der eine Strom, der Elektronenstrom I_n, ist bei brauchbaren Röhren der modernen Technik bedeutend größer als der

---

[1]) H. G. Möller: Arch. Elektrot., Bd. VIII, S. 48. 1919; W. Kaufmann und Fr. Serowy: Z. f. Phys. Bd. 5, S. 319. 1921; M. T. Grechowa: Z. f. Phys., 1925, S. 61.

durch denselben hervorgerufene Ionenstrom I_p und der gesamte Anodenstrom, der von der Anodenquelle geliefert werden muß und gleich

$$I = I_n - I_p$$

ist. Der positive Ionenstrom I_p wird dadurch erzeugt, daß die von der glühenden Kathode herausgeschleuderten Elektronen bei Vorhandensein von Gasresten einige Moleküle in positiv geladene Ionen und in Elektronen spalten, wo dann die positiv geladenen Teile einen Ionenstrom I_p bilden und zu negativen Elektroden hinwandern. Da natürlich eine desto größere Zertrümmerung von Gasmolekülen stattfinden kann, je mehr Gasreste vorhanden sind, so ist der positive Strom dem Gasdruck proportional. Da die Stoßzahl aber auch der Anzahl der abgegebenen Elektronen proportional ist, so muß I_p auch mit dem thermionischen Strom anwachsen. Ferner ist die positive Ionisation direkt abhängig von der Größe des Raumes zwischen glühender Kathode und Anode, d. h. von der Entfernung zwischen Anode und Kathode. Dies ergibt dann die empirische Formel von Möller

$$I_A = k p I_G d,$$

wobei der negative Strom I_G von einem positiv geladenen Gitter und der positive Ionenstrom I_A von der negativ geladenen Anode, welche die Entfernung d von der Glühkathode hat, abgenommen werden. Die Größe p bedeutet den Gasdruck.

232. Messung der Güte des Vakuums mittels des Gitter- und des Anodenstromes. In der Anordnung der Abb. 208 legt man an das Gitter und das negative Ende der Kathode eine Spannung von 150 bis 200 Volt mit der positiven Seite am Gitter und an die Anode ein negatives Potential von 10 bis 20 Volt mit Bezug auf das negative Ende des Glühfadens. Das Gitter wirkt daher als Anode, d. h. als Elektronenempfänger, und die ursprüngliche Anode als die negativste Elektrode der Röhre. Die meisten positiven Ionen wandern daher zur ursprünglichen Anode. I_1 ist somit ein Maß für den Ionenstrom I_p, und die Ablesung I_2 ergibt den negativen Elektronenstrom I_n. Da die Entfernung zwischen der ursprünglichen Anode und der Kathode (Glühfaden) konstant ist, so kann sie mit der Konstanten k des letzten Abschnittes zusammengefaßt werden, und der Gasdruck p wird

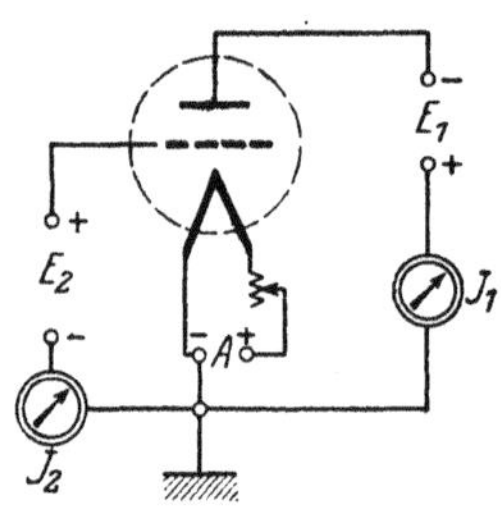

Abb. 208. Bestimmung der Güte des Vakuums einer Röhre.

$$p = K \frac{I_1}{I_2} = K G$$

wo G für die Güte des Vakuums steht. G muß so klein als möglich sein. Für die Messung des positiven Stromes I_1 muß man ein empfindliches Spiegelgalvanometer benutzen. Wenn es die Zeit erlaubt, ist es am besten, die Prüfröhre an den Kontaktpunkten frei in der Luft aufzuhängen, so daß keine Kriechströme die Messung beeinflussen können. Andernfalls muß man einen Sockel verwenden, bei dem die Isolation zwischen den Zuführungsklemmen zu Gitter und Heizdraht ganz vortrefflich ist.

233. Vakuummessung mittels des Gitterstromes und des Stromes zwischen Anode und Gitter. Dieses Verfahren beruht auf der Schaltung in Abb. 209, wo E_1 100 bis 200 Volt und E_2 ungefähr 20 Volt beträgt. Bei diesen Spannungen kann man die Ströme I_1 und I_2 direkt mit dem Milliamperemeter messen. Wenn keine merklichen Gasreste in der Röhre vorhanden sind, so verläuft in der Röhre der Emissionsstrom in der üblichen Weise von der ursprünglichen Anode zum Gitter und von demselben zum Glühfaden. Der Ausschlag des Milliamperemeters I_2 findet daher im richtigen Sinne statt. Wenn aber Gasreste vorhanden sind und auch positive Ionenströme fließen können, so verzweigen sich die positiven und negativen Ströme am Gitter. Ein Strom fließt dann vom Gitter zum Glühfaden (übliche Weise, wahrer Elektronenstrom), und ein zweiter Strom vom Gitter zur ursprünglichen Anode (Ionenstrom). Der Strommesser I_2 schlägt dann im umgekehrten Sinne aus. Bei guten Röhren zeigt I_2 im richtigen Sinne an, und die Güte des Vakuums ist um so besser, je größer der durch I_2 fließende rein thermionische Strom (für festgelegte Spannungen E_1 und E_2 einer bestimmten Röhrenart) ist. Dieses Verfahren ist daher dann zu verwenden, wenn mehrere Röhren derselben Art hinsichtlich der Güte ihres Vakuums verglichen werden sollen.

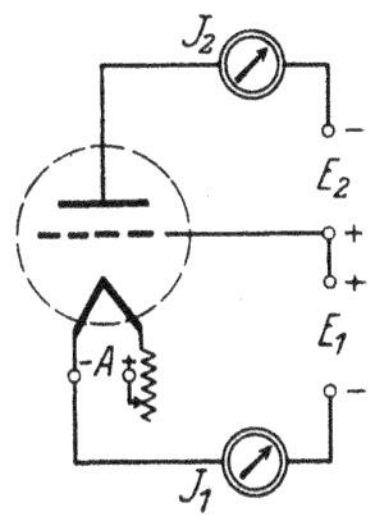

Abb. 209. Vergleichung der Güte des Vakuums mehrerer Röhren derselben Art.

234. Bestimmung der Güte des Vakuums auf Grund der statischen Charakteristik. Man nimmt die Gitterpotential-Anodenstromcharakteristik für wachsende und abnehmende positive Gitterspannungen auf. Die Aufnahme muß dabei etwas in das Sättigungsgebiet hineinreichen, da bei ziemlich schlechtem Vakuum eine Sättigung scheinbar stattfindet, aber mit etwas höheren positiven Gitterpotentialen der Anodenstrom wiederum rasch zunimmt. Wenn ein genügend gutes Vakuum vorliegt, so fällt die aufsteigende Kennlinie mit der abnehmenden zusammen. Wenn aber einige Gasreste vorhanden sind, so erhält man eine Art Hysteresisschleife; der abnehmende Teil liegt jedoch niederer als der aufsteigende Teil. Die Gasreste drücken in diesem Falle die Sättigung etwas herunter. Wenn noch mehr Gasreste vorhanden sind, so liegt der erste Teil der abnehmenden Kennlinie zunächst noch unter dem entsprechenden Teil der zunehmenden Charakteristik, durchschneidet sie jedoch später, um denselben dann oberhalb der ansteigenden Charakteristik nach dem Nullwerte zu verlaufen; die positive Ionisation wird hier stark genug, um die negative Raumladung etwas aufzuheben.

XXII. Antennenuntersuchungen.

235. Unterschied zwischen statischen und richtigen wirksamen Antennenkonstanten. Die Luftgebilde der drahtlosen Stationen stellen offene Schwingungssysteme dar, für welche die bestimmenden Konstanten längs des Leiters gemäß gewissen Gesetzen verteilt sind, da der Antennendraht einen langen elektrischen Leiter bildet. Die betreffenden Potential- und Stromverteilungen geben ein Hilfsmittel, die wirksamen Antennenkonstanten zu finden.

1. Die statischen oder wahren Antennenkonstanten C_A, L_A und r_A, Kapazität, Selbstinduktion und Widerstand, setzen konstante wirksame Spannungs- und Stromverteilungen längs des Luftdrahtes voraus. Ein solcher Fall kann mit der gewöhnlichen Hochfrequenzerregung nur für die Spannungsverteilung angenähert erreicht werden, wenn eine große induktive Belastung am geerdeten Ende eingeschaltet ist. Die statischen Konstanten können als geometrische Größen angesehen werden, da die Form des Luftdrahtgebildes eine Berechnung derselben ermöglicht.

2. Die richtigen wirksamen Antennenkonstanten C_e, L_e und r_e beruhen auf der tatsächlichen Verteilung von Strom und Potential. Sie bestimmen das wirksame Eigendekrement

$$\delta_e = \pi r_e \sqrt{\frac{C_e}{L_e}}$$

sowohl als die wirksame Schwingungskonstante

$$C_e \cdot L_e .$$

Wenn deshalb ein geschlossener Schwingungskreis mit den Konstanten C_e, L_e und r_e durch dieselbe Quelle und in derselben Weise wie die Antenne erregt wird, so erhält man denselben Resonanzstrom, selbst wenn die Schwingungen gedämpft sind. Bei irgendeiner induktiven Belastung L_0 hat man für die Eigenwinkelgeschwindigkeit n die Beziehung

$$n(L_e + L_0) + \frac{1}{n \cdot C_e} = 0,$$

da die elektrostatischen und elektromagnetischen Leistungsschwankungen[1]) im künstlichen geschlossenen Kreis (äquivalente Antenne) dieselben wie im tatsächlichen Luftgebilde sind. Wenn eine Hochfrequenzantenne mittels hörbarer Ströme erregt wird, so mißt man in guter Annäherung die Werte

$$C_e = C_A\,,$$

$$L_e = \frac{L_A}{3}\,,$$

$$r_e = \frac{r_A}{3}\,,$$

da das Luftgebilde für solche niederen Periodenzahlen (Audiofrequenz im Vergleich zu Radiofrequenz) als ein recht kurzer elektrischer Leiter wirkt und eine beinahe konstante Potentialverteilung hervorruft. Der wirksame Antennenstrom der hörbaren Frequenz fällt dann gegen das offene Ende hin linear ab[2]).

3. Die scheinbaren wirksamen Antennenkonstanten C_e, L_e und r_e setzen Sinus- und Kosinusverteilungen für den Strom und die Spannung voraus. Die äquivalente Antenne mit den Einstellungen C_e, L_e und r_e ergibt dann in der Regel nur denselben Resonanzstrom wie in der eigentlichen Antenne, wenn eine Sinusschwingung den geschlossenen künstlichen Kreis erregt. Die Schwingungskonstante $C_e \cdot L_e$ gilt für alle Fälle, während das Verhältnis L_e/C_e, welches der Dekrementformel unterliegt, falsch sein kann.

Die wirksamen Werte, welche unter 2. angegeben sind, haben die größere Bedeutung, da dieselben die tatsächlichen Leistungsschwankungen zwischen dem elektrostatischen und dem magnetischen Felde berücksichtigen.

236. Die geometrische Annäherungsmethode für die Bestimmung der statischen Antennenkapazität. Dr. Austin[3]) gab unlängst Formeln für die Antennenkapazität C_A, welche für die meisten tech-

---

[1]) Wenn eine lange Horizontalantenne mit verhältnismäßig kurzem Drahte in der Station verwendet wird, so hat man in guter Annäherung die Beziehung

$$\omega (L_e + L_0) - \frac{1}{\omega C_e} = \omega L_0 - \sqrt{\frac{L_A}{C_A}} \operatorname{ctg} \omega \sqrt{C_A L_A} = 0\,.$$

[2]) Strenggenommen gilt dies nur, wenn eine horizontale Leitung mit einer Sinusschwingung erregt wird.

[3]) Austin, L. W.: J. Wash. Academy of Sciences August 1919, S. 393 bis 396. — Praktische Berechnungsmethoden für die Antennenkapazität sind unter J. Pusch in der Z. Hochfreq. 1926, S. 47, zu finden.

nischen Antennen 10% Ungenauigkeit kaum überschreiten. Dieselben sind

$$C_A^{\text{MF.}} = \left(4\sqrt{F} + 0{,}885\,\frac{F}{h}\right)10^{-5}$$

(gilt für alle Antennen, wenn dieselben nicht zu lang sind und der Abstand ihrer Drähte nicht zu groß ist)

und

$$C_A^{\text{MF.}} = \left(4\sqrt{F} + 0{,}885\,\frac{F}{h}\right)\left(1 + 0{,}015\,\frac{l}{b}\right)10^{-5}$$

(wenn die Länge l größer als das Achtfache der Breite b ist).

Die Größe F bedeutet die Fläche in Quadratmetern, h die Höhe, l die Länge und b die Breite in Metern.

Die theoretische Formel von Herrn Prof. Howe

$$C_A^{\text{MF.}} = \left\{3{,}6\sqrt{F} + 0{,}58\,\frac{F}{h}\left(1 + 0{,}0375\,\frac{l}{b}\right)\right\}\left(1 + 0{,}0375\,\frac{l}{b}\right)10^{-5}$$

ergibt ungefähr dieselbe Genauigkeit wie die empirischen Ausdrücke von Dr. Austin.

237. Die graphische Annäherungsmethode für die Bestimmung der statischen Antennenkapazität und Induktivität. Wenn ein Antennensystem mit seiner Eigenperiode schwingt, so muß die verallgemeinerte Impedanz

$$Z_e' = \omega L_0 - \sqrt{\frac{L_A}{C_A}}\,\text{ctg}\,\omega\sqrt{C_A L_A} = Z_0' + Z_A$$

für Spulenbelastung oder

$$Z_e'' = -\left\{\frac{1}{\omega C_0} + \sqrt{\frac{L_A}{C_A}}\,\text{ctg}\,\omega\sqrt{C_A L_A}\right\} = Z_0'' + Z_A$$

für Kapazitätsbelastung verschwinden. Die Größe Z_e' bedeutet die Gesamtimpedanz (Abb. 210), wenn eine induktive Belastung L_0 (ergibt Z_0'), und Z_e'', wenn eine Kapazitätsbelastung C_0 (ergibt Z_0'') vorliegt. Da die Ausdrücke transzendental sind, so erfolgt ihre Auswertung am bequemsten mittels eines graphischen[1]) Verfahrens für C_A und L_A.

Da die elektrische Länge βl einer Antenne von geometrischer Länge l und gleichförmig verteilter statischer Kapazität $C_A = Cl$ und Selbstinduktion $L_A = Ll$ mit der Winkelgeschwindigkeit $\omega = 2\pi f$ und Wellenlänge λ durch die Beziehungen

$$\beta l = \omega l\sqrt{CL} = \omega\sqrt{C_A L_A} = \frac{2\pi}{\lambda}\,l$$

[1]) Dr. L. Cohen hat ursprünglich (El. World 1915) eine solche Lösung für die spulenbelastete Antenne vorgeschlagen. Diese Methode wurde in diesem Werke auch für die kapazitive Belastung angewendet.

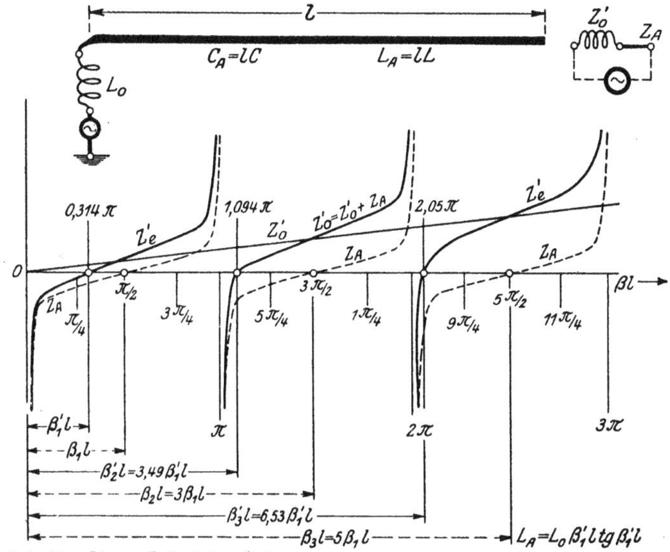

$\beta_1 l$ *für die unbelastete Antenne*

$$Z_0' = 0\,, \qquad Z_e' = Z_A - \sqrt{\frac{L_A}{C_A}} \operatorname{ctg} \beta l\,, \qquad \beta l = \omega \sqrt{C_A L_A} = \frac{2\pi}{\lambda} l\,.$$

$\beta_1' l$ *für die belastete Antenne*

$$Z_e' = Z_0' + Z_A = \sqrt{\frac{L_A}{C_A}} \frac{L_0}{L_A} \beta l + Z_A\,.$$

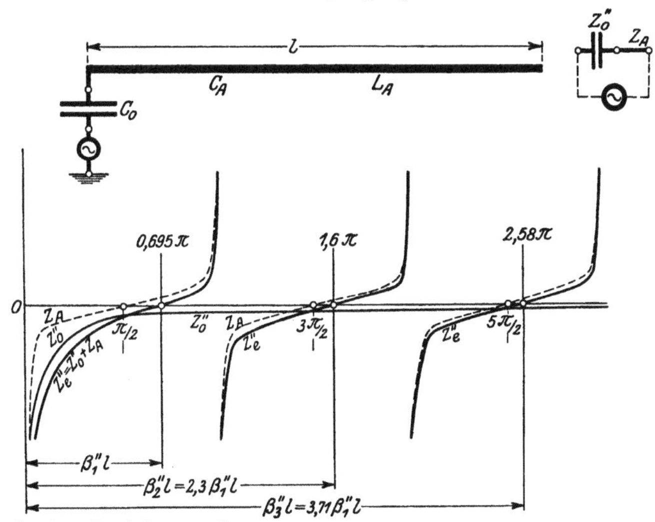

$\beta_1'' l$ *für die belastete Antenne*

$$Z_e'' = Z_A + Z_0'' = Z_A - \sqrt{\frac{L_A}{C_A}} \frac{C_A}{C_0} \cdot \frac{1}{\beta l}, \quad C_A = -\, C_0 \beta_1'' l \operatorname{ctg} \beta_1'' l\,.$$

Abb. 210. Impedanzen für eine induktive bzw. kapazitive Antennenbelastung.

verknüpft ist, so kann man die verallgemeinerten Impedanzen auf die Form

$$Z'_e = \sqrt{\frac{L_A}{C_A}}\left\{\frac{L_0}{L_A}\beta l - \operatorname{ctg}\beta l\right\},$$

$$Z''_e = -\sqrt{\frac{L_A}{C_A}}\left\{\frac{C_A}{C_0}\frac{1}{\beta l} + \operatorname{ctg}\beta l\right\}$$

bringen. Für die Grundwellenlänge und alle Oberschwingungen wird das Verhältnis der Belastungs- zur wahren Antennenselbstinduktion

$$\frac{L_0}{L_A} = \frac{\operatorname{ctg}\beta'_1 l}{\beta'_1 l} = \frac{\operatorname{ctg}\beta'_2 l}{\beta'_2 l} = \frac{\operatorname{ctg}\beta'_3 l}{\beta'_3 l} = \text{usw.}$$

Man kann L_A entweder gemäß der fundamentalen elektrischen Länge $\beta'_1 l$, d. h. gemäß der Grundwelle λ'_1 mittels

$$L_A = L_0 \beta'_1 l \operatorname{tg}\beta'_1 l = L_0 \frac{2\pi}{\lambda'_1} l \operatorname{tg}\frac{2\pi}{\lambda'_1} l$$

oder irgendeiner elektrischen Länge gemäß den höheren Eigenschwingungen berechnen, wie im nächsten Abschnitte gezeigt wird.

Wenn dieselbe Überlegung auf die Kondensatorbelastung angewendet wird, so erhält man für die statische Antennenkapazität C_A den Ausdruck

$$\begin{aligned} C_A &= -C_0 \beta''_1 l \operatorname{ctg}\beta''_1 l = -C_0 \frac{2\pi}{\lambda''_1} l \operatorname{ctg}\frac{2\pi}{\lambda''_1} l, \\ &= -C_0 \beta''_2 l \operatorname{ctg}\beta''_2 l, \\ &= -C_0 \beta''_3 l \operatorname{ctg}\beta''_3 l, \\ &= \quad \text{usw.} \end{aligned}$$

Die Periodenzahl und die Wellenlänge der spulen- bzw. der kondensatorbelasteten Antenne für die Grundeigenwelle werden

$$\overset{-\text{Sek.}}{f'_1} = \frac{\beta'_1 l}{2\pi\sqrt{C_A^{\text{F}} L_A^{\text{H}}}}, \qquad \overset{\text{m}}{\lambda'_1} = \frac{6\pi 10^8 \sqrt{C_A^{\text{F}} L_A^{\text{H}}}}{\beta'_1 l} = \frac{2\pi l}{\beta'_1 l},$$

$$f''_1 = \frac{\beta''_1 l}{2\pi\sqrt{C_A L_A}}, \qquad \lambda''_1 = \frac{6\pi 10^8 \sqrt{C_A L_A}}{\beta''_1 l} = \frac{2\pi l}{\beta''_1}.$$

Wenn man die graphische Addition in Abb. 210 studiert, in der die äquivalente Antennenimpedanz und die Belastungsimpedanz summiert sind, so sieht man, daß die möglichen Oberschwingungen nicht mehr geradzahlige Vielfache der Grundwelle sind, wenn eine Belastung vorliegt. Für den Sonderfall der oberen graphischen Lösung, in der der Aufstieg der Z'_0-Linie zusammen mit der gestrichelten Kotangentenkurve die resultierende Kurve Z'_e ergibt, sieht man, daß die Frequenz f'_2 der ersten Oberwelle das 3,49fache der Grundfrequenz

f_1' ist. In der nächsten Oberwelle f_3 tritt die 6,53fache Grundfrequenz auf anstatt $5\,f_1$ usf. Dasselbe ergibt sich aus der Lösung für eine gewisse Kapazitätsbelastung, wie aus der unteren Darstellung zu erkennen ist. Man hat dann für die Frequenz f_2'' der ersten Oberwelle das 2,3fache der Grundfrequenz f_1'' und $f_3'' = 3{,}71\,f_1''$ usw.

Man muß jedoch beachten, daß die graphische Methode zu großen Ungenauigkeiten führen kann. Die Lösung nach Abb. 210 darf als eine Durchschnittsgenauigkeit angesehen werden. Die Zuverlässigkeit prüft man wie folgt:

Aus der oberen Darstellung

$$\left.\begin{array}{l} \beta_1' l = 0{,}314\,\pi = 0{,}986 \\ \beta_2' l = 1{,}094\,\pi = 3{,}44 \\ \beta_3' l = 2{,}05\;\;\pi = 6{,}44 \end{array}\right\} \text{mit den entsprechenden Winkeln} \left\{\begin{array}{r} 56{,}5^\circ \\ 180 + 17^\circ \\ 360 + \;\;9^\circ \end{array}\right\}$$

$$\text{und} \left\{\begin{array}{l} \dfrac{2\pi}{\lambda_1'} l = 1{,}5 \\ \dfrac{2\pi}{\lambda_2'} l = 1{,}05 \\ \dfrac{2\pi}{\lambda_3'} l = 1{,}02 \end{array}\right\} \begin{array}{c} \text{woraus als Durchschnittswert} \\ L_A = 1{,}19\,L_0 \text{ folgt.} \end{array}$$

Für die Kondensatorbelastung im Sonderfall Abb. 210 erhält man

$$\left.\begin{array}{l} \beta_1'' l = 0{,}695\,\pi = 2{,}182 \\ \beta_2'' l = 1{,}6\;\;\;\;\pi = 5{,}03 \\ \beta_3'' l = 2{,}58\;\;\pi = 8{,}1 \end{array}\right\} \text{mit den entsprechenden Winkeln} \left\{\begin{array}{r} 90 + 35^\circ \\ 270 + 18^\circ \\ 90 + 15^\circ \end{array}\right\}$$

$$\text{und} \left\{\begin{array}{l} \dfrac{2\pi}{\lambda_1''} l = -1{,}53 \\ \dfrac{2\pi}{\lambda_2''} l = -1{,}63 \\ \dfrac{2\pi}{\lambda_3''} l = -2{,}16 \end{array}\right\} \begin{array}{c} \text{woraus sich der Durchschnittswert} \\ C_A = 1{,}77\,C_0 \text{ ergibt.} \end{array}$$

238. Anwendung der Methode. Die Konstruktion der Impedanzkurven hat große Vorzüge. Man benutzt die Beziehung

$$L_A = L_0\,\beta_1' l\,\mathrm{tg}\,\beta_1' l$$

und die entsprechenden Beziehungen für die Oberschwingungen. Die elektrische Länge $\beta_1' l$ kann mittels des Schnittpunktes der y_1'-Kurve

$$y_1' = \frac{L_0}{L_A}\frac{2\pi}{\lambda} l = \frac{L_0}{L_A}\beta l$$

der Abb. 211 mit der Kurve y_2

$$y_2 = \mathrm{ctg}\frac{2\pi}{\lambda} l = \mathrm{ctg}\,\beta l$$

gefunden werden, da

$$\frac{L_0}{L_A}\,\frac{2\pi}{\lambda_1'}\,l = \operatorname{ctg}\frac{2\pi}{\lambda_1'}\,l\,,$$

wenn die Ordinaten $y_1' = y_2$. Die elektrische Länge βl liest man auf der Abszisse ab, da die Entfernung zwischen dem Ursprung des Koordinatenkreuzes und dem ersten Schnittpunkte der Kotangentenkurve y_2 mit der Abszisse $\beta_1 l = \frac{2\pi}{\lambda_1} l = \frac{\pi}{2}$ ist. Dieser Abstand ergibt somit den Maßstab. Die Neigung der y_1'-Linie gibt das Verhältnis der wahren Spulen- und Antennenselbstinduktion. Auf ähnliche Weise erhält man für eine kapazitive Belastung C_0

$$-\frac{C_A}{C_0}\,\frac{1}{\frac{2\pi}{\lambda_1''}\,l} = \operatorname{ctg}\frac{2\pi}{\lambda_1''}\,l\,.$$

Man sieht, daß der Schnittpunkt der y_2-Kurve mit der Kurve

$$y_1'' = -\frac{C_A}{C_0}\,\frac{1}{\frac{2\pi}{\lambda}\,l} = -\frac{C_A}{C_0}\,\frac{1}{\beta l}$$

für ein gewisses Verhältnis C_A/C_0 ein Hilfsmittel liefert, die möglichen Wellenlängen zu finden. Das Verfahren beruht deshalb darauf, daß man die Kotangentenkurven y_2 wie in Abb. 211 einzeichnet und den Maßstab mittels des Abstandes für $\frac{1}{2}\pi$ bestimmt. Man zieht dann

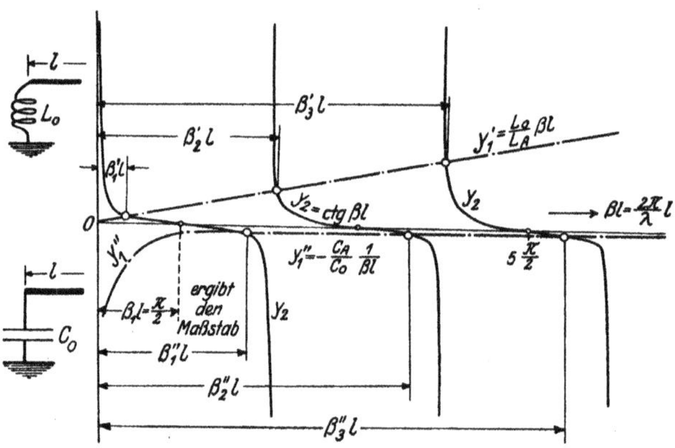

C_A statische Kapazität der Antenne.
L_A statische Selbstinduktion der Antenne.
$\frac{2\pi}{\beta' l}\,l$ Grundwellenlänge für eine induktive Belastung.
$\frac{2\pi}{\beta'' l}\,l$ Grundwellenlänge für eine kapazitive Belastung.

C_0 erzeugt die y_1''-Kurve, L_0 erzeugt die y_1'-Linie } für ein und dieselbe Antenne.
C_A und L_A erzeugen die y_2-Kurven.

Abb. 211. Konstruktion der statischen Antennenkonstanten.

die aufsteigende Linie y_1' für eine angenommene Beziehung L_0/L_A und erhält für die bekannte Belastungsinduktion L_0 und die abgemessenen elektrischen Längen $\beta_1' l$, $\beta_2' l$, $\beta_3' l$ die statische Antenneninduktion

$$\boldsymbol{L_A^{\mathrm{H}} = L_0^{\mathrm{H}} \beta_1' l \operatorname{tg} \beta_1' l} = L_0 \beta_2' l \operatorname{tg} \beta_2' l = L_0 \beta_3' l \operatorname{tg} \beta_3' l = \text{usw.}$$

Wenn l die Länge des Antennendrahtes bedeutet, so erhält man die statische Antennenkapazität

$$C_A^{\mathrm{F}} = \left[\frac{l^{\mathrm{m}}}{3 \cdot 10^8}\right]^2 \frac{1}{L_A^{\mathrm{H}}},$$

da $l^{\mathrm{m}} = 3 \cdot 10^8 \sqrt{C_A^{\mathrm{F}} L_A^{\mathrm{H}}}$. Auf eine ähnliche Weise zeichnet man für die kapazitive Belastung C_0 die Kurve y_1'' für eine angenommene Beziehung C_A/C_0 und erhält aus den entsprechenden Schnittpunkten die elektrischen Längen $\beta_1'' l$, $\beta_2'' l$, $\beta_3'' l$, welche die statische Antennenkapazität für die bekannte Belastung C_0 zu

$$\boldsymbol{C_A^{\mathrm{F}} = -C_0^{\mathrm{F}} \beta_1'' l \operatorname{ctg} \beta_1'' l} = -C_0 \beta_2'' l \operatorname{ctg} \beta_2'' l = -C_0 \beta_3'' l \operatorname{ctg} \beta_3'' l = \text{usw.}$$

ergeben. Die statische Antenneninduktion wird wieder aus der Beziehung $l^{\mathrm{m}} = 3 \cdot 10^8 \sqrt{C_A^{\mathrm{F}} L_A^{\mathrm{H}}}$ erhalten.

Vorstehende Methode hat den Vorteil, daß man ohne jegliche Messungen die Antennenkonstanten in Annäherung finden kann.

239. Analytische Methode zur Bestimmung der statischen Antennenkonstanten. Dieses Verfahren beruht auf der Messung der Grundwellenlängen λ und λ' der unbelasteten und induktiv belasteten Antenne. Wenn L_0 die wirksame Selbstinduktion der Belastungsspule am geerdeten Ende ist, so hat man die statischen Konstanten

$$L_A^{\mathrm{H}} = L_0^{\mathrm{H}} \frac{\lambda}{\lambda'} \frac{\pi}{2} \operatorname{tg}\left(\frac{\lambda}{\lambda'} 90\right)^\circ,$$

$$C_A^{\mathrm{MF.}} = \frac{10^{-10}}{144} \cdot \frac{\lambda_{\mathrm{m}}^2}{L_A^{\mathrm{H}}}.$$

Beispiel: Gemessene Werte: $\lambda = 685$ m für die Grundwellenlänge der unbelasteten Antenne. $\lambda' = 1130$ m für die Grundwellenlänge, wenn die Belastungsselbstinduktion $L_0 = 0{,}000\,345$ Henry am geerdeten Ende eingeschaltet ist. Berechnete Werte $= \frac{\lambda}{\lambda'} \cdot \frac{\pi}{2} = 0{,}953$, $\frac{\lambda}{\lambda'} \cdot 90^\circ = 56{,}3^\circ$; $L_A = 0{,}000\,463$ Henry und $C_A = 0{,}0007$ MF.

240. Zuverlässige Methode für die Bestimmung der statischen und richtigen wirksamen Antennenkonstanten[1]. Dieses Verfahren

[1] Diese Methode ist für eine lange Horizontalantenne genau und gilt in guter Annäherung für die meisten Antennen.

beruht wiederum auf der Messung der Grundwellenlängen λ und λ', wenn keine Belastung bzw. die Belastung L_0 am geerdeten Ende vorliegt. Gemäß den Ableitungen auf Seite 418 kann man die richtigen wirksamen Antennenkonstanten für irgendeine induktive Belastung L_0 aus den Formeln

$$C'_e = A_1 C_A$$
$$L'_e = B_1 L_A$$

und die statischen Werte mittels

$$C_A^{\mathrm{MF.}} = \frac{\lambda^2_{\mathrm{m}}}{144 \cdot 10^{10} L_A^{\mathrm{H}}},$$

$$L_A^{\mathrm{H}} = \frac{A_1 - A_2}{A_2 B_2 - A_1 B_1} L_0^{\mathrm{H}}$$

berechnen, wenn die Verteilungsfaktoren

$$A_1 = \frac{8\lambda'}{\pi\lambda} \frac{\sin^2 \frac{\lambda}{\lambda'} 90^\circ}{\frac{\pi\lambda}{\lambda'} + \sin\left[1 - \frac{\lambda}{\lambda'}\right] 180^\circ}$$

$$B_1 = \frac{\lambda'}{2\pi\lambda} \frac{\frac{\pi\lambda}{\lambda'} + \sin\left[1 - \frac{\lambda}{\lambda'}\right] 180^\circ}{\sin^2 \frac{\lambda}{\lambda'} 90^\circ}$$

$$A_2 = \frac{2\lambda'}{\pi\lambda} \sin\frac{\lambda}{\lambda'} 90^\circ,$$

$$B_2 = \frac{2\lambda'}{\pi\lambda} \frac{\left[1 - \cos\frac{\lambda}{\lambda'} 90^\circ\right]}{\sin\frac{\lambda}{\lambda'} 90^\circ}$$

sind.

Die Anwendung ist einfach, z. B.

Gemessene Werte	Belastungsselbstinduktion;	$\lambda =$ 685 m für die unbelastete Antenne,
	$L_0 = 0{,}000\,246$ Henry;	$\lambda' =$ 1015 m für die belastete Antenne.

Die richtigen wirksamen Antennenkonstanten führen zu

$$\left.\begin{aligned} C'_e &= 0{,}967\, C_A, \\ L'_e &= 0{,}393\, L_A, \end{aligned}\right\} \quad \text{daher} \quad \left\{\begin{aligned} A_1 &= 0{,}967, \\ B_1 &= 0{,}393. \end{aligned}\right.$$

Die scheinbaren Verteilungsfaktoren sind

$$A_2 = 0{,}826,$$
$$B_2 = 0{,}56.$$

Man erhält somit die statischen Antennenkonstanten

$$L_A = \frac{0{,}967 - 0{,}826}{0{,}826 \cdot 0{,}56 - 0{,}967 \cdot 0{,}393} \cdot 0{,}000\,246 = \mathbf{0{,}000\,413\ Henry}$$

und

$$C_A = \frac{685^2}{144 \cdot 10^4 \cdot 413} = \mathbf{0{,}000\,79\ MF.}$$

Die richtigen wirksamen Werte sind daher

$$C_e' = 0{,}967 \cdot 0{,}00079 \quad = \mathbf{0{,}000\,764\ MF.},$$

$$L_e' = 0{,}393 \cdot 0{,}000413 = \mathbf{0{,}0001625\ Henry.}$$

Wenn diese Ergebnisse in die Wellenlängenformel

$$\lambda' = 6\pi \cdot 10^8 \sqrt{C_e' [L_e' + L_0]} = 6 \cdot 10^8 \pi \sqrt{\frac{0{,}764}{10^9} [0{,}000\,1625 + 0{,}000\,246]}$$

eingesetzt werden, so sieht man, daß für diesen Sonderfall der Wert sich um ungefähr 3,35% von der gemessenen Wellenlänge $\lambda' = 1015$ unterscheidet.

241. Annäherungsmethoden für die Bestimmung der statischen Antennenkonstanten. Diese Verfahren beruhen auf der Messung der Wellenlängen λ und λ' der unbelasteten und induktiv belasteten Antenne. Die am geerdeten Ende eingeschaltete Selbstinduktion L_0 muß groß[1]) genug sein, um eine lineare Stromabnahme gegen das offene Ende hin zu gewähren. Die bezüglichen Wellenlängen sind dann in guter Annäherung[2])

$$\lambda = k \sqrt{\left[\frac{8}{\pi^2} C_A\right] \left[\frac{1}{2} L_A\right]},$$

$$\lambda' = k \sqrt{[C_A] \left[\frac{1}{3} L_A + L_0\right]},$$

und die statischen Antennenkonstanten werden aus den Formeln

$$L_A^{\mathrm{H}} = \frac{3\pi^2 \lambda^2}{12\lambda'^2 - \pi^2 \lambda^2} L_0^{\mathrm{H}},$$

$$C_A^{\mathrm{MF.}} = \frac{10^{-10}}{144} \frac{\lambda_{\mathrm{m}}^2}{L_A^{\mathrm{H}}}$$

berechnet[3]). Beispiel: Gemessene Grundwellenlängen $\lambda = 685$ m für die unbelastete und $\lambda' = 1225$ m für die belastete Antenne, wenn die Selbstinduktion $L_0 = 0{,}000\,448$ Henry am geerdeten Ende eingeschaltet war. Die statischen Konstanten werden dann $L_A = 0{,}000\,466$ Henry und $C_A = 0{,}0007$ MF.

[1]) Die Resonanzwellenlänge λ' muß wenigstens zweimal so groß ausfallen als für die unbelastete Antenne mit der Eigenwellenlänge λ.

[2]) Den Beweis siehe Seite 414f.

[3]) Näheres siehe: Hund, A.: Electr. 24. Oktober 1919.

Die anderen Verfahren benutzen entweder, wie oben, die Wellenlängen λ und λ', entsprechend der unbelasteten Antenne und einer Belastung L_0 und die Formel

$$L_A^{\mathrm{H}} = 3\,\frac{\lambda^2}{\lambda'^2 - \lambda^2}\,L_0^{\mathrm{H}}$$

oder die Wellenlängen λ_1 und λ_2 für die entsprechenden Belastungen L_1 und L_2 am geerdeten Ende. Die statische Antennenselbstinduktion berechnet sich dann aus

$$L_A^{\mathrm{H}} = 3\,\frac{L_1^{\mathrm{H}}\lambda_2^2 - L_2^{\mathrm{H}}\lambda_1^2}{\lambda_1^2 - \lambda_2^2}\,.$$

In beiden Fällen wird zur Auswertung der statischen Antennenkapazität C_A die Eigenwellenlänge λ der unbelasteten Antenne und die Formel

$$C_A^{\mathrm{MF.}} = \frac{10^{-10}}{144}\,\frac{\lambda_{\mathrm{m}}^2}{L_A^{\mathrm{H}}}$$

benutzt.

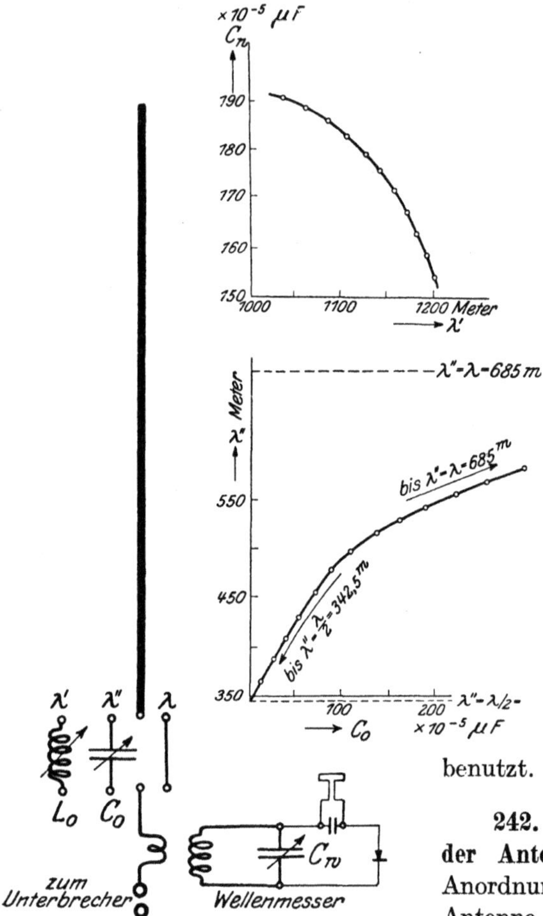

Abb. 212. Wirkung der Antennenbelastung.

242. Studium der Wirkung der Antennenbelastung. In der Anordnung der Abb. 212 wird die Antenne mittels eines Unterbrechers erregt. Je nach Stellung des Schalters schwingt die Antenne entweder mit der Eigenwelle λ oder λ' bzw. λ'', sofern L_0 oder C_0 am geerdeten Ende eingeschaltet wird. Die Einstellung des Luftkondensators C_n liefert dann nicht nur die äquivalente Antennenkapazität $C_e' = C_e + \Delta C_e$, sondern auch die Änderung ΔL_e in $L_e' = L_e - \Delta L_e$, da die Schwingungskonstante

$$\sqrt{C_n L_0} = \sqrt{C_e'[L_e' + L_0]} = \frac{\lambda'}{k}\,.$$

Wenn man deshalb λ' in Abhängigkeit von C_n aufträgt, so kann man sehen, in welchem Maße die äquivalente Selbstinduktion L'_e eine Rolle spielt. Die angenäherte Formel für die äquivalente Antennenkapazität ist

$$C'_e = \frac{\lambda'^2 - \lambda^2}{\lambda'^2} C_n = \frac{C'_w - C_w}{C'_w} C_n ,$$

wenn C_w und C'_w die Kapazitätseinstellungen des Wellenmessers bei den Wellenlängen λ und λ' bedeuten. Die Charakteristik, die die veränderliche kapazitive Belastung C_0 in Abhängigkeit von λ'' darstellt, führt zu ähnlichen Betrachtungen. Man kann aus ihr ersehen, ob das ganze Antennensystem mehr als ein offener Schwingungskörper(Grenze, wenn keine Belastung) oder ähnlich wie ein geschlossener Kreis arbeitet, in dem die maßgebenden Kreiskonstanten lokalisiert sind.

Vergleichsmethoden für die Messung der wirksamen Kapazität, Selbstinduktion und des Antennenwiderstandes[1]).

243. Die Differentialmethode. Die Anordnung der Abb. 177 (S. 223) wird zuerst mittels eines Röhrenschwingungserzeugers und dann durch einen Stoßkreis (mit Löschfunkenstrecke) erregt und mittels der Normalen C_s, L_s und r abgeglichen (Nullstrom in der Sekundärspule des Differentialtransformators).

Wenn eine Röhrenerregung vorliegt, so hängt der Sinusstrom I im Hauptzweige nur von der Größe des wirksamen Widerstands r_2 der Anordnung ab, sofern Resonanz vorherrscht. Für gewöhnliche Funkenerregung mit dem Oszillatordekrement δ_1 und dem wirksamen Dekrement δ_2 der ganzen Meßanordnung ist der Strom

$$I = \frac{E_0}{2 r_2} \sqrt{\frac{N \cdot \delta_2}{f[\delta_1 \cdot \delta_2 + \delta_1^2]}}$$

außer von r_2 auch von L_2, C_2, der Wellengruppenfrequenz N und der maximalen induzierten Spannung E_0 abhängig. Man verfährt somit wie folgt:

1. Die Abgleichung mittels Sinuswellen ergibt die Normaleinstellungen C_s, L_s und $r = r_e$, wo r_e den wirksamen Antennenwiderstand darstellt.

2. Die Löschfunkenstrecke erregt das Differentialsystem, das Verhältnis C_s/L_s wird geändert, bis Resonanz vorliegt. Die neuen Einstellungen $C'_s = C_e$ und $L'_s = L_e$ ergeben die richtigen Effektivwerte für die Kapazität und Selbstinduktion der Antenne, während die Einstellung $r = r_e$ wie oben bleibt.

---

[1]) Der Widerstand schließt den Strahlungswiderstand und denjenigen der Erdung ein.

Wenn für die zweite Erregung der Strom im Antennenzweige größer ausfällt, so ist dies ein Zeichen, daß C_s zu klein und L_s zu groß in 1. gewählt wurde. Eine richtige gegenseitige Verstellung des Variometers und des Kondensators ergibt dann eine Abgleichung des Differentialsystems. Man hat also in der Abgleichung 2. denselben Antennenstrom durch die gegenseitige Verdrehung von C_s und L_s herzustellen.

244. Künstliche Antennenmethode. Dieses Verfahren, welches durch Abb. 213 erläutert wird, ist im wesentlichen dasselbe wie oben, da der Normalzweig des Differentialsystems der Abb. 177 in diesem Falle einen geschlossenen „äquivalenten" Antennenkreis bildet.

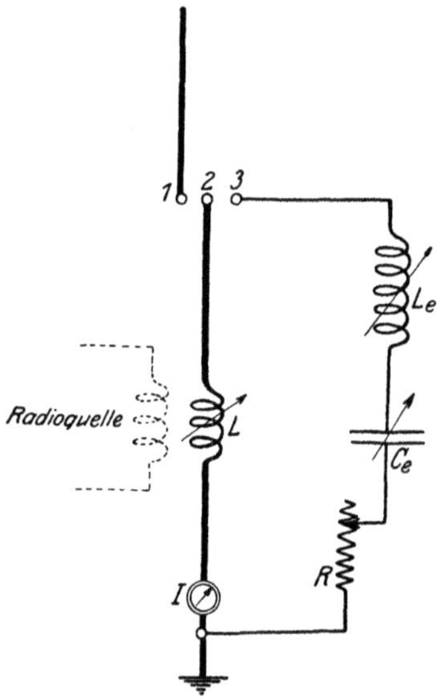

Abb. 213. Das äquivalente Antennenverfahren.

1. Ein Röhrenschwingungserreger erregt zunächst die eigentliche Antenne und dann den künstlichen Kreis, welcher auf dieselbe Schwingungskonstante $C_s L_s = C_e L_e$ eingestellt wird. Dies wird an dem Resonanzstrom I erkannt.

2. Eine Löschfunkenstrecke erregt das Antennensystem. Am geerdeten Ende wird der Resonanzstrom I_1 beobachtet. Darauf wird der künstliche Kreis an Stelle der Antenne angeschlossen und wieder der Resonanzstrom I_1 durch Änderung von C_s und L_s eingestellt. Dies wird am besten dadurch erreicht, daß man die Einstellung $R = r_e$ wie zuvor (in 1.) unberührt läßt und den Wert von L_s verkleinert, während man C_s vergrößert oder umgekehrt, bis das Hitzdrahtgerät den Strom I_1 anzeigt. Die neuen Einstellungen $C_s' = C_e$ und $L_s' = L_e$, sowie die Ablesung $R = r_e$ sind dann die wirksamen Antennenkonstanten, da

$$C_s \cdot L_s = C_e \cdot L_e = C_s' \cdot L_s'$$

für die verallgemeinerte Winkelgeschwindigkeit n der gedämpften Schwingungen:

$$\frac{n L_s'}{\frac{1}{n C_s'}} = \frac{n L_e}{\frac{1}{n C_e}}$$

245. Bestimmungen der wirksamen Belastungsselbstinduktion einer Antenne. Die Resonanzwellenlängen λ und λ' für die unbelastete

Antenne und für eine unbekannte Belastungsselbstinduktion werden gemessen. Wenn L_A die statische Antennenselbstinduktion bedeutet, so hat man

$$L_0^H = \frac{A_2 B_2 - A_1 B_1}{A_1 - A_2} L_A^H$$

für die Verteilungen

$$A_1 = \frac{8\lambda'}{\pi\lambda} \frac{\sin^2 \frac{\lambda}{\lambda'} 90^\circ}{\pi \frac{\lambda}{\lambda'} + \sin\left[1 - \frac{\lambda}{\lambda'}\right] \cdot 180^\circ},$$

$$B_1 = \frac{\lambda'}{2\pi\lambda} \frac{\pi \frac{\lambda}{\lambda'} - \sin\left[1 - \frac{\lambda}{\lambda'}\right] \cdot 180^\circ}{\sin^2 \frac{\lambda}{\lambda'} 90^\circ},$$

$$A_2 = \frac{2\lambda'}{\pi\lambda} \sin\frac{\lambda}{\lambda'} \cdot 90^\circ,$$

$$B_2 = \frac{2\lambda'}{\pi\lambda} \frac{\left[1 - \cos\frac{\lambda}{\lambda'} 90^\circ\right]}{\sin\frac{\lambda}{\lambda'} 90^\circ}.$$

Beispiel: Gemessene Werte $\lambda = 685$ m, $\lambda' = 800$ m für L_0 an der Grundseite. Die statische Antennenselbstinduktion war $L_A = 0{,}000\,413$ Henry. Daher

$$A_1 = 0{,}904; \quad B_1 = 0{,}44; \quad A_2 = 0{,}724; \quad B_2 = 0{,}593$$

und die wirksame Belastungsselbstinduktion

$$L_0 = \frac{0{,}724 \cdot 0{,}593 - 0{,}904 \cdot 0{,}44}{0{,}904 - 0{,}724} 0{,}000413 = 0{,}000735 \text{ Henry}.$$

246. Widerstandsmethoden für die Bestimmung des wirksamen Antennenwiderstandes. Man mißt, während die Antenne, wie in Abb. 214, durch einen Röhrenschwingungserreger erregt wird, den Resonanzstrom I_1 am geerdeten Ende ohne und den Resonanzstrom I_2 mit eingeschaltetem Hilfswiderstand R bei ein und derselben Wellenlänge λ. Da in beiden Fällen das Ohmsche Gesetz zu den Beziehungen

$$E = I_1 \cdot r_e = I_2 (r_e + R)$$

führt, so erhält man den wirksamen Antennenwiderstand[1]) zu

$$r_e = \frac{I_2}{I_1 - I_2} R.$$

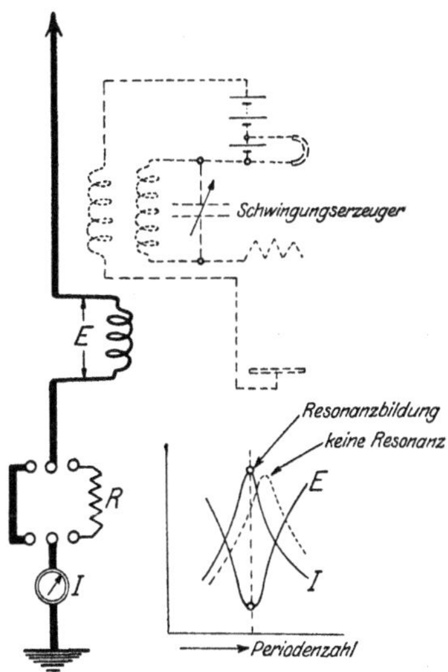

Abb. 214. Bestimmung des Antennenwiderstandes.

[1]) Der Widerstand des Hitzdrahtinstrumentes muß abgezogen werden.

Wenn der induktionsfreie Widerstand R geändert wird, bis $I_2 = I_1/2$, so wird

$$R = r_e.$$

Für den Fall von Stoßerregung hat man die Formel

$$r_e = \frac{I_2^2}{I_1^2 - I_2^2} R$$

und $R = r_e$ für

$$I_2 = \frac{I_1}{1{,}41}.$$

Wenn eine Röhrenerregung vorliegt, so kann man den wirksamen Widerstand auch mit einem Strom- und Spannungsmesser ermitteln. Wenn E die wirksame Spannung an den Klemmen der Kopplungsspule bedeutet, so hat man

$$E \cdot I = I^2 \cdot r_e$$

und den wirksamen Antennenwiderstand

$$r_e = \frac{E}{I}.$$

Beispiel: Wenn das Voltmeter zur selben Zeit durch ein Minimum $E_{\min} = 26$ Volt geht, während der Antennenstrom einen maximalen Wert $I_{\max} = 1{,}25$ Ampere aufweist, war die erregende Wellenlänge $\lambda = 3000$ m. Der wirksame Widerstand wird dann

$$r_e = \frac{26}{1{,}25} = 20{,}8 \text{ Ohm}.$$

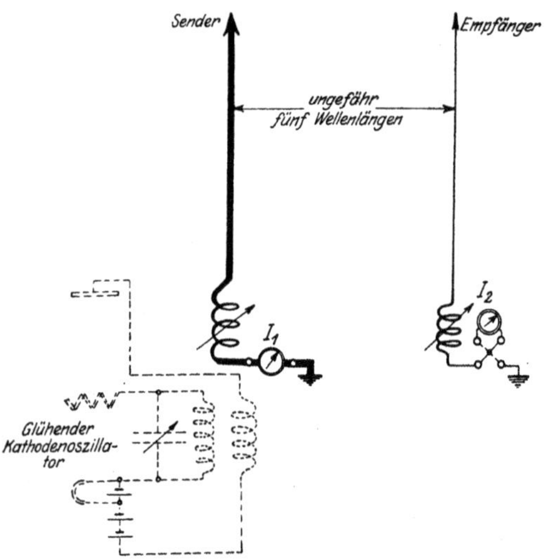

Abb. 215. Bestimmung des Strahlungswiderstandes.

247. Annäherungsmethode für die Bestimmung von Strahlungs-, Jouleschem und Erdwiderstand eines Strahlungssystems. Strahlungswirkungsgrad und Strahlungsdekrement.) Das Verfahren beruht auf der Anordnung der Abb. 215. Man bestimmt zunächst den wirksamen Widerstand der Senderantenne. Hierauf werden die wirksamen Stromwerte I_1 und I_2 im Sender und Empfangssystem gemessen, wenn die Empfängerantenne einige Wellenlängen von dem

Sender entfernt ist. Der Luftdraht des Senders wird dann auf den zehnten Teil der ursprünglichen Höhe erniedrigt und wieder derart abgestimmt, daß der Strom I_1' dieselbe Leistung führt, d. h. $W = I_1'^2 \cdot r_1' = I_1^2 \cdot r_1$, wo r_1' den neuen wirksamen Senderwiderstand bedeutet und I_2' den entsprechenden Empfängerstrom. Gemäß den Ableitungen von Erskine Murray[1]), welche auf der Hertzschen Strahlungsgleichung beruhen, wird der Ohmsche Widerstand r_j einschließlich des Erdwiderstandes r_g

$$r_j = I_1^2 \cdot r_1 \frac{I_2'^2 - I_2^2}{I_1^2 \cdot I_2'^2 - I_1'^2 \cdot I_2^2}$$

und der Strahlungswiderstand r_r

$$r_r = I_2^2 \cdot r_1 \frac{I_1^2 - I_1'^2}{I_1^2 \cdot I_2'^2 - I_1'^2 \cdot I_2^2}.$$

Da der ganze Joulesche Verlustwiderstand $r_j = r_a + r_g$ ist, so kann man nach Messung des Widerstandes r_a des Antennendrahtes den Erdwiderstand aus

$$r_g = r_j - r_a$$

berechnen.

Der Strahlungswirkungsgrad η_r ist angenähert

$$\eta_r^{\%} = \frac{r_r}{r_1} 100 = I_2^2 \frac{I_1^2 - I_1'^2}{I_1^2 \cdot I_2'^2 - I_1'^2 \cdot I_2^2} 100.$$

Das Strahlungsdekrement wird für eine effektive Antennenkapazität C_e

$$\delta_r = 5920 \frac{r_r^{\mathrm{Ohm}} \cdot C_e^{\mathrm{MF.}}}{\lambda^{\mathrm{m}}} = 6{,}57 \cdot 10^{-3} \frac{r_r^{\mathrm{Ohm}} \cdot C^{\mathrm{cm}}}{\lambda^{\mathrm{m}}}$$

Methoden für die Bestimmung des wirksamen Antennendekrementes und des Leistungsfaktors. Man kann zwischen Methoden für gedämpfte und ungedämpfte Wellen unterscheiden.

248. Erste Methode. Wenn ein Röhrenschwingungserzeuger, welcher mit einigen Windungen der Antenne gekoppelt ist, die letztere in der Grundwellenlänge λ erregt, so hat man zwischen dem Resonanzstrom I am geerdeten Ende und der in der Antenne induzierten Spannung E der Antenne mit Kapazität C_e und Widerstand r_e, die Beziehungen

$$\delta_e = 5920 \frac{C_e^{\mathrm{MF.}} \cdot r_e^{\mathrm{Ohm}}}{\lambda^{\mathrm{m}}} = \pi \cos\varphi = \pi r_e \frac{I}{E} = \boldsymbol{\pi \omega C_e \cdot r_e}$$

für das wirksame Dekrement δ_e und den Leistungsfaktor $\cos\varphi$.

---

[1]) Herr Dr. J. Erskine-Murray hat dieses Verfahren in seinem „Handbook of Wireless Telegraphy“, Crosby Lockwood and Son, London, ausführlich behandelt. Seine Originalabhandlung ist im Jahrb. d. drahtl. Telegr. 1912, H. 5, zu finden.

Beispiel: $I = 1{,}25$ Ampere; $r_e = 20{,}8$ Ohm; $C_e = 1{,}99 \cdot 10^{-4}$ MF. für $\lambda = 3000$ m. Der Leistungsfaktor $\cos\varphi = \omega C_e r_e = 2\pi \cdot 10^5 \cdot 1{,}99$ $10^{-10} \cdot 20{,}8 = 0{,}0026$ und das ganze wirksame Antennendekrement $\delta_e = \pi \cos\varphi = \pi \cdot 0{,}0026 = 0{,}00816$.

Dasselbe Ergebnis könnte man auch mittels der Formel

$$\delta_e = 6{,}578 \cdot 10^{-3} \frac{r_e^{\mathrm{Ohm}} \cdot C_e^{\mathrm{cm}}}{\lambda^{\mathrm{m}}} = 5920 \frac{r_e^{\mathrm{Ohm}} \cdot C_e^{\mathrm{MF.}}}{\lambda^{\mathrm{m}}} = 5920 \frac{20{,}8 \cdot 1{,}99 \cdot 10^{-4}}{3000}$$

erhalten.

249. Zweite Methode. Die Antenne in Abb. 214 auf Seite 285 wird zunächst mittels einer Vakuumröhre erregt und der Resonanzstrom I_1 eingestellt. Hierauf wird ein induktionsloser Widerstand R am geerdeten Ende eingeschaltet und der neue Resonanzstrom I_2 gemessen. Das zusätzliche Dekrement $\Delta\delta$ der Antenne mit der wirksamen Kapazität C_e wird dann

$$\Delta\delta = 5920 \frac{C_e^{\mathrm{MF.}} \cdot R^{\mathrm{Ohm}}}{\lambda^{\mathrm{m}}}$$

und das wirksame Antennendekrement wird

$$\delta_e = \Delta\delta \frac{I_2}{I_1 - I_2}.$$

Wenn $I_2 = I_1/2$, so wird $\delta_e = \Delta\delta$.

Bei Stoßerregung, wie in Abb. 214, hat man das Ergebnis

$$\delta_e = \Delta\delta \frac{I_2^2}{I_1^2 - I_2^2}$$

und $\Delta\delta = \delta_e$, wenn $I_2 = I_1/1{,}41$.

250. Dritte Methode. Das in Artikel 168 beschriebene Differentialsystem[1]) oder der künstliche Antennenkreis[2]) können benutzt werden, um die Konstanten r_e, C_e und L_e zu finden. Das Dekrement wird dann

$$\delta_e = \pi r_e^{\mathrm{Ohm}} \sqrt{\frac{C_e^{\mathrm{F}}}{L_e^{\mathrm{H}}}}.$$

251. Bestimmung der wirksamen Antennenimpedanz. Man koppelt einen Röhrenoszillator mit einigen Windungen, welche zwischen einem geerdeten Hitzdrahtmilliamperemeter und dem Luftleitersystem eingeschaltet sind. Die wirksame induzierte Klemmenspannung E der

---

[1]) Abb. 177 (S. 223). [2]) Abb. 213 (S. 284).

Kopplungsspule wird mit einem Hitzdrahtinstrumente gemessen. Die Antennenimpedanz wird dann aus

$$Z^{\mathrm{Ohm}} = \frac{E^{\mathrm{V}}}{I^{\mathrm{A}}}$$

berechnet.

252. Bestimmung der Antennenenergie. Man benutzt entweder die Differentialmethode der Abb. 177 auf Seite 223 und findet für ein abgeglichenes System die Energie

$$W = \frac{I^2}{4} r$$

oder verwendet den äquivalenten Antennenkreis der Abb. 213 und verfährt wie in Artikel 244 auf Seite 284 beschrieben ist. Das Quadrat des richtigen Resonanzstromes, mit dem wirksamen Widerstand multipliziert, mißt dann die Gesamtleistung der Antenne.

253. Bestimmung der maximalen Ausgangsspannung und maximalen Stromstärke für gedämpfte Antennenwellen. Das Verfahren beruht auf der Messung des effektiven Antennenstromes I am geerdeten Ende, der Wellengruppenfrequenz N, der effektiven Antennenkapazität C_e und des Widerstandes r_e der Antenne. Die höchste am freien Ende vorkommende Spannung wird dann

$$E_0^{\mathrm{V}} = I^{\mathrm{A}} \sqrt{\frac{2\, r_e^{\mathrm{Ohm}}}{C_e^{\mathrm{F}}\, N^{-\mathrm{Sek}}}}$$

und der größte vorkommende Strom I_0 am Strombauch wird

$$I_0^{\mathrm{A}} = 18{,}84 \cdot 10^8 \frac{I^{\mathrm{A}}}{\lambda^{\mathrm{m}}} \sqrt{\frac{2\, r_e^{\mathrm{Ohm}} \cdot C_e^{\mathrm{F}}}{N^{-\mathrm{Sek}}}}.$$

Die Richtigkeit dieser Gleichungen ersieht man aus folgender Ableitung. Es ist:

$$E_0 = \frac{I_0}{\omega C_e}$$

für

$$\delta = \pi r_e \sqrt{\frac{C_e}{L_e}} = \pi \omega C \cdot r_e .$$

Da für den Resonanzfall

$$\omega^2 \cdot C_e \cdot L_e = 1 ,$$

so hat man

$$I = \frac{I_0}{2} \sqrt{\frac{N}{\delta f}} = \frac{\omega C_e E_0}{2} \sqrt{\frac{N}{\pi \omega C_e r_e f}} = C_e E_0 \sqrt{\frac{N}{2 r_e C_e}} .$$

Die Ausgangsspannung wird somit

$$E_0 = \frac{I}{C_e}\sqrt{\frac{2 r_e C_e}{N}}$$

und

$$I = \frac{I_0}{2}\sqrt{\frac{N}{\delta f}} = \frac{I_0}{\omega}\sqrt{\frac{N}{2 r_e C_e}} = \frac{\lambda I_0}{6\pi \cdot 10^8}\sqrt{\frac{N}{2 r_e C_e}}$$

oder

$$I_0 = \frac{18{,}84 \cdot 10^8 \cdot I}{\lambda}\sqrt{\frac{2 r_e C_e}{N}}$$

wie oben gefunden wurde.

Beispiel: Die Versuchsantenne wird mittels Stoßerregung betrieben. $I = 2{,}7$ Ampere, $C_e = 1{,}71 \cdot 10^{-3}$ MF., $r_e = 11{,}5$ Ohm bei $\lambda = 784$ m und $N = 1000$ Entladungen in der Sekunde. Man hat dann

$$E_0 = I\sqrt{\frac{2 r_e}{N \cdot C_e}} = 2{,}7\sqrt{\frac{2 \cdot 11{,}5}{1000 \cdot 1{,}71 \cdot 10^{-9}}} \doteq 9900 \text{ Volt}$$

und

$$I_0 = 18{,}84 \cdot 10^8 \frac{I}{\lambda}\sqrt{\frac{2 r_e \cdot C_e}{N}}$$

$$= 18{,}84 \cdot 10^8 \frac{2{,}7}{784}\sqrt{\frac{2 \cdot 11{,}5 \cdot 1{,}71 \cdot 10^{-9}}{1000}} = 40{,}7 \text{ Ampere.}$$

254. Annäherungsmethode für die Vorausbestimmung der wirksamen Empfangsstromstärke. Dieses Verfahren beruht auf der Anwendung der Versuchsformel

$$I_r = k \cdot R \cdot S \cdot I_s$$

für den wirksamen Strom I_r am geerdeten Ende der Empfängerantenne oder in einem Rahmen bei einem effektiven Senderstrom I_s und der Wellenlänge λ. Die Konstante k ist gleich der Einheit, wenn der Abstand d zwischen der Sender- und Empfängerantenne kleiner als 100 km ist. Für größere Werte berechnet man dieselbe aus dem Ausdrucke:

$$k = \varepsilon^{-47 \cdot 10^{-6} \frac{d^{\mathrm{m}}}{\sqrt{\lambda^{\mathrm{m}}}}}.$$

Die Verbrauchskonstante $47 \cdot 10^{-6}$ gilt für Tageslicht und Überseeübertragung. Die in der Tabelle 7 angegebenen Formeln, die im Bureau of Standards ausgearbeitet wurden, setzen Sinuserregung voraus[1]).

[1]) Eine allgemeine Kritik der Übertragungsformeln ist aus der Arbeit von T. M. Libby (I.R.E. Febr. 1917) zu entnehmen. Ihre Anwendung ist in Prof. Vallauris (I.R.E. Aug. 1920) Aufsatz erläutert. Wenn Θ den Winkel bezeichnet, welcher im Erdzentrum mittels des Verbindungsbogens, der die Sender- und

Tabelle 7.

Antenne		Formfaktor des		Empfängerstrom I_r in Ampere	Bemerkungen
Sender	Empfänger	Senders S	Empfängers R		
Einfache umgekehrte L-Antenne, h_s ist die Höhe	wie Sender h_r Höhe r Widerstand	$\frac{188\,h_s}{\lambda}$	$\frac{h_r}{d \cdot r}$	$I = k \cdot R \cdot S \cdot I_s$	I_s Wirksamer Senderstrom, Wellenlänge λ h_s, h_r Höhen und d Entfernung zwischen den Antennen in Metern, r Widerstand des Empfängers in Ohm $k = 1$ für $d < 100$ km $k = \varepsilon^{-47\cdot 10^{-6}\frac{d}{\sqrt{\lambda}}}$ für $d > 100$ km
wie oben	geschlossene Spule h_r Höhe l_r Länge N_r Windungszahl r Rahmenwiderstand	$\frac{1184\,h_s}{\lambda^2}$	$\frac{h_r \cdot l_r \cdot N_r}{d \cdot r}$		
Rahmen h_s Höhe l_s Länge N_s Windungszahl	Einfache umgekehrte L-Antenne h_r Höhe und r der Widerstand	$\frac{1184\,h_s l_s N_s}{\lambda^2}$	$\frac{h_r}{d \cdot r}$		
wie oben	Rahmen h_r, l_r, N_r wie oben	$\frac{7450\,h_s l_s N_s}{\lambda^3}$	$\frac{h_r \cdot l_r \cdot N_r}{d \cdot r}$		

Empfängerstation verbindet, gebildet wird, so hat man für die Austinsche (Navy-Formula) im Vergleich zu denjenigen von Dr. Eccles, Dr. Fuller und Herrn Prof. Sommerfeld

$$I_r = 377\,\frac{h_s h_r I_s}{\lambda \cdot d \cdot r}\sqrt{\frac{\Theta}{\sin\Theta}}\;\varepsilon^{-\frac{0{,}0019\,d}{\sqrt[3]{\lambda}}}$$

(A. Sommerfeld, theoretische Formel [Ann. d. Phys. 28, 1909])

scheint die beste Annäherungsformel zu sein

$$= 377\,\frac{h_s h_r I_s}{\lambda \cdot d \cdot r}\sqrt{\frac{\Theta}{\sin\Theta}}\;\varepsilon^{-\frac{0{,}0015\,d}{\sqrt{\lambda}}}$$

(L. W. Austin, teilweise empirisch [Bull. d. Bureau of Standards Bd. 11, Nov. 1914])

$$I_r = 377\,\frac{h_s h_r I_s}{\lambda \cdot d \cdot r}\sqrt{\frac{\Theta}{\sin\Theta}}\;\varepsilon^{-\frac{0{,}0045\,d}{\lambda\sqrt{2}}}$$

(L. F. Fuller, teilweise empirisch [A.I.E.E. Bd. 34, 1915])

$$4{,}25\,\frac{h_s h_r I_s}{\lambda \cdot d}\;\varepsilon^{-\frac{0{,}0045\,d}{\lambda^{3/2}}}$$

(W. H. Eccles [Handbook of Wireless Tel. & Tel.])

Beispiel: Wenn umgekehrte L-Antennen für die Sende- und Empfangsstation verwendet werden, so hat man für einen Empfangsstrom $I_r = 4 \cdot 10^{-5}$ Ampere; $\lambda = 300$ m, für 20 m in vertikaler ($h_s = h_r = 20$ m) und 60 m in horizontaler Richtung und $r = 10$ Ohm für jede Antenne und eine Entfernung $d = 50$ km derselben den Formfaktor des Senders

$$S = \frac{188 \cdot 20}{300} = 12{,}52$$

und denjenigen des Empfängers

$$R = \frac{20}{50 \cdot 10^3 \cdot 10} = 4 \cdot 10^{-5}$$

was einem Senderstrom

$$I_s = \frac{I_r}{R \cdot S} = \frac{4 \cdot 10^{-5}}{4 \cdot 10^{-5} \cdot 12{,}52} = 0{,}0799 \text{ Ampere}$$

entspricht.

Die Tabelle 8 ergibt weitere Beziehungen zum besseren Vergleich von offenen und geschlossenen Systemen.

255. Bestimmung der wirksamen Antennenhöhe[1]). Die Hertzsche Strahlungstheorie zeigt, daß die wirksamen Antennenhöhen h_s und h_r der Sender- und der Empfängerstationen durch die Beziehung

$$h_s^{\text{km}} \cdot h_r^{\text{km}} = \frac{I_r^{\text{A}}}{I_s^{\text{A}}} \, \frac{d^{\text{km}} \cdot r^{\text{Ohm}} \cdot \lambda^{\text{m}}}{\pi\, 120}$$

gegeben[2]) sind, wenn I_s und I_r die wirksamen Sender- und Empfangsströme, d die Entfernung zwischen den Stationen und r den ganzen Empfängerwiderstand bedeuten. Für einen Rahmenempfänger ist aber

$$h_r = 2\pi \frac{F_r}{\lambda} \cos \Phi ,$$

[1]) Diese Methode wurde von C. Pession (Radio Rev. Mai 1921) zuerst vorgeschlagen.

[2]) Obige Ausdrücke beziehen sich auf die Übertragungsformeln von Herrn Professor Barkhausen (Jahrb. drahtl. Telegr. u. Telef. 1912, Nr. 3). Dieselben sind

$$I_r = 377 \frac{h_s' \cdot h_r' \cdot I_s}{\lambda \cdot d \cdot r} \varepsilon^{-\frac{\alpha \cdot d}{\sqrt{\lambda}}} \quad \text{für sinusförmige Ströme}$$

$$I_r = 377 \frac{h_s' \cdot h_r' \cdot I_s}{\lambda \cdot d \cdot r \sqrt{1 + \frac{\delta_1}{\delta_2}}} \varepsilon^{-\frac{\alpha \cdot d}{\sqrt{\lambda}}} \quad \text{für gedämpfte Wellenzüge}$$

wo die wirksame Antennenhöhe h' bei der wirklichen Höhe h durch die Beziehung

$$h' = \frac{1}{I} \int i \cdot dh$$

gegeben ist und I den am geerdeten Ende gemessenen wirksamen Stromwert bedeutet.

wenn F_r den ganzen Flächeninhalt des Rahmens in Quadratmetern und Φ den Winkel zwischen der vertikalen Ebene des Rahmens und der vertikalen Ebene durch die zwei Stationen bedeutet. Man hat somit

$$h_s = \frac{I_r}{I_s} \cdot \frac{d \cdot r \cdot \lambda^2}{240\,\pi^2 F_r \cdot \cos\Phi} .$$

Anwendung: Man mißt den Empfängerstrom I_r mittels eines Thermogalvanometers oder eines anderen passenden Instrumentes. Wenn man z. B. drei Stationen 1, 2 und 3 hinsichtlich ihrer wirksamen Höhen untersuchen will, so hat man

für Station 1 und 2

$$h_1 \cdot h_2 = \frac{I_2}{I_1} \frac{\lambda_1 \cdot d_{12} \cdot r_2}{377} ,$$

für Station 2 und 3

$$h_2 \cdot h_3 = \frac{I_3}{I_2} \frac{\lambda_2 \cdot d_{23} \cdot r_3}{377} ,$$

für Station 3 und 1

$$h_3 \cdot h_1 = \frac{I_1}{I_3} \frac{\lambda_3 \cdot d_{31} \cdot r_1}{377} .$$

Eine Messung von Commander C. Pession ergab z. B. für die Entfernungen

$d_{12} = 6{,}67$ km; $I_1 = 18$ und $I_2 = 95 \cdot 10^{-3}$ Ampere;
$r_2 = 12{,}75$ Ohm; $\lambda_1 = 3{,}2$ km; d. h. $h_1 \cdot h_2 = 0{,}0038$,
$d_{23} = 5{,}28$ km; $I_2 = 10{,}6$ und $I_3 = 49 \cdot 10^{-3}$ Ampere;
$r_3 = 12{,}9$ Ohm; $\lambda_2 = 3{,}15$ km; d. h. $h_2 \cdot h_3 = 0{,}002\,57$,
$d_{31} = 5{,}17$ km; $I_3 = 13$ und $I_1 = 24{,}5 \cdot 10^{-3}$ Ampere;
$r_1 = 10{,}3$ Ohm; $\lambda_3 = 1{,}8$ km; d. h. $h_3 \cdot h_1 = 0{,}000\,526$.

Die wirksamen Höhen der drei Stationen sind deshalb

$$h_1 = 136 \text{ m}; \quad h_2 = 27{,}9 \text{ m}; \quad \text{und} \quad h_3 = 18{,}8 \text{ m}.$$

256. Bestimmung der wirksamen Antennenhöhe mittels einer Rahmenantenne. Bei der soeben angegebenen Methode sind drei Stationen notwendig, um die wirksame Antennenhöhe zu finden. Der Grund dafür liegt in der Tatsache, daß man selbst für geometrisch einfache Antennengebilde die wirksame Höhe nicht immer genügend genau berechnen kann, da die Umgebung in der Nähe des Strahlungsgebildes einen Einfluß ausübt. Es ist dagegen leicht, die wirksame Höhe h_e einer Rahmenantenne zu berechnen und dieselbe zur Bestimmung der wirksamen Höhe irgendeiner Antenne zu benutzen.

Gemäß den Ableitungen in Abschnitt 325 ist die wirksame Höhe einer Rahmenantenne, deren Windungsfläche $h^{\mathrm{m}} \cdot a^{\mathrm{m}} = F^{\mathrm{qm}}$ ist, bei N Windungen

$$h_e^{\mathrm{m}} = \frac{6{,}28 \cdot N \cdot F^{\mathrm{qm}}}{\lambda^{\mathrm{m}}} = 2{,}09 \cdot 10^{-8} \cdot N \cdot F^{\mathrm{qm}} \cdot f^{\sim/\mathrm{Sek}} ;$$

Tabelle 8. Berechnung des wirksamen Senderstroms I_s für eine ge-

Fall	Antennenform (angenommene Dimensionen)		Formfaktor des Empfängers R (berechnet)
	Sender	Empfänger	
1	Rahmen mit einer einzigen quadratförmigen Windung, deren Seite 20 m lang ist. Daher: $h_s = 20$ m; $l_s = 20$ m; $N_s = 1$ Windung; $\lambda = 300$ m.	Rahmen wie für Sender, d. h. $h_r = 20$ m; $l_r = 20$ m; $N_r = 1$ Windung; $d = 50$ km und Widerstand $r = 10$ Ohm. Verlangter Empfangsstrom $I_r = 4 \cdot 10^{-5}$ Amp.	$\frac{h_r \cdot l_r \cdot N_r}{d \cdot r} = \frac{20 \cdot 20 \cdot 1}{50 \cdot 10^3 \cdot 10} = 8 \cdot 10^{-4}$
2	Rahmen wie in 1.	Rahmen aber $h_r = 5$ m; $l_r = 5$ m; $N_r = 4$ Windungen, so daß dieselbe Drahtlänge wie in 1 verwendet ist und wiederum $r = 10$ Ohm.	$\frac{h_r \cdot l_r \cdot N_r}{d \cdot r} = \frac{5 \cdot 5 \cdot 4}{50 \cdot 10^3 \cdot 10} = 2 \cdot 10^{-4}$
3	Einfache L-Antenne $h_s = 20$ m. Dieselbe Drahtlänge wie oben, 20 m vertikal und 60 m horizontal.	Rahmen wie in 1.	wie in 1.
4	Einfache L-Antenne wie in 3.	Rahmen wie in 2.	wie in 2.
5	Einfache L-Antenne wie in 3.	Einfache L-Antenne wie für Sender, d. h. $h_r = 20$ m; $r = 10$ Ohm.	$\frac{h_r}{d \cdot r} = \frac{20}{50 \cdot 10^{-3} \cdot 10} = 4 \cdot 10^{-5}$

gebene Empfangsstromstärke und verschiedene Antennenformen.

Formfaktor des Senders S (berechnet)	Strom des Senders (berechnet) $I_s = \frac{I_r}{R \cdot S}$ Amp.	Bemerkungen besondere	Bemerkungen allgemeine
$\frac{7450 \cdot h_s \cdot l_s \cdot N_s}{\lambda^3} = \frac{7450 \cdot 20 \cdot 20 \cdot 1}{300^3} = 1102 \cdot 10^{-4}$	$\frac{4 \cdot 10^{-5}}{8 \cdot 10^{-4} \cdot 1102 \cdot 10^{-4}}$ = **0,453 Amp.**		Dieselbe Drahtlänge wird für alle Antennenformen des Senders sowohl als des Empfängers benutzt. $k = 1$, da die Entfernung $d = 50$ km kleiner als 100 km ist.
wie in 1.	$\frac{4 \cdot 10^{-5}}{2 \cdot 10^{-4} \cdot 1102 \cdot 10^{-4}}$ = **1,812 Amp.** viermal so groß wie in 1.	deutet an, daß für $^1/_4$ der Rahmenhöhe 4mal so großer Senderstrom notwendig ist.	Gleichstromwiderstand ist für alle Formen des Senders und des Empfängers konstant. $r = 10$ Ohm. Wellenlänge ist für alle 5 Fälle konstant, nämlich $\lambda = 300$ m.
$\frac{1184 \cdot h_s}{\lambda^2} = \frac{1184 \cdot 20}{300^2} = 263{,}11 \cdot 10^{-3}$	$\frac{4 \cdot 10^{-5}}{8 \cdot 10^{-4} \cdot 263{,}11 \cdot 10^{-3}}$ = **0,19 Amp.** sehr kleiner Strom (gut).	Guter Senderstrom. Empfänger wirkt zur gleichen Zeit als Richtungsfinder.	Verlangt: Daß der Empfangsstrom in allen Fällen $I_r = 4 \cdot 10^{-5}$ Amp.
wie in 3.	$\frac{4 \cdot 10^{-5}}{2 \cdot 10^{-4} \cdot 263{,}11 \cdot 10^{-3}}$ = **0,76 Amp.**	Schlechte Anordnung.	h_s, h_r Höhen des Senders und Empfängers. l_s, l_r Länge der Sender- und Empfängerspulen.
$\frac{188 \cdot h_s}{\lambda} = \frac{188 \cdot 20}{300} = 12{,}52$	$\frac{4 \cdot 10^{-5}}{4 \cdot 10^{-5} \cdot 12{,}52}$ = **0,0799 Amp.** kleinster und bester Wert.	Beste Anordnung.	N_s, N_r Anzahl der Windungen für Sender oder Empfänger.

wenn die Breite a der Rahmenantenne größere Werte als $\lambda/6$ hat, so muß man die genaue Formel (10) auf Seite 437 benutzen.

Die Messung besteht darin, daß man einen Rahmenempfänger, der in einer Entfernung[1]) d von ungefähr 10 λ von einem Sender entfernt ist und nach demselben deutet, auf die Wellenlänge λ des Senderstromes I_s abstimmt. Für einen effektiven[2]) Widerstand r des Rahmenkreises und einen wirksamen Empfangsstrom I_r berechnet sich nach (16) auf Seite 439 die wirksame[3]) Höhe des Senders zu

$$h_{e_s}^{\mathrm{m}} = 4{,}17 \cdot 10^{-4} \cdot \frac{I_r}{I_s} \cdot \frac{\lambda^{2\,\mathrm{m}}\, d^{\mathrm{m}}\, r^{\Omega}}{N \cdot F^{\mathrm{qm}}},$$

da gemäß der Übertragungsformel

$$I_r = 377 \frac{I_s h_{e_s} h_{e_r}}{\lambda \cdot d \cdot r}$$

für den Absorptionsfaktor $\varepsilon^q = 1$ ist.

257. Die Erfahrungsformeln von Meißner für die ungefähre Schätzung der Eigenwellenlänge von technischen Antennen[4]). Die natürlichen[5]) Wellenlängen können mittels folgender Formeln geschätzt werden, wenn l die Länge von dem geerdeten Ende bis zum freien Ende des Luftleiters bedeutet und in Metern ausgedrückt ist.

Vertikaler Draht $4\,l$ bis $4{,}1\,l$,
Horizontaler Draht (1 m über der Erde) $5\,l$,
Ausgebreitete Antennen $5\,l$ bis $7\,l$,
Kleine T-Antennen $4{,}5\,l$ bis $5\,l$ (Schiff),
T-Antennen (Breite b und Höhe $b/2$ bis $b/3$) 9 bis 10 l,
Schirmantenne $6\,l$ bis $8\,l$.

258. Bestimmung der elektrischen und magnetischen Feldstärke einer Empfangswelle (für normale Entfernungen). Eine Rahmenantenne mit n Windungen wird senkrecht zum Erdboden wie in Abb. 216 auf-

---

1) Für solche kleine Entfernungen wird das Exponentialglied in der Übertragungsformel praktisch gleich der Einheit.

2) Der wirksame Widerstand des abgestimmten Rahmenkreises wird, wie in Artikel 144 oder 245 gezeigt ist, bestimmt.

3) Gemäß (15) oder (16) auf Seite 439 würde der Faktor gleich $2 \cdot 4{,}17 \cdot 10^{-4}$, also zweimal so groß sein. Der Grund dafür ist der, daß in der gewöhnlichen Übertragungsformel (Austin) die Erde als gutleitend angesehen wird und das Spiegelbild der Antenne so tief unter der Erde liegt, wie die Antenne sich über derselben befindet, d. h. die zweifache Höhe wirksam ist.

4) Meißner, A.: Jahrb. drahtl. Telegr. u. Telef. Aug. 1919, S. 269 bis 270.

5) Eigenwellenlänge.

gehängt und mittels eines veränderlichen Kondensators auf die Wellenlänge der Raumwelle abgestimmt. Dann wird der Rahmen um seine vertikale Hauptachse gedreht, bis der an einem empfindlichen Galvanometer abgelesene Resonanzstrom I einen maximalen Wert ergibt. Wenn $r^{\Omega} = r_1 + r_2$ den wirksamen Widerstand der Rahmenantenne und des Heizdrahtes (ungefähr 20 Ω) des Thermoelementes bedeutet, so berechnet sich die elektrische Feldstärke nach Lösung 7 auf Seite 435 zu

$$\mathcal{E}_{\max}^{\text{Volt/cm}} = 22{,}53\, P$$

und die maximale magnetische Feldstärke nach Lösung 5 zu

$$H_{\max}^{\text{Gilbert/cm}} = 7{,}51 \cdot 110^{-2}\, P,$$

für

$$P = \frac{\lambda^{\text{m}}\, I^{\text{Amp.}}\, r^{\Omega}}{N F^{\text{qcm}}} = \frac{3 \cdot 10^5\, I^{\text{Amp.}}\, r^{\Omega}}{f^{\text{KP}}\, F^{\text{qcm}}\, N}$$

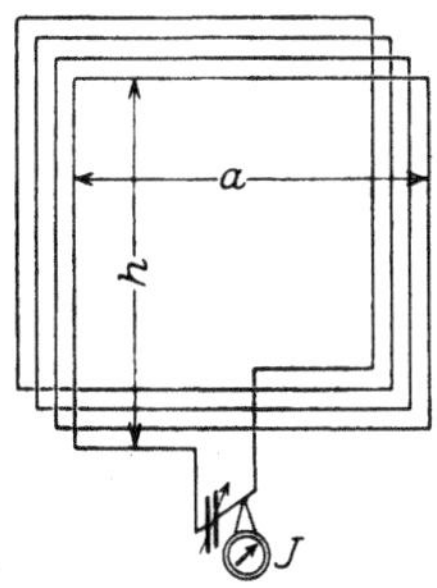

Abb. 216. Bestimmung der elektrischen und magnetischen Feldstärke einer elektromagnetischen Raumwelle.

Der wirksame Widerstand der Spule wird mittels der in Abschnitt 144 auf Seite 208 beschriebenen Methode bestimmt. Wenn sehr kleine Feldstärken gemessen werden sollen, so benutzt man Verstärkerröhren zur Messung. Dies wird näher in Artikel 266 behandelt.

259. Bestimmung der Fortpflanzungsgeschwindigkeit längs einer Wellenantenne. Wie in Artikel 323 gezeigt ist, hat man bei horizontalen Wellenantennen, die nahe am Erdboden verlaufen, mit Phasengeschwindigkeiten v zu rechnen, die etwas kleiner sind als die Fortpflanzungsgeschwindigkeit v_0 der auftreffenden Raumwelle. Für größere Wellenlängen weicht v mehr von v_0 ab als für kürzere Wellen, und die maximale Drahtlänge l wird im Vergleich zur Empfangswellenlänge kürzer (siehe Seite 423).

Die Geschwindigkeit v längs des Luftdrahtes mißt man mittels der in Abb. 217 angegebenen Anordnung. Man koppelt einen Hochfrequenzgenerator mit einer Windung der Wellenantenne, die über einen Strommesser I geerdet wird. Die Wellenlänge wird zunächst für offenes Ende geändert, bis ein maximaler Stromwert I bemerkt wird, dies entspricht dann der Grundwelle λ des Luftleiters. Eine weitere Verringerung der Erregerwellenlänge erzeugt für einen gewissen Wert derselben ein anderes Maximum, welches der ersten Oberwelle des L u f t l e i t e r s entspricht usw. Wie die Theorie am Ende des Buches lehrt, würde für $v = v_0$ das erste Maximum einer Wellenlänge $\lambda_0 = 4\, l$ entsprechen, das zweite Strommaximum $\lambda_0' = \frac{4}{3}\, l$, das dritte Maximum $\lambda_0'' = \frac{4}{5}\, l$ usf. Wenn daher λ, λ', λ'' usf. die entsprechenden Erregerwellen sind, die für die wahren Strommaxima gemessen werden, so muß allgemein

$$\frac{\lambda_0 v_0}{\lambda} = v$$

die Fortpflanzungsgeschwindigkeit für die induzierte Drahtwelle bei einer Wellenlänge λ sein.

Dasselbe kann auch mit kurzgeschlossenem Luftdraht ausgeführt werden, wo dann die erste Grundwelle für $v = v_0$ der Drahtlänge $2\,l$,

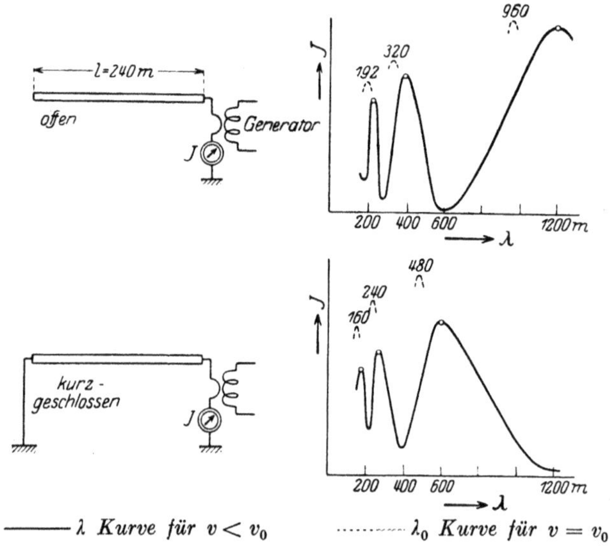

Abb. 217. Messung der Fortpflanzungsgeschwindigkeit mittels Spannungs- und Stromresonanz.

die erste Oberwelle der Länge l, die zweite Oberwelle $\frac{2}{3}\,l$ usw. entsprechen.

Als Beispiel sind in der Abbildung die Abmessungen einer aus 2 parallelen Drähten gebildeten Antenne angegeben. Die voll ausgezogenen Kurven geben die Daten der Messung an, während die gestrichelten Kurventeile die berechneten Resonanzkurven für $v = v_0$ andeuten. Für den offenen Luftdraht ergeben sich

$$\lambda = 1200\text{ m};\quad \lambda' = 390\text{ m};\quad \lambda'' = 192\text{ m}\quad \text{gegen}\quad \lambda_0 = 4\cdot 240 = 960\text{ m};$$
$$\lambda_0' = \tfrac{4}{3}\cdot 240 = 320\text{ m};\quad \lambda_0 = \tfrac{4}{5}\cdot 240 = 192\text{ m}.$$

Dies ergibt die wahren Fortpflanzungsgeschwindigkeiten

$$\frac{v_0\lambda_0}{\lambda} = \frac{960}{1200}\,v_0 = 0{,}8\,v_0 = v;\quad v' = 0{,}82\,v_0;\quad v'' = 0{,}87\,v_0.$$

Für den kurzgeschlossenen Luftdraht ergeben sich

$$v = \frac{590}{480}\,v_0 = 0{,}81\,v_0\ \text{usf.}$$

Abb. 218 zeigt das Gesamtergebnis der Messung, für welche die zwei parallelgeschalteten Drähte sich 3 m über der Erde befanden.

260. Bestimmung der Schwingungsimpedanz (Wellenwiderstand) einer langen horizontalen Antenne. Gemäß der am Ende des Buches gegebenen Theorie besteht an jedem Punkte der Antenne eine Proportionalität zwischen der Spannungs- und Stromwelle, die gleich der Schwingungsimpedanz $Z_0 = \sqrt{\frac{L}{C}}$ ist. Da man zwecks guter einseitiger Richtwirkung einer Wellenantenne das offene Ende über einen Widerstand R erden muß, der gleich Z_0 ist, so ist die Kenntnis von Z_0 notwendig. Zur Bestimmung des Wellenwiderstandes Z_0 benutzt man die Anordnung in Abb. 219. Eine einzige Windung in einem kurzen zum Luftleiter führenden Vertikaldraht dient zur Kopplung mit einem Hochfrequenzgenerator, dessen Periodenzahl beliebig verändert werden kann. Das Verhältnis V/I ergibt die am Generatorende bemerkbare Impedanz der Antenne. Bei kurzgeschlossenem Ende (gegen die Erde), d. h. $R = 0$, bekommt man die stark ausgezogene Multiresonanzkurve, während man die gestrichelte Resonanzkurve für den offenen Luftdraht ($R = \infty$) erhält. Für $R = 200\ \Omega$ bekommt man die punktierte Resonanzkurve, während für $R \cong 400\ \Omega$ die Antenne aperiodisch erscheint, als ob überhaupt keine Kapazität und Induktivität vorhanden wäre. Dieser Wert von R entspricht dem geometrischen Mittel zwischen den Resonanzkurven für $R = \infty$ und $R = 0$ und ist gleich dem Wellenwiderstand Z_0 der Antenne. Für die meisten praktischen Messungen ist es nicht immer notwendig, einen Spannungsmesser V zu verwenden. Man verändert R, bis der Strommesser bei veränderter Periodenzahl f der aufgedrückten Spannung keine ausgeprägten Maxima und Minima mehr anzeigt und erhält $R = Z_0$.

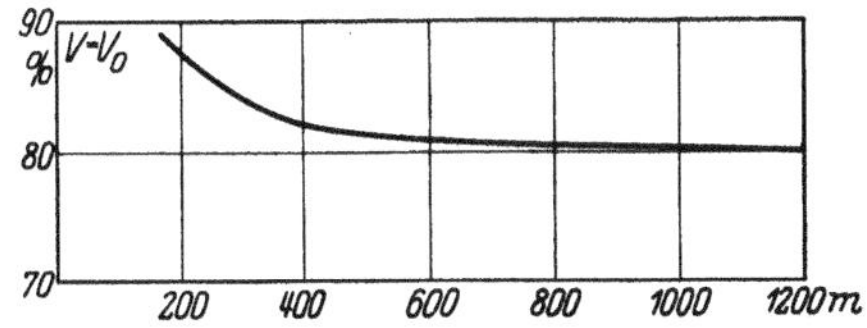

Abb. 218. Geschwindigkeit elektrischer Wellen längs einer Wellenantenne, die 240 m lang ist und sich 3 m über der Erde erstreckt.

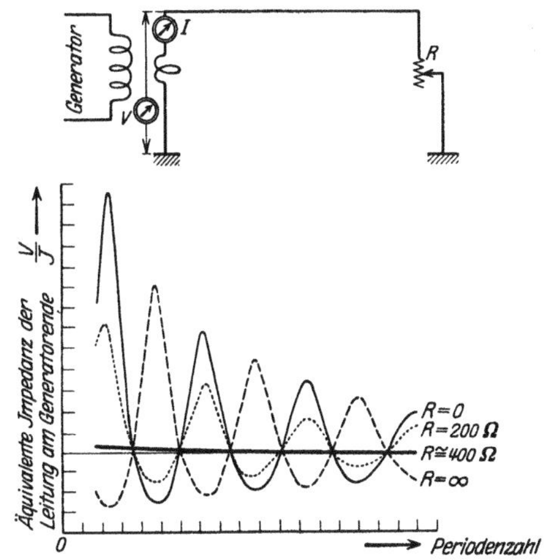

Abb. 219. Anordnung zur Messung der Schwingungsimpedanz einer Wellenantenne.

261. Messung der Dämpfung einer langen horizontalen Antenne. Gemäß den Ableitungen in Artikel 315 bedeutet α die Abklingungskonstante längs der Leitung. Sie ist der reelle Teil der Fortpflanzungskonstanten $n = \alpha + j\beta$ der Leitung, die gemäß Gl. (116) auf Seite 428 die Lösung $\alpha = \frac{r}{2}\sqrt{\frac{C}{L}} = \frac{r}{2 Z_0}$ ergibt, wo Z_0 die Schwingungsimpedanz der Leitung ist. Man erdet wie in Abb. 220 das offene Ende des Luftleiters (eine Wellenantenne, die ungefähr 3 m über dem Erdboden verläuft) über einen rein Ohmschen Widerstand und stellt dessen Wert so ein, bis die Leitung (Antenne) sich wie ein Widerstand am Generatorende verhält, d. h. keine Resonanzausschläge $I_{1\max}$ für gewisse Periodenzahlen der aufgedrückten Spannung[1]) aufweist. In einem solchen Zustand wird die gegen das Ende der Leitung hin verlaufende Welle von R vollständig verbraucht und nicht mehr gegen das Generatorende hin zurückgeworfen. Da für einen solchen Zustand der gemessene Strom

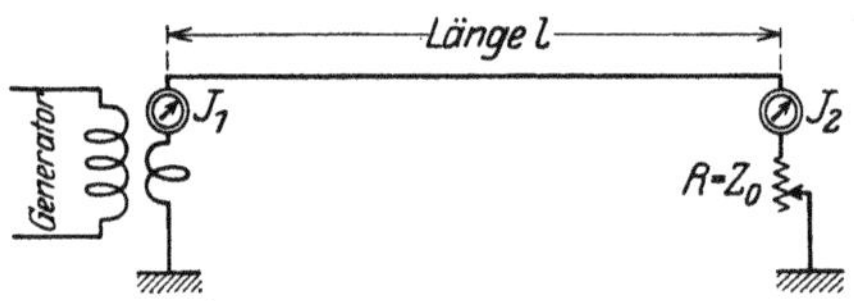

Abb. 220. Bestimmung der Abklingung an einer langen Antenne (Wellenantenne).

$$I_2 = I_1 \varepsilon^{\alpha l}$$

ist, so wird die Leiterdämpfung pro Längeneinheit

$$\alpha = \frac{\ln \frac{I_2}{I_1}}{l}.$$

Dieselbe Messung kann natürlich auch auf eine Doppelleitung übertragen werden, wobei die Enden der zwei Drähte über einen Widerstand $R = \sqrt{\frac{L}{C}}$ geschlossen werden. Der Wert der Schwingungsimpedanz $Z_2 = \sqrt{\frac{L}{C}}$ kann dann in recht guter Annäherung mittels der Formel

$$Z_0^{\mathrm{Ohm}} = 120 \ln \frac{2a}{d}$$

berechnet werden, wo a den Abstand der Drahtachsen und d den Durchmesser der Drähte[2]) bedeutet.

---

[1]) Für Näheres Seite 299 und Abb. 219.

[2]) $Z_0 = \sqrt{\frac{L}{C}}$; die richtigen Hochfrequenzformeln der Induktivität und Kapazität pro Längeneinheit sind

$$C^F = \frac{1}{4 \cdot 9 \cdot 10^{11} \ln B}; \quad L^H = 4[\ln B + D]\, 10^{-9} \quad \text{für} \quad B = \frac{1 + \sqrt{1 - \left[\frac{d}{a}\right]^2}}{\frac{d}{a}}$$

262. Bestimmung der Kapazität, Induktivität und des Widerstandes einer langen Horizontalantenne. Diese Bestimmung beruht auf den Formeln, die in den Artikeln 315 und 324 angegeben wurden, und den Methoden, die auf Seite 299 und 300 beschrieben sind. Die Abklingungskonstante α, deren Bestimmung in Artikel 261 angegeben wurde, ist für die Hochfrequenzleitung

$$\alpha = \frac{r}{2 Z_0}.$$

Der Widerstand für gleiche Stromverteilung längs der Leitung von der Länge l kann daher mittels des Ausdruckes

$$\boldsymbol{r_A^\Omega = 2\alpha Z_0 l}$$

gefunden werden, wo $Z_0 = \sqrt{\frac{L}{C}}$ die Schwingungsimpedanz der Leitung ist (deren Bestimmung in Artikel 260 angegeben ist).

Die Fortpflanzungsgeschwindigkeit $v = \frac{1}{\sqrt{CL}}$ längs des horizontalen Luftdrahtes wird wie in Artikel 259 gefunden. Diese Beziehung mit dem Ausdruck $Z_0 = \sqrt{\frac{L}{C}}$ für die Schwingungsimpedanz verglichen, ergibt

$$\boldsymbol{L_A^H = \frac{Z_0}{v}\, l}$$

für die Induktivität der Länge l und gleiche Stromverteilung längs des Leiters. Mittels des Ausdruckes $v = \frac{1}{\sqrt{CL}}$ wird

$$\boldsymbol{C_A^F = \frac{l}{Z_0 v}}$$

gleich dem Werte der ganzen Kapazität bei gleichbleibender Potentialverteilung längs der Leitung.

---

und

$$D = \sqrt{\frac{r_0}{\omega\left[1 - \left(\frac{d}{a}\right)^2\right]}},$$

wenn $\omega = 2\pi F$ und r_0 den Gleichstromwiderstand pro Längeneinheit im elektromagnetischen C.G.S.System bedeutet. Für einen Drahtabstand a, der nicht unpraktisch klein ist, kann $\left[\frac{d}{a}\right]^2$ im Vergleich zur Einheit vernachlässigt werden und obige Formel ergibt für Z_0 z. B. für $a = 4{,}2$ cm, $d = 0{,}145$ cm die Werte $D = 0{,}03928$ und $4 \ln \frac{1}{b} = 16{,}236$ stellt den wichtigsten Teil für L dar, wenn D vernachlässigt wird, ist $Z_0 = 481\ \Omega$ anstatt $Z_0 = 487{,}9\ \Omega$.

263. Bestimmung des Absorptionsfaktors von elektromagnetischen Wellen im Raume. Der Absorptionsfaktor A ist nach den Darlegungen im Abschnitt 264 auf Seite 303 durch

$$A = \frac{\mathcal{E}^{\mathrm{Volt/m}}}{377\,\dfrac{I_s^{\mathrm{Amp.}}\, h_{e_s}^{\mathrm{m}}}{\lambda^{\mathrm{m}}\, d^{\mathrm{m}}}} \tag{1}$$

gegeben.

1. Man benutzt zunächst einen Rahmenempfänger mit N Windungen und einer Windungsfläche F. Die wirksame Höhe ist daher

$$h_{e_r}^{\mathrm{m}} = \frac{6{,}28\, F^{\mathrm{qm}}\, N}{\lambda^{\mathrm{m}}}. \tag{2}$$

2. Der Rahmenempfänger wird in einem Abstand d, der nur einige Wellenlängen λ vom Sender beträgt, so angebracht, daß er nach dem Sender hindeutet. Der Resonanzstrom sei für einen effektiven Widerstand r des Rahmenkreises I_r und derjenige des Senders sei gleich I_s. Da für eine so kurze Entfernung A praktisch gleich der Einheit ist, so ergibt sich die wirksame Höhe des Senders zu

$$h_{e_s}^{\mathrm{m}} = \frac{I_r}{I_s}\,\frac{\lambda^{\mathrm{m}}\, d^{\mathrm{m}}\, r^{\Omega}}{377\, h_{e_r}^{\mathrm{m}}} = 4{,}225 \cdot 10^{-4}\,\frac{I_r}{I_s}\,\frac{\lambda^{2\,\mathrm{m}}\, d^{\mathrm{m}}\, r^{\Omega}}{N \cdot F^{\mathrm{qm}}}. \tag{2}$$

3. Die Messung wird nun für eine große Entfernung d_1 ausgeführt, die den Empfangsstrom I_1 für den Senderstrom I_s ergibt, und der Absorptionsfaktor wird

$$A = 4{,}225 \cdot 10^{-4}\,\frac{I_1}{I_s}\,\frac{\lambda^{2\,\mathrm{m}}\, d_1^{\mathrm{m}}\, r^{\Omega}}{N \cdot F^{\mathrm{qm}}\, h_{e_s}^{\mathrm{m}}}. \tag{3}$$

Wenn die Messung in einer größeren Entfernung[1]) an einer gewöhnlichen Antenne mit der wirksamen[2]) Höhe h_{e_2} ausgeführt wird, so wird für einen Empfangsstrom I_2 und einen wirksamen Widerstand r_2 des Empfängers

$$A = 2{,}652 \cdot 10^{-3}\,\frac{I_2}{I_s}\,\frac{\lambda^{\mathrm{m}}\, d_2^{\mathrm{m}}\, r_2^{\Omega}}{h_{e_s}^{\mathrm{m}} \cdot h_{e_2}^{\mathrm{m}}}. \tag{4}$$

Beispiel: Während des Jahres 1922 wurde jeden Tag um 10 Uhr morgens die elektrische Feldstärke der Nauenwelle aufgenommen. Die Wellenlänge, die in Betracht kam, war $\lambda = 12\,600$ m und der Empfangsstrom für alle Messungen im Mittel $I_2 = 5{,}36 \cdot 10^{-6}$ Ampere. Die entsprechende Senderstärke in der Nauenantenne war $I_s = 380$ Ampere.

---

[1]) Dies kann gewöhnlich leichter mit gewöhnlicher Verstärkung ausgeführt werden.

[2]) Die wie oben mittels des Rahmens gefunden werden kann, wenn man die Antenne zu diesem Zwecke als Sender wirken läßt.

Die wirksame Höhe des Senders in Nauen ist $h_{e_s} = 150$ m und diejenige des Luftleiters in Washington $h_{e_2} = 15$ m. Der wirksame Widerstand der Empfangsantenne (Abb. 222) ist $r_2 = 85\,\Omega$ unter Einschluß aller verwendeten Spulen (wirkliche Antennenanordnung). Der Durchschnittswert der effektiven elektrischen Feldstärke ist dann:

$$\mathfrak{E} = \frac{I_2^{\text{Amp.}} \cdot r_2^{\Omega}}{h_{e_2}^{\text{m}}} = \frac{5{,}36 \cdot 10^{-6} \cdot 85}{15}$$

$$= \mathbf{30{,}34 \cdot 10^{-6}\ \text{Volt/m}}$$

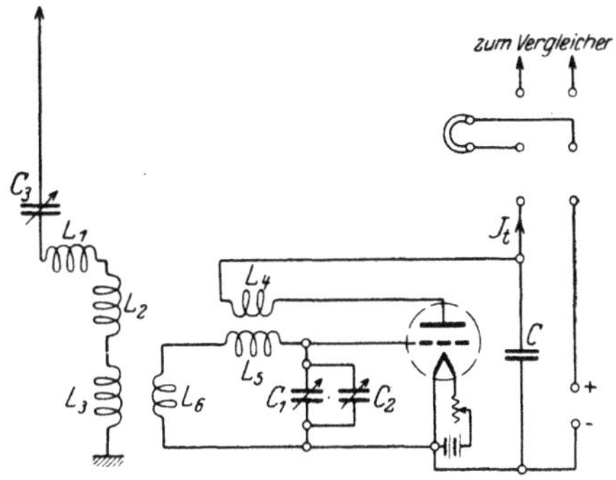

Abb. 221. Antennenempfang zur Bestimmung der Intensität.

und der Durchschnittsabsorptionsfaktor für die Entfernung $d_2 = 6650 \cdot 10^3$ m zwischen Nauen und Washington, D.C. gemäß (4)

$$A = \frac{2{,}652 \cdot 10^{-3} \cdot 30{,}34 \cdot 10^{-6} \cdot 12600 \cdot 6650 \cdot 10^3}{150 \cdot 300} = \mathbf{0{,}1185}.$$

264. Allgemeine Betrachtungen über die elektrische Feldstärke langer Wellen, die von einer sehr entfernten Senderstation herkommen[1]). Wenn man zu größeren Wellenlängen, z. B. von 10 bis 15 km, übergeht und dieselben über sehr große Entfernungen aussendet, so kann man kaum die übliche Übertragungsformel zur Berechnung der Empfangsintensität benutzen, da sich der Absorptionsfaktor[2]) $A = \varepsilon^{-\beta}$ für $\beta = \frac{k\,d}{\lambda^p}$ sich ändert und selbst für die wohlbekannten Austin-Cohen-Werte $k = 0{,}0015$ und $p = \frac{1}{2}$ unrichtig herauskommt. Das Ergebnis der Feldstärke kann dann 100, selbst mehrere Hundert Prozent falsch sein. Der Grund dafür liegt[2]) in der Tatsache, daß die radioaktive Schicht zwischen der Erde und der ziemlich gut leitenden Heavisideschicht, sowie die Heavisideschicht und andere Objekte die Fortpflanzung der ausgestrahlten Energie bedeutend beeinflussen[3]).

Es scheint deshalb besser, den Empfangsstrom I_r einer gewöhnlichen Antenne nach der Formel

$$I_r^{\text{Amp.}} = 377 \cdot \frac{I_s^{\text{Amp.}} \cdot h_{e_r}^{\text{m}} \cdot h_{e_s}^{\text{m}}}{\lambda^{\text{m}}\, d^{\text{m}}\, r^{\Omega}}\, A \qquad (1)$$

---

[1]) Methoden dieser Art sind besonders von dem Pionier auf diesem Gebiet, Herrn Dr. Austin, ausgearbeitet worden. (L. W. Austin und E. B. Judson: Proc. I. R. E., 1924, S. 521; Bown, Englund und Friis: 1923, S. 115; Weinberger und Dexter: 1919, S. 584; H. H. Beverage und H. O. Peterson: 1923, S. 661; G. Vallauri: 1920, S. 286; L. Eckersley: 1921, S. 677; H. Backhausen: Jahrb. 1912, S. 261; F. Kiebitz: 1923.

[2]) Näheres siehe S. 440.

[3]) A. H. Taylor and E. O. Hulburt: Phys. Rev., 27, 189, 186; E. O. Hulburt: Franklin Inst. 201, 597, 1926; H. Lassen: Jahrb. d. I. T., 28, 1926, S. 109 u. S. 139.

zu berechnen, wobei der Absorptionsfaktor A experimentell zu bestimmen ist. In dieser Formel bedeuten I_r und I_s den Empfangs- bzw. den Senderstrom, h_{e_r} und h_{e_s} die wirksamen (Strahlungs-)Höhen des Empfängers und des Senders, d die Entfernung der beiden Stationen längs der Erdoberfläche und r den gesamten wirksamen Widerstand des Empfängers. Wenn ein Rahmenempfänger mit N Windungen und einer Windungsfläche von F^{qm} verwendet wird, so setzt man gemäß der Lösung (8) auf Seite 436 in obiger Formel

$$h_{e_r} = \frac{6{,}28\, F^{\mathrm{qm}}\, N}{\lambda^{\mathrm{m}}}. \tag{2}$$

Da aber $\frac{I_r \cdot r}{h_{e_r}} \doteq \mathfrak{E}^{\mathrm{Volt/m}}$, d. h. gleich der elektrischen Feldstärke am Empfangsende ist, so wird

$$\mathfrak{E}^{\mathrm{Volt/m}} = 377 \cdot \frac{I_s^{\mathrm{Amp.}}\, h_{e_s}}{\lambda^{\mathrm{m}}\, d^{\mathrm{m}}} A. \tag{3}$$

Die effektive Feldstärke $\mathfrak{E}$ am Empfangsende kann dann mittels (3) berechnet werden, falls A bekannt ist. Andernfalls kann dieselbe bei Kenntnis des wirksamen Widerstandes r des Empfängers aus dem Empfangsstrom I_r und der wirksamen Höhe h_{e_r} zu

$$\mathfrak{E}^{\mathrm{Volt/m}} = \frac{I_r^{\mathrm{Amp.}}\, r^{\Omega}}{h_{e_r}^{\mathrm{m}}} \tag{4}$$

ermittelt werden.

Der Empfangsstrom I_r ist gewöhnlich sehr gering und wird daher am bequemsten mittels einer Substitutionsmethode ermittelt. Dieselbe beruht darauf, daß man das Empfangssignal künstlich durch einen geeichten lokalen Stromkreis hervorruft.

265. Messung eines sehr kleinen Empfangsstromes. In der Anordnung in Abb. 222 kann eine künstliche bekannte Hochfrequenzspannung E derselben Periodenzahl als diejenige des Empfangsstromes entweder an einem reinen Normalwiderstande ($E = I \cdot r_n$) oder an einer geeichten gegenseitigen Induktion M ($\ldots E = 2\pi f \cdot I \cdot M$) der Empfangsantenne erzeugt werden. Die erste Röhre verstärkt den hochfrequenten Antennenstrom, der lokale Generator erzeugt Schwebungen, die von der zweiten Röhre auf einen zweistufigen Hörverstärker übertragen werden. Der so verstärkte Schwebungsstrom (der die Empfangszeichen hörbar macht) wird durch einen Audiotransformator abgeführt und mittels einer gewöhnlichen Zweielementröhre (oder Dreielementröhre, deren Gitter und Anode direkt verbunden sind) gleichgerichtet. Mittels eines Umschalters kann man entweder ein Hörtelephon oder ein Mikroamperemeter zum Empfang benutzen.

Wenn die Senderstation, die für eine solche empfindliche Anordnung beliebig weit entfernt sein kann, besondere Zeichen (lange Striche z. B. jede $^1/_2$ Minute) sendet, so zeigt der Gleichstrommesser praktisch mit dem Quadratwerte des Empfangsstromes in der Antenne an. Man schaltet dann in den Zeiten, in denen die Striche nicht ankommen, einen der beiden Hilfsgeneratoren an und ändert den Strom I, bis derselbe Ausschlag im Gleichstrommesser erhalten wird. Die künstliche

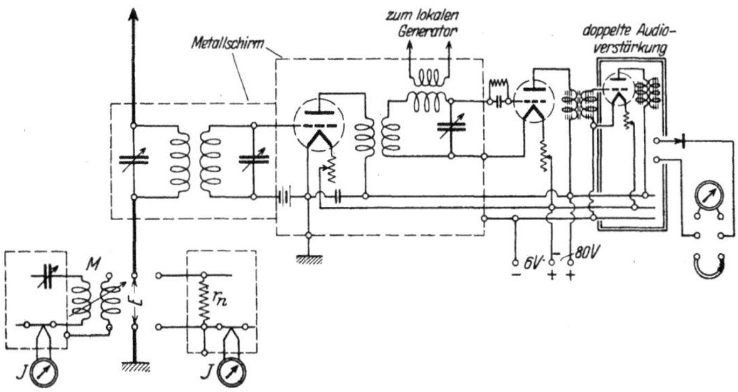

Abb. 222. Eichung von Empfängern und Bestimmung von Empfangsintensität.

Antennenspannung E wird aus der gegenseitigen Induktion M^{Henry} bzw. aus dem Normalwiderstande r_n berechnet, und es ist der Empfangsstrom I_r

$$I_r = \frac{E}{r},$$

wo r den wirksamen Widerstand der Empfangsantenne bedeutet.

Wenn der Empfangsstrom einer Senderstation ermittelt werden soll, die nicht im Einverständnis mit dem Empfänger arbeitet, so scheint der Telephonempfang am besten zu sein. Die Messung ist dann gewöhnlich nicht so genau. Man stellt hierbei die Frequenz des lokalen Generators so ein, daß die Empfangszeichen mit einer passenden Tonhöhe aufgenommen werden können. Einer der beiden Hochfrequenzgeneratoren wird dann wiederum benutzt, um eine künstliche Hochfrequenzspannung E an der Antenne mit derselben Frequenz als derjenigen des Empfangsstromes zu erzeugen. Mittels eines Schalters werden die Spannungen E in Zeichenform der Antenne aufgedrückt, und zwar so, daß womöglich die Zeichen zwischen diejenigen des Senders fallen. E wird geändert, bis dieselbe Tonstärke erzeugt wird, und I_r wie oben berechnet.

Anstatt des Hörtelephons kann auch ein Röhrenvoltmeter benutzt werden. Dasselbe wird dann so eingestellt, daß die Zeichen des Senders den Anodenstrom gerade nicht beeinflussen. Hierauf erzeugt man den künstlichen Antennenstrom mittels E und ändert E zu einem kleinen Werte, bis der Anodenstrom des Röhrenvoltmeters wiederum gerade nicht beeinflußt wird. Diese Methode hat jedoch den Nachteil, daß die statischen Störungen, die besonders stark beim Empfang von langen Wellen sind, falsche Werte geben können. Mittels des Hörtelephons kann ein geübter Experimentator immer die Zeichen herausfinden und einen Vergleich mit der Hilfsquelle E in Annäherung ausführen.

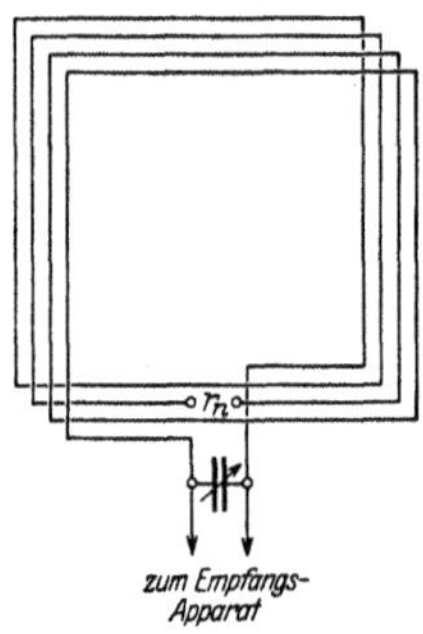

Abb. 223. Eichung mittels einer Rahmenantenne und einer bekannten Spannung E an den Klemmen des Normalwiderstandes r_n.

Wenn ein Rahmenempfänger benutzt wird, so muß man den Normalwiderstand in der Mitte der Windungen anbringen (Abb. 223). Die Eichung mittels der gegenseitigen Induktion M ist dann nicht so günstig. Man müßte dieselbe in der Mitte des Empfangsrahmens anbringen und den Mittelpunkt der Sekundärspule von M erden.

266. Bestimmung elektrischer Feldstärken langer Wellen, die von einer entfernten Station herkommen. Die soeben beschriebene Methode kann hierzu benutzt werden. Man bestimmt mittels einer Rahmenantenne die wirksame Höhe h_e des Empfängers (Seite 293) und berechnet die effektive elektrische Feldstärke mittels

$$\mathcal{E} = \frac{E^{\text{Volt}}}{h_e^{\text{m}}}.$$

Eine andere Methode, die von Dr. Austin benutzt wird, beruht auf der Erfahrungstatsache, daß beim Schwebungsempfang (Abb. 221) der Telephonstrom I_t dem Quadratwurzelwerte der in der Antenne empfangenen Energie W proportional ist. Wenn daher E die von der ankommenden Welle in der Antenne induzierte Effektivspannung bedeutet und r den ganzen Widerstand im Antennenkreis, so ist für eine wirksame Antennenhöhe h_e des Empfängers die effektive Feldstärke

$$\mathcal{E}^{\text{Volt/m}} = \frac{E^{\text{Volt}}}{h_e^{\text{m}}}$$

und nach obigem für eine Empfindlichkeitskonstante k

$$k \cdot I_t = \sqrt{W} = \frac{E}{\sqrt{r}} = \frac{\mathcal{E} \cdot h_e}{\sqrt{r}},$$

d. h. die effektive elektrische Feldstärke kann nach der Formel

$$\mathcal{E}^{\text{Volt/m}} = \frac{k \cdot I_t^{\text{Amp.}} \sqrt{r^{\Omega}}}{h_e^{\text{m}}}$$

gefunden werden. Die Empfindlichkeitskonstante k der Anordnung kann man mittels einer bekannten Feldstärke $\mathfrak{E}$ oder einer künstlich induzierten Antennenspannung leicht bestimmen.

Beispiel: Ein Normalwiderstand $r_n = 1^{\Omega}$ (kurzer gerader Konstantandraht) wird am geerdeten Ende (Abb. 221) eingeschaltet und erzeugt in der Antenne E^{Volt} hochfrequente Spannung mit einer Frequenz, die der Wellenlänge der zu messenden Empfangswelle entspricht, wenn die Generatoranordnung in Abb. 124 verwendet wird. Der Wert der Antennenspannung ist dann gleich dem numerischen Werte des Stromes I am Thermogalvanometer. Der abgelesene Strom sei $I = 1{,}5 \cdot 10^{-3}$ Amp. Dies ergibt die Spannung $E = 1{,}5 \cdot 10^{-3}$ Volt und bei einem effektiven Widerstand $r = 85\,\Omega$ für den ganzen Antennenkreis (einschließlich der Widerstände von L_1, L_2, L_3 und r_n) die Antennenleistung

$$W = \frac{(1{,}5 \cdot 10^{-3})^2}{8} \text{ Watts}$$

und

$$\sqrt{W} = 1{,}67 \cdot 10^{-4}.$$

Das Schwingaudion[1]) wird nun so eingestellt, daß es einen Schwebungston derselben Frequenz im Telephonempfänger ergibt wie der Strom des Vergleichers (Abb. 108). Die Schleifer r_3 und r_4 werden verschoben, bis der Ton im Hörtelephon derselbe bleibt, wenn der Schalter zum Vergleicher oder zum Empfänger hin schließt. Dies sei für einen abgegriffenen Wert $(r_1 + r_4) = 17$ Ohm der Fall und entspricht gemäß der Rechnung auf Seite 137 einem Telephonstrom von $I_t = 3{,}95 \cdot 10^{-7}$ Ampere. Die Empfindlichkeitskonstante der Anordnung ist dann

$$k = \frac{\sqrt{W}}{I_t} = \frac{1{,}67 \cdot 10^{-4}}{3{,}95 \cdot 10^{-7}} = 423\,.$$

Hiernach wird der Generator, der die Spannung E an den Klemmen von r_n erzeugt, entfernt und nur r_n im Antennenkreis beibehalten. Das zu messende Empfangszeichen wird dann mit dem Hörtelephon mittels des Vergleichers gemessen. Der Telephonstrom ergebe den Wert

$$I_t = I_1$$

und die elektrische Feldstärke wird aus

$$\mathfrak{E}^{\text{Volt/m}} = \frac{423\, I_1 \sqrt{r}}{h_e}$$

berechnet.

Wenn irgendeine entfernte Station gemessen wird, so bekommt man im allgemeinen unregelmäßige Zeichen. Bei Zeichen normaler Stärke mit verhältnismäßig geringer statischer Störung werden die Hochfre-

[1]) Ein gekoppelter lokaler Generator (Heterodyne) kann auch benutzt werden, um einen Schwebungston zu erzeugen. Dies ist z. B. in Abb. 222 der Fall.

quenzkreise zuerst auf den besten Empfang abgestimmt und der Schwebungston entsprechend des Tons im Vergleicher eingestellt. Das Telephon wird dann am Kopfe soweit vorwärts verschoben, bis die Zeichen gerade noch hörbar sind. Der Schalter wird hierauf nach dem Vergleicher hin geschlossen und r_3 und r_4 geändert, bis man gerade noch einen Ton vernimmt. Man kann dann mittels der Taste am Vergleicher Zeichen nachahmen und schließt den Schalter nach oben und unten, um sicher zu sein, daß der Strom des Vergleichers in guter Annäherung gleich dem Schwebungsstrom ist.

Bei Überseestationen größerer Leistung hat man es mit langen Wellen zu tun, die z. B. $\lambda = 15$ km entsprechen. Die Abmessungen sind dann ungefähr $L_1 = L_2 = L_3 = L_4 = L_5 = 3 \cdot 10^{-2}$ H und $L_6 = 5 \cdot 10^{-3}$ H; Maximalwerte $C_1 = 3 \cdot 10^{-3}$ MF; $C_2 = 5 \cdot 10^{-4}$ MF; $C = 2 \cdot 10^{-3}$ MF; $C_3 = 5 \cdot 10^{-3}$ MF.

XXIII. Verschiedene Meßmethoden.

267. Bestimmung des Wirkungsgrades und der Gleichrichtungsfähigkeit eines Gleichrichters[1]). Der Wirkungsgrad η ist durch die bekannte Beziehung

$$\eta\% = \frac{\text{Leistungsabgabe des Gleichstroms}}{\text{Wechselstromleistungsaufnahme}} \cdot 100$$

gegeben. Die aufgenommene Leistung $W = EI\cos\varphi$ kann mittels eines Wattmeters gemessen werden. Da für die Gleichrichterleistung der mittlere Stromwert I_m, der mit einem Gleichstrominstrument gemessen wird, Bedeutung hat, so muß dieser Wert anstatt der mit einem gewöhnlichen Wechselstrommesser gefundenen Größe I_e benutzt werden. Der Formfaktor F und der Belastungswiderstand r ergeben dann unter Benutzung der Stromstärke I_m die Leistungsabgabe $(I_m \cdot F)^2 \cdot r$ und

$$\eta\% = \frac{(I_m \cdot F)^2 \cdot r}{W} 100$$

den Wirkungsgrad.

Was die Gleichrichterwirkung ξ eines elektrischen Ventils anbelangt, so kann man darunter den Ausdruck

$$\xi\% = \frac{\text{Nutzstrom im Gleichstromkreise}}{\text{Möglicher Wechselstrom}} 100$$

verstehen, d. h.

$$\xi\% = \frac{I_m}{I} 100.$$

Die Größe I_m ist die Ablesung an einem Gleichstrommesser im Gleichrichterkreise und I bezeichnet den Wert, den ein Wechselstrominstru-

[1]) Eine Methode zur Prüfung der Reinheit eines gleichgerichteten Stromes ist im Nachtrag am Ende des Buches zu finden.

ment für den kurzgeschlossenen Gleichrichter angibt (Schaltung in Abb. 193 auf Seite 249, wenn irgendein Gleichrichter benutzt wird und $I = I_e$ für kurzgeschlossenen Gleichrichter).

268. Feststellung der Gleichrichtungsfähigkeit eines belasteten elektrischen Ventils. Die vorliegende Methode beruht auf dem im vorigen Abschnitte angegebenen Verfahren und benutzt die in Abb. 193 auf Seite 249 angedeutete Anordnung, wo r_g den wirksamen Gleichstromwiderstand[1]) während der Gleichrichtungsperiode und r denjenigen der Gleichstrombelastung darstellt. Wenn daher im allgemeinsten Fall ein unvollkommener Gleichrichter vorliegt, so ist der Gleichrichterstrom das Ergebnis einer Differentialwirkung (III und IV in Abb. 43 auf Seite 50), da ein kleiner wirksamer Strom in einer Richtung den eigentlichen Gleichstrom in der anderen Richtung teilweise aufhebt. Das Verhältnis des Nutzstromes zum möglichen Wechselstrom wird daher

$$\xi = \frac{I_m}{I} = \frac{I_m}{\frac{1}{\sigma} I_{\max}} = \frac{\frac{1}{\sigma \cdot F} \, \frac{I_1 - I_2}{2}}{\frac{1}{\sigma} I_{\max}} = \frac{I_1 - I_2}{2F \cdot I_{\max}},$$

wo σ und F die Scheitel- und Formfaktoren des gleichgerichteten Stromes bezeichnen. Die Gleichrichtungsfähigkeit wird dann im Falle eines unvollkommenen Gleichrichters mittels der Formel $\xi\% = 100\, I_m/I$ berechnet. Man sieht fernerhin, daß

$$I_{\max} = \frac{V_{\max}}{r}$$

und

$$I_1 = \frac{V_{\max}}{r_g + r},$$

da $I_{\max} = \sqrt{2}\, I$ den maximalen Momentanwert des Wechselstroms für den kurzgeschlossenen Gleichrichter bedeutet und I_1 die maximale positive Schwebung im Gleichstromkreise entsprechend dem Gleichstromwiderstand r_g ist. Bei den meisten brauchbaren Gleichrichtern kann der Effekt von I_2 vernachlässigt werden, da I_2 praktisch Null ist und

$$\xi = \frac{I_1}{2F \cdot I_{\max}} = \frac{\frac{V_{\max}}{r_g + r}}{2F \cdot \frac{V_{\max}}{r}} = \frac{1}{2F\left(\frac{r_g}{r} + 1\right)}.$$

---

[1]) Bei Glühkathodenröhren bedeutet r_g den kleinsten inneren Widerstand (wenn Kathoden- und Anodenerregung richtig gewählt sind).

Der Formfaktor $F = I_e/I_m$ wird mittels eines Wechselstrominstruments (I_e) und eines Gleichstrommessers (I_m) im Gleichstromkreise bestimmt. Man hat somit

$$\xi\,\% = \frac{1}{2\frac{I_e}{I_m}\left[\frac{r_g}{r}+1\right]}\,100\,.$$

269. Eichung eines Kontaktgleichrichters. Die Anordnung in Abb. 224 zeigt in der Hauptsache einen Kontaktgleichrichterkreis, wie er zur Messung von kleinen Hochfrequenzströmen verwendet werden kann. Das Verfahren zur Eichung beruht auf der Erfahrung, daß der Strom I für die Widerstandswerte von R bis zu etwa 100 Ohm dem abgegriffenen Widerstand proportional ist. Auf Grund dieser Annahme und der Beziehung

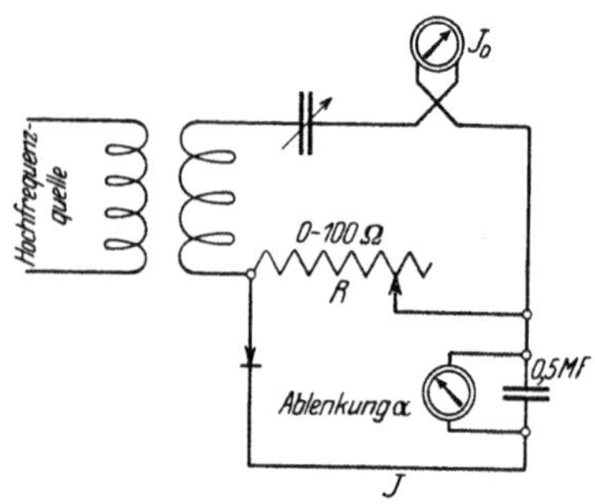

Abb. 224. Eichung eines Kristalldedektors.

$$I = \frac{I_0}{\sqrt{\alpha}}\,,$$

wo I_0 irgendeinen Hochfrequenzstrom (oder Wechselstrom), der mittels eines thermoelektrischen Amperemeters gemessen wird und α die Ablenkung des Galvanometers bedeutet, stellt man bei der Eichung den Widerstand R klein ein, z. B. auf 1 Ohm, und mißt I_0 und die Ablenkung α. Mittels obiger Formel findet man I (entsprechend $R = 1$ Ohm).

270. Bestimmung des Frequenzfaktors und der Dielektrizitätskonstanten eines unvollkommenen Kondensators. Die Fähigkeit eines Kondensators, Elektrizität aufzuspeichern, ist als Kapazität bekannt. Dieselbe ist im allgemeinen für unvollkommene Dielektrika größer und wächst ferner, wenn höhere Frequenzen verwendet werden. Das Verhältnis von C_2/C_1 wird als dielektrische Konstante oder induktive Kapazität und das Verhältnis C_3/C_2 als Frequenzfaktor bezeichnet, wenn C_1 die statische Kapazität mit Luft als Dielektrikum, C_2 diejenige für ein gewisses Dielektrikum und C_3 die Hochfrequenzkapazität für dasselbe Dielektrikum bedeutet.

271. Flemings Methode zur Bestimmung der Dielektrizitätskonstanten. Der in Abb. 159 angegebene Kondensator C_x ist entweder ein gewöhnlicher Luftkondensator, welcher sich in einem Glasgefäß befindet, oder ein koaxialer Zylinderkondensator. Man gleicht die Brücke zunächst wie in Methode 127 ab und findet den Wert

$$C_x = C_3\,.$$

Dann füllt man das Glasgefäß mit der zu untersuchenden Flüssigkeit und ändert C_3 wiederum, bis für eine Einstellung C_3' die Abgleichung hergestellt ist. Das Verhältnis C_3'/C_3 ergibt die Dielektrizitätskonstante.

272. Studium der Hochfrequenzimpedanz eines Hörempfängers. Die Impedanz eines Hörtelephons kann man sich aus zwei Parallelkreisen zusammengesetzt denken. Der eine Zweig enthält die Selbstinduktion in Reihe mit einem Widerstand, während der Wechselstromwiderstand des anderen Parallelzweiges, der aus einer Kapazität und einem Reihenwiderstand gebildet wird, ungefähr umgekehrt mit der Frequenz wächst. Der Reihenwiderstand der Induktivität ist für niedere Periodenzahlen gleich dem Gleichstromwiderstand der Feldwicklung des Hörempfängers und ändert sich für größere Frequenzen in einer verwickelten Weise. Da man, wenn von den Widerständen zunächst abgesehen wird, eine Kapazität und Induktivität parallelgeschaltet hat, so ist es klar, daß der Hörempfänger in dem niederen Frequenzbereich wie eine Spule wirken muß, d. h. mit größer werdender Frequenz dieses Bereiches nimmt die (induktive) Reaktanz X zu. Da aber mit steigender Frequenz die Leitfähigkeit ωC des anderen Zweiges wächst, d. h. die kapazitive Reaktanz $1/\omega C$ kleiner wird, so geht ein Teil des Stromes auch durch den anderen Zweig, bis bei Erreichung der Resonanzfrequenz der Wicklung (nicht der der Membrane, die eine bedeutend niedrigere Eigenfrequenz[1]) besitzt) die induktive Reaktanz verschwindet und mit steigenden Frequenzen kapazitiv wird. Die Eigenfrequenz des gewöhnlichen Fernhörers liegt zwischen 10 000 bis 15 000 Perioden/Sek.; darüber hinaus kann man den Fernhörer als Kondensator betrachten, und von etwa 50 000 Perioden an aufwärts verhalten sich die meisten wie ein Kondensator von ungefähr 10^{-4} M.F., während sie für den niederen Frequenzbereich wie eine Spule mit wenigen Henry wirken. Der Verlauf der Reaktanz X ist in Abb. 225 wiedergegeben. Man sieht aus derselben Figur, daß der Widerstand mit steigender Frequenz von dem ursprünglichen Gleichstromwert an wächst, bei der Eigenfrequenz am größten wird und hiernach allmählich abnimmt, wobei sich bei unend-

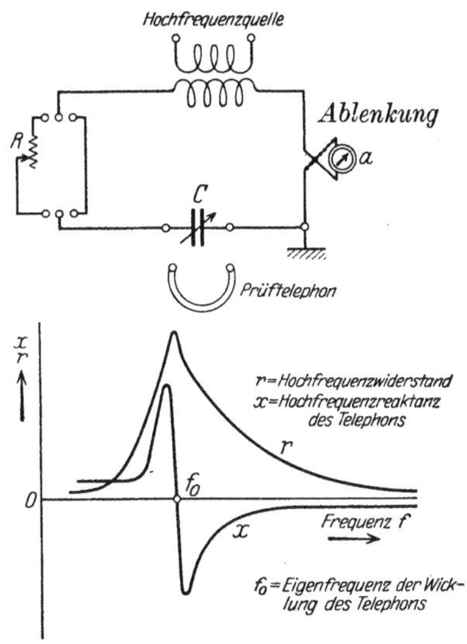

Abb. 225. Widerstand und Reaktanz eines Hörempfängers.

[1]) Grundfrequenz.

lich hoher Frequenz der Widerstand Null ergeben würde. Man hat es also in einem großen Bereich des kapazitiven Gebietes mit einem kleineren als dem Gleichstromwiderstand zu tun. Dasselbe tritt ja auch bei Spulen im kurzen Wellenbereich[1]) auf. Was die Messung anbelangt, so kann dieselbe in einfachster Weise ausgeführt werden, wenn nur die Kenntnis der Impedanz verlangt wird. In manchen Fällen ist dies ausreichend. Man bestimmt dann die Impedanz mittels einer Vakuumröhre, welche als Röhrenspannungsmesser (wie in Abb. 169 und auf Seite 213 gezeigt ist) dient. Für die Aufzeichnung der r- bzw. X-Kurve ist die Anordnung in Abb. 225 verwendbar. Dieselbe wurde von E. Z. Stowell und C. T. Zahn im Bureau of Standards benutzt, um eine Reihe von Telephonen zu vergleichen. Die Methode ist im großen ganzen dieselbe wie auf Seite 208 beschrieben und besteht aus drei Einzelmessungen:

I. Die Hochfrequenzquelle wird auf die gewünschte Frequenz f eingestellt und der Kreis mittels C abgestimmt. Dies ergibt am Strommesser die Ablenkung a_1 und die Kondensatoreinstellung C_1. Hiernach wird ein induktions- und kapazitätsfreier Widerstand (kurzer Konstantandraht) R eingeschaltet und der kleinere Ausschlag a_2 abgelesen. Der Hochfrequenzwiderstand des ganzen Stromkreises ohne den Widerstand R ist dann

$$R_1 = \frac{R}{\sqrt{\frac{a_1}{a_2}} - 1},$$

da $I_1 R_1 = E = I_2 (R_1 + R)$ und die Ablenkungen dem Quadrate der Ströme proportional sind, wobei E die konstant bleibende Hochfrequenzspannung ist, welche in dem Meßkreis induziert wird.

Auf dieselbe Weise bestimmt man den Widerstand R_2 des ganzen Kreises, wenn das Hörtelephon eingeschaltet ist (parallel zu C gelegt). Dies erfordert eine kleine Änderung in der Kondensatoreinstellung und ergibt den Kapazitätswert C_2. Die Reaktanz X und der Widerstand r des Telephons werden dann mittels der Gleichungen

$$X = \frac{1}{\omega C_2}\left[1 + \frac{\frac{C_2 - C_1}{C_1}}{\left[\frac{C_2 - C_1}{C_1}\right]^2 + [(R_2 - R_1)\,\omega\, C_2]^2}\right],$$

$$r = \frac{R_2 - R_1}{\left[\frac{C_2 - C_1}{C_1}\right]^2 + [(R_2 - R_1)\,\omega\, C_2]^2}$$

[1]) A. Hund und H. B. de Groot: Tech. Papers of the Bureau of Standards, Nr. 298 (Part of Vol. 19). 1925.

berechnet. Bei dieser Messung ist es von Bedeutung, daß der ganze Meßkreis in einem geerdeten Metallkäfig untergebracht wird.

273. Bestimmung der scheinbaren Selbstinduktion und des scheinbaren Widerstandes eines belasteten Transformators. Wenn ein Transformator belastet wird, so vermehrt sich der wirksame Primärwiderstand, während die wirksame Selbstinduktion der Primärspule scheinbar abnimmt. Bei einem Lufttransformator kann man die Formel[1]) 43a benutzen oder die äquivalenten Primärkonstanten mittels der in der Abb. 226 angedeuteten Differentialmethode bestimmen. Wenn im Sekundärkreis des Differentialtransformators kein Strom mehr bemerkbar ist, so ergeben die Einstellungen der Normalien L und r die entsprechenden Effektivkonstanten des Prüftransformators.

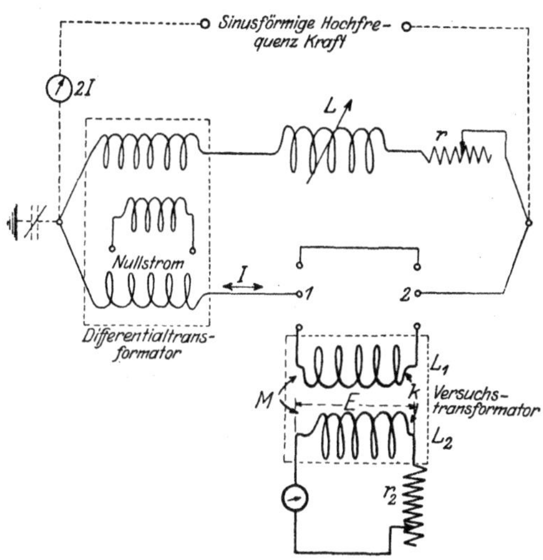

Abb. 226. Differentialmethode.

Beispiel: Die wirksamen Primärkonstanten des unbelasteten Prüftransformators waren $r_1 = 0{,}0201$ Ohm, $L_1 = 22{,}4 \cdot 10^{-5}$ Henry. Wenn der primäre Speisestrom 0,5 Ampere betrug, entzog der kurzgeschlossene Sekundärkreis mit 0,04 Ohm Widerstand 0,01375 Watt Energie. Dadurch entsteht der äquivalente Primärwiderstand $r_1 = 0{,}055$ Ohm und die entsprechende Selbstinduktion $L_1 = 19{,}8 \cdot 10^{-5}$ Henry der Primärspule. Die beiden letzteren Werte wurden direkt durch die Einstellungen von L und r bestimmt.

274. Bestimmung der Verstärkerwirkung eines Niederfrequenztransformators (Audiotransformators). Wie aus Abb. 227 zu ersehen ist, bekommt man bei vielen Verstärkertransformatoren, wenn z. B. einstufige Verstärkung vorliegt, Verstärkungen, die sich mit der Periodenzahl des Hörbereiches ändern. Das bedingt aber schlechte Lautwiedergabe im Hörkreis, da ja die Amplituden-Periodenzahlkurve nicht horizontal verläuft. Bei vielen der älteren Transformatoren liegt der erste Resonanzpunkt der Wicklung ziemlich niedrig, so daß der Transformator von ca. 3000 Perioden/Sek. an mit steigender Frequenz als ein

[1]) Seite 380.

Kondensator aufgefaßt werden kann. Die größte Spannungsverstärkung erhält man hierbei naturgemäß im Resonanzpunkt. Dasselbe findet auch statt, wenn das Übersetzungsverhältnis (sekundäre zu primärer Windungszahl) zu groß gewählt wird. Solche Transformatoren können daher Sprache und Musik nicht naturgetreu verstärken. Die Amplituden-Frequenzkurve sollte für einen guten Verstärkertransformator von ca. 100 bis 5000 Perioden/Sek. ziemlich horizontal verlaufen; es soll also bei dem zu untersuchenden Verstärkertransformator T_x der

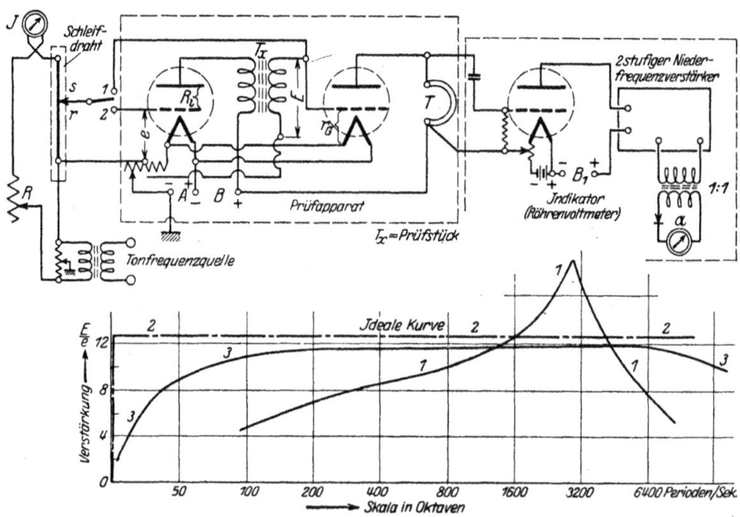

Abb. 227. Methode für die Messung der Verstärkung im Hörbereich. (1—1—1 für schlechten Transformator; 3—3—3 Verlauf für guten Transformator.)

Quotient E/e für die Frequenzen 100 bis 5000 $\sim$/Sek. möglichst konstant sein. Bei der Untersuchung, d. h. bei der Messung der Verstärkung E/e in Abhängigkeit von der Frequenz ist zu beachten, daß der innere Anodenwiderstand R_i und der innere Gitterwiderstand r der an dem Transformator liegenden Röhren die Impedanz seiner Primär- bzw. Sekundärwicklung beeinflussen. Man muß also den Transformator zusammen mit den Röhren prüfen. Im Falle nur ein Transformator bei der Verstärkung gebraucht werden soll, so mißt man E an den Klemmen des Hörtelephons bzw. des Lautsprechers. Der Gang der Prüfung ist folgender:

Ein Tonfrequenzgenerator, dessen Frequenz geändert werden kann, wird mit einem Spannungstransformator verbunden, dessen Sekundärklemmen über eine Reihenanordnung von einem veränderlichen Widerstande R und einem Schleifdraht geschlossen sind. Ein thermoelektrischer Strommesser ermöglicht die Bestimmung des Spannungsabfalles

$I \cdot r$. Man stellt zunächst den Umschalter, welcher zum Schleifkontakt S führt, auf den Kontakt *1* und drückt dem System die tonfrequente Spannung auf. Hierbei wählt man vorerst den größten Wert von R und ändert dann R so lange, bis das Hörtelephon einen guten Ton ergibt, wenn r auf einen kleinen Wert eingestellt ist (kurze Teillänge des Schleifdrahtes), und stellt das (ungeeichte) Röhrenvoltmeter auf einen guten Ausschlag α ein. Dieser Ausschlag ist ein Maß für die angelegte Spannung $E = I \cdot r_1$, wobei r_1 der vom Schleifkontakt S abgegriffene Teilwiderstand des Schleifdrahtes ist. Dann wird der Umschalter auf *2* umgelegt und der Widerstand r so lange vergrößert, bis für einen Wert $r = r_2$ die dem Gitter aufgedrückte Spannung $e = I \cdot r_2$ wiederum den Ausschlag α hervorruft. Die Spannungsverstärkung ist somit

$$\frac{r_1}{r_2}$$

und gleich l_1/l_2, wenn l_1 bzw. l_2 die entsprechenden Teillängen des Schleifdrahtes sind. Sollen sehr große Verstärkungen gemessen werden, so kann man mittels verschiedener Widerstände r_1 und r_2 die Verstärkung für verschiedene Ströme I_1 bzw. I_2 ausdrücken. Dieselbe ist dann

$$\frac{I_1 \cdot r_1}{I_2 \cdot r_2}.$$

Obige Bestimmung ist für verschiedene Frequenzen des Hörbereiches auszuführen. Die Austrittsspannung E muß dabei so gewählt werden, daß sie der gewünschten Lautstärke entspricht. Für sehr unterschiedliche Werte der Spannung verläuft die Amplituden-Frequenzkurve etwas anders. Man muß dabei bedenken, daß die Spannungsschwankungen bei niederen Frequenzen (ungef. 100 ∾/Sek.) bedeutend größer sind als bei höheren Frequenzen, aus welchem Grunde die letzte Röhre eines Empfangsapparates bis zu 50 Volt Spannungsschwankungen am Gitter erfahren muß, ohne dabei Verzerrungen im Anodenzweig hervorzurufen. Das Ohr vernimmt nur den Laut, aber die letzte Röhre muß die höheren Spannungen der Baßtöne empfangen, da ja der Energieaufwand für die tieferen Töne bedeutend größer ist als für höhere Töne. Aus diesem Grunde ist es von Vorteil, für die letzte Röhre eine solche Charakteristik zugrunde zu legen, daß eine negative Gittervorspannung von ungefähr 50 Volt den richtigen normalen Anodenstrom von ca. 20MA ergibt und der innere Anodenwiderstand der Röhre ungefähr 3000 Ohm beträgt. In diesem Falle wird die Röhre die Klangfarbe gut wiedergeben.

In Abb. 228 ist eine Apparatur angegeben, mit der man die Charakteristik eines Hörtransformators mit einfachen Laboratoriumsapparaten aufnehmen kann. Der Anodenstrom (der andernfalls durch das Galvanometer G, Mikroamperemeter fließen würde) eines Röhrenspannungsmessers wird mittels der Kathodenerregung wie in Abb. 119 kompensiert. Eine Eichung des Voltmeters ist nicht notwendig, da man wiederum mit einem bestimmten Ausschlage arbeitet. Man legt den Umschalter zuerst an 2 (d. h. die sekundäre Transformatorspannung wirkt) und stellt eine passende Ablenkung von G ein. Hiernach schaltet man nach 1 um und verschiebt den Schleifer S, bis dieselbe Ablenkung wieder besteht. Das übrige ist wie oben. Die große negative Gittervorspannung am Röhrenvoltmeter hält das Gitter unter allen Fällen negativ.

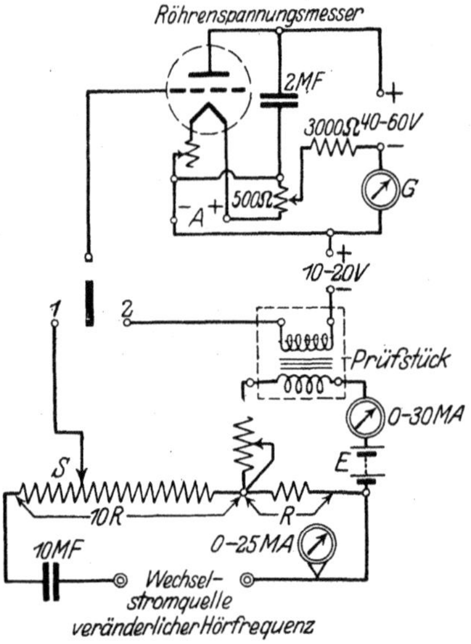

Abb. 228. Prüfung von Hörtransformatoren.

Die Anordnung der Abb. 228 gibt außerdem ein Hilfsmittel mittels E die tatsächliche Gleichstrommagnetisierung der primären Windungen des Prüftransformators zu überlagern. Was die Stromquelle für die veränderlichen hörbaren Ströme betrifft, so ist es besser, an Stelle der in Anordnung der Abb. 17 angegebenen Generatoren entweder eine Franckische Maschine oder dergleichen oder einen Röhrengenerator zu verwenden, dessen Hörströme mittels der Schwebungsmethode erzeugt werden (haben bessere Wellenform). Ein einfacher Apparat kann dadurch hergestellt werden, daß man den Schwebungsstrom zweier Hochfrequenzströme ($f_1 = 50$ KHertz ohne Veränderung und $f_2 = 50-60$ KHertz mit Veränderung) verstärkt und dem Meßsystem aufdrückt. Einen Laboratoriumsapparat mit praktisch konstanter Eichung kann man dadurch herstellen, wenn man den einen Hochfrequenzstrom (f_1) mittels eines Piezoelektrischen Generators erzeugt und den anderen (f_2) mit einem gewöhnlichen Röhrengenerator mit Anodenresonanz (Abb. 15) und eine dritte Spule aperiodisch den Schwebestrom abnehmen läßt und durch einen Widerstandskondensator gekoppelten Verstärker (z. B. wie Abb. 72) wirken läßt. Man kann dann alle Kathoden (des Piezo, des gewöhnlichen Generators und der Verstärkerröhren) von derselben A-Quelle erregen und eine gemeinsame B-Batterie (Anodenquelle) für die drei Teilapparate verwenden, ohne ein Ziehen (Frequenzveränderung) von Belang zu erhalten. Dem veränderlichen Generator (f_2) legt man im Anodenkreise zwei Kondensatoren parallel. Der eine Kondensator hat eine festgelegte Kapazität und erzeugt zusammen mit der wirksamen Induktivität im Anodenkreise eine Frequenz von ungefähr 60 KHertz. Der andere Kondensator ist veränderlich und verändert die Frequenz von f_2 von 60 bis zirka 50 KHertz. Der Unterschied $f_2 - f_1$ ergibt die Frequenz des Audiostromes. Man eicht die Skala des veränderlichen Kondensators direkt in Audiofrequenzen ($f_2 - f_1$). Um harmonische Schwebungen vom Verstärker fernzuhalten, schaltet man einen Niederfrequenzdurchlasser (Siebkette) zwischen die beiden Generatoren und den Verstärker. Man berechnet die Spulenleitung (die aus zwei Gliedern besteht, wie in Kapitel XXVII gezeigt wird) so, daß die Kette Ströme, deren Frequenz höher als 65 KHertz ist, praktisch fernhaltet.

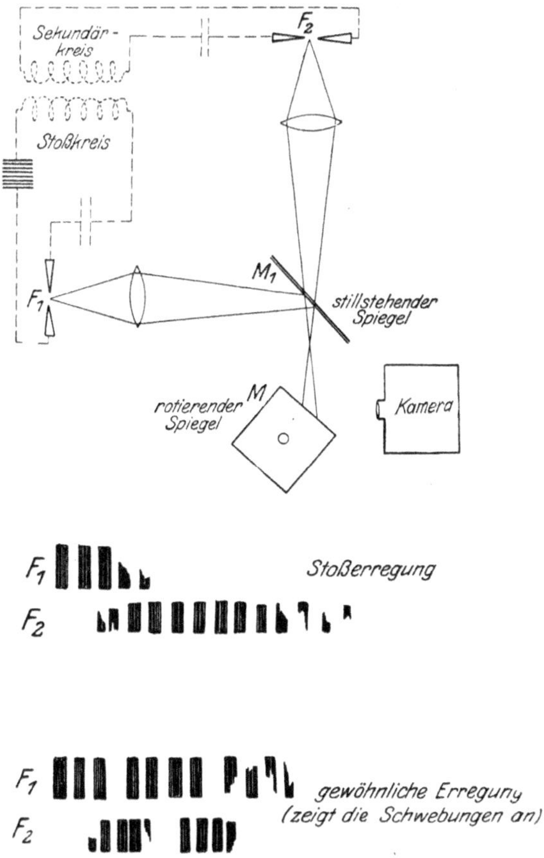

Abb. 229. Entladungen im Stoß- und angestoßenen Kreis.

275. Studium von Schwingungen bei Stoßerregung. Das in der Abb. 229 angegebene Verfahren kann benutzt werden, um mittels zweier Kadmiumfunkenstrecken[1]), eines feststehenden und eines rotierenden Spiegels die Schwingungen im Funkenstrecken- und im Resonatorkreis zu untersuchen[2]).

276. Modulationsmessungen. Messungen dieser Art haben den Zweck, den Grad der Modulation zu bestimmen. Die Modulation durch Sprache und Musik läuft darauf hinaus, daß sehr viele Wechselströme verschiedenster, hörbarerer Periodenzahl die Trägerwelle (kontinuier-

---

[1]) Die vorgeschlagenen Kadmiumfunkenstrecken eignen sich besonders für photographische Aufnahmen.

[2]) Rau, H.: Jahrb. drahtl. Telegr. u. Telef. 1910.

liche Hochfrequenzschwingung) beeinflussen. Abb. 230 zeigt den Fall, wo nur ein Wechselstrom ($i_0 \sin \omega t$) der hörbaren Frequenz $\omega/2\pi$ den hochfrequenten Strom $I_0 \sin \Omega t$ der Periodenzahl $\Omega/2\pi$ beeinflußt (moduliert). Man kann das dadurch erreichen, daß man in Reihe mit der Gleichstromspannung im Anodenkreise des Röhrenoszillators diesem eine Wechselspannung aufdrückt. Der Grad der Modulation läßt sich dann mit Leichtigkeit ändern. Für den Fall, wo die Gleichspannung gleich Null wird, erhält man vollständige Modulation der erzeugten Hochfrequenzschwingung mittels des Wechselstromes im Anodenkreise.

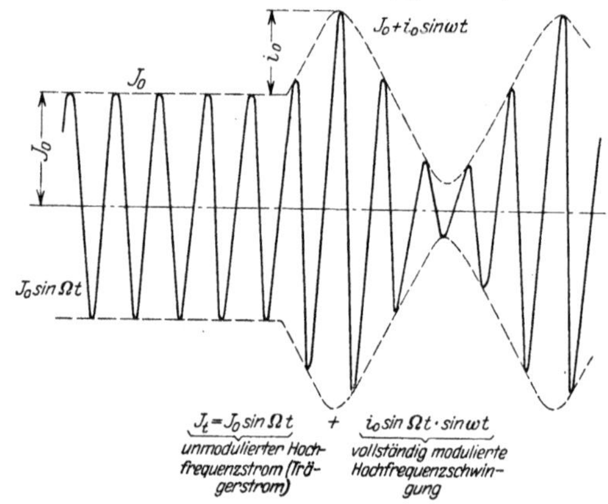

Abb. 230. Symmetrische Modulation eines Hochfrequenzstromes. $\frac{\Omega}{2\pi}$ Frequenz des Hochfrequenzstromes, $\frac{\omega}{2\pi}$ Frequenz des Audiostromes, der moduliert.

Der Momentanwert des modulierten Hochfrequenzstromes ist

$$I_t = I_0 \sin \Omega t + i_0 \sin \Omega t \cdot \sin \omega t, \quad \text{(moduliert)} \tag{1}$$

wo

$$K = \frac{i_0}{I_0} \tag{2}$$

den Modulationsgrad bedeutet. Der Ausdruck in Gl. (1) kann mittels der gestrichelten Amplitudenkurve abgeleitet werden. Wenn keine Modulation stattfindet, wie im linken Teil der Abbildung, so wird der Momentanwert

$$I_t = I_0 \sin \Omega t, \quad \text{(nicht moduliert)} \tag{3}$$

wo I_0 die Ordinaten einer konstanten (horizontalen) Amplitudenkurve ergibt. Findet dagegen eine Modulation statt, so hat man die wellenförmige Amplitudenkurve der rechten Seite von der Form $I_0 + i_0 \sin \omega t$ und, wenn dieser Wert an Stelle von I_0 in Gl. (3) eingesetzt wird, so ergibt sich Gl. (1). Der erste Teil von Gl. (1) enthält zwar keine Frequenz $\frac{\omega}{2\pi} = f$ und trägt daher nicht zu der Tonübertragung bei, er stellt aber die Trägerwelle der Frequenz $F = \frac{\Omega}{2\pi}$ dar. Untersucht man nun den zweiten Teil von Gl. (1), so ergibt sich nach einer mathematischen Umformung

$$i_0 \sin \Omega t \cdot \sin \omega t = \frac{i_0}{2} \{\cos(\Omega - \omega)t - \cos(\Omega + \omega)t\}, \tag{4}$$

d. h. dieser Teil der Gl. (1) ergibt neben der hochfrequenten Trägerwelle mit der Frequenz Ω zwei ungedämpfte Hochfrequenzwellen mit den Periodenzahlen $(F - f)$ und $(F + f)$. Dasselbe gilt für alle anderen überlagerten Wechselströme. Wenn daher Sprache, Musik od. dgl. eine Modulation hervorrufen, so erzeugt die höchste Hörfrequenz $f = f_{\max}$ die Enden des Frequenzbandes und es bestimmt die maximale Amplitude $i_{0\max} = i_0$ des größten hörbaren Modulationsstromes den Grad K der Modulation. Für K gleich der Einheit ist die Welle vollständig (100%) moduliert. Die Messung beruht daher auf der Bestimmung dieser Größe.

277. Erste Methode (Messung des Modulationsgrades mittels des Oszillographen). Der Antennenkreis des Senders wird mit einer Spule gekoppelt, welche an die Schleife eines gewöhnlichen Oszillographen angeschlossen ist. Wenn ein Gleichrichter in den Kreis geschaltet wird, so erhält man für den unmodulierten Hochfrequenzstrom eine der Zeitachse parallele Linie, da die Oszillographenschleife den schnellen Schwingungen nicht folgen kann. Irgendeine Modulation kann daher direkt am Oszillographen ohne jegliche photographische Aufnahme sichtbar gemacht werden[1]).

278. Zweite Methode (Modulationsmessung mittels eines Strommessers). Dieses Verfahren beruht darauf, daß der mit einem Hitzdrahtstrommesser, Thermoamperemeter od. dgl. gemessene modulierte Hochfrequenzstrom größer ist als wenn keine Modulation stattfindet. Dies ist aus folgendem ersichtlich:

Wenn nicht moduliert wird, so hat der Momentanstrom den in (3) angegebenen Wert, und der wirksame Strom I_1 ist dem Ausdruck

$$\sqrt{\frac{1}{2\pi}\int_0^{2\pi} I_0^2 \sin^2 \Omega t \cdot dt} = \frac{I_0}{\sqrt{2}} \tag{5}$$

proportional. Für die Modulation $K = \frac{i_0}{I_0}$ ist der abgelesene Strom I_2 dem Werte

$$\sqrt{\frac{1}{2\pi}\int_0^{2\pi} I_0^2 \sin^2 \Omega t\,(1 + K \sin \omega t)^2 \cdot dt} = \frac{I_0}{\sqrt{2}}\sqrt{\left(1 + \frac{K^2}{2}\right)} \tag{6}$$

proportional.

---

1) Zur Modulationsmessung kann die Braunsche Röhre mit Glühkathode verwendet werden.

Die beiden Strommessungen liefern zunächst die Beziehung

$$I_2 = I_1 \sqrt{1 + \frac{K^2}{2}},$$

und die prozentuale Modulation wird aus

$$K\,\% = 141 \sqrt{\left[\frac{I_2}{I_1}\right]^2 - 1} \tag{7}$$

berechnet. Für 100% Modulation ergibt daher $I_2 = 1{,}224\, I_1$. Auf Grund dieses Verfahrens kann man auch einen direkt anzeigenden Modulationsmesser erhalten, wenn man z. B. einen thermoelektrischen Strommesser so aufbaut, daß der Stromausschlag von 1 bis 1,224 einen großen Teil der Skala ausnutzt. Dies wird am besten dadurch erreicht, wenn man 1,224 als maximalen Ausschlag wählt. Dieser Teil der Skala (von 1 bis 1,224) entspricht dann einer Modulation von 0 bis 100%. An Stelle der Stromstärken trägt man auf der Skala K in Prozent auf und verbindet den thermoelektrischen Anzeiger mit der Sekundärseite eines Lufttransformators, dessen Primärwindungen in der Antenne liegen. Die Kopplung zwischen den wenigen Windungen ist veränderlich und wird bei unmoduliertem Antennenstrom so eingestellt, bis der Zeiger gerade 0% anzeigt. Wenn dann Modulation aufgedrückt wird, so wird der Ausschlag größer und zeigt direkt die prozentuale Modulation an.

279. Dritte Methode (Modulationsmessung mittels des Röhrenvoltmeters). Dieses Verfahren wurde von C. B. Jolliffe im Bureau of Standards ausgearbeitet und beruht darauf, mittels eines Röhrenvoltmeters (für maximale Spannungen, siehe Seite 144) die induzierten Spannungen E_1 und E_2 für die unmodulierte und modulierte Welle zu messen. Diese Spannungen entsprechen den maximalen Stromwerten I_0 bzw. $(I_0 + i_0)$ in Abb. 230. Die Modulation wird dann aus

$$K\,\% = \frac{E_2 - E_1}{E_1}\,100$$

berechnet.

280. Bemerkungen über den Modulationsgrad in Sendern und Empfängern. Die Modulation eines Hochfrequenzstromes muß in dem Kreise gemessen werden, in dem sie benutzt werden soll. Obgleich in einem Empfangssystem dieselben Frequenzen wie im Sender vorhanden sind, ist der Grad der Modulation verschieden. Der Grund dafür liegt in der Tatsache, daß ein Empfangssystem ungefähr auf die Frequenz der Trägerwelle abgestimmt sein muß. Wenn die Abstimmung mit Bezug auf die Trägerfrequenz getroffen ist, so zeigt der Ausdruck für den Empfangsstrom eine ähnliche Form wie der modulierte Strom eines

Senders, aber die Modulation ist geringer und die modulierende Niederfrequenzwelle ist in der Phase verschoben. Die Modulation ist um so kleiner, je kleiner das Dekrement der Empfangsanordnung ist. Dies ist auch ohne analytische Untersuchung daraus zu ersehen, daß bei einem auf die Frequenz (F) der Trägerwelle abgestimmten System die beiden die Modulation mitbringenden Seitenwellen mit den Frequenzen ($F + f$) bzw. ($F - f$) etwas unterdrückt und somit die Modulation dementsprechend heruntergesetzt wird. Diese Neigung ist daher um so ausgeprägter, je schärfer die Abstimmung ist. Eine etwas flachere Resonanzkurve des Empfangssystems würde in gewissem Maße den Modulationsgrad, aber auf Kosten der Amplitude des Trägerstroms, erhöhen. Es scheint daher am besten, die Abstimmung etwas gegen die eine Seitwelle hin zu verschieben.

281. Bestimmung des Modulationsgrades mittels Zweielementröhren[1]. Der Schwingungskreis C—L wird mittels C auf die Trägerwelle abgestimmt, und so, daß wenigstens 10 V Klemmenspannung an C erzeugt wird. Man schaltet den Resonanzkreis zu diesem Zwecke in den Austrittszweig eines Hochfrequenzverstärkers. Mittels einer Zweielementröhre (oder einer gewöhnlichen Dreielementröhre R_1, wie in Abb. 231 angedeutet ist, wird der Strom gleichgerichtet. Man wählt dabei $C_0 = 500$ Mikromikrofarad und $r = 300000$ Ohm. C_0 stellt dann praktisch einen Kurzschluß für den Trägerstrom, aber einen offenen Zweig für den Modulationsstrom. Die Spannung e von C_0 hat daher die angegebene Form. Mittels eines anderen Gleichrichters (R_2 mit dem Gitter zur Anode verbunden) und eines empfindlichen Gleichstrominstrumentes kann man mittels einer geeigneten Hilfsspannung E die Werte E_1 und E_2 direkt messen. Man legt dazu den Umschalter nach 1 um und verschiebt den Schleifkontakt S am Potentiometer bis das Mikroampere-

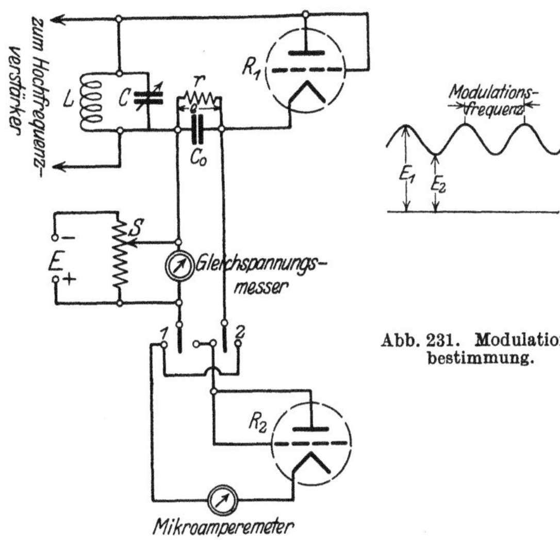

Abb. 231. Modulationsbestimmung.

[1] B. v. d. Pol und K. Posthumus, Exp. Wireless Bd. IV, Nr. 42, 1927, S. 140.

meter gerade Nullstrom anzeigt. Der Spannungsmesser gibt dann den Wert für E_1 an. Hiernach legt man den Umschalter an 2 und erhält in derselbenWeise die Ablesung für E_2. Der Grad der Modulation wird dann von

$$M\% = \frac{E_1 - E_2}{E_1 + E_2} 100$$

282. Untersuchung eines Piezooszillators. Die Anordnungen der Abb. 232 und 233 können dazu benutzt werden, das Einsetzen von Schwingungen infolge eines piezoelektrischen Elementes zu untersuchen und die Abhängigkeit des abgegebenen Hochfrequenzstromes von den Kreiskonstanten festzustellen. Abb. 232 stellt den Fall dar, in dem z. B. eine Quarzplatte zwischen der glühenden Kathode und dem Gitter liegt. Man schaltet zuerst die Gitterableitung ϱ aus und stellt den Glühfadenstrom auf den normalen Wert ein.

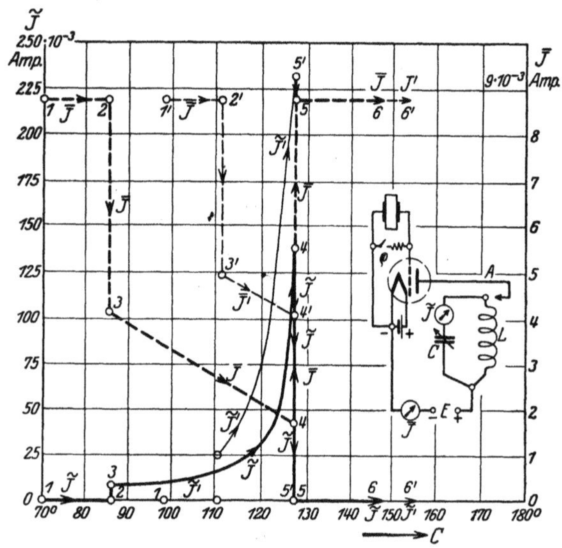

Abb. 232. Piezoelektrischer Generator für die Kathodengittererregung.

Aus den Abmessungen des piezoelektrischen Elementes berechnet man die drei möglichen Grundfrequenzen. Wenn z. B. nur die mechanische Eigenschwingung infolge der Dicke t mm von Interesse ist, so kann man die entsprechende Frequenz nach der Formel

$$f_1 = \frac{2870}{t} \text{ KHertz}$$

berechnen. Wenn die Quarzplatte eine Kreisscheibe mit dem d mm bildet, so berechnen sich die anderen beiden Grundfrequenzen[1]) zu

$$f_2 = \frac{2715}{d} \text{ KHertz}$$

$$f_3 = \frac{3830}{d} \text{ KHertz}.$$

Man wählt die Schwingungskonstante CL so, daß für eine C-Ein-

[1]) Näheres siehe A. Hund, Proc. I. R. E. 1926, S. 447—469. Eine interessante Erklärung der drei möglichen Frequenzen wurde von A. Meißner in der Phys. Z. 1927, S. 621, gegeben.

stellung von ungefähr 90 Grad Stromresonanz im Anodenzweig mit einer der drei möglichen Piezoschwingungen stattfindet. Der Schleifer S am L wird zunächst nach A hingeschoben. Der Kondensator wird nun auf minimale Kapazität (0 Grad) eingestellt. Ein thermoelektrischer Strommesser zeigt dann keinen Hochfrequenzstrom $\tilde{I}$ an. Das Milliamperemeter im Anodenzweige gibt den konstanten Emissionsstrom $\bar{I}$ an. Hiernach wird die Kapazität allmählich vergrößert, bis die Schwingungen beinahe plötzlich einsetzen. In dem in der Abbildung wiedergegebenen Fall erfolgt das Einsetzen bei ungefähr 87 Grad. Dies wird daran erkannt, daß der konstante Anodenstrom $\bar{I}$ auf einen niederen Wert fällt (von 2 bis 3) und sich ein Ausschlag $\tilde{I}$ am Wechselstrominstrument einstellt. Wenn die Kapazität weiter vergrößert wird, so vermehrt sich der Hochfrequenzstrom $\tilde{I}$ (von 3 bis 4), während der Gleichstrom $\bar{I}$ beinahe linear abfällt (3 bis 4), bis plötzlich die Schwingung abreißt und sich wieder der ursprüngliche Gleichstrom einstellt (4 bis 5). Wenn eine passende[1]) Gitterableitung ϱ zugeschaltet wird, so bekommt man den entsprechenden Verlauf von $\bar{I}'$ und $\tilde{I}'$. Man sieht daraus, daß die Hochfrequenzabgabe bedeutend erhöht wird. Das Verfahren ist dasselbe für Abb. 233 mit der Ausnahme, daß man hier mit der maximalen Kondensatoreinstellung anfängt. In dem angegebenen Beispiel bestehen bereits Schwingungen für C_{max}, aus welchem Grunde die Gleichstromkomponente $\bar{I}$ mit dem abfallenden Teile beginnt. Um noch größere Hochfrequenzabgaben zu bekommen, bewegt man den

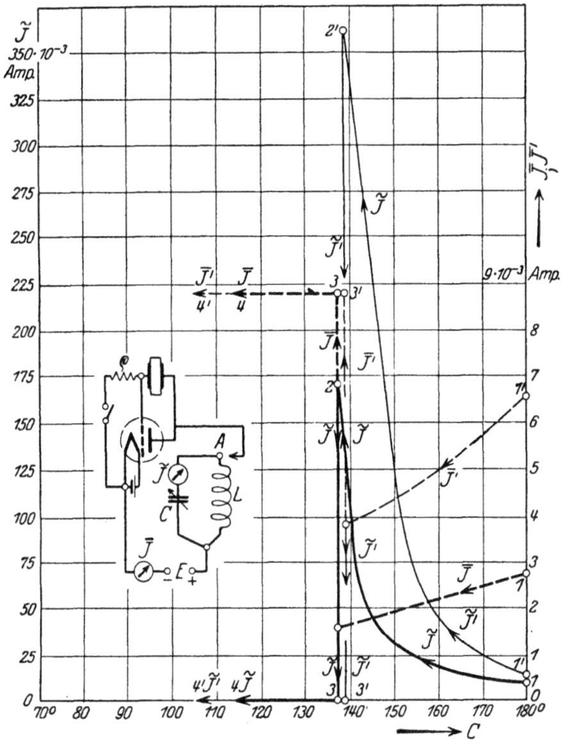

Abb. 233. Piezoelektrischer Generator für die Anoden-Gittererregung.

[1]) In den meisten Fällen ist eine Gittervorspannung in Reihe mit ϱ einzuschalten.

Schleifer S bis zu einem passenden Punkte der Belastungsinduktivität L. Andernfalls reißt die Schwingung immer ab, wenn Stromresonanz eintritt. Man berechnet den Wirkungsgrad aus den Glühfadenverlusten (Glühfadenstrom × Fadenspannung) und dem Produkt $\bar{E} \cdot \bar{I}$. Die Leistungsabgabe ist gleich dem wirksamen Widerstande des CL-Kreises mit $\tilde{I}^2$ vervielfacht. Zwecks Messung der Leistungsabgabe schaltet man am besten einen wahren Widerstand in Reihe mit dem thermoelektrischen Anzeiger. In der Abb. 233 gilt der Verlauf von $\bar{I}'$ und $\tilde{I}'$ wiederum für die beste Gitterableitung ϱ.

283. Bestimmung der Güte eines Filters (Siebkette). Man benutzt dabei eine Stromquelle, die gute Sinusspannung aufweist und mißt wie in Abb. 234 den Eintritts- und den Austrittsstrom (I_1 bzw. I_2). Das Verhältnis I_2/I_1 gibt die Güte der Siebkette an und muß für den Durchlaßbereich konstant und beinahe gleich der Einheit sein. Für den Sperrbereich muß dieser Bruch sehr klein sein. Dieselbe Methode kann auch dazu verwendet werden, einen Hörtransformator mit Tonfrequenz zu prüfen. Für einen Hörbereich von 50 bis ungefähr 6000 Perioden/Sek. muß der Bruch ungefähr eine Konstante sein. Vielfach ist es zweckmäßiger, die Konstante mittels der Primär- und Sekundärspannungen zu ermitteln.

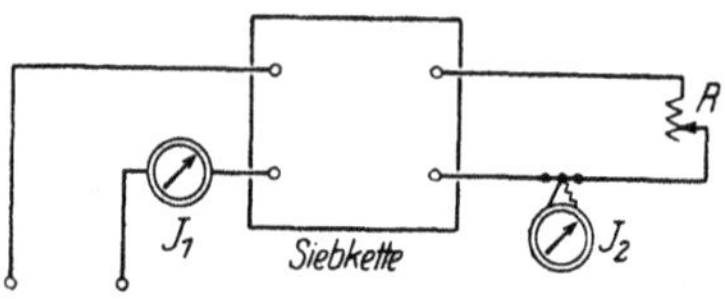

Abb. 234. Prüfung einer Siebkette.

284. Bestimmung der maßgebenden Röhrenkapazität. Von den drei Kapazitäten einer gewöhnlichen Dreielementröhre (s. S. 98) ist die parasite Gitter-Anodenkapazität die wichtigste, da dieselbe die Stabilität eines Verstärkers beeinflussen kann. Dieselbe findet man für die abgeglichene Brücke der Abb. 235 als

$$C_x = \frac{C r_1}{r_2}.$$

Da in dieser Schaltung die Anodenglühfadenkapazität dem Normalwiderstand r_2 parallel liegt, kompensiert man dieselbe mittels einer gleichwertigen Einstellung von C_0.

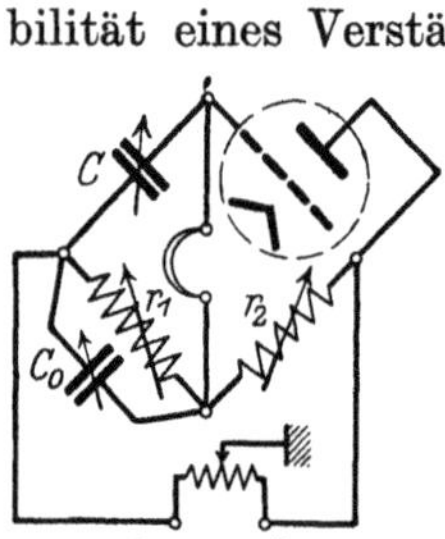

Abb. 235. Messung von Gitter-Anodenkapazität.

285. Die Methode von Smith und Napier für die Verstärkungsmessung[1]**.** Dieses Verfahren beruht darauf, daß ein modulierter Hochfrequenzstrom wie in Abb. 236 in eine Primärspule fließt. Die zwei Sekundärspulen sind senkrecht

[1]) Proc. Phys. Soc. Bd. 32, S. 116. 1920.

zueinander angebracht und drehbar mit Bezug auf das primäre System. Wenn daher die Spule, welche die Spannung E_1 abgibt, senkrecht zur Primärspule steht, so ist die Spannung ein Minimum, während E_2 ein Maximum ist. E_1 wird dem Prüfverstärker aufgedrückt und das Sekundärsystem solange verdreht, bis E_2 denselben Wert wie die Abgabespannung des Verstärkers ergibt. Man benutzt dabei ein Hörtelephon und vergleicht den Ton von E_2 gegen den des Abgabestromes. Die Verstärkung ist dann gleich dem Verhältnis der gegenseitigen Induktion der beiden Sekundärspulen mit Bezug auf die Primärspule. Diese Methode ist brauchbar, wenn die Spannungsverstärkung nicht zu groß ist.

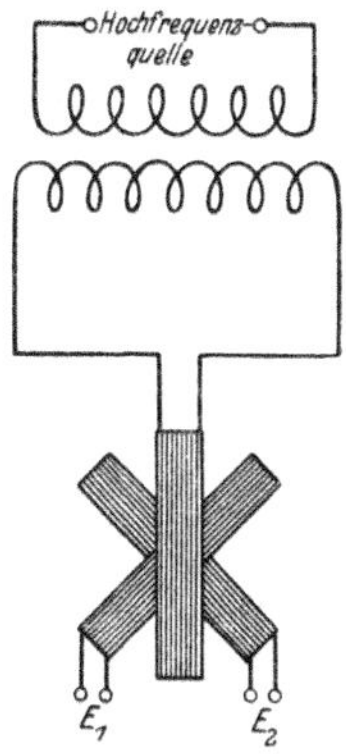

Abb. 236. Gegenseitige Induktionsmethode zur Bestimmung der Verstärkung.

286. Polaritätsprüfung einer piezoelektrischen Quarzplatte[1]. Wenn piezoelektrische Elemente parallel (wie für die Erzeugung von Hörströmen (s. S. 178 und Abb. 147) oder in Reihe (wie für piezoelektrische Druckmessungen von Schallwellen zu schalten sind, so ist eine Kenntnis der Polarität notwendig. Dieselbe kann mit Leichtigkeit mittels der Anordnung der Abb. 120 bestimmt werden, wenn der gestrichelte Gitterkondensator und die Gitterableitung der ersten Röhre weggelassen wird. Man legt dabei das piezoelektrische Element auf eine Metallplatte, die mit dem einen Pol von Ex verbunden ist und verbindet den anderen Pol mit einer Kupferplatte, welche auf dem Prüfstück liegt. Wenn man mittels eines isolierten Stabes rasch einen Druck auf die obere Platte ausübt, so zeigt der Indikator je nach der Polarität der oberen Fläche des piezoelektrischen Elementes

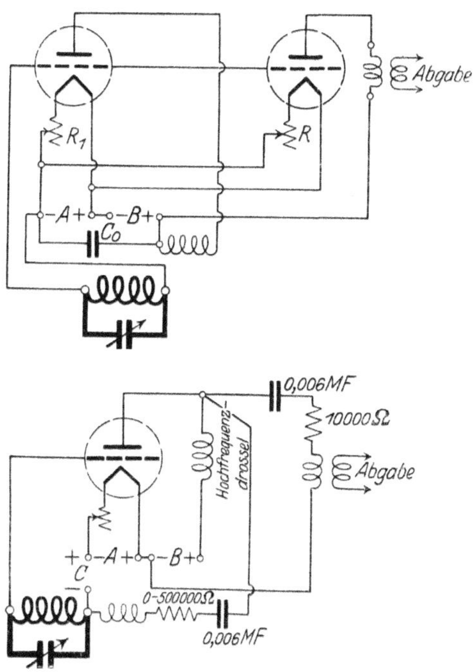

Abb. 237. Generator mit konstantem *f*.

[1]) Eine Methode für die Aufnahme der Resonanzkurve eines piezoelektrischen Elements ist im Nachtrag am Ende des Buches beschrieben.

einen Anschlag (nach rechts oder links). Man drückt dann mittels eines Trockenelementes an Stelle des Prüfstückes eine kleine Spannung E an, und so, daß die Ablenkung in derselben Richtung erfolgt und erhält somit die Polarität.

287. Verfahren für die Erzeugung von Strömen konstanter Frequenz. Die piezoelektrischen Generatoren stellen soweit die besten Generatoren mit konstanter Frequenz dar. Sie haben aber den Nachteil, daß sie für ein und dasselbe piezoelektrische Element dies nur für die durch den Krystall gegebenen Frequenzen tun können. Die in Abb. 237 angegebenen Verfahren zeigen Kreise, die für irgendeine Frequenz eingestellt werden können. In der oberen Anordnung geschieht dies dadurch, daß die linke Röhre zum eigentlichen Generator gehört, während die rechte Röhre wie ein Verstärker wirkt und zum Leistungsabgabezweig gehört. Die Rückwirkung auf den eigentlichen Generatorzweig ist daher sehr gering.

XXIV. Elektromotorische Kräfte in Systemen, die negativen Widerstand besitzen[1]).

288. Negative Widerstandsreaktion und Schwingungserzeugung. Die meisten Schwingungsgeneratoren, die sich selbst erregen und ungedämpfte Wellen liefern, beruhen auf der sonderbaren Wirkung eines negativen Widerstandes oder derjenigen einer negativen Teilimpedanz. Was für den Widerstand gilt, gilt im verallgemeinerten Fall für die Impedanz, so daß es nur nötig ist, den Begriff des ersteren zu erläutern. Der Poulsen-Lichtbogengenerator, das Dynatron[2]) der General Electric Company, das Kallirotron von L. B. Turner[3]), das Negatron von Scott-Taggart[4]), der glühende Kathodenoszillator[5]) und andere Apparate, welche zur Zeit ausgearbeitet werden, dürfen als Beispiele gelten.

289. Definition und Eigenschaften eines negativen Widerstandes. Ein Leiter stellt einen negativen Widerstand dar, wenn eine momentane Stromverkleinerung eine entsprechende Spannungssteigerung zwischen den Enden des Leiters erzeugt. Das heißt

$$\frac{\Delta V}{\Delta I}\Big/_{\lim \Delta I = 0}$$

---

1) Hund, A.: El. u. Maschinenb. 1920, S. 393.
2) Hull, A. W.: Proc. I.R.E. 1918, S. 5.
3) Turner, L. B.: Radio Rev. 1920, S. 317.
4) Scott-Taggart, J.: Electr. 1921, S. 386.
5) Wenn die negative Widerstandsreaktion der Röhre in Betracht gezogen wird.

ist eine negative Größe, während für einen gewöhnlichen Widerstand dieser Quotient einen positiven Wert ergibt. Ein negativer Widerstand hat deshalb eine fallende Volt-Ampere-Charakteristik. Im übrigen hat er dieselben Eigenschaften wie ein positiver Widerstand, da er einen kontinuierlichen Stromfluß zu verhindern sucht und deshalb Joulesche Wärmeverluste hervorruft. Die geraden Teile $\overline{AB}$ der Abb. 238 und 239 entsprechen einem negativen Widerstand der reinen Art, während der gekrümmte Teil BC in Abb. 238 einen negativen Widerstand der unreinen Art darstellt. In beiden Fällen ist der negative Widerstand begrenzt, da die Volt-Ampere-Charakteristik nur für einen gewissen Strombereich abfällt. Der gerade Teil $\overline{AD}$ gilt für den Fall, für den der Strom „bergaufwärts" fließt. Der Strom fließt also gegen die erregende Spannung, und die Gegen-EMK verleiht dann dem Strom die übliche Richtung.

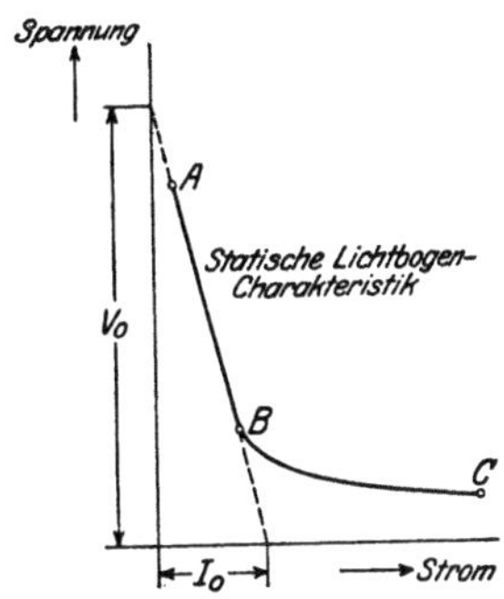

Abb. 238.

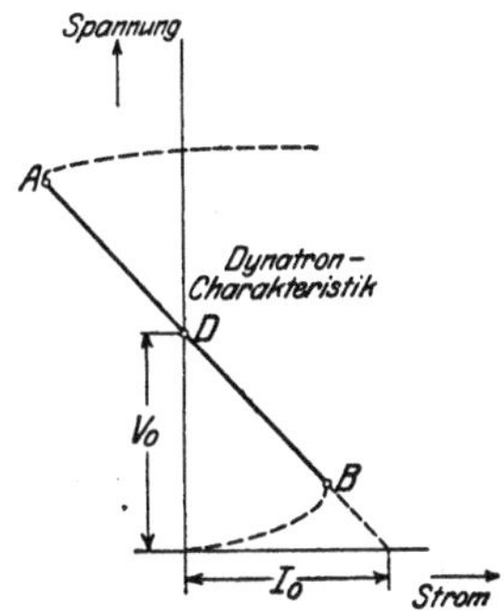

Abb. 239.

Technische negative Widerstände.

Wenn ein Stromkreis nur negative Widerstände enthalten würde, so hätte man einfach mit negativen Stromstößen zu rechnen, für den Fall, daß positive Spannungsstöße dem System aufgedrückt werden. Wenn aber sowohl positive als auch negative Widerstände Teile eines Stromkreises bilden, so können sich die Stromstöße in den einzelnen Teilen entweder teilweise oder gar vollständig kompensieren, sofern entsprechende Spannungsschwankungen vorliegen. Solche Erscheinungen zeigen sich bei Bogenlampen[1]), wenn kein konstanter Stromfluß vorliegt. Wenn z. B. eine konstante Spannungsquelle direkt an die Elektroden einer Bogenlampe angeschlossen wird, so kann die geringste plötzliche Stromverringerung durch den unreinen Bogenwiderstand, welcher unrein negativ ist, stark beschleunigt werden, bis schließlich der Stromwert so klein geworden

---

[1]) Die Lichtbogencharakteristik ist in folgenden und anderen Arbeiten behandelt: Child, C. D.: Electric Arcs; van Nostrand Co., D.: N.Y.; Rasch, E.: Das elektrische Bogenlicht, Braunschweig; Blondel, A.: Lum. Elec. Bd. 42, S. 621. 1891; Fleming, J. A.: Proc. Roy. Soc. Bd. 27, S. 118. 1894; Ayrton, Mrs. H.: J. Inst. El. Engs. Bd. 28, S. 400. 1899; Child, C. D.: Phys. Rev. Bd. 19, S. 122. 1904; Upson, W. L.: Electr. Bd. 59. 1907; Simon, H. Th.: Phys. Z. Bd. 8, S. 471. 1907.

ist, daß der Bogen erlischt. In derselben Weise kann ein positiver Stromstoß in dem Speisestrom des Lichtbogens so durch den unreinen negativen Widerstand des Bogens anwachsen, daß die Zuleitung durchbrennt.

Solche positive und negative Beschleunigungen von Stromstößen können aber auch mit großem Vorteil verwendet werden. An dieser Stelle dürfte es von Interesse sein, daß diese Erscheinungen Schwingungen hervorrufen können. Je nach der Wahl der Konstanten kann man gedämpfte, ungedämpfte und wachsende Schwingungen erzeugen.

Es ist zu bemerken, daß ein negativer Widerstand keine „tote" Masse wie ein gewöhnlicher positiver Widerstand (Kupferdraht usw.) darstellt. Er hat auf eine „lebende" Masse Bezug, welche Energie birgt und in irgendeinem beliebigen Augenblicke die Verluste des eigentlichen Stromkreises kompensieren oder der eigentlichen Stromquelle sogar mehr Energie zuführen kann, als dieselbe durch den negativen Widerstand sendet.

Der negative Widerstand des Lichtbogens ist begrenzt, und wachsende Schwingungen, wenn sie überhaupt beginnen, würden nach einigen Umkehrungen kontinuierlich werden. Dasselbe gilt für den Dynatronoszillator des Wissenschaftlichen Laboratoriums der General Electric Company, da der gerade Teil der Volt-Ampere-Charakteristik des Dynatrons nur für einen begrenzten Strombereich gilt. Begrenzter negativer Widerstand hat deshalb den Vorteil, daß er wachsende Schwingungen automatisch hemmen kann und infolgedessen wie eine Sicherung das System beeinflußt.

290. Stabilität von Systemen, welche sowohl positiven als auch negativen Widerstand besitzen. Zur besseren Erkenntnis des folgenden scheint es zweckentsprechend, die Stabilitätsbedingung für eine Reihenschaltung von positiven und negativen Widerständen aufzustellen, wobei die ganze Anordnung einer konstanten Spannung ausgesetzt werden soll.

Im allgemeinen kann man annehmen, daß bei einer fallenden Volt-Ampere-Charakteristik (negativer Widerstand) unstabiles elektrisches Gleichgewicht vorherrscht, während eine ansteigende Charakteristik (d. h. jenseits des Knies in Abb. 240, positiver Widerstand) einem stabilen Gleichgewicht entspricht. Eine Stabilität kann auch dadurch erzielt werden, daß man die konstante Spannungsquelle durch eine Quelle ersetzt, welche dieselbe innere Charakteristik wie der Stromkreis aufweist oder eine Volt-Ampere-Charakteristik, welche mehr als diejenige des äußeren Stromkreises abfällt.

Wenn ein unreiner negativer Widerstand $\mathfrak{R}$ mit einem positiven Widerstand r in Reihe geschaltet wird, so hat man den in

Abb. 240 angegebenen Fall. Man hat deshalb für die aufgedrückte Spannung

$$V = \left\langle \begin{array}{l} V_1 + V_2 \text{ einen stabilen Strom } I \\ V_1' + V_2' \text{ einen unstabilen Strom } I', \end{array} \right.$$

d. h. die zwei Stromwerte I und I' sind möglich, wenn V vollkommen konstant ist. Eine Vergrößerung von I auf den Wert $I + \Delta I$ ergibt

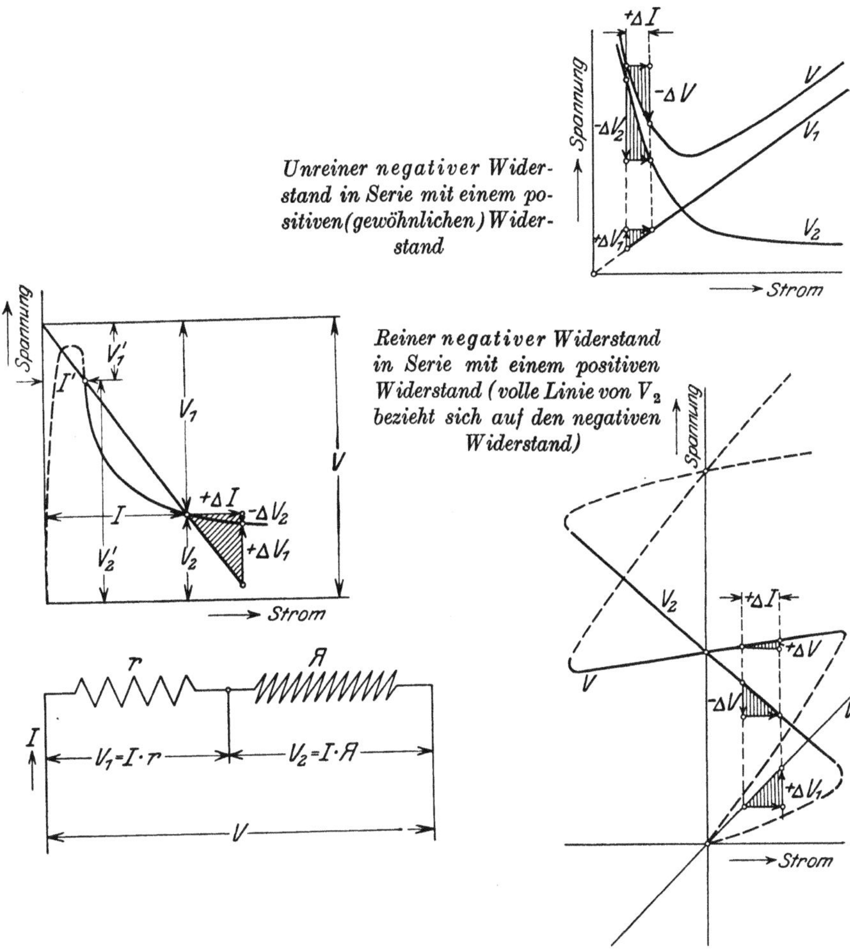

Abb. 240. Negativer und positiver Widerstand in Serie.

dann einen verkleinerten Abfall $V_2 - \Delta V_2$ im negativen Widerstand und einen größeren Abfall $V_1 + \Delta V_1$ im positiven Widerstand, wenn I als Stromstoß wirkt. Da aber nach dem **Newton**schen Gesetz die

Summe aller Wirkungen und Gegenwirkungen verschwinden muß, so hat man

$$\begin{aligned}\sum V &= (V_1 + \varDelta V_1) + (V_2 - \varDelta V_2)\\ &= V + (\varDelta V_1 - \varDelta V_2)\\ &= V + \varDelta V,\end{aligned}$$

wo V als eine positive Größe $\varDelta V_1 - \varDelta V_2 > 0$ eine höhere Spannung der Quelle erfordern würde. D. h. ein positiver Stromstoß würde wenig Einfluß auf das System ausüben, da dessen Wirkung bald abklingen und man wieder stabiles Gleichgewicht erhalten würde. Ein negativer Stromstoß, d. i. eine Änderung von I bis $I - \varDelta I$, würde die entsprechenden Spannungsabfälle $V_1 - \varDelta V_1$ und $V_2 + \varDelta V_2$ erzeugen, da der negative Widerstand Spannung gewinnen und der positive Widerstand solche verlieren würde. Man kann deshalb

$$\begin{aligned}\sum V &= V + (\varDelta V_2 - \varDelta V_1)\\ &= V - \varDelta V\end{aligned}$$

schreiben. Da aber V konstant ist, so kann $\varDelta V$ nicht lange andauern, und das System ist wiederum im stabilen Gleichgewicht.

Auf eine ähnliche Weise kann man zeigen, daß für den Strom I' mit Bezug auf den Spannungsabfall V_2' im negativen Widerstand $\mathfrak{R}$ ein negativer Stromstoß $\varDelta I'$ einen kleineren Strom $I' - \varDelta I'$ bedingt. Man hätte dann Spannungsabfälle, welche nicht ausreichen würden, um den Kreisstrom zu erhalten (gestrichelter Teil der Lichtbogencharakteristik). Ein positiver Stromstoß würde dagegen eine beschleunigtere Abnahme von V_2' als eine Zunahme von V_1' ergeben. Man hat deshalb

$$\sum V = V - \varDelta V.$$

Der Spannungsabfall $\varDelta V$ fördert daher die Zunahme von $I' + \varDelta I'$ auf einen Wert $I' + \varDelta I' + \varDelta I''$ usf., bis am Ende der Wert $I' + \sum \varDelta I = I$ erreicht wird, für welchen Strom ein stabiles Gleichgewicht herrscht.

Da nach diesen Betrachtungen stabiles Gleichgewicht immer durch die Beziehung

$$\varDelta V_1 - \varDelta V_2 = +\varDelta V > 0$$

zu befriedigen ist (gleichgültig, ob ein positiver oder negativer Stromstoß $\varDelta I$), so sieht man, daß für irgendeine Stromänderung

$$-\frac{\varDelta V_2}{\varDelta I} < \frac{\varDelta V_1}{\varDelta I}$$

und für den Grenzfall, für den $\varDelta I$ einen Nullwert annimmt,

$$-\frac{d V_2}{d I} < \frac{d V_1}{d I} < r$$

als Gleichgewichtsbedingung gilt.

Die Anwendung dieses Ergebnisses führt dann zu interessanten Schlüssen.

1. Für einen unreinen negativen Widerstand $\mathfrak{R}$ in Reihe mit einem Widerstand r, wie in der oberen Darstellung der Abb. 240 angedeutet ist, hat der Spannungsabfall die Form

$$V_2 = \mathfrak{R} I,$$

wo

$$\frac{dV_2}{dI} = \mathfrak{R},$$

d. h.

$$-\mathfrak{R} < r$$

ein Ergebnis, welches man erwarten konnte, da für die kritische Grenze $-\mathfrak{R} = r$, die ganze Anordnung irgendwelchen Stromänderungen keinen Widerstand entgegenstellt, obgleich jeder Teil, r oder $\mathfrak{R}$, merkbare Spannungsabfälle V_1 und V_2 ergeben kann. Wenn der innere Widerstand der Stromquelle vernachlässigbar wäre, so würde in einer solchen Einstellung ein unendlicher Strom fließen.

2. Wenn ein praktischer negativer Widerstand, nämlich derjenige eines Dynatrons, wie aus Abb. 239 und der unteren Darstellung zur rechten Seite von Abb. 240 zu entnehmen ist, verwendet wird, so hat man für den geraden Teil $\overline{AB}$ den Spannungsabfall

$$V_2 = \mathfrak{R} I + V_0,$$

wo V_0 eine Konstante bedeutet. Man erhält somit dasselbe Ergebnis, das schon oben gefunden wurde.

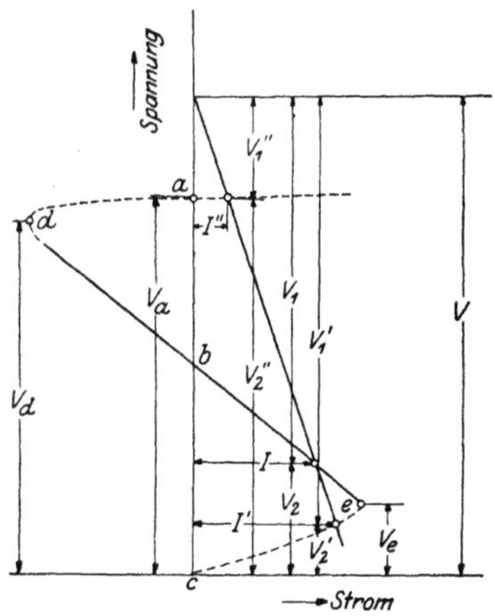

Abb. 241. Die drei möglichen Zustände, die für einen Dynatron in Reihe mit einem gewöhnlichen Widerstande bestehen können.

Im allgemeinen bestehen für das Dynatron in Reihe mit einem gewöhnlichen Widerstande drei Möglichkeiten, da, wie in der Abb. 241 gezeigt ist, die aufgedrückte Spannung

$$V = \begin{cases} V_1 + V_2 & \text{gilt für einen negativen Widerstand,} \\ V_1' + V_2' & \\ V_1'' + V_2'' & \text{gelten für einen positiven Widerstand,} \end{cases}$$

d. h. drei verschiedene Ströme I, I' und I'' können bestehen, von denen natürlich nur I eine Bedeutung hat.

291. Spannungswechsler in Gleichstromsystemen. Wenn in der Anordnung von Abb. 242 der Strom I plötzlich von einem Nullwert bis zu einem Werte I geändert wird, so entstehen die entsprechenden Potentialdifferenzen V_1 und V_2 für den positiven Widerstand r bzw. für den negativen Widerstand $\mathfrak{R}$. Das heißt, der Aufstieg der V_1-Charakteristik liefert ein Maß für den Widerstand r und der Abfall von V_2 ein Maß für den negativen Widerstand. Da der resultierende Spannungsabfall eine aufsteigende Charakteristik ergibt, so sieht man,

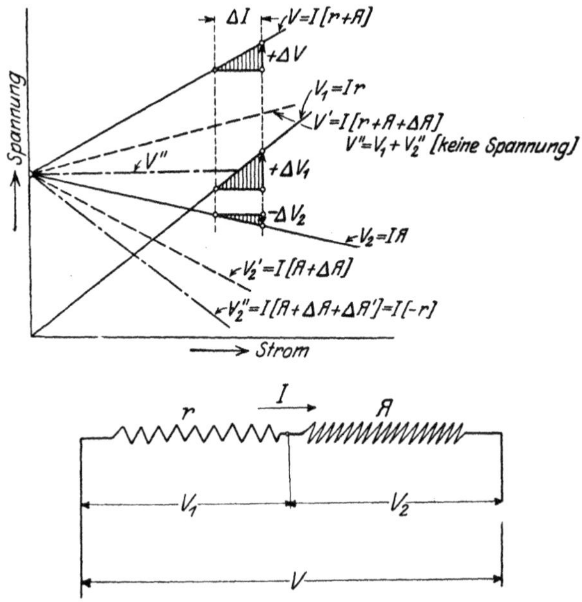

Abb. 242. Reiner negativer und positiver Widerstand in Reihe.

daß der positive Widerstand die größte Wirkung den Stromänderungen entgegenstellt, da für ein und denselben positiven Stromstoß ΔI

$$\Delta V_1 - \Delta V_2 = \Delta V > 0 .$$

Man sieht fernerhin, daß die Änderung ΔV kleiner als diejenige von V_1 ist, da $\Delta V < \Delta V_1$. Der Unterschied wird um so ausgeprägter, je mehr sich der Abfall von V_2 dem Anstieg von V_1 nähert, d. h. je mehr man die Gleichheit der absoluten Werte von r und $\mathfrak{R}$ erreicht. Der idealste Fall ergibt sich für eine horizontale V-Linie. Der Kombinationswiderstand $\mathfrak{R} + r$ verschwindet dann vollständig und eine Nulländerung ($\Delta V = 0$) erzeugt jetzt beträchtliche Spannungsänderungen ΔV_1 und ΔV_2 in den Teilen des Kreises, da der Stromstoß sehr groß ist und die Widerstände $-\mathfrak{R} = r$ in den Teilen wirken, zu welchen sie gehören. Eine praktische Anwendung würde daher einen solchen Wert von $\mathfrak{R}$ voraussetzen, daß er beinahe gleich demjenigen von r ist, und zwar derart, daß

$$-\mathfrak{R} \lesssim r ,$$

so daß die Stabilitätsbedingung ebenfalls erfüllt ist. Technische Fälle sind in den Darstellungen der Abb. 240 angedeutet, wo ein unreiner begrenzter negativer Widerstand eines Lichtbogens mit einem positiven Widerstand in Reihe geschaltet ist oder wo ein reiner negativer Widerstand eines Dynatrons an Stelle des Lichtbogens verwendet wird. Die gestrichelten Teile der inneren Charakteristiken beziehen sich auf positiven Widerstand. Wenn man also $-\mathfrak{R} \gtrless r$ macht, so ist für einen Spannungsstoß

$$V = \begin{cases} V_1 + V_2 \\ V_1 + V_2 + (\Delta V_1 - \Delta V_2) - \Delta V. \end{cases}$$

Die Spannungsverstärkung ergibt sich somit zu

$$\frac{dV_1}{dV} = \frac{r}{r + \mathfrak{R}}$$

und

$$\frac{dV_2}{dV} = -\frac{\mathfrak{R}}{r + \mathfrak{R}} = \frac{R}{r + \mathfrak{R}}.$$

Das Ergebnis ist in Abb. 243 erläutert, die selbst für den Fall von $\mathfrak{R} = \frac{3}{4} r$ beträchtliche Spannungsverstärkungen erkennen läßt. Die Verstärkung und der Grad sind dieselben, wenn den Spannungsänderungen eine Gleichspannung überlagert ist. Man sieht fernerhin, daß der Begriff „eines negativen Widerstandes" nur im Falle von Stromänderungen eine Bedeutung hat, da für konstante Stromverläufe keine besonderen Vorzüge zu gewinnen sind.

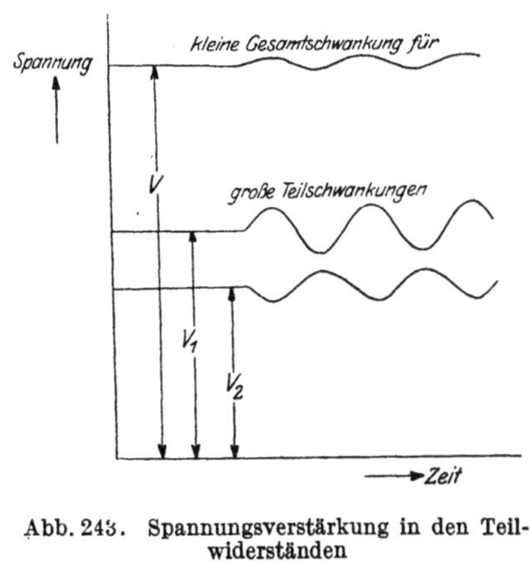

Abb. 243. Spannungsverstärkung in den Teilwiderständen

292. Stromwechsler in Gleichstromsystemen. Wenn man es mit Stromwechslern zu tun hat, so kommen Parallelzweige in Betracht, da für quasistationäre Vorgänge gerade soviel Strom einem Zweige zufließen muß, als derselbe abgibt. Das besagt aber, daß eine Reihenanordnung nicht als Stromverstärker oder Stromschwächer dienen kann. Die Anordnung besteht aber aus einem negativen Widerstand $\mathfrak{R}$ in Parallelschaltung mit einem positiven Widerstand r. Die ganze Anordnung empfängt Stromimpulse, welche, wie in Abb. 244 angegeben ist, beträchtliche Änderungen in den bezüglichen Teilzweigen hervorrufen können. Der Grad des Aufstieges der I_1- und I-Linien deutet die Leitfähigkeit der entsprechenden Teile an, während der Abfall der I_2-Linie die negative Leitfähigkeit im anderen Parallelzweige angibt. Der Unterschied zwischen Aufstieg und Abfall hat wiederum nur eine Bedeutung, wenn Stromänderungen vorliegen. Die untere Darstellung deutet die entsprechenden Stromschwebungen ab, wenn Stromänderungen $\pm \Delta I$ dem System aufgedrückt werden. Die Stromverstärkung (siehe auch mittlere Darstellung) ist bedeutend, wenn der Abfall von I_2 ungefähr gleich dem Aufstieg von I_1 gewählt wird, da dann die I-Linie beinahe horizontal verläuft. Dies besagt aber in anderen Worten, daß die Stromverstärkung in den bezüglichen Parallelzweigen um so ausgeprägter wird, je mehr man die Gleichheit von r und Я anstrebt. Für eine horizontale I-Linie, für welche

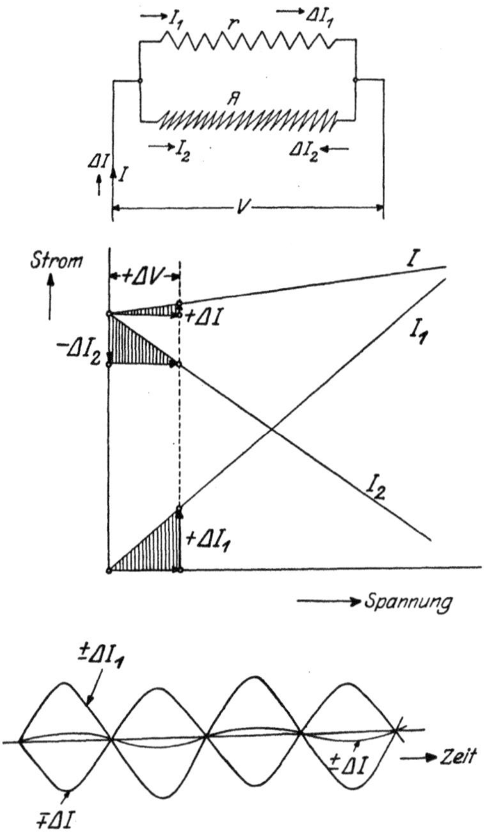

Abb. 244. Reiner negativer und positiver Widerstand in Parallelschaltung.

$$\left\{\frac{\Delta I_1}{\Delta V} - \frac{\Delta I_2}{\Delta V}\right\} = 0$$

ist, verschwindet die Leitfähigkeit der ganzen Kombination, obgleich die Parallelzweige selbst endliche Leitfähigkeiten für Stromänderungen aufweisen. Man könnte deshalb zu dem Schlusse kommen, daß für Nullstromänderungen im Hauptkreis sehr große Stromänderungen in den bezüglichen Parallelzweigen hervorgerufen werden müßten. Ein solches Ergebnis hat jedoch nur einen Sinn, wenn die Hauptstromänderung ΔI sehr klein, aber nicht Null ist, geradeso wie man bei Stromresonanz einen Nullstrom in einen großen vor- und nacheilenden Strom (Kapazitäts- und Induktivitätsstrom) zerlegen kann. Die Stromverstärkung findet man wie folgt: Ein gewisser Stromstoß ΔI verursacht in den Teilzweigen die Änderungen ΔI_1

und ΔI_2, da die resultierende Kombinationsspannung einen Wert $V + \Delta V$ erzeugt. Man hat somit

$$I = \begin{cases} I_1 + I_2 \\ I_1 + I_2 + \Delta I_1 - \Delta I_2 - \Delta I \end{cases}$$

$$= \begin{cases} \dfrac{V}{r} + \dfrac{V}{\text{Я}} \\ \dfrac{V}{r} + \dfrac{V}{\text{Я}} + \dfrac{\Delta V}{r} + \dfrac{\Delta V}{\text{Я}} - \dfrac{\Delta V}{\dfrac{r \cdot \text{Я}}{r + \text{Я}}} \end{cases}$$

und für den Grenzfall wird die Verstärkung von Stromänderungen

$$\frac{d I_1}{d I} = \frac{\text{Я}}{r + \text{Я}}$$

und

$$\frac{d I_2}{d I} = \frac{r}{r + \text{Я}}.$$

Die analytische Lösung sowohl als auch die graphische Darstellung in Abb. 244 zeigen, daß die Überlagerung eines konstanten Stromes die Verstärkung nicht beeinflußt.

293. Die Beschleunigung von Einschaltströmen. Eine konstante Spannung V^{V} sei plötzlich einem Reihenwiderstand $(r + \text{Я})^{\Omega}$, welcher in Reihe mit einer Selbstinduktion L^{H} geschaltet ist, aufgedrückt. Der Entstehungsstrom wird dann:

$$i^{\mathrm{A}} = \frac{V}{r + \text{Я}}\left[1 - \varepsilon^{-\frac{r + \text{Я}}{L} t}\right].$$

Man sieht deshalb, daß die Dämpfungskonstante abnimmt, wenn sich der numerische Wert des negativen Widerstandes Я demjenigen von r nähert. Die Geschwindigkeit des Entstehungsstroms kann deshalb beliebig und bedeutend beschleunigt werden, wenn die Größe des negativen Widerstandes richtig gewählt wird, und zwar ohne Gefahr zu laufen, daß ein Kurzschlußstrom sich einstellen kann. Ein unreiner negativer Widerstand dürfte in solchen Fällen als vorzügliches Beschleunigungsmittel wirken.

Wenn eine harmonische EMK an obige Anordnung angelegt wird, so ergibt die bisymbolische Methode die Lösung

$$n L \underset{\cdot}{I} + r \underset{\cdot}{I} + \text{Я} \underset{\cdot}{I} = \underset{\cdot}{V} \ldots \text{⩓}$$

und

$$n[\underset{\cdot}{I}(n L + r + \text{Я})] = j \omega \underset{\cdot}{V} \ldots \text{⩓}$$

$$= j \omega [\underset{\cdot}{I}(n L + r + \text{Я})] \ldots \wedge$$

Die verschiedenen Winkelgeschwindigkeiten werden dann

$$n_1 = j\,\omega = k$$

$$n_2 = -\frac{r + \text{Я}}{L},$$

wo k eine Konstante bedeutet und ω die aufgedrückte Kreisgeschwindigkeit ist. Der resultierende Strom wird dann

$$i^{\mathrm{A}} = \frac{V}{\sqrt{(r + \text{Я})^2 + (\omega L)^2}} \left\{ \varepsilon^{j\omega t} - \varepsilon^{-\frac{r + \text{Я}}{L} t} \right\}$$

Diese Beziehung zeigt wiederum, daß ein begrenzter negativer Widerstand[1]) den Entstehungsstrom beliebig beschleunigen kann. Man sieht fernerhin, daß die Amplitude des permanenten Gliedes zu einem Werte $V / \omega L$ vergrößert werden kann, wenn der Aggregatwiderstand $(r + \text{Я})$ auf einen Nullwert eingestellt ist. Es scheint, als ob der Stromkreis keine Energie verbrauchen würde. Dies ist jedoch nur eine Täuschung, da der negative Widerstand Я in Wirklichkeit den $i^2 r$-Verlust decken kann.

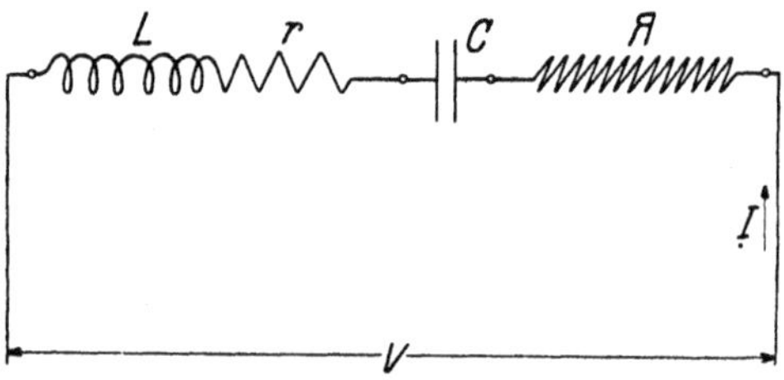

Abb. 245. Schwingungserzeuger.

294. Der negative Widerstand als Schwingungserreger. 1. Eine konstante EMK sei plötzlich der Reihenanordnung von Abb. 245 aufgedrückt. Die bisymbolische Methode führt dann zu den Gleichungen

$$\underset{\cdot}{V} = (r + \text{Я})\,\underset{\cdot}{I} + nL\underset{\cdot}{I} + \frac{\underset{\cdot}{I}}{nC} \ldots \Lambda\!\!\Lambda$$

und

$$0 = n\left\{[r + \text{Я}]\,\underset{\cdot}{I} + nL\underset{\cdot}{I} + \frac{\underset{\cdot}{I}}{nC}\right\} \ldots \Lambda$$

mit den Winkelgeschwindigkeiten

$$n_1 = 0$$

$$n_2 = -\frac{r + \text{Я}}{2L} + j\sqrt{\frac{1}{CL} - \left[\frac{r + \text{Я}}{2L}\right]^2} = \alpha + j\,\omega$$

$$n_3 = \alpha - j\,\omega$$

wenn

$$\left[\frac{r + \text{Я}}{2L}\right]^2 < \frac{1}{CL}.$$

---

[1]) Wenn ein unreiner negativer Widerstand verwendet wird, so ist der negative Widerstand Я mittels der Gleichung der inneren Charakteristik und des für den nicht-linearen Gleichrichter auf Seite 62 angegebenen Verfahrens berechenbar.

Die Lösung für den Entstehungsstrom ist dann

$$i^{A} = \sum_{n_1}^{n_3} I\,\varepsilon^{nt} = \frac{V}{\omega L}\,\varepsilon^{-\frac{r+\mathfrak{R}}{2L}t} \sin \omega t$$

und die momentane Kondensatorspannung wird

$$e^{V} = \sum_{n_1}^{n_3} E\,\varepsilon^{nt} = V\left[1 - \frac{\varepsilon^{-\frac{r+\mathfrak{R}}{2L}t}}{\omega\sqrt{CL}} \sin\left(\omega t - \operatorname{tg}^{-1}\frac{2\,\omega L}{r+\mathfrak{R}}\right)\right].$$

Diese Lösungen zeigen, daß gedämpfte, ungedämpfte und wachsende Schwingungen auftreten können. Die gedämpften Schwingungen gelten für einen positiven Wert von $(r+\mathfrak{R})$. Sie beziehen sich nur auf das abnehmende Glied des Gesamtstromes i und dauern deshalb nicht lange an. Die wachsenden Schwingungen entstehen bei einem negativen Wert von $(r+\mathfrak{R})$. Ungedämpfte Wellen liegen dann vor, wenn r und $\mathfrak{R}$ ungefähr denselben numerischen Wert haben und wenn ferner die Stabilitätsbedingung[1])

$$-\mathfrak{R} \lesssim r \quad \text{oder} \quad R \lesssim r$$

befriedigt ist. Die Wellen dürfen dann als sinusförmig aufgefaßt werden (wenn die richtige innere Charakteristik zugrunde gelegt wird). Die Anordnung der Abb. 245 hat den Nachteil, daß die Schwingungen sowohl über die Quelle als auch über den negativen Widerstand fließen müssen. Dies führt zu unnützen Verlusten. Diese sind besonders groß bei Verwendung eines unreinen negativen Widerstandes und einer konstanten Spannungsquelle[2]) mit hohem Widerstand.

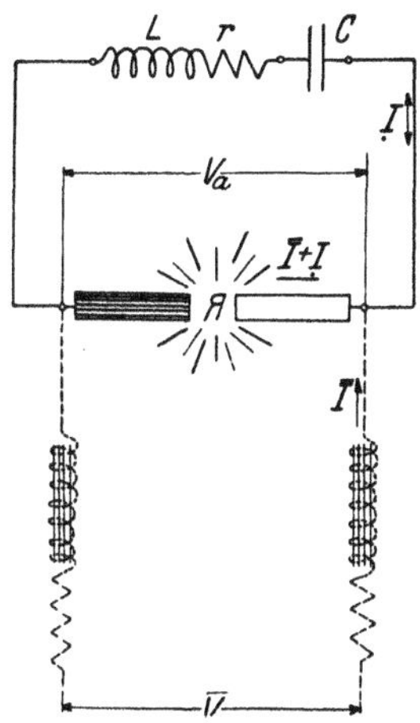

Abb. 246. Negativer Widerstand und Resonanzkreis in Parallelschaltung.

2. Wenn der negative Widerstand $\mathfrak{R}$ einem Resonanzzweig parallel geschaltet wird, so hat man das in Abb. 246 angedeutete System, welches nichts anderes als einen Poulsenschen Schwingungserzeuger darstellt. Nimmt man an, daß einige Lichtbögen so angeordnet sind, daß der Bogenstrom (Strom durch den negativen Widerstand) $(\bar{I} + \underset{\bullet}{I})$

---

[1]) Die Zeichen $\lesssim$ zeigen an, daß ungefähre Gleichheit besteht, aber derart, daß $-\mathfrak{R}$ etwas kleiner als r ist.

[2]) Ein Blockkondensator, welcher die Klemmen der Quelle überbrückt, kann diese Erscheinung in vielen Fällen beseitigen.

linear mit wachsender Klemmenspannung V_a abnimmt, so hat man das Gesetz[1])

$$\bar{I} + \underset{\cdot}{I} = \frac{V_a}{\mathfrak{R}}.$$

Ein solcher Fall wird in technischen Lichtbogenanordnungen nicht erreicht, da in erster Linie die statische Bogencharakteristik nicht mit der dynamischen zusammenfällt und in zweiter Linie die erstere nur für sehr kleine Strombereiche als linear angesehen werden darf. Wenn man aber die Beziehung für die Möglichkeit von Schwingungen und deren wahrscheinliche Periodenzahl aufzustellen wünscht, so sind solche Annahmen gerechtfertigt und besonders an dieser Stelle, da hier nur die wichtigsten Allgemeinlösungen angegeben sind[2]). Da für Schwingungen nur die veränderlichen Stromkomponenten in Betracht kommen, so hat man für den geschlossenen, stark ausgezogenen Schwingungskreis die Lösung

$$(\bar{I} + \underset{\cdot}{I})\,\mathfrak{R} + \underset{\cdot}{I}\,r + \underset{\cdot}{I}\,nL + \frac{\underset{\cdot}{I}}{nC} = 0 \ldots \angle \ldots$$

oder

$$\bar{I}\,\mathfrak{R} + \underset{\cdot}{I}\,(r + \mathfrak{R}) + \underset{\cdot}{I}\,nL + \frac{\underset{\cdot}{I}}{nC} = 0 \ldots \angle \ldots \wedge\!\!\wedge$$

Dieser Ausdruck ist bisymbolisch, da der Vektor $\underset{\cdot}{I}$ sich mit der verallgemeinerten Winkelgeschwindigkeit n dreht, während die konstante mittlere Spannung

$$\bar{V} = \bar{I}\,\mathfrak{R}$$

des negativen Widerstands $\mathfrak{R}$, um welche die überlagerte Schwingungsspannung wechselt, sich mit der Winkelgeschwindigkeit Null dreht und zu allen Zeiten denselben Skalar beibehält. Eine symbolische Multiplikation des ersten Grades mit den diesbezüglichen Faktoren 0 und n ergibt dann

$$n\underset{\cdot}{I}\left\{r + \mathfrak{R} + nL + \frac{1}{nC}\right\} = 0 \ldots \wedge \ldots \angle$$

mit den Winkelgeschwindigkeiten

$$n_1 = 0$$

$$n_2 = -\frac{r + \mathfrak{R}}{2L} + j\sqrt{\frac{1}{CL} - \left[\frac{r + \mathfrak{R}}{2L}\right]^2} = \alpha + j\omega$$

$$n_3 = \alpha - j\omega.$$

---

1) Im allgemeinen Falle gilt das Gesetz:

$$\frac{d\,V_a}{d\,(\bar{I} + \underset{\cdot}{I})} = \mathfrak{R}.$$

2) Welche für Sinusschwingungen (Lichtbogenströme der ersten Art) gelten.

Der Kondensatorstrom wird daher

$$i^{A} = \sum_{n}^{n_3} \varepsilon I^{nt} = I\varepsilon^{-\left[\frac{r+\mathfrak{R}}{2L}\right]t} \sin t\sqrt{\frac{1}{CL} - \left[\frac{r+\mathfrak{R}}{2L}\right]^2}$$

und für $r \overset{\sim}{\lessgtr} -\mathfrak{R}$ oder $r \overset{\sim}{\lessgtr} R$

werden Sinusschwingungen erzeugt. Da die Schwingungen I den Strom des negativen Widerstandes schwächen und verstärken, so

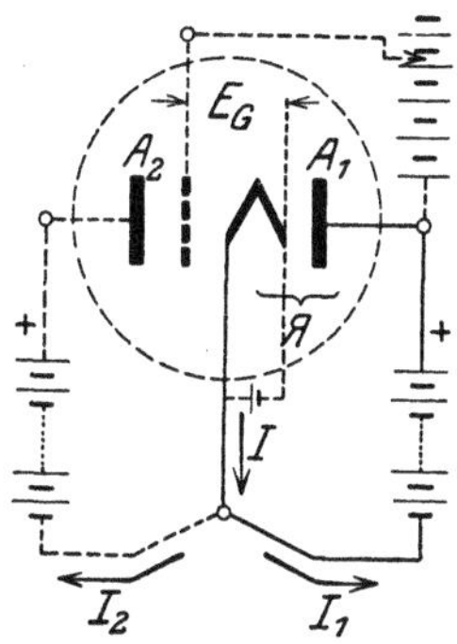

Vier-Elementröhre mit A_1 als Ablenkungsanode, A_2 als Hauptanode und einem Gitter zwischen A_2 und der Kathode.

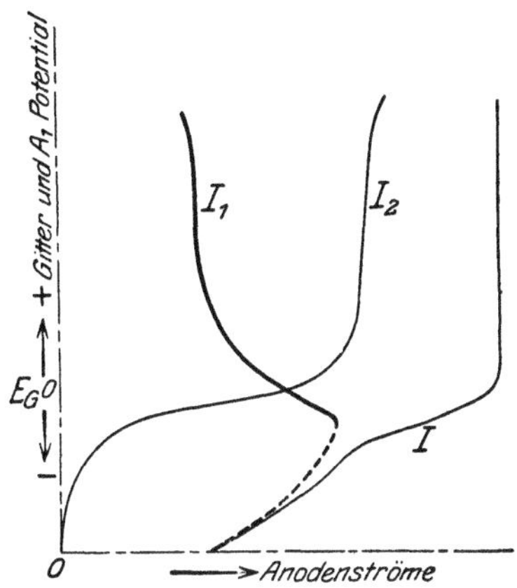

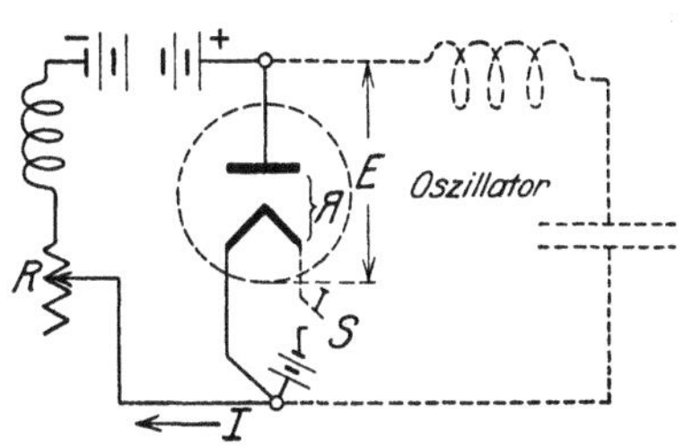

Tungarröhre mit unterbrochenem Kathodenstrome kann als negativer Widerstand wirken.

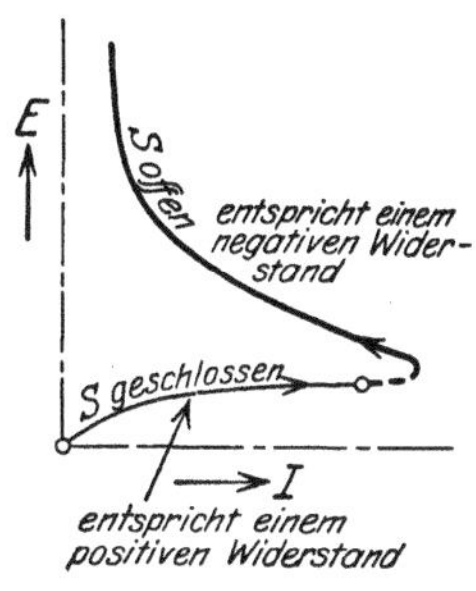

Abb. 247. Obere Darstellung bedeutet das Negatron und die untere den Tungar in der Schwingschaltung.

sieht man, daß der pulsierende Strom $(I + I)$ im negativen Widerstande $\mathfrak{R}$ dem Kondensatorstrom um 180 Zeitgrade nacheilt. Der eigentliche Schwingungsstrom wächst deshalb zu Zeiten, wo der Gesamtstrom durch den negativen Widerstand abnimmt.

Abb. 247 zeigt zwei andere praktische Anordnungen der Schaltung 246. Die obere Anordnung besteht entweder aus einer Zweielement- und einer Dreielementröhre mit Gitter und gemeinsamen

Glühfäden oder sie verwendet das Negatron von Scott-Taggart, bei dem alle vier Elektroden in einer gemeinsamen Glashülle untergebracht sind. Der Schwingungskreis wird dann zwischen die Glühkathode und die Hauptanode A_1 gelegt, da irgendeine Potentialerhöhung an der Anode A_1 eine entsprechende Gitterpotentialerhöhung E_G bedingt und deshalb infolge der Zunahme von I_2 eine Stromabnahme von I_1 zur Folge hat. Dies ist nur der Fall, wenn zuvor die Anodenpotentiale von A_1 und A_2 so gewählt werden, daß der Sättigungsgesamtstrom I entsteht. Der Strom I_2 kann sich dann nur auf Kosten von I_1 ändern.

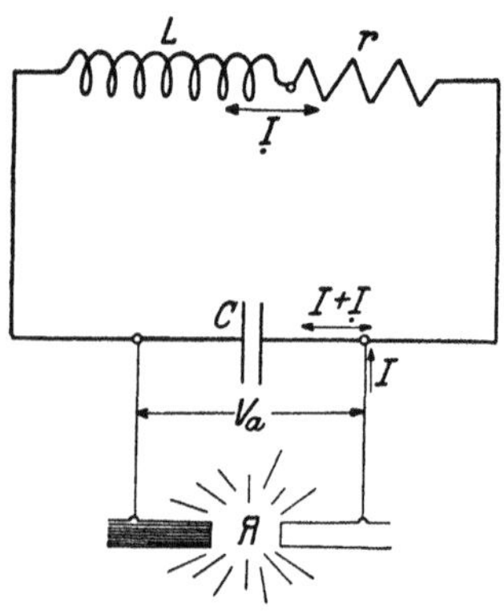

Abb. 248. Schwingungserzeuger.

Die untere Darstellung stellt den Tungaroszillator dar. Seine Wirkungsweise läßt sich aus der Abbildung und der Beschreibung auf Seite 31 und 66 erkennen.

3. Eine Anordnung, bei welcher der Schwingungsstrom nur im Kondensatorkreis fließt, ist in Abb. 248 angegeben. Irgendwelche hyperbolische Entladungen des Kondensators über die ganze Kombination können so langsam eingestellt werden, daß die Hochfrequenzschwingungen praktisch alle vorhandene Energie ausnützen, bevor nur ein kleiner Teil einer langsamen Kombinationsschwingung sich abspielen kann. Die vorgeschlagene Anordnung ist in Wirklichkeit nichts anderes als ein Resonanzkreis, welcher einen unvollkommenen Kondensator mit einer negativen Leitfähigkeit $g^{\mathrm{Mho}} = 1/\mathfrak{A}$ enthält. Das heißt, der Kondensator ist eine Art Sekundärquelle, welche anstatt Verluste aufzuweisen, dem Schwingungskreise Energie zuführt.

Die maßgebenden Winkelgeschwindigkeiten können hier aus der verallgemeinerten Impedanz

$$Z^{\mathrm{Ohm}} = \frac{1}{\frac{1}{\mathfrak{A}} + nC} + nL + r = 0 \ldots \angle$$

gefunden werden. Man hat dann

$$\begin{aligned} n_2 &= \alpha + j\omega \\ n_3 &= \alpha - j\omega \end{aligned} \quad \text{für} \quad \left\{ \begin{aligned} \alpha &= -\left[\frac{r}{2L} + \frac{1}{2C\mathfrak{A}}\right] \\ \omega &= \sqrt{\frac{1}{CL} - \left[\frac{r}{2L} + \frac{1}{2C\mathfrak{A}}\right]^2}, \end{aligned} \right.$$

wenn

$$\left[\frac{r}{2L} + \frac{1}{2C\mathfrak{A}}\right]^2 < \frac{1}{CL} \qquad \text{und} \qquad r \overset{\backsim}{>} \frac{L}{C\mathfrak{A}}.$$

Unter diesen Bedingungen werden wiederum Sinusschwingungen erzeugt. Die Richtigkeit dieser Ableitung kann man auch ersehen, wenn man den negativen Widerstand als Ausgangszweig ansieht. Die verallgemeinerte Impedanz dieses Zweiges wird dann

$$Z_{(\mathfrak{R})}^{\mathrm{Ohm}} = Z_{\mathfrak{R}} + Z_{C,rL}$$

oder

$$Z_{(\mathfrak{R})} = Z_{\mathfrak{R}} + \frac{Z_C(Z_r + Z_L)}{Z_r + Z_L} = \mathfrak{R} + \frac{r + nL}{n^2CL + nCr + 1}$$
$$= \frac{n^2CL\mathfrak{R} + n(Cr\mathfrak{R} + L) + (r + \mathfrak{R})}{n^2CL + nCr + 1} \ldots \angle$$

Für $Z_{(\mathfrak{R})} = 0$ erhält man den oben gefundenen Wert. Diese Anordnung hat auch noch den Vorteil, daß eine Spule dem negativen Widerstand parallel geschaltet ist, d. h., daß für den erregenden Gleichstrom, dessen Quelle jenseits von $\mathfrak{R}$ liegt, man einen positiven Widerstand r parallel zu $\mathfrak{R}$ hat, wodurch ein äquivalenter Widerstand

$$\frac{r\mathfrak{R}}{r + \mathfrak{R}}$$

entsteht. Der Wert dieses Ausdruckes ist immer negativ und es ist daher möglich, mittels des Spulenwiderstandes den effektiven Wert des negativen Kreiswiderstandes bedeutend zu erhöhen. Ist z. B. $\mathfrak{R} = 50$ Ohm und $r = 51$ Ohm, so erhält man einen wirksamen Kreiswiderstand $\mathfrak{R}' = -2550$ Ohm. Wenn der negative Widerstand eines gewissen Apparates (siehe Abb. 238 auf Seite 327) mittels der Beziehung

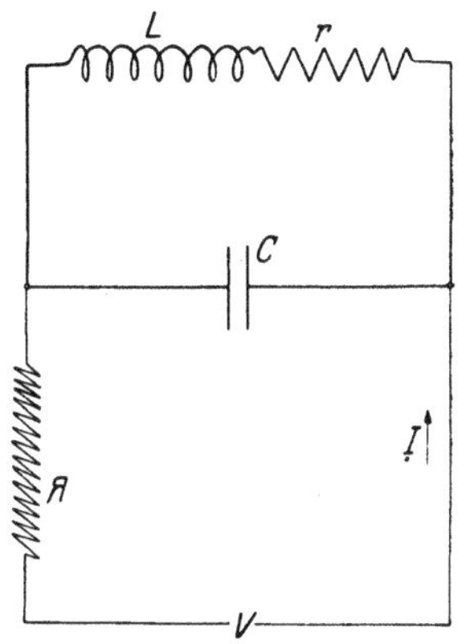

Abb. 249. Schwingungserzeuger.

$$I_a = \frac{V_a}{\mathfrak{R}} + I_0$$

anstatt $I_a = V_a/\mathfrak{R}$ ausgedrückt wird, so erfährt weder die Periode noch das Dekrement eine Änderung und obige Ableitungen sind verwendbar.

4. Eine andere grundlegende Anordnung zur Schwingungserregung ist in Abb. 249 angegeben. Wenn eine konstante Spannung V diesem System plötzlich aufgedrückt wird, so hat man

$$V = I\mathfrak{R} + I\,\frac{\frac{1}{nC}(nL + r)}{nL + \frac{1}{nC} + r}$$
$$= I\left\{\frac{n^2CL\mathfrak{R} + n(Cr\mathfrak{R} + L) + (r + \mathfrak{R})}{n^2CL + nCr + 1}\right\} \ldots \Lambda \ldots$$

und eine Multiplikation mit den bezüglichen Faktoren 0 und n ergibt

$$0 = \underset{\cdot}{I} n \left\{ \frac{n^2 C L \mathfrak{R} + n(C r \mathfrak{R} + L) + (r + \mathfrak{R})}{n^2 C L + n C r + 1} \right\} \ldots \wedge \ldots$$

mit den verschiedenen Winkelgeschwindigkeiten

$$\left. \begin{aligned} n_1 &= 0 \\ n_2 &= -\left[\frac{r}{2L} + \frac{1}{2C\mathfrak{R}}\right] + j\sqrt{\frac{1}{CL} - \left[\frac{r}{2L} + \frac{1}{2C\mathfrak{R}}\right]^2} \\ &= \alpha + j\omega \\ n_3 &= \alpha - j\omega \end{aligned} \right\} \angle$$

für

$$\left[\frac{r}{2L} + \frac{1}{2C\mathfrak{R}}\right]^2 < \frac{1}{CL}.$$

Die Lösung für den resultierenden Entstehungsstrom wird dann

$$\begin{aligned} i^{\mathrm{A}} &= \underset{\cdot}{I} = \sum_{n_1}^{n_3}{}' I \varepsilon^{n t} \\ &= I_1 + I_2 \varepsilon^{-\left[\frac{r}{2L} + \frac{1}{2C\mathfrak{R}}\right] t} \sin t \sqrt{\frac{1}{CL} - \left[\frac{r}{2L} + \frac{1}{2C\mathfrak{R}}\right]^2}. \end{aligned}$$

Man sieht wiederum, daß für eine Einstellung

$$\frac{r}{2L} - \frac{1}{2C\mathfrak{R}} = 0$$

oder

$$\mathfrak{R} = -\frac{L}{rC}$$

kontinuierliche Sinuswellen erhalten werden. Dieses Ergebnis stellt die Lösung für den in Abb. 26 auf Seite 32 angegebenen Dynatronoszillator dar. Die Vorgänge in einem solchen Apparat[1]) erläutert Abb. 194. Das Dynatron ist eine Dreielementröhre mit einer perforierten Anode und einer Platte. Die Anode ruft ein elektrostatisches Feld hervor, durch das die von der glühenden Kathode abgegebenen Primärelektronen gegen die Anode hin angezogen werden. Die Anzahl der Primärelektronen hängt von dem Anodenpotential und der Temperatur der Kathode ab. Das überlagerte und schwächere elektrostatische Feld der Platte hat praktisch sehr wenig Wirkung auf die Elektronemission, solange das Plattenpotential kleiner als dasjenige der Anode gewählt ist. Wenn das Plattenpotential verhältnismäßig klein (entspricht AB) ist, so gelangen einige der Elektronen durch die Löcher der Anode zur Platte. Die Elektronen kommen dann von dem negativsten Ende der Kathode und haben kleine Auf-

[1]) Das Dynatron (Seite 250) wurde von Herrn Dr. A. W. Hull (l. c.) im wissenschaftlichen Laboratorium der General Electric Company ausgearbeitet.

fallgeschwindigkeiten. Der Strom ($+ I_P$) fließt daher zur Platte[1]) wie in einer gewöhnlichen Dreielementröhre. Wenn das Plattenpotential aber auf gewisse Werte gesteigert wird, so gelangen sehr viele Elektronen durch die Löcher und treffen mit großen Geschwindigkeiten an der Platte an. Die Bombardierung ist dann so wirksam, daß Sekundärelektronen gegen die positivere Anode zurückgeworfen werden. Diese Wirkung kann so stark ausfallen, daß ein Primärelektron bis zu 20 Sekundärelektronen[2]) auf die Anode zurückschleudern kann und daß ein Umkehrplattenstrom ($- I_P$) fließt, da

$$\sum \text{Primärelektronen} + \sum \text{Sekundärelektronen}$$

eine negative Größe ist. Für einen beträchtlichen Spannungsbereich hat das Dynatron eine ausgesprochen negative Charakteristik. Für den geradlinigen Teil ergibt sich somit

$$I_P^{\mathrm{A}} = \frac{V_P^{\mathrm{V}}}{\mathfrak{R}^{\Omega}} + I_0^{\mathrm{A}}\,.$$

Die Konstante I_0 kann dadurch umgangen werden, daß man die Platte auf das Potential V bringt. Die Platte und die Kathode sind daher die maßgebendsten Elektroden. Die Anode liefert nur die Energie, d. h. sie beschleunigt die Primärelektronen und empfängt die Sekundäremission. Der Differentialeffekt ergibt den Energiefluß im äußeren Plattenkreis. Das Pliodynatron in Abb. 195 ist ein Vierelementapparat, welcher die Eigenschaften einer gewöhnlichen Dreielementröhre mit derjenigen des Dynatrons vereinigt. Das heißt Sekundärelektronen werden wiederum mittels Stoß an der Platte erzeugt. Das Gitter reguliert die Raumladewirkung und bestimmt den Grad der Primäremission. Ein höheres Gitterpotential verkleinert den Wert des negativen Widerstands $\mathfrak{R}$ der Röhre, da die innere Charakteristik sich mehr in eine horizontale Lage dreht. Die Drehung ist proportional der Zunahme von E_G.

5. Wenn eine harmonische Spannung $V\varepsilon^{j\omega t}$ dem System in Abb. 249 aufgedrückt wird, hat man die Lösung

$$\underset{\cdot}{V} = \underset{\cdot}{I}\,Z \quad \ldots \wedge\!\!\wedge \ldots \angle\,,$$

$$j\omega\,\underset{\cdot}{V} = n\underset{\cdot}{I}\,Z \ldots \wedge\!\!\wedge \ldots \angle$$

und

$$j\omega\underset{\cdot}{I}\,Z = n\underset{\cdot}{I}\,Z \ldots \wedge \ldots \angle\,,$$

$$Z\,(n - j\omega) = 0 \ldots \angle\,,$$

das heißt

$$Z = 0 \qquad \text{und} \qquad n - j\omega = 0\,.$$

---

[1]) $+ I_P$ kommt von der Gleichstromquelle im äußeren Plattenkreis und kompensiert den gleichwertigen Elektronenstrom von der Kathode zur Platte.

[2]) Nach Untersuchungen, die von einem Schüler des Herrn Prof. R. A. Millikan angestellt wurden (University of Chicago), scheint die Anzahl der Sekundärelektronen für Kupferelektroden bedeutend kleiner zu sein.

Die verallgemeinerten Winkelgeschwindigkeiten ergeben dann die Werte

$$n_1 = j\omega\,,$$

$$n_2 = -\left[\frac{r}{2L} + \frac{1}{2C\mathfrak{R}}\right] + j\sqrt{\frac{1}{CL} - \left[\frac{r}{2L} + \frac{1}{2C\mathfrak{R}}\right]^2}\,,$$

$$= \alpha_I + j\omega_I\,,$$

$$n_3 = \alpha_I - j\omega_I\,,$$

da

$$\alpha_I = -\left[\frac{r}{2L} + \frac{1}{2C\mathfrak{R}}\right] \qquad \text{und} \qquad \omega_I = \sqrt{\frac{1}{CL} - \alpha_I^2}\,.$$

Man sieht somit, daß ein permanenter Strom mit der aufgedrückten Frequenz $\omega/2\pi$ einem harmonischen Strom der Frequenz $\omega_I/2\pi$ überlagert ist. Dieser Strom ist ungedämpft, wenn der negative Widerstand richtig gewählt wird. Die beste Einstellung erhält man für $\omega_I = \omega$. Diese liegt z. B. vor bei dem scheinbar äquivalenten Kreis der Abb. 24 auf Seite 28, da die dem System aufgedrückte Gitteränderung $\underset{\cdot}{V} = k_A e_G$ im Synchronismus mit dem Anodenstrom ist.

XXV. Das verallgemeinerte symbolische Verfahren für freie und aufgezwungene Spannungen.

295. Verallgemeinerte, komplexe, hyperbolische und Kreiswinkelgeschwindigkeiten. Ein jedes elektrische System kann mit einer Universallösung behandelt werden, d. h. Gesetze, wie diejenigen von Ohm und Kirchhoff, gelten für alle Fälle, wenn sie allgemein ausgedrückt sind. Die verallgemeinerten Gesetze haben die einfachste Form, wenn Gleichstromsysteme vorliegen, sind komplizierter für Wechselstrom und am allgemeinsten für den Fall von elektrischen Schwingungen.

Dies ist ersichtlich, wenn man die Beziehungen[1])

$$v = \text{konstant} \quad (1) \qquad \left.\begin{aligned} v &= V\cdot\sin\omega t \\ v &= \underset{\cdot}{V}\cdot\varepsilon^{j\omega t} \\ v &= \underset{\cdot}{V} \end{aligned}\right\} \quad (2) \qquad \left.\begin{aligned} v &= [v_0\,\varepsilon^{\alpha t}]\sin\omega t \\ v &= \underset{\cdot}{V}_0\,\varepsilon^{(\alpha + j\omega)t} \\ v &= \underset{\cdot}{V}_0\,\varepsilon^{nt} \\ v &= \underset{\cdot}{V}_0 \end{aligned}\right\} \quad (3)$$

miteinander vergleicht.

Gleichung (1) bezieht sich auf den Gleichstromfall. Sie deutet an, daß der Momentanwert v der aufgedrückten Spannung zu allen Zeiten denselben Wert beibehält.

---

[1]) Zwei sich in entgegengesetzter Richtung bewegende Drehvektoren $\frac{\underset{\cdot}{V}_0}{2}\varepsilon^{j\omega t}$ und $\frac{\underset{\cdot}{V}_0}{2}\varepsilon^{-j\omega t}$ sind zugrunde gelegt. Dies ist in Abb. 250 für den Fall von gedämpften Schwingungen näher dargestellt.

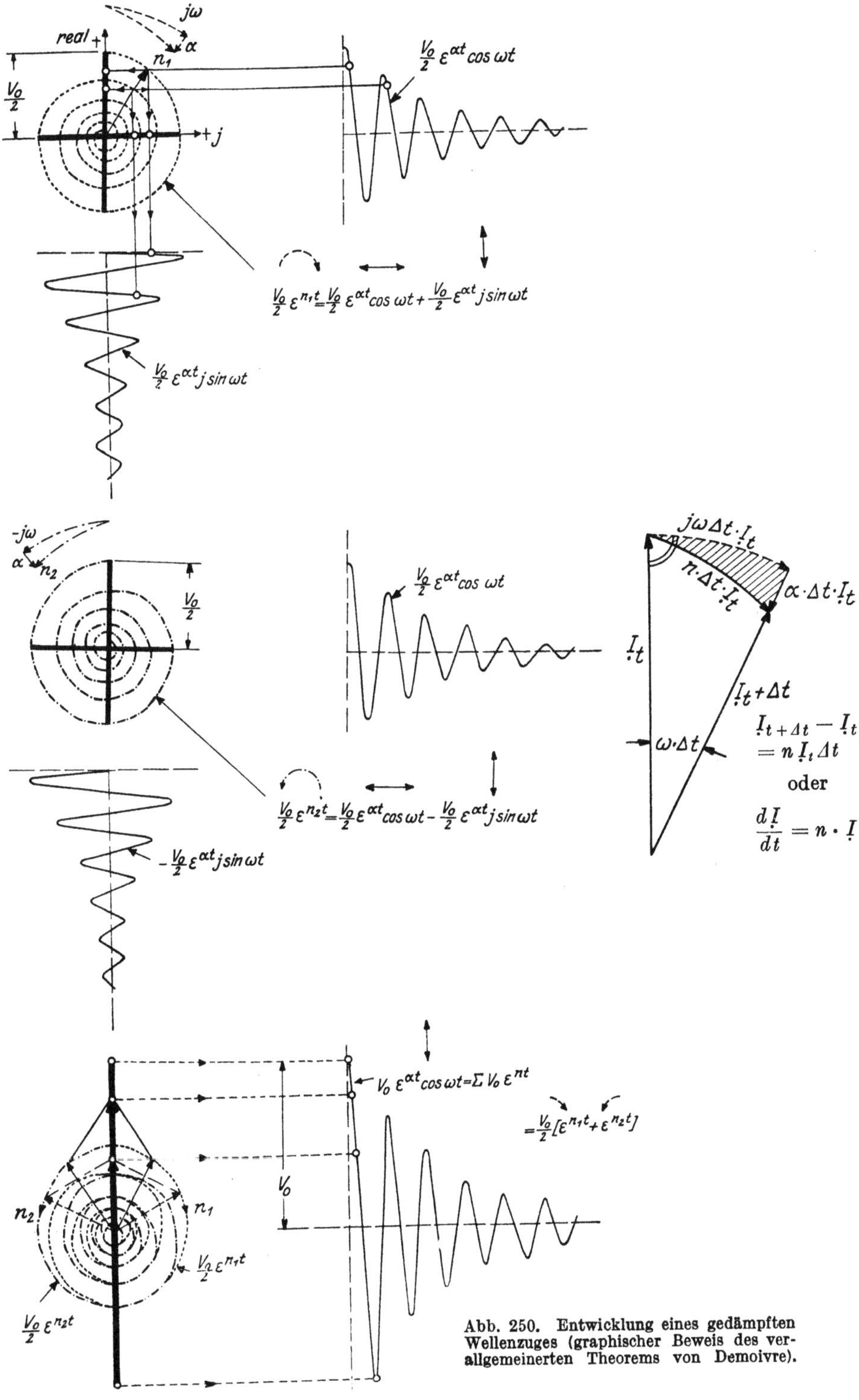

Abb. 250. Entwicklung eines gedämpften Wellenzuges (graphischer Beweis des verallgemeinerten Theorems von Demoivre).

Gleichung (2) hat auf den gewöhnlichen Wechselstrom Bezug und deutet an, daß die aufgedrückte Spannung v sich gemäß eines Sinusgesetzes ändert. Sie kann deshalb mittels eines Planvektors $\dot{V}$, der sich mit der Winkelgeschwindigkeit ω dreht, dargestellt werden. Die Größe V bedeutet dann den Skalarwert.

Gleichung (3) behandelt den Fall von freien Schwingungen. Die Größe V_0 bedeutet die maximale Anfangsspannung des Kondensators. Da die Sinuswellen gedämpft sind, darf die Kondensatorspannung durch einen Planvektoren $\dot{V}_0$ dargestellt werden, welcher exponential (Abb. 250) mit der Zeit $(V_0 \varepsilon^{\alpha t})$ abnimmt, während er sich mit der Kreisgeschwindigkeit ω dreht. Beide Bewegungen lassen deshalb den Vektor sich mit einer verallgemeinerten hyperbolischen Winkelgeschwindigkeit n drehen, welche in hyperbolischen Radian in der Sekunde ausdrückbar ist. Die Gleichung (3) zeigt ferner, daß die Gleichung (2) für freie Schwingungen gilt, wenn die Größe $j\omega$ durch die verallgemeinerte Winkelgeschwindigkeit n ersetzt wird. Eine derartige Substitution ist in vielen Fällen von großem Vorteil und besonders dann, wenn man ein bekanntes Wechselstromgesetz[1]) auf freie Entladungen zu übertragen wünscht.

---

[1]) Was das gewöhnliche symbolische Verfahren mit dem Vektor $(a + jb)$ anbelangt, so kann dessen Verwendung bis in das 17. Jahrhundert zurückgeführt werden. Dem berühmten Mathematiker John Wallis (1616—1703) gebührt das Verdienst, den unmöglichen Quadratwurzelwert $\sqrt{-1} = j$, der imaginären Einheit, als eine zu einer reellen Achse senkrechten Linie vorgeschlagen zu haben. Späterhin, im Jahre 1805, hat Buée die Summe $(a + jb)$ als eine einzige Größe (Vektor) aufgefaßt. Das Theorem von de Moivre stellt einfach den verallgemeinerten komplexen Fall dar, wie aus seinem Satze

$$\cos\alpha + j\sin\alpha$$

zu ersehen ist, wenn man $\alpha = \pi/2$ setzt. Die Deutung der Abb. 250 ist, wie wohl obiger Satz zeigt, die, daß die Wirkung des verallgemeinerten komplexen Faktors einfach diejenige ist, daß irgendeine Gerade einer „Ebene" sich um den Winkel α dreht.

In derselben Weise kann man auch die Richtigkeit der Formel

$$(\cos\alpha + j\sin\alpha)^q = \cos q\,\alpha + j\,q\,\alpha$$

prüfen. Die linke Seite besagt, daß q Umdrehungen in derselben Richtung und immer um denselben Winkel α stattfinden, während die gleichwertige rechte Seite eine einzige Drehung um den Winkel $q\alpha$ voraussetzt.

Ähnliches liegt in dem Theorem der Quaternions (quaternion calculus von W. Hamilton) vor, wo z. B.

$$\cos\Theta + j\sin\Theta = \cos\Theta + w\sin\Theta, \quad \text{da } w^2 = -1.$$

Man hat in diesem Falle $w = j$ nicht als einen algebraischen Wert, sondern als irgendeine Einheitslinie im „Raum" anzusehen. (Prof. P. G. Tait hat in seinem Werk „Treatise on Quaternions, Cambridge at the University Press, 1890" dies eingehend behandelt.

Gleichung (3) zeigt, daß

$$n = \alpha + j\omega \ldots \angle$$

eine komplexe Winkelgeschwindigkeit ist[1]). Sie wird am besten in hyperbolischen Radian in der Sekunde gemessen. Der reelle Teil bedeutet die Dämpfungskonstante $\alpha = -r/2L$ der Schwingung, und der imaginäre Teil die konstante und gleichförmige Kreisgeschwindigkeit $j\omega$. Das reelle Glied darf ebenfalls als hyperbolische Winkelgeschwindigkeit aufgefaßt werden, d. h. als eine gleichförmige Winkelgeschwindigkeit längs einer Hyperbel[2]), weil in Gleichung (3) das Glied

$$\varepsilon^{\alpha t} = \cosh \alpha t + \sinh \alpha t.$$

Auf ähnliche Weise zeigt die Transformation

$$\varepsilon^{j\omega t} = \cos\omega t + j\sin\omega t,$$

daß das imaginäre Glied eine kreisförmige Winkelgeschwindigkeit bedeutet.

Die verallgemeinerte Winkelgeschwindigkeit n erscheint reinhyperbolisch, wenn die elektromagnetische Feldenergie sich nach einem ultraperiodischen Gesetze ausgleicht. Die Winkelgeschwindigkeit ist teilweise hyperbolisch und teilweise kreisförmig (unreinhyperbolisch), wenn gedämpfte Schwingungen vorliegen. Wenn die Dämpfung der Wellen vollständig verschwindet[3]), wird der Wert von n identisch mit $j\omega$, d. h. rein kreisförmig. Diese Fälle sind in den Darstellungen in Abb. 251 näher erläutert.

---

[1]) Das Zeichen $\angle$ zeigt an, daß die Größe eine komplexe Zahl bedeutet. Dieses Symbol sowohl als der Buchstabe n sind von Prof. A. E. Kennelly (I.R.E. 1916) vorgeschlagen worden. Prof. J. A. Fleming benutzte in seinen Vorlesungen seit Jahren ein verallgemeinertes symbolisches Verfahren ($p = d/dt$), was auch aus seinem Werke „Wireless Telegraphists Pocket Book" zu ersehen ist. Andere Originalarbeiten sind: Campbell (Trans. A.I.E.E. 1911); Eccles (Electr. 1915); Hund (I.R.E. 1918); Hund, A.: Jahrb. drahtl. Telegr. u. Telef. 1920, H. 11, 12, und 1921, H. 1, 2 (eingesandt 1916). Die verallgemeinerte Winkelgeschwindigkeit ist auch auf einem indirekten Wege in Helmholtzs Werken benutzt.

[2]) Ein Radiusvektor bewegt sich mit einer gleichförmigen Winkelgeschwindigkeit längs einer Hyperbel, wenn er in gleichen Zeiten gleich große Flächen beschreibt.

[3]) Man muß einen Unterschied machen zwischen der Dämpfungskonstanten des Stromkreises und derjenigen des Stromes. Die Konstante des Kreises herrscht immer, während diejenige des Stromes verschwindet, wenn ungedämpfte Wellen vorliegen, da die Energiezufuhr ausreicht, die Amplitude aufrechtzuerhalten.

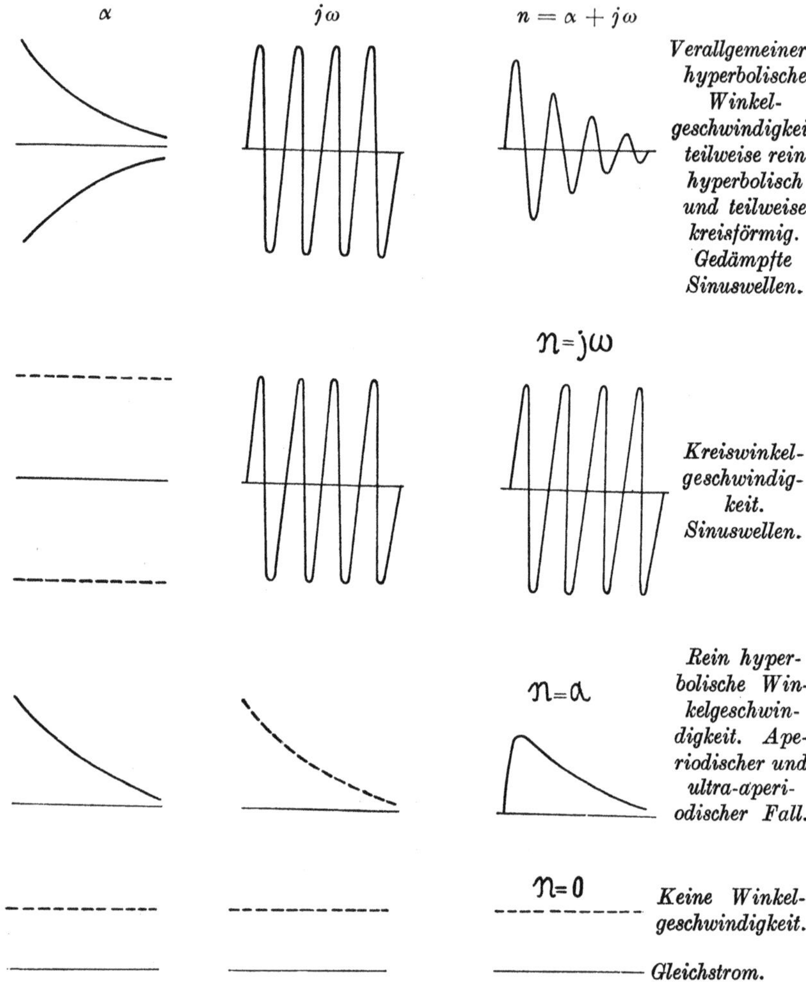

Abb. 251. Verschiedene praktische Fälle der verallgemeinerten Winkelgeschwindigkeit.

Verallgemeinertes Ohmsches Gesetz, Heavisidescher Operator und Impedanzoperatoren, welche für freie und aufgedrückte Spannungen gelten.

296. Für sich selbst überlassene Entladungen. Die drei Fälle, welche verglichen werden, sind:

$$\frac{V}{I} = r \quad (4) \qquad \frac{V}{I} = Z \quad (5) \qquad \frac{V_0}{I_0} = n\frac{dz}{dn} \quad (6)$$

wo (4), (5) und (6) das Ohmsche Gesetz für Gleichstrom, Wechselstrom und freie Entladungen darstellen. V und I sind die Maximalamplituden von Spannung und Strom, während V_0 und I_0 die entsprechenden Ausgangsamplituden von Kondensatorspannung und -strom eines Schwingungssystems bedeuten. Es ist deshalb ersichtlich, daß das Ohmsche Gesetz für Wechselstrom gilt, wenn an Stelle des Widerstandes r die Impedanz Z eingeführt wird. Bei sich selbst überlassenen Entladungen wird die Impedanz Z auf den Heavisideschen[1]) Impedanzoperator

$$A_n = n \frac{d z_n}{d n}$$

erweitert. Die Größe Z_n bezeichnet die verallgemeinerte Impedanz des ganzen Stromkreises für den $(n = n)$-ten Wert von Z. Der momentane Stromwert i kann dann mittels des verallgemeinerten Ohmschen Gesetzes

$$\left.\begin{aligned} i &= \sum_{n=n_1}^{n=n_m} I_0 \varepsilon^{nt} \\ i &= \sum_{n=n_1}^{n=n_m} \frac{V_0 \varepsilon^{nt}}{A_n} \\ i &= \sum_{n=n_1}^{n=n_m} \frac{V_0 \varepsilon^{nt}}{n \frac{d Z_n}{d n}} \end{aligned}\right\} \tag{7}$$

berechnet werden. Impedanzoperatoren dieser Art gelten für alle sich selbst überlassene Entladungen. Das Kirchhoffsche Gesetz, welches ausdrückt, daß die Summe aller Spannungsabfälle längs eines geschlossenen Stromkreises verschwindet, besagt dann, daß die verallgemeinerte Impedanz Z für sich selbst überlassene Entladungen Null ist. Der Quotient der aufgedrückten Spannung und Impedanz ergibt deshalb einen unbestimmten Wert. Dies veranlaßte Heaviside, die entsprechenden Ausgangsamplituden V_0 und I_0 für Spannung und Strom eines Teiles des Stromkreises zu verwenden und das Gesetz, welches in Gleichung (7) enthalten ist, aufzustellen.

297. Für eine konstante aufgedrückte Spannung V eines Stromzweiges. Das Gesetz, welches den Gleichungen (6) und (7) unterliegt, hat ein großes Anwendungsgebiet. Wenn eine konstante Span-

---

[1]) Heaviside, O.: Electrical Papers Bd. 2, S. 373; K. W. Wagner: Arch. Elektrot. Bd. 4. 1916; Bush, V.: I.R.E. 1917, S. 363; A.I.E.E. 1916; Hund, A.: Jahrb. drahtl. Telegr. u. Telef. 1920, H. 11, 12, und 1921, H. 1, 2 (eingesandt 1916).

nung V einem Zweige aufgedrückt wird, so hat man für den momentanen Strom

$$
\begin{aligned}
i &= \frac{V}{Z\,\Big|_{\substack{z=\\ n=}}\!>0} + \sum_{n=n_1}^{n=n_m} \frac{V}{n\,\dfrac{dZ_n}{dn}}\,\varepsilon^{nt} \\
&= \frac{V}{Z_0} + \frac{V}{n_1\,\dfrac{dZ_1}{dn_1}}\,\varepsilon^{n_1 t} + \frac{V}{n_2\,\dfrac{dZ_2}{dn_2}}\,\varepsilon^{n_2 t} + \cdots + \frac{V}{n_{m-1}\,\dfrac{dZ_{m-1}}{dn_{m-1}}}\,\varepsilon^{n_{m-1} t} \\
&\quad + \frac{V}{n_m\,\dfrac{dZ_m}{dn_m}}\,\varepsilon^{n_m t} \\
&= V\left\{\frac{1}{A_0} + \frac{\varepsilon^{n_1 t}}{A_1} + \frac{\varepsilon^{n_2 t}}{A_2} + \cdots + \frac{\varepsilon^{n_{m-1} t}}{A_{m-1}} + \frac{\varepsilon^{n_m t}}{A_m}\right\}
\end{aligned} \tag{8}
$$

Der resultierende Momentanwert i wird aus den Teilströmen $\frac{V}{A_0}$, $\frac{V\varepsilon^{n_1 t}}{A_1} \ldots$, $\frac{V\varepsilon^{n_m t}}{A_m}$ gebildet, wenn m verschiedene Winkelgeschwindigkeiten vorliegen. Die Auswertung des Ausdruckes (8) ist äußerst einfach, wenn Zahlenprobleme in Betracht kommen, da in den meisten praktischen Fällen in der Regel nur vier Winkelgeschwindigkeiten vorkommen, von denen je zwei konjugiert sind. Der Impedanzoperator $A_0 = Z_0$ bedeutet den $(n = 0)$-ten Wert der verallgemeinerten Impedanz $Z = 0$. Auf ähnliche Weise bezeichnet im Operator A_1 die Größe Z_1 den $(n = n_1)$-ten Wert von Z usw., da die Summe alle Wurzeln von $Z = 0$ enthalten muß. Man hat jedoch zu bedenken, daß Gleichung (8) nur für Kreise gilt, welche Widerstand und Selbstinduktion aufweisen. Die Lösung ist unmöglich, wenn Kapazitätserscheinungen auftreten. Für solche Fälle empfiehlt es sich, „Bisymbolische Gleichungen" zu verwenden, durch die man die Aufstellung von Impedanzoperatoren umgehen kann. Wenn sich selbst überlassene Entladungen vorliegen, liefert Gleichung (8) den vereinfachten Ausdruck

$$i = V_0\left\{\frac{\varepsilon^{n_1 t}}{A_1} + \frac{\varepsilon^{n_2 t}}{A_2} + \cdots\right\}, \tag{7a}$$

worin man wieder geradesoviel Glieder wie Wurzelwerte für die verallgemeinerte Winkelgeschwindigkeit n hat. Die Größe V_0 ist in diesem Sonderfalle die maximale Ausgangsspannung eines gewissen Teiles des Stromkreises und i dessen momentaner Stromwert. Impedanzoperatoren sind besonders für numerische Fälle von Bedeutung, da die Konstanten B_0, B_1, B_2 usw. der Lösung

$$i = B_0 + B_1\,\varepsilon^{n_1 t} + B_2\,\varepsilon^{n_2 t} + \cdots \tag{8a}$$

leicht auswertbar sind, während für rein algebraische Beispiele kein besonderer Vorteil erzielt wird.

298. Für eine veränderliche aufgedrückte Spannung eines Stromzweiges. Wenn man eine veränderliche Spannung $V_0 \varepsilon^{kt}$ einem System plötzlich aufzwingt, so erhält man die Lösung

$$i = \frac{V_0 \varepsilon^{kt}}{Z\Big|_{\substack{z=0\\n=k}}} + V_0 \sum_{n=n_1}^{n=n^m} \frac{\varepsilon^{nt}}{[n-k]\dfrac{dZ_n}{dn}}$$

$$= \frac{V_0 \varepsilon^{kt}}{Z_k} - \frac{V_0}{[k-n_1]\dfrac{dZ_1}{dn_1}} \varepsilon^{n_1 t} - \frac{V_0}{[k-n_2]\dfrac{dZ_2}{dn_2}} \varepsilon^{n_2 t} - \dots$$

$$\dots - \frac{V_0}{[k-n_{m-1}]\dfrac{dZ_{m-1}}{dn_{m-1}}} \varepsilon^{n_{m-1} t} - \frac{V_0}{[k-n_m]\dfrac{dZ_m}{dn_m}} \varepsilon^{n_m t},$$

$$i = \underbrace{\frac{V_0 \varepsilon^{kt}}{A_k}}_{\text{fortdauerndes Glied}} - \underbrace{V_0 \left\{\frac{\varepsilon^{n_1 t}}{A_1'} + \frac{\varepsilon^{n_2 t}}{A_2'} + \dots + \frac{\varepsilon^{n_m t}}{A_m'}\right\}}_{\text{vorübergehende Glieder}} \tag{9}$$

für den momentanen Stromwert[1]). Man sieht daraus, daß der Heavisidesche Impedanzoperator

$$A_n = n \frac{dZ_n}{dn}$$

für alle vorübergehende Glieder die Form

$$A_n' = [k-n] \frac{dz_n}{dn} \tag{9a}$$

annimmt, wenn k die Winkelgeschwindigkeit der aufgedrückten EMK ist. Der Wert von k ist in vielen praktischen Fällen imaginär, d. h. er hat auf eine Kreisgeschwindigkeit Bezug. Wenn k eine komplexe Zahl darstellt, so darf das ganze System in vielen Fällen als sich selbst überlassen aufgefaßt werden und wird mit Gleichung (7) gelöst. Das Ergebnis der Gleichung (9) hat ein großes Anwendungsgebiet, so daß selbst Stromkreise, welche Kapazitätserscheinungen und Streuentladungen jeder Art aufweisen, damit behandelt werden können. Die Impedanz $A_k = Z_k$ des fortdauernden Gliedes bedeutet den $(n=k)$-ten Wert der verallgemeinerten Impedanz $Z = 0$ und die Größe Z_1 des Operators A_1 den $(n = n_1)$-ten Wert der verallgemeinerten Impedanz $Z = 0$ usf. Die Anzahl der überlagerten vorübergehenden Glieder ist

---

[1]) Diese Formeln wurden von dem Verfasser abgeleitet und in seinen Vorlesungen an der Universität von Südkalifornien benutzt. In der Zwischenzeit hat J. R. Carson von der Amerikanischen Telegraph- und Telephonkompagnie dasselbe Ergebnis für dynamische Systeme mittels des Expansionstheorems entwickelt (Phys. Rev. Sept. 1917).

dieselbe wie die Anzahl der verschiedenen verallgemeinerten Winkelgeschwindigkeiten n.

299. Symbolische Behandlung von komplexen, rein hyperbolischen und rein kreisförmigen Winkelgeschwindigkeiten. Vektoren, welche sich mit einer kreisförmigen, hyperbolischen oder komplexen Winkelgeschwindigkeit drehen, werden durch die Universallösung

$$i = \underset{\cdot}{I}_0 = \sum I_0 \varepsilon^{n t} \tag{10}$$

befriedigt, da man den Gleichstromfall für $n = n_1 = n_2 = \ldots = n_m = 0$ hat und ungedämpfte Sinuswellen für $n = \pm j\omega$. Der rein hyperbolische Fall beruht auf den Werten $n_1 = \alpha_1$; $n_2 = \alpha_2 \ldots$ und $n_m = \alpha_m$, wenn α_1, α_2 usw. reelle Zahlen bedeuten. Für gedämpfte Sinusschwingungen hat man $n_1 = \alpha_1 + j\omega_1$, $n_2 = \alpha_1 - j\omega_1$, $n_3 = \alpha_3 + j\omega_3$, $n_4 = \alpha_3 - j\omega_3$ usf. Beim Ausgang einer Rechnung ist die Kenntnis der Art des symbolischen Verfahrens nicht notwendig, wenn die allgemeine Form der Gl. (10) als Ausgangsbeziehung benutzt wird.

Eine Differentiation mit Bezug auf die Zeit beruht auf einer Multiplikation des Momentanwertes des Vektors mit der verallgemeinerten Winkelgeschwindigkeit n und eine Integration wird symbolisch mittels einer Division durch n ausgeführt. Die Differential- und Integralrechnung ist deshalb auf ein der gewöhnlichen Algebra ähnliches Verfahren zurückgeführt. Eine doppelte Differentiation mit Bezug auf die Zeit ist deshalb nichts anderes als eine Multiplikation des Momentwertes mit dem Faktor n^2, geradeso wie eine Integration des zweiten Grades einer Division durch n^2 entspricht. Nachfolgende Beziehungen zeigen dies.

$$\left.\begin{aligned} \frac{di}{dt} &= n i \qquad \int i\,dt = \frac{i}{n} \\ \frac{d^2 i}{dt^2} &= n^2 i \qquad \iint i\,dt^2 = \frac{i}{n^2} \end{aligned}\right\} \tag{11}$$

Differentiationen und Integrationen des Ausdruckes (10) rufen keine Umkehrung des Vorzeichens hervor, wie bei der gewöhnlichen symbolischen Methode, die aus der Wechselstromtechnik bekannt ist, da beim verallgemeinerten symbolischen Verfahren die imaginären Größen erst im endgültigen Ergebnis erscheinen.

300. Bisymbolische Gleichungen. Bisymbolische Gleichungen[1]) sind von zwei Bedingungen und zwei bestimmten Winkelgeschwindig-

[1]) Hund, A.: El. u. Maschinenb. 1920, H. 26, S. 289.

keiten abhängig. Dies ist ersichtlich, wenn man die einfach-symbolische[1]) Gleichung

$$i[Dn^4 + En^3 + Fn^2 + Gn + H] = 0 \ldots \wedge \tag{12a}$$

betrachtet, welche auf die Form

$$\dot{I}_0[Dn^4 + En^3 + Fn^2 + Gn + H] = 0 \ldots \wedge \tag{12b}$$

gebracht werden kann. Der ganze Ausdruck wird nur von ein und derselben Lösung

$$i = \dot{I}_0 = \sum_{n=n_1}^{n=n_4} I_0 \varepsilon^{nt} \tag{12c}$$

befriedigt, wenn $\dot{I}_0$ im allgemeinsten Falle einen Vektor bedeutet, welcher sich nach einem Exponentialgesetz während der Drehung verkürzt. Spezialfälle liegen dann vor, wenn der Skalar I_0 des Vektors $\dot{I}_0$ während der Drehung mit einer gleichförmigen Winkelgeschwindigkeit denselben Wert beibehält, d. h. auf ungedämpfte Sinusschwingungen Bezug hat. Wenn der Vektor $\dot{I}_0$ sich mit der Winkelgeschwindigkeit Null dreht, d. h. stillsteht, ohne seine Größe zu ändern, so hat man den Fall eines kontinuierlichen Gleichstromes. Die Größen D, E, F, G und H in obigen Ausdrücken sind Konstanten. Aus dem letzten Paragraphen ist zu ersehen, daß die Gleichungen (12a) und (12b) in Wirklichkeit Differentialgleichungen mit den Koeffizienten d^4i/dt^4, d^3i/dt^3, d^2i/di^2, di/dt und i darstellen. Man darf also den ganzen Ausdruck mit der verallgemeinerten Winkelgeschwindigkeit n oder irgendeinem Vielfachen davon multiplizieren oder dividieren, da ja solche Manipulationen entsprechende Differentionen und Integrationen bedeuten.

Folgendes ist daher von Wichtigkeit:

Die verallgemeinerte Winkelgeschwindigkeit darf in einfach-symbolischen Gleichungen als Multiplikator oder als Divisor aufgefaßt werden.

Einfach-symbolische Gleichungen bieten keinen Vorteil, da der Vektor $\dot{I}_0$ aus der Gleichung herausfällt und deshalb eine reine algebraische Beziehung entsteht.

Dies gilt nicht für bi- und multisymbolische Ausdrücke. Gleichungen dieser Art ergeben in vielen Fällen recht einfache Lösungen für verwickelte Probleme.

Eine multisymbolische Gleichung hat nach obigem die Form

$$X[F_1(\alpha)] + Y[F_2(\beta)] + Z[F_3(\gamma)] + \ldots = 0 \ldots \wedge\!\!\!\wedge\!\!\!\wedge \tag{13}$$

geradeso wie man eine bisymbolische Beziehung durch

$$i[\varphi(n)] + v[\psi(k)] = 0 \ldots \wedge\!\!\!\wedge \tag{14}$$

[1]) Das Zeichen $\wedge$ steht für eine einfachsymbolische Gleichung und das Zeichen $\wedge\!\!\!\wedge$ für einen bisymbolischen Ausdruck.

ausdrücken kann, wenn φ und ψ besagen, daß die Funktion von n nicht dieselbe wie diejenige von k zu sein braucht. Man darf dann i als die Unbekannte in der Gleichung auffassen, deren Lösung verlangt ist, während v eine bekannte Veränderliche darstellt.

Wenn solche Annahmen zugrunde liegen, hat man für Gl. (14) die erste Universallösung

$$i = \underset{\cdot}{I}_0 = \sum_{n_1}^{n_m} I_0 \varepsilon^{nt}. \tag{15}$$

Die zweite Bedingung, welche sich auf das Glied $v[\psi(k)]$ bezieht, ist durch das Gesetz

$$v = \underset{\cdot}{V}_0 = \sum k_r V_0 \varepsilon^{kt} \tag{16}$$

für die Veränderliche v gegeben. Das Glied $\psi(k)$ muß in solcher Beziehung zu v stehen, daß das ganze zweite Glied $v[\psi(k)]$ eine bekannte Funktion ist.

Wenn daher die Klemmenspannung $v = \underset{\cdot}{V}_0 \varepsilon^{kt}$ einem gewissen System aufgedrückt wird, so erhält man aus Gl. (14) das Ergebnis

$$\underset{\cdot}{I}_0 [\varphi(n)] - \underset{\cdot}{V}_0 = 0 \ldots \wedge \tag{17}$$

Eine einfache symbolische Multiplikation ergibt

$$n \underset{\cdot}{I}_0 [\varphi(n)] - k \underset{\cdot}{V}_0 = 0 \ldots \wedge \tag{18}$$

da das erste Glied von der verallgemeinerten Winkelgeschwindigkeit n und das zweite Glied von der momentanen Klemmenspannung abhängt. Da aber diese aufgedrückte Spannung $v = V_0 \varepsilon^{kt}$ ist, sieht man, daß k den Operationsfaktor liefert. Gl. (17) und (18) ergeben

$$\underset{\cdot}{I}_0 [n \varphi(n)] - k \underset{\cdot}{I}_0 [\varphi(n)] = 0 \ldots \wedge \tag{19}$$

Wenn $\underset{\cdot}{I}_0$ eliminiert wird, bekommt man den rein algebraischen Ausdruck

$$[n \varphi(n)] - [k \varphi(n)] = 0 \tag{20}$$

aus dem man die verschiedenen Wurzelwerte der verallgemeinerten Winkelgeschwindigkeit n berechnen kann, da ja k bekannt ist. Wenn man die Wurzelwerte in Gl. (15) einführt, so erhält man das endgültige Ergebnis, wie dies aus den späterhin gegebenen Beispielen zu ersehen ist.

Obige Methode wurde von dem Verfasser entwickelt. Wenn aufgedrückte Spannungen oder vorübergehende Ströme vorliegen, scheint diese Methode von Vorteil zu sein. Das Verfahren kann auch unter Benutzung von Impedanzoperatoren verwendet werden, obgleich diese Operatoren in den meisten Fällen überflüssig sind.

Der Vorteil der bisymbolischen Methode beruht auf der Tatsache, daß das ganze Verfahren demjenigen der gewöhnlichen Algebra ähnlich ist. Man hat sich jedoch dabei zu erinnern, daß jede Gruppe der ganzen Gl. ($[\varphi(n)]\, i$ und $[\psi(k)]\, v$) mit dem dazugehörigen Faktor multipliziert werden muß. Solche Faktoren werden am besten als verallgemeinerte Winkelgeschwindigkeiten aufgefaßt. Für praktische Fälle können bisymbolische Gleichungen immer in einfachsymbolische Ausdrücke umgewandelt werden, welche dann automatisch rein algebraisch werden. Diese erforderlichen Schritte kann man aus den Gl. (17), (19) und (20) ersehen, wenn man dieselben in der angegebenen Weise liest.

Anwendungen.

301. Verallgemeinerte Impedanzen und Impedanzoperatoren. Da Verfahren, welche verallgemeinerte Winkelgeschwindigkeiten benutzen, auch verallgemeinerte Impedanzen aufweisen, sind die wichtigsten Fälle hier angegeben.

Gemäß der Gl. (10) wird die Gegen-EMK, welche in einer reinen Selbstinduktion L^{H} induziert wird, in jedem Augenblick

$$\boldsymbol{e}_L^V = L \frac{d[\sum I_0 \varepsilon^{nt}]}{dt} = \sum \boldsymbol{n L i} = \sum Z_L^\Omega \cdot i^{\mathrm{A}}. \tag{21}$$

Auf ähnliche Weise erhält man für die Klemmenspannung eines vollkommenen Kondensators von der Kapazität C^{F} den Momentanwert

$$\boldsymbol{e}_L^V = \frac{1}{C} \int \left[\sum I_0 \varepsilon^{nt}\right] dt = \sum \frac{\boldsymbol{i}}{\boldsymbol{n C}} = \sum Z_r^\Omega \cdot i^{\mathrm{A}} \tag{22}$$

und den Momentanspannungsabfall längs eines reinen Ohmschen Widerstandes r zu

$$\boldsymbol{e}_r^V = r \sum I_0 \varepsilon^{nt} = \sum \boldsymbol{r} \cdot \boldsymbol{i} = \sum Z_r^\Omega \cdot i^{\mathrm{A}}. \tag{23}$$

Die verallgemeinerte Impedanz Z einer Spule, welche Selbstinduktion und Widerstand aufweist, ist demnach

$$\begin{aligned} Z^{\mathrm{Ohm}} &= Z_r + Z_L \\ &= r + nL \angle \end{aligned} \tag{24}$$

und für eine Serienanordnung von einer Spule und einem Kondensator hat man

$$\begin{aligned} \boldsymbol{Z} &= Z_r + Z_L + Z_C \\ &= \boldsymbol{r} + \boldsymbol{nL} + \frac{\boldsymbol{1}}{\boldsymbol{nC}} \angle. \end{aligned} \tag{25}$$

Wenn ein vollkommener Kondensator einer Spule parallel geschaltet wird, hat man

$$\begin{aligned} Z &= \frac{Z_C [Z_r + Z_L]}{Z_r + Z_L + Z_C} \\ &= \frac{r + nL}{n^2 CL + nCr + 1} \angle. \end{aligned} \tag{26}$$

Serien-Parallelanordnungen können auf dieselbe Weise behandelt werden. Wenn magnetisch gekoppelte Systeme vorliegen, beruht die

Tabelle

Stromzweig		Verallgemeinerte Impedanz z^{ohm}
Ohmscher Widerstand		r
Reine Selbstinduktion		nL
Vollkommener Kondensator		$\frac{1}{nC}$
Spule mit Widerstand und Selbstinduktion		$r + nL$
Hintereinanderschaltung von Spule und vollkommenem Kondensator		$r + nL + \frac{1}{nC}$
Parallelschaltung von Spule und vollkommenem Kondensator		$\frac{r + nL}{n^2 CL + nCr + 1}$
Parallelschaltung von Spule und unvollkommenem Kondensator		$\frac{n^2 CL\varrho + n[Cr\varrho + L] + [r + \varrho]}{n^2 CL + n[C(r + \varrho)]}$
Oszillator und Resonator sind gekoppelt, gewöhnliche Funkenerregung	Äquivalenter Schwingungserzeuger	$r_1 + nL_1 + \frac{1}{nC_1} - \frac{[nM]^2}{r_2 + nL_2 + \frac{1}{nC_2}} = r_1 + nL_1 + \frac{1}{nC_1} - \frac{L_1 L_2 [n\varkappa]^2}{r_2 + nL_2 + \frac{1}{nC_2}} = 0$
	Äquivalenter Oszillatorwiderstand	$r_1 + \frac{[nM]^2}{\left[nL_2 + \frac{1}{nC_2}\right]^2 - r_2^2} r_2 \neq 0$
	Äquivalente Oszillator-Selbstinduktion	$n\left[L_1 - \frac{[nM]^2}{\left[nL_2 + \frac{1}{nC_2}\right]^2 - r_2^2} L_2\right] \neq 0$
	Äquivalente Oszillatorkapazität	$\frac{1}{n}\left[\frac{1}{C_1} - \frac{[nM]^2}{\left[nL_2 + \frac{1}{nC_2}\right]^2 - r_2^2} \frac{1}{C_2}\right] \neq 0$

9.

<table>
<tr><th rowspan="2">Verallgemeinerter Impedanzoperator
A^{Ohm}</th><th colspan="3">Bemerkungen</th></tr>
<tr><th colspan="2">besondere</th><th>allgemeine</th></tr>
<tr><td>O</td><td colspan="2"></td><td>C, C_1, C_2 in Farad</td></tr>
<tr><td>nL</td><td colspan="2">$A_L = Z_L$</td><td>$\left.\begin{matrix} L, L_1, L_2 \\ \text{und } M \end{matrix}\right\}$ in Henry</td></tr>
<tr><td>$-\frac{1}{nC}$</td><td colspan="2">$A_C = -Z_C$</td><td>$\left.\begin{matrix} r, r_1, r_2 \\ \text{und } \varrho \end{matrix}\right\}$ in Ohm</td></tr>
<tr><td>nL</td><td colspan="2">$A_{rL} = A_L = Z_L$</td><td rowspan="4">n ist in hyperbolischen Radian in der Sekunde ausgedrückt
C_1, L_1, r_1 beziehen sich auf den Oszillator
C_2, L_2, r_2 beziehen sich auf den Resonator
Kopplungskoeffizient $\varkappa = \sqrt{\frac{M^2}{L_1 L_2}}$</td></tr>
<tr><td>$nL - \frac{1}{nC}$</td><td colspan="2">$A_{rLC} = A_L + A_C$
$= Z_L - Z_C$</td></tr>
<tr><td>$\frac{n[L - Cr^2] - 2n^2 CLr - n^3 CL^2}{[n^2 CL + nCr + 1]^2}$</td><td colspan="2"></td></tr>
<tr><td>$\frac{n^2[C^2 L\varrho^2 - CL^2] - 2nCL[r + \varrho] - C[r + \varrho]^2}{n[nCL + C(r + \varrho)]^2}$</td><td colspan="2">$\frac{1}{\varrho}$ bedeutet die Leitfähigkeit eines unvollkommenen Kondensators in Mho</td></tr>
<tr><td>$nL_1 - \frac{1}{nC_1} - \frac{n\left[n^2 L_2 + 2nr_2 + \frac{3}{C_2}\right]}{\left[nL_2 + \frac{1}{nC_2} + r_2\right]^2} L_1 L_2 \varkappa^2$</td><td colspan="2">gibt die äquivalenten Werte der verallgemeinerten Oszillatorimpedanz und des Impedanzoperators</td><td rowspan="4"></td></tr>
<tr><td rowspan="3"></td><td rowspan="3">gibt die äquivalenten Werte der Teilimpedanzen des Oszillators</td><td>Äquivalenter Widerstand hat die Form $r_1 + \Theta r_2$</td></tr>
<tr><td>Form der äquivalenten Selbstinduktion $L_1 - \Theta L_2$</td></tr>
<tr><td>Form der äquivalenten Kapazität $\frac{C_1 \cdot C_2}{C_2 - \Theta C_1}$</td></tr>
</table>

Lösung auf der Behandlung eines einzigen und äquivalenten Stromkreises.

Impedanzoperatoren sind dann empfehlenswert, wenn es sich um sich selbst überlassene Entladungen handelt. Die Ausdrücke sind für einfache Stromzweige immer annehmbar, können aber recht verwickelte Ergebnisse liefern, wenn Serien-Parallelanordnungen vorliegen. Es ist dann besser, nicht zu versuchen, eine einfache algebraische Form zu finden, sondern die Zahlenwerte von C, L, r, g usw. einzuführen und die Impedanzoperatoren auszurechnen. Dies besagt in anderen Worten, daß es besser ist, die verschiedenen Impedanzoperatoren zuerst auszuwerten, bevor man dieselben in Gl. (7) einführt.

Die Beziehungen für die wichtigsten Impedanzoperatoren

$$\left.\begin{aligned} \boldsymbol{A}_L^{\Omega} &= n\frac{d\,[Z_L]}{d\,n} = Z_L = \boldsymbol{n\,L} \\ \boldsymbol{A}_C^{\Omega} &= n\frac{d\,[Z_C]}{d\,n} = -\,Z_C = -\frac{\mathbf{1}}{\boldsymbol{n\,C}} \\ \boldsymbol{A}_r^{\Omega} &= n\frac{d\,[Z_r]}{d\,n} = \mathbf{0} \end{aligned}\right\}\ldots\angle \tag{27}$$

zeigen, daß der Impedanzoperator einer reinen Selbstinduktion gleich dem Werte der verallgemeinerten Impedanz ist; der Operator einer reinen Kapazität gleich dem negativen Werte der entsprechenden verallgemeinerten Impedanz und daß der Operator eines Ohmschen Widerstands selbstverständlich vollständig verschwindet. In Tabelle 9 sind die wichtigsten verallgemeinerten Impedanzen und Impedanzoperatoren zusammengestellt. Die Operatoren für die äquivalenten Werte von Widerstand, Selbstinduktion und Kapazität eines Schwingungskreises sind nicht entwickelt und eingetragen, da die entsprechenden verallgemeinerten Teilimpedanzen nicht verschwinden und deshalb zur Berechnung benutzt werden können.

302. Verallgemeinerte Admittanzen und Admittanzoperatoren. Eine verallgemeinerte Admittanz bedeutet den reziproken Wert der entsprechenden verallgemeinerten Impedanz und wird deshalb in Mho gemessen.

Auf ähnliche Weise darf man einen Admittanzoperator als den reziproken Wert des entsprechenden Impedanzoperators ansehen. Die Admittanzoperatoren sind von keiner praktischen Bedeutung, da die verallgemeinerte Admittanz eines Stromzweiges immer einen endlichen Wert besitzt und deshalb zur Berechnung verwendet werden kann, wenn der Hauptstrom oder der Impedanzoperator und die Spannung bekannt ist. Wenn man daher einen geschlossenen Stromkreis hat, in dem ein unvollkommener Kondensator einer Spule parallel geschaltet ist, so kann man z. B. den momentanen Stromfluß, der von der reinen Kapazität C^{F} bedingt ist[1]), durch die Lösung

$$i_c^A = \sum_{n_1}^{n_2} \frac{V_c}{A_{[c]}} \varepsilon^{nt} = \sum_{n_1}^{n_2} I_c \varepsilon^{nt} \ldots \angle$$

finden. Es ist dann nicht notwendig, die Impedanzoperatoren, welche zu anderen Parallelzweigen gehören, aufzustellen. Dies ist klar, wenn man bedenkt, daß die momentane Kapazitätsströmung i_c teilweise durch den Verlustwiderstand des Kondensators und teilweise durch die Spule (r, L) gemäß den entsprechenden Zweigadmittanzen fließt. Der momentane Spulenstrom i_r ist deshalb aus dem Admittanzquotienten

$$\frac{\frac{1}{Z_{rL}}}{\frac{1}{Z_\varrho} + \frac{1}{Z_{rL}}} = \frac{Z_\varrho}{Z_{rL} + Z_\varrho} \ldots \angle$$

bestimmbar und kann mittels der Beziehung

$$i_r^{\mathrm{A}} = \frac{\varrho}{nL + r + \varrho} i_c = \sum_{n_1}^{n_2} \frac{\varrho}{nL + r + \varrho} I_c \varepsilon^{nt} \ldots \angle \tag{28}$$

berechnet werden. Der Wattstrom des unvollkommenen Kondensators hängt von dem Admittanzquotienten

$$\frac{\frac{1}{Z_\varrho}}{\frac{1}{Z_\varrho} + \frac{1}{Z_{rL}}} = \frac{Z_{rL}}{Z_{rL} + Z_\varrho} \ldots \angle$$

ab und ist aus dem Ausdruck

$$i_\varrho^{\mathrm{A}} = \frac{nL + r}{nL + r + \varrho} i_c = \sum_{n_1}^{n_2} \frac{nL + r}{nL + r + \varrho} I_c \varepsilon^{nt} \ldots \angle \tag{29}$$

berechenbar. Der Energiestrom des unvollkommenen Kondensators und der ganze Spulenstrom haben somit die Form

$$i_\varrho^{\mathrm{A}} = \sum_{n_1}^{n_2} I_\varrho \varepsilon^{nt}, \qquad i_r^{\mathrm{A}} = \sum_{n_1}^{n_2} I_r \varepsilon^{nt} \ldots \angle .$$

---

[1]) $Z_{[c]}$ bedeutet die Stromkreisimpedanz für C als Bezugszweig. Sie hat nicht denselben Wert wie die verallgemeinerte Zweigimpedanz $Z_c = 1/nC$. Das Ergebnis ist

$$Z_{[c]}^{\Omega} = Z_c + Z_{\varrho, rL} = Z_c + \frac{Z_\varrho [Z_r + Z_L]}{Z_r + Z_\varrho + Z_L} = \frac{n^2 CL\varrho + n[Cr\varrho + L] + [r + \varrho]}{n^2 CL + n[C(r + \varrho)]}$$

wenn $Z_{\varrho, rL}$ andeutet, daß r und L hintereinander geschaltet sind und die Serienanordnung parallel zu ϱ liegt.

Wenn sich N Entladungen während einer Sekunde abspielen, erhält man für den Energieverlust der ganzen Anordnung

$$W^{Watt} = N\left\{r\int\limits_0^\infty\left[\sum_{n_1}^{n_2} I_r\,\varepsilon^{nt}\right]^2 dt + \varrho\int\limits_0^\infty\left[\sum_{n_1}^{n_2} I_\varrho\,\varepsilon^{nt}\right]^2\cdot dt\right\}$$

$$= N\int\limits_0^\infty \sum_{n_1}^{n_2}\frac{r\,\varrho^2 + [n\,L + r]^2\,\varrho}{[n\,L + r + \varrho]^2}\,[I_c\,\varepsilon^{nt}]^2\,dt\,, \tag{30}$$

da der effektive Energiestrom des unvollkommenen Kondensators und der effektive Spulenstrom durch die Beziehungen

$$I^{\mathrm{A}}_{\mathrm{eff}_\varrho} = \sqrt{N\int\limits_0^\infty i_\varrho^2\,dt}\,,\qquad I^{\mathrm{A}}_{\mathrm{eff}_r} = \sqrt{N\int\limits_0^\infty i_r^2\,dt}$$

gegeben sind.

303. Reine hyperbolische Systeme (sich selbst überlassene Entladungen). Für hyperbolische Systeme hat der Entladestrom immer dieselbe Richtung und fällt längs einer rein logarithmischen Kurve ab, da die Winkelgeschwindigkeit rein hyperbolisch ist.

Die freie Entladung eines Kondensators von der Kapazität C^{F} über einen Ohmschen Widerstand r ist ein Beispiel hierfür. Da die verallgemeinerte Impedanz Z des geschlossenen Kreises verschwindet, hat man

$$Z^{\mathrm{Ohm}} = \frac{1}{n\,C} + r = 0\,,$$

$$n = -\frac{1}{r\,C}\cdots \text{hyperbolische Radian in der Sekunde}^{1)},$$

$$A_n^{\mathrm{Ohm}} = n\,\frac{d\left[\frac{1}{n\,C} + r\right]}{d\,n} = -\frac{1}{n\,C}\,.$$

Der momentane Entladestrom wird deshalb

$$i^{\mathrm{A}} = \sum_{n=-\frac{1}{r\,C}}\frac{V_0}{A_n}\,\varepsilon^{nt} = \frac{V_0^{\mathrm{V}}}{r^{\Omega}}\,\varepsilon^{-\frac{t^{\mathrm{Sek.}}}{r^{\Omega}\,C^{\mathrm{F}}}}\,, \tag{31}$$

---

[1]) Man muß zwischen Kreisradien in der Sekunde (Fußnote auf Seite 160) und hyperbolischen Radian in der Sekunde unterscheiden. Die letztere Einheit bezieht sich auf einen Radius Vektor, der sich mit einer gleichförmigen hyperbolischen Winkelgeschwindigkeit n dreht, d. h. wenn das Ende des Vektors längs der Kurve ε^{nt} gleitet (Fußnote auf Seite 347). Ein Vektor, der sich mit einer gleichförmigen Winkelgeschwindigkeit ω dreht, beschreibt in t Sek. einen Kreiswinkel von $\varepsilon^{j\omega t}$ Radian. Für eine gleichförmig hyperbolische Winkelgeschwindigkeit n wird ein Winkel von ε^{nt} hyperbolischen Radian in t Sek. vom Drehvektor beschrieben.

wenn V_0 die maximale Ausgangsspannung des Kondensators bedeutet.

Der komplementäre Fall liegt vor, wenn eine Selbstinduktion L^{H} ihre magnetische Feldenergie über einen Ohmschen Widerstand r ausgleicht. Man hat dann

$$Z^{\mathrm{Ohm}} = nL + r = 0\,,$$

$$n = -\frac{r}{L} \text{ hyperbolische Radian in der Sekunde,}$$

$$A_n^{\mathrm{Ohm}} = n\frac{d[nL + r]}{dn} = nL = -r$$

und der Momentanwert des Entladestroms wird

$$i^{\mathrm{A}} = \sum_{n=-\frac{r}{L}} \frac{V_0}{A_n}\varepsilon^{nt} = -\frac{V_0}{r}\varepsilon^{-\frac{r}{L}t}$$

$$= I_0^{\mathrm{A}}\,\varepsilon^{-\frac{r^{\Omega}}{L^{\mathrm{H}}}t_{\mathrm{Sek.}}}\,, \tag{32}$$

wenn V_0 die Ausgangsspannung bedeutet, die dem Strome I_0 entspricht. Die Größe I_0 bezeichnet denjenigen Stromwert, welcher beim Anfang[1]) der Entladung notwendig wäre, um die magnetische Feldenergie hervorzurufen und aufrecht zu erhalten. Ein anderer Fall ist im folgenden Abschnitt behandelt und unter „a, zu 2" zu finden.

304. Verallgemeinerte hyperbolische Systeme (sich selbst überlassene Entladungen). Bei verallgemeinerten hyperbolischen Systemen ist der Entladestrom entweder unipolar, oder wechselt seine Richtung periodisch mit einer Geschwindigkeit, die von der relativen Größe der Kreiskonstanten (Selbstinduktion, Kapazität, Widerstand und Leitfähigkeit des Dielektrikums sowohl als irgendwelchen Streuungen) abhängt. Wenn die Entladung sich nur in einer Richtung abspielt, so hat man einen Stromabfall gemäß eines logarithmischen Gesetzes, welches von zwei bestimmten Teilströmen gebildet wird. Jeder Teilstrom ist dann von seiner eigenen hyperbolischen Winkelgeschwindigkeit abhängig (für einen einzigen Stromkreis). Wenn die Entladung aperiodisch vor sich geht, besteht nur eine einzige hyperbolische Winkelgeschwindigkeit, die rein logarithmisch ist.

Wenn der Entladestrom seinen Sinn ändert und hin und her pendelt, so hat man den trigonometrischen Fall, der von zwei konjugierten komplexen Winkelgeschwindigkeiten beeinflußt wird. Man hat deshalb mit zwei bestimmten kreisförmigen und zwei bestimmten hyperbolischen Winkelgeschwindigkeiten zu rechnen.

---

[1]) Siehe Abb. 134 auf S. 161.

305. Ein vollkommener Kondensator mit der Kapazität C^F entlädt sich ungehindert über eine Spule (r, L^H). Die Lösung[1]) ist:

$$Z^{\text{Ohm}} = r + nL + \frac{1}{nC} = 0 \cdots \angle,$$

$$n = -\frac{r}{2L} \pm \sqrt{\left[\frac{r}{2L}\right]^2 - \frac{1}{CL}} \ldots \angle, \tag{33}$$

Wenn man $-\frac{r}{2L} = \alpha$ setzt und $\sqrt{\left[\frac{r}{2L}\right]^2 - \frac{1}{CL}} = \omega$, sieht man, daß drei verschiedene Entladungsarten stattfinden können, nämlich:

zu 1. Für einen positiven Wert unter dem Wurzelzeichen hat man $\left[\frac{r}{2L}\right]^2 > \frac{1}{CL}$ und $n = \alpha \pm \omega$ zeigt, daß zwei hyperbolische Winkelgeschwindigkeiten der reinen Art vorliegen, da kein imaginäres Glied in der verallgemeinerten Winkelgeschwindigkeit auftritt. Die Entladung folgt dann einem ultraperiodischen Gesetze und der Strom fällt ab, ohne seine Richtung zu ändern.

zu 2. Wenn der Wurzelwert vollständig verschwindet, hat man $\left[\frac{r}{2L}\right]^2 = \frac{1}{CL}$ und $n = \alpha = -\frac{r}{2L}$, was den rein hyperbolischen Fall mit einer einzigen hyperbolischen Winkelgeschwindigkeit ergibt. Die Winkelgeschwindigkeit ist dann halb so groß, als wenn derselbe Kreis ohne Kondensator benutzt würde. Eine solche Bedingung erzeugt eine aperiodische Entladung, für welche der Strom exponential abnimmt, ohne seine Richtung zu ändern.

zu 3. Für einen negativen Wert unter dem Wurzelzeichen hat man $\left[\frac{r}{2L}\right]^2 < \frac{1}{CL}$. Die Winkelgeschwindigkeit $n = \alpha \pm j\omega$ wird daher komplex und unrein hyperbolisch für jede Teilwelle, da die bezüglichen reellen Glieder rein hyperbolisch und die entsprechenden imaginären Glieder kreisförmig sind. Der Anteil $\pm j\omega$ der verallgemeinerten Winkelgeschwindigkeit n ist der Grund, warum der Strom **periodisch** seine Richtung ändert und eine Schwingung vorliegt.

---

[1]) Wenn eine Funkenstrecke im Kreise liegt, so hat man zu bedenken, daß deren Widerstand mit zunehmender Entladestromstärke abnimmt und für einen Nullstrom unendlich groß wird. Es kann gezeigt werden, daß für Niederfrequenzentladungen die sich nacheinander folgenden Wellenhälften nicht mehr gleichen Zeitabschnitten entsprechen, sondern größer ausfallen. Dies besagt, daß die entsprechende Wellenlänge am Ende des gedämpften Wellenzuges größer ist als am Anfang desselben. Für sehr niedere Frequenzen kann der Unterschied sehr beträchtlich sein und besonders dann, wenn eine lange Entladestrecke verwendet wird. Für schnelle Schwingungen scheint kein merklicher Unterschied aufzutreten.

306. Ein unvollkommener Kondensator entlädt seine Energie ungehindert durch eine Spule. Die wichtigste Frage, die vorliegt, ist: Welches ist der Einfluß des unvollkommenen Dielektrikums auf die Eigenfrequenz und das Dekrement des Stromkreises? Wenn g die Leitfähigkeit in Mho des unvollkommenen Dielektrikums bedeutet, hat man für den dielektrischen Widerstand $\varrho^{\mathrm{Ohm}} = 1/g$. Derselbe darf als parallel zur reinen Kapazität C^{F} des Kondensators aufgefaßt werden. Für sich selbst überlassene Entladungen ergibt sich die verallgemeinerte Impedanz

$$Z^{\mathrm{Ohm}} = \frac{1}{g + nC} + nL + r = 0 \ldots \angle$$

und die verschiedenen verallgemeinerten Winkelgeschwindigkeiten werden

$$n = \alpha \pm j\omega \ldots \angle,$$

da

$$n_1 = -\left[\frac{r}{2L} + \frac{g}{2C}\right] + j\sqrt{\frac{1}{CL} - \left[\frac{r}{2L} + \frac{g}{2C}\right]^2}$$

$$= \alpha + j\omega$$

$$n_2 = \alpha - j\omega \qquad \ldots \angle \text{ hyperbolische Radian in der Sekunde,}$$

für den Schwingungsfall. Der Momentanwert des Schwingungsstroms ist somit

$$i^{\mathrm{A}} = \frac{V_0}{L\sqrt{\frac{1}{CL} - \left[\frac{r}{2L} + \frac{g}{2C}\right]^2}} \varepsilon^{-\left[\frac{r}{2L} + \frac{g}{2C}\right]t} \sin t\sqrt{\frac{1}{CL} - \left[\frac{r}{2L} + \frac{g}{2C}\right]^2} \ldots \angle. \quad (34)$$

Die Periodenzeit wird

$$T^{\mathrm{Sek.}} = \frac{2\pi}{\sqrt{\frac{1}{CL} - \left[\frac{r}{2L} + \frac{g}{2C}\right]^2}}, \quad (35)$$

und das logarithmische Dekrement für eine volle Periode ist

$$\delta = \alpha \cdot T = 2\pi\sqrt{\frac{\alpha^2}{\frac{1}{CL} - \alpha^2}} = 2\pi\sqrt{\frac{CL\left[\frac{r}{2L} + \frac{g}{2C}\right]^2}{1 - CL\left[\frac{r}{2L} + \frac{g}{2C}\right]^2}} \quad (36)$$

Diese Ergebnisse besagen, daß sowohl die Periodenzeit T als auch das logarithmische Dekrement δ durch das unvollkommene Dielektrikum vergrößert werden. Dasselbe findet auch statt, wenn ein gewöhnlicher Luftkondensator Streuentladungen in die Luft oder zu benachbarten Gegenständen sendet. Die Periode wird wegen der Größe $g/2C$ unter dem Wurzelzeichen größer. Man sieht, daß die Leitfähigkeit eines Dielektrikums auch die Wellenlänge vergrößert und die entsprechende Frequenz im selben Maße verkleinert.

Da der Impedanzoperator des vorliegenden Systems die Lösung

$$A_n^{\mathrm{Ohm}} = n \frac{d\left[\frac{1}{g + nC} + nL + r\right]}{dn} = nL - \frac{nC}{[g + nC]^2} \cdots \angle$$

im Vergleich mit der Ableitung

$$A_n = n \frac{d\left[\frac{1}{nC} + nL + r\right]}{dn} = nL - \frac{1}{nC} \cdots \angle$$

für den Fall eines vollkommenen Kondensators ergibt, erhält man für den Momentanwert des Entladestroms

$$i^{\mathrm{A}} = \sum_{n_1}^{n_2} \frac{V_0}{nL - \frac{nC}{[g + nC]^2}} = \sum_{n_1}^{n_2} I_0 \varepsilon^{nt} \cdots \angle,$$

wenn I_0 die Stromamplitude bedeutet, welche der maximalen Ausgangsspannung V_0 des Kondensators entspricht. Die Tabelle 10 gibt die Vergleichswerte für einen vollkommenen und unvollkommenen Kondensator.

Tabelle 10.

Fall	Momentanwert des Kondensatorstroms in Ampere	Winkel-Geschwindigkeit	Vollk. Kond.	Unvollk. Kond.
Ultra-periodisch	$\frac{V_0}{2\omega L}\{\varepsilon^{[\alpha-\omega]t} - \varepsilon^{[\alpha+\omega]t}\}$	$\omega = \sqrt{\alpha^2 - \frac{1}{CL}}$		
Aperiodisch	$\frac{V_0 t}{L}\varepsilon^{\alpha t}$	$\omega = 0$	$\alpha = -\frac{r}{2L}$	$\alpha = -\left[\frac{r}{2L} + \frac{g}{2C}\right]$
Oszillatorisch	$\left[\frac{V_0}{\omega L}\varepsilon^{\alpha t}\right]\sin\omega t$	$\omega = \sqrt{\frac{1}{CL} - \alpha^2}$		
Bemerkungen	V_0 und I_0 bedeuten die entsprechenden Ausgangswerte von Kondensatorspannung und Strom, C, L, r und g die effektiven Werte für Kapazität, Selbstinduktion, Widerstand und Leitfähigkeit.			

307. Ableitung für den Effektivwert eines Entladestroms. Der effektive Entladestrom[1]) irgendwelcher Art ergibt sich durch Aus-

[1]) Die Integration über eine unendliche Grenze setzt voraus, daß die ganze Kondensatorenergie sich vollständig entlädt. Dies ist im strengen Sinne nur dann richtig, wenn keine Funkenstrecke im Kreise liegt, welche die Schwingungen plötzlich auslöscht (Fußnote Nr. 1 Seite 190). Für Hochfrequenzschwingungen und kurze Funkenstrecken ist jedoch die Ionisationsspannung der Strecke bedeutend niedriger, wenn Entladungen unmittelbar zuvor stattfinden, und obige Integration ist praktisch richtig. Ein Fehler besteht jedoch, wenn Niederfrequenz vorliegt oder lange Entladestrecken verwendet werden.

wertung des Ausdruckes

$$I_{\text{eff}}^{\text{A}} = \sqrt{N \int_0^\infty \left[\sum_{n_1}^{n_2} I_0 \varepsilon^{nt}\right]^2 dt}\,, \tag{37}$$

wenn N Entladungen während einer Sekunde stattfinden. Da

$$n_1 = \begin{cases} \alpha + \omega \;\ldots \text{ für den ultra periodischen} \\ \alpha + j\omega \ldots \text{ für den Schwingungs-} \end{cases} \Bigg\} \text{ Fall},$$

$$n_2 = \begin{cases} \alpha - \omega \;\ldots \text{ für den ultra periodischen} \\ \alpha - j\omega \ldots \text{ für den Schwingungs-} \end{cases} \Bigg\} \text{ Fall}$$

und $\alpha = -\frac{r}{2L}$ für beide Fälle, so hat man

$$\int_0^\infty \left[\sum_{n_1}^{n_2} I_0 \varepsilon^{nt}\right]^2 dt = \int_0^\infty \left[\frac{I_0}{2}\left(\varepsilon^{n_1 t} - \varepsilon^{n_2 t}\right)\right]^2 dt$$

$$= \frac{I_0^2}{4}\Bigg] \int_0^\infty \left(\varepsilon^{2 n_1 t} + \varepsilon^{2 n_2 t}\right) dt - \frac{I_0^2}{2} \int_0^\infty \varepsilon^{(n_1 + n_2) t}\, dt$$

$$= \Bigg|_0^\infty \left\{\frac{1}{4}\left[\frac{\varepsilon^{2 n_1 t}}{n_1} + \frac{\varepsilon^{2 n_2 t}}{n_2}\right] - \frac{\varepsilon^{(n_1 + n_2) t}}{n_1 + n_2}\right\} \frac{I_0^2}{2}$$

$$= \frac{I_0^2}{2}\left\{\frac{n_1 + n_2}{4 n_1 \cdot n_2} - \frac{1}{n_1 + n_2}\right\}$$

$$= \begin{cases} \text{ultra} & \frac{I_0^2}{4}\left[\frac{\alpha}{\alpha^2 - \omega^2} - \frac{1}{\alpha}\right] \\ \text{oscilla} & \frac{I_0^2}{4}\left[\frac{\alpha}{\alpha^2 + \omega^2} - \frac{1}{\alpha}\right] \end{cases}$$

$$= \begin{cases} \text{ultra} & + \frac{I_0^2}{4\alpha} \cdot \frac{1}{\left[\frac{\alpha^2}{\omega^2} - 1\right]} \\ \text{oscilla} & - \frac{I_0^2}{4\alpha} \cdot \frac{1}{\left[\frac{\alpha^2}{\omega^2} + 1\right]} \end{cases} = \frac{4L - Cr^2}{8r} I_0^2$$

oder

$$\boldsymbol{I_{\text{eff}}^{\text{A}} = \frac{I_0}{2}\sqrt{N \frac{4L - Cr^2}{2r}}} \tag{38}$$

Obiger Ausdruck stellt die genaue Lösung für den effektiven Entladestrom irgendeiner Art (ultraperiodisch, aperiodisch oder periodisch) dar. Für die meisten Fälle der Hochfrequenztechnik kann die

Annäherungsformel

$$\boldsymbol{I}_{\text{eff}}^{\text{A}} = \sqrt{N \frac{I_0^2}{4\alpha\left[\frac{\alpha^2}{\omega^2}+1\right]}}$$

$$\cong \frac{I_0}{2}\sqrt{\frac{N}{\alpha}}$$

$$\cong \frac{\boldsymbol{I}_0}{2}\sqrt{\frac{N}{\delta \cdot f}} \tag{38a}$$

benutzt werden, wenn f die Periodenzahl, $\delta = \alpha \cdot T$ das logarithmische Dekrement bedeutet und der Quotient α^2/ω^2 im Vergleich zur Einheit vernachlässigt wird.

Obige Ableitungen beruhen auf der Annahme zweier sich in entgegengesetzter Richtung bewegender Drehvektoren $\frac{I_0}{2}\varepsilon^{n_1 t}$ und $\frac{I_0}{2}\varepsilon^{n_2 t}$

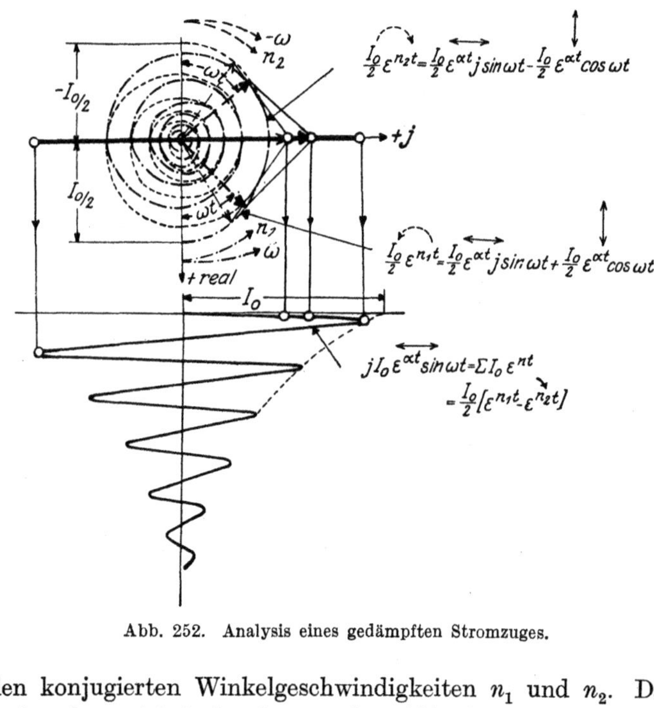

Abb. 252. Analysis eines gedämpften Stromzuges.

mit den konjugierten Winkelgeschwindigkeiten n_1 und n_2. Daß eine solche Annahme richtig ist, ist aus den Abb. 252 und 250 ersichtlich. Die obere und mittlere Darstellung der Abb. 250 auf Seite 345 zeigen, daß ein Drehvektor $\frac{V_0}{2}\varepsilon^{nt}$ durch zwei zueinander senkrecht stehender Vektoren ersetzt werden kann, deren Längen sich gemäß gedämpfter Sinusgesetze ändern. Der Vektor längs der reellen Achse folgt einem gedämpften Kosinusgesetz, und der Vektor, welcher sich längs der imaginären Achse entfaltet, einem Sinusgesetz. Die untere Darstellung zeigt die Überlagerung der beiden Drehvektoren $\frac{V_0}{2}\varepsilon^{n_1 t}$ und $\frac{V_0}{2}\varepsilon^{n_2 t}$. Die imaginären gedämpften Sinusglieder vernichten sich, während die gedämpften Kosinusvektoren der reellen Achse sich addieren und einen doppelten Ausgangswert V_0 an Stelle von $V_0/2$ erzeugen. Die Darstellungen Abb. 252 zeigen dasselbe für einen Stromvektor. Die resultierende Stromänderung längs der imaginären Achse zeigt einen Maximalwert I_0 für $I_0/2$ als Ausgangswert der Drehvektoren.

Wenn Drehvektoren dieser Art vorliegen, trifft man bisweilen Formen von der Art

$$\varepsilon^{n_1 x} - \varepsilon^{n_2 x} = \varepsilon^{[\alpha + j\beta]x} - \varepsilon^{-[\alpha + j\beta]x}$$

an, ein Fall für den $n_1 = -n_2$. Den Effektivwert berechnet man durch Gleichsetzung von $+j = -j$ und durch Multiplikation des neuen Ausdruckes mit dem alten Ausdruck. Man hat z. B.

$$\begin{aligned}\left\{\varepsilon^{[\alpha + j\beta]x} - \varepsilon^{-[\alpha + \beta]x}\right\}&\left\{\varepsilon^{[\alpha - j\beta]x} - \varepsilon^{-[\alpha - j\beta]x}\right\}\\ &= \varepsilon^{2\alpha x} + \varepsilon^{-2\alpha x} - \varepsilon^{j2\beta x} - \varepsilon^{-j2\beta x}\\ &= 2[\cosh 2\alpha x - \cos 2\beta x]\\ &= [\text{Effektivwert}]^2.\end{aligned}$$

Im allgemeinen hat man für einen Vektor

$$\begin{aligned}\dot{P} &= P\varepsilon^{j\psi}\\ &= \frac{a + jb}{c + jd}\end{aligned}$$

einen Skalar

$$P = \sqrt{\frac{(a + jb)(a - jb)}{(c + jd)(c - jd)}} = \sqrt{\frac{a^2 + b^2}{c^2 + d^2}}$$

mit einer Tangente

$$\operatorname{tg}\psi = \frac{bc - ad}{ac + bd}.$$

308. Zahlenbeispiel einer Kondensatorentladung[1]). Wenn ein Kondensator auf die Potentialdifferenz 1000^{V} geladen ist und $r = 200^{\mathrm{Ohm}}$, $C = 0{,}5 \cdot 10^{-6}\,F$, $L = 10^{-2}\,H$ die Kreiskonstanten sind, so hat man folgende Lösung:

$$\alpha = \frac{2 \cdot 10^2}{2 \cdot 10^{-2}} = -10^4 \text{ hyperbolische Radian in der Sekunde,}$$

$$\omega = \sqrt{\frac{2}{10^{-6} \cdot 10^{-2}} - \frac{4 \cdot 10^4}{4 \cdot 10^{-4}}} = \pm 10^4 \text{ Kreisradian in der Sekunde mit}$$

den verallgemeinerten Winkelgeschwindigkeiten

$$\left.\begin{aligned}n_1 &= -10^4 + j\,10^4\\ n_2 &= -10^4 - j\,10^4\end{aligned}\right\} \ldots \angle \ldots \text{ hyperbolische Radian in der Sekunde.}$$

[1]) Über eine Umwertung komplexer Zahlen mit dem Rechenschieber. L. Fenyö, E. T. Z. Heft 30, S. 1075, 1927.

Die Impedanzoperatoren werden somit

$$A_{n_1}^{\mathrm{Ohm}} = \frac{n_1^2 C L - 1}{n_1 C} = \frac{10^8 (j-1)^2 \cdot 0{,}5 \cdot 10^{-6} \cdot 10^{-2} - 1}{10^4 (j-1) \cdot 0{,}5 \cdot 10^{-6}} = +j200$$

$$A_{n_2} = \frac{n_2^2 C L - 1}{n_2 C} = -j200$$

und der momentane Entladungsstrom ergibt die Lösung

$$\begin{aligned} i^{\mathrm{A}} &= \sum_{n_1}^{n_2} \frac{V_0}{A_n} \varepsilon^{nt} = \frac{V_0}{A_{n_1}} \varepsilon^{n_1 t} + \frac{V_0}{V_{n_2}} \varepsilon^{n_2 t} \\ &= \frac{1000}{200j} \varepsilon^{(-1+j)10^4 t} - \frac{1000}{200j} \varepsilon^{(-1-j)10^4 t} \\ &= \varepsilon^{-10^4 t}\{-5j\,\varepsilon^{10^4 jt} + 5j\,\varepsilon^{-10^4 jt}\} \\ &= \varepsilon^{-10^4 t}\{[-5j + 5j]\cos 10^4 t + j[-5j - 5j]\sin 10^4 t\} \\ &= \mathbf{10\,\varepsilon^{-10^4 t} \sin 10^4 t \ldots \angle .} \end{aligned}$$

Die momentane Potentialdifferenz des Kondensators erfordert die Ableitungen

$$e_c^{\mathrm{V}} = \sum_{n_1}^{n_2} \frac{I_0}{nC} \varepsilon^{nt} = \frac{I_{0_1}}{n_1 C} \varepsilon^{n_1 t} + \frac{I_{0_2}}{n_2 C} \varepsilon^{n_2 t} = V_{0_1} \varepsilon^{n_1 t} + V_{0_2} \varepsilon^{n_2 t} \ldots \angle .$$

Da

$$\frac{I_{0_1}}{n_1 C} = \frac{-5j}{10^4 (j-1)\, 0{,}5 \cdot 10^{-6}} = -500 + 500j \ldots \angle$$

und

$$\frac{I_{0_2}}{n_2 C} = \frac{5j}{-10^4 (j+1)\, 0{,}5 \cdot 10^{-6}} = -500 - 500j \ldots \angle ,$$

so hat man

$$\begin{aligned} e_C^{\mathrm{V}} &= [-500 + 500j]\,\varepsilon^{(-1+j)10^4 t} - [500 + 500j]\,\varepsilon^{(-1-j)10^4 t} \\ &= \varepsilon^{-10^4 t}\{-1000 \cos 10^4 t - 1000 \sin 10^4 t\} \\ &= 10^3 \sqrt{2}\, \varepsilon^{-10^4 t} \sin(10^4 t - \mathrm{tg}^{-1} 1) \\ &= \mathbf{10^3 \sqrt{2}\, \varepsilon^{-10^4 t} \sin[10^4 t + 45^0] \ldots \angle .} \end{aligned}$$

Dieses Ergebnis kann mittels der Beziehungen

$$\begin{aligned} i = C \frac{d e_c}{dt} &= C \sum_{n_1}^{n_2} n e_c \\ &= 0{,}5 \cdot 10^{-6} \{10^3 \sqrt{2}\, [\varepsilon^{-10^4 t} \cdot 10^4 \cos(10^4 t + 45^0) \\ &\qquad - 10^4 \cdot \varepsilon^{-10^4 t} \sin(10^4 t + 45^0)]\} \\ &= \varepsilon^{-10^4 t} \sqrt{50 + 50} \sin(10^4 t + 45^0 + (\mathrm{tg}^{-1}[-1]) \\ &= 10\,\varepsilon^{-10^4 t} \sin 10^4 t \ldots \angle \end{aligned}$$

nachgeprüft werden, da dasselbe Resultat wie oben liefern. Die momentane Klemmenspannung der reinen Selbstinduktion erhält man aus der Lösung

$$e_L^v = \sum_{n_1}^{n_2} n L i_n = n_1 L i_1 + n_2 L i_2 = n_1 L I_{0_1} \varepsilon^{n_1 t} + n_2 L I_{0_2} \varepsilon^{n_2 t}$$
$$= E_{L_1} \varepsilon^{n_1 t} + E_{L_2} \varepsilon^{n_2 t}.$$

Da

$$E_{L_1} = n_1 L I_{0_1} = 10^4 (j - 1) 10^{-2} (-5j) = 500 + 500j \ldots \angle$$

und

$$E_{L_2} = n_2 L I_{0_2} = -10^4 (j + 1) 10^{-2} \cdot 5j = 500 - 500j \ldots \angle$$

ergibt sich

$$\boldsymbol{e}_L^{\mathrm{V}} = [500 + 500j]\, \varepsilon^{(-1+j) 10^4 t} + [500 - 500j]\, \varepsilon^{(-1-j) 10^4 t}$$
$$= \varepsilon^{-10^4 t} \{1000 \cos 10^4 t - 1000 \sin 10^4 t\}$$
$$\boldsymbol{= 10^3 \sqrt{2}\, \varepsilon^{-10^4 t} \sin [10^4 t - 45^0] \ldots \angle},$$

eine Beziehung, die die Resonanzbedingung befriedigt, wenn man e_L mit e_c vergleicht.

Wenn nun der Wert der Selbstinduktion $L = 2 \cdot 10^{-3}$ H anstatt 10^{-2} und alle anderen Kreiskonstanten die ursprünglichen Werte haben, so werden die verallgemeinerten Winkelgeschwindigkeiten

$$\left.\begin{aligned} n_1 &= -10^4 (5 - 3{,}875) = -1{,}125 \cdot 10^4 \\ n_2 &= -10^4 (5 + 3{,}875) = -8{,}875 \cdot 10^4 \end{aligned}\right\} \text{hyperbolische Radian in der Sekunde}$$

Die Entladung verläuft daher aperiodisch. Die Auswertung der Impedanzoperatoren liefert

$$A_{n_1}^{\mathrm{Ohm}} = \frac{n_1^2 C L - 1}{n_1 C} = \frac{(-1{,}125 \cdot 10^4)^2 \, 0{,}5 \cdot 10^{-6} \cdot 2 \cdot 10^{-3} - 1}{-1{,}125 \cdot 10^4 \cdot 0{,}5 \cdot 10^{-6}}$$
$$= 155 \text{ Ohm},$$
$$A_{n_2} = \frac{n_2^2 C L - 1}{n_2 C} = -155 = -A_{n_1}.$$

Man hat dann den momentanen Entladestrom

$$\boldsymbol{i}^{\mathrm{A}} = \sum_{n_1}^{n_2} \frac{V_0}{A_n} \varepsilon^{nt} = \frac{1000}{155} \varepsilon^{-1{,}125 \cdot 10^4 t} - \frac{1000}{155} \varepsilon^{-8{,}875 \cdot 10^4}$$
$$\boldsymbol{= 6{,}45\, \varepsilon^{-1{,}125 \cdot 10^4 t} - 6{,}45\, \varepsilon^{-8{,}875 \cdot 10^4 t}}.$$

Die momentane Kondensatorspannung ergibt sich zu

$$\boldsymbol{e}_c^{\mathrm{V}} = \sum_{n_1}^{n_2} \frac{I_0}{nC} \varepsilon^{nt} = \frac{6{,}45}{1{,}125 \cdot 10^4 \cdot 0{,}5 \cdot 10^{-6}} \varepsilon^{-1{,}125 \cdot 10^4 t}$$
$$- \frac{6{,}45}{8{,}875 \cdot 10^4 \cdot 0{,}5 \cdot 10^{-6}} \varepsilon^{-8{,}875 \cdot 10^4}$$
$$\boldsymbol{= 1145\, \varepsilon^{-1{,}125 \cdot 10^4 t} - 145\, \varepsilon^{-8{,}875 \cdot 10^4 t}}.$$

Die Richtigkeit dieser Lösung kann mittels der Ausgangsbedingung $t = 0$ nachgeprüft werden. Man hat

$$e_c^V = 1145 - 145 = 1000,$$

welches die Ausgangspotentialdifferenz des Kondensators war.

Um sich ein Bild von dem Einfluß eines unvollkommenen Dielektrikums machen zu können, sei nachfolgendes Beispiel angeführt.

$$\left.\begin{array}{l} r = 200 \text{ Ohm} \\ L = 10^{-2} \text{ Henry} \\ C = 0{,}5 \cdot 10^{-6} \text{ Farad} \end{array}\right\}$$ wie oben und eine dielektrische Leitfähigkeit $g = 10^{-4}$ Mho.

Man hat dann

$$\begin{aligned} n_1 &= -\left[\frac{2 \cdot 10^2}{2 \cdot 10^{-2}} + \frac{10^{-4}}{2 \cdot 0{,}5 \cdot 10^{-6}}\right] \\ &\quad + j\sqrt{\frac{1}{0{,}5 \cdot 10^{-6} \cdot 10^{-2}} - \left[\frac{2 \cdot 10^2}{2 \cdot 10^{-2}} + \frac{10^{-4}}{2 \cdot 0{,}5 \cdot 10^{-6}}\right]^2} \\ &= -1{,}01 \cdot 10^4 + 0{,}977 \cdot 10^4 j \ldots \angle \\ n_2 &= -1{,}01 \cdot 10^4 - 0{,}977 \cdot 10^4 j \ldots \angle \end{aligned}$$

und im Vergleiche mit einem vollkommenen Kondensator hat man

Tabelle 11.

Dielektrikum des Kondensators von Kapazität C^F	Periodenzahl in der Sekunde	Periodenzeit in Sekunden	Logarithmisches Dekrement
vollkommen	1590	$6{,}28 \cdot 10^{-4}$	6,28
unvollkommen	1552	$6{,}43 \cdot 10^{-4}$	6,49

Ein Voltmeter, das $\varrho = 10\,000$ Ohm inneren Widerstand hat, würde denselben Einfluß auf obigen Stromkreis haben, im Falle es an die Klemmen der vollkommenen Kapazität C angeschlossen wäre. Wenn ein Hitzdrahtspannungsmesser von ϱ Ohm innerem Widerstand benutzt wird, um die Spannung eines Kondensators C zu messen, welcher seine Energie frei durch eine Spule (r, L) entlädt, so können die Teilströme mittels nachfolgenden Verfahrens gefunden werden. Man hat

$$i_c^A = \frac{V_0}{A_{[c]_1}} \varepsilon^{n_1 t} + \frac{V_0}{A_{[c]_2}} \varepsilon^{n_2 t} = I_c \varepsilon^{\alpha t} \sin \omega t \ldots \angle$$

für den Kondensatorzweig, wenn n_1 und n_2 zwei konjugierte verallgemeinerte Winkelgeschwindigkeiten bedeuten. Der Impedanzoperator A_{c_1} und A_{c_2} stellt den n_1-ten und n_2-ten Wert von A_c dar. Die verallgemeinerten Winkelgeschwindigkeiten sind dann

$$n_1 = -\left[\frac{r}{2L} + \frac{1}{2C\varrho}\right] + j\sqrt{\frac{1}{CL} - \left[\frac{r}{2L} + \frac{1}{2C\varrho}\right]^2}$$

$$\left.\begin{aligned} &= \alpha + j\omega \\ n_2 &= \alpha - j\omega \end{aligned}\right\} \ldots \angle \text{ hyperbolische Radian in der Sekunde.}$$

Für die Impedanzoperatoren findet man

$$A_{[c]}^{\text{Ohm}} = n \frac{d\left[\dfrac{n^2 C L \varrho + n(C r \varrho + L) + (r + \varrho)}{n^2 C L + n[C(r + \varrho)]}\right]}{d n}$$

$$= \frac{[C^2 L \varrho^2 - C L^2] n^2 - 2 C L [r + \varrho] n - C [r + \varrho]^2}{n [n C L + C (r + \varrho)]^2} \Bigg|_{n=n_1}^{n=n_2} \ldots \angle,$$

d. h. dieselben haben die Form

$$\left.\begin{aligned} A_{[c]_1} &= \beta + j\gamma \\ A_{[c]_2} &= \beta - j\gamma \end{aligned}\right\} \quad \text{für} \quad \left\{\begin{aligned} n_1 &= \alpha + j\omega \\ n_2 &= \alpha - j\omega \end{aligned}\right\} \ldots \angle.$$

Da der Wert α für gedämpfte Wellen negativ ist, so muß die Größe von β notwendigerweise positiv werden. Den Voltmeterstrom erhält man mittels des Admittanzquotienten

$$\Bigg|_{n_1}^{n_2} \frac{n L + r}{n L + r + \varrho} = \xi \pm j\eta \ldots \angle,$$

wenn das Pluszeichen für den n_1-ten Wert steht und das Minuszeichen den n_2-ten Wert des Quotienten bezeichnet. Wenn dieses Ergebnis mit dem Momentanwert i_c des Kondensatorstromes durchmultipliziert wird, erhält man den momentanen Voltmeterstrom

$$i_\varrho^{\text{A}} = [\xi \pm j\eta] i_c = \sum_{n_1}^{n_2} \frac{n L + r}{n L + r + \varrho} I_c \varepsilon^{nt} \ldots \angle.$$

Auf ähnliche Weise kann man den Momentanwert des Spulenstroms mittels einer Vervielfachung des Admittanzquotienten

$$\Bigg|_{n_1}^{n_2} \frac{\varrho}{n L + r + \varrho} = \zeta \pm j\nu \ldots \angle$$

mit i_c finden. Für die in der Selbstinduktion induzierte Spannung ergibt sich

$$e_L^{\text{V}} = \sum_{n_1}^{n_2} n L I_L \varepsilon^{nt} \ldots \angle.$$

Die numerische Auswertung bei diesen Verfahren ist einfach. Z. B. für

$$\left.\begin{aligned} L &= 2 \cdot 10^{-1}\ \text{H} \\ C &= 5 \cdot 10^{-6}\ \text{F} \\ r &= 4\ \text{Ohm} \\ \varrho &= 5 \cdot 10^{2}\ \text{Ohm} \end{aligned}\right\} \quad \text{und} \quad V_0 = 100\ \text{Volt}$$

$$\left.\begin{aligned} n_1 &= -200 + j976 \\ n_2 &= -200 - j976 \end{aligned}\right\} \ldots \angle.$$

Die Operatoren ergeben sich zu

$$A_{[c]_1} = \frac{[1{,}05 \cdot 10^{-6}]\, n_1^2 - [10{,}08 \cdot 10^{-4}]\, n_1 - 1{,}27}{n_1 [10^{-6} n_1 + 25{,}2 \cdot 10^{-4}]^2}$$
$$= 150{,}2 + j\,358{,}8 \ldots \angle,$$
$$A_{[c]_2} = 150{,}2 - j\,358{,}8 \ldots \angle.$$

Der momentane Kondensatorstrom wird

$$i_c^A = \frac{100}{150{,}2 + j\,358{,}8}\, \varepsilon^{n_1 t} + \frac{100}{150{,}2 - j\,358{,}8}\, \varepsilon^{n_2 t}$$
$$= \frac{1{,}502 - j\,3{,}588}{15{,}13}\, \varepsilon^{[-200 - j\,976]t} + \frac{1{,}502 + j\,3{,}588}{15{,}13}\, \varepsilon^{[-200 - j\,976]t}$$
$$\mathbf{= 0{,}51^{-200t} \sin [976\,t + \operatorname{tg}^{-1} 0{,}418] \ldots \angle,}$$

da der Bruch

$$\frac{n_1 L + r}{n_1 L + r + \varrho} = 0{,}144 + j\,0{,}33 \ldots \angle$$

und

$$\frac{n_2 L + r}{n_2 L + r + \varrho} = 0{,}144 - j\,0{,}33 \ldots \angle.$$

Für den Momentanwert des Voltmeterstroms ergibt sich

$$i_\varrho^A = \frac{[0{,}144 + j\,0{,}33][1{,}502 - j\,3{,}588]}{15{,}13}\, \varepsilon^{n_1 t}$$
$$+ \frac{[0{,}144 - j\,0{,}33][1{,}502 + j\,3{,}588]}{15{,}13}\, \varepsilon^{n_2 t}$$
$$= \frac{1{,}397 - j\,0{,}02}{15{,}13}\, \varepsilon^{[-200 + 976 j]t} + \frac{1{,}397 + j\,0{,}02}{15{,}13}\, \varepsilon^{[-200 + 976 j]t}$$
$$\mathbf{= 0{,}184 \cdot \varepsilon^{-200t} \cos 976\,t \ldots \angle.}$$

309. Sich selbst überlassene Schwingungen in einer gekoppelten Oszillator-Resonatoranordnung. Wenn C_1, L_1 und r_1 die Kreiskonstanten des Oszillators, C_2, L_2 und r_2 diejenigen des gekoppelten Resonators und $L_{12} = L_{21} = M$ die gegenseitige Induktion zwischen beiden Kreisen bedeuten, so gelten folgende Beziehungen für sich selbst überlassene Entladungen:

$$\sum_{n_1}^{n_4} \left(r_1 + n L_1 + \frac{1}{n C_1}\right) I_{0_1} \varepsilon^{nt} + \sum_{n_1}^{n_4} n M I_{0_2} \varepsilon^{nt} = 0 \ldots \angle,$$

$$\sum_{n_1}^{n_4} \left(r_2 + n L_2 + \frac{1}{n C_2}\right) I_{0_2} \varepsilon^{nt} + \sum_{n_1}^{n_4} n M I_{0_1} \varepsilon^{nt} = 0 \ldots \angle,$$

da für einen geschlossenen Stromkreis der ganze Spannungsabfall verschwinden muß. Der erste Teil jeder Gleichung stellt den Spannungsabfall längs der ganzen Kreisimpedanz dar und der zweite Teil berücksichtigt den Abfall infolge der Rückwirkung des anderen Kreises.

Die Größen I_{0_1} und I_{0_2} bedeuten die Ausgangsströme des Schwingungserzeugers und des Resonators. Wenn man die momentanen Stromwerte $I_{0_1}\varepsilon^{nt}$ und $I_{0_2}\varepsilon^{nt}$ eliminiert, erhält man die Symmetriegleichung

$$\frac{n^2 C_1 M}{n^2 C_1 L_1 + n C_1 r_1 + 1} = \frac{n^2 C_2 L_2 + n C_2 r_2 + 1}{n^2 C_2 M} \dots \angle,$$

welche für jeden Teilstrom beider Kreise gilt. Eine andere Form dieses Ausdruckes ist

$$\begin{aligned} C_1 C_2 [L_1 L_2 - M^2] n^4 &+ C_1 C_2 [L_1 r_2 + L_2 r_1] n^3 \\ &+ [C_1 L_1 + C_2 L_2 + C_1 C_2 r_1 r_2] n^2 \\ &+ [C_1 r_1 + C_2 r_2] n + 1 = 0 \dots \angle. \end{aligned} \quad (39)$$

Diese rein-algebraische Gleichung steht in Wirklichkeit für die Differentialgleichung

$$\begin{aligned} C_1 C_2 (L_1 L_2 - M^2) \frac{d^4 i_1}{dt^4} &+ C_1 C_2 (L_1 r_2 + L_2 r_1) \frac{d^3 i_1}{dt^3} \\ &+ (C_1 L_1 + C_2 L_2 + C_1 C_2 r_1 r_2) \frac{d^2 i_1}{dt^2} \\ &+ (C_1 r_1 + C_2 r_2) \frac{d i_1}{dt} + i_1 = 0 \dots \angle, \end{aligned}$$

da n^4 dem Quotienten $d^4 i_1/dt^4$; n^3 dem Quotienten $d^3 i_1/dt^3$; n^2 dem Quotienten $d^2 i_1/dt^2$; n dem Quotienten $d i_1/dt$ und $n^0 = 1$ dem Momentanwert i_1 entspricht. Gewöhnlich erhält man diesen Ausdruck mittels doppelter Differentiation der entsprechenden Differentialgleichungen (welche das verallgemeinerte Kirchhoffsche Gesetz, das das Verschwinden aller Spannungsabfälle bedingt, ausdrücken) und durch die Trennung der Veränderlichen mittels der Ausgangsgleichungen. Die vorgeschlagene Methode umgeht Differentialgleichungen, da der symbolische algebraische Ausdruck der Gl. (39) direkt aufgestellt werden kann.

310. Erster Fall. — Dämpfung vernachlässigt. Wenn die Widerstände r_1 und r_2 vernachlässigt werden und der Kopplungskoeffizient $\varkappa = \frac{M}{\sqrt{L_1 L_2}}$ in die biquadratische Gleichung eingeführt wird, erhält man

$$(CL)^2 (1 - \varkappa^2) n^4 + 2 CL n^2 + 1 = 0 \quad (40)$$

sofern Gleichheit der Schwingungskonstanten, d. h. $C_1 L_1 = C_2 L_2 = CL$ vorausgesetzt ist. Die Winkelgeschwindigkeiten werden dann

$$\left.\begin{aligned} n_A &= \pm j \sqrt{\frac{1}{CL(1+\varkappa)}} = \pm j\,\omega_A \\ n_B &= \pm j \sqrt{\frac{1}{CL(1-\varkappa)}} = \pm j\,\omega_B \end{aligned}\right\} \text{ Kreisradian in der Sekunde.}$$

Tabelle

Bedingung	Größe		
Oszillator und Resonator haben verschiedene Eigenfrequenzen		Erste Teilwelle in jedem Stromkreis	
	Wellenlänge	$\lambda_A = \sqrt{\frac{\lambda_1^2 + \lambda_2^2 + \sqrt{[\lambda_1^2 - \lambda_2^2]^2 + [2\varkappa\lambda_1\lambda_2]^2}}{2}}$	
	Frequenz	$f_A = \frac{1}{2\pi}\sqrt{\frac{C_1 L_1 + C_2 L_2 - \sqrt{(C_1 L_1 - C_2 L_2)^2 + 4\varkappa^2 C_1 C_2 L_1 L_2}}{2(1-\varkappa^2) C_1 L_1 C_2 L_2}}$	
		Zweite Teilwelle in jedem Stromkreis	
	Wellenlänge	$\lambda_B = \sqrt{\frac{\lambda_1^2 + \lambda_2^2 - \sqrt{[\lambda_1^2 - \lambda_2^2]^2 + [2\varkappa\lambda_1\lambda_2]^2}}{2}}$	
	Frequenz	$f_B = \frac{1}{2\pi}\sqrt{\frac{C_1 L_1 + C_2 L_2 + \sqrt{(C_1 L_1 - C_2 L_2)^2 + 4\varkappa^2 C_1 C_2 L_1 L_2}}{2(1-\varkappa^2) C_1 L_1 C_2 L_2}}$	
		Erste Teilwelle in jedem Stromkreis	Erste Teilwelle in jedem Stromkreis
Oszillator und Resonator haben dieselbe Eigenfrequenz	Wellenlänge	$\lambda_A = \lambda\sqrt{1+\varkappa}$	$\lambda_B = \sqrt{1-\varkappa}$
	Kreisförm. Winkelgeschwindigkeit	$\omega_A = \frac{1}{\sqrt{CL(1+\varkappa)}}$	$\omega_B = \frac{1}{\sqrt{CL(1-\varkappa)}}$
	Frequenz	$f_A = \frac{f}{\sqrt{1+\varkappa}}$	$f_B = \frac{f}{\sqrt{1-\varkappa}}$
	Logarithmisches Dekrement	$\delta_A = \frac{\delta_1+\delta_2}{2\sqrt{1+\varkappa}} = \frac{\delta_1+\delta_2}{2}\frac{\lambda}{\lambda_A}$	$\delta_B = \frac{\delta_1+\delta_2}{2\sqrt{1-\varkappa}} = \frac{\delta_1+\delta_2}{2}\frac{\lambda}{\lambda_B}$

12.

Infolge des Oszillators	Infolge des Resonators	Bemerkungen ' besondere	Bemerkungen ' allgemeine
$\lambda_1^{\mathrm{m}} = 6\pi\, 10^8 \sqrt{C_1^{\mathrm{F}} L_1^{\mathrm{H}}}$	$\lambda_2^{\mathrm{m}} = 6\pi\, 10^8 \sqrt{C_2 L_2}$	$\lambda_1 \neq \lambda_2$ da die Schwingungskonstanten $C_1 L_1 \neq C_2 L_2$	$C_1, L_1, f_1, \lambda_1, \delta_1$ und ω_1 beziehen sich auf den Oszillator, $C_2, L_2, f_2, \lambda_2, \delta_2$ und ω_2 auf den Resonator. $f_A, f_B, \delta_A, \delta_B, \lambda_A, \lambda_B, \omega_A, \omega_B$ und $\varkappa = \sqrt{\frac{M^2}{L_1 L_2}}$ haben auf beide Stromkreise Bezug. r_1 und r_2 sind vernachlässigt.
$f_1^{\sim/\mathrm{Sek.}} = \frac{1}{2\pi \sqrt{C_1^{\mathrm{F}} L_1^{\mathrm{H}}}}$	$f_2 = \frac{1}{2\pi\sqrt{C_2 L_2}}$	$f_1 \neq f_2$	
Wie bei erster Teilwelle	Wie bei erster Teilwelle	Wie bei erster Teilwelle	
Wie bei erster Teilwelle	Wie bei erster Teilwelle	Wie bei erster Teilwelle	
$\lambda_1^{\mathrm{m}} = 6\pi\, 10^8 \sqrt{C_1 L_1} = \lambda$	$\lambda_2^{\mathrm{m}} = 6\pi\, 10^8 \sqrt{C_2 L_2} = \lambda$	$\lambda_A > \lambda_B$ $\left.\begin{matrix}\lambda_1\\ \lambda_2\end{matrix}\right\rangle = \lambda$ da $C_1 L_1 = C_2 L_2 = C L$	
$\omega_1^{\mathrm{Rad/Sek.}} = \frac{1}{\sqrt{C_1^{\mathrm{F}} L_1^{\mathrm{H}}}} = \omega$	$\omega_2 = \frac{1}{\sqrt{C_2 L_2}} = \omega$	$\left.\begin{matrix}\omega_1\\ \omega_2\end{matrix}\right\rangle = \omega$	
$f_1 = \frac{1}{2\pi\sqrt{C_1 L_1}} = f$	$f_2 = \frac{1}{2\pi\sqrt{C_2 L_2}} = f$	$f_A < f_B$ $\left.\begin{matrix}f_1\\ f_2\end{matrix}\right\rangle = f$	
$\delta_1 = \frac{r_1^{\mathrm{Ohm}}}{2 L_1^{\mathrm{H}}} T_1^{\mathrm{Sek.}}$	$\delta_2 = \frac{r_2}{2 L_2} T_2$	$T_1 = T_2 = T = \frac{1}{f}$ $\delta_A < \delta_B$	

Die Periodenzahlen der Teilströme, die sowohl im Schwingungserzeuger als auch im Resonator vorherrschen, werden

$$\left.\begin{aligned} f_A^{-\mathrm{Sek.}} &= \frac{f}{\sqrt{1+\varkappa}} \\ f_B^{-\mathrm{Sek.}} &= \frac{f}{\sqrt{1-\varkappa}} \end{aligned}\right\} \text{ im Vergleich zur Eigenfrequenz } f^{-\mathrm{Sek.}} = \frac{1}{2\pi\sqrt{\ ^{\mathrm{F}}L^{\mathrm{H}}}}.$$

Da aber

$$\frac{f_A}{f_B} = \frac{\lambda_B}{\lambda_A},$$

erhält man die entsprechenden Wellenlängen

$$\lambda_A = \lambda\sqrt{1+\varkappa} \quad \text{und} \quad \lambda_B = \lambda\sqrt{1-\varkappa}.$$

Diese Ergebnisse sind bekannt, da die Resonanzkurve gekoppelter Systeme zwei Maxima für gewöhnliche Funkenentladung aufweist[1]).

Man sieht, daß für sehr lose Kopplung

$$\lambda_A \backsim \lambda_B \backsim \lambda^{\mathrm{m}} = 6\pi \cdot 10^8 \sqrt{C^{\mathrm{F}} L^{\mathrm{H}}}.$$

[1]) Wenn n gekoppelte Schwingungskreise vorliegen, so hat man es mit n verschiedener Eigenfrequenzen zu tun. Wenn n geradzahlig ist, so sind alle resultierenden Periodenzahlen in allen Kreisen vorhanden, wenn n ungerade ist, so treten nur in dem ersten und letzten Kreise ($n = 1$ bzw. $n = n$) alle Periodenzahlen auf, der zweite und der $(n-1)$te Kreis zeigen nur $(n-1)$ Periodenzahlen, der dritte und der $(n-2)$te Kreis nur $(n-2)$ Periodenzahlen usw. Das heißt, nur der erste, dritte, fünfte $(n-4)$te, $(n-2)$te und letzte Kreis zeigen die Eigenfrequenzen jedes Kreises. Wenn $C_1 = C_2 \ldots = Cn$ und $L_1 = L_2 \ldots = Ln$ ist, hat man für einen einzigen Resonanzkreis den für die einzige Frequenz maßgebenden Teil

$$\frac{1}{\sqrt{CL}},$$

für zwei gekoppelte Kreise $\frac{1}{\sqrt{CL(1\pm\varkappa)}}$ in beiden Kreisen (2 Frequenzen);

für drei gekoppelte Kreise $\frac{1}{\sqrt{CL}}$ nur in den Endkreisen und $\frac{1}{\sqrt{CL(1\pm\sqrt{2}\varkappa)}}$ in allen Kreisen;

für vier Kreise $\frac{1}{\sqrt{CL\left(1\pm\varkappa\sqrt{\frac{3\pm\sqrt{5}}{2}}\right)}}$ in allen Kreisen;

für fünf Kreise $\frac{1}{\sqrt{CL}}$ in den Kreisen 1, 3 und 5;

$\frac{1}{\sqrt{CL[1\pm\varkappa]}}$ in den Kreisen 1, 2, 4 und 5;

$\frac{1}{\sqrt{CL[1\pm\sqrt{3}\varkappa]}}$ in allen Kreisen usf.

Tabelle 12 stellt die wichtigsten Fälle zusammen. Wenn die Schwingungskonstanten nicht dieselben sind, d. h. $C_1 L_1 \neq C_2 L_2$, so gelten die in der Tabelle angegebenen Werte für die Wellenlänge, Frequenz und Dekrement. Für eine iedale Kopplung $\varkappa = 1$ werden die Periodenzahlen

$$f_A = \frac{1}{2\pi}\sqrt{\frac{0}{0}} \quad \text{und} \quad f_B = \frac{1}{2\pi}\sqrt{\infty}\,.$$

Da Ströme der Frequenz f_B kaum Energie führen können, darf man das ganze System als einwellig auffassen. Aus der biquadratischen Gleichung erhält man

$$\frac{n^2 C_1 L_1 + 1}{n^2 \varkappa C_1 \sqrt{L_1 L_2}} = \frac{n^2 \varkappa C_2 \sqrt{L_1 L_2}}{n^2 C_2 L_2 + 1}$$

und für $\varkappa = 1$

$$n = \pm j \sqrt{\frac{1}{C_1 L_1 + C_2 L_2}} = \pm j\,\omega \text{ Kreisradian in der Sek.}$$

Der einwellige Strom hat somit die Periodenzahl

$$\boldsymbol{f_A = \frac{1}{2\pi}\sqrt{\frac{1}{C_1 L_1 + C_2 L_2}}}\,.$$

311. Zweiter Fall. — Dämpfung berücksichtigt. Wenn r_1 und r_2 der biquadratischen Gleichung beibehalten werden, erhält man vier verallgemeinerte Winkelgeschwindigkeiten von der Form

$$\left.\begin{aligned} \boldsymbol{n_1} &= \boldsymbol{\alpha_A + j\,\omega_A} \\ \boldsymbol{n_2} &= \boldsymbol{\alpha_A - j\,\omega_A} \\ \boldsymbol{n_3} &= \boldsymbol{\alpha_B + j\,\omega_B} \\ \boldsymbol{n_4} &= \boldsymbol{\alpha_B - j\,\omega_B} \end{aligned}\right\} \text{Hyperbolische Radian in der Sekunde.}$$

Für V_0^{V} als Ausgangsspannung des Kondensators C^{F} im Schwingungserzeuger nimmt der resultierende Schwingungsstrom die Form

$$i_1^{\mathrm{A}} = \sum_{n_1}^{n_4} \frac{V_0}{A'_n}\,\varepsilon^{nt} = V_0 \left\{\frac{\varepsilon^{n_1 t}}{A'_{n_1}} + \frac{\varepsilon^{n_2 t}}{A'_{n_2}} + \frac{\varepsilon^{n_3 t}}{A'_{n_3}} - \frac{\varepsilon^{n_4 t}}{A'_{n_4}}\right\} \ldots \angle$$

an, wenn A'_n den äquivalenten Oszillatorimpedanzoperator mit der verallgemeinerten Winkelgeschwindigkeit n bedeutet. Die Beziehung für den äquivalenten Operator ist

$$\overset{\text{Ohm}}{A'_n} = n \frac{d\left[n L_1 + \dfrac{1}{n C_1} + r_1 - \dfrac{L_1 L_2 (n\varkappa)^2}{n L_2 + \dfrac{1}{n C_2} + r_2}\right]}{dn} \quad \text{für } n = n_1$$

$$= n_1 L_1 - \frac{1}{n_1 C_1} - \frac{n_1\left(L_2 n_1^2 + 2 r_2 n_1 + \dfrac{3}{C_2}\right)}{\left(n_1 L_2 + \dfrac{1}{n_1 C_2} + r_2\right)^2} L_1 L_2 \varkappa^2 \ldots \angle\,.$$

Dies zeigt, daß die verschiedenen äquivalenten Operatoren komplexe Größen der Art

$$\left.\begin{aligned} A'_{n_1} &= a + j b \\ A'_{n_2} &= a - j b \\ A'_{n_3} &= c + j d \\ A'_{n_4} &= c - j d \end{aligned}\right\} \text{Ohm} \ldots \angle$$

sind. Durch Gleichsetzung von

$$\left.\begin{aligned} \frac{V_0}{a + j b} &= D - j F \\ \frac{V_0}{a - j b} &= D + j F \\ \frac{V_0}{c + j d} &= G - j H \\ \frac{V_0}{c - j d} &= G + j H \end{aligned}\right\} \text{Ampere} \ldots \angle$$

ergibt sich die Ableitung für den momentanen Oszillatorstrom

$$\begin{aligned} i_1^A &= [D - j F]\,\varepsilon^{(\alpha_A + j\omega_A)t} + [D + j F]\,\varepsilon^{(\alpha_A - j\omega_A)t} \\ &\quad + [G - j H]\,\varepsilon^{(\alpha_B + j\omega_B)t} + [G + j H]\,\varepsilon^{(\alpha_B - j\omega_B)t} \\ &= \varepsilon^{\alpha_A t}\{[D - j F]\,\varepsilon^{+j\omega_A t} + [D + j F]\,\varepsilon^{-j\omega_A t}\} \\ &\quad + \varepsilon^{\alpha_B t}\{[G - j H]\,\varepsilon^{+j\omega_B t} + [G + j H]\,\varepsilon^{-j\omega_B t}\} \\ &= \varepsilon^{\alpha_A t}[2 D \cos\omega_A t + 2 F \sin\omega_A t] \\ &\quad + \varepsilon^{\alpha_B t}[2 G \cos\omega_B t + 2 H \sin\omega_B t] \\ &= \mathbf{2\sqrt{D^2 + F^2}\,\varepsilon^{\alpha_A t} \sin\left[\omega_A t + tg^{-1}\frac{D}{F}\right]} \\ &\quad \mathbf{+ 2\sqrt{G^2 + H^2}\,\varepsilon^{\alpha_B t} \sin\left[\omega_B t + tg^{-1}\frac{G}{H}\right]} \ldots \angle . \end{aligned} \tag{41}$$

Da

$$e_2^V = -M \sum_{n_1}^{n_4} n\, i_1$$

den momentanen Spannungswert bedeutet, der in der Resonatorspule L_2 induziert ist, ergibt sich der momentane Resonatorstrom zu

$$\begin{aligned} i_2^A = \frac{e_2}{z_2} &= -M \sum_{n_1}^{n_4} \frac{n\, i_1}{n L_2 + \frac{1}{n C_2} + r_2} = -M \sum_{n_1}^{n_4} \frac{n}{z_2} \frac{V_0}{A'_n}\,\varepsilon^{n t} \\ &= -M V_0 \left\{ \frac{n\,\varepsilon^{n_1 t}}{z_{2_{n=n_1}} A'_{n_1}} + \frac{n\,\varepsilon^{n_2 t}}{z_{2_{n=n_2}} A'_{n_2}} + \frac{n\,\varepsilon^{n_3 t}}{z_{2_{n=n_3}} A'_{n_3}} + \frac{n\,\varepsilon^{n_4 t}}{z_{2_{n=n_4}} A'_{n_4}} \right\} \ldots \angle , \end{aligned}$$

wenn $z_{2_{n=n_1}}$ den n_1-ten Wert der Resonatorimpedanz usw. bezeichnet. Obiger Ausdruck setzt voraus, daß alle Resonatorwindungen mit dem

Schwingungserzeuger gekoppelt sind. Die Amplituden der Teilströme, welche im Resonator fließen, haben die Form

$$\left.\begin{aligned} -\frac{n\,M\,V_0}{z_{2_{n=n_1}}A'_{n_1}} &= K - jP \\ -\frac{n\,M\,V_0}{z_{2_{n=n_2}}A'_{n_2}} &= K + jP \\ -\frac{n\,M\,V_0}{z_{2_{n=n_3}}A'_{n_3}} &= Q + jS \\ -\frac{n\,M\,V_0}{z_{2_{n=n_4}}A'_{n_4}} &= Q + jS \end{aligned}\right\} \text{Ampere} \ldots \angle .$$

Die Lösung für den Resonatorstrom ergibt den Momentanwert

$$\begin{aligned} i_2^A &= [K - jP]\,\varepsilon^{(\alpha_A + j\omega_A)t} + [K + jP]\,\varepsilon^{(\alpha_A - j\omega_A)t} \\ &\quad + [Q - jS]\,\varepsilon^{(\alpha_B + j\omega_B)t} + [Q + jS]\,\varepsilon^{(\alpha_B - j\omega_B)t} \\ &= 2\sqrt{K^2 + P^2}\,\varepsilon^{\alpha_A t}\sin\left[\omega_A t + \operatorname{tg}^{-1}\frac{K}{P}\right] \\ &\quad - 2\sqrt{Q^2 + S^2}\,\varepsilon^{\alpha_B t}\sin\left[\omega_B t + \operatorname{tg}^{-1}\frac{Q}{S}\right] \ldots \angle . \end{aligned} \tag{42}$$

Aus diesen Ausdrücken gewinnt man das Ergebnis, daß in jedem Stromkreise zwei bestimmte Periodenzahlen $\omega_A/2\pi$ und $\omega_B/2\pi$ mit den entsprechenden logarithmischen Dekrementen $\delta_A = 2\pi\frac{\alpha_A}{\omega_A}$ und $\delta_B = 2\pi\frac{\alpha_B}{\omega_B}$ vorherrschen, da die Teilwellen, welche von den konjugierten komplexen Winkelgeschwindigkeiten n_1 und n_2 abhängen, eine resultierende Schwingung mit der Periodenzeit $T_A = \frac{2\pi}{\omega_A}$ erzeugen. Die Teilwellen, welche von den konjugierten Winkelgeschwindigkeiten n_3 und n_4 abhängen, erzeugen eine Schwingung der Periodenzeit $T_B = \frac{2\pi}{\omega_B}$. Beide Schwingungen erzeugen den resultierenden Gesamtstrom, der mittels eines Oszillographen nachgewiesen werden kann (Braunsche Röhre).

Die biquadratische Gl. (39) kann man entweder mit mathematisch genauen oder mit Annäherungsmethoden lösen. Die ersteren sind notwendig, wenn lange Wellen vorliegen und wenn große Dämpfungen sich ergeben. Die Annäherungsmethoden sind gewöhnlich im Bereich der schnellen Schwingungen zuverlässig. Eine genaue Lösung wandelt die biquadratische Gleichung in eine um, die den dritten Exponenten der unbekannten Winkelgeschwindigkeit eliminiert und diesen Ausdruck in einen, welcher nur n^3, n und n^0 enthält. Die letztere Gleichung wird dann entweder mit der Cardanischen oder trigonometrischen Methode je nach der relativen Größe der Koeffizienten gelöst.

312. Sich selbst überlassene Schwingungen in einem aperiodischen Stromkreis. Da für diesen Fall die verallgemeinerte Kapazitätsreaktanz $1/nC_2$ verschwindet, erhält man die verallgemeinerte äquivalente Impedanz des Schwingungserzeugers

$$Z_1' = r_1 + nL_1 + \frac{1}{nC_1} - \frac{L_1 L_2 (n\varkappa)^2}{r_2 + nL_2} = 0 \ldots \angle, \qquad (43)$$

welche auch in der Form

$$Z_1' = \left[r_1 + \frac{n^2 M^2}{n^2 L_2^2 - r_2^2} r_2\right] + n\left[L_1 - \frac{n^2 M^2}{n^2 L_2^2 - r_2^2} L_2\right] + \frac{1}{nC_1} = 0 \ldots \angle \qquad (43\text{a})$$

geschrieben werden kann. Man sieht, daß die Änderung der scheinbaren Impedanz Z_1 durch zwei Faktoren bedingt ist. Der eine rührt her von der Vergrößerung des scheinbaren Primärwiderstandes r_1 um einen Betrag $\frac{n^2 M^2}{n^2 L_2^2 - r_2^2} r_2$, der andere von einer Verkleinerung der scheinbaren Primärselbstinduktion L_1 um $\frac{n^2 M^2}{n^2 L_2^2 - r_2^2} L_2$. Dieser Doppeleffekt ist um so größer, je enger die Kopplung gewählt wird, da das Quadrat des Kopplungskoeffizienten die Vergrößerung und die Verkleinerung beeinflußt. Die äquivalente Primärimpedanz hat deshalb die Form

$$Z_1' = (r_1 + r') + n(L_1 - L') + \frac{1}{nC_1} = 0 \ldots \angle, \qquad (43\text{b})$$

was besagt, daß ein aperiodischer Kopplungskreis die scheinbare Periodenzahl

$$f = \frac{1}{2\pi\sqrt{C_1 L_1}} = \frac{1}{T}$$

auf einen Wert

$$f' = \frac{f}{\sqrt{1 - \frac{L'}{L_1}}} = \frac{f}{\sqrt{1 - \frac{[n\varkappa]^2}{[nL_2]^2 - r_2^2} L_2^2}} = \frac{1}{T'} \qquad (44)$$

und das scheinbare logarithmische Dekrement

$$\delta = \frac{r_1}{2L_1} T$$

auf einen Effektivwert

$$\delta' = \frac{r_1 + r'}{2(L_1 - L')} T' = \frac{[r_1 + r_1'] \sqrt{1 - \frac{L'}{L_1}}}{2f[L_1 - L']} \qquad (45)$$

vergrößert.

Vom mathematischen Standpunkte zeigt der letztere Ausdruck nicht unbedingt an, daß das äquivalente logarithmische Dekrement δ' größer als der scheinbare Wert δ ist. Eine Überlegung zeigt aber, daß die elektrische Energie, welche im Sekundärsystem verbraucht wird, die einander folgenden Amplituden rascher abklingen lassen muß, was besagt, daß $\delta' > \delta$ ist.

Es ist klar, daß die äquivalente verallgemeinerte Impedanz Z_1' entweder gleich dem scheinbaren Werte Z_1 (für $r_2 = \infty$, offener Sekundärkreis) oder kleiner ist, da für die andere Grenze, wo $r_2 = 0$, die Vergrößerung von r_1 vollständig verschwinden muß und die Änderung der Selbstinduktion negativ ausfällt.

In der Hochfrequenztechnik werden aperiodische Kreise oft mit Schwingungserzeugern gekoppelt. Der Widerstand des aperiodischen Kreises ist dann praktisch derjenige des eingeschalteten Indikators, der entweder ein Hitzdrahtinstrument ist oder durch dünne Drähte eines Thermokreuzes gebildet wird. Dies ist der Grund, warum man den aperiodischen Kreis recht lose koppelt, um die Rückwirkung klein zu halten und Heizwirkungen hervorzurufen, die denjenigen des Oszillators proportional sind. Wenn die verallgemeinerte Impedanz nL_2 groß im Vergleich zum Ohmschen Widerstand des Indikators gewählt ist, wird das Meßsystem von der Periodenzahl praktisch unabhängig. Man verteilt dann die Induktanz L_2 im aperiodischen Kreise so, daß ungefähr zwei Windungen lose mit dem Schwingungserzeuger gekoppelt sind und die meisten Windungen symmetrisch und senkrecht zu dem Instrument und den Kopplungswindungen angeordnet sind. Wenn ein aperiodischer Instrumentkreis einen kleinen Widerstand aufweist (Thermokreuzindikator) und alle Windungen mit dem Oszillator gekoppelt sind, so erhält man für die äquivalente Primärimpedanz

$$Z_1' = \left[r_1 + \varkappa^2 \frac{L_1}{L_2} r_2\right] + n\left[L_1 - \varkappa^2 L_1\right] + \frac{1}{nC_1} = 0 \ldots \angle. \tag{46}$$

Dieser Ausdruck ist von Bedeutung, da zwei wesentliche Schlüsse aus ihm gezogen werden können. Das erste Glied ergibt ein Mittel, die verbrauchte Energie im Sekundärkreis von derjenigen des Schwingungskreises zu trennen. Aus dem zweiten Glied kann man die Periodenzahl der Schwingungen für den offenen und geschlossenen Instrumentkreis berechnen. Für den geschlossenen Sekundärkreis bedeutet $\frac{\varkappa^2 L_1}{L_2} r_2$ die Zunahme des Primärwiderstandes und $\varkappa^2 L_1$ die Abnahme der Primärinduktanz, was andeutet, daß beide Größen von der Periodenzahl unabhängig sind, wenn L_1, L_2, M und r_2 nicht von derselben beeinflußt werden. Man sieht auch, daß die Leistung des Instruments mit dem Quadrate des Kopplungskoeffizienten abnimmt.

Die verbrauchten Energien W_1 und W_2 des primären und sekundären Kreises werden

$$\left.\begin{aligned} W_1^{\text{Watt}} &= r_1 I_{1\,\text{eff}}^2 \\ W_2 &= \frac{L_1}{L_2} r_2 \varkappa^2 I_{1\,\text{eff}}^2 \end{aligned}\right\} \tag{47}$$

und die Energien W_{T_1} und W_{T_2} für die Dauer einer einzigen Periode sind

$$\left.\begin{aligned} W_{T_1}^{\text{Watt}} &= \tfrac{1}{2} r_1 I_{0_1}^2 T' \\ W_{T_2} &= \tfrac{1}{2} r_2 \frac{L_1}{L_2} \varkappa^2 I_{0_1}^2 T' \end{aligned}\right\} \qquad (48)$$

wenn I_{0_1} die Ausgangsamplitude des Primärstromes für die betrachtete Periode bezeichnet. Da im Ausdrucke für W_{T_2} die Größe $\frac{r_2}{2 L_2} T'$ das durch das Instrument bedingte zusätzliche logarithmische Dekrement bedeutet, hat man

$$W_{T_2} = \delta_2 L_1 \varkappa^2 I_{0_1}^2$$

und

$$W_2 = 2 \delta_2 f' L_1 \varkappa^2 I_{1\,\text{eff}}^2 .$$

Der zweite Schluß, welcher aus Gl. (46) gezogen werden kann, ist durch die Beziehungen

$$f = \frac{1}{2\pi \sqrt{C_1 L_1}} \quad \text{und} \quad f' = \frac{f}{\sqrt{1-\varkappa^2}} = \frac{1}{T'} \qquad (49)$$

ausgedrückt. Man erhält den endgültigen Ausdruck mittels der Größe in der zweiten Klammer und der vereinfachten Thomsonschen Formel. Für den offenen Instrumentkreis erhält man die Frequenz f aus der scheinbaren Selbstinduktion L_1. Für den geschlossenen Kreis wird die Periodenzahl f' mittels der äquivalenten Induktanz $L_1 (1 - \varkappa^2)$ gefunden. Diese Bestimmung der Frequenz ist dann von Vorteil, wenn Gleichungen höheren Grades vorliegen, für welche die Auswertung der komplexen Winkelgeschwindigkeiten schwierig werden kann. Die gewöhnliche Bestimmung von f' benutzt Gl. (43a) und ergibt

$$C_1 L_1 (1 - \varkappa^2) n'^2 + 1 = 0$$

$$n' = j \sqrt{\frac{1}{C_1 L_1 (1 - \varkappa^2)}} = j \omega'$$

oder

$$f' = \frac{f}{\sqrt{1 - \varkappa^2}},$$

wie oben gefunden wurde. Wenn das Dekrement, welches durch den Oszillator bedingt ist, verhältnismäßig groß ist, so hat man

$$\left.\begin{aligned} f &= \frac{1}{2\pi} \sqrt{\frac{1}{C_1 L_1} - \left[\frac{r_1}{2 L_1}\right]^2} \\ f' &= \frac{1}{2\pi} \sqrt{\frac{1}{C_1 L_1 (1 - \varkappa^2)} - \left[\frac{r_1 L_2 + r_2 L_1 \varkappa^2}{2 L_1 L_2 (1 - \varkappa^2)}\right]^2} \end{aligned}\right\} \qquad (50)$$

wenn f und f' wiederum die Periodenzahlen für den geöffneten und geschlossenen Instrumentenkreis bedeuten. Wenn in Gl. (43) der

Widerstand r_2 im Vergleich zur verallgemeinerten Reaktanz $n L_2$ vernachlässigbar ist, ergibt sich die Ableitung

$$C_1 L_1 (1-\varkappa^2) n'^2 + C_1 r_1 n' + 1 = 0$$

$$\begin{aligned} n' &= -\frac{r_1}{2L_1(1-\varkappa^2)} \pm j\sqrt{\frac{1}{C_1 L_1 (1-\varkappa^2)} - \left[\frac{r_1}{2L_1(1-\varkappa^2)}\right]^2} \\ &= \alpha' \pm j\omega' \ldots \angle . \end{aligned} \tag{51}$$

Dieses Ergebnis zeigt, daß sowohl die Periodenzahl als auch die Dämpfungskonstante von dem Kopplungsgrad abhängen. Das äquivalente logarithmische Dekrement δ_1' des Primärkreises ist dann

$$\delta_1' = \frac{T_1'}{T_1(1-\varkappa^2)}\,\delta_1, \tag{52}$$

wenn δ_1 und T_1 das Dekrement und die Periodenzeit für den geöffneten Instrumentkreis (scheinbare Werte) sind und T_1' die effektive Periode, die aus dem ω'-Gliede der Gl. (51) berechnet werden kann. Wenn die Kopplung des Instrumentkreises sehr lose gewählt wird, so zeigt der Indikator nahezu und in einem bestimmbaren Maßstabe den wahren Schwingungsstrom an. Nur der erste Teil eines jeden gedämpften Schwingungszuges ist infolge der freien Entladung $I_{0_2} \cdot \varepsilon^{-\frac{r_2}{L_2}t}$ ein wenig verzerrt.

Wenn aperiodische Stromanzeiger benutzt werden, für die die verallgemeinerte induktive Reaktanz $n L_2$ im Vergleich zum Kreiswiderstand r_2 verschwindet, so erhält man gemäß Gleichung (43a) für die Zunahme des Oszillatorwiderstandes

$$r' = \frac{(nM)^2}{r_2} = \frac{L_1 L_2 (n\varkappa)^2}{r_2} \ldots \angle . \tag{53}$$

Man sieht, daß der Zunahme die verallgemeinerte Winkelgeschwindigkeit zugrunde liegt und sie deshalb von der Periodenzahl sowohl als von dem logarithmischen Dekrement abhängt. Man kann deshalb eine solche Anordnung nur dann gut verwenden, wenn ungedämpfte Schwingungen vorliegen. Obiges Ergebnis kann auch mit dem nachfolgenden Verfahren gewonnen werden:

$$\sum_{n_1}^{n_2} i_2 = \frac{M \sum_{n_1}^{n_2} n\, i_1}{r_2}.$$

Da die im Instrumentkreise verbrauchte Leistung durch die Beziehungen

$$W_2^{\text{Watt}} = r_2 \sum_{n_1}^{n_2} i_2^2 = \frac{M^2 \sum (n\, i_1)^2}{r_2} = \sum_{n_1}^{n_2} r' \cdot (i_1)^2 \tag{54}$$

gegeben ist, so kommt derselbe Wert für r' heraus, da

$$\sum r' = \sum \frac{(nM)^2}{r_2}.$$

Auf ähnliche Weise kann man die Annahme[1]) der scheinbaren Primärimpedanz mittels der Leistungsbeziehung ermitteln. Man hat dann:

$$W_2^{\mathrm{Watt}} = [e_2][i_2] = \left[M \sum_{n_1}^{n_2} n i_1\right]\left[M \sum_{n_1}^{n_2} \frac{n i_1}{z_2}\right]$$

$$= \sum_{n_1}^{n_2} \left[\frac{(nM)^2}{z_2} (i_1^2)\right] = \sum_{n_1}^{n_2} [(Z_1) - Z_1'] i_1^2. \qquad (55)$$

Der Klammerwert bedeutet die durch den Instrumentenkreis bedingte Abnahme der Primärimpedanz. Das Ergebnis ist dasselbe, wie oben gefunden wurde. Eine andere Bestätigung erhält man durch die Verwendung der magnetischen Rückwirkung des Instrumentkreises auf den Schwingungserzeuger. Das zurückkehrende magnetische Feld induziert in der Primärspule eine EMK

$$e'^{\mathrm{V}} = -M \sum_{n_1}^{n_2} n i_2 = -\sum_{n_1}^{n_2} \frac{(nM)^2}{z_2} i_1,$$

eine Lösung, die obiges Ergebnis befriedigt.

Aufgezwungene Spannungen, welche Anordnungen mit positiven Widerständen aufgedrückt werden.

313. Konstante aufgedrückte EMK.

Beispiel Nr. 1. Wenn eine kontinuierliche Spannung V^{V} einer Spule (L^{H}, r^{Ohm}) plötzlich aufgedrückt wird, hat man für den Momentanwert der Spannung

$$v = \dot{V} = V\varepsilon^{0t},$$

---

[1]) Eine oberflächliche Betrachtung dieser Beziehungen könnte den Schluß ergeben, daß die verallgemeinerte Kreisimpedanz des Schwingungserzeugers überhaupt nicht abnehmen kann, da sie sowohl für den offenen als auch für den geschlossenen Instrumentkreis im Falle von sich selbst überlassenen Entladungen verschwindet. Daß zwei Beziehungen und Bedingungen unabhängig einen Nullwert ergeben, bedingt aber keineswegs deren Identität. Man hat fernerhin zu bedenken, daß der ($Z_1 = 0$)-Wert für den offenen Instrumentkreis von den unbeeinflußten Winkelgeschwindigkeiten n_1 und n_2 abhängt, die nur von den Größen C_1, L_1 und r_1 abhängen, während die Teilimpedanz (Z_1) der Lösung (55) auf den geschlossenen Instrumentkreis Bezug hat und die Winkelgeschwindigkeiten n_1' und n_2' erzeugt, die von C_1, L_1, r_1 und $\varkappa$ abhängen. Da (Z_1) nur ein Teil der äquivalenten Impedanz ist, erhält man einen endlichen Wert für sie. Der Unterschied $((Z_1) - Z_1')$ hat den Wert $(nM^2)/z_2$, der gleich dem zweiten Teile von Z_1' ist.

d. h. einen Vektor $\underset{\cdot}{V}$, der sich mit der Winkelgeschwindigkeit Null dreht und seine Länge V beibehält. Die bisymbolische Gleichung

$$nL\underset{\cdot}{I} + r\underset{\cdot}{I} = \underset{\cdot}{V} \ldots \wedge\!\!\!\wedge \tag{56}$$

besagt dann, daß zu jeder Zeit die Summe aller Spannungsabfälle längs des geschlossenen Stromkreises Null ist. Der Aufstieg des Stromes ist deshalb durch den Momentanwert

$$i = \sum_{n_1}^{n_2} I\,\varepsilon^{nt}$$

gegeben. Wenn man Gleichung (56) bisymbolisch durchmultipliziert, indem man die linke Seite mit der verallgemeinerten Winkelgeschwindigkeit n und die rechte Seite mit der Winkelgeschwindigkeit 0 vervielfacht, erhält man

$$n(nL + r)\,\underset{\cdot}{I} = 0 \ldots \wedge \ldots,$$

eine Beziehung, die automatisch den algebraischen Ausdruck

$$n(nL + r) = 0$$

mit den Lösungen

$$n_1 = 0 \quad \text{und} \quad n_2 = -\frac{r}{L}\,\text{hyp. Radians/Sek.}$$

ergibt. Man hat daher

$$i = \sum_{n_1}^{n_2} I\,\varepsilon^{nt} = I_1 + I_2\,\varepsilon^{-\frac{r}{L}t}$$

$$\text{für } t = 0\,,\ \text{ist } i = 0 \quad \text{und} \quad I_2 = -I_1.$$

Da

$$I_2 = \frac{V}{A_{n_1}} = \frac{V}{n_2 \frac{d(n_2 L + r)}{d n_2}} = -\frac{V}{r} = I_1\,,$$

ist das wohlbekannte Ergebnis

$$i^{\mathrm{A}} = \frac{V}{r}\left[1 - \varepsilon^{-\frac{L}{r}t}\right] \tag{57}$$

bestätigt.

Beispiel Nr. 2. Wenn eine kontinuierliche Spannung V^{V} der Serienanordnung eines Kondensators (C^{F}) und einer Spule (L^{H}, r^{Ohm}) plötzlich aufgedrückt wird, ergibt die bisymbolische Methode, ohne von Impedanzoperatoren Gebrauch zu machen, die Lösung

$$CLn^2\underset{\cdot}{E} + Crn\underset{\cdot}{E} + \underset{\cdot}{E} = \underset{\cdot}{V} \cdots \wedge\!\!\!\wedge \cdots \angle\,, \tag{58}$$

wenn der Momentanwert der Kondensatorspannung

$$e = \underset{\cdot}{E} = \sum_{n_1}^{n_3} E\,\varepsilon^{nt} \ldots \angle$$

und die konstante aufgedrückte Spannung wiederum als ein stillstehender Vektor $\dot{V}$, d. h. einer, welcher sich mit der Winkelgeschwindigkeit Null dreht, ohne seinen absoluten Wert V zu ändern, aufgefaßt wird. Eine symbolische Multiplikation mit den bezüglichen Winkelgeschwindigkeiten n und 0 ergibt

$$\dot{E}(n^2 C L + n C r + 1) n = 0 \ldots \wedge \ldots \angle ,$$

oder

$$\left.\begin{aligned} n^2 C L + n C r + 1 &= 0 \\ n &= 0 \end{aligned}\right\} \text{rein algebraisch.}$$

Die Winkelgeschwindigkeiten sind daher

$$\begin{aligned} n_1 &= 0 \\ n_2 &= \alpha + j\omega \\ n_3 &= \alpha - j\omega \end{aligned} \Bigg\} \text{ für } \frac{1}{CL} > \frac{r^2}{4L^2}$$

und die Kondensatorspannung ist während der Ladezeit durch die Beziehung

$$e = E_1 + E_2 \varepsilon^{n_2 t} + E_3 \varepsilon^{n_3 t} \ldots \angle \tag{59}$$

gegeben. Der momentane Ladestrom wird

$$i = C \sum_{\substack{n_1 = V \\ e_1}}^{\substack{e_3 \\ n_3}} n e = C(n_2 E_2 \varepsilon^{n_2 t} + n_3 E_3 \varepsilon^{n_3 t} \ldots \angle . \tag{60}$$

Die dritte Bedingungs- und Bestimmungsgleichung für die Konstanten E_1, E_2 und E_3 findet man mittels des Kirchhoffschen Gesetzes wie folgt:

$$\begin{aligned} V = \sum e + \sum n L i + \sum r i &= \sum_{n_1}^{n_3} e + C L \sum_{n_2}^{n_3} n^2 e + C r \sum_{n_2}^{n_3} n e \\ = E_1 + E_2 \varepsilon^{n_2 t} + E_3 \varepsilon^{n_3 t} &+ C\{L[n_2^2 E_2 \varepsilon^{n_2 t} + n_3^2 E_3 \varepsilon^{n_3 t}] \\ &+ r[n_2 E_2 \varepsilon^{n_2 t} + n_3 E_3 \varepsilon^{n_3 t}]\} \ldots \angle . \end{aligned} \tag{61}$$

Eine Vergleichung von (59) und (61) zeigt, daß $E_1 = V$. Da zur Zeit $t = 0$ auch

$$\left.\begin{matrix} \sum e \\ \sum i \end{matrix}\right\rangle = 0 ,$$

erhält man aus (59) und (60)

$$\left.\begin{aligned} E_2 + E_3 &= -V \\ n_2 E_2 + n_3 E_3 &= 0 \end{aligned}\right\} \text{ oder } \left.\begin{aligned} E_2 &= n_3 \frac{V}{n_2 - n_3} \\ E_3 &= n_2 \frac{V}{n_3 - n_2} \end{aligned}\right\} \text{ und da } E_1 = V ,$$

und es wird der Ladestrom zu jeder Zeit

$$\sum i^{\mathrm{A}} = C V \left[\frac{n_2 n_3}{n_2 - n_3} \varepsilon^{n_2 t} + \frac{n_2 n_3}{n_3 - n_2} \varepsilon^{n_3 t}\right]$$

$$= \frac{CV}{2\omega} \varepsilon^{\alpha t} [- j(\alpha^2 + \omega^2) \varepsilon^{+j\omega t} + j(\alpha^2 + \omega^2) \varepsilon^{-j\omega t}]$$

$$= \frac{CV}{2\omega} \varepsilon^{\alpha t} [2(\alpha^2 + \omega^2) \sin \omega t]$$

$$= \frac{\boldsymbol{V}}{\boldsymbol{\omega L}} \varepsilon^{-\frac{r}{2L} t} \sin \omega \boldsymbol{t} \ldots \angle, \tag{60a}$$

da $\alpha^2 + \omega^2 = \frac{1}{CL}$ für den Schwingungsfall. Die momentane Kondensatorspannung erhält man mittels der Ableitung

$$\sum e^{\mathrm{V}} = V \left[1 + \frac{n_3}{n_2 - n_3} \varepsilon^{n_2 t} + \frac{n_2}{n_3 - n_2} \varepsilon^{n_3 t}\right]$$

$$= V \left[1 + \varepsilon^{\alpha t} \left(\frac{-j n_3}{2\omega} \varepsilon^{+j\omega t} + \frac{j n_2}{2\omega} \varepsilon^{-j\omega t}\right)\right]$$

$$= V \left[1 + \varepsilon^{\alpha t} \left(- \cos \omega t + \frac{\alpha}{\omega} \sin \omega t\right)\right]$$

$$= V \left[1 - \frac{\sqrt{\alpha^2 + \omega^2}}{\omega} \varepsilon^{\alpha t} \sin\left(\omega t + \operatorname{tg}^{-1} \frac{\omega}{\alpha}\right)\right]$$

$$= \boldsymbol{V} \left[1 - \frac{\varepsilon^{-\frac{r}{2L} t}}{\omega \sqrt{CL}} \sin\left[\omega \boldsymbol{t} + \operatorname{tg}^{-1} \frac{2\omega L}{r}\right]\right] \ldots \angle \tag{59a}$$

314. Veränderliche aufgedrückte EMK.

Beispiel Nr. 3. Eine harmonische EMK.

$$v = \dot{V} = V \varepsilon^{j\omega t}$$

wird einer Spule (L^{H}, r^{Ohm}) plötzlich aufgedrückt. Die Winkelgeschwindigkeit der Klemmenspannung ist deshalb kreisförmig und der Vektor $\dot{V}$ dreht sich demgemäß, ohne seine Größe V zu verändern. Die bisymbolische Methode ergibt dann

$$nL\dot{I} + r\dot{I} = \dot{V} \ldots \mathbin{⩓}.$$

Wenn man mit den freien und aufgezwungenen Winkelgeschwindigkeiten die entsprechenden Glieder durchmultipliziert, hat man

$$n(nL\dot{I} + r\dot{I}) = j\omega\dot{V} \ldots \mathbin{⩓}$$
$$= j\omega(nL\dot{I} + r\dot{I}) \ldots \wedge$$

oder

$$(nL + r)(n - j\omega) = 0 \text{ rein algebraisch}.$$

Die verschiedenen Winkelgeschwindigkeiten werden somit

$$n_1 = j\omega \text{ Kreisradian/sek}$$
$$n_2 = -\frac{r}{L} \text{ hyperbolische Radian/sek}$$

und der Entstehungsstrom wird in jedem Augenblick

$$i^{\mathrm{A}} = \sum_{n_1}^{n_2} I\,\varepsilon^{nt} = \underbrace{I_1\,\varepsilon^{j\omega t}}_{\substack{\text{andauerndes}\\ \text{aufgezwun-}\\ \text{genes har-}\\ \text{monisches}\\ \text{Glied}}} + \underbrace{I_2\,\varepsilon^{-\frac{r}{L}t}}_{\substack{\text{vorüber-}\\ \text{gehendes}\\ \text{freies loga-}\\ \text{rithmisches}\\ \text{Glied}}}$$

$$= \frac{V}{\sqrt{r^2 + (\omega L)^2}} \sin\left(\omega t - \mathrm{tg}^{-1}\frac{\omega L}{r}\right) + I_2\,\varepsilon^{-\frac{r}{L}t}. \tag{63}$$

Da für $t = 0$ auch $i = 0$, so hat man

$$0 = I_2 - \frac{V}{\sqrt{r^2 + (\omega L)^2}} \sin\left(\mathrm{tg}^{-1}\frac{\omega L}{r}\right) = I_2 - \frac{V}{\sqrt{r^2 + (\omega L)^2}} \cdot \frac{\omega L}{\sqrt{r^2 + (\omega L)^2}}$$

oder

$$I_2 = \frac{\omega L}{Z^2} V.$$

Der endgültige Ausdruck wird deshalb

$$i^{\mathrm{A}} = \frac{V}{Z}\left\{\sin\left[\omega t - \mathrm{tg}^{-1}\left(\frac{X_L}{r}\right)\right] + \frac{X_L}{Z}\varepsilon^{-\frac{r}{L}t}\right. \tag{63a}$$

wenn Z und X_L die Impedanz und induktive Reaktanz infolge der Kreiswinkelgeschwindigkeit der aufgedrückten Klemmenspannung bedeuten.

Beispiel Nr. 4. Wenn die einer Spule (L, r) aufgedrückte Spannung[1]) die Form

$$v = \underset{\cdot}{V} = V\,\varepsilon^{kt} = V^{(\alpha_1 + j\omega_1)t}$$

hat, wie in dem Falle, wo eine gewöhnliche Funkenschwingung einen aperiodischen Meßkreis erregt, ergibt die bisymbolische Methode

$$n L_2 \underset{\cdot}{I}_2 + r_2 \underset{\cdot}{I}_2 = \underset{\cdot}{V} \ldots \angle \ldots \wedge\!\!\wedge$$

$$n(n L_2 \underset{\cdot}{I}_2 + r_2 \underset{\cdot}{I}_2) = k\underset{\cdot}{V} \ldots \angle \ldots \wedge\!\!\wedge$$

$$= k(n L_2 \underset{\cdot}{I}_2 + r_2 \underset{\cdot}{I}_2) \ldots \angle \ldots \wedge$$

oder

$$(n L_2 + r_2)(n - k) = 0 \quad \text{rein algebraisch}$$

und die Winkelgeschwindigkeiten werden

$$\left.\begin{aligned} n_1 &= k = \alpha_1 + j\omega_1 \ldots \angle \ldots \text{unrein} \\ n_2 &= -\frac{r_2}{L_2} \ldots\ldots\ldots\ldots\ldots \text{rein} \end{aligned}\right\} \text{hyp. Radian/sek.}$$

---

[1]) Streng genommen muß man sich zwei in entgegengesetzter Richtung bewegende Drehvektoren $\frac{V}{2}\varepsilon^{(\alpha_1 + j\omega_1)t}$ und $\frac{V}{2}\varepsilon^{(\alpha_1 - j\omega_1)t}$ vorstellen, wie in Abb. 250 angedeutet ist.

Der Momentanwert des Instrumentstromes ist somit

$$i_2^{\mathrm{A}} = \sum_{n_1}^{n_2} I\,\varepsilon^{nt} = \underbrace{I_1\,\varepsilon^{(\alpha_1+j\omega_1)t}}_{\substack{\text{aufgezwungenes ge-}\\ \text{dämpftes trigono-}\\ \text{metrisches Glied}}} + \underbrace{I_2\,\varepsilon^{-\frac{r_2}{L_2}t}}_{\substack{\text{freies}\\ \text{logarith-}\\ \text{misches Glied}}} \ldots \angle. \tag{64}$$

Das trigonometrische Glied dauert gewöhnlich viel länger an als das logarithmische Glied, obgleich es auch gedämpft ist. Dasselbe Ergebnis kann man auch mittels der Lösung (9) erhalten. Man hat dann

$$i_2^{\mathrm{A}} = \frac{V\varepsilon^{kt}}{A_k} + V' \sum_{n=-\frac{r_2}{L_2}} \frac{\varepsilon^{nt}}{(n-k)\frac{dZ_n}{dn}} = \frac{V\varepsilon^{[\alpha_1+j\omega_1]t} - V'\varepsilon^{\alpha_2 t}}{L_2\sqrt{[\alpha_1-\alpha_2]^2+\omega_1^2}} \ldots \angle \tag{64a}$$

da

$$A_k^{\mathrm{Ohm}} = Z_k = n_1 L_2 + r_{2/n_1=k} = (\alpha_1 + j\omega_1)L_2 + r_2 = L_2(\alpha_1 - \alpha_2 + j\omega_1)\ldots\angle$$

$$= L_2\sqrt{\left[\frac{r_2}{L_2} - \frac{r_1'}{2L_1'}\right]^2 + \omega_1^2} \qquad \text{numerisch}$$

$$n_2 - k = \alpha_2 - \alpha_1 - j\omega_1 = -(\alpha_1 - \alpha_2 + j\omega_1)$$

$$\frac{dZ_{n_2}}{dn_2} = \frac{d(n_2L_2 + r_2)}{dn_2} = L_2 \quad \text{und} \quad A'_{n_2} = L_2\sqrt{\left[\frac{r_2}{L_2} - \frac{r_1'}{2L_1'}\right]^2 + \omega_1^2},$$

da sich die Summe

$$V'\sum\frac{\varepsilon^{nt}}{(n-k)\frac{dZ_n}{dn}} = V'\sum\frac{\varepsilon^{nt}}{A'_n}$$

nur über die freien Glieder erstreckt[1]). Das vorübergehende Glied beeinflußt etwas den Anfangsteil eines jeden gedämpften Wellenzuges. Man darf mit guter Annäherung die Schwingungen im aperiodischen Meßkreise als ein Bild des wirklichen Schwingungsstromes ansehen. Da der Wert $(\alpha_1 - \alpha_2)^2$ im Vergleich zu ω_1 gewöhnlich vernachlässigbar ist, so wird der Nenner gleich dem Werte $\omega_1 L_2$.

Beispiel Nr. 5. Eine Sinusspannung wird plötzlich der Serienanordnung eines Kondensators (C^{F}) und einer Spule (L^{H}, r^{Ohm}) aufgedrückt Man hat dann

$$nL\underset{\cdot}{I} + \frac{1}{nC}\underset{\cdot}{I} + r\underset{\cdot}{I} = \underset{\cdot}{V}\ldots\angle\ldots\wedge \tag{65}$$

und eine Multiplikation mit den Faktoren n^2 und $(j\omega)^2$ ergibt

$$n^2\left(nL\underset{\cdot}{I} + \frac{1}{nC}\underset{\cdot}{I} + r\underset{\cdot}{I}\right) = -\omega^2\underset{\cdot}{V}\ldots\angle\ldots\wedge\ldots$$

$$= -\omega^2\left(nL\underset{\cdot}{I} + \frac{1}{nC}\underset{\cdot}{I} + r\underset{\cdot}{I}\right)\ldots\angle\ldots\wedge\ldots$$

oder

$$(CLn^2 + Crn + 1)(n^2 + \omega^2) = 0$$

---

[1]) Streng genommen muß die äquivalente Dämpfungskonstante $\alpha_1' = -r_1'/2L_1'$ anstatt α_1 benutzt werden. Für eine sehr lose Kopplung ist aber $\alpha_1 = \alpha_1'$.

rein algebraisch mit den Winkelgeschwindigkeiten

$$\left.\begin{array}{l} n_1 = \alpha_1 + j\omega_I \\ n_2 = \alpha_1 - j\omega_I \end{array}\right\} \quad \text{für} \quad \left[\frac{r}{2L}\right]^2 < \frac{1}{CL}$$

$$\left.\begin{array}{l} n_3 = +j\omega \\ n_4 = -j\omega \end{array}\right\} \begin{array}{l}\text{ist die Winkelgeschwindigkeit der} \\ \text{aufgedrückten Spannung } V\varepsilon^{j\omega t}.\end{array} \tag{66}$$

In diesen Ausdrücken bedeutet $\alpha_1 = -\frac{r}{2L}$ die freie und reine hyperbolische Winkelgeschwindigkeit und $\omega_1 = \sqrt{\frac{1}{CL} - \left[\frac{r}{2L}\right]^2}$ die freie Kreisgeschwindigkeit. Der momentane Entstehungsstrom ist

$$\begin{aligned} i^{\mathrm{A}} &= I_1\varepsilon^{(\alpha_I + j\omega_I)t} + I_2\varepsilon^{(\alpha_I - j\omega_I)t} + I_3\varepsilon^{+j\omega t} + I_4\varepsilon^{-j\omega t} \\ &= 2\sqrt{I_1 I_2}\,\varepsilon^{\alpha_I t}\sin\left(\omega_I t + \mathrm{tg}^{-1}\frac{I_1 + I_2}{j(I_1 - I_2)}\right) \\ &+ 2\sqrt{I_3 I_4}\sin\left(\omega t + \mathrm{tg}^{-1}\frac{I_3 + I_4}{j(I_3 - I_4)}\right) \\ &= \underbrace{\boldsymbol{I_I\varepsilon^{\alpha_I t}\sin[\omega_I t + \varphi]}}_{\text{Freie und vorübergehende Schwingung}} + \underbrace{\boldsymbol{I_{II}\sin[\omega t + \psi]}}_{\text{aufgezwungene Sinusschwingung}} \ldots \angle \end{aligned} \tag{67}$$

Die Komponentenamplituden I_1, I_2, I_3 und I_4 können dann wie im Beispiel Nr. 2 mittels Formel (9) gefunden werden. Man hat jedoch zu bedenken, daß die Amplituden I_1 und I_2 von den Klemmenbedingungen abhängen. Das heißt, man muß wissen, zu welcher Zeit die harmonische EMK aufgedrückt wurde. Das Ergebnis der Gl. (67) kann man rascher finden, wenn man die bisymbolische Gl. (65) nur einmal mit den diesbezüglichen Faktoren n und $j\omega$ durchmultipliziert. Man hat dann

$$\begin{aligned} n\left(nL\underset{\cdot}{I} + \frac{1}{nC}\underset{\cdot}{I} + r\underset{\cdot}{I}\right) &= j\omega \underset{\cdot}{V} \ldots \angle \ldots \mathbin{\wedge\!\!\!\wedge} \ldots \\ &= j\omega\left(nL\underset{\cdot}{I} + \frac{1}{nC}\underset{\cdot}{I} + r\underset{\cdot}{I}\right) \ldots \angle \ldots \mathbin{\wedge\!\!\!\wedge} \ldots \end{aligned}$$

oder

$$(CLn^2 + Crn + 1)(n - j\omega) = 0 \ldots \text{rein algebraisch}$$

mit den Teillösungen

$$CLn^2 + Crn + 1 = 0 \quad \text{und} \quad n = j\omega \ldots \angle \ldots$$

Obiges Resultat ist somit bestätigt.

315. Wellenbildung längs einer elektrischen Leitung, insbesondere bei einer langen horizontalen Antenne. Wenn eine Hochfrequenz-EMK, die einem Sinusgesetze folgt, einer horizontalen Leitung aufgedrückt wird, spielt sich gewöhnlich ein beträchtlicher Teil der Wellenlänge daran ab, und dies um so mehr, wenn Resonanz mehr oder weniger hergestellt ist. Die effektive Spannung und die effektive Stromstärke haben dann verschiedene Werte längs der Leitung. Punkte, in denen die effektive Spannung ein Minimum ist, dürfen als Pseudoknoten[1]) aufgefaßt werden, da die vorherrschende Spannung gerade genügt, die Leitungsverluste an der betreffenden Stelle zu decken, das heißt die Leitung im Schwingungszustand zu erhalten. Folgende Konstanten beziehen sich sowohl auf die Hochfrequenzdoppelleitung als auch auf die lange horizontale Antenne. Bei der ersteren gelten die Konstanten für die Hin- und Rückleitung. Dieselben sind:

r^{Ohm} Widerstand der Längeneinheit, scheinbarer (statischer) Wert für gleichförmige Stromverteilung,

L^{H} Selbstinduktionskoeffizient der Längeneinheit, scheinbarer Wert für gleichförmige Stromverteilung,

C^{F} Kapazität der Längeneinheit, scheinbarer Wert für gleichförmige Spannungsverteilung,

g^{Mho} Streuung (oder Leitfähigkeit kreuzweise zum Leiter) der Längeneinheit, das heißt $1/g$ Ohm der Isolierwiderstand der Längeneinheit, scheinbarer Wert für gleichförmige Spannungsverteilung,

$V\varepsilon^{j\omega t}$ Momentanwert der aufgedrückten Spannung,

Z^{Ohm} Impedanz $r + j\omega L$ der Längeneinheit längs der Leitung,

Y^{Mho} Admittanz $(g + j\omega C)$ der Längeneinheit kreuzweise zur Leitung,

l geometrische, nl elektrische } Länge der Leitung,

$\sqrt{\frac{Z}{Y}}$ Schwingungsimpedanz der Leitung,

$n = \alpha + j\beta$ verallgemeinerte Winkelgeschwindigkeit $\left(n = \sqrt{YZ}\right)$, darf als Fortpflanzungskonstante aufgefaßt werden,

α die Abklingungskonstante,

β die Wellenlängekonstante.

Wenn x den Abstand eines Punktes der Leitung von der Stromquelle bezeichnet, so hat man für die Verteilungsbedingungen für Spannung und Strom die Universallösungen

$$\left.\begin{aligned} V &= \sum_{n_1}^{n_m} V\varepsilon^{nx} \\ I &= \sum_{n_1}^{n_m} I\varepsilon^{nx} \end{aligned}\right\} \ldots \angle \ldots \text{ erste Bedingung.} \qquad (68)$$

---

[1]) Wenn die Welle in einer Ebene (zwei Koordinaten) dargestellt wird, so zeigt die Zeichnung für alle Fälle wirkliche Knoten. Wenn man aber eine Darstellung im Raume zugrunde legt (drei senkrechte Koordinaten), so windet sich die Welle längs des Leiters um diesen herum und die Pseudoknoten entsprechen dann den dem Leiter am nächsten gelegenen Punkten.

Die Größe n bezeichnet entweder eine komplexe, reelle oder imaginäre Zahl. Ein komplexer Wert bezieht sich auf den vorliegenden Fall, da die Leiterverluste in Betracht gezogen werden (für die allgemeine Lösung). Ein imaginärer Wert von n hat auf den idealen Fall Bezug, für den eine Sinuswelle längs der Leitung fortschreitet und am Ende der Leitung dieselbe Energie aufweist wie am Generatorende. Ein reeller Wert von n gilt für den Fall, wo eine konstante EMK der Leitung aufgedrückt wird.

Obige Universallösungen haben deshalb auf Raumverschiebungen Bezug und nicht wie gewöhnlich und zuvor auf Zeitverschiebungen, da die Verteilungen längs der Leitung zu einem gewissen Zeitpunkte untersucht werden müssen. Die Zeitverschiebungen für Spannung und Strom sind durch

$$\left.\begin{array}{l} \dot{V} = V\varepsilon^{j\omega t} \\ \dot{I} = I\varepsilon^{j\omega t} \end{array}\right\} \ldots \text{ zweite Bedingung} \tag{69}$$

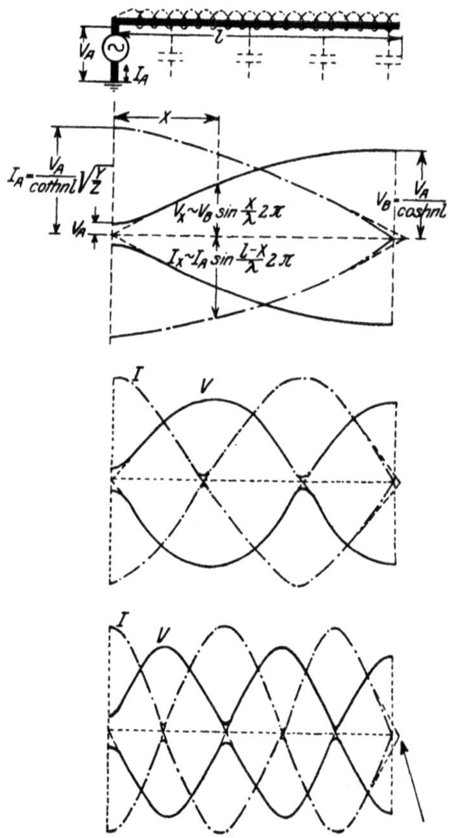

statische Induktivität und Kapazität der Antenne, bei gleichförmiger Verteilung.

wirkliche Länge $l = \frac{\lambda}{4}$

elektrische Länge $n l = \frac{\pi}{2}$ *hyperbolischer Winkel*

vereinfachte elektrische Länge $\beta l = \frac{\pi}{2}$ *Kreiswinkel*

beste Verteilung — höchster Strahlungswirkungsgrad.

wirkliche Länge $l = \frac{3}{4}\lambda$

vereinfachte elektrische Länge $\beta l = \frac{3}{2}\pi$

wirkliche Länge $l = \frac{5}{4}\lambda$

Die Antenne schwingt gut, die Strahlungswirkung ist jedoch kleiner als für die Viertelwellenlängenverteilung

vereinfachte elektrische Länge $\beta l = \frac{5}{2}\pi$

Pseudoknoten etwas jenseits dem Ende des Luftdrahtes (infolge von Strahlung).

Abb. 253. Wellenentwicklung längs einer langen Horizontalantenne.

gegeben. Die Spannungs- und Stromverhältnisse bedingen dann die Beziehungen[1])

$$\left.\begin{aligned} n\underset{\cdot}{V} + Z\underset{\cdot}{I} &= 0 \\ n\underset{\cdot}{I} + Y\underset{\cdot}{V} &= 0 \end{aligned}\right\} \ldots \angle\,. \tag{70}$$

Eine symbolische Multiplikation des letzten Ausdruckes der Gl. (70) mit n ergibt

$$\begin{aligned} -n^2\underset{\cdot}{I} &= Yn\underset{\cdot}{V} \\ &= -YZ\underset{\cdot}{I} \ldots \angle \ldots \wedge \ldots \end{aligned}$$

oder den algebraischen Ausdruck

$$\begin{aligned} n^2 &= YZ \\ &= [gr - \omega^2 CL] + j[\omega(Lg + Cr)]\,. \end{aligned}$$

Wenn $n = \alpha + j\beta$ gesetzt wird und man den reellen Teil von dem imaginären trennt, erhält man die Abklingungskonstante und Wellenlängenkonstante zu

$$\left.\begin{aligned} \alpha &= \sqrt{\tfrac{1}{2}(ZY + rg - \omega^2 CL)} \\ \beta &= \sqrt{\tfrac{1}{2}(ZY - rg + \omega^2 CL)} \end{aligned}\right\} \tag{71}$$

Um sich ein Bild darüber machen zu können, welche Wellenlängen an einer langen horizontalen Antenne und Doppelleitung auftreten können, sei auf Abb. 253 und 254 hingewiesen. Die analytische Lösung beruht auf der Ermittlung der effektiven Leitungsimpedanz Z_A, welche für alle Eigenwellen verschwinden muß, da für Eigenschwingungen irgendeines Systems eine solche Winkelgeschwindigkeit sich einstellt, daß $Z_A = 0$. Man hat somit für das Generatorende $X = 0$ und $\underset{\cdot}{I} = I_A$; dies in

$$\underset{\cdot}{I} = \sum_{n_1 = +n}^{n_2 = -n} I\,\varepsilon^{nx} = I_1\,\varepsilon^{nx} + I_2\,\varepsilon^{-nx}$$

eingeführt, ergibt die effektive Stromstärke am Generatorende

$$I_A = I_1 + I_2\,.$$

Da für das freie Ende des Luftdrahtes

$$X = l \quad \text{und} \quad \underset{\cdot}{I} = 0\,,$$

so hat man

$$0 = I_1\,\varepsilon^{nl} + I_2\,\varepsilon^{-nl}.$$

Die Konstanten I_1 und I_2 werden deshalb

$$I_1 = -\frac{\varepsilon^{-nl}}{\varepsilon^{nl} - \varepsilon^{-nl}} I_A\,, \qquad I_2 = \frac{\varepsilon^{nl}}{\varepsilon^{nl} - \varepsilon^{-nl}} I_A\,.$$

---

[1]) Den Beweis siehe: Hund, A.: El. u. Maschinenb. 12. Sept. 1920, S. 432, und Abb. 14 und 15 dieses Aufsatzes.

Man erhält somi' .ur den effektiven Strom I_x und eine Entfernung X vom Generatorende die Ausdrücke

$$\dot{I}_x = I_1 \varepsilon^{nx} + I_2 \varepsilon^{-nx} = \frac{\varepsilon^{n(l-x)} - \varepsilon^{-n(l-x)}}{\varepsilon^{nl} - \varepsilon^{-nl}} \dot{I}_A$$

$$= \frac{\sinh (l-x)\, n}{\sinh n l} \dot{I}_A \ldots \angle, \qquad (72)$$

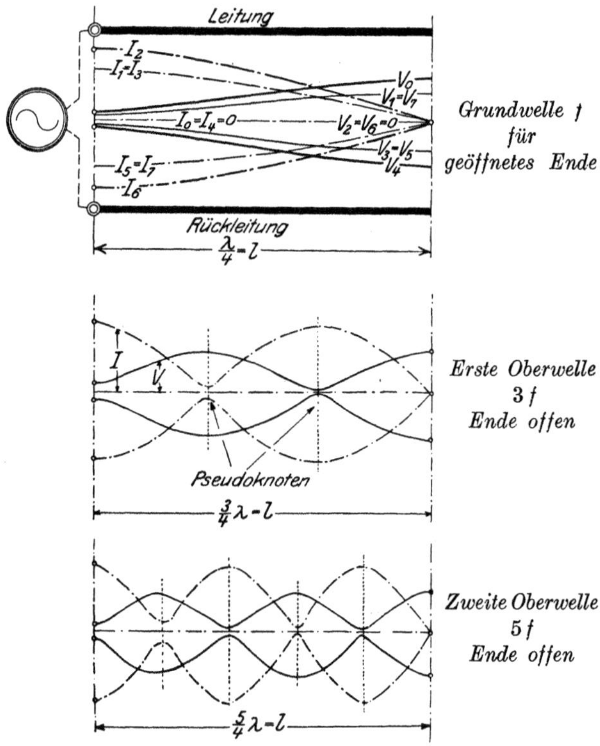

——— *Spannungsverteilung für einen Nullstrom längs der Leitung.*
—·—·— *Stromverteilung für ein Nullpotential längs der Leitung.*

Abb. 254. Wellenentwicklung längs einer offenen Hochfrequenzdoppelleitung.

und die entsprechende Spannungsverteilung ergibt

$$\dot{V} = \frac{-n}{Y} \dot{I} \Big]_{+n}^{-n}, \quad \text{da} \quad \dot{V} = \sum_{+n}^{-n} V \varepsilon^{nx}$$

oder

$$\dot{V}_x = \frac{n}{Y} \frac{\varepsilon^{n(l-x)} + \varepsilon^{-n(l-x)}}{\varepsilon^{nl} - \varepsilon^{-nl}} \dot{I}_A$$

$$= \frac{n}{Y} \frac{\cosh (l-x)\, n}{\sinh n l} \dot{I}_A \ldots \angle. \qquad (73)$$

Die effektive Impedanz an der um X von der Stromquelle entfernten Stelle ist deshalb

$$\boldsymbol{Z}_x = \frac{V_x}{I_x} = \sqrt{\frac{Z}{Y}} \coth (l - x) \sqrt{YZ}$$
$$= \sqrt{\frac{\boldsymbol{L}}{\boldsymbol{C}}} \operatorname{ctg} (\boldsymbol{l} - \boldsymbol{x}) \, \omega \sqrt{\boldsymbol{C} \boldsymbol{L}},$$

da

$$n = \sqrt{YZ},$$
$$\beta = \frac{\omega}{v} = \frac{2\pi}{vT} = \frac{2\pi}{\lambda}; \qquad \frac{2\pi}{\lambda} = \omega \sqrt{CL},$$
$$\lambda = \frac{2\pi}{\beta} = \frac{2\pi v}{\omega} = \frac{1}{f\sqrt{CL}}; \qquad v = \frac{1}{\sqrt{CL}} = 3 \cdot 10^8 \text{ m}$$

und r und g für die Horizontalantenne vernachlässigbar sind. Wenn der Kapazitätseffekt der Zuleitung zum langen horizontalen Luftdraht vernachlässigt wird, so wird die effektive Impedanz am Anfang des Luftdrahtes gleich derjenigen am Generatorende, für das $X = 0$, d. h.

$$\boldsymbol{Z}_A = \sqrt{\frac{Z}{Y}} \coth l \sqrt{YZ}$$
$$\cong \sqrt{\frac{\boldsymbol{L}}{\boldsymbol{C}}} \operatorname{ctg} \omega \boldsymbol{l} \sqrt{\boldsymbol{C}\boldsymbol{L}}, \tag{74}$$

und der Generatorstrom ist durch

$$\frac{V_A}{I_A} = Z_A$$

dargestellt. Man hat dann

$$\boldsymbol{I}_A = \sqrt{\frac{Y}{Z}} V_A \tanh l \sqrt{YZ} \cong \sqrt{\frac{\boldsymbol{C}}{\boldsymbol{L}}} \boldsymbol{V}_A \operatorname{tg} \omega \boldsymbol{l} \sqrt{\boldsymbol{C}\boldsymbol{L}}. \tag{75}$$

Dasselbe Ergebnis kann auch mittels der in Tabelle 15 angegebenen Lösung gefunden werden. Tabelle 14 berücksichtigt den Fall für die Spannungswelle.

Mittels der Lösung (74) kann man die möglichen Wellenlängen theoretisch bestimmen, da für Eigenschwingungen die Effektivimpedanz

$$Z_A = \sqrt{\frac{L}{C}} \operatorname{ctg} \omega l \sqrt{CL} = \sqrt{\frac{L}{C}} \operatorname{ctg} \frac{2\pi}{\lambda} l$$

verschwinden muß. Dies geschieht aber dann, wenn

$$\operatorname{ctg} \frac{2\pi}{\lambda} l = 0,$$

d. h. für alle Werte der aufgedrückten Winkelgeschwindigkeit $\omega = 2\pi f$, für die der Ausdruck $\omega l \sqrt{CL} = \frac{2\pi l}{\lambda}$ die Werte $\frac{\pi}{2}, \frac{3\pi}{2}, \frac{5\pi}{2}$ annimmt oder ein anderes ungerades Vielfaches von $\pi/2$. Für eine konstante

Tabelle 13.

$\omega l\sqrt{CL} = \frac{2\pi}{\lambda} l$ Grade	Kreisradian per Sek.	Aufgedrückte Frequenz	Wellenlänge bezogen auf die Leiterlänge l	cotg $\frac{2\pi}{\lambda} l$	Äquivalente Antennen-Impedanz $Z_A = \sqrt{\frac{L}{C}} \operatorname{ctg} \frac{2\pi}{\lambda} l$	Bemerkungen bezüglich der Resonanz
000	0	$f_0 = 0$	$\lambda_0 = \infty$	$\frac{1}{0} = \infty$	∞	Ein Strom dieser Frequenz ist unmöglich
90	$\frac{\pi}{2}$	$f_1 = \frac{1}{4 l \sqrt{CL}}$	$\lambda_1 = 4l$	$\frac{0}{1} = 0$	0	Resonanzstrom, Fundamentalschwingung
180	π	$f_2 = \frac{1}{2 l \sqrt{CL}} = 2 f_1$	$\lambda_2 = 2l = \frac{1}{2}\lambda_1$	$\frac{1}{0} = \infty$	∞	Strom ist unmöglich
270	$\frac{3\pi}{2}$	$f_3 = \frac{1}{4 l \sqrt{CL}} = 3 f_1$	$\lambda_3 = \frac{4}{3} l = \frac{1}{3}\lambda_1$	$\frac{0}{1} = 0$	0	Resonanzstrom, erste Oberschwingung
360	2π	$f_4 = 4 f_1$	$\lambda_4 = \frac{1}{4}\lambda_1$	$\frac{1}{0} = \infty$	∞	Strom ist unmöglich
450	$\frac{5\pi}{2}$	$f_5 = 5 f_1$	$\lambda_5 = \frac{1}{5}\lambda_1$	$\frac{0}{1} = 0$	0	Resonanzstrom, zweite Oberschwingung
540	3π	$f_6 = 6 f_1$	$\lambda_6 = \frac{1}{6}\lambda_1$	$\frac{1}{0} = \infty$	∞	Strom ist unmöglich

usw.

aufgedrückte Periodenzahl f wird die Länge l der Leitung gleich $\lambda/4$, $\frac{3}{4}\lambda$, $\frac{5}{4}\lambda$, $\frac{7}{4}\lambda$ usw. Dies ist näher in Tabelle 13 behandelt. Da für die Praxis nur die Viertelwellenlängenverteilung von Bedeutung ist und lC und lL die wahren statischen Antennenkonstanten bedeuten, so hat man

$$f = \frac{1}{4\sqrt{(lC)(lL)}} = \frac{1}{4\sqrt{C_A L_A}} \tag{76}$$

im Vergleich zu den effektiven Antennenkonstanten C_e und L_e

$$f = \frac{1}{2\pi\sqrt{C_e L_e}}. \tag{77}$$

Wenn ein **Audiostrom** das Hochfrequenzsystem erregt, so erhält man für die effektive Impedanz die angenäherte Lösung

$$\begin{aligned} Z_A &= \frac{V_A}{I_A} = \frac{n}{Y}\,\frac{\varepsilon^{nl}+\varepsilon^{-nl}}{\varepsilon^{nl}-\varepsilon^{-nl}} \\ &\cong \frac{1}{lY}\,\frac{1+\frac{1}{2}(nl)^2}{1+\frac{1}{6}(nl)^2} = \frac{1+\frac{1}{3}(nl)^2}{lY} = \frac{1+\frac{1}{3}YZl^2}{lY} \\ &= \frac{1}{lY} + \frac{lZ}{3} = \frac{1}{Y_A} + \frac{Z_A}{3}. \end{aligned} \tag{78}$$

Da aber $Z_A = r_A + j\omega L_A$ die wahre und statische Leitungsimpedanz des ganzen Luftgebildes bedeutet und $Y_A = g_A + j\omega C_A$ die statische Admittanz kreuzweise zum ganzen horizontalen Luftleiter, so sieht man, daß Messungen, welche mit hörbaren Strömen an einer Antenne gemacht werden, mehr oder weniger genau die wahre oder statische Antennenkapazität C_A liefern und $L_A/3$ wie auch $r_A/3$ der wahren Antenneninduktivität L_A und des wahren Widerstandes r_A ergeben. Das Ergebnis der Gl. (78) besagt fernerhin, daß der hörbare Strom gegen das offene Ende hin linear abfällt und die Spannungsverteilung praktisch konstant bleibt.

Wenn man in Gleichung (70) mit n und $j\omega$ symbolisch durchmultipliziert, erhält man

$$\left.\begin{aligned} n^2 V + Z I n &= 0 \\ n j\omega I + Y V j\omega &= 0 \end{aligned}\right\}$$

oder

$$-\,n^2 V = r n I + j\omega n L I \tag{79}$$

$$-\,j\omega n I = j\omega g V - \omega^2 C V. \tag{80}$$

Wenn man in Gleichung (79) den Wert für nI aus Gleichung (70) und den Wert von $j\omega n I$ von Gleichung (80) einführt, so wird I eliminiert und man erhält das Resultat

$$\boldsymbol{n^2 V = CL(-\omega^2 V) + (Cr + gL)(j\omega V) + gr(V)}, \tag{81}$$

das die bekannte **Telephon- und Telegraphengleichung** darstellt, wenn Audioströme und eine Doppelleitung vorliegen. Dies ist klar, wenn man bedenkt, daß das Symbol $(n^2 V)$ den Operator $\frac{\delta^2 V}{\delta x^2}$, $(-\omega^2 V)$ die Operation $\frac{d^2 V}{dt^2}$, das Symbol $(j\omega V)$ den Differentialquotienten $\frac{dV}{dt}$ und V den Momentanwert der Spannung darstellt. Für die Hochfrequenzleitung, für die $g = 0$ und $r = 0$, erhält man die Hochfrequenzgleichung

$$\boldsymbol{n^2 V = CL(-\omega^2) V}. \tag{81}$$

Wenn dieser Ausdruck mit der Normalform

$$n^2 V = \frac{1}{v^2}(-\omega^2 V)$$

Tabelle 14.

(Erläutert die Entstehung von Spannungswellen längs eines horizontalen Luftdrahtes, wenn eine Sinusspannung an einem Ende aufgedrückt wird und das andere Ende offen bleibt. Für $T = 10^{-6}$ Sekunden.)

Zeit in Mikrosekunden	Am Generatorende Volt	Zwischen Generator und offenem Ende	Am offenen Ende (Volt)	Zwischen offenem Ende und Generator	Bemerkungen
Zur Zeit 0	Spannungs-amplitude V_0, wenn Schalter geschlossen				
Unmittelbar nach 0		Spannungswelle verläuft zum offenen Ende und verringert ihre Intensität	Keine Wirkung		Infolge der Abklingung
Zur Zeit 1			Vorwärtsschreitende Welle kommt mit verkleinerter Amplitude $V_0 \varepsilon^{-nl}$ an und erzeugt die zusätzliche Amplitude $V_0 \varepsilon^{-nl}$		Elektrische Länge $nl = l\sqrt{YZ}$ bedeutet den komplexen Leitungswinkel, während l die geometrische Länge der Leitung ist
Unmittelbar nach 1				Vorwärtsschreitende Welle kehrt zurück, und zwar geradeso, wie wenn d. zurückkehrende Luftdraht die Verlängerung der Leitung wäre, d. h. die reflektierte Welle beginnt mit verdoppelter Amplitude $2 V_0 \varepsilon^{-nl}$	Spannungswelle wird am offenen Ende ohne Phasenwechsel reflektiert

Zur Zeit 2	Zurückkehrende Welle reflektiert				
Unmittelbar nach 2		Welle bewegt sich gegen das offene Ende mit einer Anfangsamplitude $-V_0\varepsilon^{-2nl}$			Spannungswelle wird am Quellenende mit 180° Phasenverschiebung reflektiert
Zur Zeit 3			Welle kommt an		
Unmittelbar nach 3				Verläßt das offene Ende mit einer resultierenden Anfangsamplitude $-2V_0\varepsilon^{-3nl}$	„2" infolge Verdoppelung der Reflexion
Zur Zeit 4	Ergibt $-V_0\varepsilon^{-4nl}$				
Unmittelbar nach 4		Kehrt mit $V_0\varepsilon^{-4nl}$ zurück	und so fort		
Zur Zeit 0, 1, 3, 5, 7 Mikrosekunden			0 $2V_0\varepsilon^{-nl}$ $-2V_0\varepsilon^{-3nl}$ $+2V_0\varepsilon^{-5nl}$ $-2V_0\varepsilon^{-7nl}$		Teilwirkungen
			$V_B = 2V_0\{\varepsilon^{-nl} - \varepsilon^{-3nl} + \varepsilon^{-5nl} - \varepsilon^{-7nl}\}$ $= 2V_0\varepsilon^{-nl}\{1 - \varepsilon^{-2nl} + \varepsilon^{-4nl} - \cdots\}$ $= 2V_0\varepsilon^{-nl}\frac{1}{1+\varepsilon^{-2nl}}$ $= \frac{2V_0}{\varepsilon^{nl}+\varepsilon^{-nl}}$		V_A und V_B bedeuten entweder die effektiven oder maximalen Werte der Spannungen an der Quelle und am offenen Ende
			$= \frac{V_0}{\cosh nl} = \frac{\mathbf{V_A}}{\mathbf{\cosh\, n\, l}}$		Resultierende Wirkung am offenen Ende

einer Wellenbewegung verglichen wird, so sieht man, daß die Fortpflanzungsgeschwindigkeit längs der Hochfrequenzleitung und einer Antenne

$$\boldsymbol{v} = \frac{1}{\sqrt{CL}} = 3 \cdot 10^8 \text{ m/sek (= Lichtgeschwindigkeit)}. \tag{82}$$

Dieser Ausdruck zeigt, daß für Hochfrequenzsysteme die aufgedrückte Periodenzahl die Fortpflanzungsgeschwindigkeit nicht beeinflußt und daß man mittels der Lichtgeschwindigkeit immer eine der Antennenkonstanten berechnen kann, wenn die andere gegeben ist (C_A oder L_A).

Die Lösung für die Hochfrequenzgleichung wird dadurch gefunden, daß man den Spannungsvektor $\dot{V}$ eliminiert. Man erhält dann entweder

$$n = \pm j\omega\sqrt{CL} = \pm j \cdot \beta \quad \text{berücksichtigt Raumverteilung}$$

oder

$$\omega = \pm j \frac{n}{\sqrt{CL}} = \mp \beta \cdot v \quad \text{berücksichtigt Zeitverteilung}$$

mit den Partiallösungen

$$\dot{V} = \sum_{+n}^{-n} \frac{V}{2} \varepsilon^{nx} = \frac{V}{2}\left\{\varepsilon^{j\omega\sqrt{CL}X} + \varepsilon^{-j\omega\sqrt{CL}X}\right\}$$
$$= V\cos\omega\sqrt{CL}X = V\cos\beta X \tag{83}$$

für $t = 0$ und

$$\dot{V} = \sum_{+\omega}^{-\omega} \frac{V}{2} \varepsilon^{j\omega t} = \frac{V}{2}\left\{\varepsilon^{j\beta v t} + \varepsilon^{-j\beta v t}\right\}$$
$$= V\cos\beta v t = V\cos\omega t \tag{84}$$

für $X = 0$. Diese Ergebnisse zeigen, daß die bezüglichen Spannungs- und Stromverteilungen sich periodisch sowohl zeitlich[1]) als auch räumlich ändern. Man kann beide Lösungen direkt mittels der Universalformel

$$\dot{V} = \sum_{\substack{+\omega\\+n}}^{\substack{-n\\-\omega}} \frac{V}{2} \varepsilon^{j\omega t}\varepsilon^{nx} = \sum_{+j}^{-j} \frac{V}{2} \varepsilon^{j\beta(vt+x)} = V\cos\beta\,(vt + x)$$
$$= \boldsymbol{V}\cos\frac{2\pi}{\lambda}(\boldsymbol{v}\boldsymbol{t} + \boldsymbol{x}) = \boldsymbol{V}\cos\omega\,(\boldsymbol{t} + \sqrt{\boldsymbol{C}\boldsymbol{L}}\,\boldsymbol{x}) \tag{85}$$

[1]) D. h. die effektive Spannung V_x kann an irgendeiner Stelle in der Entfernung X vom Spannungsknoten aus $V_x = V\sin\frac{2\pi x}{\lambda}$ bestimmt werden, wenn V der Maximumeffektivwert, d. h. die Spannung im Spannungsbauch, bedeutet.

Tabelle 15

(erläutert die Entstehung von Stromwellen längs eines horizontalen Luftdrahtes, wenn eine Sinusspannung an einem Ende aufgedrückt wird und das andere Ende offen bleibt).

Zeit	Generatorende (Ampere)	Offenes Ende (Ampere)	Bemerkungen
zur Zeit 0	Anfangsamplitude des Stromes $I_0 = \frac{V_0}{Z_0} = V_0 \sqrt{\frac{Y}{Z}}$		$Z_0 = \sqrt{\frac{Z}{Y}}$ Eigenimpedanz, welche an irgendeiner Stelle der vorwärtsschreitenden Welle entgegenwirkt
wenn die Welle zum ersten Male am offenen Ende angelangt ist		$\left.\begin{matrix} I_0 \varepsilon^{-nl} \\ -I_0 \varepsilon^{-nl} \end{matrix}\right\}$ ergibt Stromknoten	infolge der Einfallwelle, da die Stromwelle am offenen Ende reflektiert wird und 180° Phasenverschiebung erfährt
wenn die zurückkehrende Welle zum ersten Male reflektiert wird	$-I_0 \varepsilon^{-2nl}$ reflektiert ohne Phasenwechsel		wenn Stromwelle am geschlossenen Ende angelangt ist
unmittelbar nach der Reflektion der zurückkehrenden Welle	verläuft wiederum gegen das offene Ende mit einer Anfangsamplitude $-2 I_0 \varepsilon^{-2nl}$		
wenn am offenen Ende ankommend erzeugt		$\left.\begin{matrix} -2 I_0 \varepsilon^{-2nl} \\ +2 I_0 \varepsilon^{-2nl} \end{matrix}\right\}$ Nullstromwirkung	eintreffende Welle reflektierte Welle
unmittelbar nach der Reflektion der zweiten zurückkehrenden Welle	verläuft wiederum gegen das offene Ende mit einer Anfangsamplitude $+2 I_0 \varepsilon^{-4nl}$	und so fort	
	$I_A = I_0 \{1 - 2\varepsilon^{-2nl}[1 - \varepsilon^{-2nl} + \varepsilon^{-4nl} \ldots]\}$ $= I_0 \left\{1 - \frac{2}{\varepsilon^{2nl} + 1}\right\}$ $= I_0 \left\{\frac{\varepsilon^{nl} - \varepsilon^{-nl}}{\varepsilon^{nl} + \varepsilon^{-nl}}\right\}$ $= \frac{I_0}{\coth nl}$ $= \frac{V_0}{\coth nl} \sqrt{\frac{Y}{Z}} = \frac{V_A}{\coth nl} \sqrt{\frac{Y}{Z}}$	Nullstrom	V_A und I_A bedeuten entweder die Effcktiv- oder die Maximalwerte von Spannung und Strom Resultierende Wirkung für die bezüglichen Enden

finden. Die Eigenwellenlänge eines langen horizontalen Luftdrahtes kann man mittels des Begriffes stationärer Wellen (bestehen aus zwei sich in entgegengesetzter Richtung und mit gleicher Fortpflanzungsgeschwindigkeit bewegenden Wellenzügen gleicher Amplitude) aufstellen. Dies ist am besten aus Tabelle 14 und 15 ersichtlich. Man sieht, daß eine wellenförmige Spannungsstörung

	während
nach dem freien Ende hin wandert und daselbst ohne Phasenwechsel reflektiert wird,	$\frac{T}{4}$ Sekunden
dann nach der Quelle fließt und mit umgekehrter Phase zurückgeworfen wird und	$\frac{T}{4}$,,
wiederum zum freien Ende wandert und daselbst die doppelte Amplitude erzeugt, da kein Phasenwechsel bei der Reflektierung stattfindet, worauf sie	$\frac{T}{4}$,,
zurückläuft zur Quelle, wo ein anderer Phasenwechsel stattfindet usw.	$\frac{T}{4}$,,

Dies zeigt, daß nach der zweiten Rückkehr der Welle ein vollständiger Zyklus beschrieben wurde und die Fundamentalwelle viermal so lang ist wie die wirkliche Länge des Horizontaldrahtes, d. h.

$$4\,l = \lambda .$$

Der Verlauf der Stromwelle ergibt gemäß der Tabelle 15 dasselbe Ergebnis, da eine gewisse Stromwelle

	während
mit einer maximalen Amplitude am Generatorende beginnt und unter Phasenwechsel am offenen Ende reflektiert wird,	$\frac{T}{4}$ Sekunden
dann zur Quelle zurückkehrt und daselbst ohne Phasenwechsel gegen das freie Ende hin reflektiert wird,	$\frac{T}{4}$,,

d. h. $2l = \frac{\lambda}{2}$ für einen halben Zyklus.

Infolge von Radiation am offenen Ende ist

$$l \lesssim \frac{\lambda}{4},$$

da das ganze System eine Wirkung ausübt, wie wenn Reflektion etwas jenseits des offenen Endes stattfinden würde. Dies ist in Abb. 253 näher ausgeführt. Da die Gegenwart von stehenden Wellen sich in entgegengesetzter Richtung bewegende Teilwellen voraussetzt, so sieht man, daß Frequenzen von dem Grade f, $3f$, $5f$, $7f$ usw. für die unbelastete Antenne möglich sind.

316. Ableitung der scheinbaren effektiven Antennenkonstanten[1]). Nachfolgende Lösung legt Sinusverteilungen längs des Luftdrahtes zugrunde. Wenn die effektive Spannung längs der Antenne konstant wäre, so würde der Effektivwert der Antennenkapazität gleich dem wahren Werte C_A sein. Der wahre Wert ist auch als statische oder scheinbare Antennenkapazität bekannt. Eine konstante Stromverteilung würde deshalb die Effektivwerte von Antennenwiderstand und Antenneninduktivität gleich den entsprechenden statischen Werten

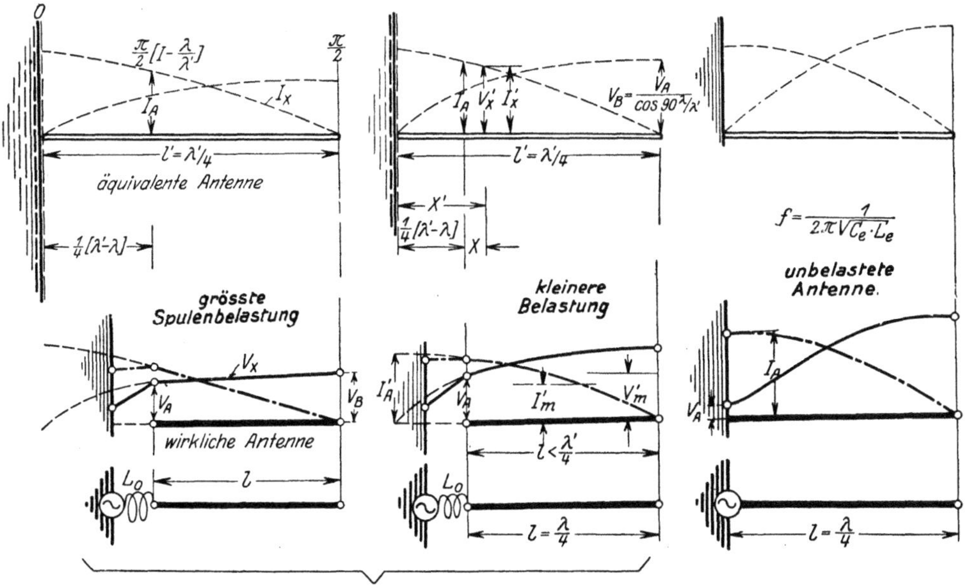

$$f' = \frac{1}{2\pi\sqrt{C_e'[L_e' + L_o]}}.$$

Wirkliche elektrische Länge $\beta' l = \frac{\lambda}{\lambda'}\,\frac{\pi}{2} < \frac{\pi}{2}$.

Äquivalente elektrische Länge $\beta' l' = \frac{\pi}{2}$.

Abb. 255. Mittlere Spannungs- und Stromwerte für die spulenbelastete Horizontalantenne.

ergeben. Dies ist klar, wenn man bedenkt, daß die magnetische Feldenergie $\frac{1}{2}LlI_A^2$ und der Wärmeverlust rlI_A^2 ist. Aus den Darstellungen der Abb. 255 sieht man, daß der effektive Antennenstrom I_x an irgendeiner Stelle X von der Stromquelle mit Effektivwert I_A durch den Ausdruck

$$I_x = I_A \cos\frac{2\pi X}{\lambda}$$

[1]) Hund, A.: Jahrb. drahtl. Telegr. u. Telef. Mai 1921, S. 349.

gegeben ist. Für einen gewissen Augenblick erhält man für eine Viertelwellenlängenverteilung $l = \frac{\lambda}{4}$ den Mittelwert

$$I_m = \frac{4}{\lambda}\int_{X=0}^{X=\frac{\lambda}{4}} I_A \cos\frac{2\pi X}{\lambda}\,dx = \frac{4}{\lambda}\left| I_A \frac{\lambda}{2\pi}\sin\frac{2\pi X}{\lambda}\right|_0^{\frac{\lambda}{4}} = \frac{2}{\pi} I_A .$$

Die Normalform

$$l L = \frac{\text{Kraftfluß}}{I_m} = \frac{\text{Kraftfluß}}{\frac{2}{\pi} I_A}$$

zeigt, daß

$$\text{Kraftfluß} = \left(\frac{2}{\pi} l L\right) I_A$$

und die **scheinbare** effektive Antennenselbstinduktion

$$\boldsymbol{L_e = 0{,}636\, L_A}\,, \tag{86}$$

d. h. 63,6% der statischen Induktivität im Falle der unbelasteten Antenne.

Auf ähnliche Weise ergibt die sinusförmige Spannungsverteilung

$$V_x = V_B \sin\frac{2\pi X}{\lambda}$$

für einen effektiven Spannungswert V_B am offenen Ende den Mittelwert

$$V_m = \frac{4}{\lambda}\int_{X=0}^{X=\frac{\lambda}{4}} V_B \sin\frac{2\pi X}{\lambda}\,dx = -\frac{2}{\pi} V_B \left| \cos\frac{2\pi X}{\lambda}\right|_0^{\frac{\lambda}{4}} = \frac{2}{\pi} V_B .$$

Da aber die wahre (statische) Antennenkapazität durch die Gleichung

$$l C = C_A = \frac{\text{Ladung}}{V_m}$$

gegeben ist, sieht man, daß die **scheinbare effektive Antennenkapazität** für die unbelastete Antenne, die in der Viertelwellenlängenverteilung (Fundamentalwelle) schwingt, durch die Beziehung

$$\boldsymbol{C_e = 0{,}636\, C_A} \tag{87}$$

gegeben ist.

Da in jedem Augenblicke der Effektivwert aller längs des Luftdrahtes verteilten Stromvektoren dem Gesetze

$$I_{\text{eff}} = \sqrt{\frac{4}{\lambda}\int_{X=0}^{X=\frac{\lambda}{4}} I_A^2 \cos^2\frac{2\pi X}{\lambda}\,dx} = 2 I_A \sqrt{\frac{1}{\lambda}\int_0^{\frac{\lambda}{4}}\left(1-\sin^2\frac{2\pi X}{\lambda}\right)dx}$$

folgt und

$$\int_0^{\frac{\lambda}{4}}\left(1-\sin^2\frac{2\pi X}{\lambda}\right)dx=\int_0^{\frac{\lambda}{4}}\left(\frac{1}{2}+\frac{1}{2}\cos\frac{4\pi X}{\lambda}\right)dx=\frac{1}{2}\Big|_0^{\frac{\lambda}{4}} X+\frac{\lambda}{8\pi}\Big|_0^{\frac{\lambda}{4}}\sin\frac{4\pi X}{\lambda}$$

$$=\left(\frac{\lambda}{8}-0\right)+(0-0),$$

so wird

$$I_{\text{eff}}=2I_A\sqrt{\frac{1}{\lambda}\,\frac{\lambda}{8}}=\frac{I_A}{\sqrt{2}}.$$

Da der Wärmeverlust der ganzen Antenne

$$I^2_{\text{eff}}(r\,l)=I^2_A\left(\frac{r\,l}{2}\right)=I^2_A\,r_{A/2},$$

so wird der **scheinbare effektive Antennenwiderstand**

$$\boldsymbol{r_e=0{,}5\,r_A}\,. \tag{88}$$

Da für eine große Belastungsselbstinduktion zwischen der Erde und dem Generator der Strom praktisch linear gegen das freie Ende hin abnimmt, erhält man für den Mittel- und Effektivwert die Lösungen

$$I_m=\tfrac{1}{2}I_A\,,\qquad I_{\text{eff}}=\frac{I_A}{\sqrt{3}}$$

und

$$\text{Kraftfluß}=\tfrac{1}{2}L_A\,I_A\,,\qquad \text{Wärmeverlust}=\tfrac{1}{3}r_A\,I^2_A\,.$$

Die **scheinbaren effektiven** Konstanten für **große Spulenbelastung** der Antenne werden deshalb

$$\left.\begin{aligned}\boldsymbol{C_e}&\boldsymbol{=C_A}\\ \boldsymbol{L_e}&\boldsymbol{=0{,}5\,L_A}\\ \boldsymbol{r_e}&\boldsymbol{=0{,}33\,r_A}\end{aligned}\right\} \tag{89}$$

da die Spannung längs der Antenne beinahe konstant ist.

Ein Vergleich dieser Werte mit denjenigen der Gleichungen (86) (87) und (88) zeigt, daß die scheinbare äquivalente Antennenkapazität zwischen den Grenzen 63,6 und 100% des statischen Wertes, die scheinbare äquivalente Antenneninduktivität zwischen 63,6 und 50% und der scheinbare äquivalente Antennenwiderstand zwischen 50 und 33% der entsprechenden statischen Konstante liegen. Die Wellenverteilung für die belastete und unbelastete Antenne zeigt Abb. 255 und 256. Man sieht, daß die Selbstinduktion am geerdeten Ende die Eigenwellenlänge des ganzen Systems vergrößert, während eine Kapazitätsbelastung eine Verringerung hervorruft. Dies besagt, daß die Abstimmungsfrequenz f' mit einer Belastungsspule kleiner ist als der Wert f für die unbelastete Antenne. Die Resonanzfrequenz f'' für den Fall einer kapazitiven Belastung ist dann entsprechend größer.

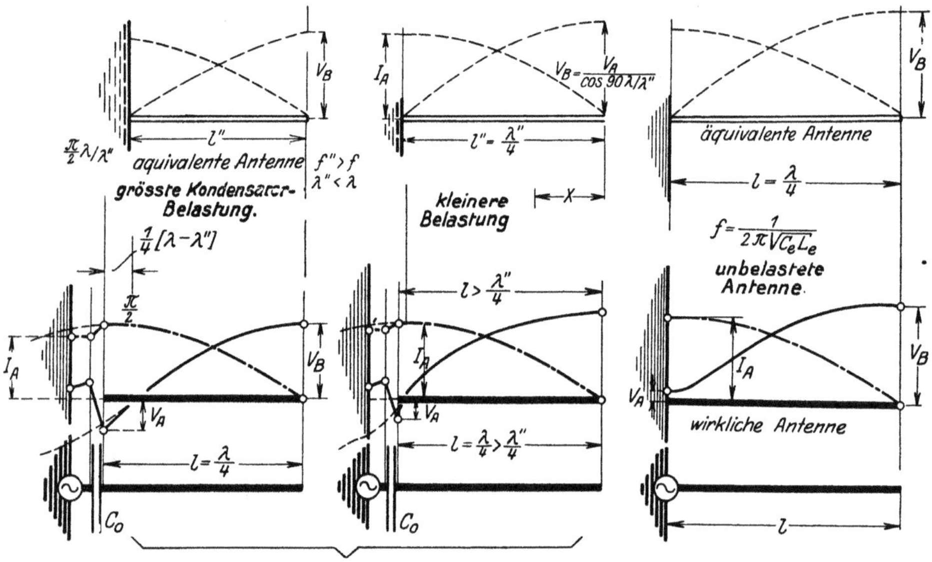

$$f'' = \frac{1}{2\pi\sqrt{\dfrac{C_e'' \cdot C_o}{C_e'' + C_o}}}.$$

Wirkliche elektrische Länge $\beta'' l = \frac{\lambda}{\lambda''}\frac{\pi}{2} > \frac{\pi}{2}$.

Äquivalente elektrische Länge $\beta'' l'' = \frac{\pi}{2}$.

Abb. 256. Kapazitätsbelastete Horizontalantenne.

317. Bestimmung der scheinbaren effektiven Antennenkonstanten für eine Spulenbelastung und für eine Kondensatorbelastung jeden Grades am geerdeten Ende. Wenn eine Belastungsspule am geerdeten Ende eingeschaltet ist, so hat man nach Abb. 255

die äquivalente elektrische Länge $n' l' \cong \beta' l'$,

die wirkliche elektrische Länge $n' l \cong \beta' l = \frac{f'}{f}\frac{\pi}{2} = \frac{\lambda}{\lambda'}\frac{\pi}{2} < \frac{\pi}{2}$,

da $\quad \beta' l' < \beta' l \quad$ und $\quad \beta' l' = \frac{2\pi}{T'}\sqrt{CL}\,\frac{\lambda'}{4} = \frac{\pi}{2}, \quad$ da $\quad T' = \lambda'\sqrt{CL}$.

Spannung und Strom sind in jeder Entfernung X vom geerdeten Ende durch die Beziehungen

$$V_x = V_x' = V_B \sin\frac{2\pi X'}{\lambda'} = V_B \sin X'$$

und

$$I_x = I'_x = I'_A \cos\frac{2\pi X'}{\lambda'} = \frac{I_A}{\sin\frac{\pi}{2}\frac{\lambda}{\lambda'}}\cos X'$$

gegeben, da

$$I_A = I'_A \cos\frac{\pi}{2}\left(1 - \frac{\lambda}{\lambda'}\right) = I'_A \sin\frac{\pi}{2}\frac{\lambda}{\lambda'}\,.$$

Die Mittelwerte für Antennenspannung und Strom für eine elektrische Länge

$$\frac{\pi}{2} - \frac{\pi}{2}\left(1 - \frac{\lambda}{\lambda'}\right) = \frac{\pi}{2}\frac{\lambda}{\lambda'} = \beta' l$$

führen zu der Lösung

$$V'_m = \frac{2\lambda'}{\pi\lambda} V_B \int\limits_{\frac{\pi}{2}\left(1-\frac{\lambda}{\lambda'}\right)}^{\frac{\pi}{2}} \sin X'\,dx' = -\frac{2\lambda'}{\pi\lambda} V_B \Big|_{\frac{\pi}{2}\left(1-\frac{\lambda}{\lambda'}\right)}^{\frac{\pi}{2}} \cos X' = \frac{2\lambda'}{\pi\lambda} V_B \sin 90\frac{\lambda}{\lambda'}$$

$$= \frac{2f}{\pi f'} V_B \sin 90\frac{f'}{f}$$

und

$$I'_m = \frac{2\lambda'}{\pi\lambda}\frac{I_A}{\sin\frac{\pi}{2}\frac{\lambda}{\lambda'}} \int\limits_{\frac{\pi}{2}\left(1-\frac{\lambda}{\lambda'}\right)}^{\frac{\pi}{2}} \cos X'\,dx' = \frac{2\lambda'}{\pi\lambda}\frac{I_A}{\sin\frac{\pi}{2}\frac{\lambda}{\lambda'}} \Big|_{\frac{\pi}{2}\left(1-\frac{\lambda}{\lambda'}\right)}^{\frac{\pi}{2}} \sin X'$$

$$= \frac{2\lambda'}{\pi\lambda}\frac{I_A}{\sin\frac{\pi}{2}\frac{\lambda}{\lambda'}}\left(\sin\frac{\pi}{2} - \sin\frac{\pi}{2}\left(1 - \frac{\lambda}{\lambda'}\right)\right)$$

$$= \frac{2\lambda'}{\pi\lambda}\frac{I_A}{\sin 90\frac{\lambda}{\lambda'}}\left[1 - \cos 90\frac{\lambda}{\lambda'}\right] = \frac{2f I_A}{\pi f' \sin 90\frac{f'}{f}}\left[1 - \cos 90\frac{f'}{f}\right].$$

Da aber die

$$\text{Ladung} = (\text{mittlere Spannung}) \cdot (\text{statische Kapazität})$$
$$= (V'_m)\,(lC) = \left\{\frac{2\lambda'}{\pi\lambda}\sin 90\frac{\lambda}{\lambda'} C_A\right\} V_B\,,$$

so wird die **scheinbare effektive Kapazität** für irgendeine **Spulenbelastung**

$$C'_e = \left\{\frac{2\lambda'}{\pi\lambda}\sin\frac{\lambda}{\lambda'}90\right\} C_A = \left\{\frac{2f}{\pi f'}\sin\frac{f'}{f}90\right\} C_A$$
$$= A_2 C_A\,. \tag{90}$$

Andererseits hat man

$$\text{magnetischer Kraftfluß} = (\text{mittlerer Strom}) \cdot (\text{statische Selbstinduktion})$$
$$= I'_m l L$$
$$= \frac{2\lambda' \cdot L_A}{\pi\lambda \sin 90\frac{\lambda}{\lambda'}}\left(1 - \cos 90\frac{\lambda'}{\lambda}\right) I_A$$

und die **scheinbare effektive Antenneninduktivität** für eine **Spulenbelastung** irgendeines Grades wird

$$\boldsymbol{L_e'} = \left\{\frac{2\lambda'\left[1-\cos 90\frac{\lambda}{\lambda'}\right]}{\pi\lambda\sin 90\frac{\lambda}{\lambda'}}\right\}\boldsymbol{L_A} = \frac{2f\left(1-\cos\frac{f'}{f}90\right)}{\pi f'\sin\frac{f'}{f}90}L_A$$

$$= \boldsymbol{B_2 L_A}. \tag{91}$$

Wenn L_0 die Belastungsinduktivität ist, so hat man

$$f' = \frac{1}{2\pi\sqrt{C_e'(L_e'+L_0)}}. \tag{92}$$

Da die Spannung V_A am Generatorende

$$V_A = V_B\sin\frac{\pi}{2}\left(1-\frac{\lambda}{\lambda'}\right) = V_B\cos\frac{\pi}{2}\frac{\lambda}{\lambda'},$$

so kann man die unbekannte effektive Spannung am offenen Ende aus dem Ausdruck

$$\boldsymbol{V_B} = \frac{\boldsymbol{V_A}}{\cos\frac{\lambda}{\lambda'}90} = \frac{V_A}{\cos\frac{f'}{f}90} \tag{93}$$

berechnen.

Der Fall einer kondensatorbelasteten Antenne ist in Abb. 256 angedeutet. Die Antenne habe wiederum eine wirkliche Länge l und eine elektrische Länge $\beta l = \beta\frac{\lambda}{4} = \frac{\pi}{2}$, wenn keine Belastung vorliegt. Wenn dagegen am geerdeten Ende eine Kapazität C_0 eingeschaltet ist, so hat man eine elektrische Länge

$$\beta'' l = \frac{2\pi}{\lambda''}\frac{\lambda}{4} = \frac{\lambda}{\lambda''}\frac{\pi}{2} = \frac{f''}{f}\frac{\pi}{2} > \frac{2}{\pi},$$

und die Mittelwerte von Spannung und Strom gelten für einen elektrischen Winkel[1]), der größer als 90° ist, da $\lambda'' < \lambda$. Wenn das offene Ende als Ursprung angesehen wird, d. h. als Stelle mit einem Winkel Null, so hat man

$$\boldsymbol{V_m''} = \frac{2\lambda'' V_B}{\pi\lambda}\int_0^{\frac{\lambda}{\lambda''}\frac{\pi}{2}}\cos X = \frac{2\lambda''}{\pi\lambda}\boldsymbol{V_B}\sin 90\frac{\lambda}{\lambda''} = \frac{2f}{\pi f''}V_B\sin 90\frac{f''}{f},$$

und da

$$I_A = I_A''\sin\frac{\lambda}{\lambda''}\frac{\pi}{2},$$

so wird

$$\boldsymbol{I_m''} = \frac{2\lambda''}{\pi\lambda}\frac{I_A}{\sin\frac{\lambda}{\lambda''}\frac{\pi}{2}}\int_0^{\frac{\lambda}{\lambda'}\frac{\pi}{2}}\sin X = \frac{2\lambda''}{\pi\lambda}\frac{\boldsymbol{I_A}}{\sin 90\frac{\lambda}{\lambda''}}\left[1-\cos 90\frac{\lambda}{\lambda''}\right]$$

$$= \frac{2f}{\pi f''}\frac{I_A}{\sin 90\frac{f''}{f}}\left(1-\cos 90\frac{f''}{f}\right).$$

---

[1]) Raumwinkel.

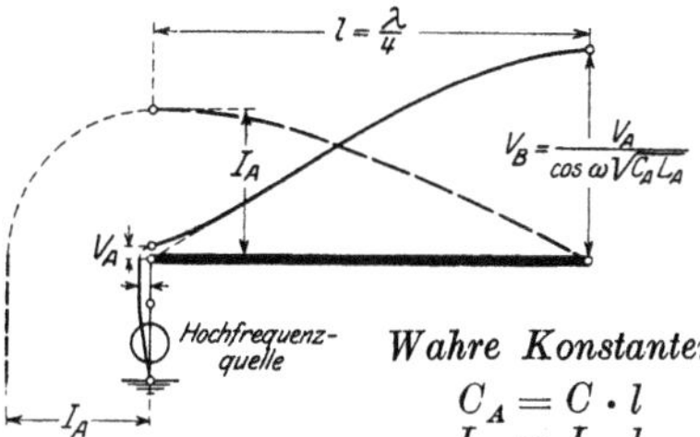

Wahre Konstanten

$$C_A = C \cdot l$$
$$L_A = L \cdot l$$
$$r_A = r \cdot l$$

Unbelastete Antenne von Länge l

$$C_e = \frac{8}{\pi^2} C_A$$
$$L_e = \frac{1}{2} L_A$$
$$r_e = \frac{1}{2} r_A$$
$$\lambda^{\mathrm{m}} = 6 \cdot 10^8 \pi \sqrt{C_e^{\mathrm{F}} L_e^{\mathrm{H}}}$$

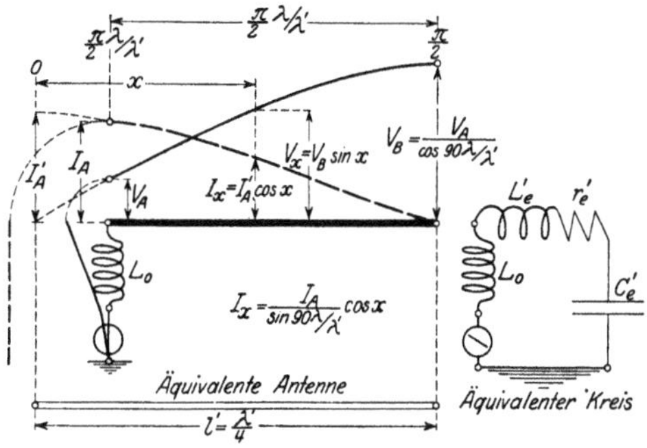

Spulenbelastete Antenne

$$C_e' = \frac{8\lambda'}{\pi\lambda} \frac{\sin^2 90\,\lambda/\lambda'}{\pi\lambda/\lambda' + \sin 180\,[1 - \lambda/\lambda']} C_A$$
$$L_e' = \frac{\lambda'}{2\pi\lambda} \frac{\pi\lambda/\lambda' - \sin 180\,[1 - \lambda/\lambda']}{\sin^2 90\,\lambda/\lambda'} L_A$$
$$r_e' = \frac{\lambda'}{2\pi\lambda} \frac{\pi\lambda/\lambda' - \sin 180\,[1 - \lambda/\lambda']}{\sin^2 90\,\lambda/\lambda'} r_A$$
$$\lambda' = 6 \cdot 10^8 \pi \sqrt{C_e' \cdot [L_e' + L_0]}$$

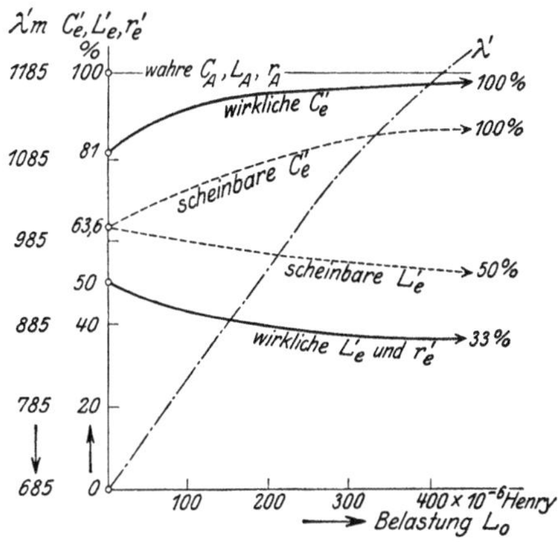

Abb. 257.

Die **scheinbaren effektiven Antennenkonstanten** für eine **kapazitive Antennenbelastung** werden somit

$$\left.\begin{aligned} C_e'' &= \left\{\frac{2\lambda''}{\pi\lambda} \sin 90 \frac{\lambda}{\lambda''}\right\} C_A &&= \left\{\frac{2f}{\pi f''} \sin 90 \frac{f''}{f}\right\} C \\ L_e'' &= \left\{\frac{2\lambda''\left[1 - \cos 90 \frac{\lambda}{\lambda''}\right]}{\pi\lambda \sin 90 \frac{\lambda}{\lambda''}}\right\} L_A &&= \frac{2f\left(1 - \cos 90 \frac{f''}{f}\right)}{\pi f'' \sin 90 \frac{f''}{f}} L_A \end{aligned}\right\} \quad (94)$$

Tabelle 16.

Gemessene Werte		Berechnete Werte					Ergebnisse		
Belastungs-selbstinduktion L_0 in H	λ' m	$\frac{\lambda}{\lambda'} 90^0$	$\sin \frac{\lambda}{\lambda'} 90$ num.	$\cos \frac{\lambda}{\lambda'} 90$ num.	$1 - \cos \frac{\lambda}{\lambda'} 90$ num.	$\frac{2\lambda'}{\pi \lambda}$ num.	V_B Volt	C'_e % von C_A	L'_e % von L_A
0,000 246	1015	60,6	0,8813	0,4756	0,5244	0,94	21	82,6	56
0,000 279	1055	58,5	0,8526	0,5225	0,4775	0,98	19,1	83,5	54,8
0,000 308	1095	56,3	0,8320	0,5548	0,4452	1,02	18	85	54,5
0,000 345	1130	54,6	0,8151	0,5793	0,4207	1,05	17,3	85,6	54,2
0,000 384	1161	53,0	0,7986	0,6018	0,3982	1,08	16,6	86,4	53,8
0,000 422	1190	51,8	0,7859	0,6184	0,3816	1,10	16,2	86,6	53,6
0,000 448	1225	50,4	0,7705	0,6374	0,3626	1,14	15,7	88	53,6

Bemerkungen: $\lambda = 685$ m, wenn keine Belastung vorliegt und $V_A = 10$ Volt.

Tabelle 17.

Gemessene Werte		Berechnete Werte					Ergebnisse		
Belastungs-kondensator C_0 in MF	λ'' m	$\frac{\lambda}{\lambda''} 90^0$	$\sin \frac{\lambda}{\lambda''} 90$ num.	$\cos \frac{\lambda}{\lambda''} 90$ num.	$1 - \cos \frac{\lambda}{\lambda''} 90$ num.	$\frac{2\lambda''}{\pi \lambda}$ num.	V_B Volt	C''_e % von C_A	L''_e % von L_A
0,002 41	560	110	0,9397	—0,3420	1,3420	0,520	29,2	48,8	74,3
0,002 17	545	113	0,9205	—0,3907	1,3907	0,506	25,6	46,7	76,5
0,001 92	535	115,1	0,9056	—0,4242	1,4242	0,497	23,6	45,0	78
0,001 65	525	117,2	0,8894	—0,4571	1,4571	0,488	21,9	43,4	80
0,001 41	515	119,5	0,8704	—0,4924	1,4924	0,479	20,3	41,5	82,2
0,001 16	505	122	0,848	—0,5299	1,5299	0,47	18,9	39,9	84,7
0,000 92	487	126,4	0,8049	—0,5934	1,5934	0,452	16,9	36,4	89,6
0,000 67	454	135,8	0,6972	—0,7169	1,7169	0,422	13,9	29,4	104
0,000 42	405	152,1	0,4679	—0,8838	1,8838	0,376	11,3	17,6	151
0,000 18	370	166,2	0,2385	—0,9711	1,9711	0,344	10,3	8,2	284

Bemerkungen: $\lambda = 685$ m, wenn keine Belastung vorliegt und $V_A = 10$ Volt.

und die Wellenlängenformel:

$$\lambda''^{\mathrm{m}} = 6\pi 10^8 \sqrt{\left[\frac{C_e'' C_0}{C_e'' + C_0}\right]^{\mathrm{F}} L_e''^{\mathrm{H}}}. \tag{95}$$

Was die effektive Spannung am freien Ende anbelangt, so kann man Gl. (93) verwenden, wenn λ'' an Stelle von λ' eingeführt wird. Der Quotient von λ/λ'' ist dann größer als die Einheit.

Die Anwendung dieser Methode erläutern die Tabellen 16 und 17 und die Charakteristiken in Abb. 257. Ein eisenloser Generator wurde benutzt, um Sinuswellen dem System aufzudrücken.

Man sieht aus diesen Betrachtungen, daß die gewöhnlichen Methoden kaum benutzt werden können, um die effektiven Antennenkonstanten zu finden, da im allgemeinen

$$\left.\begin{array}{c} C_e \neq C_e' \neq C_e'' \\ L_e \neq L_e' \neq L_e'' \\ r_e \neq r_e' \neq r_e'' \end{array}\right\}$$

Der Fehler wird geringer, wenn die eingeschaltete Belastungsspule ziemlich groß ist und ihre Selbstinduktion ungefähr 10mal so groß wie der Wert der statischen Antennenselbstinduktion.

318. Effektive Antennenimpedanz für die belastete und unbelastete Horizontalantenne. In der Lösung (74) wurde gefunden, daß die am Generatorende wirkende Antennenimpedanz durch den Ausdruck

$$Z_e = Z_A = \sqrt{\frac{Z}{Y}} \coth l \sqrt{YZ} \cong \sqrt{\frac{L}{C}} \coth j\omega l \sqrt{CL}$$
$$\cong -j \sqrt{\frac{L}{C}} \operatorname{ctg} \omega l \sqrt{CL}$$

gegeben ist. Man hat somit für die unbelastete Antenne

$$\boldsymbol{Z_e = -j \sqrt{\frac{L}{C}} \operatorname{ctg} \frac{2\pi}{\lambda} l}. \tag{96}$$

Wenn deshalb eine Belastungsselbstinduktion L_0 mit vernachlässigbarem Ohmschen Widerstand zwischen dem Generator und dem Luftdraht eingeschaltet ist, so wird die effektive Antennenimpedanz Z_e um einen Betrag

$$Z_0 = j\omega L_0$$

vergrößert, und die effektive Impedanz der ganzen Antennenanordnung wird

$$\boldsymbol{Z_e'} = Z_0 + Z_e$$
$$= \omega L_0 - \sqrt{\frac{L}{C}} \operatorname{ctg} \omega l \sqrt{CL} = \boldsymbol{\frac{2\pi}{\lambda\sqrt{CL}} L_0 - \sqrt{\frac{L}{C}} \operatorname{ctg} \frac{2\pi}{\lambda} l}. \tag{97}$$

Auf ähnliche Weise findet man für eine Kapazitätsbelastung C_0 von vernachlässigbarer Streuung infolge der Zusatzimpedanz $\frac{1}{j\omega C_0} = \frac{-j}{\omega C_0}$ die resultierende Antennenimpedanz

$$Z_e'' = -\left\{\frac{1}{\omega C_0} + \sqrt{\frac{L}{C}} \operatorname{ctg} \omega l \sqrt{CL}\right\}$$

$$= -\left\{\frac{\sqrt{CL}\,\lambda}{2\pi C_0} + \sqrt{\frac{L}{C}} \operatorname{ctg} \frac{2\pi}{\lambda} l\right\}, \tag{98}$$

wenn λ die aufgezwungene Wellenlänge bedeutet. Die möglichen Eigenwellenlängen λ' und λ'' für die spulen- und kondensatorbelastete Antenne bestehen dann für alle Fälle, bei denen die betreffenden Impedanzen Z_e' und Z_e'' verschwinden. Der Wert $Z_e = 0$ liegt, wie oben bemerkt ist, dann vor, wenn $\operatorname{ctg} \omega \sqrt{C_A L_A} = \operatorname{ctg} \frac{2\pi}{\lambda} l = 0$, d. i. $\frac{2\pi}{\lambda} l = \frac{\pi}{2}$, $\frac{3}{2}\pi$, $\frac{5}{2}\pi$, usw. Die Oberwellen der möglichen Schwingungen sind deshalb ganze Vielfache der Grundeigenwelle, da $\lambda_1 = 4l$; $\lambda_3 = \frac{4}{3} l = \frac{\lambda_1}{3}$ usw. Das Verschwinden der betreffenden Impedanzen Z_e' und Z_e'' ist aber von zwei Gliedern abhängig, eines davon ist eine Kotangentenfunktion, und das andere stellt eine Abhängigkeit der betreffenden Belastung dar. Man kann deshalb sehen, daß weder die Grundwellenlänge λ' noch diejenige λ'' eine Viertelwellenlängenverteilung hervorrufen kann, da ja

$$\lambda_1' > 4l, \qquad \lambda_2'' < 4l.$$

Die Oberwellen können deshalb keine ganzzahlige Vielfache der Fundamentalwellenlänge sein. Die möglichen Fälle sind in dem graphischen Verfahren § 237 näher beschrieben.

Ableitung der richtigen effektiven Antennenkonstanten.

319. Für die unbelastete Antenne. Vorliegende Lösung gilt für gedämpfte und ungedämpfte Wellen, da die verallgemeinerte Grundgleichung

$$Z_e = r_e + n L_e + \frac{1}{n C_e} = 0 \ldots \angle$$

verwendet wird. Z_e, C_e, L_e und r_e bedeuten wiederum die effektiven Größen für die unbelastete Antenne. Die richtigen Konstanten ergeben außer der wahren Schwingungskonstanten $C_e L_e$ auch das wahre Dekrement $\delta_e = \pi r_e \sqrt{\frac{C_e}{L_e}}$, während die scheinbaren effektiven Konstanten in der Regel nur die Schwingungskonstante, d. h. die richtige Wellenlänge liefern. Dies kann man am besten sehen, wenn man einen künstlichen Antennenkreis mit den scheinbaren und einen Kreis mit den richtigen Effektivkonstanten aufbaut und beide Systeme unabhängig voneinander mit der betreffenden Wellenlänge erregt[1]). Der

[1]) Mit Stoßerregung.

Kreis mit den scheinbaren Konstanten ergibt Resonanz, aber einen Strom, der entweder größer oder kleiner als der wahre Antennenstrom ausfällt, je nachdem die scheinbare Antennenkapazität zu groß oder zu klein gefunden wurde. Der äquivalente Kreis mit den richtigen Effektivkonstanten ergibt einen Resonanzstrom, welcher mit demjenigen der eigentlichen Antenne zusammenfällt.

Die **richtigen Effektivkonstanten**, welche für die Grundwelle gelten, beruhen dann auf den Beziehungen

$$\left.\begin{aligned} r_e &= \int_0^l r\left(\cos^2\frac{2\pi}{\lambda}X\right)dx \\ L_e &= \int_0^l L\left(\cos^2\frac{2\pi}{\lambda}X\right)dx \\ C_e &= \frac{\left[\int_0^l C\left(\sin\frac{2\pi}{\lambda}X\right)dx\right]^2}{\int_0^l C\left(\sin^2\frac{2\pi}{\lambda}X\right)dx} \end{aligned}\right\} \tag{99}$$

da $\cos\frac{2\pi}{\lambda}X$ und $\sin\frac{2\pi}{\lambda}X$ die Strom- und Spannungsverteilungen, r, L und C die statischen Antennenkonstanten für die Längeneinheit der Antenne von der wirklichen Länge l bedeuten. Die Richtigkeit dieser Ausdrücke wird klar, wenn man bedenkt, daß die effektiven Ströme I_x und Spannungen V_x an irgendeiner Stelle X von dem geerdeten Ende durch die Beziehungen

$$I_x = I_A \cos\frac{2\pi}{\lambda}X \qquad \text{und} \qquad V_x = V_B \sin\frac{2\pi}{\lambda}X$$

dargestellt sind für einen effektiven Generatorstrom I_A und eine effektive Spannung V_B am freien Ende gegen Erde. Da in der vorliegenden Entwicklung außer der richtigen Wahl von $C_e \cdot L_e$ auch der richtige Resonanzstrom befriedigt werden muß, so müssen die Leistungsbeziehungen

$$\left.\begin{aligned} W_j &= \int_0^l r I_x^2\,dx = I_A^2\int_0^l r\cos^2\frac{2\pi}{\lambda}X\,dx \\ W_m &= \frac{1}{2}\int_0^l L I_x^2\,dx = \frac{I_A^2}{2}\int_0^l L\cos^2\frac{2\pi}{\lambda}X\,dx \\ W_e &= \frac{1}{2}\int_0^l C V_x^2\,dx = \frac{V_B^2}{2}\int_0^l C\sin^2\frac{2\pi}{\lambda}\,dx \end{aligned}\right\} \tag{100}$$

für den Jouleschen Wärmeverlust W_j, die magnetische Feldleistung W_m und die elektrische Feldleistung W_e verwendet werden. Dies führt dann zu der wohlbekannten Differentialgleichung einer in Schwingungen versetzten Antenne

$$W_j + \frac{\partial W_m}{\partial t} + \frac{\partial W_e}{\partial t} = 0,$$

die auf die Form

$$\frac{\partial I_A}{\partial t}\int\limits_0^l r\cos^2\frac{2\pi}{\lambda}X\,dx + \frac{\partial^2 I_A}{\partial t^2}\int\limits_0^l L\cos^2\frac{2\pi}{\lambda}X\,dx + \frac{I_A}{\dfrac{\left[\int\limits_0^l C\sin\frac{2\pi}{\lambda}X\,dx\right]^2}{\int\limits_0^l C\sin^2\frac{2\pi}{\lambda}X\,dx}} = 0 \quad (101)$$

gebracht werden kann.

Dieser Ausdruck hat aber die Form

$$\left(n\,r_e + n^2 L_e + \frac{1}{C_e}\right) I_A = 0, \quad (101\,\text{a})$$

da die verallgemeinerte Winkelgeschwindigkeit $n = \frac{d}{dt}$. Damit ist die Richtigkeit der Ausdrücke Gl. (99) bewiesen. Wenn die Integrationen der Gl. (99) ausgewertet werden, und zwar über die Viertelwellenlängenverteilung $X = l = \frac{\lambda}{4}$, so bekommt man

$$r_e = r\int\limits_0^{\lambda/4}\cos^2\frac{2\pi}{\lambda}X\,dx = r\int\limits_0^l\cos^2\frac{\pi}{2l}X\,dx = r\int\limits_0^l\left(\frac{1}{2}+\frac{1}{2}\cos\frac{\pi}{l}X\right)dx$$

$$= r\left|\frac{l}{2} + \frac{l}{2\pi}\sin\frac{\pi}{l}X\right|_0^l = \frac{rl}{2}.$$

Der **richtige effektive Antennenwiderstand der** unbelasteten Antenne ist deshalb

$$\boldsymbol{r_e = 0{,}5\,r_A}, \quad (102)$$

womit das Ergebnis der Lösung (88) bestätigt ist. Auf eine ähnliche Weise wird

$$L_e = L\int\limits_0^l\cos^2\frac{2\pi}{\lambda}X\,dx = L\int\limits_0^l\cos^2\frac{\pi}{2l}X\,dx = \frac{lL}{2}$$

mit der **richtigen effektiven Antennenselbstinduktion**

$$\boldsymbol{L_e = 0{,}5\,L_A}, \quad (103)$$

wenn L_A wiederum die statische Induktivität der Antenne bedeutet. Die Ableitung für die Kapazität ist

$$C_e = \frac{\left[\int_0^l C \sin\frac{2\pi}{\lambda} X\,dx\right]^2}{\int_0^l C \sin^2\frac{2\pi}{\lambda} X\,dx} = C\,\frac{\left[\int_0^l \sin\frac{\pi}{2l} X\,dx\right]^2}{\int_0^l \sin^2\frac{\pi}{2l} X\,dx} = C\,\frac{\left[\Big|_0^l -\frac{2l}{\pi}\cos\frac{\pi}{2l}X\right]^2}{\int_0^l\left[\frac{1}{2}-\frac{1}{2}\cos\frac{\pi}{l}X\right]dx}$$

$$= C\,\frac{\left[\Big|_0^l -\frac{2l}{\pi}\cos\frac{\pi}{2l}X\right]^2}{\Big|_0^l -\frac{l}{2\pi}\sin\frac{\pi}{l}X+\frac{1}{2}X} = \frac{\frac{4l^2}{\pi^2}}{\frac{1}{2}l}\,C = \left[\frac{8}{\pi^2}\right]Cl\,.$$

Dieses Ergebnis zeigt, daß die **richtige effektive Antennenkapazität** der unbelasteten Antenne

$$\boldsymbol{C_e = 0{,}81\,C_A}\,, \tag{104}$$

wenn C_A die statische Konstante ist.

320. Für die stark belastete Antenne. Da für eine große Belastungsinduktivität am geerdeten Ende der Antennenstrom beinahe linear gegen das offene Ende hin abnimmt, so gilt für eine Horizontalantenne von der Länge l

$$I_x = I_A\left(1-\frac{X}{l}\right),$$

wenn X den Abstand vom oberen Ende der Belastungsspule bedeutet und I_A der Generatorstrom ist. Die effektive Antennenspannung ist dann praktisch konstant und

$$V_x = V_B\,,$$

wenn V_B die am freien Ende auftretende Spannung gegen Erde darstellt. Der effektive Antennenwiderstand r_e ergibt dann für eine große Belastung die Verteilungsfunktion

$$f(x) = 1-\frac{X}{l}$$

und man erhält

$$r_e = \int_0^l r\left(1-\frac{X}{l}\right)^2 dx = r\int_0^l\left(1-\frac{2X}{l}+\frac{X^2}{l^2}\right)dx = r\Big|_0^l X-\frac{2}{2l}X^2+\frac{X^3}{3l^2}$$

$$= \frac{lr}{3} = \boldsymbol{0{,}33\,r_A}\,. \tag{105}$$

Die **richtige effektive Selbstinduktion** der stark belasteten Antenne ist

$$\boldsymbol{L_e} = \int_0^l L\left(1 - \frac{X}{l}\right)^2 dx = \frac{lL}{3} = \boldsymbol{0{,}33\, L_A}. \tag{106}$$

Infolge der Spannungsfunktion

$$F(x) = 1$$

wird die **richtige effektive Antennenkapazität**

$$\boldsymbol{C_e} = \frac{\left[\int_0^l C\,dx\right]^2}{\int_0^l C\,dx} = \int_0^l C\,dx = lC = \boldsymbol{C_A}. \tag{107}$$

Wenn man diese Ergebnisse mit denjenigen für die unbelastete Antenne vergleicht, hat man

$$\left.\begin{aligned} \boldsymbol{r_e} &= \boldsymbol{[50\% \text{ bis } 33\%]\, r_A} \\ \boldsymbol{L_e} &= \boldsymbol{[50\% \text{ bis } 33\%]\, L_A} \\ \boldsymbol{C_e} &= \boldsymbol{[81\% \text{ bis } 100\%]\, C_A} \end{aligned}\right\} \begin{array}{c}\text{zwischen unbelasteter}\\ \text{und stark belasteter}\\ \text{Antenne.}\end{array} \tag{108}$$

321. Für beliebige Spulenbelastung. Nach den Abb. 255 und 257 ist die elektrische Länge $\beta' l$, wenn deren effektiver Wert zugrunde gelegt wird und

$$\beta' l = \frac{f'}{f}\frac{\pi}{2} = \frac{\lambda}{\lambda'}\frac{\pi}{2}.$$

Da die effektive Spannung und der effektive Strom an irgendeiner Stelle X

$$V_x = V_B \sin X \qquad \text{und} \qquad I_X = \frac{\cos X}{\sin \frac{\lambda}{\lambda'}\frac{\pi}{2}} I_A,$$

so wird die Potentialfunktion

$$F'(x) = \sin X$$

und die Stromfunktion für die Verteilung

$$f'(x) = \frac{\cos X}{\sin \frac{\lambda}{\lambda'} 90}.$$

Die effektive elektrische Länge, über welche die Integrationen ausgeführt werden müssen, ist

$$\beta' l = \frac{\pi}{2} - \frac{\pi}{2}\left(1 - \frac{\lambda}{\lambda'}\right) = \frac{\pi}{2}\frac{\lambda}{\lambda'},$$

wenn λ und λ' die bezüglichen Wellenlängen für die unbelastete und spulenbelastete Antenne bedeuten. Man hat dann gemäß Gl. (99)

$$C_e' = \frac{\left[\int\limits_{\frac{\pi}{2}\left(1-\frac{\lambda}{\lambda'}\right)}^{\frac{\pi}{2}} C \sin X\, dx\right]^2}{\int\limits_{\frac{\pi}{2}\left(1-\frac{\lambda}{\lambda'}\right)}^{\frac{\pi}{2}} C \sin^2 X\, dx} = C \frac{\left[\Big| _{\frac{\pi}{2}\left(1-\frac{\lambda}{\lambda'}\right)}^{\frac{\pi}{2}} - \cos X\right]^2}{\Big| _{\frac{\pi}{2}\left(1-\frac{\lambda}{\lambda'}\right)}^{\frac{\pi}{2}} \tfrac{1}{2} X - \tfrac{1}{2}\sin 2X} = C \frac{4 \cos^2 \frac{\pi}{2}\left(1-\frac{\lambda}{\lambda'}\right)}{\frac{\pi\lambda}{\lambda'} + \sin\pi\left(1-\frac{\lambda}{\lambda'}\right)}.$$

Da aber die statische Kapazität $C_A = lC$ längs der Antennenlänge l einer elektrischen Länge $\pi/2\;\lambda/\lambda'$ entspricht, so ist klar, daß die **richtige effektive Antennenkapazität** C_e' für **irgendeine Spulenbelastung** L_0 aus dem Ausdrucke

$$\boldsymbol{C_e'} = \frac{lC}{\frac{\pi}{2}\frac{\lambda}{\lambda'}} \frac{4 \cos^2 \frac{\pi}{2}\left(1-\frac{\lambda}{\lambda'}\right)}{\frac{\pi\lambda}{\lambda'} + \sin\pi\left(1-\frac{\lambda}{\lambda'}\right)}$$

$$= \frac{8\lambda'}{\pi\lambda} \frac{\sin^2 \frac{\lambda}{\lambda'} 90 \cdot C_A}{\frac{\pi\lambda}{\lambda'} + \sin 180\left[1-\frac{\lambda}{\lambda'}\right]} = A_1 \cdot C_A \tag{109}$$

berechnet werden kann. Daß diese Formel richtig ist, kann man durch die Gleichsetzung von λ' und λ nachprüfen, da dies

$$C_e' = \frac{8}{\pi} \frac{\sin^2 90}{\pi + \sin 0} C_A = \frac{8}{\pi^2} C_A = C_e$$

den Fall der unbelasteten Antenne ergibt. Auf eine ähnliche Weise erhält man für die **richtige effektive Selbstinduktion** der belasteten Antenne

$$\boldsymbol{L_e'} = \int\limits_{\frac{\pi}{2}\left(1-\frac{\lambda}{\lambda'}\right)}^{\frac{\pi}{2}} L \frac{\cos^2 X}{\sin^2 \frac{\pi}{2}\frac{\lambda}{\lambda'}} dx = \frac{L}{\sin^2 \frac{\pi}{2}\frac{\lambda}{\lambda'}} \Big| _{\frac{\pi}{2}\left(1-\frac{\lambda}{\lambda'}\right)}^{\frac{\pi}{2}} \frac{1}{4}\sin 2X + \frac{1}{2} X$$

$$= \frac{Ll}{\frac{\pi}{2}\frac{\lambda}{\lambda'}\sin^2\frac{\pi}{2}\frac{\lambda}{\lambda'}} \frac{1}{4}\left(\frac{\lambda}{\lambda'}\pi - \sin\pi\left(1-\frac{\lambda}{\lambda'}\right)\right) = \frac{\lambda'}{2\pi\lambda} \frac{\pi\frac{\lambda}{\lambda'} - \sin 180\left[1-\frac{\lambda}{\lambda'}\right]}{\sin^2 \frac{\lambda}{\lambda'} 90} L_A$$

$$= B_1 L_A. \tag{110}$$

Die Richtigkeit dieses Ergebnisses wird wiederum durch Gleichsetzung von $\lambda' = \lambda$ geprüft. Man hat dann

$$L_e' = \frac{1}{2\pi} \frac{\pi - \sin 0}{\sin^2 1} L_A = \frac{1}{2} L_A = L_e,$$

wie oben **für die unbelastete Antenne** gefunden wurde. Der **richtige effektive Antennenwiderstand** r'_e wird für irgendeine Belastungsselbstinduktion

$$\left.\begin{aligned} r'_e &= \int\limits_{\frac{\pi}{2}\left(1-\frac{\lambda}{\lambda'}\right)}^{\frac{\pi}{2}} r \frac{\cos^2 X}{\sin^2 \frac{\pi}{2}\frac{\lambda}{\lambda'}}\, d x \\ &= \frac{\lambda'}{2\pi\lambda} \frac{\pi\frac{\lambda}{\lambda'} - \sin 180\left[1-\frac{\lambda}{\lambda'}\right]}{\sin^2 90\frac{\lambda}{\lambda'}} r_A = B_1 r_A, \end{aligned}\right\} \qquad (111)$$

wenn $r_A = rl$ den statischen Antennenwiderstand bedeutet. Für den unbelasteten Fall $\lambda' = \lambda$ erhält man den Wert $r'_e = \frac{1}{2} r_A = r_e$. Man sieht deshalb, daß für die richtigen Konstanten mit Änderung der Belastung der Widerstand r'_e im Synchronismus mit der effektiven Selbstinduktion L'_e sich ändert. Die Tabellen 18 und 19 und Abb. 257 erläutern die Anwendung dieser Formeln.

322. Vergleich der scheinbaren und richtigen Schwingungskonstanten. Ein Vergleich der scheinbaren und der richtigen Schwingungskonstanten führt zu einer neuen Methode, mittels welcher sowohl die statischen als auch die richtigen effektiven Konstanten durch zwei Wellenlängenmessungen bestimmt werden können, sofern der Wert der Belastungsselbstinduktion bekannt ist.

Gemäß Gl. (109) und (110) sind die richtigen effektiven Antennenkonstanten

$$C_{e_1} = A_1 C_A \quad \text{und} \quad L_{e_1} = B_1 L_A$$

und nach den Gl. (90) und (91) sind die scheinbaren effektiven Konstanten

$$C_{e_2} = A_2 C_A \quad \text{und} \quad L_{e_2} = B_2 L_A$$

für die Verteilungskonstanten

$$A_1 = \frac{8\lambda'}{\pi\lambda} \frac{\sin^2 90\frac{\lambda}{\lambda'}}{\pi\frac{\lambda}{\lambda'} + \sin 180\left(1-\frac{\lambda}{\lambda'}\right)}$$

$$B_1 = \frac{\lambda'}{2\pi\lambda} \frac{\pi\frac{\lambda}{\lambda'} - \sin 180\left(1-\frac{\lambda}{\lambda'}\right)}{\sin^2 90\frac{\lambda}{\lambda'}}$$

$$A_2 = \frac{2\lambda'}{\pi\lambda} \sin 90\frac{\lambda}{\lambda'}$$

$$B_2 = \frac{2\lambda'}{\pi\lambda} \frac{\left(1-\cos 90\frac{\lambda}{\lambda'}\right)}{\sin 90\frac{\lambda}{\lambda'}}.$$

Tabelle 18.

Art der Schwingung	Wellenlänge in m	Richtige effektive Antennenkonstanten				Scheinbare effektive Antennenkonstanten			
		Richtige Effektiv-Selbstinduktion L_e	bezogen auf den statischen Wert $l\,L = L_A$	Richtige Effektiv-kapazität C_e	bezogen auf den statischen Wert $l\,C = C_A$	Scheinbare Effektiv-Selbstinduktion L_e	bezogen auf den statischen Wert	Scheinbare Effektiv-kapazität C_e	bezogen auf den statischen Wert
Fundamental-Schwingung	$\lambda_1 = 12 \cdot 10^8\, l^{\mathrm{m}} \sqrt{C^{\mathrm{F}} L^{\mathrm{H}}}$ $= 1200\, l^{\mathrm{m}} \sqrt{C^{\mathrm{MF.}} \cdot L^{\mathrm{MH.}}}$	$\frac{L_A}{2}$	50%	$\frac{8}{\pi^2} C_A$	81%	$\frac{2}{\pi} L_A$	63,6%	$\frac{2}{\pi} C_A$	63,6%
Erste Harmonische	$\lambda_3 = \frac{1}{3} \lambda_1$ $\cong 400\, l \sqrt{C\,L}$	$\frac{L_A}{3 \cdot 2}$	16,7%	$\frac{8}{3\pi^2} C_A$	27%	$\frac{2}{3\pi} L_A$	21,2%	$\frac{2}{3\pi} C_A$	21,2%
Zweite Harmonische	$\lambda_5 = \frac{1}{5} \lambda_1$ $\cong 240\, l \sqrt{C\,L}$	$\frac{L_A}{5 \cdot 2}$	10%	$\frac{8}{5\pi^2} C_A$	16,2%	$\frac{2}{5\pi} L_A$	12,7%	$\frac{2}{5\pi} C_A$	12,7%
Dritte Harmonische	$\lambda_7 = \frac{1}{7} \lambda_1$ $\cong 171{,}4\, l \sqrt{C\,L}$	$\frac{L_A}{7 \cdot 2}$	7,15%	$\frac{8}{7\pi^2} C_A$	11,6%	$\frac{2}{7\pi} L_A$	9,1%	$\frac{2}{7\pi} C_A$	9,1%
Vierte Harmonische	$\lambda_9 = \frac{1}{9} \lambda_1$ $\cong 133{,}3\, l \sqrt{C\,L}$	$\frac{L_A}{9 \cdot 2}$	5,56%	$\frac{8}{9\pi^2} C_A$	9%	$\frac{2}{9\pi} L_A$	7,08%	$\frac{2}{9\pi} C_A$	7,08%

Die Werte von C_e und L_e befriedigen in jedem Falle die Thomsonsche Gleichung, da ja $C_e \cdot L_e = \frac{8}{\pi^2} C_A \frac{L_A}{2} = \frac{2}{\pi} C_A \cdot \frac{2}{\pi} L_A = \frac{4}{\pi^2} C_A\, L_A$ denselben Wert für die Schwingungskonstante ergibt und man z. B. für die Fundamentalschwingung $\lambda = 2\pi \cdot 3 \cdot 10^8 \sqrt{\frac{4}{\pi^2} C_A \cdot L_A} = 12 \cdot 10^8 \sqrt{C_A \cdot L_A}$ hätte. Die scheinbaren effektiven Konstanten ergeben nur den richtigen Antennenstrom, wenn ungedämpfte Schwingungen vorliegen, da in diesem Fall der Ohmsche Widerstand den Strom praktisch begrenzt.

Tabelle

Gemessene Größen		Berechnete						
Belastungsspule L_0 Henry	Wellenlänge λ' Meter	$\pi \frac{\lambda}{\lambda'}$ numerisch	$\frac{8\lambda'}{\pi}$ numerisch	$\frac{\lambda'}{2\pi\lambda}$ numerisch	$90\frac{\lambda}{\lambda'}$ Grade	$\sin^2 90\frac{\lambda}{\lambda'}$ numerisch	$180\left(1-\frac{\lambda}{\lambda'}\right)$ Grade	$\sin 180\left(1-\frac{\lambda}{\lambda'}\right)$ numerisch
0 Unbelastete Antenne	685	π	$\frac{8}{\pi}$	$\frac{1}{2\pi}$	90	1	0	0
L_0, am geerdeten Ende eingeschaltet	730	2,95	2,71	0,1697	84,5	0,991	11,17	0,1937
	800	2,69	2,97	0,186	77,1	0,952	25,9	0,4368
	870	2,47	3,23	0,202	70,9	0,895	38,2	0,6184
	950	2,265	3,53	0,221	64,9	0,822	50,2	0,7683
0,000 246	1015	2,12	3,78	0,236	60,6	0,76	58,5	0,8526
0,000 279	1055	2,04	3,92	0,245	58,5	0,729	63,4	0,8942
0,000 308	1095	1,965	4,07	0,254	56,3	0,692	67,4	0,9232
0,000 345	1130	1,905	4,2	0,262	54,6	0,665	71,0	0,9455
0,000 384	1161	1,85	4,32	0,27	53,0	0,639	73,8	0,9603
0,000 422	1190	1,805	4,43	0,276	51,8	0,62	76,4	0,972
0,000 448	1225	1,757	4,56	0,285	50,4	0,594	79,5	0,9833
Bemerkungen:		$\lambda = 685$ m für die unbelastete Antenne. Die gemessene und L_e' und L_0 in						

Da die Schwingungskonstanten der scheinbaren und der richtigen Effektivwerte für ein und dieselbe Belastungsselbstinduktion L_0 gleich sein müssen, so hat man

$$C_{e_1}(L_{e_1} + L_0) = C_{e_2}(L_{e_2} + L_0)$$

oder

$$A_1 C_A (B_1 L_A + L_0) = A_2 C_A (B_2 L_A + L_0).$$

Die statische oder wahre Antennenselbstinduktion kann deshalb aus dem Ausdruck

$$L_A^{\mathrm{H}} = \frac{A_1 - A_2}{A_2 B_2 - A_1 B_1} L_0^{\mathrm{H}} \tag{112}$$

und die statische Antennenkapazität aus

$$C_A^{\mathrm{MF.}} = \frac{\lambda^{2\,\mathrm{m}} \cdot 10^{-10}}{144\, L_A^{\mathrm{H}}} \tag{113}$$

berechnet werden, da für die unbelastete Antenne

$$\lambda^{\mathrm{m}} = 6\pi\, 10^8 \sqrt{C_e^{\mathrm{F}} L_e^{\mathrm{H}}} = 6\pi\, 10^8 \sqrt{\left[\frac{8}{\pi^2} C_A\right]\left[\frac{L_A}{2}\right]} = 12 \cdot 10^8 \sqrt{C_A L_A}.$$

19.

Größen		
Richtige Effektivkonstanten in Prozenten der statischen Werte C_A, L_A und r_A		
$C'_e = \frac{8\lambda'}{\pi\lambda} \frac{\sin^2 90 \frac{\lambda}{\lambda'}}{\pi \frac{\lambda'}{\lambda} + \sin 180 \left(1 - \frac{\lambda'}{\lambda}\right)} C_A$ Dieselbe Dimension wie C_A	$L'_e = \frac{\lambda'}{2\pi\lambda} \frac{\pi \frac{\lambda}{\lambda'} - \sin 180 \left(1 - \frac{\lambda}{\lambda'}\right)}{\sin^2 90 \frac{\lambda}{\lambda'}} L_A$ Dieselbe Dimension wie L_A	$r'_e = \frac{\lambda'}{2\pi\lambda} \frac{\pi \frac{\lambda}{\lambda'} - \sin 180 \left(1 - \frac{\lambda}{\lambda'}\right)}{\sin^2 90 \frac{\lambda}{\lambda'}} r_A$ Dieselbe Dimension wie r_A
81,0	50,0	50,0
85,5	47,2	47,2
90,4	44,0	44,0
93,5	41,8	41,8
95,8	40,2	40,2
96,7	39,3	39,3
97,4	38,6	38,6
97,9	38,1	38,1
98,1	37,7	37,7
98,2	37,6	37,6
98,5	37,2	37,2
98,9	31,1	31,1

Wellenlänge wird mittels $\lambda'^{\text{m}} = 6\pi\, 10^8 \sqrt{C'_e [L'_e + L_0]}$ nachgeprüft, wobei C'_e in Farad Henry einzusetzen sind.

Wenn die wahre (statische) Antennenselbstinduktion L_A bekannt ist, so kann die effektive Selbstinduktion L_0 der Belastung nach Gl. 112 berechnet werden. Näheres siehe unter Messungen.

323. Theorie der Wellenantenne von Beverage[1]. Die einfachste Art einer Wellenantenne ist in der oberen Darstellung der Abb. 258 angedeutet. Sie besteht aus einem langen horizontalen Luftleiter, der wenigstens eine Wellenlänge lang ist und gegen einen Sender hindeutet. Die eintreffende elektromagnetische Welle bewegt sich dann mit der Lichtgeschwindigkeit v_0 längs des Luftdrahtes und induziert einen Strom in demselben; infolgedessen laufen Wanderwellen nach beiden Seiten des Drahtes hin mit einer Fortpflanzungsgeschwindigkeit v, welche kleiner als v_0 ist. Die nach dem Detektor hin verlaufende Stromwelle nimmt zu, da sie beständig von der elektromagnetischen Welle, die in derselben Richtung (allerdings mit etwas größerer Geschwindigkeit) fortschreitet, Leistung aufnimmt, während die gegen die Senderstation

[1]) Die Wellenantenne wurde von H. H. Beverage bei der Radio Corporation of America entwickelt. Die Originalarbeit ist in Trans. of A. I. E. E. 1923, März, April, Mai, unter H. H. Beverage, Chester W. Rice und G. W. Kellog zu finden.

hin verlaufende Welle dadurch geschwächt wird. Wenn man den Ohmschen Widerstand R gleich dem Wellenwiderstand[1]) $Z_0 = \sqrt{L/C}$ macht, so kann irgendeine Welle, die an diesem Ende auftrifft, nicht reflektiert werden. Der Luftleiter wirkt dann wie ein Widerstand und empfängt nur in einer Richtung. Die Richtungswirkung ist um so ausgeprägter, je mehr Wellenlängen sich am Luftleiter entwickeln können. Selbst wenn der Widerstand R nicht ganz richtig eingestellt wäre, bekäme man für einen langen Luftdraht eine ausgesprochene Richtungswirkung, da die zurückeilende Welle nur mit stark verminderter Amplitude am Detektorende bemerkbar wäre.

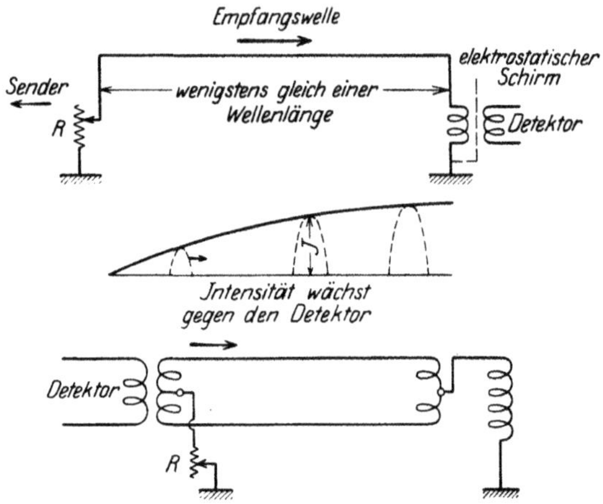

$R = \sqrt{\frac{L}{C}}$. *Bessere Anordnung, da der Widerstand an der Detektorseite liegt und deshalb leicht richtig eingestellt werden kann.*

Abb. 258. Empfang mittels einer Wellenantenne.

Um sich ein Bild von den an den bezüglichen Enden zur Erde abfließenden Strömen I_1 und I_2 machen zu können, sind dieselben in der Abb. 259 im selben Maßstabe eingetragen. Die Fortpflanzungsgeschwindigkeit v der bezüglichen Wanderwellen wurde dabei gleich der Geschwindigkeit v_0 der eintreffenden elektromagnetischen Welle gesetzt.

Die Theorie zeigt, daß für $v = v_0$, d. h. $\frac{v}{v_0} = p = 1$ die bezüglichen Stromstärken von

$$\left.\begin{aligned} I_1 &= \frac{E\lambda}{4\pi Z_0} \cdot \sin \frac{2\pi}{\lambda} l \\ \text{und} \qquad I_2 &= \frac{E \cdot l}{2 Z_0} \end{aligned}\right\} \qquad (113)$$

sind, wo E den elektrischen Gradienten in Volt/km bedeutet.

Beispiel: Die Antenne sei $l = 2{,}5$ km lang, $E = 0{,}0314$ Volt/km, der Wellenwiderstand des Luftgebildes $Z_0 = 500\ \Omega$, $v = v_0 = 3 \cdot 10^5$ km/Sek und die eintreffende Wellenlänge $\lambda = 10$ km.

Dann ist

$$I_1 = \frac{0{,}0314 \cdot 10}{4\pi 500} = 5 \cdot 10^{-5} \text{ Amp.}$$

$$I_2 = \frac{0{,}0314 \cdot 2{,}5}{1000} = 7{,}85 \cdot 10^{-5} \text{ Amp.}$$

---

[1]) Der genaue Ausdruck wäre $Z_0 = \sqrt{\frac{r + j\omega L}{j\omega C}}$.

während für $l = 7{,}5\,\text{km}$ $I_2 = 23{,}55 \cdot 10^{-5}$ Amp. und I_1 so groß wie oben ist, d. h. eine ausgesprochene Richtwirkung auftritt. Für $l = \lambda/2$, $3\lambda/2$ wird I_1 für den idealen Fall ($v = v_0$) gleich Null, wie Abb. 259 erkennen läßt.

In praktischen Fällen ist die Phasengeschwindigkeit v längs des Drahtes kleiner als v_0, bisweilen soviel wie $v = 0{,}8\,v_0$. Dies ist dem Umstande zuzuschreiben, daß man lange Antennen benutzt, die durch Isolatoren gehalten werden müssen und nahe dem Erdboden verlaufen. Die elektrische Länge ist dann nicht mehr wie oben $\beta l = \frac{2\pi}{\lambda} l$, sondern

$$\beta l = \frac{2\pi}{p\lambda} l,$$

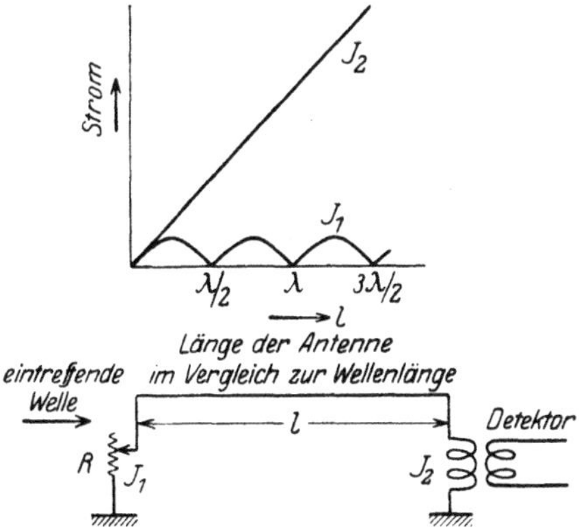

Abb. 259. Stromstärken an den zwei Enden der Wellenantenne für den Fall $v = v_0 = 2{,}9982 \cdot 10^5$ km/sec.

wo $p = \frac{v}{v_0}$. Die bezüglichen Ströme sind dann

$$\left.\begin{aligned} I_1 &= \frac{p \cdot E \cdot \lambda}{2\pi(1+p)\,Z_0} \sin\frac{l(1+p)}{p\lambda}\pi, \\ I_2 &= \frac{p\,E\,\lambda}{2\pi(1-p)\,Z_0} \sin\frac{l(1-p)}{p\lambda}\pi. \end{aligned}\right\} \tag{113a}$$

Der Beweis für diese allgemein gültigen Formeln ist wie folgt: Man denke sich die Wellenantenne in Abb. 260 in unendlich kleine Teillängen dx zerlegt. Die von links herkommende elektromagnetische Welle, die der Einfachheit halber einem Sinusgesetze folgen soll, erzeugt am Anfang der Leitung einen Gradienten $E \cdot \sin\omega t$ Volt/km. Da die Raumwelle mit der Lichtgeschwindigkeit v_0 längs

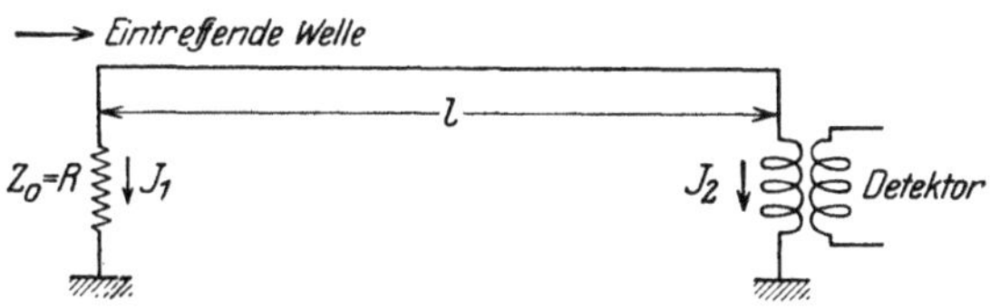

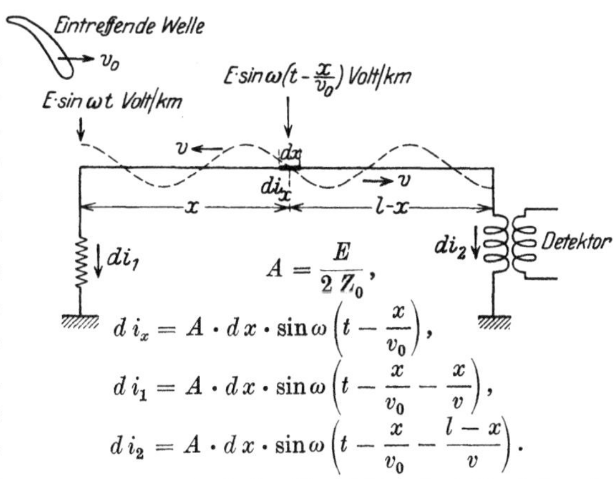

$$A = \frac{E}{2\,Z_0},$$

$$d\,i_x = A \cdot d\,x \cdot \sin\omega\left(t - \frac{x}{v_0}\right),$$

$$d\,i_1 = A \cdot d\,x \cdot \sin\omega\left(t - \frac{x}{v_0} - \frac{x}{v}\right),$$

$$d\,i_2 = A \cdot d\,x \cdot \sin\omega\left(t - \frac{x}{v_0} - \frac{l-x}{v}\right).$$

Abb. 260. Aufbau der Ströme $d\,i_1$ und $d\,i_2$ an den beiden Leiterenden.

der Leitung verläuft, dauert es x/v_0 Sekunden, bis die Welle den unendlich kleinen Teil dx der Leitung erreicht. Man hat also an dieser Stelle den Gradienten $E \cdot \sin\omega\left(t - \frac{x}{v_0}\right)$ Volt/km. In der Länge dx wird also die elektromotorische Kraft $e_x = E\,dx \cdot \sin\omega\,\left(t - \frac{x}{v_0}\right)$, und der Strom di_x induziert, wie in der Abbildung angegeben ist, da R gleich der Schwingungsimpedanz Z_0 der Leitung gemacht ist. Der Strom, welcher durch die EMK e_x in dx hervorgerufen wird, muß daher einen Gesamtwiderstand $2\,Z_0$ überwinden und ist $di_x = \frac{e_x}{2\,Z_0}$. Die Wirkung desselben macht sich nach beiden Seiten der Leitung hin bemerkbar und pflanzt sich im allgemeinen (praktischen) Falle mit einer etwas kleineren Geschwindigkeit v fort $(v < v_0)$. Die EMK in dx erzeugt somit die resultierenden Ströme di_1 und di_2 an den bezüglichen Enden, die gegen den Strom di_x phasennacheilend sind, da es ja für den Strom di_1 am linken Ende x/v Sekunden dauert, bis die Welle von dx ankommt, und für die nach rechts laufende Welle $\frac{l-x}{v}$ Sekunden, um die Kopplungsspule, die zum Detektor führt, zu erreichen.

Die gemessenen Stromwerte an den zwei Enden erhält man durch Integration von di_1 und di_2 zwischen den Grenzen $x = 0$ und $x = l$, d. h.

$$\left.\begin{aligned} I_1 &= A\int_0^l \sin\omega\,(t - b \cdot x)\,dx\,, \\ I_2 &= A\int_0^l \sin\omega\left(t - \frac{l}{v} + a \cdot x\right)dx\,, \end{aligned}\right\}$$

wo

$$\left.\begin{aligned} A &= \frac{E}{2\,Z_0}\,, \\ a &= \frac{1}{v} - \frac{1}{v_0}\,, \\ b &= \frac{1}{v} + \frac{1}{v_0}\,. \end{aligned}\right\}$$

Wenn $B = \frac{A}{\omega b}$ gesetzt wird, so erhält man für I_1 die Lösung

$$\begin{aligned} \boldsymbol{I_1} &= B\,[\cos\omega\,(t - b \cdot x) + \text{konst.}]_0^l \\ &= B\,\{\cos\omega t \cdot \cos\omega b l - \cos\omega t + \sin\omega t \cdot \sin\omega b l\} \\ &= B\,\{[\cos\omega b l - 1]\cos\omega t + \sin\omega b l \cdot \sin\omega t\} \\ &= B\left\{-2\sin\frac{\omega b l}{2}\sin\frac{\omega b l}{2}\cos\omega t + 2\sin\frac{\omega b l}{2}\cos\frac{\omega b l}{2}\sin\omega t\right\} \\ &= 2\,B\sin\frac{\omega b l}{2}\left\{\cos\frac{\omega b l}{2}\sin\omega t - \sin\frac{\omega b l}{2}\cos\omega t\right\} \\ &\boldsymbol{= 2\,B\sin\frac{\omega b l}{2}\sin\,(\omega t - \varphi)} \end{aligned}$$

$$\text{für} \quad \varphi = \frac{\omega b l}{2}\,.$$

Bei der Berechnung des mittels eines Amperemeters gemessenen Wertes von I_2 spielt der letzte Faktor $\sin(\omega t - \varphi)$ keine Rolle und darf in der weiteren Betrachtung weggelassen werden.

Man hat dann

$$I_1 = 2B\sin\frac{\omega b l}{2}$$
$$= \frac{2A}{\omega b}\sin\frac{\omega b l}{2} = \frac{E}{\omega b Z_0}\sin\frac{\omega b l}{2}.$$

Da

$$\omega b = \omega\left[\frac{1}{v} + \frac{1}{v_0}\right] = \frac{\omega}{v}[1+p] = \beta[1+p],$$

so wird

$$\boldsymbol{I_1 = \frac{E}{\beta[1+p]Z_0}\sin\frac{1}{2}\beta[1+p]l},$$

welches Ergebnis die entsprechende Formel in Gl. (113a) bestätigt, wenn $\beta = \frac{2\pi}{p\lambda}$ gesetzt wird. Wenn man die Integration für di_2 auf dieselbe Weise ausführt, so bekommt man den Ausdruck für I_2, der sich von demjenigen für I_1 nur darin unterscheidet, daß an Stelle von p der Wert $(-p)$ erscheint, d. h.

$$\boldsymbol{I_2 = \frac{E}{\beta(1-p)Z_0}\sin\frac{1}{2}\beta[1-p]l},$$

was ebenfalls den Ausdruck in Gl. (113a) bestätigt.

Die Gl. (113a) ergeben somit ein Hilfsmittel, die Richtwirkung des praktischen Falles zu untersuchen. Wenn wir z. B. wiederum dieselbe Annahme wie in dem Beispiel für die ideale Leitung machen, wo $E = 0{,}0314$ Volt/km, $Z_0 = 500\ \Omega$, $\lambda = 10$ km und wie im letzten Falle jenes Beispieles $l = 7{,}5$ km, so wird für $v = 0{,}8\,v_0$, d. h. $p = 0{,}8$ gemäß Formel (2)

$$I_1 = \frac{0{,}8\cdot 3{,}14\cdot 10^{-2}\cdot 10}{2\pi\cdot 1{,}8\cdot 500}\sin\frac{7{,}5\cdot 1{,}8}{0{,}8\cdot 10}\cdot 180^\circ = 25{,}8 \text{ Mikroampere},$$
$$I_2 = \frac{0{,}8\cdot 3{,}14\cdot 10^{-2}\cdot 10}{2\pi\cdot 0{,}2\cdot 500}\sin\frac{7{,}5\cdot 0{,}2}{0{,}8\cdot 10}\cdot 180^\circ = 222{,}5 \text{ Mikroampere}.$$

Man hat somit eine gute Richtwirkung. Für eine Leitung, welche eine ganze Wellenlänge lang ist ($l = \lambda$) ändert sich nur der Wert des Sinusgliedes

$$I_1 = 44{,}4\cdot 10^{-6}\sin\frac{1+p}{p}\pi = 31{,}4 \text{ Mikroampere},$$

$$I_2 = 400\cdot 10^{-6}\sin\frac{1-p}{p}\pi = 282{,}8 \text{ Mikroampere}.$$

Die obere Anordnung in Abb. 258 hat den Nachteil, daß die Einstellung des Widerstandes in einem größeren Abstande von den Empfangsapparaten erfolgen muß. Dieser Übelstand ist in der unten angegebenen Anordnung derselben Abbildung beseitigt. Man benutzt eine

Doppelleitung mit einem Rückspeisungstransformator an dem Ende, das am weitesten vom Sender entfernt ist. Wenn daher eine Welle von links her kommt, so schickt die Spule, welche am rechten Ende geerdet ist, die Energie wieder in das System zurück, und die Antenne wirkt wie eine Doppelleitung, die am linken Ende ihre Energie an den Detektor abgibt. Für eine Welle, die von rechts her kommt, heben sich die entsprechenden Ströme in den zwei primären Hälften des Detektortransformators auf.

Nach der Theorie der Doppelleitung und der Antenne erhält man die Schwingungsimpedanz der Leitung zu

$$Z_0 = \sqrt{\frac{\sqrt{r^2 + \omega^2 L^2}}{\sqrt{g^2 + \omega^2 C^2}}},$$

wobei für Luftleiter in sehr guter Annäherung

$$Z_0 = \sqrt{\frac{\sqrt{r^2 + \omega^2 L^2}}{\omega C}}$$

gesetzt werden darf, da die Ableitung g vernachlässigt werden kann. Man sieht daher, daß die Schwingungsimpedanz etwas von der Frequenz $\omega/2\pi$ abhängig ist. Wenn man weiterhin den Quadratwert des effektiven Widerstandes r pro Längeneinheit gegen $(\omega L)^2$ vernachlässigt, so hat man

$$Z_0 = \sqrt{\frac{L}{C}},$$

eine Größe, die scheinbar nicht mehr von der Frequenz abhängig ist. In Wirklichkeit ist C eine Größe, die für alle Periodenzahlen der Hochfrequenztechnik von der Frequenz nicht beeinflußt wird, während L etwas davon abhängt. Bei Messungen von Schwingungsimpedanzen darf aber $\sqrt{L/C}$ als konstant aufgefaßt werden, da man gewöhnlich für solche Untersuchungen kaum eine Genauigkeit von mehr als 1% erwarten kann. Wenn daher die Wellenantenne über einen Widerstand $R = Z_0$ geerdet wird, oder eine Doppelleitung über $R = Z_0$ am offenen Ende geschlossen wird, so wirkt das ganze System aperiodisch, d. h. so, wie wenn es keine Kapazität und Induktivität besitzen würde. Daraus ergibt sich aber ein Hilfsmittel, die Wellenimpedanz experimentell zu finden, wie in Artikel 260 gezeigt wird. Die Wellenantenne besteht im einfachsten Fall aus einem horizontalen Luftleitergebilde, das sich ungefähr 3 m über der Erde hin ausstreckt. Bei einer solchen Annahme hat der vertikale Teil keinen großen Einfluß auf die Richtwirkung. Wenn der horizontale Teil zu nahe am Erdboden angebracht wird, so vermindert sich die Fortpflanzungsgeschwindigkeit v längs des Drahtes. Diese Geschwindigkeit bestimmt die maximale Länge l des Gebildes, da z. B. bei einer zu kleinen Geschwindigkeit v die Drahtwelle immer mehr und mehr hinter der Raumwelle zurückbleibt, bis Punkte erreicht werden, in denen Gegenphasigkeit (Stromverminderung) auftritt. Die maximale Länge l kann für $p = \frac{v}{v_0}$ aus der Formel

$$l = \frac{\lambda}{4\left[\frac{1}{p} - 1\right]} \tag{113b}$$

gefunden werden. Zum Beispiel für $\lambda = 500$ m und $v = 0{,}9\, v_0$, d. h. $p = 0{,}9$, wird

$$l_{\max} = \frac{500}{4\left[\frac{10}{9} - 1\right]} = 1125\,\text{m}\,.$$

Das heißt die Leitung darf höchstens etwas länger als die zweifache Wellenlänge der Erregerwelle gemacht werden.

324. Theorie des mit einer Sinusspannung erregten Lechersystems. Die Anordnung in Abb. 149 kann, wie in Artikel 110 gezeigt ist, zur Präzisionseichung eines Wellenmessers verwendet werden, wenn ein gewisser theoretischer Faktor in Betracht gezogen wird.

Die Methode beruht darauf, daß man einen niederohmischen thermoelektrischen Stromanzeiger (mit einem Nebenschluß von kleinem Widerstand) längs der Doppelleitung verschiebt und den Abstand zwischen zwei Maximalablesungen abliest. Es ist nun von Interesse, ob der gemessene Abstand wirklich gleich der halben Wellenlänge ist und wenn dies der Fall ist, ob dann die so bestimmte Wellenlänge diejenige ist, die im Äther durch denselben Erregerstrom erzeugt würde, falls das Drahtsystem keinen Einfluß hätte. Dieses wäre der Fall, wenn die Fortpflanzungsgeschwindigkeit längs der Leitung gleich dem genauen Werte der Lichtgeschwindigkeit ($v_0 = 2{,}9982 \cdot 10^8$ m/Sek.) wäre. Bei sehr genauen Messungen muß man den besten Wert für v_0 benutzen, sowie den Einfluß des Leiters auf die Phasengeschwindigkeit untersuchen, da man neuerdings mit Meßgenauigkeiten von $^1/_{10\,000}$ manches Mal zu rechnen hat, während bei Spannungs- und Stromverteilungen für die Ableitung der Kapazitäten und anderer Größen die Lichtgeschwindigkeit in guter Annäherung benutzt werden darf (wie im letzten Artikel gezeigt ist). Wenn man der Einfachheit halber die Länge zwischen der Strombrücke und dem Anfang der Leitung gleich l cm setzt, so ist gemäß den Betrachtungen in Artikel 315 der Strom in dem Meßinstrument der Brücke

$$I_2 = \frac{E_1}{Z_0 \sinh n l} = \frac{2 Y E_1}{n[\varepsilon^{nl} - \varepsilon^{-nl}]}\,,$$

da $Z_0 = \sqrt{\frac{Z}{Y}} = \frac{n}{Y}$, wo $Y = j\omega C$, $g = 0$, $n = \alpha + j\beta$ und E_1 die am Anfang der Leitung aufgedrückte Sinusspannung ist.

Da die Wellenlänge λ und die Frequenz f bekanntlich durch die Beziehung

$$v = \frac{\lambda}{\frac{1}{f}} = \frac{\omega}{\beta} \tag{114}$$

verknüpft sind, so hat man für den Brückenstrom den Ausdruck

$$I_2 = \frac{2\,v\,C\,E_1}{\left[1 - j\,\frac{\alpha}{\beta}\right]\left[\varepsilon^{\alpha l}\,\varepsilon^{j\Omega} - \varepsilon^{-\alpha l}\,\varepsilon^{-j\Omega}\right]}, \tag{115}$$

wenn $\Omega = \beta l$ gesetzt wird.

Da die Streuung g, wie bereits oben angedeutet ist, bei der Doppelleitung für Luft vernachlässigt werden kann, so ist gemäß (71) die Geschwindigkeit längs der Leitung

$$v = \frac{\omega}{\sqrt{\frac{1}{2}\,[Y \cdot Z + \omega^2 C\,L]}}$$

und die Fortpflanzungskonstante

$$n = \sqrt{Y Z} = \sqrt{j\,\omega\,C\,[r + j\,\omega\,L]} = j\,\omega\,\sqrt{C\,L}\left[1 + \frac{r}{j\,\omega\,L}\right]$$

$$\cong j\,\omega\,\sqrt{C\,L}\left[1 + \frac{\Delta}{j}\right],$$

da $\frac{r}{\omega L}$ klein ist und $\left(\frac{r}{\omega L}\right)^2$ vernachlässigt werden kann und $\Delta = \frac{r}{2\,\omega\,L}$ ist. Daher wird

$$n = \frac{r}{2}\sqrt{\frac{C}{L}} + j\,\omega\,\sqrt{C\,L} = \alpha + j\,\beta \tag{116}$$

und

$$v = \frac{\omega}{\beta} = \frac{1}{\sqrt{C\,L}}, \tag{117}$$

worin C und L die Hochfrequenzwerte der Kapazität und Induktivität der Doppelleitung für die Längeneinheit bedeuten.

Wenn man für den Bruch α/β in (115) die Werte aus (116) einsetzt und in der Reihe für $\varepsilon^{\pm\alpha l}$ nur die wichtigsten Glieder mitführt, so erhält man, da dann $\varepsilon^{\pm\alpha l} = 1 \pm \alpha\,l$ ist,

$$I_2 = \frac{v\,C\,E_1}{[1 - j\,\Delta]\,[\alpha\,l \cos\Omega + j \sin\Omega]},$$

und somit die Skalarlösung für den Brückenstrom

$$|I_2| \cong \frac{v\,C\,|E_1|}{\sqrt{(\alpha\,l)^2 \cos^2\Omega + \sin^2\Omega}}, \tag{118}$$

da ja Δ^2 gegen die Einheit als eine kleine Größe zweiten Grades verschwindend klein ist. Gleichung 118 hat natürlich dieselbe Form für den gemessenen Effektivstrom. Der Strommesser wird daher immer ein Maximum anzeigen, wenn die Funktion

$$\psi(\Omega) = (\alpha\,l)^2 \cos^2\Omega + \sin^2\Omega$$

ein Minimum wird. Das findet für alle elektrischen Längen[1])

$$\Omega_m = m\pi[1 - \Delta^2] \cong m\pi \tag{119}$$

statt, wobei $m = 1, 2, 3$ usf. ist. Die Abmessung zwischen zwei aufeinanderfolgenden Maximumeinstellungen an der Doppelleitung ist daher gleich π, welches der halben Wellenlänge, die sich an der Leitung entwickelt, entspricht.

Wenn d^{cm} den Drahtdurchmesser und a^{cm} den Abstand zwischen den Drahtachsen der Doppelleitung bedeuten, so erhält man im elektromagnetischen cgs-System als Hochfrequenzwerte der Kapazität C_l und Induktivität L_1 für eine Länge l^{cm}

$$\left.\begin{aligned} C_l &= \frac{l}{4v_0^2 \ln B}\,\mathrm{Sek}^2/\mathrm{cm} = \frac{l}{4\cdot 9\cdot 10^{11} \ln B}\,\mathrm{Farad}, \\ L_l &= l[4\ln B + D]\,\mathrm{cm} = l[\,]\,10^{-9}\,\mathrm{Henry}, \end{aligned}\right\} \tag{120}$$

wenn r_0 der Gleichstromwiderstand für l cm Länge der Doppelleitung in cm/Sek ist und

$$\left.\begin{aligned} B &= \frac{1 + \sqrt{1 - \left[\frac{d}{a}\right]^2}}{\frac{d}{a}}, \\ D &= \sqrt{\frac{r_0}{\omega\left[1 - \left(\frac{d}{a}\right)^2\right]}}. \end{aligned}\right\}$$

Der Hochfrequenzwiderstand (r) ist für die Längeneinheit

$$r = \sqrt{\frac{r_0\,\omega}{1 - \left[\frac{d}{a}\right]^2}}. \tag{121}$$

Wenn man diese Ausdrücke in die wahre Fortpflanzungsgeschwindigkeit der Gleichung 117 einführt, so erhält man

$$v = \frac{1}{\sqrt{CL}} = v_0 \sqrt{\frac{1}{1 + \frac{D}{4\ln B}}} = v_0 \sqrt{\frac{1}{1 + 2V}} = v_0[1 - V],$$

wo

$$V = \frac{\sqrt{r_0}}{8 \ln B \sqrt{\omega\left[1 - \left(\frac{d}{a}\right)^2\right]}}$$

---

[1]) Der Beweis dafür wurde vom Verfasser im Scientific Paper Nr. 491 of the Bureau of Standards gegeben.

und $2\,V$ im Vergleiche zur Einheit klein ist. Man kann somit die wahre Fortpflanzungsgeschwindigkeit aus der Formel

$$v = 2{,}9982 \cdot 10^8 \left[1 - \frac{\sqrt{r_0}}{8 \ln B \sqrt{\omega\left[1 - \left(\frac{d}{a}\right)^2\right]}}\right] \cong v_0 (1 - \Delta)\ \text{m/Sek.}$$

berechnen, da der Ausdruck für r in (121) zeigt, daß

$$v = v_0\left[1 - \frac{r}{8\,\omega \ln B}\right] \cong v_0\left[1 - \frac{r}{2\,\omega L}\right]$$

sein muß; d. h. es ist

$$V \cong \Delta\,.$$

Die Fortpflanzungsgeschwindigkeit längs der Leitung ist daher etwas kleiner[1]) als die genaue Lichtgeschwindigkeit ($v_0 = 2{,}9982 \cdot 10^8$ m/Sek.) und der Faktor Δ muß bei Präzisionsmessungen berücksichtigt werden, da er ja nur eine kleine Größe ersten Grades ist. Der Grund dafür ist vielleicht am besten aus einem Beispiel ersichtlich.

Einem modifizierten Lechersystem (Abb. 150) werde eine konstante Sinusspannung mit einer konstanten Frequenz $f = 26 \cdot 10^3$ Hertz aufgedrückt. Die Doppelleitung bestehe aus einem blanken Kupferzylinder mit einem Durchmesser von $d = 0{,}14$ cm; der Abstand zwischen den Drahtachsen sei $a = 4{,}2$ cm. Man hat dann $\omega = 2\pi f = 2\pi \cdot 26 \cdot 10^6$; $B = 60$; $\ln B = 4{,}09434$; $\sqrt{r_0} = \sqrt{\dfrac{2 \cdot 1600}{\frac{\pi}{4}\, 0{,}14^2}} = 456$ elm. cgs-Einheiten. Der Berichtigungsfaktor wird somit $\Delta = \dfrac{57}{4{,}09 \cdot \sqrt{\omega}} = 0{,}001088$. Die am Wellenmesser geeichte Frequenz f bzw. die Wellenlänge wären also ungefähr $^1/_{10}$% zu hoch bzw. zu niedrig, wenn sie mit der gewöhnlichen Lichtgeschwindigkeit berechnet worden wären. Die richtigen Werte ergeben sich, wenn man diese Größen aus den Formeln

$$\left.\begin{aligned} f &= \frac{1{,}4991 \cdot 10^5}{l} (1 - \Delta)\ \text{Hertz} \\ \lambda_0 &= 21\,(1 + \Delta)\ \text{Meter} \end{aligned}\right\}$$

ermittelt, worin l in Meter der Abstand zwischen zwei aufeinanderfolgenden Maximaleinstellungen an der Doppelleitung ist.

Um sich ein Bild machen zu können, wie groß die prozentuale Abweichung für verschiedene Frequenzen wäre, wenn man die Rechnung nur mittels $2{,}9982 \cdot 10^5$ km/Sek. durchführen würde, ist die Tafel 20 beigegeben. Die entsprechenden halben Wellenlängen $\frac{\lambda}{2} = l$ sind ebenfalls beigefügt. Die Rechnung ist auch für einen etwas größeren Drahtdurchmesser ($d = 0{,}145$ cm) ausgeführt worden. Man sieht, daß in beiden

---

[1]) Näheres siehe unter Messungen S. 184.

Fällen der prozentuale Fehler ungefähr $^1/_{10}\%$ betragen würde und daß irgendwelche kleine Abweichungen im Drahtdurchmesser für den verwendeten Frequenzbereich, der für die Eichung ausreicht (da die Oberwellen mittels der Schwebungsmethode die anderen Frequenzen ergeben) vernachlässigt werden können.

Tabelle 20.

Periodenzahl $f\sim$/Sek.	Prozentuale Abweichung	l^{m}	Wahre Geschwindigkeit $v = v_0(1-\Delta)$	Prozentuale Abweichung	l^{m}	Prozentuale Abweichung
$16 \cdot 10^6$	0,139	9,356	$2{,}9940 \cdot 10^8$	0,135	9,356	0,131
18	0,131	8,317	2,9943	0,127	8,317	0,123
20	0,124	7,486	2,9945	0,121	7,486	0,118
22	0,118	6,806	2,9946	0,115	6,806	0,112
24	0,113	6,239	2,9948	0,110	6,239	0,107
26	0,109	5,759	2,9949	0,106	5,759	0,103
28	0,105	5,348	2,9950	0,102	5,348	0,099
30	0,101	4,992	2,9952	0,099	4,992	0,096
32	0,098	4,680	2,9953	0,096	4,680	0,093
34	0,095	4,405	2,99535	0,093	4,405	0,090
	Drahtdurchmesser $d = 0{,}14$ cm			$d = 0{,}145$ cm		$d = 0{,}145$ cm $a = 4{,}7$ cm
	Abstand zwischen beiden Drähten $a = 4{,}2$ cm					

Die Raumresonanzkurven, die in Abb. 261 angedeutet sind, kann man auch theoretisch erklären, da man für die wirksame Impedanz Z_1 am Anfang der Doppelleitung die Beziehung

$$Z_1 = Z_0 \cdot \tanh n l = Z_0 \frac{\varepsilon^{n l} - \varepsilon^{-n l}}{\varepsilon^{n l} + \varepsilon^{-n l}}$$

hat. Da

$$Z_0 = \frac{1 - j\Delta}{v C}$$

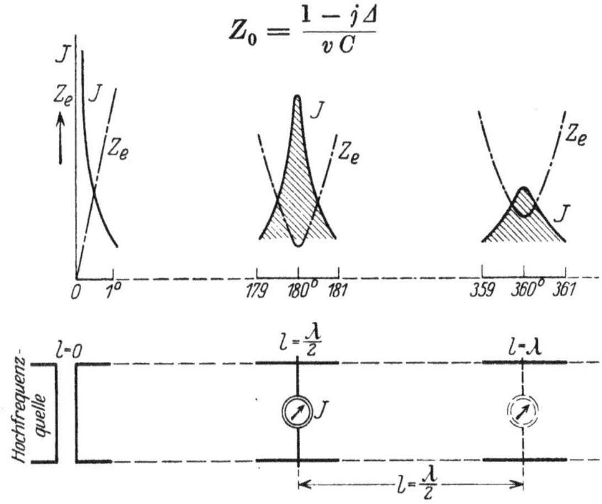

Abb. 261. Raumresonanzkurven einer durch einen Strommesser kurzgeschlossenen Doppelleitung für $2 \cdot 10^7$ Perioden/sec $a = 4{,}2$ cm zwischen den Drahtachsen und einem Drahtdurchmesser von 0,145 cm.

ist, so wird
$$Z_1 = \frac{[1 - j\Delta]\,[\alpha l \cos\Omega + j \sin\Omega]}{v \cdot C\,[\cos\Omega + j\,\alpha l \sin\Omega]},$$
wenn nur die maßgebendsten Glieder der Reihe $\varepsilon \pm \alpha l$ benutzt werden. Da $\alpha l = \Delta\Omega$ und Δ^2 verschwindend klein gegen die Einheit ist, so bekommt man für die effektive Impedanz am Generatorende der Doppelleitung
$$Z_e = \frac{1}{v\,C}\sqrt{\frac{\Delta^2\,\Omega^2 \cos^2\Omega + \sin^2\Omega}{\Delta^2\,\Omega^2 \sin^2\Omega + \cos^2\Omega}}. \tag{123}$$
Irgendwelche Minimalwerte von Z_e ergeben einen maximalen Brückenstrom in dem Meßinstrument, da gemäß der Stromverteilung derselben Effekt im Stromanzeiger auftritt, wenn dieser am Anfang oder am kurzgeschlossenen Ende eingeschaltet wird. Die kleinsten Werte für Z_e ergeben sich gemäß (119) für $\Omega_m = m\pi$, d. h. es ist
$$Z_{e_{\min}} = (-1)^m \frac{m\,r\,v}{4\,f}\ \text{cm/Sek.}, \tag{124}$$
da $\Delta = \frac{r}{2\,\omega\,L}$ ist.

Alle Größen sind im elm. cgs-System ausgedrückt. Man hat daher nur das Ergebnis mit 10^{-9} zu multiplizieren, um die Impedanz in Ohm zu erhalten. Wenn man $\Omega_m = [2\,m - 1]\frac{\pi}{2}$ setzt, so erhält man die maximalen Werte von Z_e, und zwar
$$Z_{e_{\max}} = \frac{2}{(2\,m - 1)\,\pi\,\Delta\,v\,C} \cong \frac{8\,v_0 \ln B}{(2\,m - 1)\,\pi\,\Delta} \tag{125}$$

Mittels der Lösung (123) kann man die Verteilungsimpedanzkurven berechnen und graphisch darstellen (siehe Abb. 261). Für eine konstante aufgedrückte EMK mit konstanter Frequenz bedeutet die reziproke Kurve die Admittanzverteilung längs der Leitung und stellt mit einem gewissen Maßstabe die Raumresonanzkurve I dar (d. h. den Effektivstrom als Funktion von der Verschiebung zu jeder Seite der Resonanzeinstellung). Die Erfahrung zeigt, daß bei einer Verschiebung um wenige Zentimeter nach jeder Seite von der Maximaleinstellung überhaupt kein merkbarer Strom mehr auftritt. Es ist deshalb nur notwendig, die Gleichung 123 in der unmittelbaren Nähe von 0, 180 und 360 Raumgraden zu untersuchen. Wenn man dies für $f = 2 \cdot 10^7$ ~/Sek., $a =$ 4,2 cm und $d = 0{,}145$ cm ausführt, so ergibt ein Grad eine Verschiebung von 41,35 mm. In der Nähe der Maximaleinstellung genügt schon eine Verschiebung von 1 mm, woraus sich, im Vergleich mit der entsprechenden Wellenlänge bei der Messung ($\lambda = 14973$ mm), eine große Empfindlichkeit des Systems ergibt.

Wenn man die nacheinander folgenden Impedanzen für maximale Werte (Lösung 125) für $m = 1,\ 2,\ 3$ usf. untersucht, so findet man für den ersten maximalen Wert $Z_e = \frac{8\,v_0 \ln B}{\varDelta\,\pi}\,10^{-9} = P$ Ohm, für den nächsten $P/3$ Ohm. Die sich einander folgenden Maxima verhalten sich wie 1 : 3 : 5 : 7 usf. und entsprechen verhältnismäßig großen Werten, da für die obigen Abmessungen $P = 2{,}56 \cdot 10^5$ Ohm ergibt. Auf ähnliche Weise kann man zeigen, daß die Minimalwerte (Lösung 124) in der Folge wachsen, da für den ersten Wert $Z_e = \frac{r\,v}{4\,f}\,10^{-9} = Q$ Ohm ist, für den zweiten gleich $2Q$, für den dritten $3Q$ Ohm usw. Man hat es in diesem Falle mit verhältnismäßig kleinen Werten zu tun, da man für die obigen Abmessungen z. B. für Q nur 1,85 Ohm erhält. Die minimalen Werte sind von praktischer Bedeutung, da sie die Schärfe der maximalen Stromeinstellung bestimmen. Da jede andere Einstellung einen größeren Wert von $Z_{e_{\min}}$ aufweist, so müssen die Einstellungen, welche mehr vom Generatorende entfernt sind, etwas unschärfer sein, wie auch die Erfahrung zeigt. Aus diesem Grunde scheint es am besten, nur die ersten zwei maximalen Stromeinstellungen zu benutzen. Außer der für die weiter außen liegenden Einstellungen erfolgenden Stromverringerung zeigen die Raumresonanzkurven, daß ein größeres Dekrement die Einstellungsschärfe ungünstig beeinflußt.

XXVI. Elektrische und magnetische Feldstärken[1]).

325. Theorie der Rahmenantenne (mit Bezug auf die in der Meßtechnik brauchbaren Formeln). Die Rahmenantenne besitzt eine Richtwirkung, die beim Empfang von Wellen ausgenutzt werden kann. Für Sendezwecke kommt die Rahmenantenne infolge ihres kleinen Strahlungswiderstandes kaum in Frage, ausgenommen für die Wegweisung von Luftschiffen u. dgl. Für die Meßtechnik dagegen ist die Rahmenantenne von Bedeutung, da man mittels derselben in einfacher Weise die wirksame Höhe von verwickelten Strahlungsgebilden messen und das elektrische wie auch das magnetische Kraftfeld einer eintreffenden elektromagnetischen Welle finden kann.

Wenn man sich zunächst nur eine einzige Windung denkt, deren Fläche $F = a \cdot h$ senkrecht zu einem verhältnismäßig gut leitenden Erdboden aufgehängt ist, und in einer solchen Weise, daß sie zum Sender deutet, so hat man den Fall in Abb. 262. Die beiden Seiten wirken wie zwei Vertikalantennen, für welche die induzierte Spannung E^{V} mit der elektrischen Feldstärke $\varepsilon^{\mathrm{Volt/m}}$ so verkettet ist, daß die wirksame Höhe

$$h_e^m = \frac{E}{\mathcal{E}} \tag{1}$$

ist.

[1]) Im Gegensatz zu stehenden Wellen muß man bedenken, daß für eine sich im Raume fortpflanzende Welle die elektrischen und magnetischen Feldstärken $\mathcal{E}$ und H immer in Phase sind, d. h., wenn $\mathcal{E}$ an irgend einer Stelle ein Maximum ist, dies auch für H zutrifft.

Die in dem Rahmen induzierte Gesamtspannung E_r ist dann die geometrische Summe der Teilspannungen E_1 und E_2, da ein gewisser Phasenunterschied Θ zwischen E_1 und E_2 besteht, weil die eintreffende Welle eine bestimmte Zeit (t Sekunden) braucht, um von der linken zur rechten Seite des Rahmens zu gelangen.

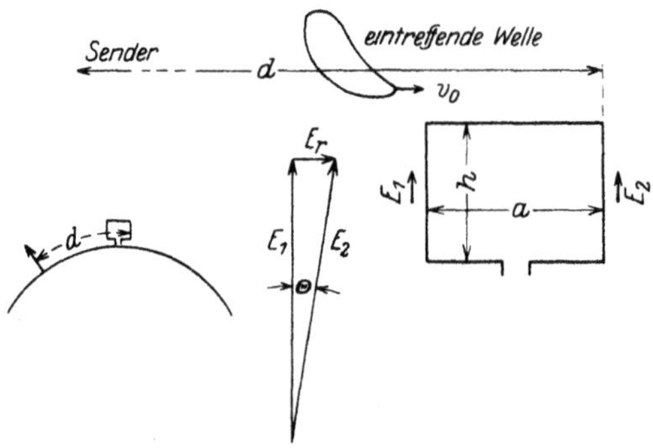

Abb. 262. Induzierte Spannungen in einer Rahmenantenne.

Der Phasenunterschied ist im Bogenmaß (Radian)

$$\Theta = \frac{2\pi a}{\lambda}, \tag{2}$$

da für die Fortpflanzungsgeschwindigkeit

$$v_0 = \lambda f = \frac{\lambda}{T}$$

oder

$$\left.\begin{aligned} \lambda &= v_0 T, \\ a &= v_0 t \end{aligned}\right\}$$

sich die Beziehungen

$$\frac{\alpha}{\lambda} = \frac{t}{T} = \frac{\Theta}{2\pi}$$

ergeben.

Nach den einfachen Gesetzen der Wechselströme wird infolge des magnetischen Kraftflusses $\Phi_t = \Phi_{\max} \sin \omega t$ der Welle, welcher mit dem Rahmen verkettet ist, in ihm eine effektive Spannung

$$E = \frac{\omega \Phi_{\max} \cdot 10^{-8}}{\sqrt{2}} \text{ Volt} \tag{3}$$

induziert[1]), wo $\omega = 2\pi f$. Wenn $B_{\max} = \frac{\Phi_{\max}}{F}$ die magnetische Kraftliniendichte in Gauss, d. h. die Kraftlinienmenge für die Flächeneinheit der Rahmenfläche $a \cdot h$ bedeutet, so wird bei N Windungen eine Spannung

$$E_r = \frac{\omega N B_{\max}^{\text{Gauß}} F^{\text{qcm}}}{\sqrt{2}} 10^{-8} \text{Volt} \tag{3a}$$

in dem Rahmen induziert. Der Kraftfluß induziert daher eine Spannung E_r gemäß der Geschwindigkeit, mit welcher die Kraftlinien geschnitten werden, und erzeugt die Feldstärke[2])

$$\mathfrak{E}_{\max} = v_0 \cdot B_{\max}^{\text{Gauß}} \text{ Abvolt/cm.} \tag{4}$$

---

[1]) Da die induzierte Momentanspannung $e = -\frac{d\Phi_t}{dt} = -\omega \Phi_{\max} \cos \omega t$.

[2]) Die Fortpflanzungsgeschwindigkeit ist in diesem Fall $v_0 = 3 \cdot 10^{10}$ cm/sk und die Feldstärke im absoluten System ausgedrückt.

Infolge

$$\mathfrak{E}_{\max} = v_0 B_{\max} = \lambda f B_{\max} = \frac{\omega \lambda B_{\max}}{2\pi}$$

oder

$$\omega B_{\max} = \frac{2\pi \mathfrak{E}}{\lambda}$$

$$\omega B_{\max} 10^{-8} = \frac{2\pi \mathfrak{E}^{\mathrm{V/cm}}}{\lambda^{\mathrm{cm}}}$$

erhält man einen anderen Ausdruck für die induzierte Rahmenspannung

$$E_r = \frac{2\pi \mathfrak{E}_{\max}^{\mathrm{V/cm}} N F^{\mathrm{qcm}}}{\sqrt{2}\,\lambda^{\mathrm{cm}}} \text{ Volt.} \tag{3b}$$

Da $B = \mu H$ und $\mu = 1$, wird der Maximalwert der magnetischen Feldstärke

$$H_{\max} = \frac{E_r^{\mathrm{V}} \sqrt{2} \cdot 10^8}{2\pi f^{-\mathrm{Sek.}} N F^{\mathrm{qcm}}}.$$

In der Praxis ist es aber einfacher, den entsprechenden Resonanzstrom I des Rahmens[1]) zu messen. Für einen Gesamtwiderstand r^{Ω} des Rahmenkreises wird dann

$$E_r = I \cdot r$$

und für $f = \frac{3 \cdot 10^8}{\lambda^m}$ der Maximalwert der Feldstärke

$$H_{\max}^{\mathrm{Gilbert/cm}} = 7{,}51 \cdot 10^{-2} \frac{\lambda^{\mathrm{m}} I^{\mathrm{Amp.}} r^{\Omega}}{N F^{\mathrm{qcm}}}, \tag{5}$$

welches Ergebnis in diesem Fall auch den numerischen Wert der maximalen Kraftliniendichte B in Gauss liefert. Da nach Obigem und Gl. (4) die Effektivwerte

$$\left.\begin{aligned} \mathfrak{E} &= 3 \cdot 10^{10} B^{\mathrm{Gauß}} \text{ Abvolt/cm}, \\ &= 300\, B^{\mathrm{Gauß}} \text{ Volt/cm}, \\ &= 3 \cdot 10^4 B^{\mathrm{Gauß}} \text{ Volt/m}, \end{aligned}\right\} \tag{6}$$

so kann man den Maximalwert der elektrischen Feldstärke aus

$$\mathfrak{E}^{\mathrm{Volt/cm}} = 22{,}53 \frac{\lambda^{\mathrm{m}} I^{\mathrm{Amp.}} r^{\Omega}}{N F^{\mathrm{qcm}}} \tag{7}$$

berechnen. Wenn man daher die Feldstärke in Volt/m (wie es oft üblich ist) haben will, so vervielfacht man den rechten Teil von (7) mit 2253 anstatt mit 22,53. Einer magnetischen Feldstärke von $5 \cdot 10^{-6}$ Gilbert/cm entspricht dann eine elektrische Feldstärke von $15 \cdot 10^{-2}$ Volt/m.

Wenn man Gl. (7) für den Effektivwert der elektrischen Feldstärke ausdrückt, so ergibt sich für Sinusspannung

$$\mathfrak{E}^{\mathrm{Volt/m}} = 1592 \frac{\lambda^{\mathrm{m}} I^{\mathrm{Amp.}} r^{\Omega}}{N F^{\mathrm{qcm}}}. \tag{7a}$$

[1]) Der Rahmen wird dabei am einfachsten über einen thermoelektrischen Anzeiger niederen Widerstandes (10 bis 20 Ohm) und einen Kondensator geschlossen und mittels C auf Resonanz abgestimmt. Andernfalls (größere Entfernungen) verwendet man Verstärkungen.

Gl. (1) und (7a) gestatten, die wirksame Höhe h_e einer Rahmenantenne (Kapazität gegen die Erde vernachlässigt) für irgendeine Wellenlänge und gegebenen Abmessungen des Rahmens nach der Formel

$$h_e^{\mathrm{m}} = 6{,}28 \cdot 10^{-4} \frac{N \cdot F^{\mathrm{qcm}}}{\lambda^{\mathrm{m}}} = 6{,}28 \cdot 10^{-4} \frac{(\text{Windungszahl})\,(\text{Fläche d. Rahmens})}{\text{Wellenlänge}}$$

$$= 6{,}28 \frac{N \cdot a^{\mathrm{m}} \cdot h^{\mathrm{m}}}{\lambda^{\mathrm{m}}}$$

$$= 6{,}67 \cdot 10^{-6} f^{\mathrm{KP/Sek.}} N \cdot F^{\mathrm{qm}} \tag{8}$$

zu berechnen (a = Breite und h Höhe des Rahmens), da

$$h_e^{\mathrm{m}} = \frac{E^{\mathrm{V}}}{\mathfrak{E}^{\mathrm{Volt/m}}} = \frac{I^{\mathrm{Amp.}}\, r\Omega}{\mathfrak{E}^{\mathrm{Volt/m}}}.$$

Der Formfaktor F_r der Rahmenantenne ist daher:

$$F_r = \frac{6{,}28 \cdot N \cdot a^{\mathrm{m}}}{\lambda^{\mathrm{m}}} \tag{9}$$

eine leicht berechenbare Größe im Vergleich zur gewöhnlichen Antenne wo die wirksame Höhe h_e des Strahlungssystems[1])

$$h_e = \frac{I_{\mathrm{mittel}}}{I_{\max}} h = \frac{1}{I_{\max}} \int I\, dh$$

selbst für die einfachsten Strahlungssysteme nur ungefähr[2]) berechnet werden kann. Bei gewöhnlichen Antennenanordnungen ist es deshalb recht schwierig, einen richtigen Wert für die wirksame Höhe h_e zu berechnen. Wie unter den Messungen gezeigt wird, kann man mittels der Rahmenantenne die richtige wirksame Antennenhöhe irgendeines Strahlungsgebildes finden. Bezüglich der Formeln (8) und (9) ist zu bemerken, daß dieselben nur gelten, wenn die Breite a kleiner als $^1/_6$ der Wellenlänge $\left(a \leqq \frac{\lambda}{6}\right)$ ist, was für die meisten praktischen Fälle zutrifft. Wenn die Breite verhältnismäßig größer ist, so spielt gemäß Abb. 262 der Phasenunterschied $\Theta = \frac{2\pi a}{\lambda}$ eine Rolle, und es tritt eine Sinusfunktion anstatt deren Winkel im Bogenmaß in die Formeln, so daß für N Windungen

$$h_e^{\mathrm{m}} = 2\, N h^{\mathrm{m}} \sin \frac{\pi a^{\mathrm{m}}}{\lambda^{\mathrm{m}}} \tag{10}$$

---

[1]) h bedeutet wiederum die geometrische (wirkliche) Länge des Luftdrahtes, I den effektiven Strom für irgendein Leiterelement dh und $I_{\max}$ den maximalen Antennenstrom am geerdeten Ende.

[2]) Für einen geraden Draht ist der Formfaktor $F_A \cong 0{,}637$, d. h. $h_e^{\mathrm{m}} = 0{,}637\, h^{\mathrm{m}}$; für einen Draht mit großer Spulenbelastung am geerdeten Ende, die die natürliche Wellenlänge des Drahtes ohne Spule wenigstens um das 2,5fache steigert, ist $F_A = 0{,}5$; für die T-Antenne ist $F_A = 1$.

ist, da für eine Windung

$$E_r = 2 E_1 \sin\frac{\Theta}{2} = 2 \mathcal{E} h \sin\frac{\Theta}{2} = \left[2 h \sin\frac{\pi a}{\lambda}\right] \mathcal{E} = h_e \mathcal{E}$$

anstatt

$$E_r \cong E_1 \Theta = \frac{2\pi a}{\lambda} E_1 = \left[\frac{2\pi a}{\lambda} h\right] \mathcal{E} = h_e \mathcal{E}\,.$$

326. Fernwirkung[1]) eines Senders, ausgestrahltes Kraftfeld und Kraftfeld, welches zum Sender gehört. Gemäß Gl. (6) besteht für eine elektromagnetische Welle im Raum hinsichtlich der Effektivwerte der elektrischen und magnetischen Feldstärken $\mathcal{E}$ und H die Beziehung

$$\mathcal{E} = v_0 B = v_0 \mu H\,,$$

d. h.

$$\mathcal{E}^{\text{Volt/cm}} = 300\, H^{\text{Gilbert/cm}}, \qquad (6a)$$

da die Permeabilität μ praktisch überall konstant und gleich der angenommenen Einheit ist. Man kann deshalb die momentane magnetische Feldstärke H_t in irgendeiner Entfernung d (Abb. 262) vom Sender aus einem Vektorpotential $\mathfrak{A}$ ableiten, da

$$H_t = 0{,}1 \operatorname{rot} \mathfrak{A} = 0{,}1 \frac{\partial \mathfrak{A}}{\partial d}\,. \qquad (11)$$

Der Senderstrom sei sinusförmig, d. h.

$$i_s = I_{\max} \sin \omega t\,.$$

Seine Wirkung in einem Abstand d vom Sender ergibt den Momentanwert

$$i_{s_d} = I_{\max} \sin \omega \left[t - \frac{d}{v_0}\right],$$

da die elektromagnetische Welle d/v_0 Sekunden braucht, um diesen Abstand zurückzulegen. Der Momentanwert des Vektorpotentiales in einer Entfernung d vom Senderstrom ist dann

$$\mathfrak{A} = \frac{\left[I_{\max} \sin \omega \left(t - \frac{d}{v_0}\right)\right]}{d} h_{e_s}, \qquad (12)$$

wenn h_{e_s} die wirksame Höhe der Senderantenne bedeutet. Gemäß (11) ergibt sich für die momentane magnetische Feldstärke

$$H_t = -0{,}1 \left[\underbrace{\frac{h_{e_s} \omega I_{\max}}{v_0 d} \cos \omega \left[t - \frac{d}{c}\right]}_{\text{Wattkomponente}} + \underbrace{\frac{h_{e_s} I_{\max}}{d^2} \sin \omega \left[t - \frac{d}{v_0}\right]}_{\text{wattlose Komponente}}\right]$$

für $v_0 = \lambda f$; $\omega = 2\pi f$; für den Effektivwert $I_s = \frac{I_{\max}}{\sqrt{2}}$ des Senderstromes wird die effektive magnetische Feldstärke

[1]) Die allgemeine Lösung ist in den Hertzschen Arbeiten angegeben. Andere Arbeiten sind die von F. Braun: Jahrb. drahtl. Telegr. u. Telef. Bd. 8, S. 1. 1914. — J. H. Dellinger: Scient. Paper, Bureau of Standards, Nr. 354. 1919.

$$H^{\text{Gilbert/cm}} = \underbrace{6{,}28 \cdot 10^{-3} \frac{h^{\text{m}}_{e_s} I_s^{\text{Amp.}}}{\lambda^{\text{m}} d^{\text{m}}}}_{\substack{= P \\ \text{infolge des} \\ \text{ausgestrahlten} \\ \text{Feldes}}} + \underbrace{j\, 10^{-3} \frac{h_{e_s} I_s}{d^2}}_{\substack{+ jQ \\ \text{infolge des Feldes,} \\ \text{welches mit dem} \\ \text{Sender verkettet ist}}} \tag{13}$$

d. h. für größere Entfernungen ist

$$H^{\text{Gilbert/cm}} \cong 6{,}28 \cdot 10^{-3} \frac{h^{\text{m}}_{e_s} I_s^{\text{Amp.}}}{\lambda^{\text{m}} d^{\text{m}}}, \tag{13a}$$

da das imaginäre Glied mit dem Quadrat der Entfernung abfällt.

Die Lösung (13) zeigt, daß für eine Wellenlänge $\lambda = 2\pi d$ die Wirkungen des Strahlungs- und des mit dem Sender verketteten Feldes gleich groß sind. Wenn daher die Entfernung der Empfangsstation von dem Sender kleiner als $1{,}592\,\lambda$ ist, so spielt das mit der Senderantenne verkettete Feld (nicht abgetrenntes Feld) für den Empfangsstrom eine größere Rolle, während für $d > 1{,}592\,\lambda$ das Strahlungsfeld maßgebend ist. Für $d \geqq 10\,\lambda$ gilt (13a) in guter Annäherung.

Die effektive elektrische Feldstärke[1]) wird gemäß (6a) und (13a)

$$\mathcal{E}^{\text{Volt/m}} = 188{,}4 \frac{h^{\text{m}}_{e_s} I_s^{\text{Amp.}}}{\lambda^{\text{m}} d^{\text{m}}} \tag{14}$$

für Sender mit offener Antenne im Abstande d.

Die Ergebnisse (13a) oder (14) können daher benutzt werden um z. B. den Empfangsstrom in einer Vertikalantenne zu berechnen.

Wenn man daher zwei offene Antennen als Sender und Empfänger benutzt, so hat man in einem Abstand d^{m}, in dem sich die Empfangsantenne befindet, den in Gl. (14) angegebenen Wert der wirksamen elektrischen Feldstärke. Da aber nach der Definitionsgleichung (1) die induzierte effektive Spannung in der auf λ abgestimmten Empfangsantenne

$$E_r = \mathcal{E} \cdot h_{e_r} = I_r \cdot r$$

ist, so bekommt man für den Resonanzstrom I_r des Empfängers mit dem wirksamen Widerstand r

$$\mathcal{E}^{\text{Volt/m}} = \frac{I_r \cdot r}{h_{e_r}} = 188{,}4 \frac{h_{e_s} I_s}{\lambda d},$$

d. h. einen Empfangsstrom

$$I_r^{\text{Amp.}} = 188{,}4 \frac{h^{\text{m}}_{e_s} \cdot h^{\text{m}}_{e_r} \cdot I_s^{\text{Amp.}}}{r^{\Omega} \lambda^{\text{m}} d^{\text{m}}}, \tag{15}$$

---

[1]) Die elektrische Feldstärke ist hier in Volt/m angegeben, da dies in der Praxis mehr gebräuchlich ist, während $H^{\text{Gilbert/cm}}$ für die magnetische Feldstärke mehr benutzt wird. Es ist hier angenommen, daß die Antenne frei ist und nicht wie in Wirklichkeit gerade so viel unter der Erde (Spiegelbild) wie über derselben (verhältnismäßig gut leitende Erde), dann wäre die Konstante $2 \cdot 188{,}4 = 377$.

falls d nicht allzu groß gewählt ist, da sonst ein Absorptionsfaktor in das Ergebnis einzusetzen ist. Für einen Rahmenempfänger wird die wirksame Höhe gemäß (8)

$$h_{e_r}^{\mathrm{m}} = 6{,}28\,\frac{N F^{\mathrm{qm}}}{\lambda^{\mathrm{m}}},$$

wenn F für die Windungsfläche des Rahmens steht, und

$$I_r^{\mathrm{Amp.}} = 1184\,\frac{h_{e_s}^{\mathrm{m}}\, N\, F^{\mathrm{qm}}\, I_s^{\mathrm{Amp.}}}{r^{\Omega}\, \lambda^{2\,\mathrm{m}}\, d^{\mathrm{m}}}. \tag{16}$$

Ergebnisse dieser Art sind in Tabelle 8 auf Seite 294 zusammengestellt und an Beispielen näher erklärt.

Es ist nun von Interesse festzustellen, wie eine Rahmenantenne in einer Entfernung d wirkt. Man denke sich zu diesem Zwecke die Abb. 262 so, daß der Rahmen den Sender bildet und der vertikale Pfeil irgendeinen Empfänger darstellt. Man hat somit den Fall zweier vertikalen Sender mit Strömen, die phasenverschieden sind. Bei größeren Abständen d wird der mit der Senderspule verkettete Kraftfluß in seiner Wirkung auf den Empfänger verschwindend klein und nur der abgetrennte Kraftfluß (Strahlungsfeld) für die Erzeugung der Empfangsfeldstärke benutzt.

Da jetzt gemäß (8) die wirksame Höhe des Rahmensenders

$$h_{e_s}^{\mathrm{m}} = 6{,}28\,\frac{N \cdot a^{\mathrm{m}} \cdot h^{\mathrm{m}}}{\lambda^{\mathrm{m}}} \tag{17}$$

ist, so muß dieser Wert in der endgültigen Rechnung in Betracht gezogen werden. Man erhält zunächst im CGS-System für die momentanen Feldstärken in einer Entfernung d und $(d - a)$ von den bezüglichen Vertikalteilen des Rahmensenders[1])

$$\begin{aligned}
\varepsilon_{t_1}^{\mathrm{Volt/cm}} &= 300\, H_{t_1} \\
&= \frac{30\, h_{e_s}\, \omega\, I_{\max}}{v_0\, d} \cos\omega\left[t - \frac{d}{v_0}\right], \\
\varepsilon_{t_2} &= \frac{30\, h_{e_s}\, \omega\, I_{\max}}{v_0\, d} \cos\omega\left[t - \frac{d-a}{v_0}\right].
\end{aligned}$$

Die resultierende momentane Feldstärke am Empfangsende ist dann

$$\varepsilon_t^{\mathrm{Volt/cm}} = -\frac{60\, h_{e_s}\, \omega\, I_{\max}}{v_0\, d} \sin\omega\left[t - \frac{d - \frac{a}{2}}{v_0}\right] \sin\frac{\Theta}{2},$$

[1]) Man denkt sich dafür anstatt des Rahmens einen einzigen Vertikaldraht, der die wirksame Höhe h_{e_s} [Gl. (15)] hat, d. h. die geometrische Höhe $h_s = \frac{h_{e_s}}{0{,}637}$, wenn auf die Eigenwelle abgestimmt. In diesem äquivalenten Vertikaldraht fließen dann die zwei um Θ phasenverschobenen Ströme.

da $(d - a)$ praktisch gleich d gesetzt werden darf und

$$\Theta = \frac{a\,\omega}{v_0} = \frac{2\pi a}{\lambda}.$$

Die effektive elektrische Feldstärke wird somit

$$\varepsilon^{\text{Volt/cm}} = \frac{60\,h_{e_s}\,\omega\,I_s}{v_0\,d}\,\frac{\Theta}{2} = \frac{120\,\pi^2\,a^{\text{cm}}\,h_{e_s}^{\text{cm}}\,I_s^{\text{Amp.}}}{d^{\text{cm}}\,\lambda^{2\,\text{cm}}} = \frac{12\cdot 10^3\,\pi^2\,a^{\text{m}}\,h_{e_s}^{\text{m}}\,I_s^{\text{Amp.}}}{d^{\text{m}}\,\lambda^{2\,\text{m}}},$$

da $\Theta/2$ für eine verhältnismäßig kleine Breite a des Rahmens im Vergleich zur Empfangswellenlänge λ gleich dem Sinus dieses Winkels ist.

Die am Empfänger wirksamen elektrischen und magnetischen Feldstärken sind dann

$$\left.\begin{aligned} \varepsilon^{\text{Volt/m}} &= 1185\cdot 10^4\cdot\sigma \\ H^{\text{Gilbert/cm}} &= 395\,\sigma \\ \text{für } \sigma &= \frac{a^{\text{m}}\,h_{e_s}^{\text{m}}\,I_s^{\text{Amp.}}}{d^{\text{m}}\,\lambda^{2\,\text{m}}} \end{aligned}\right\}\ \text{für Rahmensender in einem Abstande } d. \qquad (18)$$

Im Vergleiche zum linearen Sender sieht man, daß die erzeugte Feldstärke mit dem Quadrate der Wellenlänge anstatt nur mit der Wellenlänge abnimmt, ein Ergebnis, das auch zu erwarten ist, da ein Rahmen für verhältnismäßig große Wellenlänge im Vergleich zu seinen Hauptabmessungen nur einen kleinen Strahlungswiderstand hat.

In den Ergebnissen von (14), für einen linearen Sender, und (16), für einen Rahmensender, wurde angenommen, daß das Feld wenigstens für Entfernungen $> 10\,\lambda$ untersucht wird, und daß die ausgestrahlte Energie sich ohne Verluste fortbewegt. Wenn das letztere möglich wäre, so würde die Übertragung mit recht kurzen Wellen für größere Entfernungen besser erscheinen. Dies scheint nicht ganz der Wirklichkeit zu entsprechen, da die transozeanische drahtlose Übertragung zuverlässig mit langen Wellen ausgeführt werden kann. Der Grund dafür liegt in der Absorption der ausgestrahlten Wellenenergie und den Beugungserscheinungen der Wellen in den ionisierten Schichten[1]).

In den gebräuchlichen Übertragungsformeln wird dann das Resultat mit einem Exponentialfaktor $\varepsilon^{-\beta}$ multipliziert, wo $\beta = \frac{kd}{\lambda^{\text{m}}}$ oder einen ähnlichen Wert hat. Austin-Cohen geben diesem Exponenten den Wert $\beta = \frac{0{,}0015\,d}{\sqrt{\lambda}}$ (siehe Seite 291), während für längere Wellen der Verfasser bessere Ergebnisse mit $\beta = \frac{0{,}00129\,d}{\lambda^{0{,}61}}$ finden kann.

[1]) Wenn sich eine elektromagnetische Welle in einem homogenen ionisiertem Gase fortbewegt, so führen die Ionen Schwingungen aus und geben einen Beitrag $A = 4\pi e\sum\gamma$ zum elektrischen Strom. Maxwells Gleichung lautet dann:

$$v_0 \operatorname{rot} H = \frac{\partial\mathfrak{E}}{\partial t} + A,$$

wo e die Ladung des Ions und $\sum\gamma$ die Summe aller Feldgeschwindigkeiten in der Raumeinheit bedeuten.

Trotzdem scheinen kurze Wellen nachts große Entfernungen überbrücken zu können. Der Grund dafür liegt wohl darin, daß nach Sonnenuntergang das durch die Sonne ionisierte Stratum nicht mehr vorhanden ist und die kurzen Wellen von der Heavisideschen Schicht (von ungefähr 100 km über der Erde an ist die Luft so dünn, daß ihre elektrische Leitfähigkeit sich derjenigen des Seewassers nähert) hin und her reflektiert[1]) werden.

XXVII. Kettenleiter.

327. Künstliche Leitungen (Kettenleiter) unter besonderer Berücksichtigung der Berechnung von Siebketten und Dämpfungsapparaten. Telephoningenieure benutzen seit Jahren[2]) Kapazitäten und Induktivitäten in gewissen Anordnungen, um lange Leitungen mittels äquivalenten Stromkreisen im Laboratorium studieren zu können. In neuester Zeit haben sich ähnliche Anordnungen bewährt, um Verstärkungsgrade von Röhrenschaltungen zu bestimmen oder Ströme gewisser Frequenzen praktisch verlustlos zu unterdrücken.

Abb. 263 stellt einen Kettenleiter der π-Schaltung dar und Abb. 264 eine künstliche Leitung der T-Art. Diese zwei Formen sind am ge-

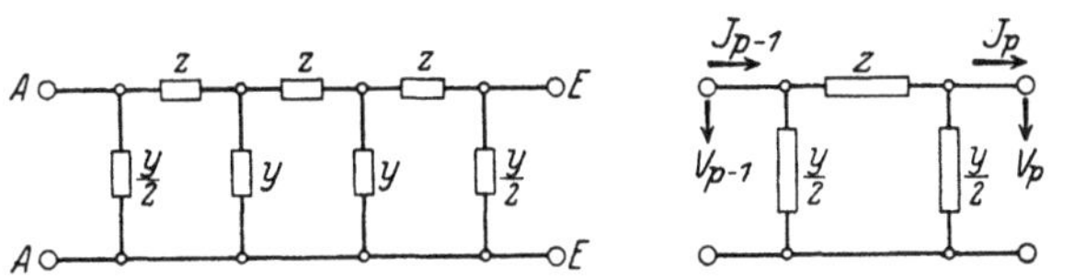

Charakteristisches π-Glied

Abb. 263. Kettenleiter mit π-Gliedern.

---

[1]) Da die Theorie der Wellenübertragung in letzter Zeit sich bedeutend geändert hat und in unmittelbarer Zeit weitere Entwicklungen erfordert, so wird in dieser Auflage zunächst nur auf die Literatur hingewiesen: J. Larmour, Phil. Mag. Bd. 48, S. 1025. 1924; H. W. Nichols und J. C. Schelling, Bell Journal Bd. 4, S. 215. 1925; K. V. Appleton, Proc. Phys. Soc., London Bd. 37, S. 160. 1925; E. V. Appleton und M. A. F. Barnett 1925, S. 109 u. S. 621; S. Chapman 1925, S. 38; G. Elias, E. N. T. 1925, S. 351; C. T. R. Wilson, Proc. Phys. Soc. London Bd. 37, S. 320. 1925; E. O. Hulbert, Journ. Franklin Inst. Bd. 201, S. 597. 1926; E. O. Hulburt und A. H. Taylor, Phys. Review Bd. 27, S. 189. 1926; M. Lardry, Onde Electrique, Bd. 1924, S. 449, 502 und 1925, S. 355, 401; R. Mesny 1926, S. 434 mit einer langen Referenzliste; B. J. Elias, Zeitschr. f. Hochfreq. 1926, S. 66.

[2]) Wagner, K. W.: Arch. d. Elektrotechn. Bd. 3, S. 315. 1915; Bd. 8, S. 61. 1919; Breisig, F.: Theoretische Telegraphie. 2. Aufl. S. 376; Braunschweig 1924: Vieweg & Sohn. Campbell, G. A.: Trans. A. I. E. E. Bd. 30, Part. II., S. 885. 1911; The Bell System Technical Journ. Nov. 1922; Zobel, O. J. auch Jan. 1923; Carson, J. R. and O. J. Zobel, Bell System Technical Journ. Juli 1923; Conrad, F. Telegraphen u. Fernsprechtechnik Febr. 1924, S. 9. Turner, K. P.: The Wireless Engineer, August 1925, S. 673.

bräuchlichsten. Die Größen, Z, bedeuten irgendwelche Impedanzen und Y irgendwelche Admittanzen, d. h. irgendwelche Scheinwiderstände bzw. Ableitungen. Der charakteristische sich wiederholende Zweig ist zur rechten Seite angegeben und heißt kurzweg das Ketten-

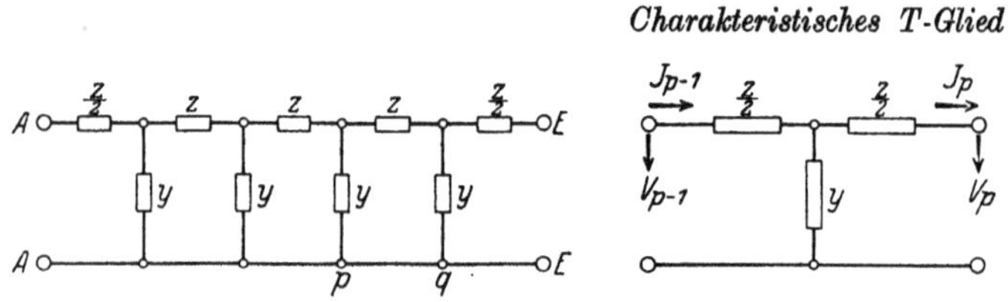

Abb. 264. Kettenleiter mit T-Gliedern.

glied. Es sind ebensoviel Kettenglieder als Ableitungen (Y) vorhanden. Die Klemmen A—A bedeuten den Anfang und E—E das Ende der künstlichen Leitung. Wenn man für die künstliche Leitung dieselben Ein- und Austrittsbedingungen wie für eine wirkliche Leitung erfüllen will, so muß man Z und Y bestimmte Werte zugrunde legen.

328. Kettenleiter in T- und π-Schaltung (Kettenleiter zweiter bzw. erster Art). Die in Abb. 265 angegebene Anordnung wird oft für Siebketten (Filter) gebraucht. Der Einfachheit halber ist in dem charakteristischen Kettenglied die Admittanz durch die reziproke Größe, eine Impedanz Z_1 ausgedrückt. Die Größe Z_2 bedeutet die Reihenimpedanz und Z_e die Impedanz der Belastung (Verbraucher). Die Impedanzen sind im einfachsten Falle gewöhnliche Widerstände oder sie sind Induktivitäten bzw. Kapazitäten oder irgendeine Kombination von Kapazität, Induktivität und Widerstand. Die künstliche Leitung muß gemäß den Betrachtungen über die Parallelleitung (Seite 393) für die wirksamen Stromstärken am Anfang und am Ende der künstlichen Leitung zunächst der Beziehung

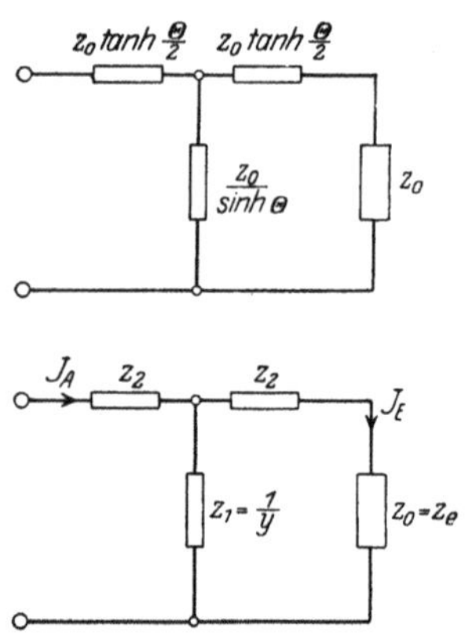

Abb. 265. Äquivalente T-Leitung.

$$\frac{I_E}{I_A} = \varepsilon^{-\Theta}$$

genügen. Die Größe Θ ist dann gleich $n \cdot l$. Ferner muß die ganze äquivalente Impedanz Z_e, die am Generatorende der ganzen Anordnung vorhanden ist, gleich der Schwingungsimpedanz Z_0 der Leitung sein ($Z_e = Z_0$), da dann Reflektionen am Verbraucher verhindert werden. Man hat somit

$$Z_e = Z_0 = Z_2 + \frac{Z_1[Z_2 + Z_0]}{Z_1 + Z_2 + Z_0}. \tag{1}$$

Im allgemeinen Fall bedeuten alle Größen Vektoren. Für den Abgabestrom (Endstrom) I_E am Ende der Leitung ergibt sich

$$I_E = \frac{I_A \cdot Z_1}{Z_1 + Z_2 + Z_0}$$

und somit das Stromverhältnis

$$\frac{\boldsymbol{I_E}}{\boldsymbol{I_A}} = \frac{\boldsymbol{Z_1}}{\boldsymbol{Z_1} + \boldsymbol{Z_2} + \boldsymbol{Z_0}} = \varepsilon^{-\boldsymbol{\Theta}}. \tag{2}$$

Die zwei Unbekannten Z_1 und Z_2 erhält man aus den Gleichungen (1) und (2). Gemäß (1) ist

$$\boldsymbol{Z_0} = \sqrt{\boldsymbol{Z_2^2} + 2\,\boldsymbol{Z_1} \cdot \boldsymbol{Z_2}}. \tag{1a}$$

Aus (2) folgt

$$Z_0 = K Z_1 - Z_2, \tag{2a}$$

worin

$$K = \varepsilon^{\Theta} - 1$$

ist. Aus (1a) und (2a) ergibt sich die quadratische Gleichung

$$[2 + K]\, Z_2^2 + 2\, Z_2 Z_0 - K Z_0^2 = 0.$$

Der positive Wert der Lösung ergibt

$$\boldsymbol{Z_2} = \boldsymbol{Z_0} \tanh\frac{\boldsymbol{\Theta}}{2}, \tag{3}$$

da

$$Z_2 = \frac{K Z_0}{2 + K} = Z_0 \frac{\varepsilon^{\Theta} - 1}{\varepsilon^{\Theta} + 1}.$$

Aus (2a)

$$\boldsymbol{Z_1} = \frac{\boldsymbol{Z_0}}{\sinh \boldsymbol{\Theta}}, \tag{4}$$

da

$$Z_1 = \frac{Z_0 + Z_2}{K} = \frac{Z_0 + Z_0 \dfrac{\varepsilon^{\Theta} - 1}{\varepsilon^{\Theta} + 1}}{\varepsilon^{\Theta} - 1}$$

$$= 2\, Z_0 \frac{\varepsilon^{\Theta}}{\varepsilon^{2\Theta} - 1} = \frac{Z_0}{\dfrac{\varepsilon^{\Theta} - \varepsilon^{-\Theta}}{2}}.$$

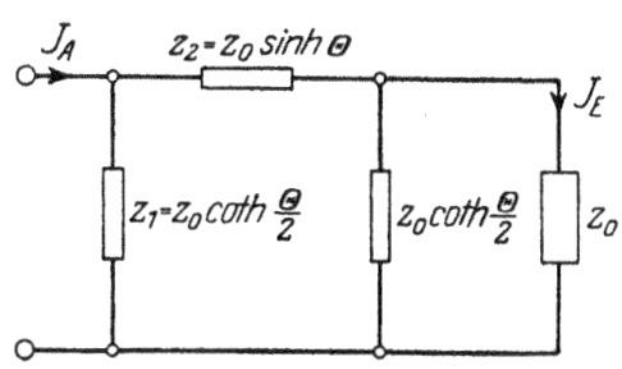

Abb. 266. Äquivalente π-Leitung.

Für die π-Schaltung besteht die in Abb. **266** angegebene Lösung. Das Verfahren ist dasselbe wie oben. Man findet dabei

$$\frac{\boldsymbol{I_E}}{\boldsymbol{I_A}} = \frac{\boldsymbol{Z_1^2}}{\boldsymbol{Z_1^2} + 2\,\boldsymbol{Z_0}\,\boldsymbol{Z_1} + \boldsymbol{Z_0}\,\boldsymbol{Z_2} + \boldsymbol{Z_1}\,\boldsymbol{Z_2}} = \varepsilon^{-\boldsymbol{\Theta}} \tag{5}$$

und

$$\boldsymbol{Z_0} = \boldsymbol{Z_1} \sqrt{\frac{\boldsymbol{Z_2}}{\boldsymbol{Z_2} + 2\,\boldsymbol{Z_1}}}. \tag{6}$$

329. Praktische Anwendung von Kettenleitern zur Verstärkungsmessung von Röhren und Bestimmung von sehr kleinen Stromstärken. Wenn man die Verstärkung einer Röhre bestimmen will, so kann man dieselbe durch eine bekannte einregulierbare Abschwächung (einstellbare Dämpfung) kompensieren und ausdrücken. Eine gewöhnliche Doppelleitung oder zweckmäßiger ein äquivalenter Kettenleiter kann hierzu benutzt werden. Man kann zu diesem Zwecke ein oder mehrere Glieder mit demselben Wellenwiderstande in Reihe schalten und wählt dabei die Impedanz der Belastung am Ende des Kettenleiters gleich dem Wellenwiderstand Z_0. Anordnungen wie in Abb. 265 und 266 können dazu verwendet werden. Man hat dann für die Stromstärke I_E am Ende der künstlichen Leitung

$$I_E = I_A \varepsilon^{-\Theta}. \tag{7}$$

Je nach der Art des Kettenleiters benutzt man die Gleichungen (2) oder (5) zur Ermittlung von Θ aus Z_1, Z_2 und Z_0.

Eine Anwendung ist z. B. folgende:

Eine sehr kleine Empfangsstromstärke in einer Rahmenantenne soll mittels eines lokalen Generators bestimmt werden. Wie unter den

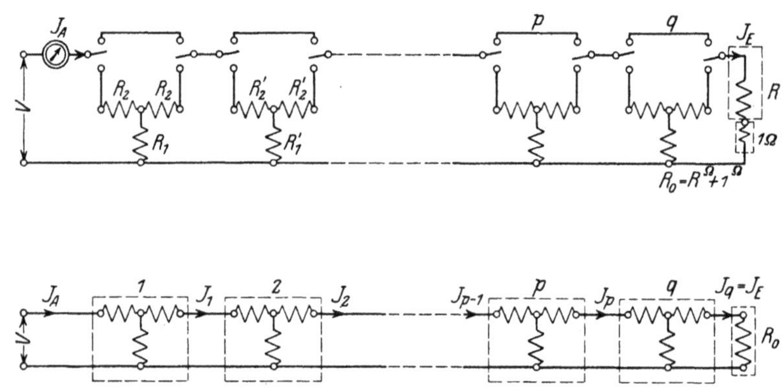

Abb. 267. Kettenleiter als Apparat für verschiedene Dämpfungen (I_A meßbarer Strom, I_E zu messender sehr kleiner Strom).

Messungen gezeigt ist (siehe S. 306), erzeugt man mittels der lokalen Quelle einen Strom von derselben Stärke in der Mitte der Rahmenantenne, indem man einen einohmigen Widerstand einschaltet und mittels desselben den gleichwertigen Strom dem Rahmen zuführt. Es ist dann kaum möglich, in allen Fällen den sehr kleinen Strom direkt abzulesen. Man verwendet die in Abb. 267 angedeutete künstliche Leitung. Dieselbe besteht aus gewöhnlichen induktions- und kapazitätsfreien Widerständen. Das Abklingen längs der Leitung ist daher verzerrungsfrei und unabhängig von der Frequenz. Der Kettenleiter bestehe z. B. aus q Gliedern und ist so eingerichtet, daß irgendeine Anzahl Glieder beliebiger Ordnung eingeschaltet werden kann. An Stelle der nicht angelegten Stufen benutzt man die angedeuteten Kurzschlußbügel. Damit keine Reflektionen am Ende der Leitung stattfinden können, muß man den Widerstand R am Ende der Leitung so wählen, daß

$$R^{\Omega} + 1^{\Omega} = R_0^{\Omega}$$

ist. R_0 bedeutet den Wellenwiderstand irgendeines Kettengliedes, wobei eine weitere Bedingung die ist, daß jede Stufe in derselben Weise gegen das Ende hin arbeitet, d. h.

$$\frac{I_1}{I_A} = \frac{I_2}{I_1} = \cdots = \frac{I_p}{I_{p-1}} = \frac{I_q}{I_p} = \varepsilon^{-\Theta} \tag{8}$$

ist. Da in Abb. 267 die T-Schaltung zugrunde liegt, ergibt sich nach (2) und (8)

$$\frac{R_1}{R_1 + R_2 + R_0} = \frac{R_1'}{R_1' + R_2' + R_0} = \frac{R_1''}{R_1'' + R_2'' + R_0} \text{ usw.} \tag{9}$$

Der Wellenwiderstand berechnet sich nach Gleichung (1a) zu

$$R_0 = \sqrt{R_2^2 + 2\,R_1 \cdot R_2}\,. \tag{10}$$

Wenn man daher den Wellenwiderstand $R_0 = 600\,\Omega$ wählt, so wird $R = 599\,\Omega$. Für $R_1 = 2730\,\Omega$ findet man nach (10) den Wert $R_2 = 65{,}15\,\Omega$ und nach (8) und (9)

$$\frac{I_A}{I_1} = \frac{R_1 + R_2 + R_0}{R_1} = 1{,}244\,. \tag{11}$$

Wenn man $R_1' = 1802\,\Omega$ gemäß (4) für eine gewisse Dämpfung gefunden hat, so wird nach (3) $R_2' = 97{,}25\,\Omega$ und

$$\frac{I_1}{I_2} = \frac{R_1' + R_2' + R_0}{R_1'} = 1{,}387\,. \tag{12}$$

Wenn man beide Kettenglieder 1 und 2 einschaltet, so hat man

$$\frac{I_A}{I_1} \cdot \frac{I_1}{I_2} = \frac{I_A}{I_2} = \frac{I_A}{I_E} = 1{,}244 \cdot 1{,}387 = 1{,}725\,, \tag{13}$$

sofern alle anderen Bügel kurzgeschlossen sind. Der Strom I_E am Ende der künstlichen Leitung beträgt also nur das 0,58fache der aufgedrückten Stromstärke I_A. Um größere Dämpfungen zu erzeugen, muß man daher Kettenglieder einschalten, die verhältnismäßig kleinen Ableitungswiderstand R_1 und großen Reihenwiderstand R_2 haben, so wird z. B. für $R_1 = 15{,}32$ Ohm $R_2 = 584{,}9\,\Omega$ und die Stromstärke (I_A) am Anfang des Gliedes ist 78,33mal größer als an der Austrittstelle. Wenn man daher zwei solche Glieder in Reihe schaltet, so ist I_A 78,33 · 78,33mal, d. h. ungefähr 6140mal größer als I_E, und wenn diese zwei Glieder mit den obigen zwei Gliedern in Reihe geschaltet werden, dann ist I_A $6140 \cdot 1{,}725 = 10600$mal größer als I_E. Eine solche Reihenschaltung

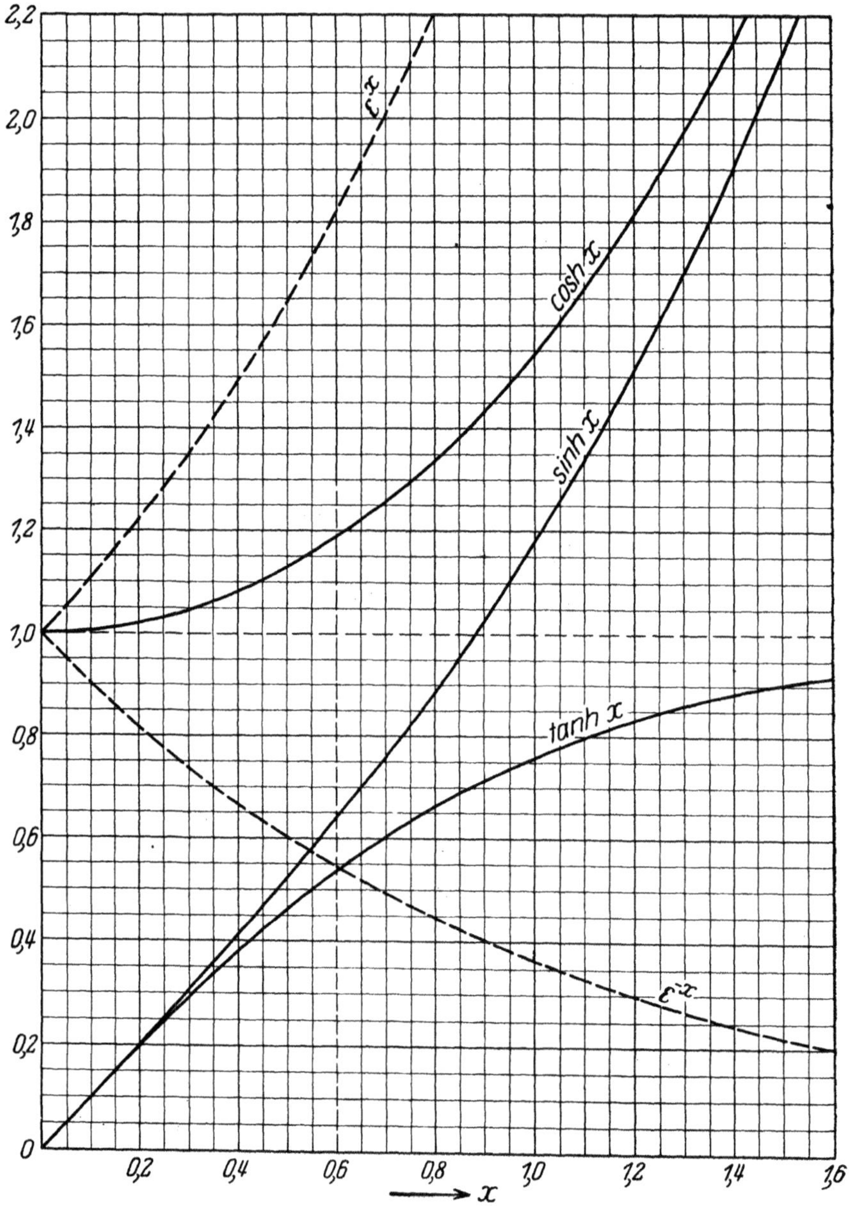

Abb. 268. Hyperbolische Funktionen zwischen 0 und 1,6 (sinh x und tanh x ändern sich für kleine Werte praktisch wie x.

erleichtert daher die richtige Einstellung der Dämpfung. Die Berechnung eines Dämpfungsapparates ist einfach und beruht für T-Glieder auf der Anwendung der Formeln

$$R_1 = \frac{R_0}{\sinh \Theta}, \tag{3 a}$$

$$R_2 = R_0 \tanh \frac{\Theta}{2}, \tag{4 a}$$

da man an Stelle der Impedanzen gewöhnliche Widerstände verwendet. Man sieht, daß der Ableitungswiderstand (Parallelwiderstand oder Querwiderstand) R_1 dem reziproken Werte der hyperbolischen Sinusfunktion der Dämpfung proportional ist und der Reihenwiderstand R_2

Tabelle 21. Berechnung eines Dämpfungsapparates für einen Belastungswiderstand[1]) $R_0 = 600\,\Omega$.

Numerisch $\frac{I_E}{I_A} = \varepsilon^{-\Theta}$	Radian (Dämpfung) Θ	Ω $R_1 = \frac{R_0}{\sinh \Theta}$	Ω $R_2 = R_0 \tanh \frac{\Theta}{2}$
1	0	∞	0
0,905	0,1	6000	30
0,819	0,2	2990	59,5
0,741	0,3	1995	90,5
0,670	0,4	1462	118
0,606	0,5	1150	147
0,549	0,6	942	174
0,497	0,7	795	202
0,449	0,8	674	228
0,407	0,9	585	254
0,368	1,0	513	267
0,223	1,5	281	380
0,135	2,0	166	457
0,082	2,5	100	508
0,050	3	60	542
0,0183	4	22	578
0,0067	5	8,1	594
0,00248	6	2,98	598
0,000912	7	1,105	600
0,000335	8	0,403	600
0,000123	9	0,148	600
0,0000454	10	0,0545	600

nie größer als der Belastungswiderstand R_0 sein kann, da die hyperbolische Tangentenfunktion sich mit größer werdendem Argument der Einheit nähert. Abb. 268 läßt dies erkennen und kann dazu benutzt werden, um verschiedene Werte direkt abzulesen. Tabelle 21 gibt die

[1]) Die Abb. 270, 271 und 272 zeigen die Kurven für ε^{-x}. Dieselben wurden mit Erlaubnis von Herrn Dr. J. B. Hill aus seinem Buche „Telephonie Transmission" entnommen und umgezeichnet.

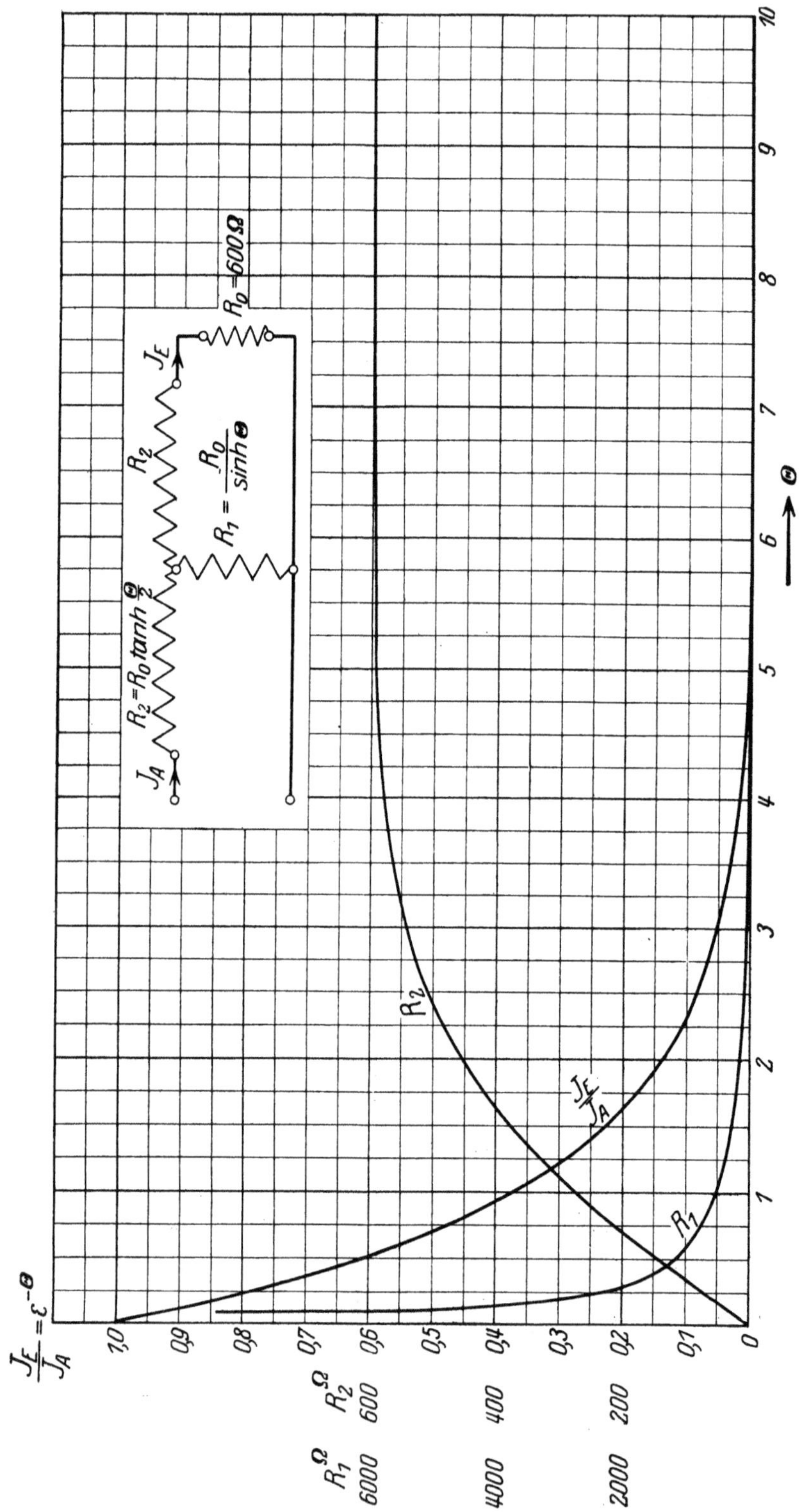

Abb. 269. Kurven für die Reihen und Parallelwiderstände verschiedener Dämpfung (Θ) eines Kettenleiters für $R_0 = 600\ \Omega$.

Berechnung eines Dämpfungsapparates bis zu Dämpfungen von 10 wieder und Abb. 269 zeigt den Verlauf von R_1 und R_2 an. Man erkennt

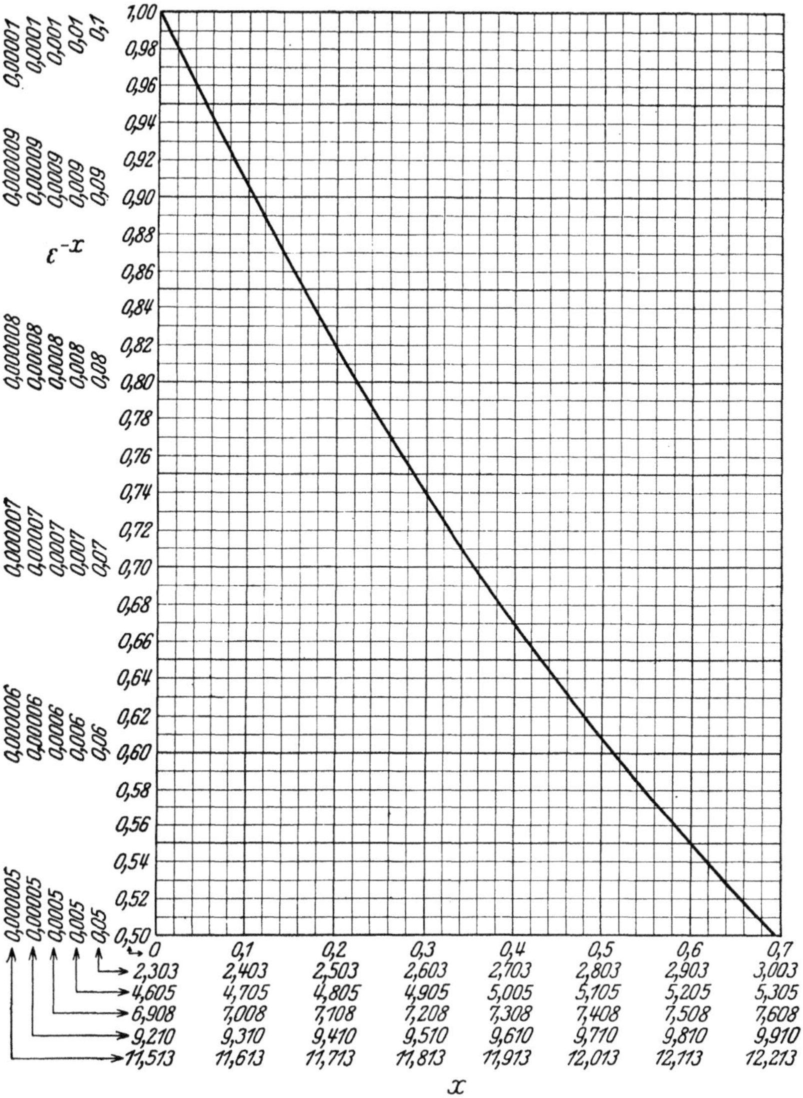

Abb. 270.

daraus, daß der Reihenwiderstand R_2 sich für Dämpfungen $0 > 5$ kaum mehr ändert (praktisch gleich R_0 wird), und daß R_1 die veränderliche Größe ist. Obige Formeln kann man auch mittels Differentialgleichungen aufstellen, wie späterhin gezeigt wird.

In Amerika verwendet die Western Electric Company das T.U. (Transmission Unit = Übertragungseinheit), d. h. eine Meile ihres nor-

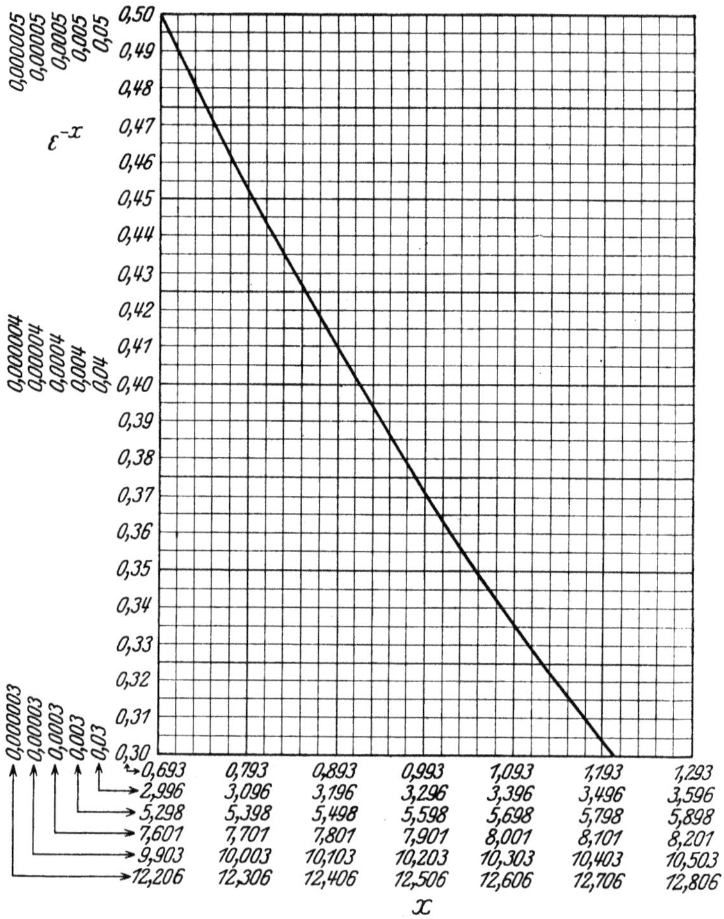

Abb. 271.

malen Kabels als Einheit, um die Dämpfung auszudrücken. Dieses Übertragungsmaß beruht auf der Beziehung

$$\boldsymbol{M} = 21{,}12 \log_{10} \frac{\boldsymbol{I_A}}{\boldsymbol{I_E}} \tag{14}$$

und

$$\frac{I_A}{I_E} = \varepsilon^{\Theta},$$

wobei M die Anzahl der Meilen des zugrunde gelegten Normalkabels bezeichnet. Dies führt zu den Angaben in Tabelle 22. Wenn man die

3-Meilen-Stufe und die 4-Meilen-Stufe einschaltet, so bekommt man dieselbe Wirkung, wie wenn man die 7-Meilen-Stufe allein benutzt.

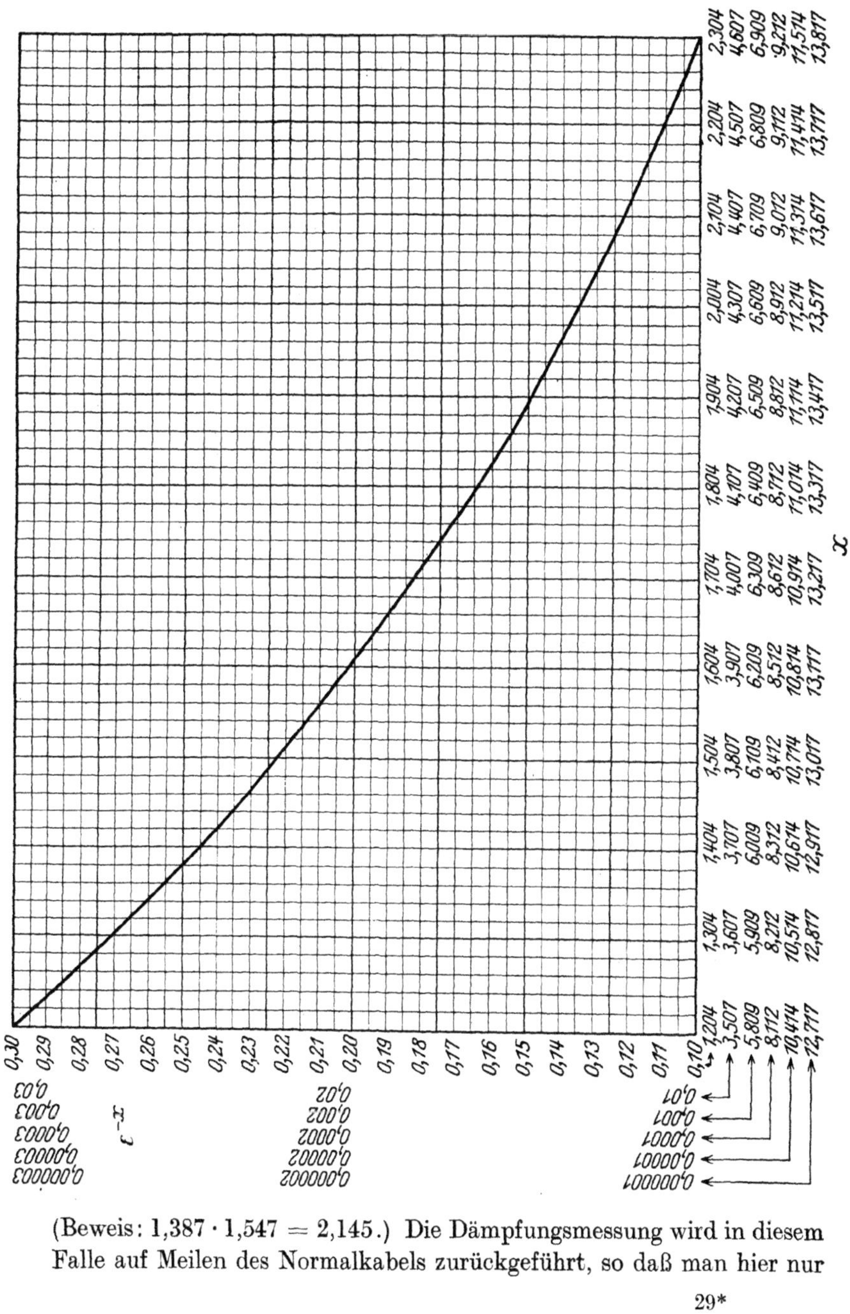

Abb. 272.

(Beweis: 1,387 · 1,547 = 2,145.) Die Dämpfungsmessung wird in diesem Falle auf Meilen des Normalkabels zurückgeführt, so daß man hier nur die Anzahl der eingestöpselten Meilen zu addieren braucht. Ob dies für den Hochfrequenztechniker, dem ja der Begriff der Dämpfung bekannt ist, einen Vorteil gegenüber der Berechnungsart der Tabelle 21 bietet, bleibt dem Leser überlassen. In Tabelle 21 addiert man die Dämpfungen, die ein direktes Maß für die Abklingungen ergeben.

Tabelle 22.

Meilen M	Numerisch $\frac{I_A}{I_E}$	M	$\frac{I_A}{I_E}$
1	1,115	9	2,668
2	1,244	10	2,975
3	1,387	20	8,851
4	1,547	30	26,330
5	1,725	40	78,23
6	1,923	50	233,03
7	2,145	60	693,3
8	2,392	70	2062,5

Das Normalkabel verwendet Nr. 19 (A. W. G.) Draht und gilt für 796 Perioden/Sek., da dann $\omega = 2\pi f = 5000$ ist. Wenn ein Strom eine Verstärkung von 25 Meilen hat, so würde das besagen, daß es 25 Meilen des Normalkabels erfordern würde, um das verstärkte Zeichen wieder auf den ursprünglichen Wert abzudämpfen. Dasselbe gilt auch für die Spannung, da für einen richtig hergestellten Verstärker sowohl das Spannungs- als auch das Stromverhältnis einander gleich sind und gleich der Quadratwurzel aus dem Verhältnis für die Leistungsverstärkung. Z. B.

Meilen des Normalkabels	Stromverhältnis	Leistungsverhältnis
1	1,11	1,24
2	1,24	1,54
3	1,38	1,92
4	1,54	2,39
5	1,72	2,97
10	2,97	8,85
20	8,83	78,3
30	26,3	693,5

330. Theorie der Siebketten mit T- und π-Gliedern. Gemäß den Betrachtungen in Artikel 328 sieht man, daß das äquivalente Kettenglied der T-Schaltung in allgemeinstem Falle sich aus der Reihenimpedanz $Z_2 = Z_0 \tanh\frac{\Theta}{2}$ und der Parallelimpedanz $Z_1 = \frac{Z_0}{\sinh\Theta}$ zusammensetzt (Abb. 265). Wenn man diese Ergebnisse mit der verallgemeinerten Schaltung in Abb. 264 vergleicht, so erkennt man, daß die Admittanz

$$Y = \frac{1}{Z_1} = \frac{\sinh\Theta}{Z_0} \tag{15}$$

und die halbe Serienimpedanz (Längsimpedanz) der äquivalenten T-Stufe

$$\frac{Z}{2} = Z_2 = Z_0 \tanh\frac{\Theta}{2} \tag{16}$$

ist. Man hat dann als Wellen- (Schwingungs-)Impedanz der künstlichen Leitung

$$Z_0 = \frac{Z}{2\tanh\frac{\Theta}{2}}, \tag{17}$$

wo Θ durch die Beziehung

$$\sinh\frac{\Theta}{2} = \pm\tfrac{1}{2}\sqrt{YZ} \tag{18}$$

gegeben ist, da

$$\sinh\Theta = 2\sinh\frac{\Theta}{2}\cosh\frac{\Theta}{2}$$

ist. Gemäß den Ableitungen für die homogene Leitung (2 parallele Drähte, Seite 393) ist die Fortpflanzungskonstante

$$n = \pm\sqrt{YZ}, \tag{19}$$

wo Y und Z die Admittanz quer zur Leitung und Z die Impedanz längs derselben pro Längeneinheit bedeuten. Dies gilt auch für den Kettenleiter, d. h. für Lösung (18), wenn man bedenkt, daß im allgemeinen die Dämpfung

$$\Theta = n \cdot p \tag{20}$$

für p Kettenglieder ist, während bei einer homogenen Leitung der Länge l

$$\Theta = n \cdot l \tag{21}$$

ist. Mittels unendlich vieler Kettenglieder kann man die homogene Leitung genau nachbilden, da dann

$$\sinh\frac{\Theta}{2} = \tanh\frac{\Theta}{2} = \frac{\Theta}{2}.$$

ist. Wenn man es mit einem mehrgliedrigen Kettenleiter **in T-Schaltung** zu tun hat, so ergibt sich für irgendein Glied (bei $p = 1$) die **Schwingungsimpedanz**

$$\boldsymbol{Z_0 = \frac{Z}{2\tanh\frac{n}{2}}}, \tag{22}$$

und für die Fortpflanzungskonstante n

$$\boldsymbol{\pm\sqrt{YZ} = 2\sinh\frac{n}{2}}. \tag{23}$$

Für die **π-Schaltung** ergibt sich derselbe Ausdruck für $\sqrt{YZ}$ wie in (18) und (23), da gemäß den Abb. 263 und 266

$$\left.\begin{aligned} Z &= Z_2 = Z_0 \sinh\Theta, \\ Y &= \frac{2}{Z_1} = \frac{2}{Z_0\coth\frac{\Theta}{2}}, \end{aligned}\right\} \tag{24}$$

d. h. die **Wellenimpedanz** für eine Siebkette in **π-Schaltung** wird

$$Z_0 = \frac{2\tanh\frac{n}{2}}{Y}. \tag{25}$$

Dasselbe Ergebnis kann auch mittels Differenzengleichungen aufgestellt werden.

In der π-Schaltung (Abb. 263) ergibt sich für das $p$te Glied

$$\left.\begin{aligned} V_{p-1} - V_p &= Z\left[I_{p-1} - \frac{Y}{2} V_{p-1}\right], \\ I_{p-1} - I_p &= \frac{Y}{2}\left[V_p + V_{p-1}\right], \end{aligned}\right\} \tag{26}$$

wobei die Spannungen V und Ströme I Vektoren sind.

Mittels der Gleichungen

$$\left.\begin{aligned} V_p &= \sum_{-n}^{+n} V \varepsilon^{np} \\ I_p &= \sum_{-n}^{+n} I \varepsilon^{np} \end{aligned}\right\} \tag{27}$$

folgt aus (26), da gemäß (23) zwei Werte $\pm n$ auftreten,

$$I Z = V\left[1 - \varepsilon^n + \frac{YZ}{2}\right], \tag{28}$$

$$I[1 - \varepsilon^n] = \frac{Y}{2} V[1 + \varepsilon^n]. \tag{29}$$

Durch Division von (28) und (29) fallen V und I heraus und es ist

$$[1 - \varepsilon^n]^2 = Y \cdot Z \cdot \varepsilon^n. \tag{30}$$

Daraus folgt

$$1 - \varepsilon^n = \pm \varepsilon^{n/2} \sqrt{YZ},$$

$$\varepsilon^{-n/2} - \varepsilon^{+n/2} = \pm \sqrt{YZ}$$

und da

$$\sinh\varphi = \frac{\varepsilon^{\varphi} - \varepsilon^{-\varphi}}{2}$$

ist, so wird das Ergebnis der Lösung (23) bestätigt.

Um die Wellenimpedanz Z_0 zu erhalten, bildet man aus Gleichung (29) das Verhältnis

$$Z_0 = \frac{V}{I} = -\frac{2}{Y}\frac{\varepsilon^n - 1}{\varepsilon^n + 1} = -\frac{2}{Y}\tanh\frac{n}{2}, \tag{25a}$$

welches Ergebnis die Lösung (25) bestätigt.

Auf dieselbe Weise kann die Schwingungsimpedanz für den T-Leiter geprüft werden und man findet

$$Z_0 = \frac{V}{I} = -\frac{Z}{2\tanh\frac{n}{2}}. \tag{25b}$$

Man sieht aus den Ergebnissen, daß nur die Schwingungsimpedanz für die Kettenglieder erster und zweiter Art verschiedene Werte hat, während die Fortpflanzungskonstante (Gleichung 23) für beide Arten dieselbe ist. Diese Gleichung ist von größter Bedeutung für die Siebkettenberechnung, da die Fortpflanzungskonstante n die Reihen- und Parallelimpedanzen verkettet.

331. Kettenleiter im Stromkreis. Abb. 273 zeigt den Fall, wo q Kettenglieder über irgendeine Belastungsimpedanz Z_e geschlossen sind. Z_a bedeutet die innere Impedanz der Wechselstromquelle. Da man mit zwei Werten $\pm n$ zu rechnen hat, so gehen die Gleichungen (27) über in

$$\left.\begin{aligned} V_p &= V_1 \varepsilon^{np} + V_2 \varepsilon^{-np}, \\ I_p &= \frac{1}{Z_0}\left[-V_1 \varepsilon^{np} + V_2 \varepsilon^{-np}\right]. \end{aligned}\right\} \tag{31}$$

Diese Gleichungen[1]) sehen wie diejenigen der homogenen Leitung aus und die Konstanten V_1 und V_2 werden in derselben Weise mittels der Grenzbedingungen bestimmt.

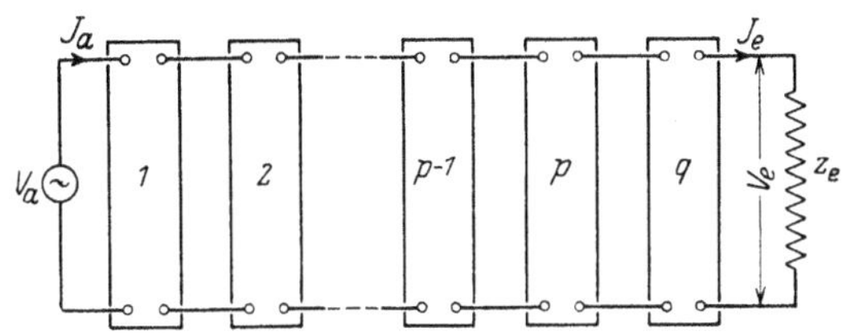

Abb. 273. Siebkette im Wechselstromkreise.

Am Anfang der Kettenleitung ist $p = o$ und Spannung und Strom gleich V_a bzw. I_a. Dann ist

$$\left.\begin{aligned} V_a &= V_1 + V_2, \\ I_a Z_0 &= -V_1 + V_2, \end{aligned}\right\}$$

wobei Z_0 die Wellenimpedanz des betreffenden Kettenleiters (in T oder π-Spaltung) darstellt. Dies ergibt die Konstanten

$$\left.\begin{aligned} V_1 &= \frac{V_a - I_a Z_0}{2}, \\ V_2 &= \frac{V_a + I_a Z_0}{2}. \end{aligned}\right\} \tag{32}$$

Man hat somit für das $p$te Glied

$$\left.\begin{aligned} \boldsymbol{V_p} &= \boldsymbol{V_a} \cosh \boldsymbol{n p} - \boldsymbol{Z_0 I_a} \sinh \boldsymbol{n p}, \\ \boldsymbol{I_p} &= \boldsymbol{I_a} \cosh \boldsymbol{n p} - \frac{\boldsymbol{V_a}}{\boldsymbol{Z_0}} \sinh \boldsymbol{n p}. \end{aligned}\right\} \tag{33}$$

---

[1]) Die ausführliche Lösung ist $V_p = (-1)^p\left[V_1 \varepsilon^{np} + V_2 \varepsilon^{-np}\right]$, da für jedes Kettenglied ein Phasenwechsel von 180 Grad stattfindet.

Obige Lösungen haben die Form

$$\left.\begin{aligned} V_p &= A_p V_a - B_p I_a , \\ I_p &= A_p I_a - D_p \cdot V_a , \end{aligned}\right\} \tag{34}$$

für

$$\left.\begin{aligned} A_p &= \cosh n p , \\ B_p &= Z_0 \sinh n p , \\ D_p &= \frac{\sinh n p}{Z_0} . \end{aligned}\right| \tag{34a}$$

Da bei Kettenleitern das Ende des letzten Gliedes von Bedeutung ist $(p = q)$, so hat man hierfür die Abkürzungen

$$\left.\begin{aligned} A &= \cosh n q , \\ B &= Z_0 \sinh n q , \\ D &= \frac{\sinh n q}{Z_0} , \end{aligned}\right| \tag{35}$$

und es ist die Endspannung V_e bzw. der Endstrom I_e

$$\left.\begin{aligned} \boldsymbol{V_e} &= \boldsymbol{A V_a - B I_a} , \\ \boldsymbol{I_e} &= \boldsymbol{A I_a - D V_a} \end{aligned}\right\} \tag{36}$$

oder

$$\left.\begin{aligned} \boldsymbol{V_a} &= \boldsymbol{A V_e + B I_e} , \\ \boldsymbol{I_a} &= \boldsymbol{A I_e + D V_e} , \end{aligned}\right\} \tag{37}$$

und da allgemein $\cosh^2 x - \sinh^2 x - 1$ ist, folgt hieraus und aus (35)

$$A^2 - B \cdot D = 1 .$$

332. Siebkettenimpedanz und wirksame Spannungen am Ende eines Kettenleiters. Für die Siebkettenberechnung ist der Wert der Belastungsimpedanz Z_e von Bedeutung. Dieselbe ist

$$Z_e = \frac{V_e}{I_e} . \tag{38}$$

Wenn wie in Abb. 273 die dem Kettenleiter aufgedrückte Spannung gleich V_a ist und I_e der Abgebstrom am Ende desselben, so erhält man aus den Gleichungen 36, 37 und 38 die **Siebkettenimpedanz**

$$\begin{aligned} \boldsymbol{Z_S} &= \frac{V_a}{I_e} = \frac{A V_e + B I_e}{I_e} \\ &= A Z_e + B \\ &= \boldsymbol{Z_e \cosh n q + Z_0 \sinh n q} , \end{aligned} \tag{39}$$

worin Z_0 die Wellenimpedanz des Kettenleiters bedeutet. Die Siebkettenimpedanz Z_e kann auch mittels der Admittanz anstatt der Wellenimpedanz ausgedrückt werden. Man hat dann

$$\boldsymbol{Z_S = Z_e \cosh n q + \frac{\sinh n \cdot \sinh n q}{Y}} \tag{39a}$$

$$= A Z_e + \frac{E}{Y}$$

für $E = \sinh n \cdot \sinh n q$.
Da

$$Z_0 = \frac{-Z}{2 \tanh \frac{n}{2}} = \frac{-\cosh \frac{n}{2}}{2 \sinh \frac{n}{2}} Z$$

und

$$\sinh n = 2 \sinh \frac{n}{2} \cosh \frac{n}{2}$$

ist, folgt

$$Z_0 = \frac{-\sinh n}{4 \sinh^2 \frac{n}{2}} Z = \frac{-Z}{YZ} \sinh n = -\frac{\sinh n}{Y},$$

wobei zu beachten ist, daß Z_0 sich hier auf ein π-Glied bezieht.

Der Anteil der der Siebanordnung aufgedrückten Spannung, welche am Ende des Kettenleiters zur Geltung kommt, ist durch das Verhältnis

$$Q = \frac{Z_S}{Z_e} = A + \frac{B}{Z_e} = \boldsymbol{\cosh n q - \frac{Z_0}{Z_e} \sinh n q}$$

$$= \cosh n q - \frac{\sinh n \cdot \sinh n q}{Y Z_e}$$

$$= A - \frac{E}{Y Z_e} \tag{40}$$

gegeben. Dieses Resultat liefert ein Mittel, um die Dämpfung für verschiedene Frequenzen, die Stufenzahl (q) und für irgendeine Belastung Z_e zu berechnen. Man sieht daraus, daß die abgegebene Spannung Q zwischen der Einheit und Z_0/Z_e hin und her schwankt und daß die Größe der Schwankungen der Anzahl von der Kettenglieder abhängig ist.

Wenn man, wie in vielen Fällen, die Belastung Z_e gleich der Wellenimpedanz Z_0 wählt, so ergibt sich die einfache Lösung

$$Q' = \frac{Z_S}{Z_e} = \cosh n q - \sinh n q = \varepsilon^{-nq} = \varepsilon^{-\alpha q} \cdot \varepsilon^{-j\beta q} \tag{41}$$

in welcher der reelle Teil α der Fortpflanzungskonstanten n ein Maß für die Dämpfung und der imaginäre Teil β die Phase angibt.

333. Fortpflanzungskonstante und Wellenimpedanz des Kettenleiters. Die Fortpflanzungsgeschwindigkeit n ergab denselben Ausdruck für die T- oder π-Schaltung, nämlich nach Gleichung (23)

$$\sinh\frac{n}{2} = \pm\frac{1}{2}\sqrt{YZ}. \tag{23a}$$

Da aber

$$\sinh\frac{n}{2} = \sqrt{\frac{1}{2}[\cosh n - 1]}$$

ist, so ergibt sich die **wichtige Beziehung**

$$\cosh n = 1 + \frac{1}{2} YZ. \tag{43}$$

Was die Wellenimpedanz anbelangt, so ist dieselbe gemäß (22) und (25) für das T- bzw. π-Kettenglied verschieden. Wenn man in diesen Ausdrücken die hyperbolischen Funktionen durch die Beziehungen

$$\tanh\frac{n}{2} = \frac{\sinh\frac{n}{2}}{\cosh\frac{n}{2}},$$

$$\cosh\frac{n}{2} = \sqrt{\frac{1}{2}[\cosh n + 1]}$$

ausdrückt, so ergibt sich für die **Wellenimpedanz der T-Schaltung**

$$Z_{0_T} = \sqrt{\frac{Z}{Y}}\sqrt{1 + \frac{1}{4} YZ} \tag{43}$$

und für ein **π-Glied**

$$Z_{0_\pi} = \frac{\sqrt{\frac{Z}{Y}}}{\sqrt{1 + \frac{1}{4} YZ}}, \tag{44}$$

worin der Faktor $\sqrt{\frac{Z}{Y}}$ den Fall der homogenen Leitung andeutet. Da für Siebketten, wie späterhin ersichtlich ist, $Y \cdot Z$ eine negative Größe ist, so erkennt man, daß die Wellenimpedanz Z_0 in dem einen Falle mit der Periodenzahl wächst, im anderen Falle aber kleiner wird.

Wenn man in (42) die Dämpfungskonstante α und das Phasenmaß β einführt, so wird

$$\cosh n = \cosh(\alpha + j\beta) = a + jb, \tag{42a}$$

da aber

$$\cosh n = \underbrace{\cosh\alpha\cos\beta}_{a} + j\underbrace{\sinh\alpha\sin\beta}_{b}$$

ist, so findet man für den Dämpfungsfaktor α

$$\sinh^2\alpha = -F + G \tag{45}$$

und für das Phasenmaß β

$$\sin^2\beta = F + G, \tag{46}$$

worin

$$\left.\begin{aligned} F &= \frac{1 - a^2 - b^2}{2}, \\ G &= \sqrt{b^2 + F^2} \end{aligned}\right\} \tag{47}$$

ist.

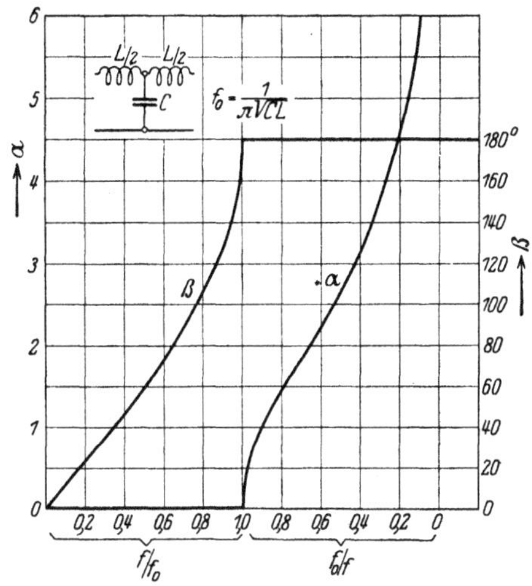

Abb. 274. Dämpfung α und Phasenmaß β eines Niederfrequenzdurchlassers.

Eine Siebkette hat theoretisch zwei Bereiche (Abb. 274), einen, in dem die Ströme eines bestimmten Frequenzbereiches ungehindert durch den Kettenleiter verlaufen, und einen anderen, in welchem für Ströme eines gewissen Frequenzbereiches eine große Dämpfung besteht.

A. Für den Durchlaßbereich muß $\alpha = 0$ sein und (42) bzw. (42a) gehen über in

$$\cosh j\beta = \cos\beta = 1 + \frac{YZ}{2}. \tag{48}$$

Da alle Kosinuswerte zwischen ± 1 liegen, so werden Ströme derjenigen Periodenzahlen ohne Abklingung durchgelassen, welche die Bedingung

$$-1 \leqq \frac{YZ}{4} \leqq 0 \tag{49}$$

befriedigen. Das heißt für den Durchlaßbereich muß die Impedanz $1/Y$ das entgegengesetzte Vorzeichen wie die Reihenimpedanz Z haben und die wirksame Impedanz Z darf nie größer als $4/Y$ werden. Man kann somit an Hand der Kurven, welche Z bzw. $1/Y$ in Abhängigkeit von der Frequenz angeben, den Durchlaßbereich näher verfolgen. Dies kann auch mittels der Kennlinien, welche das Produkt YZ in Abhängigkeit von f/f_0 darstellen, getan werden. Hierin bedeutet f die aufgedrückte Periodenzahl und f_0 diejenige, von welcher an eine Dämpfung stattfindet.

B. Auf dieselbe Weise, wenn die Siebkette nur Dämpfung, aber keinen Phasenwinkel erzeugt, muß in (42) und (42a) die Größe β verschwinden, d. h. es muß

$$\cosh\alpha = 1 + \frac{YZ}{2} \tag{50}$$

werden.

Eine Anwendung dieser Formel hat auf den bereits beschriebenen Dämpfungsapparat Bezug. Wenn man z. B. die Dämpfung $\Theta = \alpha = 2$ der Tabelle 21 zugrunde legt, so ist der ganze dazugehörige Reihenwiderstand pro Glied $2\,R_2 = Z = 2 \cdot 457$ und $Y = \frac{1}{R_1} = \frac{1}{166}$; $1 + \frac{YZ}{2}$ $= 3{,}762 = \cosh \alpha = \cosh \Theta = \cosh 2$.

334. Allgemeine Wirkung von Parallel- und Reihenimpedanzen in Wechselstromkreisen. Eine Selbstinduktionsspule stellt für sehr kleine

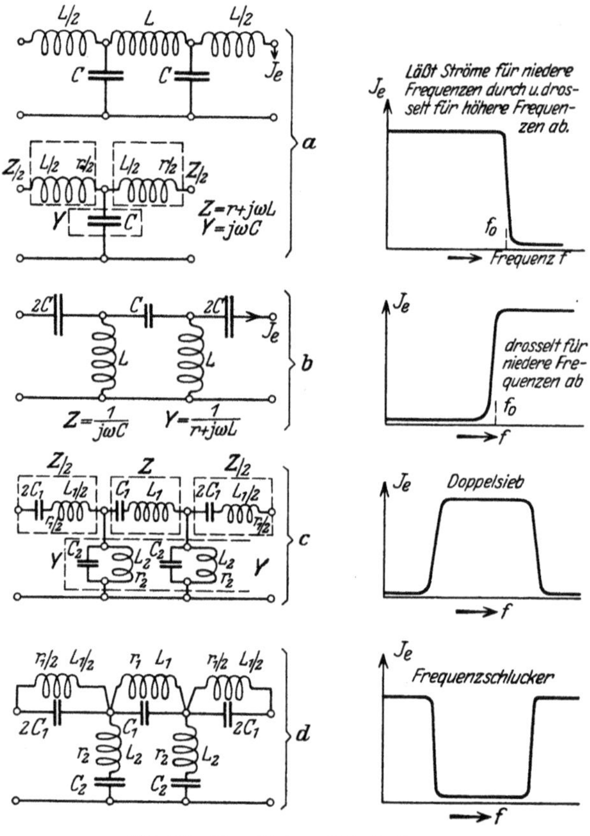

Abb. 275. Verschiedene Siebschaltungen.

Periodenzahlen eine kleine Impedanz, für höhere Frequenzen dagegen eine Drossel dar. Das Entgegengesetzte gilt für einen Kondensator.

Wenn Selbstinduktionen und Kapazitäten wie in Abb. 275 unter a angeordnet und deren Abmessungen richtig gewählt werden, so hat der abfließende Strom I_e in Abhängigkeit von der Periodenzahl der aufgedrückten Spannung den angedeuteten Verlauf. Gleichströme und

Ströme niederer Frequenz durchfließen dann das System beinahe ungehindert, bis von einer kritischen Frequenz f_0 (sog. Grenzfrequenz) an das System den Strömen höherer Periodenzahl große Dämpfungen entgegensetzt. Diese Frequenz ist hier als kritische Siebfrequenz bezeichnet. Wie man sieht, besteht der Kettenleiter wie auch alle darunter angedeuteten Anordnungen aus zwei T-Gliedern. In Abb. 275 ist für den Fall a das T-Glied näher angegeben.

Wenn die Kondensatoren längs der Leitung und die Induktivitäten parallel zu derselben liegen (Fall b), so sind hier die Verhältnisse gerade umgekehrt, der Kettenleiter drosselt die niederen Frequenzen ab und läßt selbstverständlich keine Gleichströme, für die $f = o$ ist, durch.

Die Darstellungen c und d derselben Abbildung zeigen das Doppelsieb und den Frequenzschlucker. Der erstere läßt nur Ströme eines gewissen Frequenzbandes durch, während Ströme mit Periodenzahlen jenseits jeder Seite des Durchlaßbereiches praktisch unterdrückt werden. Die letzte Schaltung läßt Ströme niederer und höherer Periodenzahlen durch und dämpft Ströme mittlerer Frequenzen. Die Weite des Frequenzbandes für den Durchlaß bzw. des Drosselbereiches kann, wie späterhin gezeigt wird, berechnet werden.

335. Theorie eines Durchlassers für niedere Periodenzahlen (Drosselkette). In Abb. 275, Darstellung a, sieht man, daß die Reihenimpedanz längs des Kettenleiters je Stufe

$$Z = r + j\omega L$$

und die dazugehörige Ableitung quer zum Leiter

$$Y = j\omega C$$

ist. Diese Werte in Formel (42) eingeführt, ergeben

$$\begin{aligned}\cosh n &= 1 + \frac{YZ}{2} = a + jb,\\ &= 1 - \frac{\omega^2 C L}{2} + j\frac{\omega r C}{2},\end{aligned} \tag{51}$$

wo $\frac{\omega}{2\pi} = f$ irgendeine Periodenzahl der dem Kettenleiter aufgedrückten Spannung bedeutet. Man hat somit

$$\left.\begin{aligned}a &= 1 - \omega^2\frac{CL}{2} = 1 - 2\left[\frac{f}{f_0}\right]^2,\\ b &= \omega\frac{rC}{2} = r\sqrt{\frac{C}{L}}\frac{f}{f_0},\end{aligned}\right\} \tag{52}$$

wenn f_0 die kritische Frequenz ist, bei der die Dämpfungswirkung gerade einsetzt. Die Eigen- oder kritische Frequenz f_0 kann man aus dem

Ausdruck für die Wellenimpedanz (Gleichung 43) berechnen, da für verschwindend kleinen Widerstand $Z_{0_T} = 0$ sein muß, d. h.

$$Z_{0_T} = \sqrt{\frac{r + j\omega L}{j\omega C}} \sqrt{1 + \frac{1}{4} j\omega C [r + j\omega L]} = 0$$

oder

$$1 - \tfrac{1}{4}\omega^2 CL + \tfrac{1}{4} j\omega Cr = 0,$$

daraus ergibt sich

$$\omega = \omega_0 = \frac{2}{\sqrt{CL}} \tag{53}$$

und die kritische Frequenz

$$f_0 = \frac{\omega_0}{2\pi} = \frac{1}{\pi\sqrt{CL}}, \tag{54}$$

d. h. ein Ausdruck, der nur $^1/_2$mal so groß ist wie der für den gewöhnlichen Resonanzkreis.

Wenn man den Widerstand gegenüber der Reaktanz vernachlässigt, wie es in den meisten praktischen Fällen zulässig ist, so wird $Z = j\omega L$ und $Y = j\omega C$ und (43) geht über in

$$Z_{0_T} = \sqrt{\frac{L}{C}} \sqrt{1 - \left[\frac{f}{f_0}\right]^2}. \tag{43a}$$

Für die π-Schaltung ergibt sich ein ähnliches Resultat

$$Z_{0_\pi} = \frac{\sqrt{\frac{L}{C}}}{\sqrt{1 - \left[\frac{f}{f_0}\right]^2}}, \tag{44a}$$

woraus man erkennt, daß Z_{0_T} mit wachsendem Verhältnis f/f_0 von dem Wert $\sqrt{L/C}$ abnimmt und für die kritische Frequenz f_0 entsprechend $f/f_0 = 1$ zu Null wird, während Z_{0_π} von dem Werte $\sqrt{L/C}$ an ansteigt und bei Erreichung der kritischen Frequenz ($f = f_0$) unendlich groß wird. Der Wert $\sqrt{L/C}$ erinnert an die Wellenimpedanz der homogenen Leitung.

In Abb. 274 sind die Dämpfungen α und Winkelmaße β des eingezeichneten T-Leiters für ein veränderliches Verhältnis f/f_0 angegeben. Wenn der Ohmsche Widerstand der Spulen berücksichtigt würde, so hätte derselbe für die meisten praktisch vorkommenden Spulen wenig Wirkung. Nur die Ecke der β-Kurve, wo $\beta = 180$ Grad ist, und diejenige der α-Kurve, in der α für $f/f_0 = 1$ gleich Null wird, würden etwas abgerundet erscheinen. Zur Berechnung werden (45) und (46) benutzt. Man erkennt, daß für kleinere Frequenzen f (kleiner als die kritische Frequenz f_0) die Phase β zunächst beinahe proportional mit der Periodenzahl wächst. Hiernach findet ein rascheres Wachsen statt bis zu 180 Grad Phasenverschiebung, während die Siebanordnung keine merkliche Dämpfung α ergibt. Der Kettenleiter wirkt dann als ein **Phasenwechsler** und guter Durchlasser für Ströme mit Frequenzen, die kleiner sind als die kritische Frequenz f_0. Dagegen erzeugt eine verhältnismäßig kleine Erhöhung der Frequenz über f_0 eine Dämpfung α, die sehr rasch anwächst, während die Phase keine Änderung erfährt. Dies sind die charakteristischen Eigenschaften dieses Siebes.

Da in (42a)

$$\left.\begin{aligned} a &= \cosh\alpha\cos\beta \\ b &= \sinh\alpha\sin\beta \end{aligned}\right\} \quad \text{und} \quad \cosh n = a + jb,$$

d. h. für das widerstandslose Kettenglied

$$\cosh n = 1 + \frac{1}{2} YZ = 1 - \frac{\omega^2 CL}{2} = 1 - 2\left(\frac{f}{f_0}\right)^2$$

ist, so wird

$$\left.\begin{aligned} a = 1 - 2\left(\frac{f}{f_0}\right)^2 &= \cosh\alpha\cos\beta, \\ \sinh\alpha\sin\beta &= 0. \end{aligned}\right\}$$

Wenn **f kleiner als f_0** ist, dann ist, wie Abb. 274 zeigt, $\alpha = 0$ und $\cosh\alpha = 1$ oder

$$\cos\beta = a = 1 - \left(\frac{f}{f_0}\right)^2 \tag{55}$$

oder

$$\sin\frac{\beta}{2} = \frac{f}{f_0}. \tag{56}$$

Für $f > f_0$ hat man $\beta = 180$ Grad und $\cos\beta = -1$ oder

$$\cosh\alpha = -a = \left(\frac{f}{f_0}\right)^2 - 1, \tag{57}$$

$$\cosh\frac{\alpha}{2} = \frac{f}{f_0}. \tag{58}$$

Mittels (56) und (58) können die Darstellungen von Abb. 274 geprüft werden. Das Umkehren des Vorzeichens von α zeigt ebenso wie β an, daß der Strom für Frequenzen oberhalb der kritischen Frequenz f_0 an die Stromquelle zurückgeworfen wird, d. h. daß die **Siebwirkung mit sehr kleinen Verlusten** erfolgen kann. Der Anteil der an die Siebkette angelegten Spannung, der am Ende der Kette zur Geltung kommt, verläuft ohne Schwankungen (Reflektion), wenn wie in (41) die Belastungsimpedanz Z_e gleich der Wellenimpedanz gewählt wird. Das Glied $\varepsilon^{\alpha q}$ in (41) gibt dann ein direktes Maß für die Siebwirkung. Abb. 276 zeigt diesen Fall für 1, 2, 3 und 10 Kettenglieder an. Man erkennt daraus, daß die Dämpfung sofort einsetzt, wenn die kritische Periodenzahl $f_0 = \frac{1}{\pi\sqrt{CL}}$ überschritten wird. Die Dämpfung ist selbst für kleine Überschreitungen von f_0 außerordentlich groß, wenn 10 Glieder benutzt werden. Dies würde aber in vielen praktischen Fällen zu kostspieligen Anordnungen führen. Abb. 277 zeigt die Siebwirkung von bis zu drei Kettengliedern über einen größeren Frequenzbereich. Man sieht daraus, daß 2 bis 3 Glieder recht gute Wirkung ergeben. Hierbei wählt man einfach die kritische Frequenz f_0 etwas niedriger als die Frequenz von der an eine große Dämpfung bestehen soll. So wird z. B. bei Verwendung von drei Gliedern die Amplitude von Strömen mit 50% höherer Frequenz praktisch gleich Null. Wenn daher eine Siebanordnung die z. B. Ströme der Frequenz 50 und mehr zurückhalten soll, zu berechnen ist, so nimmt man die kritische Periodenzahl etwas kleiner, z. B. $f_0 \cong 35$ ∾/Sek. an und wählt drei Glieder.

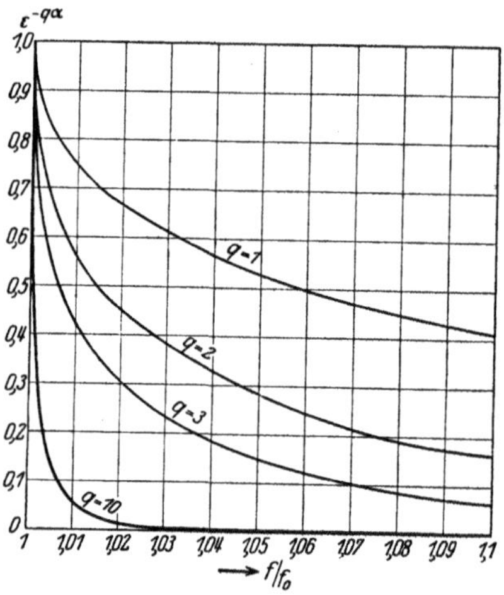

Abb. 276. Dämpfungskurven als Funktion der aufgedrückten Frequenz für ein und mehrere Kettenglieder in Reihe.

Wenn π-Glieder wie in Abb. 263 zur Verwendung gelangen, so ist nur die Wellenimpedanz (44a) eine andere. Die kritische Frequenz f_0 erhält man für $Z_{0_\pi} = \infty$; es ergibt sich dieselbe Formel (Gleichung 54) wie für das T-Glied.

Die Berechnung einer Drosselkette (Induktivität längs des Leiters und Kapazität quer dazu wie in Abb. 275 unter a) beruht daher nur auf der Ermittlung von L und C; d. h. die maßgebenden Größen können mittels (54) und dem Ausdruck für die zweckentsprechende Wellenimpedanz Z_0 (Gleichung 43a bzw. 44a) erwittelt werden. Um Reflektionen zu vermeiden, wählt man die Belastung (Z_e) gleich Z_0. Für eine **T-Leitung** ist:

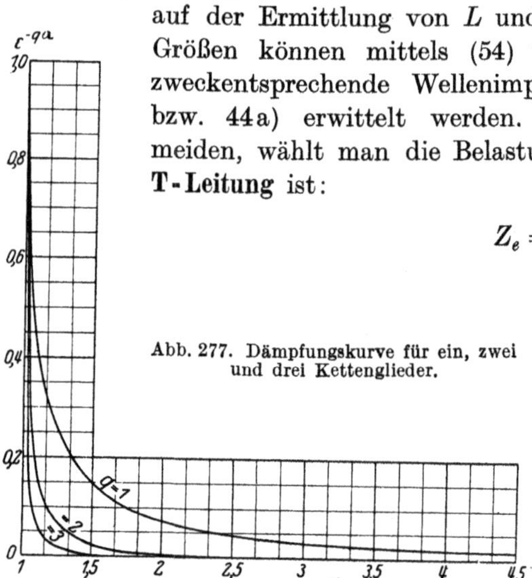

Abb. 277. Dämpfungskurve für ein, zwei und drei Kettenglieder.

$$\left.\begin{aligned} Z_e = Z_{0_T} = Z_0 &= P\sqrt{\frac{C}{L}}, \\ f_0 &= \frac{1}{\pi\sqrt{CL}}, \\ P &= \sqrt{1-\left(\frac{f}{f_0}\right)^2} \end{aligned}\right\} \qquad (55)$$

und

$$\left.\begin{aligned} C^{\mathrm{M.F.}} &= \frac{P\cdot 10^6}{\pi f_0 Z_0}, \\ L^{\mathrm{H}} &= \frac{Z_0}{\pi f_0 P}. \end{aligned}\right\} \qquad (56)$$

Für den **π-Leiter** wird

$$Z_e = Z_{0\pi} = Z_0 = \frac{\sqrt{\frac{C}{L}}}{P} \tag{57}$$

und f_0 wie oben, d. h.

$$\left.\begin{aligned} C^{\mathrm{M.F.}} &= \frac{10^6}{\pi f_0 Z_0 P}, \\ L^{\mathrm{H}} &= \frac{P Z_0}{\pi f_0}, \end{aligned}\right\} \tag{58}$$

wobei die kritische Frequenz in Perioden/Sek. und Z_0 in Ohm einzuführen ist. Diese scheinbar einfachen Ausdrücke haben den Nachteil, daß das Glied P in C und L erscheint, also eine von der Frequenz abhängige Größe vorliegt. Dieselbe gehört in Wirklichkeit zum Wellenwiderstand, d. h. zur Belastung, da $Z_e = Z_0$ zugrunde gelegt wurde, und besagt, daß die Belastung mit der Frequenz sich ändern muß, um die ideale Siebwirkung wie in den Abb. 274, 276 und 277 zu ergeben. Das Experiment zeigt aber, daß für $P = 1$ die Größe $R_0 = Z_0 = Z_{0T} = Z_{0\pi} = \sqrt{\frac{C}{L}}$ gleich der Wellenimpedanz wird, ähnlich wie für die homogene Leitung, und gute[1]) Siebwirkung für mehrere Glieder ergibt. Die Formeln für solche Annahmen sind in Abb. 278 mit den dazugehörigen Kettengliedern angegeben.

In manchen Fällen ist die Annahme $P = 1$ nicht so gut wie ein Wert $f = 0{,}8\, f_0$ für den $P = 0{,}6$ ist.

336. Berechnung einer Siebkette für die Durchlassung im niederen Frequenzbereich. Eine Siebkette soll so aufgebaut werden, daß starke

f_0 Periodenzahl, von der an Siebwirkung einsetzt.

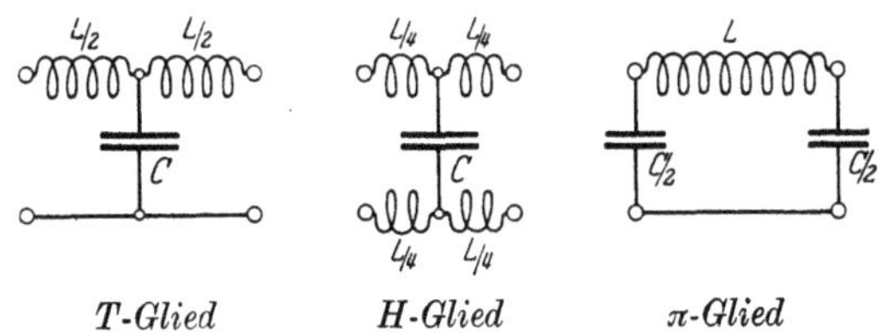

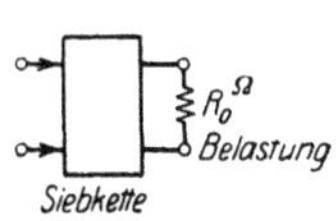

$$C^{\mathrm{M.F.}} = \frac{10^6}{\pi f_0 R_0}$$

$$L^{\mathrm{H}} = \frac{R_0}{\pi f_0}$$

Abb. 278. Durchlasser für niedere Frequenzen und Siebe für höhere Frequenzen.

Drosselung von ca. 2000 Perioden/Sek. an auftritt und Ströme höherer Frequenz praktisch zurückgehalten werden, während Ströme unterhalb 2000 Perioden/Sek. bis zu den niedersten Frequenzen ohne jegliche

[1]) Wenn z. B. eine Empfangsanordnung von gleichgerichtetem Wechselstrom durch eine Siebkette gespeist wird.

Dämpfung durchfließen können. Die Belastung ist ein Widerstand von 50 Ω. Es kommt daher eine Drosselkette wie in Abb. 278 in Betracht.

Abb. 279. Kurven für die rasche Berechnung von Durchlassern für Ströme niederer Frequenzen für irgendeine Belastung bis zu 10000 Ohm.

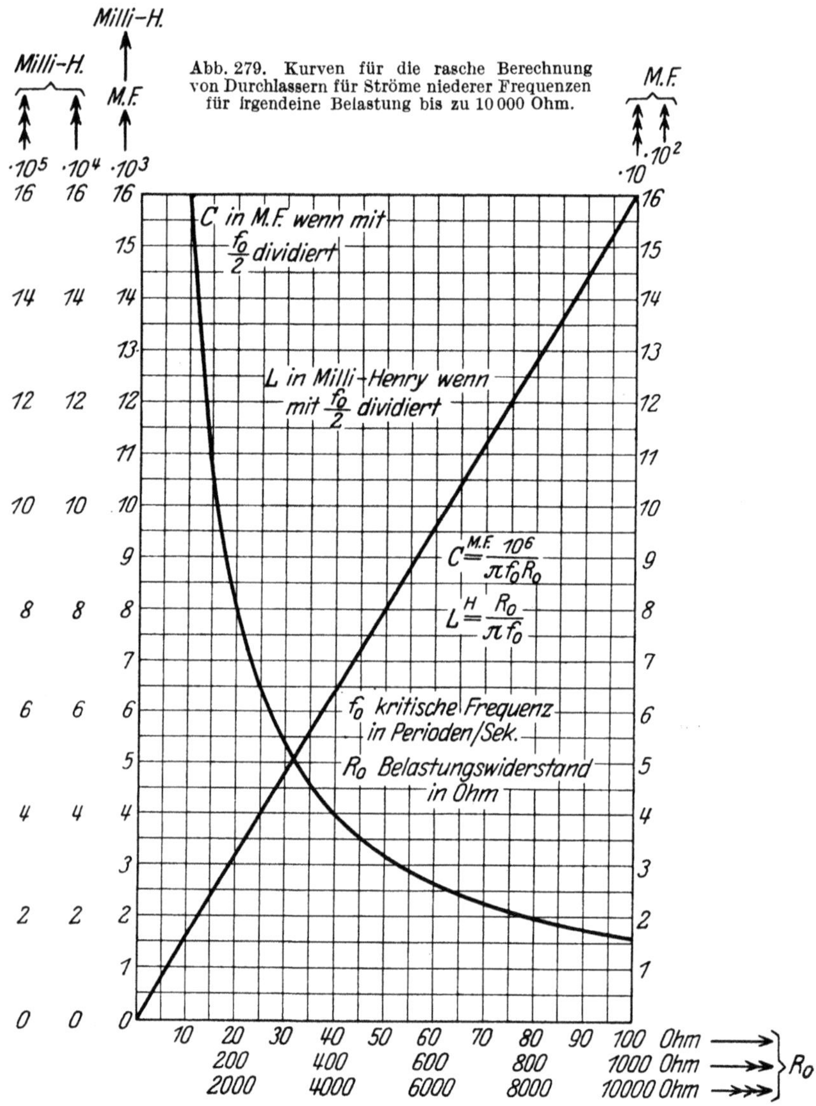

Der Kettenleiter sei aus π-Gliedern aufgebaut. Man findet dann mittels der in der Abbildung angegebenen Formeln oder rascher aus der Kurventafel in Abb. 279 für $R_0 = 50\,\Omega$ und $f_0 = 2000$ ∾/Sek.

$$\left.\begin{aligned} C &= 3{,}185 \text{ M.F.} \\ L &= 7{,}96 \text{ Milli-H.}, \end{aligned}\right\}$$

d. h. die Kapazität an jeder Seite des π-Leiters würde 1,5925 M.F. betragen. Man könnte eine solche Kapazität mittels mehrerer Kondensatoren und einem 1 M.F.-Kondensator aufbauen. Jedoch kann man auch eine möglichst angenähert richtige Kapazität, die gerade zur Hand ist, verwenden, da diese Abweichung durch einen etwas anderen Wert von f_0 oder R_0 sich kompensieren läßt. Abb. 279 zeigt, daß für $C = 3$ M.F. die Induktivität $L = 8{,}5 \cdot 10^{-3}$ Henry und $R_0 = 53{,}2\,\Omega$ würde. Man braucht daher die Belastung nur um 3,2 Ω zu vergrößern und hat die Bedingung

$$f_0 = \frac{1}{\pi\sqrt{3 \cdot 10^{-6} \cdot 8{,}5 \cdot 10^{-3}}} = 2000 \sim/\text{Sek.}$$

trotzdem erfüllt. Dies verlangt an den Enden jedes Kettengliedes die leicht herstellbaren Kapazitäten von 1,5 M.F., d. h. zwischen zwei einanderfolgenden Gliedern 3 M.F.

Wenn T-Glieder in Betracht kommen, so hat man, wie in den Abb. 264 und 275, Fall a, Kapazitäten von 1,5 M.F. und Induktivitäten von $4{,}25 \cdot 10^{-3}$ H. an den Enden zu verwenden. Wenn zwei Glieder in Reihe geschaltet werden, so hat man in das Zwischenglied $L = 8{,}5 \cdot 10^{-3}$ H. einzuschalten. Die Arbeitsweise einer solchen Kette kann man mittels Gleichung (40) prüfen, da das Verhältnis $Q = \frac{Z_s}{Z_e}$ die am Ende des Siebes wirkende Spannung mit Bezug auf die aufgedrückte Spannung angibt. Für 1 Kettenglied ist $q = 1$, für 2 Glieder $q = 2$ usf. Wenn man die ausführliche Lösung (Fußnote, S. 455) benutzt, so wird (40)

$$\begin{aligned} Q = \frac{Z_S}{Z_e} &= (-1)^q \left[A + \frac{B}{Z_e}\right] \\ &= (-1)^q \left[\cosh nq + \frac{Z_0}{Z_e} \sinh nq\right] \\ &= \mathbf{(-1)^q \left[\cosh n q - \frac{\sinh n \sinh n q}{Y Z_e}\right]} \\ &= (-1)^q \left\{A - \frac{E}{YZ_e}\right\}. \end{aligned} \tag{40a}$$

Diese Formeln zeigen, daß das Verhältnis Q für ein Kettenglied ($q = 1$)

$$Q_1 = \frac{E_1}{YZ_e} - A_1 \tag{59}$$

ist und für zwei Glieder ($q = 2$) bzw. drei Glieder ($q = 3$)

$$Q_2 = A_2 - \frac{E_2}{YZ_e}, \tag{60}$$

$$Q_3 = \frac{E_3}{YZ_e} - A_3, \tag{61}$$

wobei

$$\left.\begin{aligned} A &= (-1)^q \cosh nq \\ &= (-1)^q \cos mq \\ E &= (-1)^q \sinh n \sinh nq \\ &= -(-1)^q \sin m \sin mq \\ n &= jm \end{aligned}\right\} \qquad (62)$$

und

ist.

Die Beziehung $n = jm$ benutzt man für den Durchlaßbereich ($f/f_0 < 1$). Tabelle 23 gibt die Auswertung von Formel (40a). Es ist vorteilhaft, für

Tabelle 23 für die Berechnung der Siebwirkung (Gleichung 40a). Wenn eine beliebige Siebkette vorliegt, benutzt man die Spalte YZ, da f/f_0 nur für die Drosselkette von Bedeutung ist.

f/f_0	YZ	A_1	A_2	A_3	E_1	E_2	E_3
0,2	−0,16	−0,92	+ 0,695	− 0,358	− 0,152	+ 0,282	− 0,366
0,4	−0,64	−0,68	− 0,076	+ 0,783	− 0,536	+ 0,730	− 0,456
0,6	−1,44	−0,28	− 0,842	+ 0,755	− 0,918	+ 0,518	+ 0,63
0,7	−1,96	−0,02	− 0,999	+ 0,06	− 0,995	+ 0,0522	+ 0,996
0,8	−2,56	+0,28	− 0,845	− 0,749	− 0,92	− 0,514	+ 0,637
0,9	−3,24	+0,62	− 0,231	− 0,906	− 0,615	− 0,763	− 0,331
1,0	−4,0	+1,0	+ 1,0	+ 1,0	0	0	0
1,1	−4,84	+1,42	+ 3,032	+ 7,19	+ 1,01	+ 2,88	+ 7,17
1,2	−5,76	+1,88	+ 6,072	+ 20,85	+ 2,53	+ 9,54	+ 33,15
1,3	−6,76	+2,38	+10,37	+ 46,85	+ 4,66	+22,3	+101,2
1,4	−7,84	+2,92	+16,08	+ 90,64	+7,5	+44,1	+248,5
1,5	−9,0	+3,5	+23,51	+160,27	+11,24	+78,8	+538

die Siebkette in dem obigen Beispiel die Werte von A und E in Abhängigkeit von f/f_0 zu kennen. Da für irgendeine Siebanordnung, Kondensatorkette oder eine Kombination von Spulen und Kondensatoren in Parallel- oder in Reihenschaltung f/f_0 andere Werte hat, YZ aber

Tabelle 24. Prüfung

$\frac{f}{f_0}$	$\frac{1}{YZ_e} = -\frac{jf_0}{2f}$	$\frac{E_1}{YZ_e}$	$\frac{E_2}{YZ_e}$	$\frac{E_3}{YZ_e}$	Q_1 (für ein Kettenglied)
0,2	−2,5 j	+0,38 j	− 0,705 j	+ 0,913 j	+(0,38 j + 0,92) = +0,995
0,4	−1,25 j	+0,67 j	− 0,913 j	+ 0,57 j	+(0,67 j + 0,68) = +0,955
0,6	−0,833 j	+0,765 j	− 0,432 j	− 0,525 j	+(0,765 j + 0,28) = +0,815
0,7	−0,714 j	+0,71 j	− 0,037 j	− 0,711 j	+(0,71 j + 0,02) = +0,71
0,8	−0,625 j	+0,575 j	+ 0,321 j	− 0,398 j	+(0,575 j − 0,28) = +0,64
0,9	−0,555 j	+0,341 j	+ 0,423 j	+ 0,184 j	+(0,341 j − 0,62) = +0,708
1,0	−0,5 j	0	0	0	−1
1,1	−0,4545 j	−0,459 j	− 1,31 j	− 3,26 j	−(0,459 j + 1,42) = −1,49
1,2	−0,4165 j	−1,055 j	− 3,975 j	− 13,81 j	−(1,055 j + 1,88) = −2,15
1,3	−0,3845 j	−1,791 j	− 8,57 j	− 38,9 j	−(1,791 j + 2,38) = −2,98
1,4	−0,357 j	−2,68 j	−15,75 j	− 88,7 j	−(2,68 j + 2,92) = −3,96
1,5	−0,333 j	−3,745 j	−26,25 j	−179 j	−(3,745 j + 3,5) = −5,15

eine charakteristische Größe ist, so gilt Tabelle 23 für irgendeine Siebkette, wenn die Spalte f/f_0 nur für die Drosselkette beibehalten wird. Tabelle 24 dient zur endgültigen Ausrechnung des obigen Beispiels. Das Glied $1/YZ_e$ vereinfacht sich, da bei der Berechnung von C und L der Siebkette $R_0 = Z_e = \sqrt{\frac{L}{C}}$ angenommen wurde, d. h.

$$\frac{1}{YZ_e} = \frac{1}{j\omega C R_0} = \frac{-j}{\omega\sqrt{CL}} = \frac{-j\omega_0}{2\omega} = -j\frac{f_0}{2f}.$$

Man findet ferner

$$YZ = j\omega C \cdot j\omega L = -\omega^2 CL = -\left(\frac{2f}{f_0}\right)^2.$$

Hieraus folgt, daß für den Sperrbereich $f/f_0 > 1$ die Dämpfung bei Verwendung von nur einem Kettenglied nicht sehr groß ist. Bei zwei Kettengliedern hat man eine bedeutend bessere Dämpfung und bei drei Gliedern (Q_3) wirkt die Siebkette sehr gut. Wenn man z. B. die Untersuchung für $f/f_0 = 1{,}1$, d. h. bei 2200 Perioden anstatt 2000 Per./Sek. durchführt, so erkennt man, daß die von der Siebkette abgegebene Spannung das $1/Q_3 = 1/7{,}9$fache der aufgedrückten Spannung ist. Bei 2400 Per./Sek. ($f/f_0 = 1{,}2$) wirkt nur der 25. Teil der an die Siebkette angelegten Spannung. Die Dämpfung steigt sehr rasch mit f an, sobald $f > f_0$ wird. Wenn man Q_1, Q_2, Q_3 in Abhängigkeit von f/f_0 aufträgt, so bekommt man ein sehr gutes Bild von der Wirkung der Stufenzahl. In dem Durchlaßbereich $f/f_0 < 1$ treten kleine Schwankungen mit f auf. Dieselben sind aber klein, so daß Ströme von kleinerer als der kritischen Frequenz ungehindert die Siebkette durchlaufen.

Wenn die Belastung rein induktiv oder kapazitiv ist, wird

$$Z_e = j\omega L_e$$

bzw.

$$Z_e = \frac{1}{j\omega C_e}$$

einer Siebkette.

Q_2 (für 2 Kettenglieder)	Q_3 (für 3 Kettenglieder)
$+\ (0{,}695 + 0{,}705\,j) = +\ 0{,}99$	$+\ (0{,}913\,j + 0{,}358) = +\ 0{,}98$
$+(-0{,}076 + 0{,}913\,j) = +\ 0{,}916$	$+\ (0{,}57\,j - 0{,}783) = +\ 0{,}968$
$+(-0{,}842 + 0{,}432\,j) = +\ 0{,}946$	$-\ (0{,}525\,j + 0{,}755) = -\ 0{,}919$
$+(-0{,}999 + 0{,}0373\,j) = +\ 0{,}99$	$-\ (0{,}711\,j + 0{,}06) = -\ 0{,}713$
$-\ (0{,}845 + 0{,}321\,j) = -\ 0{,}904$	$+\ (0{,}398\,j + 0{,}749) = +\ 0{,}848$
$-\ (0{,}2311 + 0{,}423\,j) = -\ 0{,}482$	$+\ (0{,}184\,j + 0{,}906) = +\ 0{,}925$
$+1$	-1
$+\ (3{,}032 - 1{,}31\,j) = +\ 3{,}32$	$-\ (3{,}26\,j + 7{,}19) = -\ 7{,}9$
$+\ (6{,}072 - 3{,}9752\,j) = +\ 7{,}25$	$-\ (13{,}81\,j + 20{,}85) = -\ 25$
$+\ (10{,}37 - 8{,}57\,j) = +13{,}5$	$-\ (38{,}9\,j + 46{,}85) = -\ 60{,}9$
$+\ (16{,}08 - 15{,}75\,j) = +22{,}5$	$-\ (88{,}7\,j + 90{,}64) = -127$
$+\ (23{,}51 - 26{,}25\,j) = +35{,}2$	$-(179\,j + 160{,}27) = -240$

und
$$\frac{1}{YZ_e} = -\frac{1}{\omega^2 C L_e}$$
oder
$$\frac{1}{YZ_e} = \frac{C_e}{C}.$$

Für die kapazitive Belastung fällt daher die Abhängigkeit von f heraus. Eine praktische Anwendung würde eine Siebkette sein, die auf einen Verstärkertransformator arbeitet und Ströme höherer als der Resonanzfrequenz des Transformators absperren soll. Der Transformator wirkt dann im Absperrbereich wie ein Kondensator.

337. Theorie eines Durchlassers für höhere Frequenzen. Fall b in Abb. 275 und Abb. 280 zeigen eine Siebkette für niedere Frequenzen, da hier weder Gleichströme noch Wechselströme niederer Frequenz fließen können. Man hat

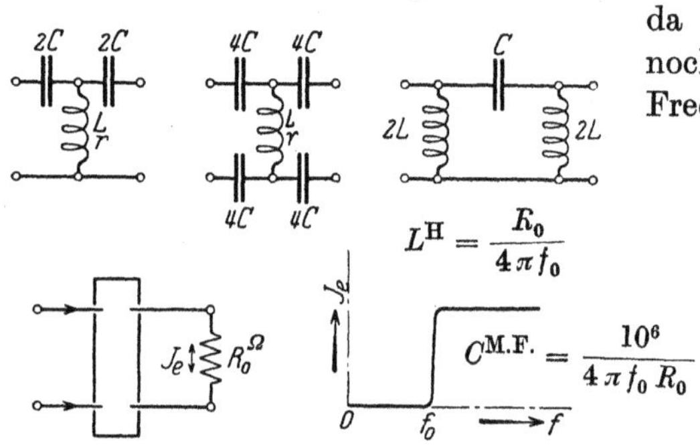

Abb. 280. Durchlasser für den höheren Frequenzbereich. f_0 Frequenz von der an Ströme fließen können.

$$\left.\begin{aligned} Z &= \frac{1}{j\omega C}, \\ Y &= \frac{1}{r + j\omega L}, \end{aligned}\right\}$$

welche Werte in Gleichung (42)
$$\cosh n = 1 + \frac{YZ}{2} = a + jb$$

und in Gleichung (43) und (44)
$$\left.\begin{aligned} Z_{0_T} &= \sqrt{\frac{Z}{Y}}\sqrt{1 + \frac{1}{4}YZ}, \\ Z_{0_\pi} &= \frac{\sqrt{\frac{Z}{Y}}}{\sqrt{1 + \frac{1}{4}YZ}} \end{aligned}\right\}$$

einzuführen sind. Eine eingehende Untersuchung zeigt, daß man bei den meisten Ketten den Widerstand r der Spule vernachlässigen darf. Dies ergibt
$$\cosh n = 1 - \frac{1}{2}\frac{1}{\omega^2 C L}. \tag{63}$$

Die kritische Frequenz $f_0 = \frac{\omega_0}{2\pi}$, von der an ein Durchlassen mit steigenden Periodenzahlen einsetzt, findet man für $\cosh n = \pm 1$, d. h. gleich -1
$$\left.\begin{aligned} \omega_0 &= \frac{1}{2\sqrt{CL}}, \\ f_0 &= \frac{1}{4\pi\sqrt{CL}}. \end{aligned}\right\} \tag{64}$$

Man kann dasselbe Ergebnis mittels der Wellenimpedanz Z_0 ableiten. Für die T-Schaltung wird die Wellenimpedanz

$$Z_{0_T} = \sqrt{\frac{L}{C}}\sqrt{1 - \frac{1}{4\,\omega^2 C L}},$$

$$= \sqrt{\frac{L}{C}}\sqrt{1 - \left[\frac{f_0}{f}\right]^2} \tag{65}$$

und für die π-Leitung

$$Z_{0_\pi} = \frac{\sqrt{\frac{L}{C}}}{\sqrt{1 - \left[\frac{f_0}{f}\right]^2}}. \tag{66}$$

Im Vergleich zu (43a) und (44a) sieht man, daß an Stelle von $(f/f_0)^2$ hier der reziproke Wert davon auftritt.

Mittels dieser Ergebnisse und Gleichung (64) kann man C und L berechnen, da die Belastungsimpedanz $Z_e = Z_0$ und ω_0 bekannt sind. Für den T-Leiter werden

$$\left.\begin{aligned} \omega_0 &= \frac{1}{2\sqrt{C L}}, \\ Z_e = Z_0 &= \sqrt{\frac{L}{C}} \cdot P_1, \\ f_1 &= \sqrt{1 - \left(\frac{f_0}{f}\right)^2}. \end{aligned}\right\}$$

$$\left.\begin{aligned} C^{\text{M.F.}} &= \frac{10^6 P_1}{4\pi f_0 Z_e}, \\ L^{\text{H}} &= \frac{Z_e}{4\pi f_0 P_1} \end{aligned}\right\} \quad T\text{-Glied.} \tag{67}$$

Für einen π-Leiter hat man

$$\left.\begin{aligned} C^{\text{M.F.}} &= \frac{10^6}{4\pi f_0 Z_e P_1}, \\ L^{\text{H}} &= \frac{Z_e}{4\pi f_0} P_1 \end{aligned}\right\} \quad \pi\text{-Glied.} \tag{68}$$

Auch in diesen Formeln tritt wieder das von der Frequenz f abhängige Glied P_1 auf, d. h. für ideale Siebwirkung muß die Belastungsimpedanz Z_e sich entsprechend f_0/f ändern. Untersuchungen zeigen, daß in vielen Fällen bei Verwendung mehrerer Kettenglieder die Größe P_1 gleich der Einheit gesetzt werden darf. Die Formeln vereinfachen sich dann zu den Ausdrücken in Abb. 280 und zu $Z_0 = Z_e = Z_{0_T} = Z_{0_\pi} = R_0^{\Omega}$. In manchen Fällen ist es aber besser, P_1 einen anderen Wert zu geben und mittels des oben angegebenen Prüfverfahrens (Tabelle 23 und 24 und Formeln 40a) die beste Siebwirkung (besten Belastungswiderstand oder, wenn derselbe gegeben ist, den geeignetsten Wert $1/YZ_e$) festzulegen. Die Lösung kann, wie oben bedeutend vereinfacht werden, wenn wie in Abb. 279, C und L für verschiedene Belastungswiderstände R_0 aufgetragen sind. Man kann dann für irgendeine Belastung R_0 die Werte von C und L direkt ablesen.

338. Bemerkungen über Kettenleiter, die Kapazität und Induktivität in Parallel- oder in Reihenschaltung verwenden (Theorie der Frequenzschlucker [Sperrketten] und des Doppelsiebes). Wenn man es mit komplizierteren Kettenleitern, wie z. B. in Abb. 281 angedeutet ist, zu tun hat, so ist es zweckmäßig, zwischen Grenzfrequenzen und Eigenfrequenzen zu unterscheiden. Man erkennt dies aus dem Verlauf der $\cosh n$ mit der Frequenz f, wo f_{0_1} und f_{0_2} die beiden Eigenfrequenzen der Reihenimpedanz Z und der Admittanz Y sind. Diese zwei Frequenzen sind nicht dieselben wie die entsprechenden Grenzfrequenten f_1 und f_2, welche sich aus

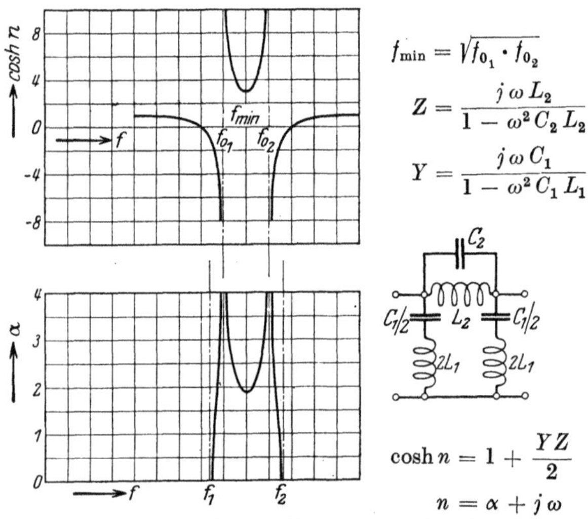

$$f_{\min} = \sqrt{f_{0_1} \cdot f_{0_2}}$$

$$Z = \frac{j\omega L_2}{1 - \omega^2 C_2 L_2}$$

$$Y = \frac{j\omega C_1}{1 - \omega^2 C_1 L_1}$$

$$\cosh n = 1 + \frac{YZ}{2}$$

$$n = \alpha + j\omega$$

Abb. 281. Kurven für die Dämpfung α und $\cosh n$ bei einem Frequenzschlucker (Sperrkette).

$$\cosh n = -1 = 1 + \frac{\omega^2 C_1 L_2}{2[1 - \omega^2 C_2 L_2][\omega^2 C_1 L_1 - 1]}$$

ergeben. Das Sperrgebiet liegt daher zwischen den Frequenzen f_1 und f_2. Aus den Kurven für $\cosh n$ und für die Dämpfung α erkennt man, daß innerhalb des Sperrgebietes die Dämpfung für eine Frequenz $f_{\min}$ auf einen Minimalwert fällt. Dies ist ein Nachteil, da man ja im Sperrgebiet jeden Stromdurchlaß für Ströme zwischen den Frequenzen f_1 und f_2 verhindern will. Es ist daher notwendig, $f_{\min}$ und α für diese Periodenzahlen zu kennen. Man findet $f_{\min}$ aus

$$\frac{d(\cosh n)}{df} = 0$$

zu

$$f_{\min} = \sqrt{f_{0_1} f_{0_2}}\,, \tag{69}$$

worin

$$\left.\begin{aligned} f_{0_1} &= \frac{1}{2\pi\sqrt{C_1 L_1}} \\ f_{0_2} &= \frac{1}{2\pi\sqrt{C_2 L_2}} \end{aligned}\right\}$$

ist. Wenn man den Wert für $f_{\min}$ in den Ausdruck für $\cosh n$ einsetzt, so wird

$$\cosh n = [\cosh n]_{\min} = 1 + \frac{4\pi^2 f_{0_1} f_{0_2} C_1 C_2}{2\left[1 - \frac{f_{0_1}}{f_{0_2}}\right]\left[\frac{f_{0_2}}{f_{0_1}} - 1\right]}.$$

$$= 1 + \frac{L_2}{2 L_1\left[1 - \frac{f_{0_1}}{f_{0_2}}\right]^2}, \tag{70}$$

d. h. die kleinste Dämpfung α im Sperrgebiet hängt nur von dem Induktivitätsverhältnis L_2/L_1 und dem Verhältnis f_{0_1}/f_{0_2} der Eigenfrequenzen des Parallel- und Reihenzweiges eines Kettengliedes ab. Wenn f_{0_1}/f_{0_2} von der Einheit nach oben oder unten hin abweicht, sinkt die Minimaldämpfung im Sperrgebiet. Die Wirkungsfähigkeit der Kette wird also durch richtige Wahl der Grenzfrequenzen bedingt. Je mehr sich die Eigenfrequenzen f_{0_1} und f_{0_2} einander nähern, um so besser wird die Sperrwirkung (um so größer wird die Minimaldämpfung), die Grenzfrequenzen f_1 und f_2 aber entfernen sich weiter von den entsprechenden Eigenfrequenzen. Eine Vergrößerung von $\alpha_{\min}$ erfolgt auch mit einer Vergrößerung von L_2/L_1. Um daher eine Sperrkette zu berechnen, nimmt man an, daß die Eigenfrequenzen mit den entsprechenden Sperrfrequenzen zusammenfallen, was unter der Annahme eines kleinen Verhältnisses von L_2/L_1 (ungefähr 0,1) noch zulässig ist. Mittels mehrerer Kettenglieder kann man dann die Minimaldämpfung $\alpha_{\min}$ genügend erhöhen.

Man kann auch die Tabelle 23 benutzen, um die Siebwirkung zu berechnen, da von $YZ = 0$ bis $YZ = -4$ die Siebkettenimpedanz klein ist. Von $YZ = -4$ an und größere negative Werte hat man es mit dem Sperrgebiet zu tun, da sehr hohe Siebkettenimpedanzen auftreten.

Für manche Siebanordnungen genügt es, zur Feststellung der Konstanten folgende Methode zu verwenden, die sich auf die zwei Anordnungen in Abb. 282 bezieht. Für die obere Schaltung, dem **Doppelsieb** oder **Banddurchlasser,** ergeben sich die in der Abbildung angegebenen Werte für Z und Y und

$$YZ = -\frac{[\omega^2 C_1 L_1 - 1]\,[\omega^2 C_2 L_2 - 1]}{\omega^2 C_1 L_2}.$$

Wenn man vorläufig $C_1 = C_2 = C$ und $L_1 = L_2 = L$ setzt, so wird

$$\boldsymbol{YZ} = -\frac{[\omega^2 C L - 1]^2}{\omega^2 C L}$$

$$= -\left[\frac{f}{f_0} - \frac{f_0}{f}\right]^2 \tag{71}$$

für die Eigenfrequenz $f_0 = \frac{1}{2\pi\sqrt{CL}}$ von Z oder des Y-Zweiges. Diese Eigenfrequenz ist nicht mit der kritischen Frequenz zu verwechseln. Obige Vereinfachungen geben ein Mittel, die Grenzfrequenzen des Banddurchlassers rasch zu berechnen. Man benutzt dann (71) als Ausgangsformel und wählt späterhin C_1, C_2, L_1 und L_2 so, daß

$$C_1 L_1 = C_2 L_2 = CL$$

wird. Ferner läßt man bei diesem Verfahren die beiden Eigenfrequenzen zusammenfallen und macht nur das Produkt $C_1 L_1$ bzw. $C_2 L_2$ gleich der Schwingungskonstanten CL. Durch passende Wahl von L_1/L_2 kann man die Breite des Durchlaßbandes verändern.

$$Z = j\,\frac{\omega^2 C_1 L_1 - 1}{\omega C_1}$$

$$Y = j\,\frac{\omega^2 C_2 L_2 - 1}{\omega L_2}$$

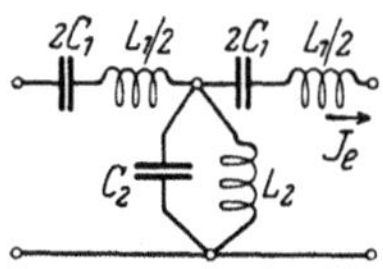

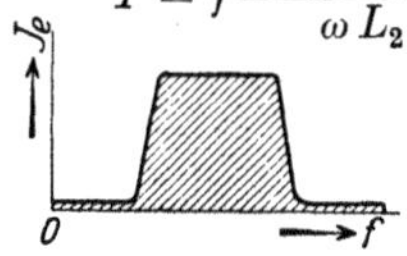

$$Z = j\,\frac{\omega L_1}{1 - \omega^2 C_1 L_1}$$

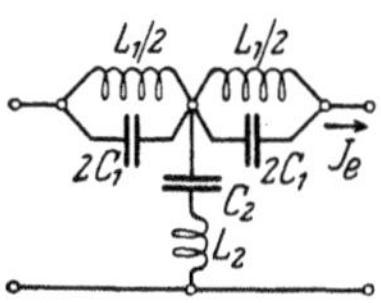

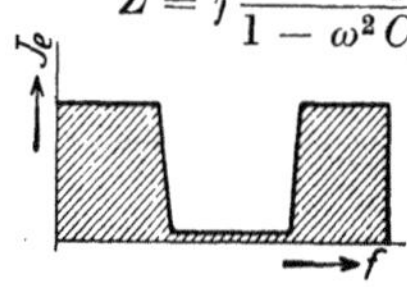

$$Y = j\,\frac{\omega C_2}{1 - \omega^2 C_2 L_2}$$

Abb. 282. Maßgebende Formeln für ein Doppelsieb und einen Frequenzschlucker (Sperrkette).

Es ist dann

$$C_1 = \frac{C_2}{m},$$

$$L_1 = m L_2.$$

Wenn m größer als die Einheit ist, so wird die Breite des Durchlaßbandes geringer. Weiter ist

$$\boldsymbol{YZ} = -m\left[\frac{f}{f_0} - \frac{f_0}{f}\right]^2. \tag{72}$$

Man sieht aus (71) und (72), daß sich für ein und denselben Wert von YZ die zwei Grenzfrequenzen ergeben. Da derselbe gleich $-YZ > 4$ sein muß, so ergibt sich daraus auch die Wahl des Faktors m.

Z. B. für

$$f = 2{,}415 f_0 \quad \text{oder} \quad \frac{f}{f_0} = 2{,}415$$

wird $\frac{f_0}{f} = 0{,}415$ und

$$\left[\frac{f}{f_0} - \frac{f_0}{f}\right]^2 = 4$$

Dies in Formel (71) eingeführt, ergibt

$$YZ = -4.$$

Wenn man $f = 0{,}415\, f_0$ setzt, so wird YZ wiederum gleich -4. Die Siebkette läßt daher Ströme aller Periodenzahlen zwischen $0{,}415 f_0$ bis $2{,}415\, f_0$ durch.

Beispiel: Eine Siebkette soll berechnet werden, die Ströme zwischen 400 und 600 Kiloperioden/Sekunde durchläßt; die Ströme für 400 Kiloperioden sollen ein $-YZ$ etwas größer als 4 ergeben.

Lösung: Für $f = 400$ wird, da $f_0 = 500$

$$f_0 = 0{,}8, \quad \text{d. h.} \quad \frac{f_0}{f} = 1{,}25$$

und (71) ergibt

$$YZ = -0{,}202.$$

Wenn man in (72) einen Wert von $YZ = -4{,}2$ annimmt, so wird $m = 21$, d. h. $C_1 = \frac{C_2}{21}$ und $L_1 = 21\, L_2$. In derselben Weise ergibt sich für den Frequenzschlucker, d. h. die Sperrkette in Abb. 282

$$YZ = -\frac{\omega^2 C_2 L_1}{[1 - \omega^2 C_1 L_1][1 - \omega^2 C_2 L_2]},$$

und für die oben gemachten Annahmen

$$YZ = -\frac{1}{\left(\frac{f}{f_0} - \frac{f_0}{f}\right)^2}, \tag{73}$$

da $C_1 = C_2 = C$ und $L_1 = L_2 = L$ ist, und ferner

$$YZ = -\frac{m}{\left[\frac{f}{f_0} - \frac{f_0}{f}\right]^2} \tag{74}$$

für $C_1 L_1 = C_2 L_2$.

339. Berechnung einer Siebkette, die außerdem Ströme einer gewissen Frequenz vollständig unterdrücken soll. Eine Siebkette setzt Strömen eine gewisse Dämpfung dann entgegen, sobald $-YZ > 4$. Die Dämpfung steigt rasch an, wird aber in allen praktischen Fällen nie unendlich groß. In der Praxis kann aber ein Problem vorliegen, bei dem von einer gewissen Frequenz an Ströme nicht mehr durchgelassen werden sollen und Ströme mit einer gegebenen Frequenz so gut wie möglich fern gehalten werden sollen. Dies könnte mittels der Drosselkette (Abb. 275, Darstellung a) nur unter Verwendung von sehr vielen, also kostspieligen Kettengliedern erreicht werden. Wenn aber die Anordnung in Abb. 283 verwendet wird, so kann dies in einfacherer Weise bewirkt werden. Das erste Glied stellt eine Stufe des Niederfrequenzdurchlassers dar, das zweite dagegen eine Stufe, für die das Z-Element (längs der Leitung) so angeordnet ist, daß $C_2 L_2$ mit Strömen der Periodenzahl Stromresonanz erzeugt, die vollständig unterdrückt werden sollen.

Die angegebenen Formeln beruhen darauf, daß

$$\left.\begin{aligned} f_0 &= \frac{1}{\pi\sqrt{CL}}, \\ f_2 &= \frac{1}{2\pi\sqrt{C_2 L_2}} \end{aligned}\right\}$$

und von der Frequenz f_0 an die Dämpfung für beide Gliederarten eingesetzt werden muß. Da für das erste Glied

$$\left.\begin{aligned} Y_1 &= j\omega C, \\ Z_1 &= j\omega L, \end{aligned}\right\}$$

und das zweite Glied

$$\left.\begin{aligned} Y_2 &= j\omega C_1, \\ Z_2 &= \frac{j\omega L_2}{1-\omega^2 C_2 L_2} \\ &= j\frac{\omega L_2}{1-\left(\frac{f}{f_2}\right)^2} \end{aligned}\right\}$$

ist, so ergeben sich

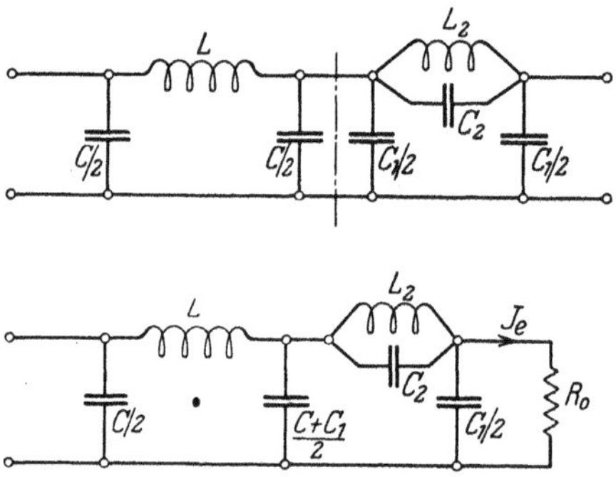

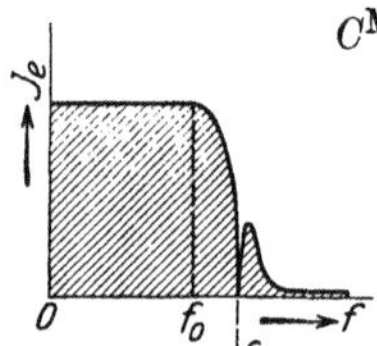

$$C^{\text{M.F.}} = \frac{10^6}{\pi f_0 R_0} \qquad L^{\text{H}} = \frac{R_0}{\pi f_0}$$

$$C_1 = A\cdot C \qquad L_2 = A\cdot L$$

$$C_2 = B\cdot C \qquad A = \sqrt{1-\left[\frac{f_0}{f_2}\right]^2}$$

$$B = \frac{\left[\frac{f_0}{f_2}\right]^2}{4A}$$

f_0, kritische Frequenz, von der an die Dämpfung einsetzt; f_2, Frequenz, die am meisten ferngehalten werden soll.

Abb. 283. Formeln für einen Niederfrequenzdurchlasser, der außerdem Ströme mit der Frequenz f_2 vollständig unterdrückt.

für die Eigenfrequenz des ersten Gliedes, da für dieselbe die gesamte Reaktanz längs des geschlossenen Kreises verschwinden muß,

$$j\omega_0 L + \frac{4}{j\omega_0 C} = 0 \quad \text{oder} \quad \omega_0 = \frac{2}{\sqrt{CL}} = 2\pi f_0,$$

und für das zweite Glied

$$\frac{j\omega L_2}{1-\omega^2 C_2 L_2} + \frac{4}{j\omega C_1} = 0, \quad \text{d. h.} \quad \omega = \frac{2}{\sqrt{C_1 L_2 + 4 C_2 L_2}} = 2\pi f.$$

Wenn man für C_1, C_2 und L_2 die in Abb. 283 angegebenen Werte einführt, wird

$$C_1 L_2 + 4 C_2 L_2 = CL(A^2 + 4AB) = CL,$$

$$\text{d. h. } \omega = \omega_0 \quad \text{oder} \quad f = f_0$$

da

$$4AB = \left[\frac{f_0}{f_2}\right]^2 \quad \text{und} \quad A^2 = 1 - \left[\frac{f_0}{f_2}\right]^2$$

ist. Man könnte auch Ströme der Frequenz f_2 mittels Spannungsresonanz (Kondensator und Spule in Reihe und quer zur Leitung) unterdrücken. Dies hat aber bei konstanter aufgedrückter Klemmenspannung den

Nachteil, da dann große Kurzschlußströme (Resonanzströme) von der Frequenz f_2 im Kettenleiter kreisen.

Beispiel: Eine Siebkette soll berechnet werden, welche die überlagernden Wechselströme eines Vollweggleichrichters (für Senderröhren) praktisch unterdrückt. Die Wechselstromleitung habe 50 ∾/Sek.; zwei Senderöhren für eine normale Anodenspannung von 1000 Volt und Anodenstrom von 100 Milliampere seien zu verwenden. Der Belastungswiderstand R_0 wird dann

$$R_0 = \frac{1000}{2 \cdot 100 \cdot 10^{-3}} = 5000\,\Omega.$$

Da bei Vollweggleichrichtung $2 \cdot 50 = 100$ ∾/Sek. den Grundstrom im Gleichrichterkreis bilden, so muß man Ströme dieser Periodenzahl so gut wie möglich unterdrücken, d. h. es ist $f_2 = 100$ ∾/Sek. Die Frequenz, von der an eine Dämpfung einsetzen soll, wählt man am besten etwas niederer als die Wechselstromfrequenz der aufgedrückten Spannung, d. h. ungefähr $f_0 = 40$ ∾/Sek. Die Siebanordnung in Abb. 283 ist für diesen Zweck brauchbar, und es ist

$$C = \frac{10^6}{\pi \cdot 40 \cdot 5000} = 1{,}59 \text{ M.F.}; \qquad L = \frac{5000}{\pi \cdot 40} = 39{,}8 \text{ Henry};$$

$$A = \sqrt{1 - \left(\frac{40}{100}\right)^2} = 0{,}917; \qquad B = \frac{\left[\frac{40}{100}\right]^2}{4 \cdot 0{,}917} = 0{,}0436;$$

$$C_1 = 0{,}917 \cdot 1{,}59 = 1{,}457 \text{ M.F.};$$

$$C_2 = 0{,}0436 \cdot 1{,}59 = 0{,}0694 \text{ M.F.};$$

$$L_2 = 0{,}917 \cdot 39{,}8 = 36{,}5 \text{ Henry}.$$

340. Induktivitäten und Kondensatoren für Siebketten. Was die Kapazitäten anbelangt, so verwendet man zweckmäßig gute Kondensatoren (Glimmer u. dgl.), so daß sie die höchstvorkommenden Spannungen aushalten können. Im Bereich der schnellen Schwingungen können auch Glasplattenkondensatoren verwendet werden, da bei hohen Frequenzen nur kleine Kapazitäten nötig sind. Als Induktivitäten benutzt man gewöhnliche Luftspulen, die außerdem den Vorteil haben, nur wenig von der Frequenz abhängig zu sein. Wenn dagegen eine Siebkette große Induktivitäten benötigt, wie im obigen Beispiel, so muß man Spulen mit unterteiltem Eisenkern einbauen. Man verwendet dabei einen kleinen Luftspalt für die Drosselspule, welcher ermöglicht, die Induktivität auf einen besseren Wert einzustellen (für eine festgelegte Stromstärke). Wenn der Luftspalt zu groß gewählt wird, so muß man mehr Windungen verwenden. Bei einem zu kleinen Luftspalt treten Oberschwingungen auf, die der eigentlichen Siebwirkung entgegenarbeiten. Zur Magnetisierung des Eisenkerns dienen ungefähr 10% der

Amperewindungen. Im allgemeinen kann man sagen, daß bei Niederfrequenzen bis zu ungefähr 1000 ∾/Sek. und Strömen bis zu $1 \cdot 10^{-3}$ Ampere ein Luftspalt von 0,5 bis 1 mm gute Wirkungen ergibt. Bei größeren Strömen und höheren Frequenzen muß man einen größeren Luftspalt verwenden.

XXVIII. Verschiedene Rechnungsverfahren.

341. Berechnung der Randkurven eines Kondensators für lineare Wellenlängenänderung. Die Randkurve[1]) hat den in Abb. 284 angegebenen Verlauf. In der nachstehenden Lösung zerlegt man den Halbkreis eines gewöhnlichen Kondensators in p-gleiche Teile (9 Teile in der Abbildung) und berechnet die Längen der Radiusvektoren gemäß der Formel

$$r_p = \sqrt{p}. \tag{1}$$

Wenn man, wie in der Abbildung, 9 Teile zugrunde legt, so hat man für jeden 20. Grad einen Radiusvektor. Dieselben sind $r_0, r_1, r_2, r_3 \ldots r_9$ mit den in der Abbildung angegebenen Längen. Obige Formel beruht darauf, daß die Wellenlänge λ für konstant bleibende Induktivität und veränderliche Kapazität C durch die Formel

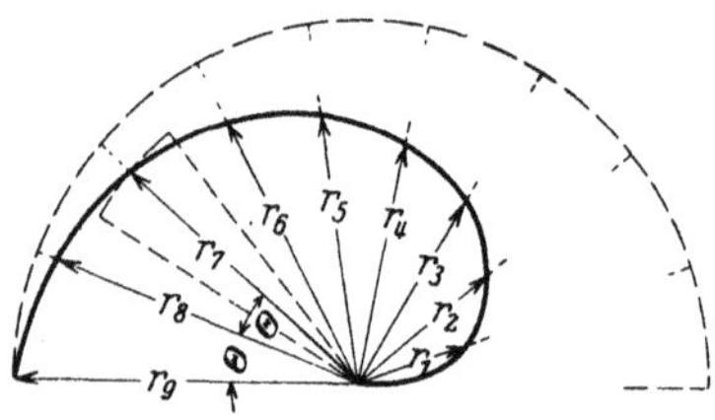

$r_0 = \sqrt{0}$; $r_1 = \sqrt{1}$; $r_2 = \sqrt{2}$;

$r_3 = \sqrt{3}$; $r_4 = \sqrt{4}$; ... $r_9 = \sqrt{9}$;

allgemein $r_p = \sqrt{p}$; $\Theta = \dfrac{180}{p}$ *Grade*

Abb. 284. Berechnung der Plattenform eines Kondensators für lineare Wellenlängenänderung.

$$\lambda = k\sqrt{C}$$

ausdrückbar ist. Man erkennt daraus, daß man C viermal vergrößern muß, um die Wellenlänge zu verdoppeln oder eine 9fache Kapazität einzustellen hat, um die 3fache Wellenlänge zu erhalten. Dementsprechend müssen die Flächen der sich folgenden Sektoren durch richtige Gestaltung der Randkurve gewählt werden. Für den Radiusvektor r_7 ist ein Kreissektor angedeutet. Der Kreisbogen schneidet an der einen Seite gerade soviel Fläche ab als er zur rechten Seite überschreitet. Dies ist um so richtiger, je größer man p, d. h. je kleiner man Θ wählt. Die Fläche des Kreissektors ist daher dem Sektor mit der richtigen Randkurve inhaltsgleich und dem Quadrate des Radiusvektors proportional, da die Fläche

$$F_7 = \frac{\Theta r_7^2}{2}$$

[1]) Die ersten zwei Verfahren vernachlässigen die Kapazität bei der Nulleinteilung, in dem letzten Verfahren wird dieselbe berücksichtigt.

ist, wenn Θ in Kreisradian (Bogenmaß $2\pi = 360$ Grade) ausgedrückt wird. Wenn man daher die Fläche bis zum Vektor r_2 ins Auge faßt, so wird dieselbe

$$F_2 = \Theta \cdot r_1^2 = \Theta,$$

und die Fläche des Sektors zwischen r_2 und r_4 ist

$$F_{2-4} = \Theta \cdot r_3^2 = 3\,\Theta,$$

sowie die Fläche zwischen r_4 und r_6

$$F_{4-6} = \Theta \cdot r_5^2 = 5\,\Theta.$$

Dies ergibt für die Fläche von 0 bis r_4

$$F_4 = 4\,\Theta,$$

und die Fläche bis r_6

$$F_6 = 9\,\Theta.$$

Wenn daher die festen Kondensatorplatten längs r_2 oder r_4 oder r_6 stehen, so sind die entsprechenden Kapazitäten den Flächen F_2, F_4 oder F_6 proportional und die entsprechenden Wellenlängen den Quadratwurzelwerten dieser Flächen proportional. Wenn die erste Stellung (längs r_2) λ ergibt, so hat man für die Stellung längs r_6 die doppelte und längs r_6 die dreifache Wellenlänge. Der lineare Verlauf ist daher bestätigt. Es kann gezeigt werden, daß die Fläche der ganzen Platte

$$F = \frac{\pi\, r_{\max}^2}{4}$$

ist, wobei $r_{\max}$ im Falle der Abbildung dem Radiusvektor r_9 entspricht. Dies gibt ein Mittel, die Kapazität für die maximale Kondensatoreinstellung zu berechnen. Von den Randwirkungen ist abgesehen.

342. Berechnung der Randkurve für lineare Frequenzänderung. Die Frequenz f ist für gleichbleibende Induktivität L und veränderliche Kapazität C durch

$$f = \frac{A}{\sqrt{C}} \tag{2}$$

gegeben, wobei $A = \frac{1}{2\pi\sqrt{L}}$ ist.

Für lineare Frequenzänderung muß die Bedingung

$$\frac{df}{d\Theta} = -B = \frac{f_0 - f_{180}}{\pi} \tag{3}$$

erfüllt werden, wo Θ wiederum den Verstellungswinkel im Bogenmaß bedeutet und f_0 und f_{180} die Frequenzen für $\Theta = 0$ bzw. $= 180$ Grad sind. Die Kapazität C ist für irgendeine Stellung

$$C = DF \quad \text{Mikrofarad}, \tag{4}$$

wo $D = \frac{10^{-5} N}{36 \pi t}$ ist, F den Flächeninhalt in Quadratzentimetern, t den Abstand zwischen zwei Platten in Zentimetern und N die Anzahl der Spalten bedeutet. Wenn man F wie oben ausdrückt, geht (4) über in

$$C = \frac{D}{2} \int r^2 d\Theta, \tag{5}$$

worin r der Radiusvektor für die Winkelverschiebung Θ der Platten ist. Einen anderen Ausdruck für C erhält man aus (2) und (3), da

$$df = -B d\Theta = d\left[\frac{A}{\sqrt{C}}\right]$$

oder

$$\frac{A}{\sqrt{C}} = K - B\Theta, \tag{6}$$

wobei die Integrationskonstante $K = kB$ ist. Hierin bedeutet k den Winkel, für welchen die Frequenz Null wird. Dies würde einem unendlich großen Radiusvektor entsprechen. Wenn die Kondensatorplatten die kleinste Kapazität $C_{\min}$ ergeben, ist $\Theta = 0$. Dies ergibt, in (6) eingesetzt,

$$K = \frac{A}{\sqrt{C_{\min}}}. \tag{7}$$

Aus (6) folgt

$$C = \left[\frac{A}{K - B\Theta}\right]^2, \tag{8}$$

(5) und (8) ergeben

$$\left[\frac{A}{K - B\Theta}\right]^2 = \frac{D}{2} \int r^2 d\Theta.$$

Eine Differentiation nach Θ ergibt

$$\frac{dC}{d\Theta} = 2\left[\frac{A}{K - B\Theta}\right]\left[\frac{AB}{[K - B\Theta]^2}\right] d\Theta = \frac{D}{2} r^2 d\Theta.$$

Dies ergibt den Radiusvektor r für irgendeine Kondensatorstellung Θ

$$r = \frac{2A}{B} \sqrt{\frac{1}{D\left[\frac{A}{B\sqrt{C_{\min}}} - \Theta\right]^3}}. \tag{9}$$

Gemäß (3) bedeutet B die Änderung der Periodenzahl, wenn der Kondensator um ein Radian (entsprechend 57,3 Grad) verdreht wird. Da die Drehachse des Kondensators halbkreisförmige Öffnungen in den beweglichen Kondensatorplatten bedingt, wird die Kapazität kleiner ausfallen. Für den Fall der Lösung (9) hat r^2 die Form

$$r^2 = G.$$

Wenn Öffnungen mit dem Halbmesser ϱ berücksichtigt werden, so wird

$$r^2 - \varrho^2 = G$$

und

$$\boldsymbol{r = \sqrt{G + \varrho^2}}. \tag{10}$$

Man sieht aus Lösung (9), daß die Randkurve die Form

$$r = \frac{k^1}{[\Theta_0 - \Theta]^{\frac{3}{2}}}$$

hat, wobei die Exzentrizität von dem Verhältnis $C_{\max}/C_{\min}$ abhängt. Das Verhältnis 4 : 1 scheint passend zu sein, das dann einem Frequenzbereich von 2 : 1 entspricht.

343. Berechnung der Randkurve eines Kondensators für gleichbleibende prozentuale Verstimmung für alle Teile der Skala. Kondensatoren dieser Art sind für Präzisionswellenmesser von Bedeutung, da dann eine gewisse kleine Verschiebung für irgendeine Einstellung dieselbe prozentuale Wellenlängen- bzw. Frequenzveränderung hervorruft. Die Meßgenauigkeit ist daher dieselbe, ob man am oberen oder unteren Ende der Kondensatorskala arbeitet.

Die Bedingung für einen solchen Kondensator ist, daß

$$\frac{d\lambda}{d\Theta} = k\lambda, \tag{11}$$

d. h. der Differentialquotient der Wellenlänge mit Bezug auf die Kondensatoreinstellung Θ muß der Wellenlänge proportional sein. Gleichung (11) hat die bekannte Lösung

$$\lambda = A\,\varepsilon^{k\Theta}, \tag{12}$$

wo $100\,k$ gemäß (11) die prozentuale Änderung ist. Da man für die Wellenlänge auch den Ausdruck

$$\lambda^{\mathrm{m}} = B\sqrt{C}, \tag{13}$$

für

$$B = 6\pi \cdot 10^8 \sqrt{L}$$

hat, wenn L in Henry und C in Farad gemessen wird, so ergibt sich aus (12) und (13)

$$\boldsymbol{C = D \cdot \varepsilon^{K\Theta}}, \tag{14}$$

wo $D = \left[\frac{A}{B}\right]^2$ und $K = 2k$ ist.

Wenn die Kondensatorplatten vollständig verdreht sind, ergibt sich die Minimumkapazität $C_{\min}$ entsprechend $\Theta = 0$ und aus (14) folgt

$$C = \boldsymbol{C_{\min} = D}. \tag{15}$$

Die maximale Kapazität hat man für eine Einstellung $\Theta = 180$ Grad mit

$$C_{\max} = C_{\min}\,\varepsilon^{180\,K} \tag{16}$$

oder

$$\lg(C_{\max}) = \lg(C_{\min}) + 180 K \cdot \lg \varepsilon,$$

worin $\lg = \log_{10}$ ist. Dies ergibt die Konstante K zu

$$\boldsymbol{K = 1{,}278 \cdot 10^{-2} \lg \frac{C_{\max}}{C_{\min}}}. \tag{17}$$

Die Kapazität, welche durch die wirkliche Fläche der Kondensatorplatten bedingt ist, ist kleiner als in (14) angegeben. Man hat daher als Kapazität C_Θ für irgendeine Einstellung Θ

$$\begin{aligned} C_\Theta &= D\,\varepsilon^{K\Theta} - C_{\min} \\ &= D[\varepsilon^{K\Theta} - 1]. \end{aligned} \tag{18}$$

Die entsprechende Kondensatorfläche F_Θ muß deshalb dieser Kapazität proportional sein, d. h.

$$F_\Theta = H \cdot C_\Theta. \tag{19}$$

Wenn man die halbkreisförmigen Öffnungen mit dem Halbmesser ϱ für die Drehachse in Betracht zieht, so ist die Fläche, um welche F_Θ kleiner wird,

$$\Delta F_\Theta = \frac{\Theta}{2 \cdot 57{,}3} \varrho^2,$$

da Θ im Bogenmaß auszudrücken ist, oder

$$\Delta F_\Theta = \boldsymbol{8{,}73 \cdot 10^{-3}\, \Theta \varrho^2 = P\Theta}. \tag{20}$$

Dies ergibt zusammen mit (19)

$$F_\Theta - P\Theta = H \cdot C_\Theta. \tag{21}$$

Die wirksame Kondensatorfläche mit allen Korrekturen wird daher

$$F_\Theta = HD\{\varepsilon^{K\Theta} - 1\} + P\Theta, \tag{21}$$

wo die unbekannte Konstante H wie folgt bestimmt wird.

Für $\Theta = 180$ Grad bekommt man die vollständige Kondensatorfläche $F_{\max}$ und gemäß (16) und (21)

$$F_{\max} = H\{C_{\max} - C_{\min}\} + 180 P$$

oder

$$\boldsymbol{H = \frac{F_{\max} - 180 P}{C_{\max} - C_{\min}}}. \tag{22}$$

Um irgendeinen Radiusvektor r für irgendeine Einstellung Θ zu finden, denkt man sich einen sehr kleinen Sektor mit der Fläche δF, welche den Winkel $\delta\Theta$ einschließt. Man hat dann

$$\delta F = \frac{1}{57{,}3} \frac{\delta \Theta}{2} r^2,$$

welches für unendlich kleine Sektoren die Differentialform

$$\frac{dF}{d\Theta} = 8{,}73 \cdot 10^{-3}\, r^2$$

ergibt. Daraus folgt

$$r = 10{,}7 \sqrt{\frac{dF}{d\Theta}} = r_\Theta . \tag{23}$$

Da aber nach (21)

$$\frac{dF_\Theta}{d\Theta} = HDK\, \varepsilon^{K\Theta} + P$$

sein muß, wird somit der Radiusvektor für irgendeine Einstellung Θ

$$\boldsymbol{r = 10{,}7 \sqrt{HDK\, \varepsilon^{K\Theta} + P}} . \tag{24}$$

XXIX. Ermittlung von empirischen Gesetzen.

344. Graphische und analytische Verfahren. Die Charakteristiken gewisser Apparate folgen bestimmten Gesetzen, welche entweder theoretischen oder empirischen Ursprungs sein können. Die letzteren haben den Vorteil, daß ihnen die tatsächliche Arbeitsweise zugrunde gelegt ist. Die einfachsten Gesetze beruhen auf einer linearen Änderung, andere folgen einem quadratischen Ausdrucke u. dgl. In vielen Fällen stellt die Kurve eine recht komplizierte Gleichung dar, die nicht ohne tieferes Studium gefunden werden kann.

Im allgemeinen kann die Gleichung irgendeines eindeutigen Kurventeils, der regelmäßig verläuft, durch einen Ausdruck von der Form

$$y = a + b\,x + c\,x^2 + d\,x^3 + e\,x^4 + \ldots \tag{1}$$

befriedigt werden. Die Größen y und x bedeuten die entsprechenden Ordinaten und Abszissen der Experimentalkurve oder desjenigen Teiles davon, welcher studiert werden soll. Man verwendet gerade so viele Koordinaten als man Glieder hat, d. h. wenn die Charakteristik mittels des Ausdruckes

$$y = a + b\,x + c\,x^2$$

genügend genau bestimmbar ist, so verwendet man drei Koordinaten (y_1, $x_1 \ldots y_2$, $x_2 \ldots y_3$, x_3) und findet aus den Simultangleichungen

$$\begin{aligned} y_1 &= a + b\,x_1 + c\,x_1^2 \\ y_2 &= a + b\,x_2 + c\,x_2^2 \\ y_3 &= a + b\,x_3 + c\,x_3^2 \end{aligned}$$

die Konstanten a, b und c.

Beispiel Nr. 1: Wenn ein Kurventeil in der Nähe des Schnittpunktes mit der Ordinatenachse studiert werden soll, so verwendet man irgendwelche Koordinaten, wie $y_1 = 0{,}6$, $x_1 = 0 \ldots y_2 = 4{,}6$, $x_2 = 1 \ldots y_3 = 29{,}4$, $x_3 = 3$, die zu den Gleichungen

$$\begin{aligned} 0{,}6 &= a, \\ 4{,}6 &= a + b + c, \\ 29{,}4 &= a + 3b + 9c \\ \text{und} \qquad b &= 1{,}2 \ldots c = 2{,}8 \end{aligned}$$

führen. Die Formel für den Kurventeil wird somit:

$$y = 0{,}6 + 1{,}2\,x + 2{,}8\,x^2,$$

woraus man ersehen kann, daß das Glied mit x^2 einen großen Einfluß hat.

Wenn ein solcher Fall vorliegt oder die aufgetragene Kurve bedeutende Krümmung aufweist, so ist es immer besser, wenigstens noch das Glied mit x^2 zu berücksichtigen. Für höhere Grade von x wird die Auswertung der Simultangleichungen am besten mit Determinaten ausgeführt, da man z. B. für 5 Koordinatenpunkte das Gleichungensystem

$$\begin{aligned} y_1 &= a + b x_1 + c x_1^2 + d x_1^3 + e x_1^4 \\ y_2 &= a + b x_2 + c x_2^2 + d x_2^3 + e x_2^4 \\ &\ldots\ldots\ldots\ldots\ldots\ldots \\ &\ldots\ldots\ldots\ldots\ldots\ldots \\ y_5 &= a + b x_5 + c x_5^2 + d x_5^3 + e x_5^4 \end{aligned}$$

mit den entsprechenden Determinanten

$$\Delta = \begin{vmatrix} 1 & x_1 & x_1^2 & x_1^3 & x_1^4 \\ 1 & x_2 & x_2^2 & x_2^3 & x_2^4 \\ 1 & x_3 & x_3^2 & x_3^3 & x_3^4 \\ 1 & x_4 & x_4^2 & x_4^3 & x_4^4 \\ 1 & x_5 & x_5^2 & x_5^3 & x_5^4 \end{vmatrix}$$

$$\Delta_a Y = \begin{vmatrix} y_1 & x_1 & x_1^2 & x_1^3 & x_1^4 \\ y_2 & x_2 & x_2^2 & x_2^3 & x_2^4 \\ y_3 & x_3 & x_3^2 & x_3^3 & x_3^4 \\ y_4 & x_4 & x_4^2 & x_4^3 & x_4^4 \\ y_5 & x_5 & x_5^2 & x_5^3 & x_5^4 \end{vmatrix} \ldots \Delta_b Y = \begin{vmatrix} 1 & y_1 & x_1^2 & x_1^3 & x_1^4 \\ 1 & y_2 & x_2^2 & x_2^3 & x_2^4 \\ 1 & y_3 & x_3^2 & x_3^3 & x_3^4 \\ 1 & y_4 & x_4^2 & x_4^3 & x_4^4 \\ 1 & y_5 & x_5^2 & x_5^3 & x_5^4 \end{vmatrix}$$

$$\Delta_c Y = \begin{vmatrix} 1 & x_1 & y_1 & x_1^3 & x_1^4 \\ 1 & x_2 & y_2 & x_2^3 & x_2^4 \\ 1 & x_3 & y_3 & x_3^3 & x_3^4 \\ 1 & x_4 & y_4 & x_4^3 & x_4^4 \\ 1 & x_5 & y_5 & x_5^3 & x_5^4 \end{vmatrix} \ldots \Delta_d Y = \begin{vmatrix} 1 & x_1 & x_1^2 & y_1 & x_1^4 \\ 1 & x_2 & x_2^2 & y_2 & x_2^4 \\ 1 & x_3 & x_3^2 & y_3 & x_3^4 \\ 1 & x_4 & x_4^2 & y_4 & x_4^4 \\ 1 & x_5 & x_5^2 & y_5 & x_5^4 \end{vmatrix}$$

$$\Delta_e Y = \begin{vmatrix} 1 & x_1 & x_1^2 & x_1^3 & y_1 \\ 1 & x_2 & x_2^2 & x_2^3 & y_2 \\ 1 & x_3 & x_3^2 & x_3^3 & y_3 \\ 1 & x_4 & x_4^2 & x_4^3 & y_4 \\ 1 & x_5 & x_5^2 & x_5^3 & y_5 \end{vmatrix}$$

hat.

Die Konstanten a, b, c, d und e der endgültigen Formel

$$y = a + bx + cx^2 + dx^3 + ex^4$$

werden dann aus den Beziehungen

$$a = \frac{\Delta_a Y}{\Delta}; \quad b = \frac{\Delta_b Y}{\Delta}; \quad c = \frac{\Delta_c Y}{\Delta}; \quad d = \frac{\Delta_d Y}{\Delta}; \quad e = \frac{\Delta_e Y}{\Delta}$$

gefunden.

Da die Gleichung

$$Y = k \cdot X + A \tag{2}$$

für die gerade Linie mit der Neigung k und dem Abschnitt A auf der Y-Achse schnell lösbar ist, so führt man kompliziertere Formeln auf eine Beziehung dieser Art zurück. Dies ist in Tabelle 25 näher behandelt.

Die Voruntersuchung besteht darin, daß man gemäß Tabelle 25 zwei Veränderliche (z. B. Spannung und Strom) einer Versuchsreihe als Ordinate und Abszisse aufträgt. Wenn eine gerade Linie erhalten wird, so hat man eine Charakteristik der Form (1), welche für das Spannungs-Strombeispiel durch den Ursprung gehen muß und deshalb für $b = 0$ das Ohmsche Gesetz $y = ax$ mit a als dem Widerstand ausdrücken würde. Wenn dagegen die Kurve gekrümmt ist, so kann man entweder das Verfahren der Gl. (1) auf Seite 483 mit mehreren Gliedern versuchen oder, was besser ist, die Fälle 2, 3, 4, 5 und 6 der Tabelle 25 nacheinander ausprobieren, bis eine gerade Linie erhalten wird. Wenn selbst das Verfahren der Formel (6) eine gekrümmte Kurvenform ergeben sollte, d. h. für x als Abszisse und $\log y$ als Ordinate keine Gerade erhalten wird, so kann man die Annäherungslösung

$$\log y = a + bx + cx^2 + \tag{6a}$$

versuchen. Wenn man die Lösung (6) mit dem Logarithmus zur Basis $\varepsilon = 2{,}718\ldots$ auszuwerten wünscht und keine Tabelle für die hyperbolischen[1]) Logarithmen zur Verfügung hat, so kann man den gewöhnlichen Logarithmus ($\log_{10} = \log$) verwenden, wenn die Übergangsbeziehung

$$\log \varepsilon = 2{,}3026 \log$$

benutzt wird.

---

[1]) Ist auch als Napierscher oder als natürlicher Logarithmus bekannt.

Tabelle 25.

Mögliche Normal-Formeln	Gleichung für die gerade Linie, welche für alle angegebenen Formen gilt	wenn	da	Verfahren
1. $y=ax+b$	$Y=kX+A$	$k=a;\ A=b$ $Y=y;\ X=x$		Trage auf: x als Abszisse und y als Ordinate
2. $y=ax^2+b$		$k=a;\ A=b$ $Y=y;\ X=x^2$	$y=a\,(x^2)+b$	x^2 als Abszisse und y als Ordinate
3. $y=axy+b$		$k=a;\ A=b$ $Y=y;\ X=xy$	$y=a\,(xy)+b$	xy als Abszisse und y als Ordinate
4. $y=a\dfrac{y}{x}+b$	k bedeutet den Abfall der geraden Linie und A deren Abschnitt auf der Y-Achse	$k=a;\ A=b$ $Y=y;\ X=\dfrac{y}{x}$	$y=a\left(\dfrac{y}{x}\right)+b$	$\dfrac{y}{x}$ als Abszisse und y als Ordinate
5. $y=ax^q$		$k=q;$ $A=\log a$ $Y=\log y$ $X=\log x$	$(\log y)=q\,(\log x)+\log a$	$\log x$ als Abszisse und $\log y$ als Ordinate
6. $y=a\cdot\varepsilon^{qx}$		$k=0{,}4343\,q$ $A=\log_{10} a$ $Y=\log_{10} y$ $X=x$	$(\log_{10} y)=q\,x\log_{10}\varepsilon$ $+\log_{10} a$ $=0{,}4343\,qx+\log_{10} a$	x als Abszisse und $\log_{10} y$ als Ordinate

Beispiel Nr. 2. Eine Versuchsreihe ergab die Werte:

x	1	2	3	4	5	6	8	9	16
y	3	4,25	5,21	6	6,75	7,4	8,55	9	12

Die Kurve mit x als Abszisse und y als Ordinate ist gekrümmt, aber regelmäßig. Man versucht deshalb den Fall 5 der Tabelle 25 und berechnet die Tabelle

$\log x$	0,000	0,301	0,477	0,602	0,699	0,778	0,903	0,954	1,204
$\log y$	0,477	0,627	0,717	0,778	0,829	0,869	0,932	0,954	1,079

Wenn man hierauf $\log y$ und $\log x$ als Ordinaten aufträgt, bekommt man eine gerade Linie, welche die Neigung 0,5 hat und die logarithmische Länge 0,477 von der Ordinatenachse abschneidet. Man hat so gemäß der Tabelle 25

$$\log y = 0{,}5 \cdot \log x + 0{,}477$$

und die Lösung

$$y = 3\,x^{0,5} = 3\sqrt{x},$$

da $\log a = 0{,}477$ dem Werte 3 entspricht. Die Richtigkeit dieses Ergebnisses kann man mittels irgend zweier Koordinaten (z. B. $\log y_1 = 1{,}079$; $\log x_1 = 1{,}204$ und $\log y_2 = 7{,}17$; $\log x_2 = 0{,}477$) und den Simultangleichungen

$$1{,}079 = 1{,}204\,q + \log a$$

$$0{,}717 = 0{,}477\,q + \log a$$

prüfen.

Beispiel Nr. 3. Wenn die Volt-Ampere-Charakteristik eines Lichtbogens für die statischen Werte graphisch aufgetragen wird, so erhält man eine fallende gekrümmte Kurve, wie in Abb. 238 auf Seite 327 angedeutet ist. Sofern man das Leistungsprodukt $V \cdot I$ als Ordinate und den Strom I als Abszisse aufträgt, bekommt man in Annäherung eine gerade Linie von der Form

$$(V \cdot I) = a \cdot I + b,$$

d. h.

$$Y = kX + A,$$

wenn $k = b$, $A = a$, $Y = V$ und $X = \frac{1}{I}$. Man hat somit die endgültige Gleichung für die Lichtbogencharakteristik

$$V = \frac{b}{I} + a.$$

Die zwei bestimmenden Koordinatenpunkte des Kurventeiles seien: $V_1 = 50{,}25$ Volt, $I_1 = 1{,}96$ Ampere und $V_2 = 45$, $I_2 = 5{,}97$. Man hat somit

$$\left.\begin{aligned} 50{,}25 &= \frac{b}{1{,}96} + a, \\ 45 &= \frac{b}{5{,}97} + a, \end{aligned}\right\}\ \text{d. h. } a = 42{,}45 \quad \text{und} \quad b = 15{,}3\,.$$

Die Formel für den Kurventeil ist dann

$$V = \frac{15{,}3}{I} + 42{,}45\,.$$

In der Regel ergibt die algebraische Lösung für die Konstanten a und b genauere Resultate als die graphische Methode mittels der Neigung und dem Ordinatenabschnitt der geraden Linie. Die besten Werte erhält man dann, wenn man das graphische Verfahren dazu verwendet, um die durchschnittsgerade Linie festzustellen und die maßgebenden Koordinaten auf der Geraden wählt.

Beispiel Nr. 4. Für das Gitterpotential Null einer gewöhnlichen Dreielementröhre ergaben sich die folgenden Werte des Anodenstromes I_P in Abhängigkeit von der statischen Anoden-EMK E_P.

E_P^{Volt}	50	100	200	300	400
I_P^{MA}	2,3	7,5	28,5	63	72,5

Die Kurve mit I_P als Abszisse und E_P als Ordinate hat die bekannte S-Form, während die Charakteristik auf Logarithmenpapier beinahe geradlinig verläuft. Man findet als einen angenäherten Wert mittels des graphischen Verfahrens den Ausdruck

$$E_P = 32\, I_P^{0,55}.$$

Da es von größerer praktischer Bedeutung ist, I_P in Abhängigkeit der Anoden-EMK E_P zu haben, so berechnet man zunächst die folgenden Logarithmen:

$\log I_P$	0,356	0,874	1,454	1,799	1,86
$\log E_P$	1,699	2,—	2,301	2,477	2,602

Wenn man den unteren Kurventeil ins Auge faßt, so ergeben die maßgebenden Koordinatenpunkte die Simultangleichungen

$$\begin{aligned} 0,356 &= 1,699\, q + \log a, \\ 0,874 &= 2\, q \quad + \log a, \end{aligned} \quad \text{d. h.} \quad \begin{aligned} q &= 1,715; \quad \log a = -2,556; \\ a &= 0,00278 \end{aligned}$$

mit der Gleichung

$$I_P = 0,00278\, E_P^{1,715}.$$

Für den oberen Teil der Charakteristik erhält man

$$\begin{aligned} 1,454 &= 2,301\, q + \log a, \\ 1,799 &= 2,477\, q + \log a, \end{aligned} \quad \text{d. h.} \quad \begin{aligned} q &= 1,96; \quad \log a = -3,061; \\ a &= 0,000\,869 \end{aligned}$$

$$I_P = 0,000\,869\, E_P^{1,96}\ \text{MA}.$$

Beispiel Nr. 5. Die graphische Darstellung der Ergebnisse einer Versuchsreihe lieferte praktisch eine gerade Linie, wenn x die Abszisse und $\log y$ die entsprechende Ordinate bildete. Man hat somit den sechsten Fall in Tabelle 25. Die maßgebenden Koordinaten seien: $\log y_1 = 0,845$, $x_1 = 3,892$ und $\log y_2 = 0,623$, $x_2 = 2,87$. Da

$$(\log y) = 0,4343\, qx + \log a,$$

so hat man wiederum die Simultangleichungen

$$\begin{aligned} 0,845 &= 0,4343 \cdot 3,892\, q + \log a, \\ 0,623 &= 0,4343 \cdot 2,87\, q \quad + \log a, \end{aligned} \quad \text{d. h.} \quad \begin{aligned} q &= 0,49; \quad \log a = 0,019; \\ a &= 1,0278 \end{aligned}$$

mit der empirischen Formel

$$y = 1,0278 \cdot \varepsilon^{0,49\,\mathrm{X}}.$$

345. Kritik für kleine Ablesungsfehler. Im Beispiel Nr. 5 ergibt eine Rechenschieberberechnung das angegebene Resultat. Gewöhnliche Multiplikationen und Divisionen und eine mehrstellige Logarithmentafel ergibt

$$y = 1{,}007 \cdot \varepsilon^{0{,}50017\,x}$$

was im großen und ganzen dasselbe Ergebnis ist, da der Exponent im vorigen Falle 0,499 war. In vielen Fällen ist aber eine Kritik der eventuellen Ablesungsfehler erwünscht.

Wenn entsprechende Koordinaten der $y = f(x)$-Kurve an einem ungünstigen Teile abgelesen werden, so kann man wie folgt verfahren: Die Größe Δx bedeute eine kleine Abweichung vom tatsächlichen Werte von x und Δy den zu berechnenden Fehler der y-Ordinate. Die Sehne, deren Neigung durch das Verhältnis $\Delta y/\Delta x$ ausgedrückt ist, verläuft dann praktisch parallel zu der Tangente dy/dx am Versuchspunkt. Der prozentuale Fehler $F_y\%$ in y wird dann

$$F_y\% = \frac{\Delta y}{y} 100 = \frac{dy}{dx} \cdot \frac{\Delta x}{y} 100,$$

da $\frac{\Delta y}{\Delta x} = \frac{dy}{dx}$. Dieses Gesetz gilt allgemein.

Beispiel Nr. 6. Die Ablenkung eines Instrumentes war $x = 35$ mm und der Ablesungsfehler ungefähr 4%. Welches ist die prozentuale Änderung im entsprechenden Stromwerte y, wenn die Eichkurve durch das Gesetz

$$y = 3\,x + 0{,}1\,x^2$$

befriedigt ist?

$$\Delta x = \frac{4\,x}{100} = \frac{x}{25} \quad \text{und} \quad \frac{dy}{dx} = 3 + 0{,}2\,x, \quad \text{das die Änderung}$$

$$F_y = \frac{(3 + 0{,}2\,x)\,x}{25\,(3\,x + 0{,}1\,x^2)} 100 = 6{,}15\% \quad \text{ergibt.}$$

Beispiel Nr. 7. Wenn die Einstellung längs der logarithmischen Skala eines Rechenschiebers so geschehen kann, daß der Fehler in der dritten Stelle nach dem Komma nicht mehr als die Einheit beträgt, wie groß ist dann der entsprechende Fehler im Numerus? x bedeute den Logarithmus einer Zahl x, d. h. es sei

$$\log_{10} y = x.$$

Man hat somit $\Delta x = \pm 0 \cdot 001$ und $\frac{d(\log_{10} y)}{dy} = \frac{0 \cdot 4343}{y} = \frac{dx}{dy}$, da $\log_{10} y = 0 \cdot 4343 \log_\varepsilon y$. Daher $\frac{dy}{dx} = \frac{y}{0 \cdot 4343}$ und

$$F_y = \frac{y}{0{,}4343}\, 0 \cdot 001 \frac{100}{y} = 0{,}231\%.$$

D. h. $\pm 0{,}231\%$ ist die wahrscheinliche Abweichung der Zahl (Numerus) oder weil $\Delta y = \frac{dy}{dx} \Delta x = \frac{y}{434{,}3}$, so ist der $\frac{1}{434{,}3}$te Teil Zahl die Abweichung.

Nachtrag.

346. Aufnahme der Dämpfungskurve einer piezoelektrischen Platte. Die Resonanzkurve einer durch Resonanz erregten Quarzplatte kann, wie in Abb. 285 angegeben, aufgenommen werden. Das Röhrenvoltmeter der Abb. 119 auf Seite 150 kann dabei mit gutem Erfolg benutzt werden. Man stellt dabei für unerregte Platte (die Stromquelle wirkt nicht) den Ausschlag des Instrumentes mittels des Schleifers längs R_1 auf Null ein und erregt den Prüfkreis. Wenn sich die Frequenz in der Nähe einer der Eigenfrequenzen des piezoelektrischen Elementes befindet, beginnt das Röhrenvoltmeter anzusprechen. Die Resonanzkurve kann man dann mittels der Anschläge in Abhängigkeit der Frequenz aufzeichnen. Dieselbe ist in den meisten Fällen recht scharf.

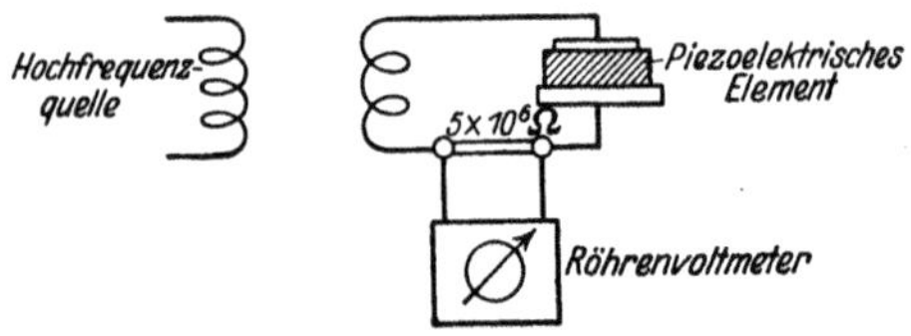

Abb. 285. Aufnahme der Resonanzkurve.

347. Prüfung der Reinheit eines gleichgerichteten Stromes. Oszillographische Aufnahmen von gleichgerichteten Strömen, wie sie z. B. in Empfangsgeräten zur Umgehung von kostspieligen Anodenbatterien Verwendung finden, genügen nicht, um zu ersehen, ob der gleichgerichtete und durch eine Siebkette gereinigte Strom wirklich kontinuierlich ist. Die Hilfsspannung V mit dem Spannungsteiler der Abb. 286 ermöglicht durch Kompensation die konstante Spannungskomponente E direkt zu bestimmen, während das direkt ablesbare Röhrenvoltmeter irgendwelche überlagerte Wechselspannungen e mißt. Man eicht dabei die Ablenkungen e in Maximalwerten und der Wert von e/E ergibt dann ein Maß für die Reinheit des gesiebten gleichgerichteten Stromes. Die Messung ist kurzweg folgende: Man schließt den Schalter S und verändert den Potentiometerschleifer, bis das Mikroamperemeter keinen Anschlag mehr angibt. Die Ablesung der Gleichspannung E ist dann direkt dem kontinuierlichen Gleichstrom I proportional. Hiernach wird S geöffnet und irgendwelche überlagerte Wechselspannungen mittels e gemessen.

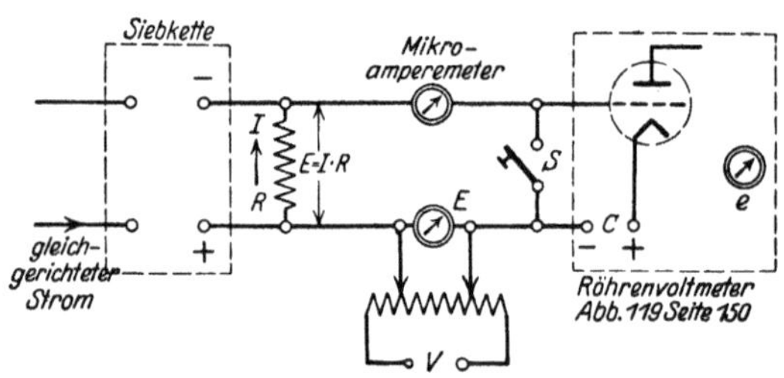

Abb. 286. Pulsationsbestimmung.

348. Bestimmung der gegenseitigen Induktion mittels eines Röhrenvoltmeters. Man schaltet in Abb. 287 in Reihe mit der Primärspule der zu messenden gegenseitigen Induktion M einen veränderlichen Normalwiderstand R und sendet einen Hochfrequenzstrom I der gewünschten Frequenz $\omega/2\pi = f$ hindurch. Das Röhrenvoltmeter der Abb. 119 auf Seite 150 wird zunächst an die Klemmen *1—2* angeschlossen und mittels des Schleifers an R_1 ein passender willkürlicher Anschlag eingestellt. Hiernach wird der Spannungsmesser an *3—4* gelegt und R verändert bis derselbe Anschlag wieder vorliegt. Die gegenseitige Induktion wird von der Beziehung

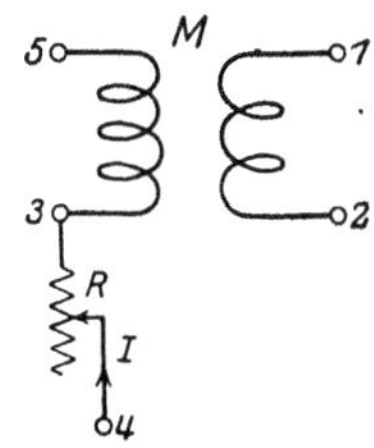

Abb. 287. Gegenseitige Induktionsmessung.

$$M^{\mathrm{H}} = \frac{R^{\Omega}}{2\pi f^{-\mathrm{Sek}}}$$

berechnet, da

$$I\omega M = IR.$$

Dieses Verfahren ist auch auf Hörtransformatoren anwendbar. Man muß bei solchen Messungen bedenken, daß in manchen Anwendungen z. B. die Klemmen *3* und *2* in Wirklichkeit miteinander verbunden sind. Z. B., wenn der Lufttransformator der Abb. 287 eine Anoden-Gitterkopplung eines Verstärkers zur nächsten Röhre darstellt, so führt *3* über die Anodenquelle zur A-Quelle des Glühfadens und *2* über die C-Quelle der Gittervorspannung nach dem Glühfaden und gemeinsamen A-Quelle. Man muß dann M mit verbundenen und geerdeten Klemmen *2—3* messen, da dann M etwas anders herauskommt.

Anhang.

Tabelle 26. Kiloperioden (KP) per Sekunde — Wellenlängen (Meter). Die Reihen können vertauscht werden, so daß z. B. 10 m Wellenlänge 29982 KP.

KP oder m	m oder KP	KP oder m	m oder KP	KP oder m	m oder KP	KP oder m	m oder KP	KP oder m	m oder KP	KP oder m	m oder KP
10	29982	360	832,8	710	422,3	1060	282,8	1410	212,6	1760	170,4
20	14991	370	810,3	720	416,4	1070	280,2	1420	211,1	1770	169,4
30	9994	380	789,0	730	410,7	1080	277,6	1430	209,7	1780	168,4
40	7496	390	768,8	740	405,2	1090	275,1	1440	208,2	1790	167,5
50	5996	400	749,6	750	399,8	1100	272,6	1450	206,8	1800	166,6
60	4997	410	731,3	760	394,5	1110	270,1	1460	205,4	1810	165,6
70	4283	420	713,9	770	389,4	1120	267,7	1470	204,0	1820	164,7
80	3748	430	697,3	780	384,4	1130	265,3	1480	202,6	1830	163,8
90	3331	440	681,4	790	379,5	1140	263,0	1490	201,2	1840	162,9
100	2998	450	666,3	800	374,8	1150	260,7	1500	199,9	1850	162,1
110	2726	460	651,8	810	370,2	1160	258,5	1510	198,6	1860	161,2
120	2499	470	637,9	820	365,6	1170	256,3	1520	197,2	1870	160,3
130	2306	480	624,6	830	361,2	1180	254,1	1530	196,0	1880	159,5
140	2142	490	611,9	840	356,9	1190	252,0	1540	194,7	1890	158,6
150	1999	500	599,6	850	352,7	1200	249,9	1550	193,4	1900	157,8
160	1874	510	587,9	860	348,6	1210	247,8	1560	192,2	1910	157,0
170	1764	520	576,6	870	344,6	1220	245,8	1570	191,0	1920	156,2
180	1666	530	565,7	880	340,7	1230	243,8	1580	189,8	1930	155,3
190	1578	540	555,2	890	336,9	1240	241,8	1590	188,6	1940	154,5
200	1499	550	545,1	900	333,1	1250	239,9	1600	187,4	1950	153,8
210	1428	560	535,4	910	329,5	1260	238,0	1610	186,2	1960	153,0
220	1363	570	526,0	920	325,9	1270	236,1	1620	185,1	1970	152,2
230	1304	580	516,9	930	322,4	1280	234,2	1630	183,9	1980	151,4
240	1249	590	508,2	940	319,0	1290	232,4	1640	182,8	1990	150,7
250	1199	600	499,7	950	315,6	1300	230,6	1650	181,7	2000	149,9
260	1153	610	491,5	960	312,3	1310	228,9	1660	180,6	2010	149,2
270	1110	620	483,6	970	309,1	1320	227,1	1670	179,5	2020	148,4
280	1071	630	475,9	980	303,9	1330	225,4	1680	178,5	2030	147,7
290	1034	640	468,5	990	302,8	1340	223,7	1690	177,4	2040	147,0
300	999,4	650	461,3	1000	299,8	1350	222,1	1700	176,4	2050	146,3
310	967,2	660	454,3	1010	296,9	1360	220,4	1710	175,3	2060	145,5
320	936,9	670	447,5	1020	293,9	1370	218,8	1720	174,3	2070	144,8
330	908,6	680	440,9	1030	291,1	1380	217,3	1730	173,3	2080	144,1
340	881,8	690	434,5	1040	288,3	1390	215,7	1740	172,3	2090	143,5
350	856,6	700	428,3	1050	285,5	1400	214,2	1750	171,3	2100	142,8

KP oder m	m oder KP	KP oder m	m oder KP	KP oder m	m oder KP	KP oder m	m oder KP	KP oder m	m oder KP	KP oder m	m oder KP
2110	142,1	2560	117,1	3010	99,61	3460	86,65	3910	76,68	4360	68,77
2120	141,4	2570	116,7	3020	99,28	3470	86,40	3920	76,48	4370	68,61
2130	140,8	2580	116,2	3030	98,95	3480	86,16	3930	76,29	4380	68,45
2140	140,1	2590	115,8	3040	98,62	3490	85,91	3940	76,10	4390	68,30
2150	139,5	2600	115,3	3050	98,30	3500	85,66	3950	75,90	4400	68,14
2160	138,8	2610	114,9	3060	97,98	3510	85,42	3960	75,71	4410	67,99
2170	138,1	2620	114,4	3070	97,66	3520	85,18	3970	75,52	4420	67,83
2180	137,5	2630	114,0	3080	97,34	3530	84,94	3980	75,33	4430	67,68
2190	136,9	2640	113,6	3090	97,03	3540	84,70	3990	75,14	4440	67,53
2200	136,3	2650	113,1	3100	96,72	3550	84,46	4000	74,96	4450	67,38
2210	135,7	2660	112,7	3110	96,41	3560	84,22	4010	74,77	4460	67,22
2220	135,1	2670	112,3	3120	96,10	3570	83,98	4020	74,58	4470	67,07
2230	134,4	2680	111,9	3130	95,79	3580	83,75	4030	74,40	4480	66,92
2240	133,8	2690	111,5	3140	95,48	3590	83,52	4040	74,21	4490	66,78
2250	133,3	2700	111,0	3150	95,18	3600	83,28	4050	74,03	4500	66,63
2260	132,7	2710	110,6	3160	94,88	3610	83,05	4060	73,85	4510	66,48
2270	132,1	2720	110,2	3170	94,58	3620	82,82	4070	73,67	4520	66,33
2280	131,5	2730	109,8	3180	94,28	3630	82,60	4080	73,49	4530	66,19
2290	130,9	2740	109,4	3190	93,99	3640	82,37	4090	73,31	4540	66,04
2300	130,4	2750	109,0	3200	93,69	3650	82,14	4100	73,13	4550	65,89
2310	129,8	2760	108,6	3210	93,40	3660	81,92	4110	72,95	4560	65,75
2320	129,2	2770	108,2	3220	93,11	3670	81,70	4120	72,77	4570	65,61
2330	128,7	2780	107,8	3230	92,82	3680	81,47	4130	72,60	4580	65,46
2340	128,1	2790	107,5	3240	92,54	3690	81,25	4140	72,42	4590	65,32
2350	127,6	2800	107,1	3250	92,25	3700	81,03	4150	72,25	4600	65,18
2360	127,0	2810	106,7	3260	91,97	3710	80,81	4160	72,07	4610	65,04
2370	126,5	2820	106,3	3270	91,69	3720	80,60	4170	71,90	4620	64,90
2380	126,0	2830	105,9	3280	91,41	3730	80,38	4180	71,73	4630	64,76
2390	125,4	2840	105,6	3290	91,13	3740	80,17	4190	71,56	4640	64,62
2400	124,9	2850	105,2	3300	90,86	3750	79,95	4200	71,39	4650	64,48
2410	124,4	2860	104,8	3310	90,58	3760	79,74	4210	71,22	4660	64,34
2420	123,9	2870	104,5	3320	90,31	3770	79,53	4220	71,05	4670	64,20
2430	123,4	2880	104,1	3330	90,04	3780	79,32	4230	70,88	4680	64,06
2440	122,9	2890	103,7	3340	89,77	3790	79,11	4240	70,71	4690	63,93
2450	122,4	2900	103,4	3350	89,50	3800	78,90	4250	70,55	4700	63,79
2460	121,9	2910	103,0	3360	89,23	3810	78,69	4260	70,38	4710	63,66
2470	121,4	2920	102,7	3370	88,97	3820	78,49	4270	70,22	4720	63,52
2480	120,9	2930	102,3	3380	88,70	3830	78,28	4280	70,05	4730	63,39
2490	120,4	2940	102,0	3390	88,44	3840	78,08	4290	69,89	4740	63,25
2500	119,9	2950	101,6	3400	88,18	3850	77,88	4300	69,73	4750	63,12
2510	119,5	2960	101,3	3410	87,92	3860	77,67	4310	69,56	4760	62,99
2520	119,0	2970	100,9	3420	87,67	3870	77,47	4320	69,40	4770	62,86
2530	118,5	2980	100,6	3430	87,41	3880	77,27	4330	69,24	4780	62,72
2540	118,0	2990	100,3	3440	87,16	3890	77,07	4340	69,08	4790	62,59
2550	117,6	3000	99,94	3450	86,90	3900	76,88	4350	68,92	4800	62,46

KP oder m	m oder KP	KP oder m	m oder KP	KP oder m	m oder KP	KP oder m	m oder KP	KP oder m	m oder KP	KP oder m	m oder KP
4810	62,33	5260	57,00	5710	52,51	6160	48,67	6610	45,36	7060	42,47
4820	62,20	5270	56,89	5720	52,42	6170	48,59	6620	45,29	7070	42,41
4830	62,07	5280	56,78	5730	52,32	6180	48,51	6630	45,22	7080	42,35
4840	61,95	5290	56,68	5740	52,23	6190	48,44	6640	45,15	7090	42,29
4850	61,82	5300	56,57	5750	52,14	6200	48,36	6650	45,09	7100	42,23
4860	61,69	5310	56,46	5760	52,05	6210	48,28	6660	45,02	7110	42,17
4870	61,56	5320	56,36	5770	51,96	6220	48,20	6670	44,95	7120	42,11
4880	61,44	5330	56,25	5780	51,87	6230	48,13	6680	44,88	7130	42,05
4890	61,31	5340	56,15	5790	51,78	6240	48,05	6690	44,82	7140	41,99
4900	61,19	5350	56,04	5800	51,69	6250	47,97	6700	44,75	7150	41,93
4910	61,06	5360	55,94	5810	51,60	6260	47,89	6710	44,68	7160	41,87
4920	60,94	5370	55,83	5820	51,52	6270	47,82	6720	44,62	7170	41,82
4930	60,82	5380	55,73	5830	51,43	6280	47,74	6730	44,55	7180	41,76
4940	60,69	5390	55,63	5840	51,34	6290	47,67	6740	44,48	7190	41,70
4950	60,57	5400	55,52	5850	51,25	6300	47,59	6750	44,42	7200	41,64
4960	60,45	5410	55,42	5860	51,16	6310	47,52	6760	44,35	7210	41,58
4970	60,33	5420	55,32	5870	51,08	6320	47,44	6770	44,29	7220	41,53
4980	60,20	5430	55,22	5880	50,99	6330	47,36	6780	44,22	7230	41,47
4990	60,08	5440	55,11	5890	50,90	6340	47,29	6790	44,16	7240	41,41
5000	59,96	5450	55,01	5900	50,82	6350	47,22	6800	44,09	7250	41,35
5010	59,84	5460	54,91	5910	50,73	6360	47,14	6810	44,03	7260	41,30
5020	59,73	5470	54,81	5920	50,65	6370	47,07	6820	43,96	7270	41,24
5030	59,61	5480	54,71	5930	50,56	6380	46,99	6830	43,90	7280	41,18
5040	59,49	5490	54,61	5940	50,47	6390	46,92	6840	43,83	7290	41,13
5050	59,37	5500	54,51	5950	50,39	6400	46,85	6850	43,77	7300	41,07
5060	59,25	5510	54,41	5960	50,31	6410	46,77	6860	43,71	7310	41,02
5070	59,13	5520	54,32	5970	50,22	6420	46,70	6870	43,64	7320	40,96
5080	59,02	5530	54,22	5980	50,14	6430	46,63	6880	43,58	7330	40,90
5090	58,90	5540	54,12	5990	50,05	6440	46,56	6890	43,52	7340	40,85
5100	58,79	5550	54,02	6000	49,97	6450	46,48	6900	43,45	7350	40,79
5110	58,67	5560	53,92	6010	49,89	6460	46,41	6910	43,39	7360	40,74
5120	58,56	5570	53,83	6020	49,80	6470	46,34	6920	43,33	7370	40,68
5130	58,44	5580	53,73	6030	49,72	6480	46,27	6930	43,26	7380	40,63
5140	58,33	5590	53,64	6040	49,64	6490	46,20	6940	43,20	7390	40,57
5150	58,22	5600	53,54	6050	49,56	6500	46,13	6950	43,14	7400	40,52
5160	58,10	5610	53,44	6060	49,48	6510	46,06	6960	43,08	7410	40,46
5170	57,99	5620	53,35	6070	49,39	6520	45,98	6970	43,02	7420	40,41
5180	57,88	5630	53,25	6080	49,31	6530	45,91	6980	42,95	7430	40,35
5190	57,77	5640	53,16	6090	49,23	6540	45,84	6990	42,89	7440	40,30
5200	57,66	5650	53,07	6100	49,15	6550	45,77	7000	42,83	7450	40,24
5210	57,55	5660	52,97	6110	49,07	6560	45,70	7010	42,77	7460	40,19
5220	57,44	5670	52,88	6120	48,99	6570	45,63	7020	42,71	7470	40,14
5230	57,33	5680	52,79	6130	48,91	6580	45,57	7030	42,65	7480	40,08
5240	57,22	5690	52,69	6140	48,83	6590	45,50	7040	42,59	7490	40,03
5250	57,11	5700	52,60	6150	48,75	6600	45,43	7050	42,53	7500	39,98

KP oder m	m oder KP	KP oder m	m oder KP	KP oder m	m oder KP	KP oder m	m oder KP	KP oder m	m oder KP	KP oder m	m oder KP
7510	39,92	7960	37,67	8410	35,65	8860	33,84	9310	32,20	9760	30,72
7520	39,87	7970	37,62	8420	35,61	8870	33,80	9320	32,17	9770	30,69
7530	39,82	7980	37,57	8430	35,57	8880	33,76	9330	32,14	9780	30,66
7540	39,76	7990	37,52	8440	35,52	8890	33,73	9340	32,10	9790	30,63
7550	39,71	8000	37,48	8450	35,48	8900	33,69	9350	32,07	9800	30,59
7560	39,66	8010	37,43	8460	35,44	8910	33,65	9360	32,03	9810	30,56
7570	39,61	8020	37,38	8470	35,40	8920	33,61	9370	32,00	9820	30,53
7580	39,55	8030	37,34	8480	35,36	8930	33,57	9380	31,96	9830	30,50
7590	39,50	8040	37,29	8490	35,31	8940	33,54	9390	31,93	9840	30,47
7600	39,45	8050	37,24	8500	35,27	8950	33,50	9400	31,90	9850	30,44
7610	39,40	8060	37,20	8510	35,23	8960	33,46	9410	31,86	9860	30,41
7620	39,35	8070	37,15	8520	35,19	8970	33,42	9420	31,83	9870	30,38
7630	39,29	8080	37,11	8530	35,15	8980	33,39	9430	31,79	9880	30,35
7640	39,24	8090	37,06	8540	35,11	8990	33,35	9440	31,76	9890	30,32
7650	39,19	8100	37,01	8550	35,07	9000	33,31	9450	31,73	9900	30,28
7660	39,14	8110	36,97	8560	35,03	9010	33,28	9460	31,69	9910	30,25
7670	39,09	8120	36,92	8570	34,98	9020	33,24	9470	31,66	9920	30,22
7680	39,04	8130	36,88	8580	34,94	9030	33,20	9480	31,63	9930	30,19
7690	38,99	8140	36,83	8590	34,90	9040	33,17	9490	31,59	9940	30,16
7700	38,94	8150	36,79	8600	34,86	9050	33,13	9500	31,56	9950	30,13
7710	38,89	8160	36,74	8610	34,82	9060	33,09	9510	31,53	9960	30,10
7720	38,84	8170	36,70	8620	34,78	9070	33,06	9520	31,49	9970	30,07
7730	38,79	8180	36,65	8630	34,74	9080	33,02	9530	31,46	9980	30,04
7740	38,74	8190	36,61	8640	34,70	9090	32,98	9540	31,43	9990	30,01
7750	38,69	8200	36,56	8650	34,66	9100	32,95	9550	31,39	10000	29,98
7760	38,64	8210	36,52	8660	34,62	9110	32,91	9560	31,36		
7770	38,59	8220	36,47	8670	34,58	9120	32,88	9570	31,33		
7780	38,54	8230	36,43	8680	34,54	9130	32,84	9580	31,30		
7790	38,49	8240	36,39	8690	34,50	9140	32,80	9590	31,26		
7800	38,44	8250	36,34	8700	34,46	9150	32,77	9600	31,23		
7810	38,39	8260	36,30	8710	34,42	9160	32,73	9610	31,20		
7820	38,34	8270	36,25	8720	34,38	9170	32,70	9620	31,17		
7830	38,29	8280	36,21	8730	34,34	9180	32,66	9630	31,13		
7840	38,24	8290	36,17	8740	34,30	9190	32,62	9640	31,10		
7850	38,19	8300	36,12	8750	34,27	9200	32,59	9650	31,07		
7860	38,14	8310	36,08	8760	34,23	9210	32,55	9660	31,04		
7870	38,10	8320	36,04	8770	34,19	9220	32,52	9670	31,01		
7880	38,05	8330	35,99	8780	34,15	9230	32,48	9680	30,97		
7890	38,00	8340	35,95	8790	34,11	9240	32,45	9690	30,94		
7900	37,95	8350	35,91	8800	34,07	9250	32,41	9700	30,91		
7910	37,90	8360	35,86	8810	34,03	9260	32,38	9710	30,88		
7920	37,86	8370	35,82	8820	33,99	9270	32,34	9720	30,85		
7930	37,81	8380	35,78	8830	33,95	9280	32,31	9730	30,81		
7940	37,76	8390	35,74	8840	33,92	9290	32,27	9740	30,78		
7950	37,71	8400	35,69	8850	33,88	9300	32,24	9750	30,75		

Tabelle 27 für Wellenlängen, Frequenzen und Schwingungskonstante.

λ = Wellenlänge in Meter.
λ^2 = „ quadriert.
f = sekundliche Periodenzahl.
CL = Schwingungskonstante.
C = Kapazität in Mikrofarad.
L = Induktivität in cm (1000 cm = 1 Mikrohenry).
U = Unterschied von LC in einem Meter.

λ	λ^2	f	$\sqrt{LC}$	LC	U
100	10000	3000000	1,68	2,82	,042
110	12100	2727272	1,80	3,24	,084
120	14400	2500000	2,02	4,08	,067
130	16900	2307600	2,18	4,75	,077
140	19600	2142600	2,35	5,52	,083
150	22500	2000000	2,52	6,35	,081
160	25600	1874800	2,68	7,16	,096
170	28900	1764600	2,85	8,12	,10
180	32400	1666600	3,02	9,12	,105
190	36100	1578800	3,19	10,17	,112
200	40000	1500000	3,36	11,29	,11
210	44100	1428400	3,52	12,39	,123
220	48400	1363500	3,69	13,62	,128
230	52900	1304200	3,86	14,90	,134
240	57600	1250000	4,03	16,24	,131
250	62500	1200000	4,19	17,55	,146
260	67600	1153800	4,36	19,01	,15
270	72900	1111000	4,53	20,52	,157
280	78400	1071300	4,70	22,09	,163
290	84100	1034300	4,87	23,72	,158
300	90000	1000000	5,03	25,30	,174
310	96100	967700	5,20	27,04	,18
320	102400	937400	5,37	28,84	,185
330	108900	909100	5,54	30,69	,18
340	115600	882300	5,70	32,49	,197
350	122500	857100	5,87	34,46	,20
360	129600	833300	6,04	36,48	,208
370	136900	810800	6,21	38,56	,215
380	144400	789400	6,38	40,71	,206
390	152100	769200	6,54	42,77	,226
400	160000	750000	6,71	45,03	,23
410	168100	731700	6,88	47,33	,237
420	176400	714300	7,05	49,70	,228
430	184900	697700	7,21	51,98	,248
440	193600	681800	7,38	54,46	,254
450	202500	666700	7,55	57,00	,26
460	211600	652200	7,72	59,60	,265
470	220900	638300	7,89	62,25	,255
480	230400	625000	8,05	64,80	,277
490	240100	612200	8,22	67,57	,282

λ	λ²	f	$\sqrt{LC}$	LC	U
500	250000	600000	8,39	70,39	,288
510	260100	588200	8,56	73,27	,277
520	270400	576900	8,72	76,04	,299
530	280900	566000	8,89	79,03	,305
540	291600	555600	9,06	82,08	,311
550	302500	545400	9,23	85,19	,317
560	313600	535700	9,40	88,36	,303
570	324900	526300	9,56	91,39	,328
580	336400	517200	9,73	94,67	,334
590	348100	508500	9,90	98,01	,340
600	360000	500000	10,07	101,41	,324
610	372100	491800	10,23	104,65	,35
620	384400	483900	10,40	108,15	,358
630	396900	476200	10,57	111,73	,362
640	409600	486800	10,74	115,35	,346
650	422500	461500	10,90	118,81	,373
660	435600	454600	11,07	122,54	,380
670	448900	447800	11,24	126,34	,385
680	462400	441200	11,41	130,19	,391
690	476100	434800	11,58	134,10	,373
700	490000	428600	11,74	137,83	,403
710	504100	422500	11,91	141,86	,407
720	518400	416700	12,08	145,93	,414
730	532900	411000	12,25	150,07	,394
740	547600	405400	12,41	154,01	,426
750	562500	400000	12,58	158,27	,430
760	577600	394800	12,75	162,57	,426
770	592900	389600	12,92	166,83	,443
780	608400	384600	13,09	171,35	,432
790	624100	379800	13,25	175,57	,453
800	640000	375000	13,42	180,10	,459
810	656100	370400	13,59	184,69	,464
820	672400	365900	13,76	189,33	,472
830	688900	361400	13,93	194,05	,448
840	705600	357100	14,09	198,53	,482
850	722500	352900	14,26	203,35	,489
860	739600	348800	14,43	208,24	,493
870	756900	344800	14,60	213,17	,469
880	774400	340900	14,76	217,86	,504
890	792100	337100	14,93	222,90	,511
900	810000	333300	15,10	228,01	,516
910	828100	329700	15,27	233,17	,492
920	846400	326100	15,43	238,09	,527
930	864900	322600	15,60	243,36	,534
940	883600	319100	15,77	248,70	,538
950	902500	315800	15,94	254,08	,545
960	921600	312500	16,11	259,53	,518

λ	λ²	f	$\sqrt{CL}$	LC	U
970	940900	309300	16,27	264,71	,567
980	960400	306100	16,44	270,38	,552
990	980100	303000	16,61	275,90	,567
1000	1000000	300000	16,78	281,57	,543
1010	1020100	297030	16,94	287,00	,570
1020	1040400	294120	17,11	292,70	,590
1030	1060900	291260	17,28	298,60	,590
1040	1081600	288450	17,45	304,50	,60
1050	1102550	285710	17,62	310,50	,56
1060	1123600	283010	17,78	316,10	,61
1070	1144900	280370	17,95	322,20	,61
1080	1166400	277780	18,12	328,30	,62
1090	1188100	275230	18,29	334,50	,59
1100	1210000	272730	18,45	340,40	,63
1110	1232100	270270	18,62	346,70	,64
1120	1254400	267850	18,79	353,10	,64
1130	1276900	265480	18,96	359,50	,65
1140	1299600	263150	19,13	366,00	,61
1150	1322500	260860	19,29	372,10	,66
1160	1345600	258610	19,46	378,70	,66
1170	1368900	256400	19,63	385,30	,68
1180	1392400	254230	19,80	392,10	,67
1190	1416100	252100	19,97	398,80	,64
1200	1224000	250000	20,13	405,20	,69
1210	1464100	247930	20,30	412,10	,69
1220	1488400	245900	20,47	419,00	,70
1230	1512900	243900	20,64	426,00	,66
1240	1537600	241930	20,80	432,60	,71
1250	1562500	240000	20,97	439,70	,72
1260	1587600	238090	21,14	446,90	,72
1270	1612900	236220	21,31	454,10	,69
1280	1638400	234370	21,47	461,00	,73
1290	1664100	232560	21,64	468,30	,74
1300	1690000	230760	21,81	475,70	,74
1310	1716000	229010	21,98	483,10	,75
1320	1742400	227270	22,15	490,60	,72
1330	1768900	225560	22,31	497,80	,75
1340	1795600	223870	22,48	505,30	,77
1350	1822500	222220	22,65	513,00	,78
1360	1849600	220590	22,82	520,80	,73
1370	1876900	218970	22,98	528,10	,78
1380	1904400	217390	23,15	535,90	,79
1390	1932100	215830	23,32	543,80	,80
1400	1960000	214380	23,49	551,80	,80
1410	1988100	212760	23,66	559,80	,76
1420	2016400	211260	23,82	567,40	,81

λ	λ²	f	$\sqrt{LC}$	LC	U
1430	2044900	209790	23,99	575,50	,82
1440	2073600	208340	24,16	583,70	,82
1450	2102500	206900	24,33	591,90	,79
1460	2131600	205470	24,49	599,80	,83
1470	2160900	204080	24,66	608,10	,84
1480	2190400	202700	24,83	616,50	,85
1490	2220100	201340	25,00	625,00	,80
1500	2250000	200000	25,17	633,50	,81
1510	2280100	198680	25,33	641,60	,86
1520	2310400	197360	25,50	650,20	,88
1530	2340900	196070	25,67	659,00	,87
1540	2371600	194800	25,84	667,70	,83
1550	2402500	193540	26,00	676,00	,89
1560	2433600	192310	26,17	684,90	,89
1570	2464900	191060	26,34	693,80	,90
1580	2496400	189860	26,51	702,80	,90
1590	2528100	188670	26,68	711,80	,86
1600	2560000	187500	26,84	720,40	,91
1610	2592100	186340	27,01	729,50	,92
1620	2624400	185190	27,18	738,70	,93
1630	2656900	184050	27,35	748,00	,93
1640	2689600	182930	27,52	757,30	,89
1650	2722500	181820	27,68	766,20	,94
1660	2755600	180730	27,85	775,60	,96
1670	2788900	179640	28,02	785,20	,94
1680	2822400	178570	28,19	794,60	,91
1690	2856100	177510	28,35	803,70	,97
1700	2890000	176460	28,52	813,40	,97
1710	2924100	175440	28,69	823,10	,98
1720	2958400	174420	28,86	832,90	.93
1730	2992900	173410	29,02	842,20	,98
1740	3026600	172410	29,19	852,00	1,00
1750	3062500	171430	29,36	862,00	1,00
1760	3097600	170450	29,53	872,00	1,00
1770	3132900	169490	29,70	882,10	,95
1780	3168400	168540	29,86	981,60	1,02
1790	3204100	167600	30,03	901,80	,92
1800	3240000	166670	30,20	912,00	1,03
1810	3276100	165750	30,37	922,30	1,04
1820	3312400	164840	30,54	932,70	,98
1830	3348900	163940	30,70	942,50	1,05
1840	3385600	163040	30,87	953,00	1,04
1850	3422500	162160	31,04	963,40	1,06
1860	3459600	161290	31,21	974,10	1,00
1870	3496900	150430	31,37	984,10	1,07
1880	3534400	159370	31,54	994,80	1,08
1890	3572100	158730	31,71	1005,60	1,08

λ	λ^2	f	$\sqrt{LC}$	LC	U
1900	3610000	157890	31,88	1016,40	1,02
1910	3648100	157060	32,04	1026,60	1,09
1920	3686400	156240	32,21	1037,50	1,10
1930	3724900	155440	32,35	1048,50	1,14
1940	3763600	154630	32,55	1059,90	1,07
1950	3802500	153840	32,72	1070,60	1,05
1960	3841600	153060	32,88	1081,10	1,12
1970	3880900	152280	33,05	1092,30	1,12
1980	3920400	151510	33,22	1103,50	1,14
1990	3960100	150750	33,39	1114,90	1,07
2000	4000000	150000	33,55	1125,60	1,15
2010	4040100	149250	33,72	1137,10	1,25
2020	4080400	148520	33,89	1149,60	1,05
2030	4120900	147780	34,06	1160,10	1,16
2040	4166600	147060	34,23	1171,70	1,10
2050	4202500	146340	34,39	1182,70	1,17
2060	4243600	145630	34,56	1194,40	1,18
2070	4284900	144930	34,73	1206,20	1,18
2080	4326400	144230	34,90	1218,00	1,18
2090	4368100	143540	35,07	1229,80	1,14
2100	4410000	142850	35,23	1241,20	1,20
2110	4452100	142180	35,40	1253,20	1,21
2120	4494400	141510	35,57	1265,30	1,21
2130	4536900	140840	35,74	1277,40	1,15
2140	4579600	140180	35,90	1288,90	1,22
2150	4622500	139540	36,07	1301,10	1,23
2160	4665600	138880	36,24	1313,40	1,23
2170	4708900	138240	36,41	1325,70	1,24
2180	4752400	137610	36,58	1338,10	1,17
2190	4796100	136980	36,74	1349,80	1,26
2200	4840000	136360	36,91	1362,40	1,25
2210	4844100	135740	37,08	1374,90	1,26
2220	4928400	135130	37,25	1387,50	1,19
2230	4972900	134530	37,41	1399,40	1,28
2240	5017600	133930	37,58	1412,20	1,29
2250	5062500	133330	37,75	1425,10	1,29
2260	5107600	132740	37,92	1438,00	1,22
2270	5152900	132160	38,08	1450,20	1,29
2280	5198400	131570	38,25	1463,10	1,31
2290	5244100	131000	38,42	1476,20	1,31
2300	5290000	130430	38,59	1489,30	1,31
2310	5336100	129870	38,76	1502,40	1,32
2320	5382400	129310	38,93	1515,60	1,25
2330	5428900	128750	39,09	1528,10	1,33
2340	5475600	128200	39,26	1541,40	1,33
2350	5522500	127660	39,43	1554,70	1,34
2360	5569600	127120	39,60	1568,10	1,27

λ	$λ^2$	f	$\sqrt{LC}$	LC	U
2370	5616900	126580	39,76	1580,80	1,37
2380	5644400	126050	39,93	1594,50	1,35
2390	5712100	125520	40,10	1608,00	1,45
2400	5760000	125000	40,27	1621,80	1,45
2410	5808100	124480	40,45	1636,30	1,21
2420	5856400	123960	40,60	1648,40	1,39
2430	5904900	123450	40,77	1662,30	1,38
2440	5953600	122950	40,94	1676,10	1,39
2450	6002500	122450	41,11	1690,00	1,33
2460	6051600	121950	41,27	1703,30	1,40
2470	6100900	121450	41,44	1717,30	1,41
2480	6150400	120960	41,64	1731,40	1,40
2490	6200100	120480	41,78	1745,40	1,43
2500	6250000	120000	41,95	1759,70	1,36
2510	6300100	119520	42,11	1773,30	1,42
2520	6350400	119050	42,28	1787,50	1,45
2530	6400900	118580	42,45	1802,00	1,44
2540	6451600	118120	42,62	1816,40	1,46
2550	6502500	117650	42,79	1831,00	1,38
2560	6553600	117190	42,95	1844,80	1,46
2570	6504900	116730	43,12	1859,40	1,46
2580	6656400	116280	43,29	1874,00	1,47
2590	6708100	115830	43,46	1888,70	1,39
2600	6760000	115380	43,62	1902,60	1,49
2610	6812100	114940	43,79	1917,50	1,48
2620	6864400	114510	43,96	1932,30	1,51
2630	6916800	114070	44,13	1947,40	1,42
2640	6969600	113640	44,29	1961,60	1,50
2650	7022500	113210	44,46	1976,60	1,51
2660	7075600	112780	44,63	1991,70	1,53
2670	7128900	112360	44,80	2007,00	1,53
2680	7182400	111940	44,97	2022,30	1,43
2690	7236100	111530	45,13	2036,60	1,54
2700	7290000	111110	45,30	2052,00	1,54
2710	7344100	110700	45,47	2067,40	1,56
2720	7398400	110290	45,64	2083,00	1,47
2730	7452900	109890	45,80	2097,70	1,54
2740	7507600	109490	45,97	2113,10	1,58
2750	7562500	109090	46,14	2128,90	1,58
2760	7617600	108700	46,31	2144,70	1,48
2770	7672900	108300	46,47	2159,50	1,57
2780	7728400	108920	46,64	2175,20	1,59
2790	7784100	107530	46,81	2191,10	1,59
2800	7840000	107140	46,98	2207,00	1,60
2810	7896100	106760	47,15	2223,00	1,62

λ	λ^2	f	$\sqrt{LC}$	LC	U
2820	7952400	106380	47,32	2239,20	1,52
2830	8008900	106010	47,48	2254,40	1,62
2840	8065600	105630	47,65	2270,60	1,63
2850	8122500	105260	47,82	2286,90	1,62
2860	8179600	104890	47,99	2303,10	1,54
2870	8236900	104530	48,15	2318,50	1,64
2880	8294400	104170	48,32	2334,90	1,64
2890	8352100	103810	48,49	2351,30	1,50
2900	8410000	103450	48,66	2366,30	1,80
2910	8468100	103090	48,83	2384,30	1,47
2920	8526400	102740	48,99	2399,00	1,77
2930	8584900	102390	49,16	2416,70	1,69
2940	8643600	102040	49,33	2433,60	1,67
2950	8702500	101700	49,50	2450,30	1,58
2960	8761600	101350	49,66	2466,10	1,69
2970	8820900	101010	49,83	2483,00	1,70
2980	8880400	100660	50,00	2500,00	1,71
2990	8940100	100320	50,17	2517,00	1,61
3000	9000000	100000	50,33	2533,20	1,69
3025	9150625	99170	50,75	2575,60	1,71
3050	9302500	98560	51,17	2618,40	1,72
3075	9455625	97560	51,29	2661,50	1,74
3100	9610000	96770	52,01	2705,10	1,75
3125	9765625	96000	52,43	2748,90	1,76
3150	9922500	95230	52,85	2793,10	1,78
3175	10080625	94490	53,27	2837,80	1,79
3200	10240000	93750	53,69	2882,70	1,80
3225	10400625	93020	54,11	2927,90	1,83
3250	10562500	92310	54,53	2973,70	1,83
3275	10725625	91600	54,95	3019,60	1,84
3300	10890000	90910	55,37	3065,80	1,87
3325	11055625	90220	55,79	3112,60	1,87
3350	11222500	89550	56,21	3159,50	1,90
3375	11280625	88890	56,63	3207,10	1,90
3400	11560000	88230	57,05	3254,80	1,86
3425	11730625	87590	57,46	3301,60	1,93
3450	11902500	86960	57,88	3350,00	1,95
3475	12075625	86330	58,30	3398,90	1,96
3500	12250000	85720	58,72	3448,00	1,98
3525	12425625	85100	59,14	3497,50	1,99
3550	12602500	84510	59,56	3547,40	2,01
3575	12780625	89310	59,98	3597,70	2,01
3600	12960000	83330	60,40	3648,10	2,03
3625	13140625	82750	60,82	3699,00	2,04

λ	λ^2	f	$\sqrt{LC}$	LC	U
3650	13322500	82190	61,24	3750,20	2,07
3675	13505625	81630	61,66	3802,00	2,07
3700	13690000	81090	62,08	3853,80	2,09
3725	13875625	80540	62,50	3906,20	2,10
3750	14062500	80000	62,92	3958,80	2,12
3775	14256025	79470	63,34	4012,00	2,16
3800	14440000	78950	63,76	4065,00	2,16
3825	14630625	78430	64,18	4119,00	2,16
3850	14822500	77920	64,60	4173,00	2,20
3875	15015625	77420	65,02	4228,00	2,12
3900	15210000	76930	65,43	4281,00	2,20
3925	15405625	76440	65,85	4336,00	2,24
3950	15602500	75950	66,27	4392,00	2,24
3975	15800625	75470	66,69	4448,00	2,24
4000	16000000	75000	67,11	4505,00	2,28
4025	16200625	74540	67,53	4561,00	2,24
4050	16402500	74080	67,95	4617,00	2,32
4075	16605625	73620	68,37	4675,00	2,28
4100	16810000	73170	68,79	4732,00	2,32
4125	17015625	72730	69,21	4790,00	2,32
4150	17222500	72290	69,63	4848,00	2,32
4175	17430625	71850	70,05	4907,00	2,36
4200	17640000	71430	70,47	4966,00	2,40
4225	17850625	71010	70,89	5026,00	2,36
4250	18062500	70590	71,31	5085,00	2,40
4275	18275625	70180	71,73	5145,00	2,44
4300	18490000	69770	72,15	5206,00	2,40
4325	18705625	69370	72,57	5266,00	2,48
4350	18922500	68970	72,99	5328,00	2,40
4375	19140625	68580	73,40	5388,00	2,52
4400	19360000	68190	73,83	5451,00	2,40
4425	19580625	67800	74,24	5511,00	2,52
4450	19802500	67420	74,66	5574,00	2,52
4475	20025625	67040	75,08	5637,00	2,52
4500	20250000	66670	75,50	5700,00	2,56
4525	20475625	66300	75,92	5764,00	2,52
4550	20702500	65940	76,34	5827,00	2,60
4575	20930625	65580	76,76	5892,00	2,60
4600	21160000	65220	77,18	5957,00	2,52
4625	21390625	64870	77,60	6020,00	2,68
4650	21622500	64520	78,02	6087,00	2,64
4675	21855625	64170	78,44	6153,00	2,64
4700	22090000	63830	78,86	6219,00	2,64
4725	22325625	62490	79,28	6285,00	2,68

λ	λ^2	f	$\sqrt{LC}$	LC	U
4750	22562500	63160	79,70	6352,00	2,68
4775	22800625	62830	80,12	6419,00	2,64
4800	23040000	62500	80,53	6485,00	2,72
4825	23280625	62180	80,95	6553,00	2,72
4850	23522500	61860	81,37	6621,00	2,76
4875	23765625	61540	81,79	6690,00	2,76
4900	24010000	61230	82,21	6759,00	2,76
4925	24255625	60910	82,63	6828,00	2,76
4950	24502500	60610	83,05	6897,00	2,80
4975	24750625	60300	83,47	6967,00	2,84
5000	25000000	60000	83,89	7038,00	

Namen- und Sachverzeichnis.

(Die Zahlen beziehen sich auf die Seiten, falls nicht anders angegeben.)

GPSR Compliance

The European Union's (EU) General Product Safety Regulation (GPSR) is a set of rules that requires consumer products to be safe and our obligations to ensure this.

If you have any concerns about our products, you can contact us on ProductSafety@springernature.com

In case Publisher is established outside the EU, the EU authorized representative is:

Springer Nature Customer Service Center GmbH
Europaplatz 3
69115 Heidelberg, Germany

Batch number: 10682323

Printed by Printforce, the Netherlands